普通高等教育“十一五”国家级规划教材

物 理 化 学

（第 4 版）

东北大学 王淑兰 主编

北 京
冶 金 工 业 出 版 社
2024

内 容 提 要

本书是在2007年《物理化学》第3版的基础上修订而成的。本次修订保持了第3版的原有特色，强化和增加了对冶金、材料、矿物加工等专业比较重要的课程内容，例如可逆过程、三组分相图及实例、固体自溶液中的吸附规律和多相反应动力学等特色内容，在一些章节中增加了例题，并把表面现象和分散系统分为两个独立的章节，考虑到物理化学课程的完整性，还增加了量子力学基础一章，并在每章前增加了本章概要、关键词和章节重点等导读内容。

本书共分为11章，内容包括热力学第一定律、热力学第二定律、化学平衡、多组分系统热力学、相图、量子力学基础、统计热力学、表面现象、电化学、化学反应动力学和分散系统。使用本教材的教师可根据专业的要求和学时对内容进行筛选。

本书可供化学、化工、冶金、材料工程、材料加工、矿物加工等专业教学之用，也可供有关专业的工程技术人员参考。

图书在版编目(CIP)数据

物理化学／王淑兰主编．—4版．—北京：冶金工业出版社，2013.1 (2024.7重印)

普通高等教育“十一五”国家级规划教材

ISBN 978-7-5024-6125-6

Ⅰ.①物… Ⅱ.①王… Ⅲ.①物理化学—高等学校—教材 Ⅳ.①O64

中国版本图书馆CIP数据核字(2013)第016773号

物理化学（第4版）

出版发行 冶金工业出版社　　**电　话** (010)64027926
地　址 北京市东城区嵩祝院北巷39号　　**邮　编** 100009
网　址 www.mip1953.com　　**电子信箱** service@mip1953.com

责任编辑 高 娜　美术编辑 彭子赫　版式设计 孙跃红
责任校对 王永欣　责任印制 窦 唯
三河市双峰印刷装订有限公司印刷
1983年11月第1版，1989年11月第2版，2007年3月第3版，
2013年1月第4版，2024年7月第10次印刷
787mm×1092mm 1/16；23.5印张；630千字；361页
定价45.00元

投稿电话 **(010)64027932** **投稿信箱** **tougao@cnmip.com.cn**
营销中心电话 **(010)64044283**
冶金工业出版社天猫旗舰店 **yjgycbs.tmall.com**
(本书如有印装质量问题，本社营销中心负责退换)

第 4 版前言

物理化学是高等学校化学、化工、冶金、材料、矿物加工等相关专业的基础课，历来受到广大师生的重视。20 世纪 80 年代，为了适应和服务于东北大学本科专业设置的特点，由当时东北大学物理化学教研室的多名教师参编、梁英教主编出版了本书的第 1 版（1983 年 11 月），后又于 1989 年 11 月出版了第 2 版。2007 年 3 月出版的第 3 版经过专家的评审，被列为普通高等教育“十一五”国家级规划教材。

本书是在 2007 年《物理化学》第 3 版的基础上，参照近年来广大兄弟院校教师提出的建议及教学研究成果修订而成的。本次修订强化和增加了对冶金、材料、矿物加工等专业比较重要的课程内容，例如可逆过程、三组分相图及实例、固体自溶液中的吸附规律和多相反应动力学等特色内容，在一些章节中增加了例题，并把表面现象和分散系统分为两个独立的章节，考虑到物理化学课程的完整性，还增加了量子力学基础一章，并在每章前增加了本章概要、关键词和章节重点等导读内容。

本教材由王淑兰修订。在修订过程中得到了许多老师和专家的帮助：北京工业大学李钒老师、安徽工业大学王海川老师、东北大学车荫昌老师都提出了非常宝贵的修改建议，车荫昌老师还把他毕生积累的具有代表性的习题无偿地提供出来；东北大学化学系的部分老师指出了在使用本书过程中发现的错误，在此一并致谢。对于书中存在的不足之处，诚请读者批评指正。

编　者

2012 年 9 月

第3版前言

本书是在东北大学梁英教老师主编的《物理化学》(第2版)基础之上修订而成。

本次修订遵循以下原则：

保留原教材特色。原教材具有鲜明的材料冶金类专业特色，例如计算化合物的分解压、使用化合物的 Elingham 图、分析合金相图、计算组分活度、讨论多相反应动力学方程等。本次修订,保留了原书中的这一特色。例题在原有例题的基础上有所增加,考虑到近年来物理化学学时数的调整,习题略有减少。

调整教材内容。按照学科国际发展趋势和要求，本次修订中调整了原书的部分内容。取消了溶液平衡中关于溶质活度相互作用系数的计算、相平衡中复杂三组分相图、表面现象中溶质自溶液中的吸附、化学动力学中多个气体反应物同时吸附的吸附方程等内容，增加了固体电解质及应用、胶体系统的流变和沉降性质等内容。

顺畅语言叙述。编者按照对物理化学内容的理解，对第2版教材内容进行了重新编排，力求语言简洁、表达清晰。因此，在保持原教材整体内容基本不变的情况下，本书字数明显减少。

更新图示表达。在修订后的教材中，所有的图均用软件制作，清晰度和精确度大幅提高。全书中约三分之一的图得到了更新。

统一规范量与单位。本次修订中，所有物理量均采用法定计量单位，例如热力学标准状态的规定、物质量的浓度等。

本教材定位于高等学校冶金工程、材料科学与工程、材料加工、矿物加工、应用化学、化工工艺、环境科学与工程等专业学生用书。

本次修订由王淑兰任主编，前三章由王军编写，后六章由王淑兰编写。梁英教老师对书稿进行了审阅，提出了很多宝贵意见；车荫昌老师和何荣桓老师也审阅了书稿，提出了修改意见；东北大学教务处、理学院和材冶学院的领导和同事们对本书的编写工作给予了许多支持和帮助，在此一并致谢。对于书中的不足之处，敬请读者批评指正。

编　者

2006年11月

目　录

1 热力学第一定律

【本章概要】

本章介绍了热力学基本概念和热力学第一定律，介绍了热容及其与温度的关系、恒容热与恒压热的计算方法，定义了状态函数焓，并将热力学第一定律应用于理想气体的恒温、绝热、相变和化学反应等过程。通过定义物质的生成热、燃烧热等，计算化学反应的热效应，根据化学反应热效应与途径无关的特点，推导了盖斯定律和基尔霍夫公式。

【关键词】

封闭系统，状态函数，热力学能，焓，热容，膨胀功，恒压热，理想气体，可逆过程，热效应

【章节重点】

本章应重点掌握基本概念和热力学第一定律，并在此基础上学会应用热力学第一定律，计算系统发生状态变化、相变化和化学反应变化时系统的能量变化。

1.1 热力学基本概念

热力学是从研究热和机械功相互转化问题而产生和发展起来的一门科学。热力学的基础主要是热力学第一定律和热力学第二定律。这两个定律是 19 世纪建立起来的，是人类长期实践经验的总结，有牢固的实验基础。20 世纪初又建立了热力学第三定律。

用热力学的基本原理来研究化学反应及相变过程的科学，称为化学热力学。化学热力学的主要内容是利用热力学第一定律来计算变化过程的热效应等能量转换问题，利用热力学第二定律来解决变化过程的方向和限度问题。这些问题在科学研究和实际生产中都是十分重要的。热力学第三定律主要解决物质的规定熵问题，它对化学平衡的计算有很重要的意义。

热力学的三个定律都是由大量宏观现象总结出来的，属于经验规律。因而，热力学的研究方法是宏观方法，它不涉及物质的微观结构，也不研究物质的宏观性质和微观结构的关系。有关后两方面的问题属于结构化学及统计热力学的研究范畴。

用热力学方法讨论变化过程，只能确定变化的能量关系以及变化的方向和限度，而不涉及过程所经历的步骤，也不涉及建立平衡状态所需要的时间。也就是说，热力学一般不解决过程的机理和速率问题，有关机理和速率的问题要由化学动力学解决。

在学习热力学之前，首先介绍几个基本概念。

1.1.1 系统和环境

物理化学中将所研究的对象称为系统（有的书称为体系），系统之外与之相关联的那部分

物质和空间则称为环境。系统与环境之间相区别的面称为界面，界面可以是实际存在的，也可以是虚构的。

系统与环境之间有着密切的关系，它们之间通过界面，既可以发生能量交换，也可以发生物质交换。根据两者之间联系情况的不同，可以把系统分成三种：

(1) 敞开系统：系统与环境之间既有能量交换，又有物质交换；

(2) 封闭系统：系统与环境之间只有能量交换，没有物质交换；

(3) 孤立系统：系统与环境之间既没有能量交换，也没有物质交换。

在解决同样一个问题时，系统的选择是人为的，考虑问题的角度不同，所确定的系统也不同。例如，在一只盛水的玻璃杯中，水从环境中吸收热量变成水蒸气，若把水当作系统，其他物质（包括水蒸气）作为环境，则系统与环境之间既有物质交换，又有能量交换，故为敞开系统；若把水和水蒸气都当作系统，则系统与环境之间就只有能量交换而没有物质交换，故属于封闭系统。在本书后面的论述中如不加以特殊说明，所谓系统都是指封闭系统。

自然界中一切事物总是有机地互相联系着、互相依赖着、互相制约着，因此真正的孤立系统是不存在的。但是为了研究问题的方便，在有限的时间和空间范围内，可以近似地将某个系统看作孤立系统。

1.1.2 系统的性质、状态和状态函数

系统的性质包括系统的一切物理性质和化学性质，如温度 T、压力 p、体积 V、质量 m、密度 ρ、黏度 η 等。性质又分为宏观性质和微观性质。前面提到的 T，p，V，m，ρ，η 等均为宏观性质。微观性质是指系统内部原子、分子等粒子的结构、运动状态等。系统的宏观性质是其微观性质的综合体现。热力学中讨论的性质都是指系统的宏观性质，简称为性质，其通常分为两类：

(1) 强度性质：与系统中所含物质的量无关的性质，无加和性，例如 T，p，ρ 等；

(2) 容量性质：与系统中所含物质的量成正比，有加和性，例如 V，m 等。

两种容量性质相除后就变为强度性质，例如 $m/V=\rho$。

系统的状态是系统所有性质的综合表现。当系统的各种性质都确定后，系统就有了确定的状态。反之，系统的状态确定后，它的各种性质也就有了确定的值。

因为系统的各种性质间存在一定的联系，所以在描述系统的状态时，并不需要罗列其全部性质，只需要确定其中几个性质的数值，其余的性质就随之确定，系统的状态也就确定了。

例如，根据理想气体状态方程：$pV=nRT$，当 n，T，p 确定后，V 也就随之确定了。这样，我们可以把 V 写成 n，T，p 的函数

$$V=f(n,T,p)=\frac{nRT}{p}$$

若该系统为封闭系统（物质的量 n 一定），则 V 就只是 T，p 的函数，n 不再是变量

$$V=f(T,p)=\frac{nRT}{p}$$

大量实践证明，对于单相纯物质的封闭系统，都存在着类似的函数关系，也就是说，只要确定了其中的两个性质，其他性质就都可以确定，系统的状态也就确定了。

因为系统的各种性质均为状态的函数，随状态的改变而变化，与达到此状态的经历无关。

因此热力学中将系统的各种宏观性质称为状态函数。据此，上述 T，p，V，m，ρ，η 等都是状态函数。状态函数有两个重要特征：

(1) 状态函数的数值随状态的改变而变化。若系统初始状态（始态）时某状态函数的数值为 X_1，最终状态（终态）时的数值为 X_2，则系统由始态变化到终态，该状态函数的改变值 $\Delta X = X_2 - X_1$。ΔX 的值只与系统的始态和终态有关，而与变化的经历无关。

(2) 状态函数具有全微分的性质：全微分的积分与积分途径无关，只与过程的始态、终态有关，且全微分为偏微分之和，即

$$\Delta X = \int_{X_1}^{X_2} \mathrm{d}X = X_2 - X_1$$

若 X 为 x，y 的函数，即 $X = f(x,y)$，则

$$\mathrm{d}X = \left(\frac{\partial X}{\partial x}\right)_y \mathrm{d}x + \left(\frac{\partial X}{\partial y}\right)_x \mathrm{d}y$$

例如，一定量的理想气体，$V = f(T,p)$，则

$$\mathrm{d}V = \left(\frac{\partial V}{\partial T}\right)_p \mathrm{d}T + \left(\frac{\partial V}{\partial p}\right)_T \mathrm{d}p$$

1.1.3 平衡态

上面所讨论的状态，指的都是热力学平衡状态，简称平衡态。所谓平衡态是指在一定条件下，系统的各种性质不随时间而改变的状态。只有当系统处于平衡态时，各种性质才有确定值，系统内部不存在物质流、能流及化学反应的发生。系统若处于平衡态，应满足如下几个条件：

(1) 热平衡：系统内部各处的温度相等；

(2) 力学平衡：系统内部各处的压力相等；

(3) 相平衡：系统内部各物种在各相之间分布平衡，各相中物种的组成和数量不随时间改变；

(4) 化学平衡：宏观上，在系统内部没有净的化学反应发生。

平衡态一般应是热力学上稳定的状态（定态）。一个孤立系统在足够长时间内必趋向于平衡态，并且不会自动离开平衡态，这称为平衡态公理。

1.1.4 过程和途径

在外界条件改变时，系统的状态就会发生变化，这种变化就是过程。过程是系统从某一状态变化到另一状态的经历。实现这一过程的具体步骤称为途径。系统完成由一个状态（始态）到另一个状态（终态）的变化过程可以有不同的途径，一个途径又可由一个或几个步骤组成。若一个途径由几个步骤组成时，还要经过一些实际的或虚拟的中间状态。

若假设系统变化过程始态的温度为 T_1、压力为 p_1、体积为 V_1，终态的温度为 T_2、压力为 p_2、体积为 V_2，环境的温度、压力分别为 T_{ex}，p_{ex}。按照系统变化过程始态、终态的 T，p，V 的变化，又可将过程分为如下几种：

(1) 恒温过程：即 $T_1 = T_2 = T_{ex}$。

(2) 恒压过程：即 $p_1 = p_2 = p_{ex}$。

(3) 恒容过程：即 $V_1 = V_2$。

(4) 绝热过程：系统变化过程中，与环境之间没有热的交换。

(5) 循环过程：系统从始态出发，经一系列步骤又回到始态的过程。循环过程中，系统所

有状态函数的改变值均为零。例如，$\Delta T=0$，$\Delta p=0$，$\Delta V=0$ 等。

(6) 自由膨胀过程：气体向真空膨胀的过程。如图 1-1 所示，左球中充满气体，右球内呈真空，中间的活塞打开后，左球中的气体向右球膨胀。该过程中气体膨胀所克服的外压力为零。

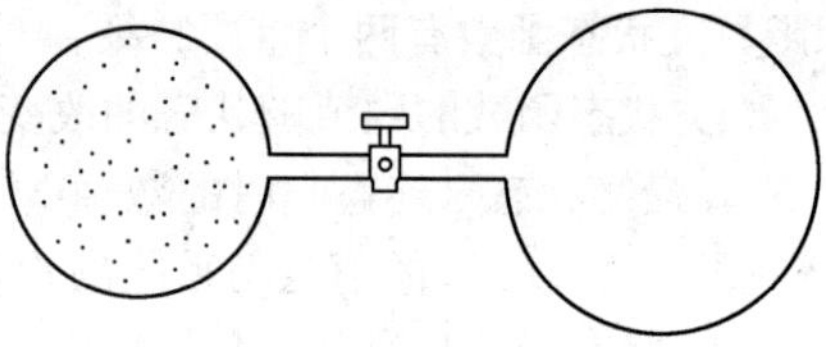

图 1-1　气体向真空膨胀

按照系统内部物质变化过程的本质，可以将过程分为简单的状态变化过程、相变过程和化学变化过程三类。

1.1.5　可逆过程

可逆过程是热力学中一种极其重要的过程。某一系统经过某一过程，由状态 1 变到状态 2 之后，如果能使系统回到原来的状态 1，同时消除原过程对环境所产生的一切影响（即系统和环境都完全复原），则原来由状态 1 到状态 2 的过程就称为可逆过程。反之，如果用任何方法都不能使系统和环境完全复原，则称为不可逆过程。

热力学上可逆过程的每一步，系统都非常接近平衡态，都可沿相反方向进行而不在环境里引起其他变化，整个过程进行的速度是无限缓慢的。实际过程中有许多接近于可逆过程的情况。例如，液体在其沸点时蒸发、固体在其熔点时熔化等等。

可逆过程是一种理想过程，是科学的抽象，客观世界中并不存在真正的可逆过程。它指出的是一个实际过程可以改进的限度。另外，很多实际过程中热力学状态函数的改变值不易求算，这时可借助于假设可逆过程来实现。

1.2　热力学第一定律

热力学系统在状态发生变化时，和环境之间就会有能量的交换。能量交换的方式可分为两种，一种是热，另一种是功。下面详细讨论这两种能量交换的形式。

1.2.1　热

由于系统与环境之间存在温度差而发生的能量交换称为热。它是系统与环境交换能量的一种形式。热分为显热、潜热和反应热等。显热是在没有化学变化和相变（聚集状态的变化）的单纯升温或降温过程（即简单状态变化过程）中，系统吸收或放出的热。

如果系统内部有相变发生，则在与环境的热交换过程中，系统温度可以维持不变。在恒定温度下，物质相变时系统所吸收或放出的热，称为相变潜热。

热力学中常用符号 Q 代表热，并规定系统吸热时，$Q>0$；系统放热时，$Q<0$。如果系统既不从环境吸热，也不向环境放热，则过程是绝热的，$Q=0$。热的单位为焦耳（J）或千焦耳（kJ）。

一定量物质，温度升高 1K 所吸收的热，称为该物质的热容，常用符号 C 表示。热容是一种容量性质，其数值随物质的量而改变。1mol 物质的热容称为摩尔热容，用符号 C_m 表示，单位为 $J \cdot mol^{-1} \cdot K^{-1}$。摩尔热容属于强度性质，其数值与温度 T 有关，与物质的量无关。根据热容定义，n mol 物质由温度 T_1 升温到 T_2 过程中吸收的热 δQ 可用下式求得

$$\delta Q=C(T)\mathrm{d}T \tag{1-1}$$

或

$$\delta Q=nC_m(T)\mathrm{d}T \tag{1-2}$$

式中
$$C(T)=nC_m(T)$$

热是基于变化过程的，是系统变化过程的函数，因此，热不是状态函数，也就不是系统的性质。不能说系统在某一状态有多少热，只能说系统在某一过程中从环境吸收或向环境放出多少热。另外，系统温度的改变与否，并不标志系统有无热的得失，也就是说，有热量得失的过程，可以是恒温过程，也可以是非恒温过程。

热不是状态函数的这一性质表现在始态、终态确定后，若途径不相同，热的数值也不相同。因此，在热量计算过程中，不能任意假设途径求实际过程热的得失。关于不同过程热的计算请参考本章 1.3 节和 1.4 节。

1.2.2 功

功是系统和环境之间能量交换的另一种形式。当系统在广义力（如外压力、表面张力、电压等）的作用下，产生了广义的位移（如体积膨胀、表面积增加、电池放电等）时，就做了广义功（如体积功、表面功、电功等）。功的符号为 W，单位为焦耳（J）或千焦耳（kJ），并规定：当系统得到环境所做的功时，$W>0$；当系统对环境做功时，$W<0$。

在物理化学中，功分为体积功和非体积功。体积功（又称为膨胀功）是系统反抗外压力而导致系统体积改变所做的功。除了体积功以外，其他一切形式的功都是非体积功，以符号 W' 表示。

图 1-2 是一个气缸，内有 n mol 理想气体，设活塞与气缸内壁无摩擦，气体所受外压力为 p_{ex}。当气体压力 $p>p_{ex}$时，气体体积膨胀而对环境做体积功。如果活塞从 A 处移到 B 处，气体体积从 V_1 增大到 V_2，那么气体对环境所做的体积功（W）就等于广义的力（p_{ex}）乘广义的位移（$\Delta V=V_2-V_1$），即

$$W=-p_{ex}\Delta V \tag{1-3}$$

如果上述过程是一个微小过程，体积改变的微分值为 dV，则微小过程所做的功（δW）可表示为

$$\delta W=-p_{ex}\mathrm{d}V \tag{1-4}$$

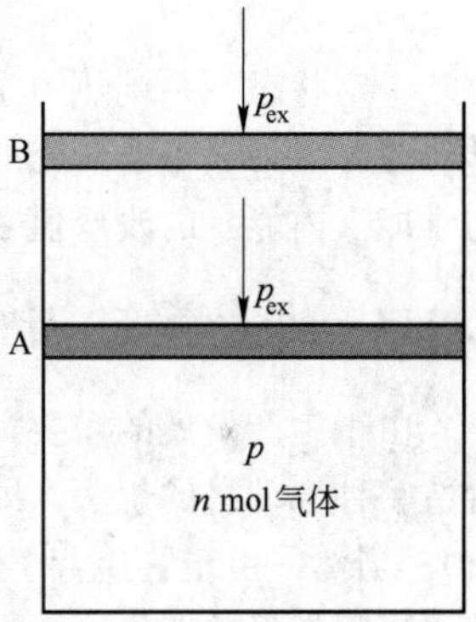

图 1-2 气体膨胀功

和热一样，功也不是状态函数，功是过程的函数，所以不能说系统在某一状态的功有多少，也不能说在某一过程中，系统功的改变值是多少。

例 1-1 在恒定外压 $p_{ex}=500$kPa 条件下，将 $n=2$mol 的理想气体，从始态 $T_1=300$K，$p_1=500$kPa 加热到 $T_2=350$K，$p_2=500$kPa。求该过程的体积功。

解： 先用理想气体状态方程 $pV=nRT$ 求出系统始态、终态的体积

$$V_1=\frac{nRT_1}{p_1}=\frac{2\times8.314\times300}{500\times1000}=9.977\times10^{-3}\ \mathrm{m^3}$$

$$V_2=\frac{nRT_2}{p_2}=\frac{2\times8.314\times350}{500\times1000}=1.164\times10^{-2}\mathrm{m^3}$$

题中所述过程符合恒压过程的定义，即：$p_1=p_2=p_{ex}$。因此，该恒压过程中，系统所做的体积功 W 为

$$\begin{aligned}W&=-p_{ex}(V_2-V_1)\\&=-500\times1000\times(1.164\times10^{-2}-9.977\times10^{-3})\\&=-832\mathrm{J}\end{aligned}$$

1.2.3 热力学能

一个系统的热力学能（内能）是其内部能量的总和。它包括系统内部分子运动的平动能、分子间相互作用的势能、分子转动能、分子振动能、电子运动能、核能等。严格地讲，在讨论系统热力学能（内能）时还应考虑整个系统的平动能及其处在引力场或电磁场中的势能。但在研究化学变化的问题时，这部分能量有时没有变化或变化很小，往往可以忽略不计。

热力学能（内能）采用符号 U 表示，单位为焦耳（J）或千焦耳（kJ）。

既然热力学能（内能）是系统能量的总和，也就是其性质之一，因此热力学能（内能）是状态函数。状态一定，热力学能（内能）也就一定了。过程的始态、终态若是确定了，则系统的热力学能（内能）增量 ΔU 也就确定了，等于系统终态热力学能（内能）U_2 减去始态热力学能（内能）U_1，即

$$\Delta U=U_2-U_1$$

对于理想气体系统，热力学能（内能）可表示成 n、T、V 的函数，即 $U=f(n, T, V)$。若为封闭系统，n 一定，则

$$U=f(T,V) \tag{1-5}$$

对于一个微小的变化过程，热力学能（内能）增量可用全微分 $\mathrm{d}U$ 表示

$$\mathrm{d}U=\left(\frac{\partial U}{\partial T}\right)_V \mathrm{d}T+\left(\frac{\partial U}{\partial V}\right)_T \mathrm{d}V \tag{1-6}$$

一定状态下系统热力学能（内能）的绝对值目前仍无法确定。但这不妨碍对系统进行热力学研究。因为热力学研究的重点在于一个过程中能量的转换关系，而变化过程的始态、终态热力学能（内能）的改变值 ΔU 是可以测定的。

1.2.4 热力学第一定律

由于生产发展的需要，人们逐渐地发明机器并使用它，在不断提高机器效率的同时产生了制造一种永动机的想法，即无需外界供给能量，又能不断对外界做功的机器（称为第一种永动机）。当然，由于它违背了能量不灭原理，因而不可能成功。到了 19 世纪 30 年代，已经有人接受了哲学里的能量不灭原理并用它解释自然科学中的实际问题。1842 年，焦耳等人总结了大量实验结果，提出了著名的热功当量：1cal 的热量相当于 4.18J 的功。从此能量不灭原理被科学界所公认，运用于热力学系统则称为热力学第一定律。

热力学第一定律有几种说法，常见的有如下两种：一种是“第一种永动机是不可能实现的”；另一种是“孤立系统的总能量不变”。无论哪种说法都是说明能量不灭原理的。

假设一个系统由始态变化到终态过程中从环境吸收的热为 Q，得到的功为 W，系统在变化过程中热力学能（内能）的增加值为 ΔU。根据能量不灭原理，ΔU 应等于系统从环境吸收的热 Q 加上得到的功 W，即

$$\Delta U=Q+W \tag{1-7}$$

这就是热力学第一定律的数学表达式。对于一个微小的过程，热力学第一定律也可表达为下面微分式的形式

$$\mathrm{d}U=\delta Q+\delta W \tag{1-8}$$

在热力学第一定律表达式中，热力学能（内能）U 是状态函数，左边的 ΔU 只与始态和终态有关，与途径无关，而右边的 Q 和 W 却都与途径有关。系统始态、终态确定后，经过不同的途径完成，则 Q 和 W 的数值不同，但 ΔU 不变，因此 $Q+W$ 的值必然相等。

例如，反应 $Zn+CuSO_4 \xrightarrow{25℃} ZnSO_4+Cu$ 可以通过两种不同的途径实现：

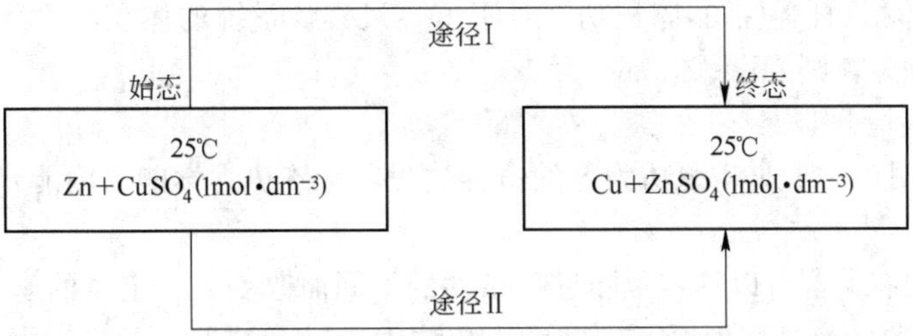

途径Ⅰ　使相当量的锌与硫酸铜溶液直接接触发生反应。实验测得过程的热 $Q_1=-239kJ$，系统对外不做功，$W_1=0$，则热力学能（内能）变化值 ΔU_1 为

$$\Delta U_1=Q_1+W_1=-239kJ$$

途径Ⅱ　用锌、铜、$ZnSO_4$ 和 $CuSO_4$ 溶液组成 Cu－Zn 电池，让电池工作实现上述相当量的反应。实验测得电池所做的电功 $W'_2=-213.4kJ$，放热 $Q_2=-25.6kJ$。则热力学能（内能）的变化值 ΔU_2 为

$$\Delta U_2=Q_2+W_2$$

由于系统不做体积功，$W_2=W'_2$，所以

$$\Delta U_2=Q_2+W'_2=-25.6-213.4=-239kJ$$

通过上面的计算可以看出，对于相同始态、终态的两种不同途径，系统的热力学能（内能）变化值相同，而功和热却不同。这就表明热力学能（内能）是状态函数，功和热则不是状态函数，而是过程的函数。

又例如，氢气和氧气在 25℃、100kPa 条件下生成水的反应

$$2H_2+O_2 \xrightarrow[100kPa]{25℃} 2H_2O$$

可按下面两个途径进行：

途径Ⅰ　按热化学过程进行。氢气和氧气混合点燃，实验测得反应过程中系统放热 $Q_1=-571.5kJ$，得到的体积功 $W_1=7.4kJ$，则系统热力学能（内能）的改变为

$$\Delta U_1=Q_1+W_1=-564.1kJ$$

途径Ⅱ　按电化学过程进行。设计一个电池以完成上述相当量的化学反应，实验测得过程中系统放热 $Q_2=-97.2kJ$，系统得到体积功 $W''_2=7.4kJ$，对环境做电功 $W'_2=-473.4kJ$。则系统所得到的总功 $W_2=W'_2+W''_2=-466.9kJ$。所以

$$\Delta U_2=Q_2+W_2=-564.1kJ$$

$$(\Delta U_1=\Delta U_2)$$

由上面的计算也可以看出各函数的特征，即 U 是状态函数，而 Q 和 W 是过程函数。

应当注意的是，在热力学第一定律表达式中，功（W）既包含体积功，也包含非体积功。在以后的讨论中，如没有特殊说明，通常用 W' 表示非体积功。

1.3 焓、热容

1.3.1 恒容热与恒容热容

恒容热是系统在恒容且非体积功为零的过程中，与环境交换的热，用 Q_V 表示。根据热力

学第一定律

$$dU=\delta Q+\delta W$$

式中，W 既包括体积功也包括非体积功。对于恒容过程，系统的体积功为零，若该过程中系统的非体积功也为零，则 $\delta W=0$，那么

$$dU=\delta Q_V \tag{1-9}$$

式（1-9）表明，对于非体积功为零的恒容过程，系统热力学能（内能）变化值等于该过程的热。

因为热与过程有关，所以热容也随过程条件的不同而改变。一定量的物质在恒容条件下，温度升高 1K 所吸收的热，称为恒容热容 C_V，单位为 $J \cdot K^{-1}$ 或 $kJ \cdot K^{-1}$。根据此定义可得

$$C_V(T)=\frac{\delta Q_V}{dT} \tag{1-10}$$

即

$$\delta Q_V=C_V(T)dT$$

把上式代入式（1-9），得

$$dU=C_V(T)dT \tag{1-11}$$

$$C_V(T)=\left(\frac{\partial U}{\partial T}\right)_V \tag{1-12}$$

将 $C_V(T)$ 与物质的量 n 之比 $C_V(T)/n$ 称为物质的摩尔恒容热容，表示为 $C_{V,m}(T)$，单位为 $J \cdot mol^{-1} \cdot K^{-1}$ 或 $kJ \cdot mol^{-1} \cdot K^{-1}$。其定义为

$$C_{V,m}(T)=\left(\frac{\partial U_m}{\partial T}\right)_V$$

式中，U_m 为物质的热力学能（内能）与物质的量 n 之比 U/n，称为物质的摩尔热力学能（内能）。标准压力 $p^\ominus=100kPa$ 条件下，物质的摩尔恒容热容和摩尔热力学能（内能）分别称为标准摩尔恒容热容 $C_{V,m}^\ominus(T)$ 和标准摩尔热力学能（内能）$U_m^\ominus$。$C_{V,m}^\ominus(T)$ 的定义式为

$$C_{V,m}^\ominus(T)=\left(\frac{\partial U_m^\ominus}{\partial T}\right)_V \tag{1-13}$$

式中，$C_{V,m}(T)$ 及 $C_{V,m}^\ominus(T)$ 的单位均为 $J \cdot mol^{-1} \cdot K^{-1}$；$U_m$ 及 $U_m^\ominus$ 的单位均为 $J \cdot mol^{-1}$。

例如，n mol 物质，在恒容条件下，由温度 T_1 升高到 T_2 所吸收的热为

$$Q_V=\Delta U \tag{1-14}$$

$$\Delta U=\int_{T_1}^{T_2} C_V dT=\int_{T_1}^{T_2} nC_{V,m} dT \tag{1-15}$$

1.3.2 恒压热、恒压热容及焓

恒压热是系统在恒压且非体积功为零的过程中与环境交换的热，用 Q_p 表示。

对于只做体积功、不做非体积功的恒压过程，系统始态、终态压力相等，且等于外压，即 $p_{ex}=p_1=p_2$，过程的体积功以及热力学能（内能）改变 ΔU 分别为

$$W=-p_{ex}\Delta V=-(p_2V_2-p_1V_1)$$

$$\Delta U=U_2-U_1$$

代入热力学第一定律表达式

$$\Delta U=Q_p+W$$

得

$$U_2-U_1=Q_p-p_2V_2+p_1V_1$$

$$Q_p=(U_2+p_2V_2)-(U_1+p_1V_1)$$

令

$$H=U+pV \tag{1-16}$$

则 $$Q_p = H_2 - H_1$$

H 称为焓，由于 U，p，V 都是状态函数，因此，H 也是状态函数，具有状态函数的特点，即系统在一定状态下，具有一定焓值，焓的变化值只决定于系统的始态、终态，与途径无关。若系统始态、终态的焓分别为 H_1 和 H_2，则焓的变化值 $\Delta H = H_2 - H_1$，ΔH 称为焓变，焓及焓变的单位均为 J 或 kJ。与热力学能（内能）一样，焓的绝对值不能确定，但其变化值 ΔH 可以通过计算求得或通过实验测定。因此上式可写为

$$Q_p = \Delta H \tag{1-17}$$

对于微小的恒压过程，式（1-17）可写为

$$\delta Q_p = \mathrm{d}H \tag{1-18}$$

将一定量的物质在恒压条件下，温度升高 1K 所吸收的热称为恒压热容，用 $C_p(T)$ 表示，单位为 $\mathrm{J \cdot K^{-1}}$ 或 $\mathrm{kJ \cdot K^{-1}}$。则在恒压过程中，系统吸收的热可用下式计算

$$\delta Q_p = C_p(T)\mathrm{d}T$$

将其代入式（1-18）得

$$\mathrm{d}H = C_p(T)\mathrm{d}T \tag{1-19}$$

所以 $$C_p(T) = \frac{\delta Q_p}{\mathrm{d}T} = \left(\frac{\partial H}{\partial T}\right)_p \tag{1-20}$$

若以 $C_{p,\mathrm{m}}^{\ominus}(T)$ 表示标准摩尔恒压热容（即标准压力 $p^{\ominus} = 100\mathrm{kPa}$ 条件下），物质的恒压热容与物质的量之比 $C_p^{\ominus}(T)/n$，单位为 $\mathrm{J \cdot mol^{-1} \cdot K^{-1}}$ 或 $\mathrm{kJ \cdot mol^{-1} \cdot K^{-1}}$。则有

$$C_p^{\ominus}(T) = nC_{p,\mathrm{m}}^{\ominus}(T) \tag{1-21}$$

$C_{p,\mathrm{m}}^{\ominus}(T)$ 的定义式为

$$C_{p,\mathrm{m}}^{\ominus}(T) = \left(\frac{\partial H_{\mathrm{m}}^{\ominus}}{\partial T}\right)_p \tag{1-22}$$

式中，$H_{\mathrm{m}}^{\ominus}$ 为标准压力 $p^{\ominus} = 100\mathrm{kPa}$ 下物质的焓 H 与物质的量 n 之比，称为标准摩尔焓，单位为 $\mathrm{J \cdot mol^{-1}}$ 或 $\mathrm{kJ \cdot mol^{-1}}$。

例如，对于 n mol 物质，在恒压的条件下，温度由 T_1 升高到 T_2，其焓变 $\Delta H (= Q_p)$ 可由式（1-23）计算

$$\Delta H = \int_{T_1}^{T_2} C_p(T)\mathrm{d}T = \int_{T_1}^{T_2} n\,C_{p,\mathrm{m}}(T)\mathrm{d}T \tag{1-23}$$

1.3.3 热容与温度的关系

如上所述，$C_{V,\mathrm{m}}^{\ominus}(T)$ 和 $C_{p,\mathrm{m}}^{\ominus}(T)$ 都是温度的函数，且与物质的本性有关。若要计算恒容热或恒压热，必须知道 $C_{V,\mathrm{m}}^{\ominus}(T)$ 或 $C_{p,\mathrm{m}}^{\ominus}(T)$ 与温度 T 的关系。而目前还不能从理论上推导出这种关系式。但是已经由实验积累了许多物质的标准摩尔恒压热容 $C_{p,\mathrm{m}}^{\ominus}(T)$ 与 T 的经验公式。常用的经验式有以下两种：

$$C_{p,\mathrm{m}}^{\ominus}(T) = a + bT + cT^2 \tag{1-24}$$

$$C_{p,\mathrm{m}}^{\ominus}(T) = a + bT + c'T^{-2} \tag{1-25}$$

式中，a，b，c 及 c' 是经验常数，这些常数可以从热力学手册中查到。在应用这些经验式时，应注意适用的温度范围，如果超出这个温度范围，计算时就会产生较大误差。

例 1-2 将 100kg 石灰（设石灰中含 CaO 为 100%）从 25℃升温到 1600℃，求过程的恒压热。已知 CaO 的摩尔质量为 $56\mathrm{g \cdot mol^{-1}}$。

解： 石灰单纯升温过程的恒压热可以由式（1-23）计算。对于 n mol 石灰，式（1-23）可

写成

$$\Delta H=\int_{T_1}^{T_2} nC_{p,\mathrm{m}}\mathrm{d}T$$

查表得 CaO 的 $C_{p,\mathrm{m}}$ 为

$$C_{p,\mathrm{m}}=[49.62+4.52\times10^{-3}T/\mathrm{K}-6.95\times10^{5}(T/\mathrm{K})^{-2}]\ \mathrm{J\cdot K^{-1}\cdot mol^{-1}}$$

此式是 $C_{p,\mathrm{m}}$ 的数值方程。

$$n=\frac{100\times1000}{56}=1785\mathrm{mol}$$

$$\begin{aligned}\Delta H&=1785\int_{298\mathrm{K}}^{1873\mathrm{K}}[49.62+4.52\times10^{-3}T/\mathrm{K}-6.95\times10^{5}(T/\mathrm{K})^{-2}]\mathrm{d}T\\&=1785\times\left[49.62\times(1873-298)+\frac{1}{2}\times4.52\times10^{-3}\times(1873^2-298^2)+\right.\\&\qquad\left.6.95\times10^{5}\times\left(\frac{1}{1873}-\frac{1}{298}\right)\right]=1.498\times10^{8}\mathrm{J}\\&=1.498\times10^{5}\mathrm{kJ}\end{aligned}$$

例 1-3 铝液浇铸成铝锭的过程中，温度从 1000℃降到 25℃。问每吨铝放出多少热？已知铝液的热容 $C_{p,\mathrm{m}}=31.80\mathrm{J\cdot K^{-1}\cdot mol^{-1}}$。

解:查表得到 Al(s)的热容 $C_{p,\mathrm{m}}=(20.67+12.38\times10^{-3}T/\mathrm{K})\mathrm{J\cdot K^{-1}\cdot mol^{-1}}$，铝的熔点为 660.1℃，熔化潜热 $Q_p=\Delta_{\mathrm{fus}}H=10.47\mathrm{kJ\cdot mol^{-1}}$。铝的摩尔质量为 $27\mathrm{g\cdot mol^{-1}}$。

在上述温度范围内铝液降温时，有相变(凝固)发生，所以必须考虑相变潜热及相变前后物质聚集态的不同所引起热容的变化。在这种情况下，要分段计算热量变化。

$$n=\frac{1000\times1000}{27}=3.7\times10^{4}\mathrm{mol}$$

$$\underset{1273\mathrm{K}}{\mathrm{Al(l)}}\xrightarrow[\Delta H_1]{\text{Ⅰ}}\underset{933.1\mathrm{K}}{\mathrm{Al(l)}}\xrightarrow[\Delta H_2]{\text{Ⅱ}}\underset{933.1\mathrm{K}}{\mathrm{Al(s)}}\xrightarrow[\Delta H_3]{\text{Ⅲ}}\underset{298\mathrm{K}}{\mathrm{Al(s)}}$$

Ⅰ

$$\begin{aligned}\Delta H_1&=n\int_{1273\mathrm{K}}^{933.1\mathrm{K}}C_{p,\mathrm{m}}\mathrm{d}T=3.70\times10^{4}\int_{1273\mathrm{K}}^{933.1\mathrm{K}}31.80\mathrm{d}T\\&=-3.999\times10^{8}\mathrm{J}=-3.999\times10^{5}\mathrm{kJ}\end{aligned}$$

Ⅱ 凝固过程，凝固热与熔化热同值异号，所以

$$\Delta H_2=-n\Delta_{\mathrm{fus}}H=-3.7\times10^{4}\times10.47\mathrm{kJ}=-3.874\times10^{5}\mathrm{kJ}$$

Ⅲ

$$\begin{aligned}\Delta H_3&=n\int_{933.1\mathrm{K}}^{298\mathrm{K}}C_{p,\mathrm{m}}\mathrm{d}T=3.70\times10^{4}\int_{933.1\mathrm{K}}^{298\mathrm{K}}(20.67+12.38\times10^{-3}T/\mathrm{K})\mathrm{d}T\\&=-6.649\times10^{8}\mathrm{J}=-6.649\times10^{5}\mathrm{kJ}\end{aligned}$$

$$\begin{aligned}\Delta H&=\Delta H_1+\Delta H_2+\Delta H_3\\&=-3.999\times10^{5}-3.874\times10^{5}-6.649\times10^{5}=-1.45\times10^{6}\mathrm{kJ}\end{aligned}$$

所以，浇注铝锭过程中，每吨铝放热 $1.45\times10^{6}\mathrm{kJ}$。

1.3.4 理想气体的热容

对于 1mol 理想气体的简单状态变化过程

$$\mathrm{d}H_{\mathrm{m}}=C_{p,\mathrm{m}}\mathrm{d}T \tag{1-26}$$

$$\mathrm{d}U_{\mathrm{m}}=C_{V,\mathrm{m}}\mathrm{d}T \tag{1-27}$$

根据焓的定义式 $H=U+pV$ 可得

$$dH_m = dU_m + d(pV)$$

将式（1-26）和式（1-27）代入上式得

$$C_{p,m}dT = C_{V,m}dT + d(pV) \tag{1-28}$$

根据理想气体状态方程 $pV=nRT$，当 $n=1$mol 时，$pV=RT$，所以

$$d(pV) = RdT$$

将上式代入式（1-28）得

$$C_{p,m} = C_{V,m} + R \tag{1-29}$$

式（1-30）表示理想气体的摩尔恒压热容与摩尔恒容热容之间的关系，R 为气体常数($R=8.314\text{J}\cdot\text{mol}^{-1}\cdot\text{K}^{-1}$)。

对于 n mol 理想气体系统有 $nC_{p,m}=nC_{V,m}+nR$，即

$$C_p = C_V + nR \tag{1-30}$$

根据气体分子运动论和能量均分原理可推出，单原子分子理想气体（如惰性气体 He、Ne、Ar 等）的 $C_{V,m}=\frac{3}{2}R$，$C_{p,m}=\frac{5}{2}R$；双原子分子理想气体的 $C_{V,m}=\frac{5}{2}R$，$C_{p,m}=\frac{7}{2}R$；多原子分子理想气体的 $C_{V,m}\geqslant 3R$。

$C_{p,m}$与 $C_{V,m}$之比称为热容商，以 γ 表示

$$\gamma = \frac{C_{p,m}}{C_{V,m}}$$

单原子分子的 $\gamma=1.67$，双原子分子的 $\gamma=1.40$。

例 1-4 1mol 氩气从 25℃加热到 500℃，若经历（Ⅰ）恒容过程；（Ⅱ）恒压过程。求系统经过这两个不同过程的 ΔU，ΔH，Q，W。

解：氩气为单原子分子理想气体，

$$C_{V,m} = \frac{3}{2}R = 12.48\text{J}\cdot\text{mol}^{-1}\cdot\text{K}^{-1}$$

$$C_{p,m} = C_{V,m} + R = 20.79\text{J}\cdot\text{mol}^{-1}\cdot\text{K}^{-1}$$

Ⅰ 恒容过程 $\Delta V=0$，$W_{\text{I}}=0$

$$Q_V = \Delta U_{\text{I}} = \int_{T_1}^{T_2} C_{V,m}dT = \int_{298\text{K}}^{773\text{K}} 12.48dT = 5928\text{J}$$

$$\Delta H_{\text{I}} = \int_{T_1}^{T_2} C_{p,m}dT = \int_{298\text{K}}^{773\text{K}} 20.79dT = 9875\text{J}$$

Ⅱ 恒压过程 $\Delta U_{\text{II}} = \Delta U_{\text{I}} = 5928\text{J}$

$$\Delta H_{\text{II}} = \Delta H_{\text{I}} = 9875\text{J}$$

$$Q_p = \Delta H_{\text{II}} = 9875\text{J}$$

$$W_{\text{II}} = -(Q_p - \Delta U_{\text{II}}) = -9875 + 5928 = -3947\text{J}$$

1.4 理想气体可逆过程的体积功

1.4.1 理想气体的恒温可逆过程

如前所述，系统做功与经历的过程有关。当系统从某一个初态变化到一定的终态，可以由不同的途径完成，途径不同，做功的值也不相同。下面以理想气体恒温膨胀为例加以说明。

设有一个气缸，内装理想气体。将气缸放置在温度为 T 的恒温环境中，使气体在恒温下发生膨胀过程。假设理想气体物质的量为 n mol，始态为（n，p_1，V_1，T），终态为（n，p_2，V_2，

T)。完成这一恒温过程可以有许多种途径。

途径Ⅰ 自由膨胀：将环境的压力一次性降低为零，气体向真空膨胀。在此过程中，气体克服的外压力 p_{ex} 为零，因此，该过程中的体积功

$$W_{Ⅰ}=-p_{ex}\Delta V=0$$

途径Ⅱ 一次膨胀：在系统刚开始膨胀的瞬间，外压力由 p_1 突降到 p_2，之后系统在克服外压力 p_2 的条件下膨胀到终态。此过程中，气体实际克服的外压力为 p_2，因此，该过程中的体积功等于外压力与系统体积变化之积，即

$$W_{Ⅱ}=-p_{ex}(V_2-V_1)=-p_2(V_2-V_1)$$

膨胀过程中，系统从恒温环境中吸收热量，系统的温度保持不变。

途径Ⅲ 二次膨胀：外压力先突然减小到介于系统的初始压力和终了压力之间的某个值 p_{ex}（$p_1>p_{ex}>p_2$），系统的体积从 V_1 膨胀到 V；之后外压再从 p_{ex} 突降到 p_2，系统的体积再从 V 膨胀到 V_2。二次膨胀过程中，第一次膨胀系统克服的外压力为 p_{ex}，体积改变为 $V-V_1$，因此

$$W_{Ⅲ,1}=-p_{ex}(V-V_1)$$

第二次膨胀系统克服的外压力为 p_2，体积改变为 V_2-V，因此

$$W_{Ⅲ,2}=-p_2(V_2-V)$$

二次膨胀过程总的体积功

$$W_{Ⅲ}=W_{Ⅲ,1}+W_{Ⅲ,2}=-[p_{ex}(V-V_1)+p_2(V_2-V)]$$

图 1-3 是理想气体恒温膨胀功的示意图。自由膨胀过程中，外压变化的路径是曲线 ade，曲线下的面积为零，即自由膨胀过程系统对环境所做的功为零。一次膨胀过程的路径是曲线 acf，曲线下为矩形 $cfed$，其面积等于 $W_{Ⅱ}=-p_2(V_2-V_1)$，因此，一次膨胀做的功大于自由膨胀过程的功；二次膨胀过程的路径是 $abhgf$，曲线下面积等于 $W_{Ⅲ}=-[p_{ex}(V-V_1)+p_2(V_2-V)]$，大于一次膨胀过程的功。

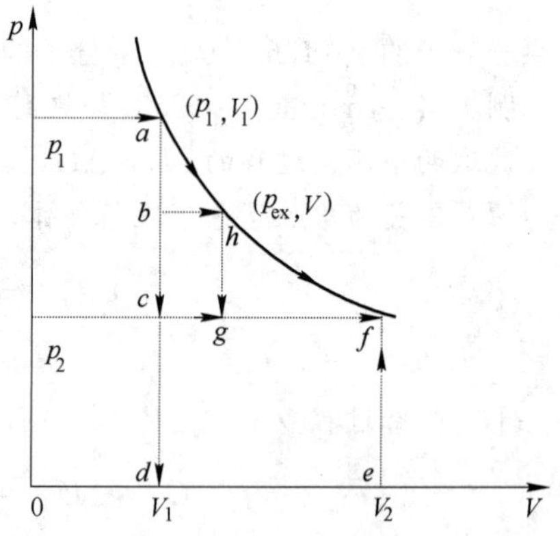

图 1-3 理想气体恒温膨胀过程体积功示意图

途径Ⅳ 准静态膨胀：在整个膨胀过程中控制外压力，使外压力始终与系统压力相差无限小，即系统的外压力每次都减小一个无限小值 dp，系统的体积则膨胀一个无限小值 dV，过程中系统克服的外压力

$$p_{ex}=p_{sys}-\mathrm{d}p=p-\mathrm{d}p$$

则系统所做的体积功为

$$W_{Ⅳ}=-\int_{V_1}^{V_2}p_{ex}\mathrm{d}V=-\int_{V_1}^{V_2}(p-\mathrm{d}p)\mathrm{d}V=-\left(\int_{V_1}^{V_2}p\mathrm{d}V-\int_{V_1}^{V_2}\mathrm{d}p\mathrm{d}V\right)$$

由于 dp 和 dV 极小，因此，dpdV 可忽略不计

$$W_{Ⅳ}=-\int_{V_1}^{V_2}p\mathrm{d}V=-\int_{V_1}^{V_2}\frac{nRT}{V}\mathrm{d}V=-nRT\ln\frac{V_2}{V_1}$$

这种过程称为准静态过程。过程进行得无限缓慢，过程进行的每一步都非常接近平衡态。

途径Ⅴ 可逆膨胀：忽略活塞质量和活塞与气缸之间的摩擦力，上述准静态膨胀过程就是一种可逆过程。可逆过程的每一步系统都能沿着反方向进行，使系统复原，并且系统复原后，环境也能复原，不在环境中引起其他变化。恒温可逆膨胀过程中系统所做的功为图 1-3 中曲线

ahf 下的面积。从图 1-3 可知，理想气体恒温可逆过程中系统向环境做的功最大。

现在再看使气体复原的压缩过程，称其为途径Ⅵ。要使气体压缩，p_{ex}至少必须比气体的压力大 dp。若使整个压缩过程维持 $p_{ex}=p+dp$，体积从 V_2 压缩回到 V_1，则此过程的功为：

$$W_{Ⅵ}=\int_{V_2}^{V_1}(p+dp)dV=\int_{V_2}^{V_1}pdV$$

这个功是使系统复原的最小功。$W_{Ⅵ}$的绝对值与途径Ⅴ的功 $W_{Ⅴ}$ 恰好相等且符号相反。由此可知，途径Ⅴ的过程发生后，可以使系统沿原途径逆向进行，恢复原状态而不给环境留下任何痕迹。因为在途径Ⅴ的膨胀过程中，如果将系统对外所做的功贮存起来，则这些功恰好能够使系统恢复原状，同时将膨胀时所吸收的热还给恒温器。途径Ⅰ、途径Ⅱ和途径Ⅲ则不同，因为它们的功 $W_{Ⅰ}$、$W_{Ⅱ}$ 和 $W_{Ⅲ}$ 都比压缩的最小功 $W_{Ⅵ}$ 绝对值小。途径Ⅵ这样的过程就是可逆过程。

过程进行后，如能使系统恢复原来状态，同时不给环境留下任何痕迹，此过程就是可逆过程。反之，过程进行后，用任何方法都不能使系统和环境同时恢复原状，则称为不可逆过程。

以上的分析说明，可逆过程具有下列特点：

(1) 可逆过程是在作用力与阻力相差无限小的条件下进行的。过程的速率无限缓慢。每一瞬间，系统都接近于平衡状态。只需将条件稍微改变就能使过程逆向进行。过程中没有摩擦发生。

(2) 可逆过程发生后，可以使系统沿原途径逆向进行恢复原状，而不给环境留下任何痕迹。

(3) 在可逆膨胀过程中，系统做最大功，而在可逆压缩过程中，环境对系统做最小功。

(4) 理想气体恒温可逆过程膨胀功的计算公式为

$$W=-\int_{V_1}^{V_2}pdV=-\int_{V_1}^{V_2}\frac{nRT}{V}dV=-nRT\ln\frac{V_2}{V_1} \tag{1-31}$$

因为恒温条件下，$p_1V_1=p_2V_2$，式 (1-31) 也可以写成

$$W=-nRT\ln\frac{p_1}{p_2}$$

虽然可逆过程是一种理想的极限过程，但也有一些实际变化与可逆过程很接近，可以近似地看作可逆过程，例如，在气、液平衡下的液体蒸发；固、液平衡下液体的结晶；原电池电动势与外加电压相差很小的情况下，电池的放电或充电等。在热力学中可逆过程是很重要的一种过程，一些重要的热力学函数的变化值要通过可逆过程的功和热才能求得。

例 1-5 56g 氧气，温度为 100℃，体积为 4L，经恒温可逆膨胀到 4.5L，求所做的膨胀功。

解：

$$W=nRT\ln\frac{V_2}{V_1}=\frac{56}{32}\times8.314\times373\ln\frac{4.5\times10^{-3}}{4\times10^{-3}}=639\text{J}$$

1.4.2 理想气体的绝热可逆过程

理想气体绝热可逆过程的 $\delta Q_R=0$，角标 R 表示过程可逆。

根据热力学第一定律，

$$dU=\delta Q_R+\delta W_R$$

$$dU=\delta W_R$$

$$\Delta U=W$$

因为理想气体的热力学能（内能）只是温度的函数，$dU=nC_{V,m}dT$

$$\Delta U=nC_{V,m}(T_2-T_1)$$

所以
$$W=nC_{V,\mathrm{m}}(T_2-T_1)$$
对理想气体绝热可逆过程来说，$\delta W_\mathrm{R}=-p\mathrm{d}V$，将 $p=nRT/V$ 代入 $\mathrm{d}U=\delta W_\mathrm{R}=-p\mathrm{d}V$ 可得
$$nC_{V,\mathrm{m}}\mathrm{d}T=-\left(\frac{nRT}{V}\right)\mathrm{d}V$$
即
$$C_{V,\mathrm{m}}\mathrm{dln}T+R\mathrm{dln}V=0$$

理想气体的 $C_{V,\mathrm{m}}$ 为定值，且与温度无关，那么，当理想气体从 p_1，V_1，T_1 经绝热可逆过程变化到 p_2，V_2，T_2 时，可得到积分式
$$\left(\frac{T_2}{T_1}\right)^{C_{V,\mathrm{m}}}\left(\frac{V_2}{V_1}\right)^{R}=1 \tag{1-32}$$
将
$$\frac{V_2}{V_1}=\left(\frac{T_2}{T_1}\right)\left(\frac{p_1}{p_2}\right)$$
代入式（1-32）得
$$\left(\frac{T_2}{T_1}\right)^{C_{p,\mathrm{m}}}\left(\frac{p_2}{p_1}\right)^{-R}=1 \tag{1-33}$$
将
$$\frac{T_2}{T_1}=\left(\frac{p_2}{p_1}\right)\left(\frac{V_2}{V_1}\right)$$
代入式（1-33）得
$$\left(\frac{p_2}{p_1}\right)^{C_{V,\mathrm{m}}}\left(\frac{V_2}{V_1}\right)^{C_{p,\mathrm{m}}}=1 \tag{1-34}$$

上述三个公式描述了理想气体发生绝热可逆膨胀（或压缩）过程时，系统 p，V，T 变化所遵循的规律，称为理想气体的绝热可逆过程方程。这三个方程还有另外的表达形式：
$$\left(\frac{T_2}{T_1}\right)\left(\frac{V_2}{V_1}\right)^{\gamma-1}=1 \tag{1-35}$$
$$\left(\frac{T_2}{T_1}\right)\left(\frac{p_2}{p_1}\right)^{(1-\gamma)/\gamma}=1 \tag{1-36}$$
$$\left(\frac{p_2}{p_1}\right)\left(\frac{V_2}{V_1}\right)^{\gamma}=1 \tag{1-37}$$
式中，$\gamma=\dfrac{C_{p,\mathrm{m}}}{C_{V,\mathrm{m}}}$。

例 1-6 1.5mol 双原子分子理想气体，温度为 25℃，体积为 20dm^3，经绝热可逆过程膨胀到压力等于 101.3kPa。求系统终态的温度 T_2 及变化过程中系统所做的膨胀功 W、热力学能（内能）变化 ΔU 及焓变 ΔH。

解：对于绝热过程，$Q=0$，所以
$$W=\Delta U=nC_{V,\mathrm{m}}(T_2-T_1)$$
根据已知条件可得
$$p_1=\frac{nRT_1}{V_1}=\frac{1.5\times8.314\times298}{20\times10^{-3}}=185.8\mathrm{kPa}$$
根据式（1-36）可得
$$T_2=T_1\left(\frac{p_1}{p_2}\right)^{(1-\gamma)/\gamma}$$
式中，$\gamma=C_{p,\mathrm{m}}/C_{V,\mathrm{m}}=\left(\frac{7}{2}R\right)\Big/\left(\frac{5}{2}R\right)=1.4$，将已知条件代入可得
$$T_2=250.7\mathrm{K}$$

$$W=nC_{V,m}(T_2-T_1)$$
$$=1.5\times\frac{5}{2}\times8.314\times(250.7-298)=-1475J$$
$$\Delta U=W=-1475J$$
$$\Delta H=nC_{p,m}(T_2-T_1)$$
$$=1.5\times\frac{7}{2}\times8.314\times(250.7-298)=-2065J$$

1.5 相变过程

纯物质的相变过程可分为两类：可逆相变和不可逆相变。在两相平衡共存的温度及压力下发生的相变称为可逆相变，除此之外的相变均称为不可逆相变。例如，101.3kPa、100℃条件下，水的蒸发过程就是一个可逆的相变过程。

恒压相变过程中系统的相变热称为恒压热（Q_p），而 $Q_p=\Delta H$，即恒压相变热在数值上等于该相变过程的焓变，称为相变焓 $\Delta_{相变}H$。

对于熔化、蒸发、升华及晶型转变（$\alpha_{相}\rightarrow\beta_{相}$）4 种相变过程，若分别用符号 fus，vap，sub 及 trs 来表示，则恒压条件下，含 1mol 物质的系统分别发生上述 4 种过程的相变焓分别称为摩尔熔化焓 $\Delta_{fus}H_m$、摩尔蒸发焓 $\Delta_{vap}H_m$、摩尔升华焓 $\Delta_{sub}H_m$ 及摩尔相变焓 $\Delta_{trs}H_m$。而这 4 种相变过程的逆过程，即凝固、液化、凝华及晶型转变（$\beta_{相}\rightarrow\alpha_{相}$）过程的焓变分别为 $-\Delta_{fus}H_m$，$-\Delta_{vap}H_m$，$-\Delta_{sub}H_m$ 及 $-\Delta_{trs}H_m$。

对于熔化和晶型转变过程，由于相变前后系统均为凝聚态（如液态或固态），体积改变可忽略为零（$\Delta V\approx0$），因此，体积功

$$W=-p\Delta V\approx0$$

若过程恒温恒压，有

$$Q_p=\Delta H$$

将以上两式代入热力学第一定律表达式：$\Delta U=Q+W$，可得

$$\Delta U\approx\Delta H$$

对于蒸发和升华过程，相变产物为气体，由于气体的摩尔体积（V_m 等于系统的体积 V 与物质的量 n 之比）远大于液体或固体的摩尔体积，因此在恒温恒压过程中可忽略凝聚相的体积，并将气体按理想气体处理。由于

$$Q_p=\Delta H$$
$$W=-p\Delta V=-p(V_g-V_{凝聚相})\approx-pV_g=-nRT$$

所以 $$\Delta H=\Delta U+\Delta(pV)\approx\Delta U+pV_g\approx\Delta U+nRT$$

即 $$\Delta H\approx\Delta U+nRT$$

式中，n 为相变所产生气体的物质的量。

例 1-7 1mol 的液态 H_2O，在 100℃及 100kPa 时完全蒸发为水蒸气，求蒸发过程中系统所做的功 W 及 ΔU，ΔH。已知在 100℃及 100kPa 条件下，1g 液态 H_2O 的体积为 1.043mL，1g 蒸气的体积为 1677mL，H_2O 的恒压蒸发热为 40.63kJ・mol^{-1}。

解： 1mol 液态 H_2O 的体积

$$V_1=1.043\times18\times10^{-6}=1.877\times10^{-5}m^3$$

1mol H_2O 蒸气体积

$$V_g = 1677 \times 18 \times 10^{-6} = 3.019 \times 10^{-2}\,\mathrm{m^3}$$

根据已知条件 $Q_p = 40.63\,\mathrm{kJ \cdot mol^{-1}}$

所以 $\Delta H = 40.63\,\mathrm{kJ \cdot mol^{-1}}$

又
$$\begin{aligned} W &= -p\Delta V = -p(V_g - V_l) \\ &= -101.3 \times 10^3 \times (3.019 \times 10^{-2} - 1.877 \times 10^{-5}) \\ &= -3056.3\,\mathrm{J} = -3.056\,\mathrm{kJ} \end{aligned}$$

根据热力学第一定律得

$$\Delta U = Q_p + W = 40.63 + (-3.056) = 37.57\,\mathrm{kJ}$$

题中若假定 $V_l \approx 0$，则蒸发过程的 W 及 ΔU，ΔH 分别为

$$\begin{aligned} W &\approx -pV_g = -101.3 \times 10^3 \times 3.019 \times 10^{-2} \\ &= 3058.25\,\mathrm{J} = 3.058\,\mathrm{kJ} \end{aligned}$$

$$\Delta U = Q_p + W = 40.63 + (-3.058) = 37.57\,\mathrm{kJ}$$

$$\begin{aligned} \Delta H &= \Delta U + \Delta(pV) \approx \Delta U + pV_g \\ &= 37.57 + 3.058 = 40.63\,\mathrm{kJ} \end{aligned}$$

$$(\text{或 } \Delta H \approx Q_p = 40.63\,\mathrm{kJ})$$

1.6 焦耳实验

1843 年，焦耳作了如下实验：将两个较大而容量相等的容器放在大水浴中，它们之间有旋塞连通，左侧装满气体，右侧抽成真空（见图 1-4）。打开旋塞，气体由左侧膨胀到右侧，最后系统达到平衡，这时没有观察到水温改变。因为气体膨胀过程克服的外压力为零，所以 $W=0$。又因为没有观察到水温变化，说明系统没有从环境吸收或向环境放出热量，即 $Q=0$。根据热力学第一定律 $\Delta U = Q + W$，可得到 $\Delta U = 0$。根据焓的定义式 $H = U + pV$，得

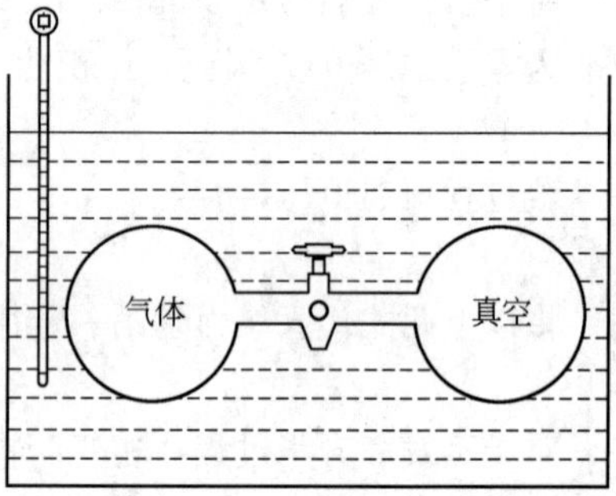

图 1-4 焦耳实验装置示意图

$$\Delta H = \Delta U + \Delta(pV)$$

而对于一定量（n mol）理想气体

$$\Delta(pV) = \Delta(nRT) = nR\Delta T$$

因为过程温度没改变，所以

$$\Delta(pV) = nR\Delta T = 0$$

所以 $\Delta H = 0$

上述焦耳实验过程就是本章 1.1 节所提到的自由膨胀过程。

对于一定量的理想气体，热力学能（内能）U 只是温度 T 和体积 V 的函数。上述实验过程中 $\mathrm{d}T = 0$，又因 $\mathrm{d}U = 0$，故根据式（1-6）可得

$$\left(\frac{\partial U}{\partial V}\right)_T \mathrm{d}V = 0$$

因为 $\mathrm{d}V \neq 0$，所以

$$\left(\frac{\partial U}{\partial V}\right)_T = 0 \tag{1-38}$$

同理可以证明

$$\left(\frac{\partial U}{\partial p}\right)_T=0 \tag{1-39}$$

式（1-38）和式（1-39）说明，理想气体的热力学能（内能）仅为温度的函数而与体积 V 及压力 p 无关，即

$$U=f(T) \tag{1-40}$$

对于理想气体，在恒温条件下，$pV=$常数，所以，很容易证明理想气体的焓也仅为温度的函数，即

$$H=f(T) \tag{1-41}$$

后来的研究证明，焦耳实验不够精确，但也证明，气体压力越小，式（1-39）和式（1-40）越正确。因此，可以断定式（1-40）和式（1-41）对于实际气体存在偏差，但对于理想气体是正确的。

1.7 节流膨胀和焦耳-汤姆逊效应

真实气体分子间有相互作用力，它的热力学性质与理想气体有所不同，它不遵守理想气体状态方程。由一定量纯实际气体组成的系统，其热力学能（内能）和焓都不只是温度的函数，而是 T，V 或 T，p 两个变量的函数，

$$U=f(T,V)$$
$$H=f(T,p) \tag{1-42}$$

上述结论已被焦耳-汤姆逊实验证实。

1852 年，焦耳-汤姆逊实验克服了由于环境热容量比气体系统大得多，而不易观察到气体膨胀后温度可能发生变化的困难。图 1-5 是焦耳-汤姆逊实验装置示意图。在一个绝热圆筒中部，有一多孔塞，其作用是使气体不能很快通过，并且能够在多孔塞两边维持一定压力差。实验时，将左侧活塞缓慢推进，使体积为 V_1 的气体经多孔塞流入右侧气缸，并维持左侧筒内压力始终为 p_1，同时右侧活塞被缓慢推出，推出气体体积为 V_2，并维持右侧筒内压力始终为 p_2（$p_1>p_2$）。实验结果发现，气体流经多孔塞后温度改变了，这一现象称为焦耳-汤姆逊效应，这一过程称为节流过程。

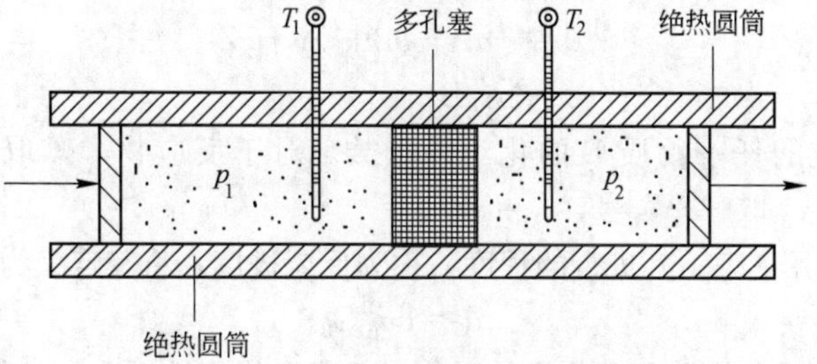

图 1-5 焦耳-汤姆逊实验装置示意图

在这个过程中，系统从环境得到的功 W 为

$$W=p_1V_1-p_2V_2$$

因为过程绝热，$Q=0$。所以，根据热力学第一定律，系统热力学能（内能）的变化

$$\Delta U=W$$

$$U_2-U_1=p_1V_1-p_2V_2$$

$$U_2+p_2V_2=U_1+p_1V_1$$

所以
$$H_2=H_1 \tag{1-43}$$

式（1-43）表明，节流过程是焓恒定的过程。这说明对于实际气体，若焓（H）只是温度的函数，则无论压力（p）改变与否，只要温度（T）变化，则 H 随之而变。但焦-汤实验过程中，T、p 都改变，而 H 不变，由此可判断真实气体的 H 不只是 T 的函数，同时也是 p 的函数，见式（1-42）。

上述节流过程的原理，在实际生产过程中有重要应用。对于实际气体，将恒定焓情况下（$\Delta H=0$），节流过程中温度随压力的变化率$\left(\frac{\partial T}{\partial p}\right)_H$称为焦-汤系数，用 $\mu_{\mathrm{J-T}}$表示，即

$$\mu_{\mathrm{J-T}}=\left(\frac{\partial T}{\partial p}\right)_H \tag{1-44}$$

因为上述焦-汤实验过程的 $\partial p<0$，所以若 $\mu_{\mathrm{J-T}}<0$，表示流体经节流后温度升高；若 $\mu_{\mathrm{J-T}}>0$，表示流体经节流后温度下降；若 $\mu_{\mathrm{J-T}}=0$，表示流体经节流后温度不变。对于理想气体，$\mu_{\mathrm{J-T}}=0$。

各种气体常温下的 $\mu_{\mathrm{J-T}}$值一般都是正值。但 H_2、He、Ne 例外，它们的 $\mu_{\mathrm{J-T}}$值在常温下是负值。

1.8　热　化　学

化学变化常伴有吸热或放热现象，对于这些现象进行精确测定，并作较详尽的讨论，已成为物理化学上的一个分支，称为热化学。在热力学第一定律奠定之后，热化学中的一些规律和公式成为热力学第一定律的必然推论。因此热化学实质上可以看作是热力学第一定律在化学变化过程中的具体应用。

1.8.1　反应进度和热化学方程式

将任一化学反应方程式

$$a\mathrm{A}+b\mathrm{B}=\!=\!=y\mathrm{Y}+z\mathrm{Z}$$

写作
$$0=-a\mathrm{A}-b\mathrm{B}+y\mathrm{Y}+z\mathrm{Z}$$

表示成
$$0=\sum\nu_\mathrm{B}\mathrm{B}$$

式中，ν_B 为参与反应的任一物质 B 的化学计量数。对于反应物，ν_B 取“－”号，$\nu_\mathrm{A}=-a$，$\nu_\mathrm{B}=-b$；对于产物，ν_B 取“＋”号，$\nu_\mathrm{Y}=y$，$\nu_\mathrm{Z}=z$。

对于此反应，可用 ξ 表示其进行的程度，称为反应进度，将其定义为

$$\mathrm{d}\xi=\mathrm{d}n_\mathrm{B}/\nu_\mathrm{B} \tag{1-45}$$

式中，n_B 为反应式中任一物质 B 的物质的量，对于确定的化学反应，参与反应的所有物质的 ξ 均相同。反应进度的单位为 mol。

对式（1-45）积分可得

$$\Delta\xi=\Delta n_\mathrm{B}/\nu_\mathrm{B} \tag{1-46}$$

若规定反应开始时 $\xi_0=0$，则 $\xi=\Delta n_\mathrm{B}/\nu_\mathrm{B}$。

对于同一反应，反应前后物质 B 的量的变化值 Δn_B 一定，但反应方程式写法不同，ν_B 不同，故反应进度 ξ 也不同。

例如，对于合成氨反应

$$N_2(g)+3H_2(g)=2NH_3(g)$$

当 $\Delta n(N_2)=-1mol$ 时，反应进度

$$\Delta\xi=\Delta n(N_2)/\nu(N_2)=-1/(-1)=1mol$$

对同一反应，若将其写成

$$\frac{1}{2}N_2(g)+\frac{3}{2}H_2(g)=NH_3(g)$$

则反应进度

$$\Delta\xi=\Delta n(N_2)/\nu(N_2)=-1/(-0.5)=2mol$$

对于同一化学反应，方程式写法不同，同一物质的计量系数就不同，热化学计算的结果也不同。此外，因为 U，H 等函数的数值与系统状态有关，所以在反应方程式中应明确注明物态、温度、压力、组成等。对于固态物质还应注明其结晶状态。一般反应式中用“g”代表气体，用“l”代表液体，用“s”代表固体等，这种注明具体反应条件的化学反应方程式称为热化学方程式。若不注明反应温度和压力，则通常是指反应温度为 25℃（298.15K）、压力为标准压力 $p^{\ominus}=100kPa$。

1.8.2 化学反应的热效应

在恒定温度 T、没有非体积功的条件下，化学反应过程吸收或放出的热，称为该反应在温度 T 下的热效应。这里恒温是指环境温度不变，产物温度与反应前原始物的温度相等，并与环境温度保持相同。热效应的单位为 $J\cdot mol^{-1}$ 或 $kJ\cdot mol^{-1}$。

热效应可按如下方法测定：使物质在量热计中作绝热变化，从量热计的温度改变，可以计算出化学变化过程吸收或放出多少热量，所得结果就是恒温变化过程中的热效应。在热化学中，热的符号仍采用热力学中的惯例，即系统吸热为正值，系统放热为负值。

通常情况下，量热计所测的热效应是指恒容热效应（$Q_{V,m}$），即在恒容条件下反应的热效应。但通常所谓的反应热，如不特别注明，都是指恒压热（$Q_{p,m}$）。角标“m”是指反应进度 $\xi=1mol$ 的反应。由式(1-14)和式(1-17)可知，对于 $\xi=1mol$ 的化学变化过程，若过程恒容，则

$$Q_{V,m}=\Delta_r U_m$$

若过程恒压，则

$$Q_{p,m}=\Delta_r H_m$$

上两式中的 $\Delta_r U_m$ 和 $\Delta_r H_m$ 分别表示进度 $\xi=1mol$ 的化学变化过程中热力学能（内能）和焓的改变值，分别称为摩尔反应热力学能（内能）和摩尔反应焓。$Q_{V,m}$，$Q_{p,m}$，$\Delta_r U_m$ 及 $\Delta_r H_m$ 的单位均为 $J\cdot mol^{-1}$ 或 $kJ\cdot mol^{-1}$，它们的数值均与方程式的写法有关。若反应是在标准压力 $p^{\ominus}=100kPa$ 条件下进行，则 $\xi=1mol$ 的反应的热力学能（内能）及焓的改变值分别为标准摩尔反应热力学能（内能）及标准摩尔反应焓，分别用 $\Delta_r U_m^{\ominus}$ 和 $\Delta_r H_m^{\ominus}$ 表示，单位仍为 $J\cdot mol^{-1}$ 或 $kJ\cdot mol^{-1}$。

由焓的定义式（1-16），即 $H=U+pV$ 可知

$$\Delta_r H/\xi=\Delta_r U/\xi+\Delta(pV)/\xi$$

即
$$\Delta_r H_m=\Delta_r U_m+\Delta(pV)/\xi$$

对凝聚态系统，$\Delta(pV)\approx 0$，所以

$$\Delta_r H_m\approx\Delta_r U_m$$

对于有理想气体参加的恒温恒压反应，$\Delta(pV)=\Delta(nRT)=\Delta n(RT)$，所以

$$\Delta_r H_m = \Delta_r U_m + \Delta n_m (RT) \tag{1-47}$$

式中，$\Delta n_m = \Delta n/\xi$ 为 $\xi = 1\text{mol}$ 的化学反应前后气体物质的量的改变值，$\Delta n_m = \sum_B \nu_B(g)$，即对于 $\xi = 1\text{mol}$ 的反应，Δn_m 等于反应式 $0 = \sum \nu_B B$ 中气体物质 B(g) 的化学计量数的代数和。

例 1-8 25℃时，弹式量热计中燃烧丙二酸 $CH_2(CO_2H)_2(s)$。每摩尔丙二酸燃烧放热 866.6kJ。求 25℃时，每摩尔丙二酸燃烧反应的恒压热效应。

解： 题中所述燃烧反应的热化学方程式

$$CH_2(CO_2H)_2(s) + 2O_2(g) =\!=\!= 3CO_2(g) + 2H_2O(l)$$

根据反应进度定义可得

$$\xi = 1\text{mol}$$

由题给数据可知，$\Delta_r U_m = Q_{V,m} = -866.6\text{kJ} \cdot \text{mol}^{-1}$

燃烧 1mol 丙二酸反应前后气体摩尔数的改变值

$$\Delta n_m = 3 - 2 = 1\text{mol}$$

25℃时

$$\Delta n_m(RT) = 1 \times 8.314 \times 298 = 2477\text{J} \cdot \text{mol}^{-1} \approx 2.5\text{kJ} \cdot \text{mol}^{-1}$$

$$\Delta_r H_m = \Delta_r U_m + \Delta n_m(RT) = -866.6 + 2.5 = -864.1\text{kJ} \cdot \text{mol}^{-1}$$

因为

$$Q_{p,m} = \Delta_r H_m = -864.1\text{kJ} \cdot \text{mol}^{-1}$$

所以每摩尔丙二酸燃烧反应的恒压热效应为－864.1kJ。

1.8.3 盖斯定律

1840 年，盖斯从实验中发现：一个化学反应无论是一步完成还是分成几步完成，反应的热效应总值一定，即只与反应始态、终态有关，与反应分成几步完成无关。因为 H 或 U 都是状态函数，只要化学反应始态、终态确定，则 $\Delta_r H_m$（即 $Q_{p,m}$）或 $\Delta_r U_m$（即 $Q_{V,m}$）也就是定值，至于通过什么途径完成这一反应，则完全无关。因此，在热力学第一定律建立之后，盖斯定律就成为其必然结果了。

例如，碳完全燃烧生成 CO_2 的反应，可以通过两条不同途径实现：

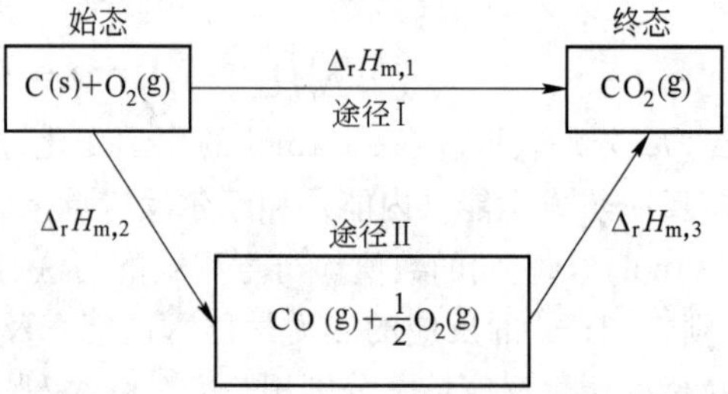

途径Ⅰ　一步完成，摩尔反应焓为 $\Delta_r H_{m,1}$。

途径Ⅱ　分两步完成，两个步骤的摩尔反应焓分别为 $\Delta_r H_{m,2}$ 和 $\Delta_r H_{m,3}$。根据盖斯定律：

$$\Delta_r H_{m,1} = \Delta_r H_{m,2} + \Delta_r H_{m,3}$$

盖斯定律说明：利用热化学方程式的线性组合，可由若干已知反应的摩尔反应焓，求另一反应的摩尔反应焓。

例 1-9 已知 25℃时下列反应的摩尔反应焓

$$C(\text{石墨}) + CO_2(g) =\!=\!= 2CO(g) \qquad \Delta_r H_{m,1} = 172.52\text{kJ} \cdot \text{mol}^{-1} \tag{1}$$

$$C(石墨)+O_2(g)=\!=\!=CO_2(g) \qquad \Delta_r H_{m,2}=-393.52\text{kJ}\cdot\text{mol}^{-1} \tag{2}$$

求：25℃时，反应 $C(石墨)+\frac{1}{2}O_2(g)=\!=\!=CO(g)$ 的热效应 $\Delta_r H_{m,3}$。

解： 由 $\frac{1}{2}[(1)+(2)]$ 可得

$$C(石墨)+\frac{1}{2}O_2(g)=\!=\!=CO(g) \tag{3}$$

$$\Delta_r H_{m,3}=\frac{1}{2}(\Delta_r H_{m,1}+\Delta_r H_{m,2})=\frac{1}{2}\times(172.52-393.52)=-110.50\text{kJ}\cdot\text{mol}^{-1}$$

例 1-10 已知 25℃时下列反应的摩尔反应焓

$$ZnS+2O_2=\!=\!=ZnSO_4 \qquad \Delta_r H_{m,1}=-777.13\text{kJ}\cdot\text{mol}^{-1} \tag{1}$$

$$2ZnS+3O_2=\!=\!=2ZnO+2SO_2 \qquad \Delta_r H_{m,2}=-886.68\text{kJ}\cdot\text{mol}^{-1} \tag{2}$$

$$2SO_2+O_2=\!=\!=2SO_3 \qquad \Delta_r H_{m,3}=-197.72\text{kJ}\cdot\text{mol}^{-1} \tag{3}$$

求：25℃时，反应 $ZnO+SO_3=ZnSO_4$ 的热效应 $\Delta_r H_{m,4}$。

解： 由 $\frac{1}{2}\{2\times(1)-[(2)+(3)]\}$ 可得

$$ZnO+SO_3=\!=\!=ZnSO_4 \tag{4}$$

$$\begin{aligned}\Delta_r H_{m,4}&=\frac{1}{2}\times[2\Delta_r H_{m,1}-(\Delta_r H_{m,2}+\Delta_r H_{m,3})]\\&=\frac{1}{2}\times[2\times(-777.13)-(-886.68-197.72)]\\&=-234.93\text{kJ}\cdot\text{mol}^{-1}\end{aligned}$$

应用盖斯定律必须注意：(1) 同种物质的温度、聚集状态和分压都相同时，才可以合并或相消；(2) 热化学方程式乘（或除）某一系数，则热效应也应同时乘（或除）同一系数。

1.8.4 标准摩尔反应焓的计算

由状态函数的特点可知，反应焓 $\Delta_r H$ 是指一定温度、压力下，化学反应过程中生成物的焓与反应物的焓之差。

对于化学反应

$$0=\nu_A A+\nu_B B+\nu_Y Y+\nu_Z Z$$

若反应进度 $\xi=1\text{mol}$，则反应焓 $\Delta_r H$ 等于摩尔反应焓，即

$$\begin{aligned}\Delta_r H_m&=\nu_Y H_m(Y)+\nu_Z H_m(Z)+\nu_A H_m(A)+\nu_B H_m(B)\\&=\sum_B \nu_B H_m(B)\end{aligned} \tag{1-48}$$

在反应温度一定及标准压力 $p^\ominus=100\text{kPa}$ 下，

$$\Delta_r H_m^\ominus=\sum_B \nu_B H_m^\ominus(B) \tag{1-49}$$

对于纯态物质，式中的 $H_m^\ominus(B)$ 表示反应式中任一物质 B 的标准摩尔焓。

1.8.4.1 由物质的标准摩尔生成焓计算化学反应的 $\Delta_r H_m^\ominus$

由于物质热力学能（内能）的绝对值不知道，焓的绝对值也不知道，所以无法根据式 (1-49) 直接计算反应的 $\Delta_r H_m^\ominus$。因此规定：一定温度及标准压力 $p^\ominus=100\text{kPa}$ 下，由最稳定单质生成化学计量系数 $\nu_B=1$ 的物质 B 的标准摩尔反应焓，称为物质 B 在该温度下的标准摩尔生成焓，用 $\Delta_f H_m^\ominus$ 表示，单位为 $\text{J}\cdot\text{mol}^{-1}$ 或 $\text{kJ}\cdot\text{mol}^{-1}$。

25℃下一些物质的标准摩尔生成焓数据见附录，在此温度及标准压力下，稀有气体的最稳定单质为单原子气体；氢、氧、氮、氟、氯元素的最稳定单质为相应的双原子气体；溴和汞的最稳定单质为液态 $Br_2(l)$ 和 Hg(l)；碳、硫的最稳定单质为石墨和斜方硫；其余元素的最稳定单质均为固态。显然在任何温度及标准压力下，最稳定单质的标准摩尔生成焓均为零。

根据物质的 $\Delta_f H_m^\ominus$ 数据，可计算出化学反应的标准摩尔反应焓 $\Delta_r H_m^\ominus$。例如：按照定义，25℃时，下述反应

$$\text{C(石墨)} + O_2(g) = CO_2(g) \qquad \Delta_r H_{m,1}^\ominus = \Delta_f H_m^\ominus(CO_2, g) \tag{1}$$

$$\text{C(石墨)} + \frac{1}{2}O_2(g) = CO(g) \qquad \Delta_r H_{m,2}^\ominus = \Delta_f H_m^\ominus(CO, g) \tag{2}$$

$$Fe(s) + \frac{1}{2}O_2(g) = FeO(s) \qquad \Delta_r H_{m,3}^\ominus = \Delta_f H_m^\ominus(FeO, s) \tag{3}$$

$$3Fe(s) + 2O_2(g) = Fe_3O_4(s) \qquad \Delta_r H_{m,4}^\ominus = \Delta_f H_m^\ominus(Fe_3O_4, s) \tag{4}$$

的标准摩尔反应焓分别为 $CO_2(g)$，CO(g)，FeO(s) 和 $Fe_3O_4(s)$ 的标准摩尔生成焓。可以根据上面 (1)～(4) 反应的 $\Delta_r H_m^\ominus$ 计算 25℃时下列反应的 $\Delta_r H_{m,5}^\ominus$。

$$Fe_3O_4(s) + CO(g) = 3FeO(s) + CO_2(g) \tag{5}$$

根据盖斯定律，反应(5)＝[(1)＋3×(3)]－[(2)＋(4)]，所以

$$\Delta_r H_{m,5}^\ominus = (\Delta_r H_{m,1}^\ominus + 3\times\Delta_r H_{m,3}^\ominus) - (\Delta_r H_{m,2}^\ominus + \Delta_r H_{m,4}^\ominus)$$
$$= [\Delta_f H_m^\ominus(CO_2, g) + 3\times\Delta_f H_m^\ominus(FeO, s)] - [\Delta_f H_m^\ominus(CO, g) + \Delta_f H_m^\ominus(Fe_3O_4, s)]$$

上式表明，化学反应的标准摩尔反应焓等于产物标准摩尔生成焓总和减去反应物标准摩尔生成焓总和。用通式表示为

$$\Delta_r H_m^\ominus(T) = \sum_B \nu_B \Delta_f H_m^\ominus(B, T) \tag{1-50}$$

由式 (1-49) 也可得到同样结果。查热力学数据表得到上述各种物质在 25℃的标准摩尔生成热数据如下：

物　质	FeO	CO_2	Fe_3O_4	CO
$\Delta_f H_m^\ominus(B)/kJ\cdot mol^{-1}$	－272.04	－393.52	－1118.38	－110.50

1.8.4.2 由物质的标准摩尔燃烧焓计算化学反应的 $\Delta_r H_m^\ominus$

一定温度及标准压力条件下，化学计量系数 $\nu_B = -1$ 的物质 B 与氧气进行完全燃烧反应，生成规定的燃烧产物时的标准摩尔反应焓，称为物质 B 在该温度 T 下的标准摩尔燃烧焓，符号为 $\Delta_c H_m^\ominus$，单位为 $J\cdot mol^{-1}$ 或 $kJ\cdot mol^{-1}$。

在室温下对物质 B 的燃烧产物规定为：物质 B 中的 C，H，N 的燃烧产物分别为 $CO_2(g)$，$H_2O(l)$ 和 $N_2(g)$，例如甲烷（CH_4）的标准摩尔燃烧焓就是反应 $CH_4(g) + 2O_2(g) = CO_2(g) + 2H_2O(l)$的标准摩尔反应焓。S 的燃烧产物为 $SO_2(g)$，但应注意有些书中也有不同规定。表 1-1 中列出了一些有机物在 25℃时的 $\Delta_c H_m^\ominus$ 数据。对于规定的燃烧产物，其标准摩尔燃烧焓为零。

表 1-1　25℃时一些有机物的标准摩尔燃烧焓

物　质	$\Delta_c H_m^\ominus/kJ\cdot mol^{-1}$	物　质	$\Delta_c H_m^\ominus/kJ\cdot mol^{-1}$
甲烷 $CH_4(g)$	－890.36	甲醇 $CH_3OH(l)$	－726.6
乙烷 $C_2H_6(g)$	－1559.9	乙醇 $C_2H_5OH(l)$	－1366.9
乙烯 $C_2H_4(g)$	－1411.0	乙酸 $CH_3COOH(l)$	－871.7
乙炔 $C_2H_2(g)$	－1299.6	萘 $C_{10}H_8(s)$	－5138.7

利用物质的 $\Delta_c H_m^\ominus$ 数据，也可以计算反应的标准摩尔反应焓。

例 1-11 已知乙酸（CH_3COOH）、甲醇（CH_3OH）和乙酸甲酯（CH_3COOCH_3）的标准摩尔燃烧焓分别为 $-871.7kJ\cdot mol^{-1}$、$-726.6kJ\cdot mol^{-1}$ 和 $-1595kJ\cdot mol^{-1}$。求 25℃下，酯化反应

$$CH_3COOH(l)+CH_3OH(l)\!=\!\!=\!CH_3COOCH_3(l)+H_2O(l)$$

的标准摩尔反应焓。

解：根据 $\Delta_c H_m^\ominus$ 的定义可得

$$CH_3COOH(l)+2O_2(g)\!=\!\!=\!2CO_2(g)+2H_2O(l)$$

$$\Delta_r H_{m,1}^\ominus=\Delta_c H_m^\ominus(CH_3COOH,l)=-871.7kJ\cdot mol^{-1} \tag{1}$$

$$CH_3OH(l)+\frac{3}{2}O_2(g)\!=\!\!=\!CO_2(g)+2H_2O(l)$$

$$\Delta_r H_{m,2}^\ominus=\Delta_c H_m^\ominus(CH_3OH,l)=-726.6kJ\cdot mol^{-1} \tag{2}$$

$$CH_3COOCH_3(l)+\frac{7}{2}O_2(g)\!=\!\!=\!3CO_2(g)+3H_2O(l)$$

$$\Delta_r H_{m,3}^\ominus=\Delta_c H_m^\ominus(CH_3COOCH_3,l)=-1595kJ\cdot mol^{-1} \tag{3}$$

则反应

$$CH_3COOH(l)+CH_3OH(l)\!=\!\!=\!CH_3COOCH_3(l)+H_2O(l) \tag{4}$$

可由[(1)+(2)−(3)]得到，所以反应(4)的标准摩尔反应焓

$$\begin{aligned}\Delta_r H_{m,4}^\ominus&=\Delta_r H_{m,1}^\ominus+\Delta_r H_{m,2}^\ominus-\Delta_r H_{m,3}^\ominus\\&=\Delta_c H_m^\ominus(CH_3COOH,l)+\Delta_c H_m^\ominus(CH_3OH,l)-\Delta_c H_m^\ominus(CH_3COOCH_3,l)\\&=-871.7-726.6+1595=-3.3kJ\cdot mol^{-1}\end{aligned}$$

上式表明，化学反应的标准摩尔反应焓等于反应物的标准摩尔燃烧焓总和减去产物的标准摩尔燃烧焓总和。写成通式

$$\Delta_r H_m^\ominus(T)=-\sum_B \nu_B \Delta_c H_m^\ominus(B,T) \tag{1-51}$$

1.8.4.3 由物质的标准摩尔溶解焓计算化学反应的 $\Delta_r H_m^\ominus$

物质溶解过程通常伴随着热效应，如硫酸、苛性钠等物质溶解于水中，发生放热现象，而硝酸铵溶于水中，则发生吸热现象。这是由于形成溶液时，粒子间相互作用力与纯物质不同，发生能量变化，并以热的形式与环境进行交换。物质溶解过程吸收或放出热的多少，与温度、压力等条件有关，如不加注明，常常是指 25℃及标准压力 $p^\ominus=100kPa$。而恒压溶解过程的热效应等于该溶解过程的焓变。

在一定温度、压力下，纯溶质 B 溶解在纯溶剂 A 中形成一定组成的溶液，该溶解过程的焓变，称为 B 的积分溶解焓。在标准压力 $p^\ominus=100kPa$ 下，B 的积分溶解焓与 B 物质的量 n 之比，称为 B 的标准摩尔积分溶解焓，以符号 $\Delta_{int}H_m^\ominus$ 表示，单位为 $J\cdot mol^{-1}$ 或 $kJ\cdot mol^{-1}$。由于溶解过程中溶质浓度不断改变，因而积分溶解焓也称为变浓溶解焓。

在一定温度、压力下，纯溶质 B 溶解在 B 浓度一定的无限大量溶液过程中的焓变，称为溶质 B 在此浓度下的微分溶解焓。在标准压力 $p^\ominus=100kPa$ 下，B 在此浓度下的微分溶解焓与加入的 B 物质的量 n 之比，称为 B 在此浓度下的标准摩尔微分溶解焓，以符号 $\Delta_{diff}H_m^\ominus$ 表示，单位为 $J\cdot mol^{-1}$ 或 $kJ\cdot mol^{-1}$。强调无限大量溶液，是为了使加入一定量溶质 B 时，溶液浓度维持不变。所以微分溶解焓也称定浓溶解焓。表 1-2 列出一些溶质在 1600℃、溶质的质量分数为 1%时在铁液中的标准摩尔微分溶解焓。

表 1-2 1600℃时，一些溶质质量分数为 1%时在铁液中的标准摩尔微分溶解焓

溶解过程	$\Delta_{diff}H_m^{\ominus}/kJ\cdot mol^{-1}$	溶解过程	$\Delta_{diff}H_m^{\ominus}/kJ\cdot mol^{-1}$
Al(l)═[Al]	−43.09	Si(l)═[Si]	−119.20
C(石墨)═[C]	21.34	V(s)═[V]	−15.48
Cr(s)═[Cr]	20.92	Ti(s)═[Ti]	−54.81
Mn(l)═[Mn]	0	$\frac{1}{2}O_2$═[O]	−117.1

表 1-2 中方括号代表溶解状态。如［Al］表示溶于铁液中的铝。冶金过程中常遇到溶液组分参加的化学反应，如金属熔体内部的化学反应及熔体与炉渣及炉气之间的化学反应等。计算这类反应焓变时，需要标准摩尔溶解焓的数据。

例 1-12 已知 1873K 时，反应（1） $2Al(l)+\frac{3}{2}O_2(g)=Al_2O_3(s)$ 的 $\Delta_r H_{m,1}^{\ominus}(1873K)=-1681kJ\cdot mol^{-1}$。求钢中脱氧反应 $2[Al]+3[O]=Al_2O_3(s)$ 的标准摩尔反应焓 $\Delta_r H_m^{\ominus}(1873K)=?$

解: 由表 1-2 查得

$$Al(l)═[Al] \qquad \Delta_{diff}H_{m,2}^{\ominus}(1873K)=-43.09kJ\cdot mol^{-1} \tag{2}$$

$$\frac{1}{2}O_2(g)═[O] \qquad \Delta_{diff}H_{m,3}^{\ominus}(1873K)=-117.1kJ\cdot mol^{-1} \tag{3}$$

则钢中脱氧反应即等于[(1)−2×(2)−3×(3)]，所以钢中脱氧反应的标准摩尔反应焓

$$\begin{aligned}\Delta_r H_m^{\ominus}(1873K)&=\Delta_r H_{m,1}^{\ominus}(1873K)-2\times\Delta_{diff}H_{m,2}^{\ominus}(1873K)-3\times\Delta_{diff}H_{m,3}^{\ominus}(1873K)\\&=-1681-2\times(-43.09)-3\times(-117.1)\\&=-1243.52kJ\cdot mol^{-1}\end{aligned}$$

1.8.5 标准摩尔反应焓与温度的关系——基尔霍夫公式

同一化学反应在不同温度下进行，标准摩尔反应焓是不同的。例如，碳不完全燃烧生成 CO(g) 的反应，在 298K 进行时，$\Delta_r H_m^{\ominus}(298K)=-110.50kJ\cdot mol^{-1}$；在 1800K 进行时，$\Delta_r H_m^{\ominus}(1800K)=-117.1kJ\cdot mol^{-1}$。可利用标准摩尔生成焓或标准摩尔燃烧焓的数据计算标准摩尔反应焓，但通常只有 298K 的数据，因此算得的是 298K 时的 $\Delta_r H_m^{\ominus}$。实际遇到的化学反应往往在其他温度下进行，尤其是冶金反应，大多数是在高温条件下发生，因此这里讨论标准摩尔反应焓随温度变化的函数关系。

设在温度 T_1 下，某化学反应的标准摩尔反应焓为 $\Delta_r H_m^{\ominus}(T_1)$，求温度为 T_2 时，该反应的 $\Delta_r H_m^{\ominus}(T_2)=?$ 设计途径如下：

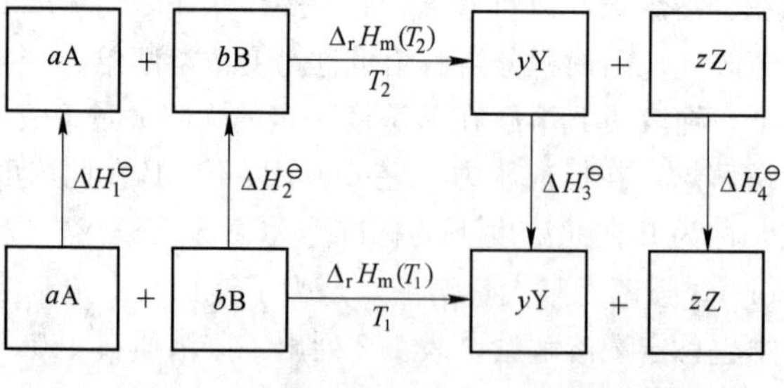

因为 $\Delta H_1^\ominus = a\int_{T_1}^{T_2} C_{p,m}^\ominus(A)dT \qquad \Delta H_2^\ominus = b\int_{T_1}^{T_2} C_{p,m}^\ominus(B)dT$

$$\Delta H_3^\ominus = y\int_{T_2}^{T_1} C_{p,m}^\ominus(Y)dT = -y\int_{T_1}^{T_2} C_{p,m}^\ominus(Y)dT$$

$$\Delta H_4^\ominus = z\int_{T_2}^{T_1} C_{p,m}^\ominus(Z)dT = -z\int_{T_1}^{T_2} C_{p,m}^\ominus(Z)dT$$

根据状态函数性质可得

$$\Delta_r H_m^\ominus(T_1) = \Delta H_1^\ominus + \Delta H_2^\ominus + \Delta H_3^\ominus + \Delta H_4^\ominus + \Delta_r H_m^\ominus(T_2)$$

所以 $\Delta_r H_m^\ominus(T_2) = \Delta_r H_m^\ominus(T_1) + \int_{T_1}^{T_2} \sum_B \nu_B C_{p,m}^\ominus(B)dT$

式中 $\sum_B \nu_B C_{p,m}^\ominus(B) = yC_{p,m}^\ominus(Y) + zC_{p,m}^\ominus(Z) - aC_{p,m}^\ominus(A) - bC_{p,m}^\ominus(B)$

令 $$\Delta_r C_{p,m}^\ominus = \sum_B \nu_B C_{p,m}^\ominus(B) \tag{1-52}$$

则 $$\Delta_r H_m^\ominus(T_2) = \Delta_r H_m^\ominus(T_1) + \int_{T_1}^{T_2} \Delta_r C_{p,m}^\ominus(B)dT \tag{1-53}$$

式（1-53）是标准摩尔反应焓与温度的关系式，称为基尔霍夫公式。若 $T_2 = T$，$T_1 = 298K$，则式（1-53）变为

$$\Delta_r H_m^\ominus(T) = \Delta_r H_m^\ominus(298K) + \int_{298K}^{T} \Delta_r C_{p,m}^\ominus(B)dT \tag{1-54}$$

将式(1-54)微分可得

$$d(\Delta_r H_m^\ominus) = \Delta_r C_{p,m}^\ominus(B)dT$$

$$\frac{d(\Delta_r H_m^\ominus)}{dT} = \Delta_r C_{p,m}^\ominus(B) \tag{1-55}$$

式（1-55）是基尔霍夫公式的微分形式，它表明化学反应的标准摩尔反应焓随温度的变化率等于反应物和产物的标准摩尔恒压热容与其化学计量数乘积的代数和。

对式（1-55）作不定积分，得

$$\Delta_r H_m^\ominus(T) = \Delta H_0 + \int \Delta_r C_{p,m}^\ominus(B)dT \tag{1-56}$$

式中，ΔH_0 为积分常数。

如果各物质的 $C_{p,m}^\ominus(B)$ 与 T 的关系服从式（1-25），即

$$C_{p,m}^\ominus(B) = a + bT + c'T^{-2}$$

则 $$\Delta_r C_{p,m}^\ominus = \Delta a + \Delta bT + \Delta c'T^{-2} \tag{1-57}$$

式中，$\Delta a = \sum_B \nu_B a_B$；$\Delta b = \sum_B \nu_B b_B$；$\Delta c' = \sum_B \nu_B c_B$。

将式（1-57）代入式（1-56），可得基尔霍夫公式的不定积分式

$$\Delta_r H_m^\ominus(T) = \Delta H_0 + \Delta aT + \frac{1}{2}\Delta bT^2 - \Delta c'\frac{1}{T} \tag{1-58}$$

若式中 ΔH_0 可通过已知温度 T 下的 $\Delta_r H_m^\ominus(T)$ 代入式（1-58）确定，ΔH_0 确定后，式（1-58）就可用来计算任一温度 T 下的 $\Delta_r H_m^\ominus(T)$。基希霍夫公式适用的温度范围与式（1-25）（即 $C_{p,m}^\ominus$ 与 T 的关系式）相同。

例 1-13 *求 1800K 时反应*

$$C(石墨) + \frac{1}{2}O_2(g) = CO(g)$$

的 $\Delta_r H_m^\ominus$（1800K）=？

解：（1）求 $\Delta_r H_m^\ominus$（298K）。

该反应是由稳定单质生成 1mol CO(g) 的反应，反应的 $\Delta_r H_m^\ominus(298K)=\Delta_f H_m^\ominus(CO, g)$。

查表得　　　$\Delta_f H_m^\ominus(CO,g)=-110.50kJ\cdot mol^{-1}$

所以　　　$\Delta_r H_m^\ominus(298K)=\Delta_f H_m^\ominus(CO,g)=-110.50kJ\cdot mol^{-1}$

（2）求 $\Delta_r C_{p,m}^\ominus$ 与 T 的关系式。

查表得

$$C_{p,m}^\ominus(CO,g)=[28.41+4.10\times10^{-3}T/K-0.46\times10^5(T/K)^{-2}]J\cdot mol^{-1}\cdot K^{-1}$$

$$C_{p,m}^\ominus(C,石墨)=[17.16+4.27\times10^{-3}T/K-8.79\times10^5(T/K)^{-2}]J\cdot mol^{-1}\cdot K^{-1}$$

$$C_{p,m}^\ominus(O_2,g)=[29.96+4.184\times10^{-3}T/K-1.67\times10^5(T/K)^{-2}]J\cdot mol^{-1}\cdot K^{-1}$$

$$\Delta_r C_{p,m}^\ominus=C_{p,m}^\ominus(CO,g)-\left[C_{p,m}^\ominus(C,石墨)+\frac{1}{2}C_{p,m}^\ominus(O_2,g)\right]$$

所以

$$\Delta_r C_{p,m}^\ominus=[-3.73-2.26\times10^{-3}T/K+9.17\times10^5(T/K)^{-2}]J\cdot mol^{-1}\cdot K^{-1}$$

（3）求 $\Delta_r H_m^\ominus$（1800K）。

将 $\Delta_r H_m^\ominus$（298K）及 $\Delta_r C_{p,m}^\ominus$ 代入式（1-54），可得

$$\begin{aligned}\Delta_r H_m^\ominus(1800K) &= \Delta_r H_m^\ominus(298K)+\int_{298K}^{1800K}\Delta_r C_{p,m}^\ominus(B)dT\\ &=-110500+\int_{298K}^{1800K}[-3.73-2.26\times10^{-3}T/K+9.17\times10^5(T/K)^{-2}]dT\\ &=-117100J\cdot mol^{-1}=-117.1kJ\cdot mol^{-1}\end{aligned}$$

应用基尔霍夫公式时，必须注意：

（1）计算 $\Delta_r H_m^\ominus(T)$ 和 $C_{p,m}^\ominus(B)$ 时，单位要统一。

（2）在计算的温度范围内，如反应物或产物有聚集状态的变化时，要考虑其相变潜热。同时由于聚集状态的变化会引起热容突变，所以要分段积分。例如，当其中只有一种物质有聚集状态改变时，基尔霍夫公式变为

$$\Delta_r H_m^\ominus(T)=\Delta_r H_m^\ominus(T_1)\pm\Delta_{相变}H_m+\int_{T_1}^{T_{相变}}\Delta_r C_{p,m,Ⅰ}^\ominus(B)dT+\int_{T_{相变}}^{T_2}\Delta_r C_{p,m,Ⅱ}^\ominus(B)dT$$

式中，$T_{相变}$ 为相变温度；Ⅰ为相变前的过程；Ⅱ为相变后的过程；$\Delta_{相变}H_m$ 为摩尔相变焓，若产物发生相变，则 $\Delta_{相变}H_m$ 取“+”号；若反应物发生相变，则 $\Delta_{相变}H_m$ 取“−”号。

1.8.6　非恒温反应

以上讨论的反应都是指恒温反应，即环境温度恒定，而且始态、终态温度与环境温度保持一致。但是实际反应不一定是恒温的，也就是说反应物和产物不一定是同一温度。对于这种非恒温反应，也可以根据状态函数的特点，分步进行热力学计算。

例 1-14　一种水煤气含等摩尔的 $H_2(g)$ 和 CO(g)，25℃时在 2 倍理论量的空气中完全燃烧，计算其理论燃烧温度。

解：当燃烧反应是在绝热的条件下进行时，反应系统所能达到的最高温度称为理论燃烧温度。由 $H_2(g)$ 及 CO(g) 的燃烧反应看出，每摩尔 $H_2(g)$ 和 CO(g) 完全燃烧时均需要 0.5mol $O_2(g)$，共计需要 1mol $O_2(g)$。空气组成是 21%$O_2(g)$ 和 79%$N_2(g)$，$N_2(g)$ 和 $O_2(g)$ 的物质的量之比为 $n_{N_2(g)}:n_{O_2(g)}=79:21$，所以

$$n_{N_2(g)}=\frac{79}{21}n_{O_2(g)}$$

该式说明空气中含有1mol O_2(g) 时，就有$\frac{79}{21}$mol的 N_2(g)。若水煤气的量是2mol，依题意，H_2(g) 和CO(g) 应各为1mol，则在2倍理论量的空气中，O_2(g) 是2mol，N_2(g) 是$2\times\frac{79}{21}=$7.53mol。

上述反应可以通过两种途径实现（反应系统中所有物种均为气态，省略气态符号“g”）：

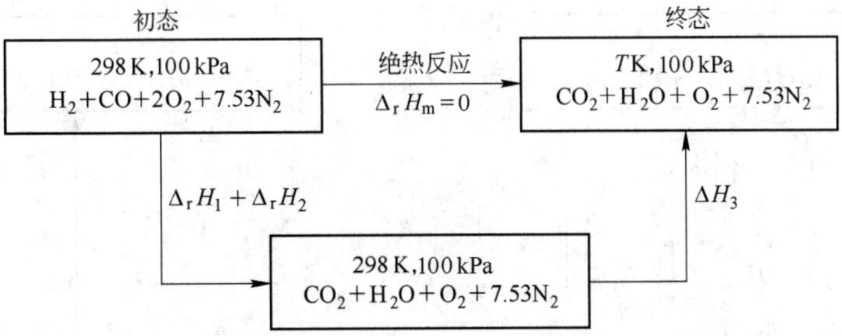

由于焓是状态函数，故

$$\Delta_r H_m=\Delta_r H_1+\Delta_r H_2+\Delta H_3=0$$

$$\Delta H_3=-(\Delta_r H_1+\Delta_r H_2) \tag{1}$$

反应 $H_2+\frac{1}{2}O_2 = H_2O(g)$ 的

$$\Delta_r H_1=\Delta_f H_m(H_2O,\ g)=-242.46\text{kJ}\cdot\text{mol}^{-1}$$

反应 $CO+\frac{1}{2}O_2 = CO_2$ 的

$$\begin{aligned}\Delta_r H_2&=\Delta_f H_m(CO_2,g)-\Delta_f H_m(CO,g)\\&=-393.52-(-110.50)=-283.02\text{kJ}\cdot\text{mol}^{-1}\end{aligned}$$

所以 $$\Delta_r H_1+\Delta_r H_2=-242.46+(-283.02)=-525.48\text{kJ}\cdot\text{mol}^{-1} \tag{2}$$

而 $$\Delta H_3=\int_{298K}^{T}\sum_B \nu_B C_{p,m}(B)_{产物}dT$$

查表得

$$C_{p,m}(CO_2)=[44.14+9.04\times10^{-3}T/K-8.54\times10^5(T/K)^{-2}]\text{J}\cdot\text{K}^{-1}\cdot\text{mol}^{-1}$$

$$C_{p,m}(H_2O,g)=[30.0+10.71\times10^{-3}T/K+0.33\times10^5(T/K)^{-2}]\text{J}\cdot\text{K}^{-1}\cdot\text{mol}^{-1}$$

$$C_{p,m}(O_2)=[29.96+4.184\times10^{-3}T/K-1.67\times10^5(T/K)^{-2}]\text{J}\cdot\text{K}^{-1}\cdot\text{mol}^{-1}$$

$$C_{p,m}(N_2)=(27.87+4.268\times10^{-3}T/K)\text{J}\cdot\text{K}^{-1}\cdot\text{mol}^{-1}$$

$$\sum_B \nu_B C_{p,m}(B)_{产物}=C_{p,m}(CO_2)+C_{p,m}(H_2O,g)+C_{p,m}(O_2)+7.53C_{p,m}(N_2)$$

$$\begin{aligned}\Delta H_3&=\int_{298K}^{T}\sum_B[313.96+56.07\times10^{-3}T/K-9.88\times10^5(T/K)^{-2}]dT\\&=313.96T/K+28.04\times10^{-3}(T/K)^2+9.88\times10^5K/T-99366\end{aligned} \tag{3}$$

将式 (2)、式 (3) 代入式 (1)，整理得

$$988000=624846T/K-313.96(T/K)^2-28.04\times10^{-3}(T/K)^3$$

由试探法（尝试法）解得

$$T\approx1724K$$

$$t=1451℃$$

例 1-15 氧化镁氯化反应

$$MgO(s)+C(石墨)+Cl_2(g)\!=\!=\!=\!MgCl_2(l)+CO(g)$$

氯化炉内温度保持727℃，如果入炉的氯气温度为25℃，求生产每吨$MgCl_2$熔体时，反应放出的热。已知$MgCl_2$在熔点714℃时的熔化热为43.09kJ·mol^{-1}，液态$MgCl_2$的恒压摩尔热容为92.47J·mol^{-1}·K^{-1}。

解：

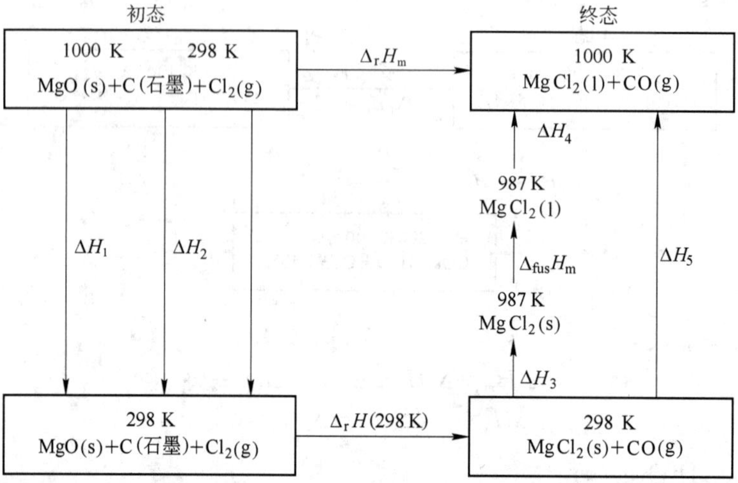

由于反应物的温度与产物的温度不同，所以这是一个非恒温过程。计算过程的热所依据的原理与前面相同。由上图可得

$$\Delta_r H_m=\Delta H_1+\Delta H_2+\Delta_r H(298K)+\Delta H_3+\Delta_{fus}H_m+\Delta H_4+\Delta H_5$$

下面分别计算各个焓的变化值

$$\Delta H_1=\int_{1000K}^{298K}C_{p,m}(MgO,s)dT$$
$$=\int_{1000K}^{298K}[48.98+3.14\times10^{-3}T/K-11.44\times10^5(T/K)^{-2}]dT$$
$$=-33.12kJ\cdot mol^{-1}$$

$$\Delta H_2=\int_{1000K}^{298K}C_{p,m}(C,石墨)dT$$
$$=\int_{1000K}^{298K}[17.16+4.27\times10^{-3}T/K-8.79\times10^5(T/K)^{-2}]dT$$
$$=-11.92kJ\cdot mol^{-1}$$

$$\Delta_r H(298K)=\Delta_f H_m(MgCl_2,s)+\Delta_f H_m(CO,g)-\Delta_f H_m(MgO,s)$$
$$=(-641.41)+(-110.50)-(-601.24)$$
$$=-150.67kJ\cdot mol^{-1}$$

$$\Delta H_3=\int_{298K}^{987K}C_{p,m}(MgCl_2,s)dT$$
$$=\int_{298K}^{987K}[79.08+5.94\times10^{-3}T/K-8.62\times10^5(T/K)^{-2}]dT$$
$$=55.09kJ\cdot mol^{-1}$$

$$\Delta_{fus}H_m=43.09kJ\cdot mol^{-1}$$

$$\Delta H_4=\int_{987K}^{1000K}C_{p,m}(MgCl_2,l)dT=\int_{987K}^{1000K}92.47dT$$

$$=1.20\text{kJ}\cdot\text{mol}^{-1}$$

$$\Delta H_5=\int_{298\text{K}}^{1000\text{K}} C_{p,\text{m}}(\text{CO},\text{g})\text{d}T$$

$$=\int_{298\text{K}}^{1000\text{K}}[28.41+4.10\times10^{-3}T/\text{K}-0.46\times10^{5}(T/\text{K})^{-2}]\text{d}T$$

$$=21.71\text{kJ}\cdot\text{mol}^{-1}$$

$$\Delta_r H_m=-33.12-11.92-150.67+55.09+43.09+1.20+21.71$$

$$=-74.62\text{kJ}\cdot\text{mol}^{-1}$$

每吨 $MgCl_2$ 物质的量为

$$n=\frac{10^6}{95.3}=1.049\times10^4\text{mol}$$

生产每吨 $MgCl_2$ 熔体时，反应放出的热为

$$\Delta_r H_{总}=n\Delta_r H_m=1.049\times10^4\times(-74.62)$$

$$=-7.825\times10^5\text{kJ}$$

所以生产每吨 $MgCl_2$ 熔体共放热 7.825×10^5kJ。

习 题

1-1 某系统在压力 100kPa 下，恒压可逆膨胀，体积增大 5L，计算所做的功。

($W=-500$J)

1-2 在压力 100kPa 下，1mol 液体苯在其沸点 80℃变为蒸气，求 Q，W，ΔU，ΔH。设苯蒸气为理想气体，已知苯在沸点时的蒸发焓为 394.4J·g^{-1}。

($Q=\Delta H=30.76$kJ，$W=-2.94$kJ，$\Delta U=27.82$kJ)

1-3 2mol H_2 在 0℃，压力为 100kPa 下恒压可逆膨胀至 100L，求 Q，W，ΔU，ΔH。

($Q=\Delta H=19.11$kJ，$W=-5.46$kJ，$\Delta U=13.65$kJ)

1-4 已知在 25℃，压力为 100kPa 下，反应 $Ag+\frac{1}{2}Cl_2=AgCl$ 在烧杯中直接进行，放热 127.03kJ。若将此反应组装成原电池，在上述条件下进行，则除了做膨胀功外，还对外做电功 109.60kJ，求电池在做功的同时，放出多少热。

($Q=-17.43$kJ)

1-5 计算 1mol 铅由 25℃加热到 300℃时所吸收的热。

($\Delta H=7.64$kJ)

1-6 竖罐炼锌时，锌蒸气由 1100℃进入 450℃的冷凝室被冷凝成锌液。求冷凝每 1kg 锌蒸气所放出的热。

($\Delta H=-2041$kJ)

1-7 1mol 单原子理想气体，温度为 25℃，压力为 100kPa，经两种过程达到同一末态：(1) 恒压加热，温度上升到 1217℃，然后再经恒容降温到 25℃。(2) 恒温可逆膨胀到 20.26kPa。分别计算两个过程的 ΔH，ΔU，W，Q。

((1) $\Delta H=0$，$\Delta U=0$，$W=-9.91$kJ，$Q=9.91$kJ；
(2) $\Delta H=0$，$\Delta U=0$，$W=-3.96$kJ，$Q=3.96$kJ)

1-8 10mol 理想气体，温度为 27℃，压力为 1013kPa。求下列过程中气体所做的功：

(1) 在空气中 (101.3kPa) 体积增大 1L；

(2) 在空气中恒温膨胀到压力为 101.3kPa；

(3) 恒温可逆膨胀到压力为 101.3kPa。

((1) $W=-101.3$J；(2) $W=-22.43$kJ；(3) $W=-57.43$kJ)

1-9 (1) 2mol H_2，温度为 0℃，压力为 100kPa，恒温可逆压缩到 10L，求这一过程所做的功。

(2) 从相同的初态，经绝热可逆压缩到 10L，求最后的温度及过程所做的功。

((1) $W=6.81$kJ；(2) $T=497.4$K，$W=9.328$kJ)

1-10 下列几种说法是否有错误，请予指出。

(1) 因为热力学能（内能）和焓是状态函数，而恒容过程 $Q_V=\Delta U$，恒压过程 $Q_p=\Delta H$，所以 Q_V 和 Q_p 也是状态函数。

(2) 由于绝热过程 $Q=0$，$\Delta U=W$，所以 W 也是状态函数。

1-11 在一个绝热密闭（容积不变）的反应器中，通一电火花（设电火花的能量可以不计），使下列物质反应

(1) $H_2+Cl_2 = 2HCl$；

(2) $2C_6H_5CO_2H(s)+15O_2 = 14CO_2+6H_2O(g)$。

由于过程是绝热恒容的，所以 $Q=0$，$W=0$，$\Delta U=0$，$\Delta H=0$，这个结论对吗？

1-12 一个绝热气缸，带有一理想的无摩擦、无质量的绝热活塞（见图 1-6）。气缸内盛有一定量的 H_2 和 O_2 混合气体，若通一电火花引爆，则系统经一恒压膨胀过程 $\Delta H=Q_p$，又因是绝热系统 $Q_p=0$，故 $\Delta H=0$。

若：(1) 不考虑电火花的能量；

(2) 考虑电火花的能量。

试分析这两种情况下，上述结论对吗？

1-13 有一绝热密闭容器（见图 1-7），带有理想的（无摩擦、无质量）活塞，活塞的左边盛空气，右边为真空。

(1) 若将销子拔掉，则空气向真空膨胀，问过程的 Q，W，ΔU 分别为多少？

(2) 如 (1) 膨胀后，再将活塞推回原位置，问过程的 Q，W，ΔU 为正、为负还是为零？

(3) 活塞回到原位置时，系统和环境是否恢复原状态？

((1) $Q=0$，$W=0$，$\Delta U=0$)

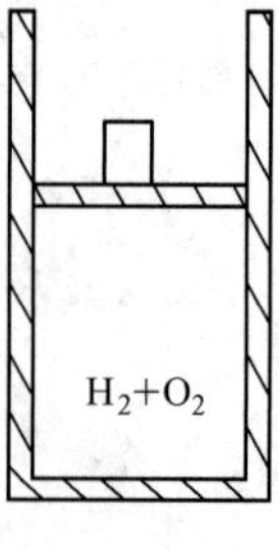

图 1-6

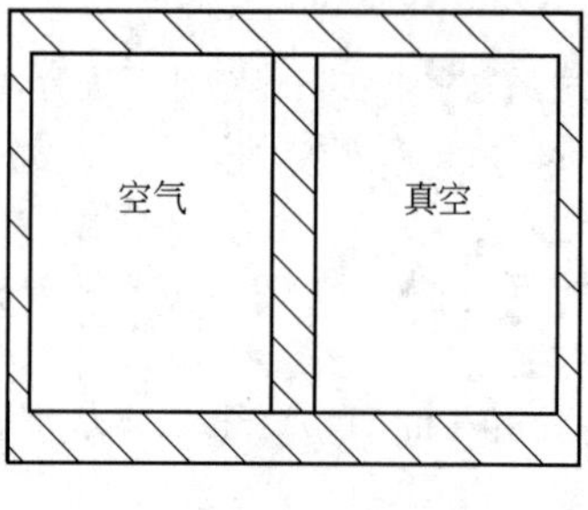

图 1-7

1-14 在图 1-7 所示的容器中，中间设一隔板，隔板左右两边分别盛等量的 H_2 和 N_2，将隔板抽掉后，过程的 Q，W，ΔU 为正、为负还是为零？

1-15 证明理想气体绝热可逆过程的功为：$W=\dfrac{p_1V_1-p_2V_2}{1-\gamma}$。

1-16 5mol 双原子分子理想气体在 0℃，压力 1013kPa 下进行下列过程：

(1) 绝热可逆膨胀至 101.3kPa；

(2) 反抗 101.3kPa 恒定外压做绝热膨胀。

求各过程的 W，Q，ΔU，ΔH。

((1) $W=-13720\text{J}$，$Q=0$，$\Delta U=-13720\text{J}$，$\Delta H=-19210\text{J}$；

(2) $W=-7275\text{J}$，$Q=0$，$\Delta U=-7275\text{J}$，$\Delta H=-10185\text{J}$)

1-17 在 25℃，压力为 3039kPa 下，2mol N_2 经恒温反抗恒外压膨胀至 100kPa 后，再恒容加热至 300℃，求整个过程的 Q，W，ΔU，ΔH。已知 N_2 的 $C_{p,\text{m}}=29.1\text{J}\cdot\text{K}^{-1}\cdot\text{mol}^{-1}$。

($Q=16223\text{J}$，$W=-4792\text{J}$，$\Delta U=11432\text{J}$，$\Delta H=16005\text{J}$)

1-18 求 25℃时下列反应的恒压热效应与恒容热效应之差

(1) $CH_4+2O_2 = CO_2+2H_2O(g)$；

(2) $FeO+C = Fe+CO$；

(3) $3H_2+N_2 = 2NH_3$。

($Q_{p,\text{m}}-Q_{V,\text{m}}=0$，2478J，−4955J)

1-19 已知 25℃时反应

$$C(石墨)+CO_2 = 2CO \qquad \Delta_r H^{\ominus}_{m,1}=172.52\text{kJ}\cdot\text{mol}^{-1}$$

$$Fe_3O_4+4CO = 3Fe+4CO_2 \qquad \Delta_r H^{\ominus}_{m,2}=-13.70\text{kJ}\cdot\text{mol}^{-1}$$

求反应 $Fe_3O_4+4C(石墨)=3Fe+4CO$ 的热效应 $\Delta_r H^{\ominus}_m$。

($\Delta_r H^{\ominus}_m=676.38\text{kJ}\cdot\text{mol}^{-1}$)

1-20 已知 25℃时下列反应的热效应

$$2Pb+O_2 = 2PbO \qquad \Delta_r H^{\ominus}_{m,1}=-438.56\text{kJ}\cdot\text{mol}^{-1}$$

$$S+O_2 = SO_2 \qquad \Delta_r H^{\ominus}_{m,2}=-296.90\text{kJ}\cdot\text{mol}^{-1}$$

$$2SO_2+O_2 = 2SO_3 \qquad \Delta_r H^{\ominus}_{m,3}=-197.72\text{kJ}\cdot\text{mol}^{-1}$$

$$Pb+S+2O_2 = PbSO_4 \qquad \Delta_r H^{\ominus}_{m,4}=-918.39\text{kJ}\cdot\text{mol}^{-1}$$

求反应 $PbO+SO_3=PbSO_4$ 的热效应。

($\Delta_r H^{\ominus}_m=-303.35\text{kJ}\cdot\text{mol}^{-1}$)

1-21 已知 25℃时下列反应的热效应

$$Ag_2O+2HCl(g) = 2AgCl+H_2O(l) \qquad \Delta_r H^{\ominus}_{m,1}=-324.71\text{kJ}\cdot\text{mol}^{-1}$$

$$2Ag+\frac{1}{2}O_2 = Ag_2O \qquad \Delta_r H^{\ominus}_{m,2}=-30.57\text{kJ}\cdot\text{mol}^{-1}$$

$$\frac{1}{2}H_2+\frac{1}{2}Cl_2 = HCl(g) \qquad \Delta_r H^{\ominus}_{m,3}=-92.31\text{kJ}\cdot\text{mol}^{-1}$$

$$H_2+\frac{1}{2}O_2 = H_2O(l) \qquad \Delta_r H^{\ominus}_{m,4}=-285.84\text{kJ}\cdot\text{mol}^{-1}$$

求 AgCl 的标准摩尔生成焓。

($\Delta_f H^{\ominus}_m(AgCl)=-127.03\text{kJ}\cdot\text{mol}^{-1}$)

1-22 查表求 25℃时下列反应的热效应

(1) $Fe_2O_3+3CO = 2Fe+3CO_2$；

(2) $CaCO_3 = CaO+CO_2$；

(3) $Fe_2O_3+2Al = Al_2O_3+2Fe$。

($\Delta_r H^{\ominus}_{m,1}=-23.56\text{kJ}\cdot\text{mol}^{-1}$，$\Delta_r H^{\ominus}_{m,2}=179.06\text{kJ}\cdot\text{mol}^{-1}$，$\Delta_r H^{\ominus}_{m,3}=-848.93\ \text{kJ}\cdot\text{mol}^{-1}$)

1-23 已知 25℃时反应

$$CaCO_3+MgCO_3 = CaCO_3\cdot MgCO_3 \qquad \Delta_r H^{\ominus}_m=-11.88\text{kJ}\cdot\text{mol}^{-1}$$

求白云石 $CaCO_3\cdot MgCO_3$ 的标准摩尔生成焓，其他数据可查附录。

($\Delta_f H^{\ominus}_m(CaCO_3\cdot MgCO_3)=-2314.96\text{kJ}\cdot\text{mol}^{-1}$)

1-24 利用燃烧热计算 25℃时 $C_2H_5OH(l)$ 的标准摩尔生成焓。

($\Delta_f H^{\ominus}_m(C_2H_5OH)=-277.66\text{kJ}\cdot\text{mol}^{-1}$)

1-25 利用燃烧热计算 25℃时乙烯加氢反应 $C_2H_4(g)+H_2=C_2H_6(g)$ 的热效应 $\Delta_r H^{\ominus}_m$。

($\Delta_r H_m^\ominus = -136.9\text{kJ} \cdot \text{mol}^{-1}$)

1-26 由键焓估计乙炔加成反应 $C_2H_2(g) + H_2O(g) \xlongequal{HgSO_4} CH_3CHO(g)$（乙醛）的热效应 $\Delta_r H_m$。

($\Delta_r H_m = -160\text{kJ} \cdot \text{mol}^{-1}$)

1-27 查表计算 727℃时，用 H_2 还原 1kg WO_3 所需的热。

($\Delta_r H_m = 365.5\text{kJ}$)

1-28 计算 927℃反应 $2Al_2O_3 + 3C(\text{石墨}) = 4Al(l) + 3CO_2$ 的热效应。已知铝的熔点为 660.1℃，熔化热 $\Delta_{fus} H_m = 10.47\text{kJ} \cdot \text{mol}^{-1}$，液态铝的热容 $C_{p,m}(Al, l) = 31.80\text{J} \cdot \text{K}^{-1} \cdot \text{mol}^{-1}$。

($\Delta_r H_m^\ominus = 2192.4\text{kJ} \cdot \text{mol}^{-1}$)

1-29 已知 0℃，压力为 100kPa 时，冰的熔化热是 $333.5\text{J} \cdot \text{g}^{-1}$。在 0～－10℃时，冰的比热容为 $1.97\text{J} \cdot \text{K}^{-1} \cdot \text{g}^{-1}$，水的比热容为 $4.18\text{J} \cdot \text{K}^{-1} \cdot \text{g}^{-1}$。求压力为 100kPa 下，1mol、－10℃的过冷水转变为－10℃的冰放热多少？此相变过程是可逆过程吗？

($-5605\text{J} \cdot \text{mol}^{-1}$)

1-30 求 25℃，压力为 100kPa 时，CO 在理论量空气中完全燃烧时所达到的最高温度。已知空气中含 21%O_2 和 79%N_2。

($t = 2373℃$)

1-31 计算下述条件下钢液中碳氧化反应的热效应。

$$[C](1800K) + \frac{1}{2}O_2(298K) = CO(1800K)$$

($-112.9\text{kJ} \cdot \text{mol}^{-1}$)

2　热力学第二定律

【本章概要】

本章通过卡诺循环导出了状态函数熵和热力学第二定律，介绍了熵变与不可逆过程热温商的关系、熵变的计算和孤立系统熵判据。将热力学第一定律和热力学第二定律应用于封闭系统的恒容过程和恒压过程，得到了状态函数 G 和 A，确定了用 G 和 A 的变化作为封闭系统自发过程或达到平衡的依据，总结了热力学五个状态函数 U、H、S、G 和 A 之间的关系，作为函数 G 判据的应用，介绍了克劳修斯-克拉佩龙方程。

【关键词】

自发过程，卡诺循环，热温商，熵，吉布斯函数，亥姆霍兹函数

【章节重点】

本章应重点掌握基本概念和热力学第二定律，计算系统发生简单状态变化、相变化和化学反应时，系统的熵、吉布斯函数和亥姆霍兹函数的变化，并学会应用熵、吉布斯函数和亥姆霍兹函数作为判据，判断系统发生的过程是否为自发过程或达到平衡。学会应用克劳修斯-克拉佩龙方程。

热力学第一定律反映过程的能量守恒，否定了制造第一种永动机的幻想，使人们开始研究热和功之间相互转化问题，即如何提高热机效率，从而建立了热力学第二定律，并由此引出了熵等重要的状态函数。这些函数可用于判断系统在一定条件下变化过程的方向和限度。

2.1　卡诺循环

2.1.1　热机效率

热机是将热转化为功的装置，如内燃机、蒸汽机等。热机的工作过程可看作是循环过程，热机的工作物质从高温热源（温度为 T_1）吸热($Q_1>0$)，向低温热源（温度为 T_2）放热($Q_2<0$)，同时对环境做功（$W<0$），完成一个工作循环（图 2-1）。在一次循环过程中，热机对环境所做的功 $-W$ 与其从环境吸收的热 Q_1 之比称为热机效率，用 η 表示

$$\eta=\frac{-W}{Q_1}=\frac{Q_1+Q_2}{Q_1}=1+\frac{Q_2}{Q_1} \tag{2-1}$$

对热机效率的研究发现，即使在最理想情况下，热机效率也达不到 100%（即 $\eta<100\%$）。

2.1.2　卡诺循环

1824 年法国青年工程师卡诺（Carnot）设计了一个理想的热机，称为卡诺热机。该热机的

工作物质为理想气体，整个工作循环过程由两步恒温可逆过程和两步绝热可逆过程构成，这个循环就称为卡诺循环，如图 2-2 所示。系统中理想气体的量为 n mol，始态为 A，在高温热源（温度为 T_1）和低温热源（温度为 T_2）之间，经 $A(p_1, V_1, T_1) \xrightarrow{恒温(T_1)} B(p_2, V_2, T_1) \xrightarrow{绝热(Q'=0)} C(p_3, V_3, T_2) \xrightarrow{恒温(T_2)} D(p_4, V_4, T_2) \xrightarrow{绝热(Q''=0)} A(p_1, V_1, T_1)$ 四个可逆步骤完成了一个可逆循环。

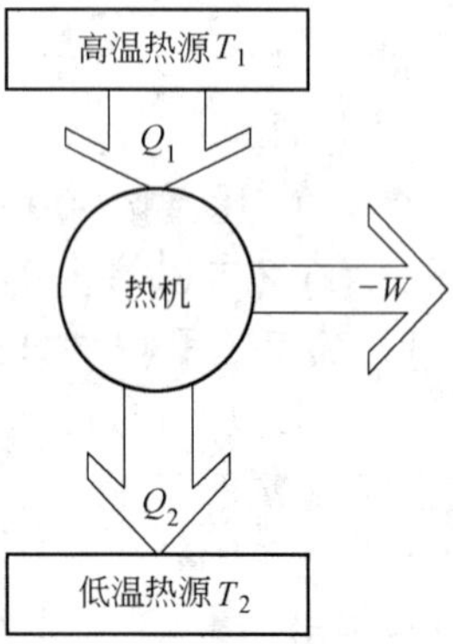

图 2-1 热机工作循环示意图

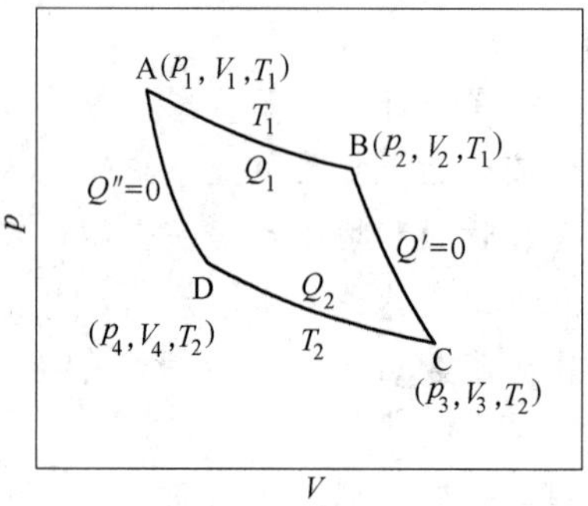

图 2-2 卡诺循环

（1）恒温可逆膨胀。使系统与温度为 T_1 的高温热源相互接触，作恒温可逆膨胀，从始态 A 变化到 B。在此恒温过程中 $\Delta U_1=0$，

$$Q_1=-W_1=\int_{V_1}^{V_2} p\mathrm{d}V=nRT_1\ln\left(\frac{V_2}{V_1}\right)$$

（2）绝热可逆膨胀。在系统与环境之间绝热的条件下，从状态 B 可逆变化到状态 C。在此过程中 $Q'=0$，

$$W_2=\Delta U_2=nC_{V,\mathrm{m}}(T_2-T_1)$$

（3）恒温可逆压缩。系统与低温热源接触（温度为 T_2），进行恒温可逆压缩过程，从状态 C 变化到状态 D。在此过程中 $\Delta U_3=0$，

$$Q_2=-W_3=\int_{V_3}^{V_4} p\mathrm{d}V=nRT_2\ln\left(\frac{V_4}{V_3}\right)$$

因为 $V_4<V_3$，所以 $Q_2=-W_3<0$，说明此过程中系统得到功，同时放热给低温热源。

（4）绝热可逆压缩。使系统从状态 D 绝热可逆压缩回复到初始状态 A，过程绝热，$Q''=0$，

$$W_4=\Delta U_4=nC_{V,\mathrm{m}}(T_1-T_2)$$

在这个过程中，系统得到的功全部用于增加系统的热力学能（内能）。

对于该循环过程，系统总的热力学能（内能）改变

$$\Delta U=\Delta U_1+\Delta U_2+\Delta U_3+\Delta U_4=0$$

系统与环境交换的总热量

$$Q=Q_1+Q_2+Q'+Q''=Q_1+Q_2$$

所以系统与环境交换的总功为

$$W=-(Q_1+Q_2)=-nRT_1\ln\left(\frac{V_2}{V_1}\right)-nRT_2\ln\left(\frac{V_4}{V_3}\right)$$

因为第（2）和第（4）过程都是绝热可逆过程，根据式（1-35）可得

$$T_1V_2^{\gamma-1}=T_2V_3^{\gamma-1}$$
$$T_1V_1^{\gamma-1}=T_2V_4^{\gamma-1}$$

两式相除得

$$\frac{V_2}{V_1}=\frac{V_3}{V_4}$$

所以

$$W=-nRT_1\ln\left(\frac{V_2}{V_1}\right)+nRT_2\ln\left(\frac{V_2}{V_1}\right) \tag{2-2}$$

根据热机效率定义式（2-1）可推出卡诺热机的效率为

$$\eta=-\frac{W}{Q_1}=1+\frac{Q_2}{Q_1}=1+\frac{nRT_2\ln\left(\frac{V_4}{V_3}\right)}{nRT_1\ln\left(\frac{V_2}{V_1}\right)}$$

所以

$$\eta=1-\frac{T_2}{T_1} \tag{2-3}$$

式（2-3）表明，卡诺热机的工作效率 η 只与两个热源的温度 T_1 和 T_2 有关，T_1 与 T_2 差值愈大，η 愈大；反之 η 愈低；当 $T_1=T_2$ 时，$\eta=0$。

因卡诺循环是可逆循环，每一步骤均可逆，而可逆过程中系统对环境所做功的绝对值最大，故卡诺热机是可逆热机，其效率最高。在同样两个高低温热源间工作的一切可逆热机，都具有与卡诺热机相同的效率；在同样两个高低温热源间工作的一切不可逆热机的效率都低于卡诺热机的效率。这就是卡诺定理。

热力学第二定律的建立，在一定程度上受到了卡诺定理的启发，反过来又证明了卡诺定理的正确性。

2.2 热力学第二定律

2.2.1 自发过程

自然界发生的一切过程都遵守热力学第一定律，但是，许多过程虽然不违背热力学第一定律，却不能实现。例如，室内放一杯水，温度和室温相等，水自动从环境吸热而使水温上升，环境温度下降，这是不可能发生的。然而，这个过程如果发生也不违背热力学第一定律，因为只要系统吸收的热等于环境放出的热，能量仍然守恒。这类在一定条件下，在所讨论的系统中，过程能否自动发生，最后达到什么限度的问题，是热力学第二定律要解决的中心问题。通过下面几个例子，可以看到自动发生过程的方向以及它们达到的限度。

（1）两块温度不同的铁块相接触，热必定会自动地从高温铁块流向低温铁块，直到两铁块的温度相等为止。

（2）将装有某种气体的两容器接通，气体必定会自动地从压力较大的容器向压力较小的容器迁移，直至两容器中气体的压力相等为止。

（3）在 1173K，100kPa 下，若使 CO_2 气体与固体碳接触，则必自动发生化学反应

$$C(石墨)+CO_2(g)\longrightarrow 2CO(g)$$

如果碳的量足够多，则反应能进行到气体中 CO 的体积分数为 97%，CO_2 还剩下 3%为止。

以上各例都是在指定条件下能够自动发生的过程。自发过程（能自动发生的过程）就是指无需外力帮助，任其自然就能发生的过程。自发过程不但不需外功，而且进行适当的设计，过

程进行时还能对外做功。例如，可以利用热自动从高温物体流向低温物体这个自发过程制造热机来对外做功；可以利用自发的化学反应制成电池来产生电能。也就是说，自发过程都有对环境做功的能力。

从类似上述的大量事实可以看出，在一定条件下，自发过程都有一定的方向和限度。温度相等是热传导的限度。压力相等是气体流动的限度。在 1173K、100kPa 的条件下，当气体中 $\varphi(CO)=97\%$，$\varphi(CO_2)=3\%$时，化学反应 C(石墨)$+CO_2(g)\rightarrow 2CO(g)$就达到了限度。过程达到了限度，也就是系统达到了平衡状态。系统处于平衡状态时，实际过程并没有停止，只是正、逆过程的速率相等而已，是动态平衡。

综上所述，可以得出这样的结论：自发过程都向建立平衡状态的方向进行，并且在达到平衡状态后都不会自动逆向进行。简单说就是："自发过程都是不可逆过程"，但这并不意味着它们的逆过程根本不能发生，借助于外力可以使自发过程逆向进行。例如，用冷冻机可以使低温物体进一步冷却，把放出的热传到高温物体中去。用抽气机可以从低压容器中把气体抽到压力较高的容器中去。这些过程都要有外力帮助才能发生，都不是自发的。

在实际生产与科研中，自发过程的方向和限度是一个很重要的问题。用碳还原各种金属氧化物而得到金属单质是重要的冶炼方法之一。在铁的氧化物能开始被碳还原的温度下，氧化铝就不能被碳还原。也就是说，在该温度下，碳还原铁氧化物的反应是自发的，而还原氧化铝的反应是非自发的，氧化铝还原反应要在高得多的温度下才能自动发生。在科研工作中，如何控制温度、压力、浓度等条件，使所需要的反应能够自动发生，并使不希望进行的反应不发生，这显然是很重要的问题。再比如，在一定条件下，如果确定了平衡状态，就能求得该条件下最多能有多少反应物变为产物。例如，可以确定在炼钢的不同时期，硫、磷等杂质能去除到什么程度；在一定条件下，一定量的 H_2 和 N_2 混合，最多能生成多少 NH_3 等问题。

通过上述例子可知，热传导的方向可由温度差确定，气体流动的方向可由压力差确定。那么，化学反应和相变过程的方向怎样才能确定呢？用什么作为这些过程自发进行的方向和限度的判断呢？在这方面，人们做了大量工作。例如，20 世纪人们曾风行一时地认为可以用焓变 ΔH 作为化学变化过程方向的判据。认为如果焓变 ΔH 为负值，即反应的恒压热效应为负值（放热），则反应能自发进行。后来知道，单独用 ΔH 作为判断是不全面的，有时与事实不相符合。因为，在有些条件下，吸热反应也可以自发进行。只有在热力学第二定律确定了熵函数的存在，并确定熵变与自发过程的方向和限度的关系之后，自发过程的方向和限度的判断问题才逐步得到解决。

应当指出，根据热力学第二定律确定为不能自动发生的反应，在该条件下肯定是不能自动发生的。可是，确定能自发进行的反应，究竟以多大速率进行，进行的具体步骤如何，热力学第二定律则不能给出答案。这是反应速率、反应机理的问题，将在化学动力学一章加以讨论。

2.2.2 热力学第二定律的表述

自从 19 世纪蒸汽机发明后，人们为了提高热机的工作效率，曾进行了大量的研究工作。热力学第二定律就是在这些研究工作的基础上发展起来的。与热力学第一定律一样，热力学第二定律也是人类长期经验的总结，它的正确性只能由实践来检验。热力学第二定律有许多种说法，各种说法之间都存在着密切的内在联系，都是等价的，从一种说法可以推出另一种说法。其中的两种经典说法如下：

（1）克劳修斯（Clausius）说法："不可能把热从低温物体传到高温物体，而不引起其他变化"。

(2) 开尔文 (Kelvin) 说法："不可能从单一热源吸热，使之完全转变为功，而不引起其他变化"。

开尔文说法也可以表达为："第二种永动机是不可能造成的"。

所谓第二种永动机，就是指能从单一热源吸热，使之完全转变为功而不产生其他变化的机器。这种机器如能造成，就可以从空气、海洋等大热源中不断吸热做功，其效果与第一种永动机也差不多。无数事实证明，这种永动机是不可能制得的。然而这种永动机并不违背热力学第一定律。为了与第一种永动机相区别，称这种机器为第二种永动机。所以也可以说，热力学第二定律的开尔文说法是从无数次失败的教训中总结出来的。

应当明确，克劳修斯的说法，反映了传热过程的不可逆性，但并不意味着热不能由低温物体传向高温物体；开尔文的说法反映了功转变热这一过程的不可逆性，也不是说，热不能全部转化为功。不能抛开二者共同的前提，即"不引起其他变化"这一前提。同时，也应当认识到，热力学第二定律的每种说法都是等效的，都阐明了自发过程的不可逆性。一种说法正确，另一种也必然正确；违背其中任意一种，也必违背另一种。

2.3 熵、热力学第二定律表达式

2.3.1 可逆过程的热温商及熵的概念

对于一个卡诺循环，根据式 (2-1) 和式 (2-3) 可得

$$1+\frac{Q_2}{Q_1}=1-\frac{T_2}{T_1}$$

所以

$$\frac{Q_1}{T_1}+\frac{Q_2}{T_2}=0 \tag{2-4}$$

对于无限小的卡诺循环则有

$$\frac{\delta Q_1}{T_1}+\frac{\delta Q_2}{T_2}=0 \tag{2-5}$$

比值 Q_i/T_i 或 $\delta Q_i/T_i$ 称为热温商 ($i=1, 2, \cdots$)。式 (2-4) 和式 (2-5) 说明卡诺循环过程的热温商代数和为零。

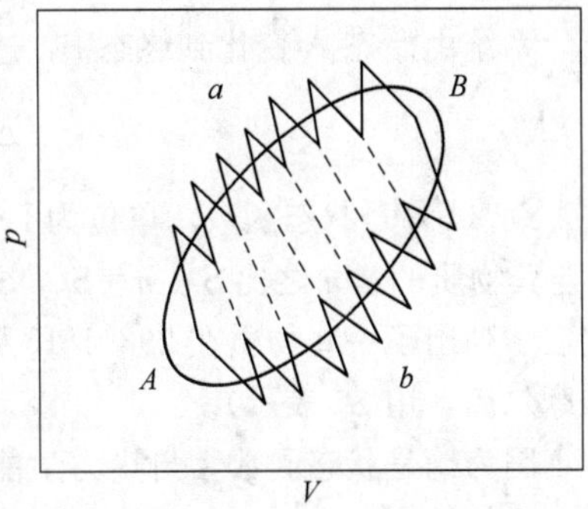

图 2-3 任意可逆循环

设有任意一个可逆循环，如图 2-3 中封闭曲线 $AaBbA$ 所示，在这个循环中引入许多绝热可逆线（斜率较大的曲线）和许多恒温可逆线（斜率较小的曲线），将该循环分割成许多个由两条绝热线和两条恒温线构成的小卡诺循环。两个相邻的小卡诺循环之间的绝热可逆线（虚线所示）是变化方向相反的两条绝热可逆线的重叠，它们的作用相互抵消，使这些小卡诺循环的总和形成了一条沿着该任意可逆循环曲线行进的封闭折线（图 2-3 中齿形折线）。当小的卡诺循环无限多时，封闭折线就变为闭合曲线，与曲线 $AaBbA$ 重合。也就是说，可以用无限多的小卡诺循环总和来代替任一个可逆循环。而对于这些无限多的小卡诺循环中的每一个都应存在下列关系

$$\frac{\delta Q_1}{T_1}+\frac{\delta Q_2}{T_2}=0$$

$$\frac{\delta Q_3}{T_3}+\frac{\delta Q_4}{T_4}=0$$

$$\vdots$$

将以上各式相加得

$$\sum_i \frac{\delta Q_i}{T_i}=\frac{\delta Q_1}{T_1}+\frac{\delta Q_2}{T_2}+\frac{\delta Q_3}{T_3}+\frac{\delta Q_4}{T_4}+\cdots=0$$

当小卡诺循环无限多时，上式的求和可写为积分

$$\oint \frac{\delta Q_R}{T}=0 \tag{2-6}$$

式中，$\oint$ 表示闭合曲线的积分；R 表示可逆过程。此式表明：任意可逆循环过程的热温商代数和为零。

将式（2-6）分成沿 a 途径（AaB）和 b 途径（BbA）的积分之和，即

$$\oint \frac{\delta Q_R}{T}=\int_A^B\left(\frac{\delta Q_R}{T}\right)_a+\int_B^A\left(\frac{\delta Q_R}{T}\right)_b=0$$

所以
$$\int_A^B\left(\frac{\delta Q_R}{T}\right)_a=-\int_B^A\left(\frac{\delta Q_R}{T}\right)_b$$

即
$$\int_A^B\left(\frac{\delta Q_R}{T}\right)_a=\int_A^B\left(\frac{\delta Q_R}{T}\right)_b \tag{2-7}$$

上式说明一个重要事实：积分 $\int_A^B\left(\frac{\delta Q_R}{T}\right)$ 的值只与状态 A 和状态 B 有关，与中间所经过的途径（a 或 b）无关，这表明$\frac{\delta Q_R}{T}$是某一状态函数的全微分。以 S 表示此状态函数，称之为熵，其定义式为

$$dS=\frac{\delta Q_R}{T} \tag{2-8}$$

式中，δQ_R 为可逆过程中系统与环境交换的热；T 为系统温度。在卡诺循环中，T 是环境（热源）的温度，据此，式（2-8）中，T 应该是环境温度，但卡诺循环是可逆的，即系统与环境温度之差无限小，所以式（2-8）中的 T 也是系统温度。

系统由始态 A 变化到终态 B，过程的熵的改变称为熵变，用 ΔS 表示

$$\Delta S=S_B-S_A=\int_A^B\frac{\delta Q_R}{T} \tag{2-9}$$

熵（S）是状态函数，单位为 $J\cdot K^{-1}$（或 $kJ\cdot K^{-1}$），是容量性质。一定状态下，物质的熵 S 与其物质的量 n 之比 $S/n=S_m$，S_m 称为摩尔熵，单位为 $J\cdot mol^{-1}\cdot K^{-1}$或 $kJ\cdot mol^{-1}\cdot K^{-1}$。附表中列出了一些物质在 298.15K 及标准压力下的摩尔熵（标准压力下物质的摩尔熵称为标准摩尔熵，用 $S_m^{\ominus}$ 表示）。

因为熵是状态函数，与热力学能（内能）、焓等一样，是系统的性质，所以，熵变只决定于过程的始态、终态，与所经途径无关。另外，根据熵的定义，熵变等于可逆过程的热温商，因此熵变可以通过可逆过程的热温商求得。

2.3.2 熵变与不可逆过程的热温商

根据卡诺定理，在同样两个热源 T_1 和 T_2 之间工作的不可逆热机，其工作效率（η_{IR}）应小于可逆热效率（η_R），即

$$\eta_{IR} < \eta_R \tag{2-10}$$

根据式（2-3）

$$\eta_R = 1 - \frac{T_2}{T_1}$$

而

$$\eta_{IR} = 1 + \frac{Q_2}{Q_1}$$

将此二式代入式（2-10）并整理得

$$\frac{Q_1}{T_1} + \frac{Q_2}{T_2} < 0 \tag{2-11}$$

对于一个微小的不可逆循环过程应有

$$\frac{\delta Q_1}{T_1} + \frac{\delta Q_2}{T_2} < 0$$

式（2-10）和式（2-11）说明不可逆循环过程的热温商的代数和小于零。

对于任意一个不可逆循环过程，可用与处理可逆循环过程类似的方法，将其分为许多小的不可逆循环，最后可得

$$\sum_i \frac{\delta Q_i}{T_i} < 0$$

即

$$\oint \frac{\delta Q_{IR}}{T} < 0 \tag{2-12}$$

式（2-12）说明，任意一个不可逆循环过程的热温商代数和小于零。

设某系统经不可逆过程由 A→B，然后再经一个可逆过程由 B→A，如图 2-4 所示。由于 A → B 过程不可逆，所以整个循环不可逆。根据式（2-12）可得

$$\int_A^B \left(\frac{\delta Q_{IR}}{T}\right)_{A\to B} + \int_B^A \left(\frac{\delta Q_R}{T}\right)_{B\to A} < 0$$

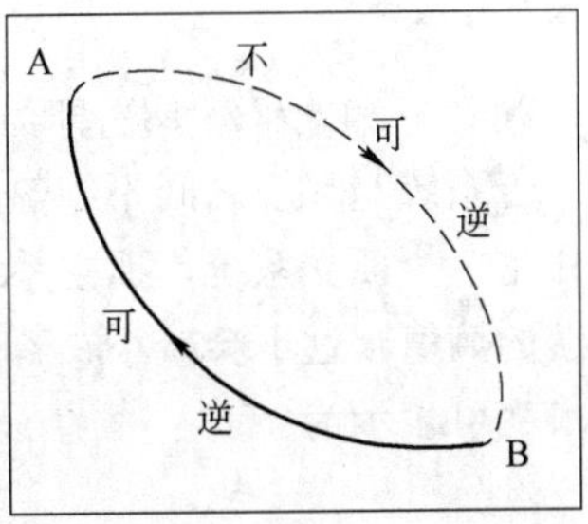

图 2-4 不可逆循环

因为 B→A 可逆，其逆过程也可逆。根据式（2-9），若由 A→B 经可逆过程完成，其熵变应等于该过程的热温商：

$$\Delta S = S_B - S_A = \int_A^B \left(\frac{\delta Q_R}{T}\right)_{A\to B} = -\int_B^A \left(\frac{\delta Q_R}{T}\right)_{B\to A}$$

所以对于整个不可逆循环过程有

$$\int_A^B \left(\frac{\delta Q_{IR}}{T}\right)_{A\to B} - \Delta S < 0$$

即

$$\Delta S > \int_A^B \left(\frac{\delta Q_{IR}}{T}\right)_{A\to B} \tag{2-13}$$

对于一个无限小的不可逆过程，式（2-13）可写为

$$dS > \frac{\delta Q_{IR}}{T} \tag{2-14}$$

式（2-13）和式（2-14）说明不可逆过程的熵变大于该过程的热温商。

应当注意，不能把式（2-13）或式（2-14）理解为可逆过程的熵变大于不可逆过程的熵变。熵是状态函数，无论过程可逆与否，只要过程的始态和终态确定，熵变就相同。不可逆过程的熵变也要通过可逆过程热温商来衡量，在具体计算不可逆过程的熵变 ΔS 时，也要通过设计可逆过程来实现。不可逆过程的热温商不能代表该不可逆过程的熵变，它不等于该过程的熵变，而是小于该过程熵变。

2.3.3 热力学第二定律表达式

将式（2-8）和式（2-14）结合可得

$$dS \geqslant \frac{\delta Q}{T} \tag{2-15}$$

此式称为克劳修斯不等式。将式（2-9）和式（2-13）结合可得

$$\Delta S \geqslant \int_{A}^{B} \frac{\delta Q}{T} \tag{2-16}$$

式（2-15）和式（2-16）即为热力学第二定律的数学表达式。可逆过程用等号，不可逆过程用大于号。

根据热力学第二定律表达式，如果热温商的积分值等于 ΔS，则该过程必是可逆过程；如果积分值小于 ΔS，则此过程一定是不可逆过程。因此，式（2-15）和式（2-16）可作为一个热力学过程可逆与否的判据，并可由此推出热力学第二定律的一个重要结论：在绝热情况下，系统发生不可逆过程时，其熵值增加；系统发生可逆过程时，其熵值不变；在绝热情况下，系统不可能发生熵值减小的过程。此即熵增加原理。

任一系统在绝热情况下，$\delta Q=0$，热力学第二定律表达式变为

$$dS_{绝热} \geqslant 0 \tag{2-17}$$

或

$$\Delta S_{绝热} \geqslant 0 \tag{2-18}$$

式（2-17）和式（2-18）即为熵增加原理表达式。

若系统与环境之间不绝热，则系统可以发生熵减小的过程。但如果将系统与环境合在一起看作是一个孤立系统，孤立系统与环境之间当然也是绝热的，那么根据熵增加原理可知：孤立系统的熵值永远不会减小；若过程可逆，则熵值不变；若过程不可逆，则熵值增加。孤立系统的熵变可表示为

$$dS_{iso} = dS_{sys} + dS_{ex} \geqslant 0 \tag{2-19}$$

或

$$\Delta S_{iso} = \Delta S_{sys} + \Delta S_{ex} \geqslant 0 \tag{2-20}$$

式中，下脚标“iso”、“sys”和“ex”分别表示“孤立系统”、“系统”和“环境”。通过式（2-19）或式（2-20）可判断孤立系统内部进行的过程是否可逆。

这里所指的环境通常是由大量处于热力学平衡态的物质组成，当与系统交换了一定能量后，环境的温度、压力等只发生了极微小改变，甚至可以看作不变。因此在以后讨论中，若无特别说明，可近似地认为环境内部不存在不可逆过程，即环境所发生的过程都是可逆的。

2.3.4 热力学第二定律的本质及熵的统计意义

热力学第二定律指出，凡是自发过程都是不可逆的，而且一切不可逆过程都可以与热和功之间交换的不可逆性相联系。人们总希望多得到一些功，希望热可以完全转变为功，但实际上在没有其他条件影响下是办不到的。热是分子混乱运动的一种表现，分子相互碰撞的结果只会使系统混乱程度增加，直至达到在给定情况下的最大值。而功则是与有方向的运动相联系，是有序运动。所以功转变为热的过程是有规则运动转化为无规则的运动，是向混乱度增加的方向进行的，是自发的过程。反之，无秩序的运动却不会自动地变为有秩序的运动。一切不可逆过程都是向混乱度增加的方向进行，这就是热力学第二定律所阐明的不可逆过程的本质。

例如，在一个盒子内有两种气体 N_2 和 O_2，两种气体之间用隔板隔开。将隔板抽去，气体即自动混合，足够长时间后混合为均匀的平衡态，无论再等多久，系统中的两种气体也不会再

自动分开。这种由比较不混乱状态变化到比较混乱状态的过程是自发的，代表自发过程的方向。而熵则是系统这种混乱程度的一种量度。

从统计观点出发，可以给混乱度以明确的定义，进而也能对熵有进一步的理解。如前所述，热力学系统都是由大量质点组成的。大量质点组成的系统会表现出单个质点所没有的新的性质——系统的统计平均性质。例如，温度反映的是大量质点平均动能的大小，压力反映的是大量质点撞击器壁的平均作用力的大小。混乱度这个概念也必须从统计观点来理解。当一个系统达到了平衡状态时，系统的宏观性质如温度、压力、体积、热力学能（内能）等都具有确定值，都不再随时间而变化，此时就可认为系统处于某一确定的宏观状态。然而，从微观角度来看，由于质点总在不断地运动，质点间相互作用以及质点与器壁间的相互作用都使质点的状态不断地改变，因而可以出现不同的微观状态。也就是说，每一个确定的宏观状态还与一定数量的微观状态相对应。下面举例说明：

（1）设一容器（见图 2-5），用隔板分成 A 和 B 两个相等的部分。A 中装有 4 个气体分子（a，b，c，d），B 为真空。与这种宏观状态对应的微观状态只有 1 种。

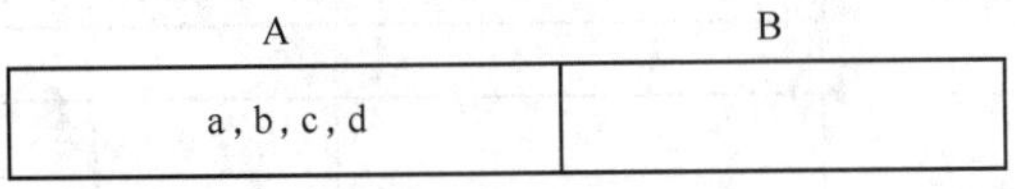

图 2-5 熵统计意义示意图（一）

（2）容器与（1）同，但隔板是多孔的，可允许气体分子自由通过。容器中同样装有 4 个气体分子（a，b，c，d）。按排列组合原理可以计算出这 4 个分子在容器中分布的微观状态共有 $2^4=16$ 种。也就是说，这种宏观状态所对应的微观状态数是 16。这 16 种微观状态如图 2-6 所示。

从上述两个例子可以看出，每一个确定的宏观状态都与一定数目的微观状态相对应。第（1）种宏观状态（4 个分子集中在被隔板等分的容器 A 中）对应的微观状态数是 1。对应微观状态愈多的那种宏观状态，其内部的情况愈复杂，或者说愈混乱。所以，统计热力学中就把与一定的宏观状态相对应的微观状态数定义为该宏观状态的混乱度（无序性）。

从图 2-6 中还可以看出，第（2）种宏观状态对应的 16 种微观状态又可以分为五类。其中第三类分布（A=2，B=2）是均匀分布，对应的微观状态最多（等于 6），出现的概率最大（等于 6/16）。而分子都集中在 A（或 B）中的微观状态数最少（等于 1），概率也最小（等于 1/16）。可见，微观状态数愈多的分布状态，其出现的概率也愈大。故统计热力学中又将与某种状态对应的微观状态数叫做该状态的热力学概率。数学概率的数值只能在 0 和 1 之间变动。热力学概率则都是正整数，可以是很大的数值。

如果在与（2）相同的容器中装有 n 个分子，则这种宏观状态对应的微观状态数为 2^n。当 n 值很大，即质点数目很多时，由数学可以证明，系统基本上均匀分布的状态出现的数学概率非常接近于 1。即这些（指基本上均匀分布的）分布状态的微观状态数之和与总的微观状态数 2^n 相差很小。而 n 个分子都集中在 A 中的分布状态的微观状态数为 1，其数学概率接近于零$\left(等于\frac{1}{2^n}\right)$。所以人们实际观察到的都是均匀分布的状态，而看不到分子都集中在 A 中这种状态。

根据上述可知，从统计观点来看，如果最初将 n 个分子都放在 A 中（见图 2-6 中第一类），则隔板抽去后，n 个分子必定会自动地均匀分布到整个容器中去，而不会仍然集中在 A 中。也

	A	B
第一类	a, b, c, d	
第二类	a, b, c	d
	b, c, d	a
	a, c, d	b
	a, b, d	c
第三类	a, b	c, d
	a, c	b, d
	a, d	b, c
	b, c	a, d
	b, d	a, c
	c, d	a, b
第四类	a	b, c, d
	b	c, d, a
	c	d, a, b
	d	a, b, c
第五类		a, b, c, d

图 2-6 熵统计意义示意图（二）

就是说，大量质点组成的系统总是要自动地从混乱度小的状态（热力学概率小）变为混乱度大的状态（热力学概率大）。气体自动向真空膨胀这个现象正是这个统计规律的反映。

如前所述，孤立系统中自发过程总是向着熵增加的方向进行。对比二者，可以看出，熵是系统混乱度（热力学概率）的函数。它们的定量关系已由玻耳兹曼（Boltzmann）确定

$$S=k\ln\Omega \tag{2-21}$$

式中，k 为玻耳兹曼常数；Ω 为微观状态数，即混乱度。

以上讨论的是由于空间位置变化而出现的混乱度，实际情况要比这复杂得多。例如，由于微观粒子的热运动，系统内的质点还可以处在一系列不同的能级上。由于能级分布的不同，也会出现不同的微观状态。当系统的能量由于温度升高而增大时，部分分子可以分布到更高的能级上去，因而微观状态数也就增加了。物体受热升温时熵值的增加就是这种情况下混乱度增加的反映。

在统计热力学基础一章中，将进一步讨论如何利用原子、分子结构的微观数据，计算热力学微观状态数 Ω，并进而计算出熵和其他热力学函数。

2.4 熵变的计算及应用

熵变的计算无论对孤立系统还是对非孤立系统都是重要的。对孤立系统来说，熵变可以作为自发过程方向和限度的判据。对于非孤立系统，熵变虽然不能直接用作判据，但在计算其他

热力学函数的变化和反应平衡常数时，还要常常用到。

设系统进行某种过程，状态从 A 变化到 B，则熵变的基本计算公式是式（2-9）

$$\Delta S = S_B - S_A = \int_A^B \left(\frac{\delta Q_R}{T}\right)$$

式中，等号右边的 Q_R 是可逆过程的热，只有可逆过程的热温商才等于熵变。无论过程是否可逆，熵变都只能通过可逆过程的热温商来计算。由式(2-9)可以推出不同条件下熵变的计算公式。

2.4.1 简单的状态变化过程

在这类过程中没有化学变化和相的变化，也没有非膨胀功，可以看作是一步或几步完成的可逆过程。

2.4.1.1 恒温过程

因为温度 T 为常数，所以

$$\Delta S = \int_A^B \frac{\delta Q_R}{T} = \frac{Q_R}{T} \tag{2-22}$$

若为理想气体恒温过程，则因为过程的 $\Delta U=0$，$Q_R=-W$，所以

$$\Delta S=\frac{Q_R}{T}=\frac{-W}{T}=\frac{nRT\ln\frac{V_2}{V_1}}{T}$$

$$\Delta S=nR\ln\frac{V_2}{V_1} \tag{2-23}$$

例 2-1 1mol 理想气体在 298K 作恒温膨胀，体积从 22.4dm^3 变为 44.8dm^3，求下面两种不同过程的熵变：(1) 恒温膨胀过程；(2) 向真空膨胀过程。

解：

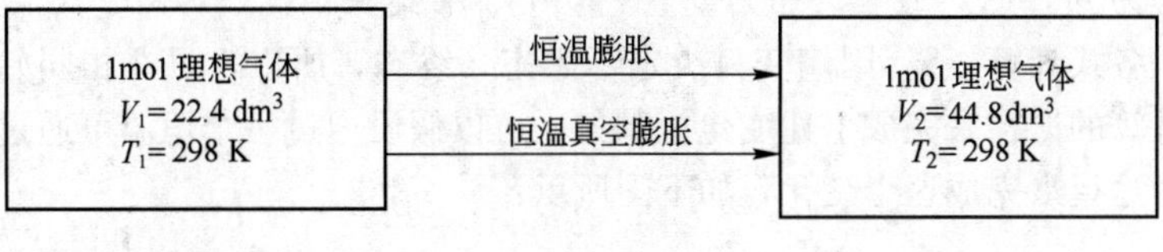

(1) 理想气体的恒温膨胀过程可以看作是一步完成的可逆过程，由式（2-23）得

$$\Delta S_1=nR\ln\frac{V_2}{V_1}=1\times 8.314\ln\frac{44.8}{22.4}=5.762\text{J}\cdot\text{K}^{-1}$$

(2) 理想气体向真空膨胀是不可逆过程，但因熵是状态函数，其变化值只决定于系统变化的始态、终态。而 (1)、(2) 两过程的始态、终态相同，故熵变就应当相同。所以

$$\Delta S_2=\Delta S_1=nR\ln\frac{V_2}{V_1}=5.762\text{J}\cdot\text{K}^{-1}$$

真空膨胀过程中，$W=0$，而理想气体恒温过程的 $\Delta U=0$，所以

$$Q=\Delta U-W=0$$

这说明在此过程中，系统与环境既没有物质的交换，也没有热和功的交换，可以看作是孤立系统。故由计算结果 $\Delta S=5.762\ \text{J}\cdot\text{K}^{-1}>0$ 可以得出结论：气体向真空膨胀的过程是自发过程。

2.4.1.2 恒压变温或恒容变温过程

对于恒压变温过程，由于

$$\delta Q_R=\delta Q_p=nC_{p,m}\text{d}T$$

所以
$$\Delta S=\int_{A}^{B}\frac{\delta Q_R}{T}=\int_{T_1}^{T_2}\frac{nC_{p,m}dT}{T} \tag{2-24}$$

如果 $C_{p,m}$ 不随温度变化，即 $C_{p,m}$ 是常数，则得

$$\Delta S=nC_{p,m}\ln\frac{T_2}{T_1} \tag{2-25}$$

对于恒容变温过程，由于

$$\delta Q_R=\delta Q_V=nC_{V,m}dT$$

所以
$$\Delta S=\int_{T_1}^{T_2}\frac{nC_{V,m}dT}{T} \tag{2-26}$$

如果 $C_{V,m}$ 不随温度变化，即 $C_{V,m}$ 是常数，则得

$$\Delta S=nC_{V,m}\ln\frac{T_2}{T_1} \tag{2-27}$$

例 2-2 求 1mol 液体镉，在标准压力 $p^{\ominus}$ 下，从 600K 加热到 1000K 的熵变。已知液体镉的 $C_{p,m}^{\ominus}=29.8\text{J}\cdot\text{mol}^{-1}\cdot\text{K}^{-1}$。

解：下面以框图示意系统状态变化过程

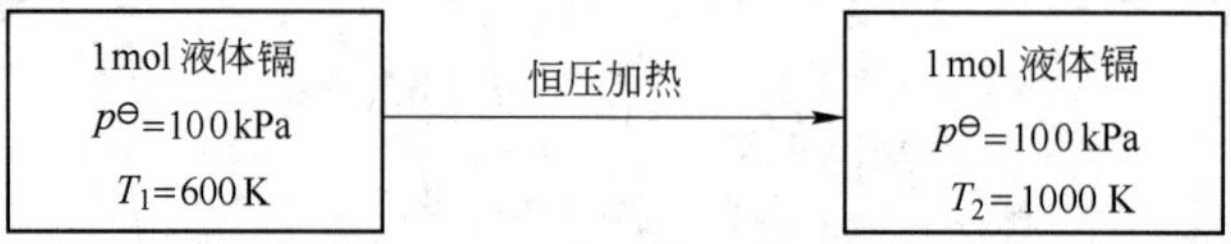

由式（2-25）得

$$\Delta S=nC_{p,m}^{\ominus}\ln\frac{T_2}{T_1}=1\times29.8\ln\frac{1000}{600}=15.22\text{J}\cdot\text{K}^{-1}$$

2.4.1.3 p，V，T 都改变的过程

设系统始态为 p_1，V_1，T_1，终态为 p_2，V_2，T_2。在这种情况下，由于几个变量同时变化，所以不能用以上各式计算 ΔS。因熵变只决定于始态、终态，所以，可在相同始态、终态之间设计一条易于计算的途径来完成上述变化。例如，可以假设通过一个恒温可逆过程和一个恒容可逆过程组成的途径来完成这个变化，如下图所示：

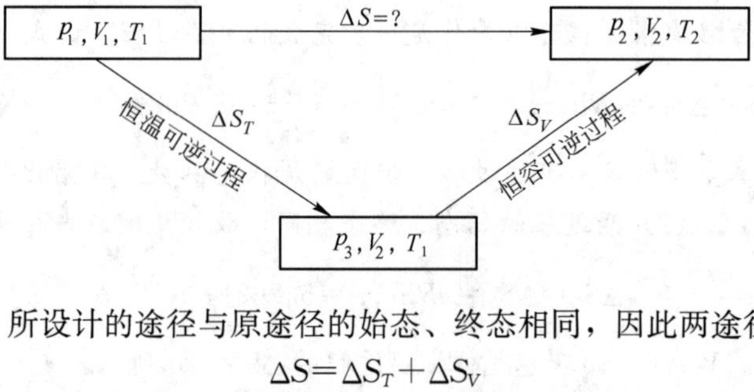

因为熵是状态函数，所设计的途径与原途径的始态、终态相同，因此两途径的熵变相等

$$\Delta S=\Delta S_T+\Delta S_V$$

如果是理想气体系统，ΔS_T，ΔS_V 可按式（2-23）和式（2-27）计算，于是系统的熵变

$$\Delta S=nR\ln\frac{V_2}{V_1}+nC_{V,m}\ln\frac{T_2}{T_1} \tag{2-28}$$

用类似方法也可以假设过程是通过一个恒温可逆过程和一个恒压可逆过程组成的途径来完成，与此过程相应的系统的熵变表示为

$$\Delta S=nR\ln\frac{p_1}{p_2}+nC_{p,m}\ln\frac{T_2}{T_1} \tag{2-29}$$

或假设过程是通过一个恒压可逆过程和一个恒容可逆过程组成的途径来完成，与此过程相应的系统的熵变表示为

$$\Delta S=nC_{p,\mathrm{m}}\ln\frac{V_2}{V_1}+nC_{V,\mathrm{m}}\ln\frac{p_2}{p_1} \tag{2-30}$$

若系统始态、终态的 p，V，T 均确定，则根据式（2-28）、式（2-29）或式（2-30）计算的结果相等。

例 2-3 1mol 理想气体，$C_{p,\mathrm{m}}=\frac{7}{2}R$，从 25℃、101.3kPa 绝热压缩至 334℃、1013kPa。求该过程的熵变。

解：

根据题给数据，按式（2-29）计算较方便。

$$\begin{aligned}\Delta S&=nR\ln\frac{p_1}{p_2}+nC_{p,\mathrm{m}}\ln\frac{T_2}{T_1}\\&=1\times 8.314\ln\frac{1}{10}+1\times\frac{7}{2}\times 8.314\ln\frac{334+273}{25+273}\\&=1.56\mathrm{J\cdot K^{-1}}\end{aligned}$$

此过程是绝热的，即热温商为零，而计算得 $\Delta S=1.56\mathrm{J\cdot K^{-1}}$，说明此绝热系统的熵变大于零，根据式（2-18）可知，此过程不可逆。应当指出，若非孤立系统或非绝热过程，则不能根据系统熵变的正或负直接判断过程可逆与否。若要判断过程是否可逆，还须算出环境的熵变，然后再根据式（2-20）判断。

2.4.1.4 理想气体的混合熵

理想气体的恒温恒容混合过程。始态为 n_A 摩尔的 A 气体（n_A，p_A，T，V）与 n_B 摩尔的 B气体（n_B，p_B，T，V）在恒温（T）恒容（V）条件下混合为（n_A+n_B）摩尔的混合气体（n_A+n_B，p_A+p_B，T，V）。混合前后系统的状态如下所示：

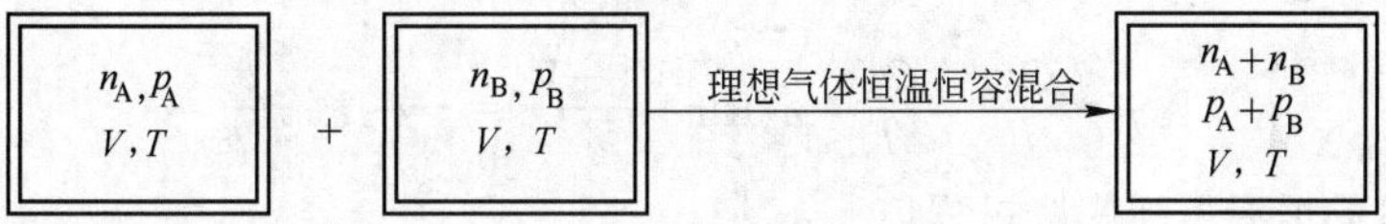

假设上述过程由一个如下所示的恒温恒容可逆过程完成：

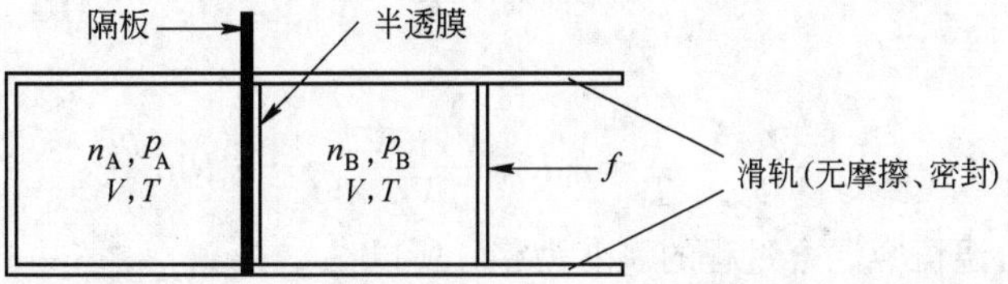

左侧气体箱中为 A 气体，右侧气体箱中为 B 气体。两箱中间由隔板分开，紧贴隔板右侧为一个半透膜，假设这个半透膜只允许气体 A 分子通过，不允许气体 B 分子通过。右侧气体

箱可沿无摩擦且密封的滑轨左右滑动。隔板抽出后，用力（f）推动右侧气体箱，使之沿滑轨缓慢向左滑动，直至两气体箱重合。在此过程中，气体 A 分子不断通过半透膜进入右侧的气体箱与 B 气体混合，从而完成理想气体的恒温恒容可逆混合。

对于气体 A，始态为（n_A，p_A，T，V），终态仍为（n_A，p_A，T，V）；对于气体 B，始态为（n_B，p_B，T，V），终态仍为（n_B，p_B，T，V）。p_A 与 p_B 分别为终态混合气体中 A 与 B 的分压。因为该混合过程恒温，所以 $\Delta U=0$，$\Delta H=0$；又因为过程恒容，$W=0$，故 $Q=0$。

因此该混合过程的熵变为

$$\Delta S=\frac{Q_R}{T}=\frac{Q}{T}=0$$

上式说明理想气体恒温恒容混合过程熵变为零。

理想气体的恒温恒压混合过程。始态为（n_A，V_A，T，p）的 A 气体和始态为（n_B，V_B，T，p）的 B 气体，在恒温（T）恒压（p）条件下混合为（n_A+n_B，V_A+V_B，T，p）的混合气体。这样一个不可逆过程的熵变可通过设计如下可逆过程实现：

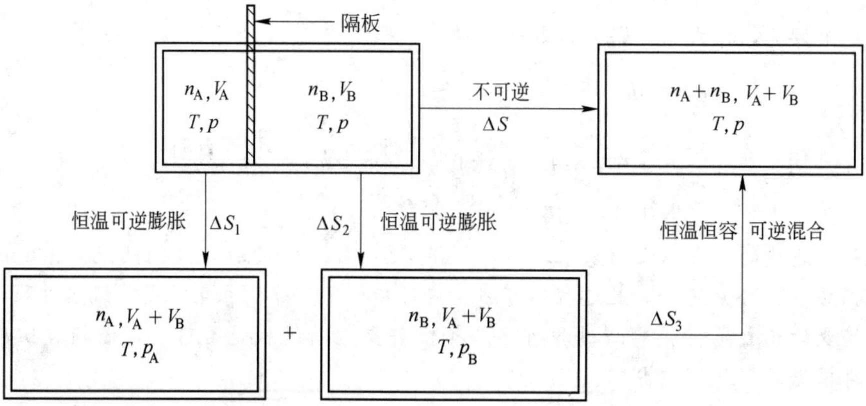

对于 A 气体的恒温可逆膨胀过程

$$\Delta U_A=Q_A+W_A=0$$

$$Q_A=-W_A=n_ART\ln\frac{V_A+V_B}{V_A}$$

所以

$$\Delta S_1=\frac{Q_{R,1}}{T}=\frac{Q_A}{T}=n_AR\ln\frac{V_A+V_B}{V_A}=-n_AR\ln\frac{p_A}{p}$$

对于气体 B 的恒温可逆膨胀过程

$$\Delta U_B=Q_B+W_B=0$$

$$Q_B=-W_B=n_BRT\ln\frac{V_A+V_B}{V_B}$$

所以

$$\Delta S_2=\frac{Q_{R,2}}{T}=\frac{Q_B}{T}=n_BR\ln\frac{V_A+V_B}{V_B}=-n_BR\ln\frac{p_B}{p}$$

因为理想气体恒温恒容混合过程的熵变为零，所以

$$\Delta S_3=0$$

因此 $$\Delta S=\Delta S_1+\Delta S_2+\Delta S_3=-n_AR\ln\frac{p_A}{p}-n_BR\ln\frac{p_B}{p}$$

式中，p_A，p_B 及 p 分别为终态混合气体中 A 的分压、B 的分压及总压。因此，终态 A 和 B 气体的摩尔分数分别为

$$x_A=p_A/p,\ x_B=p_B/p$$

所以

$$\Delta S=-n_A R\ln x_A-n_B R\ln x_B$$

将上式推广到多种理想气体的恒温恒压混合过程，则混合过程熵变可用通式表示为

$$\Delta S=-R\sum_i n_i\ln x_i$$

式中，x_i 及 n_i 分别为混合气体中第 i 种组分的摩尔分数及摩尔数。由上式可知，由于 $x_i<1$，所以 $\Delta S>0$，也就是说，理想气体的恒温恒压混合过程熵是增加的。

2.4.2　相变过程

相变一般是在恒温、恒压下进行的。如果在指定的温度、压力下，参加变化的两相恰能平衡共存则此相变是可逆的。也就是说，在正常的相变温度和相变压力下的相变可以看作是可逆过程。例如，在 100℃，100kPa 下水变为水蒸气是可逆过程。如果参加变化的两相在指定的温度和压力下不能平衡共存，则此相变就是不可逆相变。例如，过冷水结冰就是不可逆相变过程。可逆相变过程的相变潜热 Q_p（等于相变焓 $\Delta_{相变}H$）可用来直接计算此过程的熵变，即

$$\Delta S=\frac{Q_R}{T}=\frac{Q_p}{T}=\frac{\Delta_{相变}H}{T} \tag{2-31}$$

例 2-4　已知 100kPa 下，固体苯的熔化温度为 5℃，摩尔熔化焓为 9916J·mol^{-1}。求在此温度和压力条件下，1g 液体苯结晶为固体苯过程的熵变。

解： 此过程为恒温、恒压可逆相变过程。苯的摩尔质量为 78g·mol^{-1}。

$$Q_R=-\Delta_{fus}H_m=-9916\times\frac{1}{78}\text{J}$$

$$\Delta S=\frac{Q_R}{T}=\frac{-\frac{9916}{78}}{273+5}=-0.456\text{J}\cdot\text{K}^{-1}$$

根据式（2-13）可知，不可逆过程的熵变不等于（大于）该过程热温商，因此不能直接用式（2-31）进行计算。若要计算不可逆相变过程的熵变，必须通过设计可逆过程实现。

例 2-5　1mol 过冷水在 100kPa 和 −5 ℃的条件下凝固为冰，求此相变过程的熵变。已知水和冰的质量恒压热容分别为 4.18J·K^{-1}·g^{-1}和 1.97J·K^{-1}·g^{-1}。100kPa 和 0℃下冰的熔化热为 333.5J·g^{-1}。

解： 水和冰在 −5℃，100kPa 下不能平衡共存，故此过程为恒温、恒压不可逆相变过程。为了计算这个过程的熵变（ΔS），须设计如下所示的可逆过程：

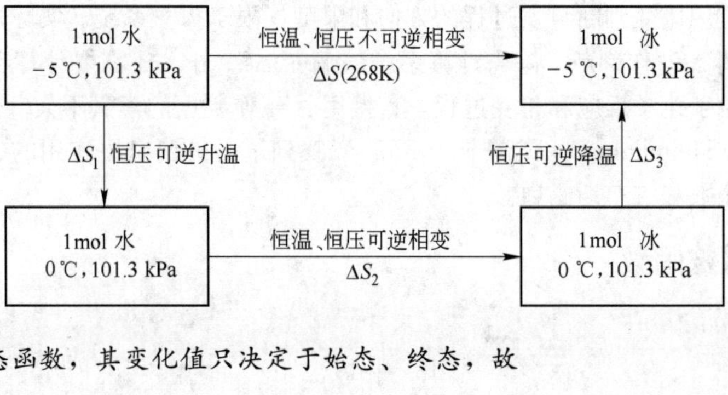

因为熵是状态函数，其变化值只决定于始态、终态，故

$$\Delta S(268\text{K})=\Delta S_1+\Delta S_2+\Delta S_3$$

根据式（2-25）和式（2-31）得

$$\Delta S_1=nC_{p,\text{m}}(\text{水})\ln\frac{T_2}{T_1}=4.18\times18\times\ln\frac{273}{268}=1.38\text{J}\cdot\text{K}^{-1}$$

$$\Delta S_2=\frac{\Delta_{\text{相变}}H}{T}=\frac{18\times(-333.5)}{273}=-22.01\text{J}\cdot\text{K}^{-1}$$

$$\Delta S_3=nC_{p,\text{m}}(\text{冰})\ln\frac{T_2}{T_1}=1.97\times18\times\ln\frac{268}{273}=-0.67\text{J}\cdot\text{K}^{-1}$$

所以

$$\Delta S(268\text{K})=1.38+(-22.02)+(-0.67)=-21.3\text{J}\cdot\text{K}^{-1}$$

已知过冷水结冰是自发的，但计算结果表明系统的熵却减少了。这与熵增加原理并不矛盾，因为不是孤立系统，系统在变化过程中放热，故不能用系统的熵变作为判据来判断过程自发与否。根据式（2-16），可用系统和环境的总熵变作为判据，这样就必须再计算出环境的熵变。环境的熵变 ΔS_{ex} 可按下式计算

$$\Delta S_{\text{ex}}=\frac{Q_{\text{ex,R}}}{T}=-\frac{Q_{\text{sys}}}{T}=-\frac{\Delta H(268\text{K})}{T}$$

根据基尔霍夫公式

$$\begin{aligned}\Delta H(268\text{K})&=\Delta H(273\text{K})+\int_{273\text{K}}^{268\text{K}}\Delta C_p\,\text{d}T\\&=-333.5\times18+(1.97-4.18)\times18\times(268-273)\\&=-5804\text{J}\end{aligned}$$

$$\Delta S_{\text{ex}}=-\frac{-5804}{268}=21.7\text{J}\cdot\text{K}^{-1}$$

$$\Delta S_{\text{iso}}=-21.3+21.7=0.4\text{J}\cdot\text{K}^{-1}$$

上面的计算结果说明，在包括环境在内的孤立系统中，自发进行的是一个熵增加的过程。

2.4.3　化学变化过程

实际发生的化学反应都是不可逆的。因此，用量热法测得的热效应是不可逆化学变化过程的热效应（$\Delta_r H$），它不等于 Q_R，因此不能用 $\Delta_r H$ 计算过程熵变。化学变化过程熵变的计算将在化学平衡、电化学等章节中讨论。

2.5　亥姆霍兹函数和吉布斯函数

如前所述，应用熵变判断自发过程的方向和限度仅限于孤立系统。实际过程很少是在孤立系统内进行的，用 ΔS_{iso} 作判断，除需计算系统的熵变 ΔS_{sys} 外，还需要计算环境熵变 ΔS_{ex}，比较繁琐。因此，对于化学反应和相变过程，直接用 ΔS_{iso} 作判据的意义不大。但是，通过熵这个函数，亥姆霍兹（Helmholtz）和吉布斯（Gibbs）找到了另外两个更实用的、可作为判据的函数——亥姆霍兹函数和吉布斯函数。

2.5.1　亥姆霍兹函数

根据式（2-19）

$$\text{d}S_{\text{sys}}+\text{d}S_{\text{ex}}\geqslant0$$

将环境的变化看作是可逆的，因此，

$$dS_{ex}=\frac{\delta Q_{ex}}{T_{ex}} \tag{2-32}$$

其中，环境得到的热量应等于系统失去的热量，即

$$\delta Q_{ex}=-\delta Q_{sys}$$

根据热力学第一定律

$$\delta Q_{sys}=dU_{sys}-\delta W_{sys}$$

在恒温条件下（$T_{ex}=T_{sys}$），将以上两式代入式（2-32），并略去下角标“sys”后得

$$dS_{ex}=\frac{-dU+\delta W}{T}$$

因此
$$dS+dS_{ex}=dS+\frac{-dU+\delta W}{T}\geqslant 0$$

整理后得
$$-d(U-TS)\geqslant -\delta W$$

令
$$A=U-TS \tag{2-33}$$

式中，A 为亥姆霍兹函数或亥姆霍兹自由能（以前称为功函）。因为 U，T，S 都是状态函数，所以 A 也是状态函数，A 具有与 U 相同的单位（$J \cdot mol^{-1}$ 或 $kJ \cdot mol^{-1}$），且绝对值不可知。当过程的始态、终态确定后，A 的改变值可表示为

$$\Delta A=A_2-A_1$$

即过程亥姆霍兹函数的变化值 ΔA 等于系统终态与始态亥姆霍兹函数（A_2 与 A_1）之差。于是，在恒温过程中

$$-dA_T\geqslant -\delta W$$

即对于一个微小过程有

$$dA_T\leqslant \delta W \tag{2-34}$$

或
$$\Delta A_T\leqslant W \tag{2-35}$$

式（2-34）或式（2-35）中角标 T 表示恒温过程，W 表示过程中系统与环境之间交换的功，W 既包含体积功，也包含非体积功。取等号表示过程可逆，取不等号表示过程不可逆（即自发过程）。

式（2-34）或式（2-35）表明，在恒温可逆过程中系统亥姆霍兹函数的减少（$-\Delta A$）等于系统对环境所作的功（$-W$）。或者说系统从环境中得到的功（W）全部用于系统亥姆霍兹函数的增加（ΔA）；在恒温的不可逆过程中系统从环境中得到的功（W），一部分用于系统亥姆霍兹函数的增加（ΔA），另一部分用于克服引起过程不可逆的因素。例如，在恒温条件下，汽缸中理想气体的膨胀过程中，由于汽缸活塞与器壁之间存在摩擦阻力，而使过程不可逆，那么，系统从环境中得到功的一部分则用于克服这部分摩擦阻力。

若系统在变化过程中不仅恒温，而且恒容，即 $dV=0$，那么，系统的体积功为零，只有非体积功，则 $\delta W=\delta W'$，式（2-34）变为

$$dA_{T,V}\leqslant \delta W' \tag{2-36}$$

或
$$\Delta A_{T,V}\leqslant W' \tag{2-37}$$

若系统在恒温、恒容变化过程中，非体积功也为零，则

$$dA_{T,V,\delta W'=0}\leqslant 0 \tag{2-38}$$

或
$$\Delta A_{T,V,W'=0}\leqslant 0 \tag{2-39}$$

式（2-38）和式（2-39）可作为恒温、恒容且非体积功为零条件下系统变化过程方向和限

度的判据。在此条件下，系统亥姆霍兹函数 A 减少（$\Delta A_{T,V,W'=0}<0$）的过程为自发过程；A 不变（$\Delta A_{T,V,W'=0}=0$）的过程为可逆过程；而 A 增加的过程不可能自动发生。

2.5.2 吉布斯函数

在恒温、恒压及非体积功为零的条件下，将 $T_{ex}=T_{sys}$，$\delta Q_{ex}=-\delta Q_{sys}=-\mathrm{d}H_{sys}$代入下式

$$\mathrm{d}S_{sys}+\frac{\delta Q_{ex}}{T_{ex}}\geqslant 0$$

并略去下角标“sys”得

$$\mathrm{d}S-\frac{\mathrm{d}H}{T}\geqslant 0$$

因为过程恒温，T 为常数，所以

$$\mathrm{d}(H-TS)\leqslant 0 \tag{2-40}$$

令

$$G=H-TS=U+pV-TS=A+pV \tag{2-41}$$

式中，G 为吉布斯函数或吉布斯自由能。

从吉布斯函数 G 的定义式（2-40）可知，G 是一个状态函数，具有和 U、H、A 相同的单位，绝对值不可知。将吉布斯函数 G 与物质的量 n 之比称为摩尔吉布斯函数，表示为 G_m，$G_m=G/n$，单位为 $J\cdot mol^{-1}$或 $kJ\cdot mol^{-1}$。而将标准压力下，物质的摩尔吉布斯函数称为物质的标准摩尔吉布斯函数，表示为 $G_m^{\ominus}$，单位仍为 $J\cdot mol^{-1}$或 $kJ\cdot mol^{-1}$。当过程的始态、终态确定后，G 的改变值可表示为

$$\Delta G=G_2-G_1$$

即过程吉布斯函数的变化值 ΔG 等于系统终态与始态吉布斯函数（G_2 与 G_1）之差。

式（2-40）可表示为

$$\mathrm{d}G_{T,p,\delta W'=0}\leqslant 0 \tag{2-42}$$

或

$$\Delta G_{T,p,W'=0}\leqslant 0 \tag{2-43}$$

式（2-42）和式（2-43）可用作系统在恒温、恒压且非体积功为零条件下变化过程方向和限度的判据。在此条件下，若系统发生不可逆过程，则吉布斯函数减少，即 $\Delta G_{T,p,W'=0}<0$；若发生可逆过程，系统的吉布斯函数不变，即 $\Delta G_{T,p,W'=0}=0$；而在此条件下，G 增加的过程不能自动发生。或者说，在恒温、恒压及非体积功为零的条件下，若系统所发生过程的 $\Delta G_{T,p,W'=0}<0$，则过程一定为自发过程（不可逆）；若系统所发生过程的 $\Delta G_{T,p,W'=0}=0$，则该过程一定为可逆过程，系统处于平衡状态。

如果在恒温、恒压条件下，系统的非体积功不为零，则式（2-42）和式（2-43）变为

$$\mathrm{d}G_{T,p}\leqslant \delta W' \tag{2-44}$$

或

$$\Delta G_{T,p}\leqslant W' \tag{2-45}$$

当取等号时，表示系统得到的非体积功全用于系统 G 值的增加；当取小于号时，表示系统得到的非体积功一部分用于系统 G 值的增加，另一部分用于克服引起过程不可逆的因素。

2.5.3 ΔG 和 ΔA 的计算

根据吉布斯函数 G 和亥姆霍兹函数 A 的定义式（2-41）和式（2-33）

$$G=U+pV-TS=H-TS=A+pV$$

$$A=U-TS$$

可得到计算 ΔG 和 ΔA 的基本公式

$$\Delta G=\Delta U+\Delta(pV)-\Delta(TS)=\Delta H-\Delta(TS)=\Delta A+\Delta(pV) \tag{2-46}$$

$$\Delta A=\Delta U-\Delta(TS) \tag{2-47}$$

对于恒温过程，式（2-46）和式（2-47）变为

$$\Delta G=\Delta H-T\Delta S \tag{2-48}$$

$$\Delta A=\Delta U-T\Delta S \tag{2-49}$$

对于理想气体的恒温膨胀过程，因为

$$\Delta U=\Delta H=0$$

假设过程可逆，则

$$Q_R=-W_R=T\Delta S$$

而

$$-W_R=nRT\ln\frac{V_2}{V_1}$$

所以

$$\Delta G=\Delta A=-T\Delta S=-nRT\ln\frac{V_2}{V_1}=-nRT\ln\frac{p_1}{p_2} \tag{2-50}$$

例 2-6 1mol 理想气体在 27℃向真空膨胀，压力从 1013kPa 减小到 100kPa。求变化过程的 ΔG 和 ΔA。

解： 本题所述过程是理想气体恒温不可逆过程。因为吉布斯函数和亥姆霍兹函数都是状态函数，其变化值只决定于系统的始态、终态，与过程是否可逆无关。所以，可以将题中所述过程看作是一步完成的可逆过程，ΔG 和 ΔA 也可以用式（2-49）计算。即

$$\Delta A=\Delta G=nRT\ln\frac{p_2}{p_1}=1\times8.314\times(27+273)\times\ln\frac{100}{1013}=-5775\text{J}$$

例 2-7 在−5℃、100kPa 条件下，1mol 过冷水凝固为冰，求此过程的 ΔG 和 ΔA。

解： 此过程为恒温、恒压下不可逆相变过程。由式（2-48）可得

$$\Delta G(268\text{K})=\Delta H(268\text{K})-T\Delta S(268\text{K})$$

由例 2-5 已知

$$\Delta S(268\text{K})=-21.3\text{J}\cdot\text{K}^{-1}$$

$$\Delta H(268\text{K})=-5804\text{J}$$

代入上式得

$$\Delta G(268\text{K})=-5804-268\times(-21.3)=-95.6\text{J}$$

此过程为恒温、恒压过程，因计算结果 $\Delta G<0$，故可判断过冷水结冰是自发过程。由于液体与固体体积相差不大，即凝固前后的 $\Delta V\approx0$，所以

$$\Delta U=\Delta H-p\Delta V\approx\Delta H$$

故由式（2-49）可得

$$\Delta A(268\text{K})=\Delta U(268\text{K})-T\Delta S(268\text{K})\approx\Delta H(268\text{K})-T\Delta S(268\text{K})$$

$$\Delta A(268\text{K})\approx-95.6\text{J}$$

因为体积变化很小，近似地可将此过程看作恒温、恒容过程，故根据 $\Delta A<0$ 也可判断此过程能自发进行。凡是凝聚系统（不包括气相的系统）的恒温过程，由于体积变化不大，可以近似地看作是恒温、恒容过程。故凝聚系统中的过程也常常用 ΔA 作为判据。

例 2-8 已知灰锡与白锡在 19℃、100kPa 下能平衡共存。试问：在 0℃、100kPa 下灰锡与白锡哪一种晶型较稳定？已知：灰锡和白锡的平均恒压摩尔热容分别为 25.7J·mol^{-1} 和 26.5J·mol^{-1}，且 0℃、100kPa 下灰锡转化为白锡（灰锡→白锡）过程的摩尔相变焓为 $\Delta_{相变}H(273\text{K})=2178\text{J}\cdot\text{mol}^{-1}$。

解： 本题要求确定在恒温（273K）、恒压（100kPa）下，灰锡变成白锡的反应能否自发进行。为此，需要计算 273K、100kPa 下该相变过程的 ΔG。

按式（2-48）

$$\Delta G(273\text{K})=\Delta H(273\text{K})-T\Delta S(273\text{K})$$

题中已知 $\Delta_{相变} H(273\text{K})=2178\text{J}\cdot\text{mol}^{-1}$

而 ΔS（273K）可按下面设计的可逆过程计算：

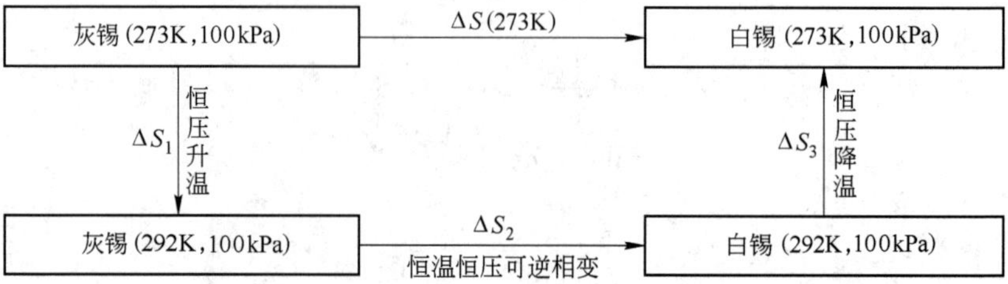

按式（2-25），设物质的量为 1mol，则

$$\Delta S_1=1\times 25.7\times\ln\frac{292}{273}=1.73\text{J}\cdot\text{K}^{-1}$$

$$\Delta S_3=1\times 26.5\times\ln\frac{273}{292}=-1.78\text{J}\cdot\text{K}^{-1}$$

按式（2-31） $\Delta S_2=\dfrac{\Delta H(292\text{K})}{T}$

由基尔霍夫公式可求得

$$\begin{aligned}\Delta H(292\text{K}) &= \Delta H(273\text{K})+\int_{273\text{K}}^{292\text{K}}\Delta C_p\,\text{d}T\\ &=2178+[(26.5-25.7)\times(292-273)]\\ &=2191\text{J}\end{aligned}$$

则 $\Delta S_2=\dfrac{2191}{292}=7.50\text{J}\cdot\text{K}^{-1}$

故 $\Delta S(273\text{K})=1.73+7.50+(-1.78)=7.45\text{J}\cdot\text{K}^{-1}$

于是得

$$\begin{aligned}\Delta G(273\text{K}) &=\Delta H(273\text{K})-T\Delta S(273\text{K})\\ &=2191-273\times 7.45\\ &=157.2\text{J}\end{aligned}$$

恒温、恒压（且非体积功为零）下，$\Delta G>0$，说明此条件下，灰锡变为白锡的过程不能自发进行。反之也说明，白锡可以自发地转变为灰锡。根据以上讨论可知，0℃，100kPa 条件下，灰锡是较稳定的晶型。

2.6 热力学函数间的关系式

前面介绍了五个状态函数 U，H，S，A，G，它们之间最简单的关系可用下面几个式子表示

$$H=U+pV$$
$$A=U-TS$$
$$G=U-TS+pV=H-TS=A+pV$$

其中最基本的函数是热力学能（内能）U 和熵 S。焓 H、亥姆霍兹函数 A 和吉布斯函数 G 是从 U 和 S 导出的函数，在处理实际问题时更适用。在热力学封闭系统中，当平衡状态发生变化时，这些状态函数以及温度 T、压力 p 和体积 V 之间存在一定的关系。下面对这些关系作系统讨论。

2.6.1 热力学基本方程

当热力学封闭系统从一个平衡态可逆地变化到另一个平衡态时，根据热力学第一定律表达式

$$dU=\delta Q+\delta W=\delta Q-p dV+\delta W'$$

根据热力学第二定律表达式

$$dS=\frac{\delta Q}{T}$$

得

$$\delta Q=T dS$$

所以

$$dU=T dS-p dV+\delta W' \tag{2-51}$$

根据 $H=U+pV$ 得

$$dH=dU+p dV+V dp$$

将式（2-51）代入上式，得

$$dH=T dS+V dp+\delta W' \tag{2-52}$$

同法可得

$$dA=-S dT-p dV+\delta W' \tag{2-53}$$

$$dG=-S dT+V dp+\delta W' \tag{2-54}$$

当封闭系统中进行的变化过程无非体积功，即 $\delta W'=0$ 时，式（2-51）变为

$$dU=T dS-p dV \tag{2-55}$$

同理可得

$$dH=T dS+V dp \tag{2-56}$$

$$dA=-S dT-p dV \tag{2-57}$$

$$dG=-S dT+V dp \tag{2-58}$$

式（2-55）可看做是热力学第一定律和热力学第二定律的联合公式，也是封闭系统的基本公式。在推导该式时曾引用了可逆的条件，但这个公式中出现的函数（U、S、V、T、p）都是系统的性质，皆为状态函数。因此，无论过程可逆与否，只要始态、终态确定，上式中的 U、S、V、T、p 的改变值也就确定，与途径无关。

式（2-55）～式（2-58）称为无非体积功条件下热力学封闭系统的基本方程。这四个公式实际是下面四个函数的全微分式

$$U=U(S,V)$$

$$H=H(S,p)$$

$$A=A(T,V)$$

$$G=G(T,p)$$

以上这些关系式，特别是式（2-58）十分重要。将这些公式积分，可以用来计算简单状态变化过程（没有相变和化学变化的过程）的热力学能（内能）、焓等状态函数的变化值。也可以从这些基本关系式出发，推得一些有用的公式。例如，可以推得在一定状态下，1mol 理想气体的吉布斯函数与温度、压力之间的关系。

例如，对 1mol 理想气体来说，在恒温条件下，由式（2-58）可得

$$dG=Vdp=\frac{RT}{p}dp$$

当压力从标准状态的压力 $p^{\ominus}$ 变到 p 时，摩尔吉布斯函数相应地从 $G_m^{\ominus}$ 变到 G_m，在恒温条件下将上式积分得

$$G_m-G_m^{\ominus}=RT\ln p-RT\ln p^{\ominus}$$

整理得

$$G_m=G_m^{\ominus}+RT\ln\frac{p}{p^{\ominus}} \tag{2-59}$$

式中，G_m 为理想气体处于温度 T、压力 p 时的摩尔吉布斯函数；$G_m^{\ominus}$ 为理想气体处于温度 T、标准压力下的标准摩尔吉布斯函数。理想气体的标准状态是压力 $p^{\ominus}=100\text{kPa}$ 的状态。因为压力已经指定，$\frac{p}{p^{\ominus}}$是 p（以 kPa 为单位）除以 100kPa 所得的纯数，故知标准状态下的摩尔吉布斯函数 $G_m^{\ominus}$ 仅仅是温度的函数。

对于混合理想气体，由于理想气体分子间没有相互作用力，故混合理想气体中的任意一种组分的 G_i 与该气体单独存在（温度为 T，压力等于混合气体中该气体的分压 p_i）时的 G_i 相同。故得

$$G_i=G_i^{\ominus}+RT\ln\frac{p_i}{p^{\ominus}}$$

上式中的 G_i 也仅仅是温度的函数。对一定种类的理想气体来说，温度一定时，G_i 为定值。

2.6.2　麦克斯韦（Maxwell）关系式

设 z 为系统的一种性质，是两个变量 x、y 的函数，即

$$z=f(x,y)$$

则其全微分

$$dz=\left(\frac{\partial z}{\partial x}\right)_y dx+\left(\frac{\partial z}{\partial y}\right)_x dy=Mdx+Ndy$$

式中，M，N 也是 x，y 的函数，

$$M=\left(\frac{\partial z}{\partial x}\right)_y$$

$$N=\left(\frac{\partial z}{\partial y}\right)_x$$

再将 M 对 y、N 对 x 求偏导数，得

$$\left(\frac{\partial M}{\partial y}\right)_x=\frac{\partial^2 z}{\partial x\partial y}$$

$$\left(\frac{\partial N}{\partial x}\right)_y=\frac{\partial^2 z}{\partial y\partial x}$$

比较这两个式子，得

$$\left(\frac{\partial M}{\partial y}\right)_x=\left(\frac{\partial N}{\partial x}\right)_y \tag{2-60}$$

根据以上原理，对于函数

$$U=f(S,V)$$

按式（2-55）

$$dU=TdS-pdV$$

应用式（2-60），可得

$$\left(\frac{\partial T}{\partial V}\right)_S=-\left(\frac{\partial p}{\partial S}\right)_V \tag{2-61}$$

同理，按式(2-56)～式(2-58)，可得

$$\left(\frac{\partial T}{\partial p}\right)_S=\left(\frac{\partial V}{\partial S}\right)_p \tag{2-62}$$

$$\left(\frac{\partial S}{\partial V}\right)_T=\left(\frac{\partial p}{\partial T}\right)_V \tag{2-63}$$

$$\left(\frac{\partial S}{\partial p}\right)_T=-\left(\frac{\partial V}{\partial T}\right)_p \tag{2-64}$$

以上四个公式称为麦克斯韦（Maxwell）关系式。这些式子的用处之一是使我们能够用比较容易求的量代替一些不易求的量。

例如，要求热力学能（内能）U 与体积 V 的关系，即求 $\left(\frac{\partial U}{\partial V}\right)_T=?$。可根据式（2-55）

$$\mathrm{d}U=T\mathrm{d}S-p\mathrm{d}V$$

在恒温条件下，将式（2-55）两边同除以 $\mathrm{d}V$，可得

$$\left(\frac{\partial U}{\partial V}\right)_T=T\left(\frac{\partial S}{\partial V}\right)_T-p$$

式中，$\left(\frac{\partial U}{\partial V}\right)_T$ 不易求得，若将式（2-63）代入上式，可得

$$\left(\frac{\partial U}{\partial V}\right)_T=T\left(\frac{\partial p}{\partial T}\right)_V-p \tag{2-65}$$

式（2-65）中的 $\left(\frac{\partial p}{\partial T}\right)_V$ 是比较容易求得的量。对理想气体来说，从状态方程

$$pV=nRT$$

可得

$$\left(\frac{\partial p}{\partial T}\right)_V=\frac{nR}{V}$$

代入式（2-65），则

$$\left(\frac{\partial U}{\partial V}\right)_T=T\frac{nR}{V}-p=p-p=0$$

此结果说明，在恒温条件下，理想气体的热力学能（内能）不随体积的变化而变化。这与第一章所提到的“理想气体的热力学能（内能）只与温度有关，而与体积无关”的结论相符。

2.6.3 其他重要关系式

根据式（2-55）

$$\mathrm{d}U=T\mathrm{d}S-p\mathrm{d}V$$

可知，因为 U 是状态函数，$U=U(S,V)$，应当具有全微分的性质，故

$$\mathrm{d}U=\left(\frac{\partial U}{\partial S}\right)_V\mathrm{d}S+\left(\frac{\partial U}{\partial V}\right)_S\mathrm{d}V$$

对比以上两个式子得

$$\left(\frac{\partial U}{\partial S}\right)_V=T \tag{2-66}$$

$$\left(\frac{\partial U}{\partial V}\right)_S=-p \tag{2-67}$$

用类似的方法，根据式(2-56)～式(2-58)还可以推得

$$\left(\frac{\partial H}{\partial S}\right)_p = T \tag{2-68}$$

$$\left(\frac{\partial H}{\partial p}\right)_S = V \tag{2-69}$$

$$\left(\frac{\partial A}{\partial V}\right)_T = -p \tag{2-70}$$

$$\left(\frac{\partial A}{\partial T}\right)_V = -S \tag{2-71}$$

$$\left(\frac{\partial G}{\partial p}\right)_T = V \tag{2-72}$$

$$\left(\frac{\partial G}{\partial T}\right)_p = -S \tag{2-73}$$

式（2-66）～式（2-73）表明，在一定条件下，某个状态函数的偏导数与系统的某一简单性质相等。这些公式对热力学系统作定性讨论或定量计算都很有用。例如，由熵与微观状态函数的关系式（2-21）可知，在任何状态下，系统的熵都是正值。因此，根据式（2-73）可知

$$\left(\frac{\partial G}{\partial T}\right)_p = -S < 0$$

这就说明，在恒压条件下，G 随 T 的变化率总是负值。即在恒压下，没有化学变化和相变化时，随着温度的升高，系统的吉布斯函数总是减小的。如果知道 S 与 T 的函数关系，代入式（2-73）之后再积分，就可以求出温度变化引起系统吉布斯函数的变化值。

2.7 克拉佩龙方程

本节讨论纯物质两相平衡时，温度和压力之间存在一定的函数关系，这种关系的导出是热力学基本方程在纯物质两相平衡系统中的具体应用。

2.7.1 克拉佩龙方程

设在一定温度 T 和压力 p 条件下，有一纯物质在 α 和 β 两相之间达到平衡。若温度改变 $\mathrm{d}T$、压力改变 $\mathrm{d}p$ 后，该纯物质在 α 相和 β 相之间仍呈平衡状态。则根据恒温、恒压及非体积功为零条件下，系统达平衡（可逆过程）时，$\mathrm{d}G_{T,p,W'=0}=0$，可知

$$\alpha\text{相} \longrightarrow \beta\text{相}$$

T,p 一定条件下有 $$G_m(\alpha) = G_m(\beta)$$

$T+\mathrm{d}T, p+\mathrm{d}p$ 条件下有 $$G_m(\alpha)+\mathrm{d}G_m(\alpha) = G_m(\beta)+\mathrm{d}G_m(\beta)$$

所以 $$\mathrm{d}G_m(\alpha) = \mathrm{d}G_m(\beta)$$

根据热力学基本方程，$\mathrm{d}G=-S\mathrm{d}T+V\mathrm{d}p$，得

$$-S_m(\alpha)\mathrm{d}T+V_m(\alpha)\mathrm{d}p = -S_m(\beta)\mathrm{d}T+V_m(\beta)\mathrm{d}p$$

整理得 $$\frac{\mathrm{d}p}{\mathrm{d}T} = \frac{S_m(\beta)-S_m(\alpha)}{V_m(\beta)-V_m(\alpha)} = \frac{\Delta S_m}{\Delta V_m}$$

因为在一定的温度和压力条件下，两相处于平衡态（即过程可逆），因此

$$\Delta S_m = \frac{Q_R}{T}$$

又因为在恒压过程中

$$\Delta_{\text{相变}} H_{\rm m}=Q_{\rm R}$$

所以
$$\frac{{\rm d}p}{{\rm d}T}=\frac{\Delta_{\text{相变}} H_{\rm m}}{T\Delta V_{\rm m}} \tag{2-74}$$

式中，$\Delta S_{\rm m}$ 为相变前后该纯物质摩尔熵的差值；$\Delta V_{\rm m}$ 为相变前后该纯物质摩尔体积的改变值；$\Delta_{\text{相变}} H_{\rm m}$ 为该纯物质的摩尔相变焓。式（2-74）称为克拉佩龙（Clapeyron）方程，可用于讨论纯物质液-气、固-气、固-液或固-固两相平衡时温度和压力之间的函数关系。

对于单相纯物质系统，温度和压力均可独立变化。但是，当纯物质两相平衡共存时，温度和压力这两个变量中，只有一个可以独立变化，另一个则按照克拉佩龙方程所表示的关系随之而变。

2.7.2 纯物质液-气、固-气平衡时的温度与压力的关系——克劳修斯-克拉佩龙方程

当式（2-74）用于蒸发或升华过程时，在相变前后涉及气相，可以进一步简化。通常情况下，与纯物质的气态摩尔体积 $V_{\rm m}({\rm g})$ 相比，液态或固态的摩尔体积 $V_{\rm m}({\rm l})$ 或 $V_{\rm m}({\rm s})$ 是一个很小的数值，可以忽略，即 $V_{\rm m}({\rm g})-V_{\rm m}({\rm l})\approx V_{\rm m}({\rm g})$；$V_{\rm m}({\rm g})-V_{\rm m}({\rm s})\approx V_{\rm m}({\rm g})$。蒸发或升华过程达到平衡后，气相为饱和蒸气，设液体或固体的饱和蒸气压为 p^*，蒸气视为理想气体，则对于 1mol 蒸气有

$$p^* V_{\rm m}({\rm g})=RT$$

即
$$V_{\rm m}({\rm g})=\frac{RT}{p^*}$$

对于蒸发过程，式（2-74）变为

$$\frac{{\rm d}p^*}{{\rm d}T}=\frac{\Delta_{\rm vap} H_{\rm m}}{T\Delta V_{\rm m}}\approx\frac{\Delta_{\rm vap} H_{\rm m}}{T\Delta V_{\rm m}({\rm g})}=\frac{\Delta_{\rm vap} H_{\rm m} p^*}{RT^2}$$

即
$$\frac{{\rm d}\ln p^*}{{\rm d}T}=\frac{\Delta_{\rm vap} H_{\rm m}}{RT^2} \tag{2-75}$$

式（2-75）称为克劳修斯-克拉佩龙（Clausius-Clapeyron）方程。式中，$\Delta_{\rm vap} H_{\rm m}$ 为物质的摩尔蒸发焓。

若将 $\Delta_{\rm vap} H_{\rm m}$ 视为定值，在温度 T_1 变化到 T_2 过程中不发生变化（为一常数），那么，将上式作定积分可得

$$\ln\frac{p_2^*}{p_1^*}=-\frac{\Delta_{\rm vap} H_{\rm m}}{R}\left(\frac{1}{T_2}-\frac{1}{T_1}\right) \tag{2-76}$$

式中，p_1^*，p_2^* 分别为温度 T_1，T_2 下，液-气两相平衡时液体的饱和蒸气压。

式（2-76）的应用范围十分广泛。例如，若已知液体在 T_1 和 T_2 下的 p_1^*，p_2^*，则可利用式（2-76）求得 $\Delta_{\rm vap} H_{\rm m}$。或者已知 $\Delta_{\rm vap} H_{\rm m}$ 和液体在某一温度 T_1 时的 p_1^*，则可求出液体在另一温度 T_2 时的 p_2^*，或另一压力 p_2^* 下的沸点 T_2。

将式（2-75）作不定积分（$\Delta_{\rm vap} H_{\rm m}$ 仍视为常数）得

$$\ln p^*=\frac{-\Delta_{\rm vap} H_{\rm m}}{RT}+B' \tag{2-77}$$

积分常数 B' 可由 $\Delta_{\rm vap} H_{\rm m}$ 及某一温度 T 时液体的饱和蒸气压 p^* 求得。式（2-77）也可写为

$$\lg p^*=-\frac{A}{T}+B \tag{2-78}$$

根据式（2-77），若以 $\lg p^*$ 为纵坐标、以 $1/T$ 为横坐标作图可得一直线

$$斜率=-A=\frac{-\Delta_{vap}H_m}{2.303R}$$

$$截距=B$$

表2-1是一些物质的A、B值。若已知某物质的A、B值，代入式（2-78），就可求出在指定温度下液体的饱和蒸气压。应用表2-1中的数据所求得蒸气压的单位为Pa。

表2-1 蒸气压公式中常数*A*、*B*的值

物质	液体			固体		
	A/K	B	温度范围/℃	A/K	B	温度范围/℃
Al	11430	10.525		11940	11.075	
Cu	24400	14.469	2100～2310	24900	14.898	
Fe	16100	9.607	2220～2450	16700	9.940	
Hg	3066	9.907	400～1300	3810	12.508	−80～−39
Pb	9840	9.952	525～1325	10090	10.375	
S	3795	10.225	445～700	3807	10.385	
Si	8660	8.015		8900	9.075	1200～1320
Zn	6163	10.233	600～985	6950	11.325	250～419

对于升华过程，可用与上面相同的方法推出下列公式

$$\frac{d\ln p^*}{dT}=\frac{\Delta_{sub}H_m}{RT^2} \tag{2-79}$$

$$\ln\frac{p_2^*}{p_1^*}=-\frac{\Delta_{sub}H_m}{R}\left(\frac{1}{T_2}-\frac{1}{T_1}\right) \tag{2-80}$$

$$\lg p^*=\frac{-\Delta_{sub}H_m}{2.303RT}+B=-\frac{A}{T}+B \tag{2-81}$$

式（2-79）～式（2-81）中，$\Delta_{sub}H_m$为物质的摩尔升华焓，p_1^*和p_2^*分别为温度T_1和T_2下，固-气两相平衡时固体的饱和蒸气压。这三个式子可用于讨论纯组分固-气两相平衡时，温度与压力之间的关系。

式（2-76）～式（2-78）及式（2-80）和式（2-81）是假定$\Delta_{vap}H_m$或$\Delta_{sub}H_m$不随温度变化而导出的，在温差不大或要求结果不必十分精确时可用。如果需要精确计算蒸气压与温度的关系，则应考虑$\Delta_{vap}H_m$或$\Delta_{sub}H_m$与温度的函数关系。设$\Delta_{相变}H_m=a+bT$，代入式（2-75）或式（2-79），积分可得

$$\ln p^*=-\frac{a}{RT}+\frac{b}{R}\ln T+c \tag{2-82}$$

式中，常数a，b，c要通过实验确定。

例2-9 利用已知的热力学数据计算铁在2400℃时的蒸气压。

解： 查表2-1，液态铁的$A=16100$K，$B=9.607$。代入式（2-78），得

$$\lg p^*=-\frac{16100}{T}+9.607$$

已知，$T=2400+273=2673$K，代入上式，得

$$\lg p^*=-\frac{-16100}{2673}+9.607=3.5838$$

解之得 $$p^* = 3835.3\text{Pa}$$

所以，铁在2400℃时的蒸气压等于3835.3Pa。

例2-10 求：(1) 液体锌的正常沸点 T_b；(2) 液体锌的摩尔蒸发焓 $\Delta_{vap}H_m$。

解：(1) 正常沸点是指液体的饱和蒸气压等于标准压力100kPa时，气-液两相平衡共存的温度。即当 $T=T_b$ 时，液体的饱和蒸气压 $p^*=p=100\text{kPa}$。在表2-1中查得液体锌的 A 和 B 值，代入式（2-78）得液体锌的饱和蒸气压与温度的关系式

$$\lg p^* = -\frac{6163}{T} + 10.233$$

以 $T=T_b$，$p^*=1.00\times10^5\text{Pa}$ 代入上式，得

$$\lg(1.00\times10^5) = -\frac{6163}{T_b} + 10.233$$

即 $$\frac{6163}{T_b} = 10.233 - \lg(1.00\times10^5)$$

解之得 $$T_b = 1177.7\text{K}$$

所以液体锌的正常沸点为1177.7K（904.7℃）。

(2) 由式（2-78）得

$$\frac{\Delta_{vap}H_m}{2.303R} = A = 6163\text{K}$$

所以液体锌的摩尔蒸发焓为

$$\Delta_{vap}H_m = 2.303\times8.314\times6163 = 118000\text{J}\cdot\text{mol}^{-1}$$

例2-11 欲使冰在-0.50℃熔化，应施加多大压力？已知水和冰的密度分别为0.9998g·cm^{-3}和0.9168g·cm^{-3}，熔化潜热为333.5J·g^{-1}，水的摩尔质量为18g·mol^{-1}。

解：将式（2-74）作定积分，得

$$p_2^* - p_1^* = \frac{\Delta_{fus}H_m}{\Delta V_m}\ln\frac{T_2}{T_1}$$

根据已知条件可知，冰的摩尔熔化焓

$$\Delta_{fus}H_m = 333.5\times18\text{J}\cdot\text{mol}^{-1}$$

$$\Delta V_m = \left(\frac{1}{0.9998} - \frac{1}{0.9168}\right)\times18\times10^{-6}\text{m}^3\cdot\text{mol}^{-1}$$

因为
$$T_1 = 273.15\text{K}$$
$$T_2 = 272.65\text{K}$$
$$p_1^* = 100\text{kPa}$$

代入上面的定积分式，得

$$p_2^* - p_1^* = \frac{333.5\times18}{\left(\frac{1}{0.9998} - \frac{1}{0.9168}\right)\times18\times10^{-6}}\ln\frac{272.65}{273.15} = 6.75\times10^6\text{Pa}$$

$$p_2^* = p_1^* + 6.75\times10^6 = 6.85\times10^6\text{Pa}$$

所以，欲使冰在-0.50℃熔化，应施加的压力为 6.85×10^6Pa。

例2-12 已知水在100℃时的蒸发焓 $\Delta_{vap}H_m=41.11\text{kJ}\cdot\text{mol}^{-1}$。请估算水在96℃的蒸气压。假定蒸发焓不随温度而变。

解：由克-克方程

$$\frac{\text{d}\ln p}{\text{d}T} = \frac{\Delta_{vap}H_m}{RT^2}$$

则
$$\int_{p_1}^{p_2} \mathrm{d}\ln p = \int_{T_1}^{T_2} \frac{\Delta_{\mathrm{vap}} H_{\mathrm{m}}}{RT^2} \mathrm{d}T$$
$$\ln \frac{p_2}{p_1} = \frac{\Delta_{\mathrm{vap}} H_{\mathrm{m}}}{R} \left(\frac{1}{T_1} - \frac{1}{T_2} \right)$$

将 $p_1 = 100\mathrm{kPa}$，$T_1 = 373\mathrm{K}$，$R = 8.314\mathrm{J \cdot mol^{-1} \cdot K^{-1}}$，$T_2 = 369\mathrm{K}$，$\Delta_{\mathrm{vap}} H_{\mathrm{m}} = 41110\mathrm{J \cdot mol^{-1}}$代入上式，可算出 96℃时水的蒸气压为 $p_2 = 86.61\mathrm{kPa}$。

例 2-13 固态和液态 NaF 的蒸气压为

固态
$$\lg p_{\mathrm{NaF}} = -\frac{13840}{T} + 12.476$$

液态
$$\lg p_{\mathrm{NaF}} = -\frac{12140}{T} + 11.136$$

求 NaF 三相点的温度和 NaF 的熔化焓。

解： 在三相点，固液气三相平衡，固态和液态的蒸气压相等，即
$$-\frac{13840}{T} + 12.476 = -\frac{12140}{T} + 11.136$$

解之，得 $T = 1268\mathrm{K}$，此即 NaF 的三相点。

下面求熔化焓。对蒸气压表达式 $\lg p = -\frac{A}{T} + B$ 作如下处理
$$\ln p = -\frac{2.303A}{T} + 2.303B$$
$$\frac{\mathrm{d}\ln p}{\mathrm{d}T} = \frac{2.303A}{T^2}$$

因为
$$\Delta H = RT^2 \frac{\mathrm{d}\ln p}{\mathrm{d}T} = 2.303RA$$

所以，NaF 的升华焓
$$\Delta_{\mathrm{sub}} H = RT^2 \frac{\mathrm{d}\ln p}{\mathrm{d}T} = 2.303 \times 8.314 \times 13840 = 264996\mathrm{J \cdot mol^{-1}}$$

NaF 的蒸发焓
$$\Delta_{\mathrm{vap}} H = RT^2 \frac{\mathrm{d}\ln p}{\mathrm{d}T} = 2.303 \times 8.314 \times 12140 = 232446\mathrm{J \cdot mol^{-1}}$$

NaF 的熔化焓
$$\Delta_{\mathrm{fus}} H = \Delta_{\mathrm{sub}} H - \Delta_{\mathrm{vap}} H = 264996 - 232446 = 32550\mathrm{J \cdot mol^{-1}}$$

习 题

2-1 “理想气体恒温膨胀的结果是把吸收的热完全变成功”这种说法与热力学第二定律的开尔文说法是否有矛盾？

2-2 有人声称，他设计的热机高温热源和低温热源的温度分别为 400K 和 250K，当热机从高温热源吸热 5000kJ 时，可对外做功 4000kJ，同时放出 1000kJ 的热给低温热源。这可能吗？根据是什么？

2-3 下列说法如有错误，请予以改正。

(1) 在一可逆过程中，系统的熵值不变；

(2) 系统作一不可逆循环，熵值等于零；

(3) 任一过程，系统的熵变等于过程的热温商；

(4) $\Delta S<0$ 的过程不能发生；

(5) 因为熵是状态函数，所以，绝热可逆过程与绝热不可逆过程的熵变都等于零。

2-4 "110℃、100kPa 下，过热的水变成气所吸收的热 $Q_p=\Delta H$。因为 ΔH 只决定于初末态，与过程是否可逆无关，故可根据 $\Delta S=\frac{Q_R}{T}=\frac{Q_p}{T}=\frac{\Delta H}{(273+110)K}$ 来计算此过程的熵变。"这种算法是否正确，为什么？

2-5 在下列各情况下，1mol 理想气体在 27℃恒温膨胀，从 $50dm^3$ 膨胀到 $100dm^3$。求此过程的 Q，W，ΔU，ΔH 和 ΔS。

(1) 可逆膨胀；

(2) 膨胀过程所做的功等于最大功的 50%；

(3) 向真空膨胀。

((1) $Q=1729J$，$W=-1729J$，$\Delta U=0$，$\Delta H=0$，$\Delta S=5.76J\cdot K^{-1}$；(2) $Q=865J$，$W=-865J$，$\Delta U=0$，$\Delta H=0$，$\Delta S=5.76J\cdot K^{-1}$；(3) $Q=0$，$W=0$，$\Delta U=0$，$\Delta H=0$，$\Delta S=5.76J\cdot K^{-1}$)

2-6 0.5mol 单原子理想气体，由 25℃，$2dm^3$ 绝热可逆膨胀至 101.3kPa，然后恒温可逆压缩至 $2dm^3$。求 Q，W，ΔU，ΔH 和 ΔS。

($Q=-652.9J$，$W=-304.1J$，$\Delta U=-957J$，$\Delta H=-1595J$，$\Delta S=-4.52J\cdot K^{-1}$)

2-7 一定量的非理想气体经历以下可逆恒压过程：

$$\begin{array}{|l|}\hline p_1=101.3kPa \\ V_1=30dm^3 \\ T_1=400K \\ \hline\end{array} \rightarrow \begin{array}{|l|}\hline p_2=101.3kPa \\ V_2=50dm^3 \\ T_2=700K \\ \hline\end{array}$$

求过程的 Q，W，ΔU，ΔH 和 ΔS。已知此系统的 C_p 为 $20J\cdot K^{-1}$。

($Q=6000J$，$W=-2026J$，$\Delta U=3972J$，$\Delta H=6000J$，$\Delta S=11.19J\cdot K^{-1}$)

2-8 已知苯在 100kPa，80℃时蒸发，蒸发潜热为 $30878J\cdot mol^{-1}$，液态苯的比热容为 $1.799J\cdot K^{-1}\cdot g^{-1}$。将 1mol 苯蒸气在 80℃恒温压缩，压力自 40.52kPa 增至 100kPa，然后凝结为液态苯，再将液态苯冷却到 60℃，求整个过程的 ΔS。设苯蒸气为理想气体。

($\Delta S=-103.17J\cdot K^{-1}$)

2-9 将 150g，0℃的冰放入 1000g，25℃的水中，形成一孤立系统，求 ΔS。已知冰的熔化热为 $6004J\cdot mol^{-1}$，水的比热容为 $4.184J\cdot K^{-1}\cdot g^{-1}$。

($\Delta S=12.49J\cdot K^{-1}$)

2-10 查表计算 101.3kPa，0℃时，将 $1dm^3$ CO_2 恒压加热至 900℃的 ΔS。

($\Delta S=2.994J\cdot K^{-1}$)

2-11 计算 1mol $Br_2(s)$，从熔点 7.32℃变为沸点 61.55℃的 $Br_2(g)$ 的熵变。已知 $Br_2(s)$ 的熔化热为 $67.710J\cdot g^{-1}$，$Br_2(l)$ 的比热容为 $0.448J\cdot K^{-1}\cdot g^{-1}$，蒸发热为 $182.80J\cdot g^{-1}$。

($\Delta S=138.55J\cdot K^{-1}$)

2-12 在 25℃的恒温下，将 1mol H_2（压力为 101.3kPa）与 1mol CH_4（压力为 101.3kPa）混合，若：

(1) 混合后气体总压为 101.3kPa；

(2) 混合后气体总压为 202.6kPa。

求此两过程的熵变。设 H_2 和 CH_4 都是理想气体。

((1) $11.53J\cdot K^{-1}$；(2) 0)

2-13 5mol 氦从 0℃，101.3kPa 变为 25℃，202.6kPa，求此过程的 ΔS。

($\Delta S=-19.7J\cdot K^{-1}$)

2-14 1mol H_2O 在 100℃，100kPa 蒸发为蒸汽，然后恒温可逆膨胀至 $50dm^3$，求整个过程中的 W

和 ΔG。

($W=-4584\text{J}$，$\Delta G=-1482\text{J}$)

2-15　25℃时，将 1mol 氧从 101.3kPa 恒温可逆压缩至 607.8kPa，求 Q，W，ΔU，ΔH，ΔS，ΔA 和 ΔG。

($Q=-4439\text{J}$，$W=4439\text{J}$，$\Delta U=0$，$\Delta H=0$，$\Delta S=-14.90\text{J}\cdot\text{K}^{-1}$，$\Delta A=4439\text{J}$，$\Delta G=4439\text{J}$)

2-16　举出可以用 ΔS，ΔA，ΔG 作为过程自发与平衡判据的实例。

2-17　357℃，101.3kPa 下，1mol 的液体汞变为 357℃，10.13kPa 的汞蒸气，求 ΔU，ΔH，ΔS，ΔA 和 ΔG。已知 357℃，101.3kPa 时汞的蒸发热为 $271.96\text{J}\cdot\text{g}^{-1}$。

($\Delta U=49320\text{J}$，$\Delta H=54560\text{J}$，$\Delta S=105.74\text{J}\cdot\text{K}^{-1}$，$\Delta A=-17296\text{J}$，$\Delta G=-12058\text{J}$)

2-18　在 25℃，100kPa 下，使 1mol 铅与乙酸铜在可逆情况下发生反应，可做电功 91840J，同时吸热 213600J。求 ΔU，ΔH，ΔS，ΔA 和 ΔG。

($\Delta U=121760\text{J}$，$\Delta H=121760\text{J}$，$\Delta S=761.8\text{J}\cdot\text{K}^{-1}$，$\Delta A=-91840\text{J}$，$\Delta G=-91840\text{J}$)

2-19　−59℃，过冷 CO_2 液体的饱和蒸气压为 0.466MPa，CO_2 固体的饱和蒸气压为 0.439 MPa。求在 −59℃，100kPa 下，1mol 过冷 CO_2 液体凝固过程的吉布斯函数变化。此过程能否自发进行？

($\Delta G=-106\text{J}$)

2-20　在 25℃，100kPa 下，1mol 过冷水蒸气凝结为水，求过程的 ΔG，已知液体水的摩尔体积为 $18\text{cm}^3\cdot\text{mol}^{-1}$，25℃时水的饱和蒸气压为 3.167kPa。

($\Delta G=-8551.8\text{J}$)

2-21　10mol H_2 从 100kPa，298K 绝热压缩至 1000kPa，607K。设 H_2 为理想气体，$C_{V,\text{m}}=\frac{5}{2}R$，又知 $S_\text{m}^\ominus(H_2,298\text{K})=130.689\text{J}\cdot\text{K}^{-1}\cdot\text{mol}^{-1}$，求此过程的 ΔU，ΔH，ΔS，ΔA 和 ΔG。此过程是不是可逆过程？

($\Delta U=64200\text{J}$，$\Delta H=90000\text{J}$，$\Delta S=15.5\text{J}\cdot\text{K}^{-1}$，$\Delta A=-349\text{kJ}$，$\Delta G=-323\text{kJ}$)

2-22　0℃时 S(斜方)→S(单斜) 的 $\Delta_\text{r}H_\text{m}^\ominus$ 为 $322.2\text{J}\cdot\text{mol}^{-1}$。已知此过程在 95℃时是可逆的，求此过程在 0℃进行时的 $\Delta_\text{r}G_\text{m}^\ominus$。已知恒压摩尔热容为

$$C_{p,\text{m}(\text{斜方})}=(17.24+0.0197T/\text{K})\text{J}\cdot\text{K}^{-1}\cdot\text{mol}^{-1}$$
$$C_{p,\text{m}(\text{单斜})}=(15.15+0.0301T/\text{K})\text{J}\cdot\text{K}^{-1}\cdot\text{mol}^{-1}$$

($\Delta_\text{r}G_\text{m}^\ominus=95.1\text{J}$)

2-23　在哪些情况下，系统的 ΔA 和 ΔG 数值相等？试举例说明。

2-24　从手册中查出 298K，100kPa 下，反应 $H_2O(\text{l})\rightarrow H_2(\text{g})+\frac{1}{2}O_2(\text{g})$ 的 $\Delta_\text{r}G_\text{m}^\ominus=237.25\text{kJ}\cdot\text{mol}^{-1}$。这说明在此条件下，上述反应不能自发进行。但在实验室内却常常通过电解水来制取氢气和氧气。二者是否有矛盾？

2-25　“因为 $\Delta G_{T,p}=W'_M$，所以，在恒温恒压下，只有系统对外做非膨胀功时，系统的吉布斯函数才减少”这种说法是否正确？

2-26　一定量的 H_2 气在恒压下加热升温，其热力学能（内能）、焓、熵、吉布斯函数是否都增大？试简单说明理由。

2-27　试证明固定质量的纯物质单相系统存在下列关系：

(1) $\left(\frac{\partial U}{\partial V}\right)_T=T\left(\frac{\partial p}{\partial T}\right)_V-p$；

(2) $\left(\frac{\partial U}{\partial V}\right)_p=C_V\left(\frac{\partial T}{\partial V}\right)_p+T\left(\frac{\partial p}{\partial T}\right)_V-p$；

(3) $\left(\frac{\partial H}{\partial p}\right)_T=V-T\left(\frac{\partial V}{\partial T}\right)_p$；

(4) $C_p-C_V=T\left(\frac{\partial p}{\partial T}\right)_V\left(\frac{\partial V}{\partial T}\right)_p$。

2-28　试证明在恒温下范氏气体（遵守范德华方程的气体）的热力学能（内能）随系统体积的增大而增大。

2-29　设一气体的状态方程为 $pV=RT+ap$，式中 a 为常数。试推导在恒温条件下，此气体的焓与压力的关系式。

2-30　某炼铜炉废气（压力为100kPa）中含锌5%。试查表计算说明烟道中温度高于700℃的地方能否有液体锌凝结出来？

（670℃）

2-31　汞在101.3kPa下熔点是−38.87℃。液体汞的密度是13.690g·cm^{-3}，固体汞的密度是14.193g·cm^{-3}。熔化潜热是9.75J·g^{-1}。求在358.6MPa下汞的熔点。

（−15.5℃）

3 化 学 平 衡

【本章概要】

本章定义了各类平衡常数，根据平衡常数计算理想气体反应的平衡组成，导出了化学反应等温方程，并将其作为化学反应自发或达到平衡的判据。通过定义物质的标准摩尔生成吉布斯函数计算化学反应的标准摩尔吉布斯函数的变化。通过热力学第三定律计算物质的规定熵及化学反应的熵变，从而实现完全通过量热数据计算化学反应的吉布斯函数变化，介绍了 Ellingham 图的应用、范特霍夫等压方程式及影响化学平衡的因素。

【关键词】

标准平衡常数，分解压，化学反应等温方程，规定熵，平衡移动

【章节重点】

本章应重点掌握基本概念和标准平衡常数的计算与应用，计算理想气体间反应的平衡组成，掌握化学反应等温方程及其作为化学反应自发与平衡判据的应用。

一些化学反应可以同时向正反两个方向进行，在一定的温度、压力、浓度等条件下，当正反两个方向的反应速率相等时，系统就达到了化学平衡状态。平衡后，系统中各物质的含量均不再改变，并且产物和反应物的相对含量之间有一定的比值关系，只要外界条件不变，这个平衡态就会保持下去。系统的这种平衡状态代表了系统在给定条件下反应进行的最高限度。将热力学原理和规律应用于化学反应过程就可以确定反应进行的方向、限度、达到平衡的条件及平衡时系统中物质的数量关系，并用平衡常数表示之。

3.1 各类平衡常数

3.1.1 理想气体化学反应的平衡常数

(1) 标准平衡常数。在恒温下，当理想气体化学反应 $0=\sum_{B}\nu_B B$ 达到平衡时，参加反应的物质的数量关系可用标准平衡常数 $K^{\ominus}$ 表示，其表达式为

$$K^{\ominus}=\prod_{B}\left(\frac{p_B}{p^{\ominus}}\right)^{\nu_B} \qquad (3\text{-}1)$$

式中，p_B 为化学反应中任一气态组分 B 的平衡分压；$p^{\ominus}$ 为标准压力（目前选择 $p^{\ominus}=100\text{kPa}$ 作为标准压力。如果标准压力改变，$K^{\ominus}$ 也要发生变化）。标准平衡常数 $K^{\ominus}$ 只是温度的函数，量纲为 1。$K^{\ominus}$ 与系统的压力和组成无关，即无论反应前反应物间的配比如何、有无产物存在，也无论反应总压力为多少，只要反应温度一定，则 $K^{\ominus}$ 一定。

(2) 以分压表示的平衡常数。将 K_p 定义为

$$K_p = \prod_B (p_B)^{\nu_B} \tag{3-2}$$

式中，p_B 为 B 的平衡分压。K_p 的量纲为 $[p]^{\sum_B \nu_B}$，如果压力用 Pa 或 kPa 为单位，则 K_p 的单位为 $[Pa]^{\sum_B \nu_B}$ 或 $[kPa]^{\sum_B \nu_B}$。将式（3-1）和式（3-2）比较得

$$K^{\ominus} = K_p (p^{\ominus})^{-\sum_B \nu_B} \tag{3-3}$$

此式反映了理想气体化学反应的 $K^{\ominus}$ 与 K_p 的关系。由于 $K^{\ominus}$ 与反应本性和温度有关，所以 K_p 也只与反应温度和反应本性有关，与总压及各物质的配比和标准态 $p^{\ominus}$ 的选取无关。

（3）以浓度表示的平衡常数。对理想气体混合系统，$p_B = n_B\left(\frac{RT}{V}\right) = c_B RT$

式中，c_B 为平衡时 B 的浓度，代入式（3-2），得

$$K_p = \prod_B (c_B)^{\nu_B} (RT)^{\sum_B \nu_B}$$

即
$$K_p = K_c (RT)^{\sum_B \nu_B} \tag{3-4}$$

式中，K_c 为浓度平衡常数

$$K_c = \prod_B (c_B)^{\nu_B} \tag{3-5}$$

浓度平衡常数 K_c 的量纲为 $[c]^{\sum_B \nu_B}$，如果 c 的单位采用 $mol \cdot dm^{-3}$，则 K_c 单位为 $[mol \cdot dm^{-3}]^{\sum_B \nu_B}$。将式（3-4）代入式（3-2）可得

$$K^{\ominus} = K_c \left(\frac{RT}{p^{\ominus}}\right)^{\sum_B \nu_B} \tag{3-6}$$

式（3-4）和式（3-6）反映了 K_c 与 $K^{\ominus}$ 及与 K_p 的关系。K_c 同样只与反应温度和反应本性有关，而与总压及物质配比无关，且不受标准态 $p^{\ominus}$ 选取的影响。

如果将理想气体 B 的分压表示为 $p_B = p x_B$，其中 p 为系统的平衡总压，p_B 为 B 的分压，并代入压力平衡常数表达式（3-2），可得

$$K_p = K_x (p)^{\sum_B \nu_B} \tag{3-7}$$

称 K_x 为摩尔分数平衡常数

$$K_x = \prod_B (x_B)^{\nu_B} \tag{3-8}$$

K_x 与其他平衡常数的关系如下

$$K^{\ominus} = K_x \left(\frac{p}{p^{\ominus}}\right)^{\sum_B \nu_B} \tag{3-9}$$

$$K_c = K_x \left(\frac{p}{RT}\right)^{\sum_B \nu_B} \tag{3-10}$$

例 3-1 已知 1000K 时反应

$$2SO_3(g) \xlongequal{\quad} 2SO_2(g) + O_2(g)$$

的 $K_{c,1} = 0.00354 mol \cdot dm^{-3}$。求 1000K 时（1）此反应的 $K_{p,1}$ 和 $K_1^{\ominus}$；（2）反应 $SO_3(g) = SO_2(g) + \frac{1}{2}O_2(g)$ 的 $K_{c,2}$，$K_{p,2}$ 和 $K_2^{\ominus}$；（3）反应 $2SO_2(g) + O_2(g) = 2SO_3(g)$ 的 $K_{c,3}$，$K_{p,3}$ 和 $K_3^{\ominus}$。

解：（1）
$$\sum_B \nu_B = 2 + 1 - 2 = 1$$

$$K_{p,1}=\frac{p_{SO_2}^2 p_{O_2}}{p_{SO_3}^2}=K_{c,1}(10^3RT)^{\sum_B \nu_B}$$
$$=0.00354\times10^3\times8.314\times1000$$
$$=29431\text{Pa}=29.43\text{kPa}$$
$$K_1^{\ominus}=K_{p,1}(p^{\ominus})^{-\sum_B \nu_B}=\frac{29.43}{100}=0.2943$$

(2)
$$K_{c,2}=(K_{c,1})^{1/2}=(0.00354)^{1/2}\text{mol}^{1/2}\cdot\text{dm}^{-3/2}=0.0595\text{mol}^{1/2}\cdot\text{dm}^{-3/2}$$
$$K_{p,2}=(K_{p,1})^{1/2}=(29.43\text{kPa})^{1/2}=5.425\text{kPa}^{1/2}$$
$$K_2^{\ominus}=(K_1^{\ominus})^{1/2}=(0.2943)^{1/2}=0.5425$$

(3)
$$K_{c,3}=(K_{c,1})^{-1}=(0.00354)^{-1}\text{mol}^{-1}\cdot\text{dm}^3=282.5\text{mol}^{-1}\cdot\text{dm}^3$$
$$K_{p,3}=(K_{p,1})^{-1}=(29.43\text{kPa})^{-1}=0.0340\text{kPa}^{-1}$$
$$K_3^{\ominus}=(K_1^{\ominus})^{-1}=(0.2943)^{-1}=3.398$$

从这个例子可以看出，平衡常数与反应式的系数有关。同时，由于反应式右边物质的分压作分子，左边物质的分压作分母，因此，如果按相反方向来写反应式，其平衡常数应为原来平衡常数的倒数。所以，如果不写出化学反应的计量式，只给出反应的平衡常数是没有意义的。

例 3-2 N_2O_4按下式离解

$$N_2O_4(g)=\!=\!=2NO_2(g)$$

设α为N_2O_4的离解度，即平衡时N_2O_4离解的分数，求$K^{\ominus}$与离解度α的关系。若已知N_2O_4在25℃、100kPa下的离解度为0.1846，求$K^{\ominus}$。

解：设离解前N_2O_4的物质的量为1mol，则离解达平衡后N_2O_4的物质的量剩下$(1-\alpha)$mol。由反应式知，产生的NO_2为2αmol。物质的量总数为$(1-\alpha)+2\alpha=(1+\alpha)$mol。

设总压为p，因为气体分压与摩尔分数成正比，故

$$p_{N_2O_4}=\frac{1-\alpha}{1+\alpha}p$$

$$p_{NO_2}=\frac{2\alpha}{1+\alpha}p$$

因而，根据式（3-1）可得

$$K^{\ominus}=\frac{\left(\frac{2\alpha}{1+\alpha}p\right)^2}{\frac{1-\alpha}{1+\alpha}p}p^{\ominus-1}=\frac{4\alpha^2}{1-\alpha^2}\times\frac{p}{p^{\ominus}}$$

若已知25℃、100kPa下，$\alpha=0.1846$，则

$$K^{\ominus}=\frac{4\times0.1846^2}{1-0.1846^2}\times\frac{100}{100}=0.141$$

3.1.2 多相反应的标准平衡常数、分解压

上面所举的SO_3分解反应等例子中，参与反应的各物质都是气体，这类反应称为单相反应或均相反应。溶液中各组分间的反应也属于这一类。若参与反应的物质不只一相，例如，有纯固态或纯液态物质参加，那么这个反应系统就是一个多相反应系统。

在工业生产过程中常常遇到多相反应。例如，金属在空气中的氧化反应为固一气相反应；炼钢时，钢液与熔渣间的反应为液一液相反应；用适当的溶剂（如酸、碱等）浸出矿石中有用成分的反应为固一液相反应等。多相反应中，有溶液参与的反应平衡将在溶液一章中讨论。这里只涉及有纯液态或纯固态物质参与的理想气体化学反应的标准平衡常数。

当反应除气体外，还有纯液态或纯固态物质参与时，这类反应的标准平衡常数 $K^{\ominus}$ 的表达式中也只包括气态组分的平衡分压及标准压力，而将参加反应的纯液态或纯固态物质的平衡含量视为 1，即这类反应的标准平衡常数 $K^{\ominus}$ 也可表示为式（3-1）的形式

$$K^{\ominus}=\prod_{B(g)}\left(\frac{p_{B(g)}}{p^{\ominus}}\right)^{\sum_B \nu_{B(g)}} \tag{3-11}$$

式中，$p_{B(g)}$ 为反应中气态组分 B(g) 的平衡分压；$\nu_{B(g)}$ 为气态组分 B(g) 的反应计量数。同样，在这类反应的 K_p 表达式中只需计入气相组分的分压，其量纲也是 $[p]^{\sum_B \nu_{B(g)}}$。

例如，下列反应：

$$C(s)+CO_2(g)=\!=\!=2CO(g)$$

系统中有一个固相和一个气相，属于多相反应系统，该反应的标准平衡常数可表示为

$$K^{\ominus}=\frac{\left(\dfrac{p_{CO}}{p^{\ominus}}\right)^2}{\dfrac{p_{CO_2}}{p^{\ominus}}}$$

或

$$K^{\ominus}=\frac{(p_{CO})^2}{p_{CO_2}}p^{\ominus\,-1}$$

压力平衡常数可表示为

$$K_p=\frac{(p_{CO})^2}{p_{CO_2}}$$

在多相反应中，有一类特殊的反应，当一种纯固态或纯液态化合物分解时，只产生一种气体。例如，石灰石的分解反应

$$CaCO_3(s)=\!=\!=CaO(s)+CO_2(g)$$

其标准平衡常数为

$$K^{\ominus}=\frac{p_{CO_2}}{p^{\ominus}}$$

压力平衡常数为

$$K_p=p_{CO_2}$$

此式表明，在一定温度下，$CaCO_3$ 分解反应达到平衡时，CO_2 的分压 p_{CO_2} 是一个常数，等于该分解反应的压力平衡常数 K_p，而与 $CaCO_3$ 的量无关。p_{CO_2} 就称为 $CaCO_3$ 在此温度下的分解压。

一般来讲，若某种纯固态或纯液态化合物分解时，只生成一种气体，则在一定温度下，当该分解反应达到平衡时，这种气体的平衡分压就称为该化合物在此温度下的分解压。分解压的大小可以表示化合物的热力学稳定性。若某化合物的分解压大，说明该化合物分解的趋势大，稳定性小，容易分解。例如，600K 时，$CaCO_3$ 和 $MgCO_3$ 的分解压分别为 4.53×10^{-5} kPa 和 2.84×10^{-2} kPa，即 $CaCO_3$ 的分解压小于 $MgCO_3$ 的分解压，说明 $CaCO_3$ 比 $MgCO_3$ 稳定。

3.1.3 平衡组成的计算

测定了恒温恒压条件下平衡系统中各物质的浓度或压力，就可以计算出该温度下反应的标准平衡常数 $K^{\ominus}$。若已知某化学反应在一定温度下的 $K^{\ominus}$，就可以计算反应在该温度下的平衡组成，并进一步计算反应物的平衡转化率或产物的最大产率。平衡转化率和最大产率分别由式（3-12）和式（3-13）定义。

$$平衡转化率=\frac{平衡时已转化的某反应物的量}{该反应物的投料量}\times100\% \tag{3-12}$$

$$最大产率=\frac{平衡时某产物的量}{按化学反应式计量该产物的量}\times 100\% \tag{3-13}$$

“按化学反应式计量该产物的量”是指反应物按化学反应式反应并全部转化为产物时所得该产物的量。

例 3-3 在 1000K 和 151.95kPa 下，2mol 乙烷（CH_3CH_3）气体按下式分解

$$CH_3CH_3(g) = CH_2CH_2(g) + H_2(g)$$

已知该反应的 $K_p=90.97$kPa。求此反应在所给条件下的平衡转化率、乙烯（$CH_2=CH_2$）的最大产率及各气体的摩尔分数。

解： 设平衡时乙烯的量是 $n$mol，则平衡时各物质的摩尔数、摩尔分数及分压如下：

	$CH_3CH_3(g)$	$CH_2CH_2(g)$	$H_2(g)$
反应前各物质摩尔数/mol	2	0	0
平衡时各物质摩尔数/mol	$2-n$	n	n
平衡时系统内物质总摩尔数/mol	$2-n+n+n=2+n$		
平衡时各物质的摩尔分数	$\frac{2-n}{2+n}$	$\frac{n}{2+n}$	$\frac{n}{2+n}$
各物质平衡分压/kPa	$\frac{2-n}{2+n}\times 151.95$	$\frac{n}{2+n}\times 151.95$	$\frac{n}{2+n}\times 151.95$

$$K_p=\frac{p_{CH_2CH_2}\,p_{H_2}}{p_{C_2H_6}}=\frac{\left(\frac{n}{2+n}\right)^2\times 151.95^2}{\left(\frac{2-n}{2+n}\right)\times 151.95}=\frac{n^2}{4-n^2}\times 151.95$$

已知 $K_p=90.97$kPa，代入上式得

$$151.95n^2=90.97\times(4-n^2)$$

所以

$$n=1.23\text{mol}$$

若按化学反应式计量，2mol 乙烷完全分解可得 2mol 乙烯。则

$$乙烷的平衡转化率=\frac{平衡时乙烷转化的量}{乙烷的投料量}\times 100\%$$

$$=\frac{1.23}{2}\times 100\%$$

$$=61.5\%$$

$$乙烯的最大产率=\frac{平衡时乙烯的量}{按化学反应式计量乙烯的量}\times 100\%$$

$$=\frac{1.23}{2}\times 100\%$$

$$=61.5\%$$

平衡时混合气体中各气体的摩尔分数分别为

$$x_{H_2}=\frac{1.23}{2+1.23}\times 100\%=38.05\%$$

$$x_{CH_2CH_2}=\frac{1.23}{2+1.23}\times 100\%=38.05\%$$

$$x_{CH_3CH_3}=\frac{2-1.23}{2+1.23}\times 100\%=23.9\%$$

例 3-4 800K 及 100kPa 下，正戊烷异构化为异戊烷和新戊烷的反应分别为

$$正-C_5H_{12}(g) \longrightarrow 异-C_5H_{12}(g) \qquad K_1^{\ominus}=181.834 \tag{1}$$

$$正-C_5H_{12}(g) \longrightarrow 新-C_5H_{12}(g) \qquad K_2^{\ominus}=13.878 \tag{2}$$

求1mol的正戊烷可生成异戊烷和新戊烷的摩尔分数。

解： 这实际上是一个最简单的平行反应。设平衡后各物质的摩尔分数分别为

$$异-C_5H_{12}(g)=x$$
$$新-C_5H_{12}(g)=y$$
$$正-C_5H_{12}(g)=1-x-y$$

根据反应（1）得

$$K_1^{\ominus}=\frac{x}{1-x-y}=181.834$$

根据反应（2）得

$$K_2^{\ominus}=\frac{y}{1-x-y}=13.878$$

两式联合求解得

异戊烷的摩尔数　$x=0.9244\text{mol}$

新戊烷的摩尔数　$y=0.0705\text{mol}$

正戊烷的摩尔系数　$1-x-y=0.0051\text{mol}$

在这个例子中，可进一步求得正戊烷的总的平衡转化率为 0.9244＋0.0705＝0.9949（99.49％），其中，转化产物为异戊烷的正戊烷转化率为92.44％，转化产物为新戊烷的正戊烷转化率为7.05％。而异戊烷的产率为92.44％，新戊烷的产率为7.05％。所以，反应（1）可看作是主反应，反应（2）可看作是副反应。当反应系统中有副反应发生时，目标产物（或称为主产物）的产率总是比转化率低。

3.2 化学反应等温方程

化学反应平衡常数反映了一个化学反应达到平衡状态时，该系统内各种反应物和产物平衡浓度间的关系。因此，平衡常数代表一个化学反应达到平衡时的特征。通过第2章的学习我们也已经了解到，在恒温、恒压、非体积功为零的条件下，一个热力学系统达到平衡时，$\Delta G_{T,p,W'=0}=0$。因此，也可用 $\Delta_r G_{T,p,W'=0}=0$ 来表示一个化学反应达到了平衡。那么在平衡常数和化学反应的吉布斯函数改变值 $\Delta_r G$ 之间必然存在某种关联，找出这种关系，就可以利用热力学函数计算化学反应的平衡常数。

3.2.1 化学反应等温方程

一定温度（T）下，理想气体间的化学反应 $0=\sum_B \nu_B B$ 可写为

$$aA+bB = yY+zZ$$

气体组分A，B，Y，Z的分压分别为 p_A'，p_B'，p_Y'，p_Z'。若要求该温度 T 下上述反应过程的摩尔反应吉布斯函数 $\Delta_r G_m$，可以通过设计如下的可逆过程求得：

$$\begin{array}{ccc} aA(p_A')+bB(p_B') & \xrightarrow{\Delta_r G_m} & yY(p_Y')+zZ(p_Z') \\ \downarrow \Delta G_1 & & \uparrow \Delta G_3 \\ aA(p_A)+bB(p_B) & \xrightarrow{\Delta G_2} & yY(p_Y)+zZ(p_Z) \end{array}$$

假设在温度 T 下，该化学反应达到平衡状态时各气体组分的平衡分压分别为 p_A，p_B，p_Y 和 p_Z。则上述过程中的 $\Delta G_2=0$。

ΔG_1 为恒温（T）条件下反应物 A 和 B 的分压分别由 p'_A和 p'_B变化到 p_A 和 p_B 过程的吉布斯函数变化值 $\Delta G_{1,A}$与 $\Delta G_{1,B}$之和。根据热力学基本方程中的式（2-58），即

$$dG=-SdT+Vdp$$

可得

$$\Delta G_{1,A}=\int_{p'_A}^{p_A}V_A dp_A=\int_{p'_A}^{p_A}\frac{aRT}{p_A}dp_A$$

$$\Delta G_{1,A}=aRT\ln\frac{p_A}{p'_A}$$

同理可得

$$\Delta G_{1,B}=bRT\ln\frac{p_B}{p'_B}$$

所以

$$\Delta G_1=\Delta G_{1,A}+\Delta G_{1,B}=RT\ln\frac{(p_A)^a(p_B)^b}{(p'_A)^a(p'_B)^b}$$

ΔG_3 为恒温（T）条件下，产物 Y 和 Z 的分压分别由 p_Y 和 p_Z 变化到 p'_Y和 p'_Z过程的吉布斯函数变化值 $\Delta G_{3,Y}$与 $\Delta G_{3,Z}$之和。同理可求

$$\Delta G_{3,Y}=\int_{p_Y}^{p'_Y}V_Y dp_Y=\int_{p_Y}^{p'_Y}\left(\frac{yRT}{p_Y}\right)dp_Y$$

$$\Delta G_{3,Y}=yRT\ln\frac{p'_Y}{p_Y}$$

$$\Delta G_{3,Z}=zRT\ln\frac{p'_Z}{p_Z}$$

所以

$$\Delta G_3=\Delta G_{3,Y}+\Delta G_{3,Z}=RT\ln\frac{(p'_Y)^y(p'_Z)^z}{(p_Y)^y\cdot(p_Z)^z}$$

因为吉布斯函数是状态函数，所以

$$\begin{aligned}\Delta_r G_m&=\Delta G_1+\Delta G_2+\Delta G_3\\&=RT\ln\frac{(p_A)^a(p_B)^b}{(p'_A)^a(p'_B)^b}+RT\ln\frac{(p'_Y)^y(p'_Z)^z}{(p_Y)^y(p_Z)^z}\\&=-RT\ln\frac{\left(\frac{p_Y}{p^\ominus}\right)^y\left(\frac{p_Z}{p^\ominus}\right)^z}{\left(\frac{p_A}{p^\ominus}\right)^a\left(\frac{p_B}{p^\ominus}\right)^b}+RT\ln\frac{\left(\frac{p'_Y}{p^\ominus}\right)^y\left(\frac{p'_Z}{p^\ominus}\right)^z}{\left(\frac{p'_A}{p^\ominus}\right)^a\left(\frac{p'_B}{p^\ominus}\right)^b}\end{aligned}$$

由式（3-1）可知

$$K^\ominus=\frac{\left(\frac{p_Y}{p^\ominus}\right)^y\left(\frac{p_Z}{p^\ominus}\right)^z}{\left(\frac{p_A}{p^\ominus}\right)^a\left(\frac{p_B}{p^\ominus}\right)^b}=\prod_B\left(\frac{p_B}{p^\ominus}\right)^{\nu_B}$$

又令

$$J_p=\frac{\left(\frac{p'_Y}{p^\ominus}\right)^y\left(\frac{p'_Z}{p^\ominus}\right)^z}{\left(\frac{p'_A}{p^\ominus}\right)^a\left(\frac{p'_B}{p^\ominus}\right)^b}=\prod_B\left(\frac{p'_B}{p^\ominus}\right)^{\nu_B} \tag{3-14}$$

J_p 称为压力商。于是得

$$\Delta_r G_m=-RT\ln K^\ominus+RT\ln J_p \tag{3-15}$$

根据 $\Delta_r G_m^\ominus$ 定义，当反应物和产物都处于纯态和标准压力时（反应进度为 1mol），反应的吉布斯函数改变等于 $\Delta_r G_m^\ominus$。即当 $p_A'=p_B'=p_Y'=p_Z'=p^\ominus$ 时，$J=1$，代入式（3-15）可得化学反应在温度 T 下的标准摩尔反应吉布斯函数

$$\Delta_r G_m^\ominus=-RT\ln K^\ominus \tag{3-16}$$

将式（3-16）代入式（3-15）得化学反应在温度 T 下的摩尔反应吉布斯函数

$$\Delta_r G_m=\Delta_r G_m^\ominus+RT\ln J_p \tag{3-17}$$

式（3-17）即为理想气体化学反应的等温方程。它表示在一定温度、压力条件下，化学反应 $0=\sum_B \nu_B B$ 进行时，摩尔反应吉布斯函数 $\Delta_r G_m$ 与系统组成的关系，可用于判断化学变化过程的方向和限度。

根据吉布斯函数判据式（2-43）可知，对于一个在恒温、恒压及非体积功为零的条件下进行的化学反应

$$\Delta_r G_m\leqslant 0$$

结合式（3-15）进行讨论，在所研究的条件下：

(1) 当 $J_p<K^\ominus$ 时，$\Delta_r G_m<0$，化学反应能自发正向进行；

(2) 当 $J_p=K^\ominus$ 时，$\Delta_r G_m=0$，化学反应处于平衡状态（即以可逆方式进行）；

(3) 当 $J_p>K^\ominus$ 时，$\Delta_r G_m>0$，化学反应不能自发正向进行（而有可能自发逆向进行）。

在利用化学反应等温方程时一定要注意 $K^\ominus$ 与 J_p 的区别。$K^\ominus$ 只是温度的函数，对于一定的反应，在一定温度下 $K^\ominus$ 是常数，与系统的其他条件无关。而 J_p 则不同，它所包含的分压就是系统在所指条件下的实际压力，即使温度不变，J_p 也会随着其他条件的变化而改变。此外，$K^\ominus$ 的数值也与标准态的选取有关，在使用等温方程时 $K^\ominus$ 及 J_p 应选取一致的标准态。

3.2.2 标准摩尔生成吉布斯函数

在一定温度及标准压力下，由最稳定单质生成化学计量系数 $\nu_B=1$ 的物质 B 的反应吉布斯函数改变值称为物质 B 在该温度下的标准摩尔生成吉布斯函数，用符号 $\Delta_f G_m^\ominus$ 表示，单位为 $J\cdot mol^{-1}$ 或 $kJ\cdot mol^{-1}$。最稳定单质的 $\Delta_f G_m^\ominus$ 规定为零。例如 25℃、标准压力下，反应

$$C(石墨)+O_2(g)=\!=\!=CO_2(g) \qquad \Delta_r G_m^\ominus=395.39kJ\cdot mol^{-1}$$

由于 C(石墨)和 O_2 是最稳定单质，反应结果是生成 1mol 的 CO_2，所以 25℃下的 CO_2 的标准摩尔生成吉布斯函数就等于上述反应的标准摩尔反应吉布斯函数，即

$$\Delta_f G_m^\ominus=395.39kJ\cdot mol^{-1}$$

许多物质在 25℃下的标准摩尔生成吉布斯函数值都可从热力学数据表中查得（见附表）。在利用这些数据时应注意有关物质的聚集状态（如气态、液态、固态、晶型等）。

对于反应 $0=\sum_B \nu_B B$，有

$$\Delta_r G_m^\ominus=\sum_B \nu_B \Delta_f G_m^\ominus(B) \tag{3-18}$$

利用化学反应方程中各个物质的标准摩尔生成吉布斯函数 $\Delta_f G_m^\ominus$，可计算化学反应的标准摩尔反应吉布斯函数 $\Delta_f G_m^\ominus$，也就是说在一定温度下，一个化学反应的 $\Delta_f G_m^\ominus$ 等于反应前后各物质的标准摩尔生成吉布斯函数与其化学计量系数乘积的代数和。

在许多热力学数据表中查到的 $\Delta_r G_m^\ominus(B)$ 数据都是 25℃下化学反应的标准摩尔反应吉布斯函数。

例 3-5 实验测得水煤气反应

$$H_2O(g)+CO(g)\!=\!=\!=H_2(g)+CO_2(g)$$

在 1000K 时的 $K^{\ominus}=1.36$。试计算 $H_2O(g)$、$CO(g)$、$H_2(g)$ 和 $CO_2(g)$ 的摩尔分数分别为 5%、50%、20%和25%的混合气体在此温度下反应的摩尔吉布斯函数 $\Delta_r G_m$，并判断反应自发进行的方向。

解： 设系统总压为 p，则

$$J_p=\prod_B\left(\frac{p_B}{p^{\ominus}}\right)^{\nu_B}=\frac{p_{H_2}p_{CO_2}}{p_{H_2O}p_{CO}}=\frac{(0.2p)(0.25p)}{(0.05p)(0.5p)}=2$$

$$\begin{aligned}\Delta_r G_m&=-RT\ln K^{\ominus}+RT\ln J_p\\&=-8.314\times1000\ln1.36+8.314\times1000\ln2\\&=3207\text{J}\cdot\text{mol}^{-1}\end{aligned}$$

$$\Delta_r G_m>0$$

所以反应不能自发正向进行，可以自发逆向进行。

例 3-6 实验测出 900℃时反应

$$FeO(s)+H_2(g)\!=\!=\!=Fe(s)+H_2O(g)$$

的标准平衡常数 $K^{\ominus}=0.646$。钢件热处理过程中，为防止氧化，常用氢气作保护气氛。若所用氢气含有 2%（摩尔分数）的水蒸气，问 900℃进行热处理时，钢件能否被氧化？

解： 氢气中含 2%的水蒸气，则含有 98%的氢气。设总压力为 p，则根据分压定律

$$p_{H_2(g)}=0.98p$$

$$p_{H_2O(g)}=0.02p$$

则

$$J_p=\frac{\dfrac{p_{H_2O(g)}}{p^{\ominus}}}{\dfrac{p_{H_2(g)}}{p^{\ominus}}}=\frac{0.02p}{0.98p}=0.0204$$

$$\begin{aligned}\Delta_r G_m&=-RT\ln K^{\ominus}+RT\ln J_p\\&=-8.314\times(900+273)\ln\left(\frac{0.646}{0.0204}\right)\\&=-33700\text{J}\cdot\text{mol}^{-1}\end{aligned}$$

$\Delta_r G_m<0$，说明反应自发向生成 Fe 和 H_2O 的方向进行，因此钢件不能被氧化，也就是说，可以在此条件下对钢件进行热处理。

例 3-7 将 $Ag_2CO_3(s)$ 置于 110℃的烘箱中烘干。问：通入的空气需含百分之几（摩尔分数）的 CO_2 才能避免 Ag_2CO_3 分解？已知 110℃下，$Ag_2CO_3(s)$ 的分解压等于 0.963kPa。

解： $Ag_2CO_3(s)$ 的分解反应式

$$Ag_2CO_3(s)\!=\!=\!=Ag_2O(s)+CO_2(g)$$

$$\Delta_r G_m=-RT\ln\left(\frac{p_{CO_2}^{eq}}{p^{\ominus}}\right)+RT\ln\left(\frac{p_{CO_2}}{p^{\ominus}}\right)$$

若使 $Ag_2CO_3(s)$不分解，必须使 $\Delta_r G_m\geqslant0$，即使 $p_{CO_2}\geqslant p_{CO_2}^{eq}$。设总压力 $p^{\ominus}=101.3\text{kPa}$(即大气压力)，则为防止 $Ag_2CO_3(s)$分解，空气中 CO_2 的含量$\dfrac{p_{CO_2}}{p^{\ominus}}\geqslant\dfrac{p_{CO_2}^{eq}}{p^{\ominus}}$。

$$\frac{p_{CO_2}^{eq}}{p^{\ominus}}=\frac{0.963}{100}=0.00963\approx1\%\text{(此即摩尔分数)}$$

所以当空气中 CO_2 含量大于等于 1%时才能避免 $Ag_2CO_3(s)$分解。

例 3-8 已知 1000K 时，$TiO_2(s)$、$TiCl_4(g)$和 $CO(g)$的 $\Delta_f G_m^{\ominus}$ 分别为$-764400\text{J}\cdot\text{mol}^{-1}$、

$-637600\text{J}\cdot\text{mol}^{-1}$和$-200200\text{J}\cdot\text{mol}^{-1}$。求1000K时，下列$TiO_2$氯化成$TiCl_4$反应的平衡常数。

$$TiO_2(s)+2Cl_2(g)═══TiCl_4(g)+O_2(g) \quad (1)$$

$$TiO_2(s)+2C(石墨)+2Cl_2(g)═══TiCl_4(g)+2CO(g) \quad (2)$$

解： 对反应（1）

$$\Delta_r G_{m,1}^{\ominus}=\Delta_f G_m^{\ominus}(TiCl_4,g)-\Delta_f G_m^{\ominus}(TiO_2,s)$$
$$=-637600+764400$$
$$=126800\text{J}\cdot\text{mol}^{-1}$$
$$\ln K_1^{\ominus}=\frac{-\Delta_r G_{m,1}^{\ominus}}{RT}$$
$$=-\frac{126800}{8.314\times1000}$$
$$=-15.25$$
$$K_1^{\ominus}=2.38\times10^{-7}$$

对反应（2）

$$\Delta_r G_{m,2}^{\ominus}=\Delta_f G_m^{\ominus}(TiCl_4,g)+2\Delta_f G_m^{\ominus}(CO,g)-\Delta_f G_m^{\ominus}(TiO_2,s)$$
$$=-637600-2\times200200+764400$$
$$=-273600\text{J}\cdot\text{mol}^{-1}$$
$$\ln K_2^{\ominus}=-\frac{\Delta_r G_{m,2}^{\ominus}}{RT}$$
$$=\frac{273600}{8.314\times1000}$$
$$=32.9$$
$$K_2^{\ominus}=1.96\times10^{14}$$

由计算结果看出，$K_2^{\ominus}\gg K_1^{\ominus}$，说明反应（2）正向自发进行的趋势远大于反应（1）。

例3-9 在298～1685K，$SiO_2(s)$的标准生成自由能为

$$Si(s)+O_2(g)═══SiO_2(s) \qquad \Delta_f G_m^{\ominus}=-905800+175.7T\ \text{J}\cdot\text{mol}^{-1}$$

其允许误差为$\pm12.5\text{kJ}\cdot\text{mol}^{-1}$。在1000K时，由上式求出的$\Delta_f G_m^{\ominus}(1000\text{K})=-730.1\text{kJ}\cdot\text{mol}^{-1}$。此数据是在取101.325kPa为标准态压力时得到的。现在，标准压力$p^{\ominus}$改用100kPa，对上述反应的$\Delta_f G_m^{\ominus}$有何影响？上述数据仍然可用吗？是否需要修正？请计算后说明。

解： 根据热力学关系式

$\left(\frac{\partial G}{\partial p}\right)_T=V$，对反应过程也可有$\left(\frac{\partial(\Delta G_m)}{\partial p}\right)_T=\Delta V_m$。式中，$\Delta V_m$为系统的摩尔体积变化。对于反应$Si(s)+O_2(g)═SiO_2(s)$，固态的体积相对于气相而言是很小的，可以忽略不计。所以ΔV_m可近似用O_2的摩尔体积代替，在反应过程中，O_2的体积减小，ΔV_m为负值。设O_2为理想气体，可利用状态方程式，得

$$V_m=\frac{RT}{p}$$

将此关系代入后，并积分得

$$\int_{\Delta_f G_m}^{\Delta_f G_m'}\text{d}\Delta_f G_m=\int_{101.325}^{100}\Delta V_m\text{d}p=-\int_{101.325}^{100}V_m\text{d}p=-RT\int_{101.325}^{100}\text{d}\ln p$$

所以 $$\Delta_f G_m'-\Delta_f G_m=-8.314T\times\ln\frac{100}{101.325}=0.1094T\ \text{J}\cdot\text{mol}^{-1}$$

在298～1685K范围内，$\Delta_f G_m'-\Delta_f G_m$的最大值为$184.4\text{J}\cdot\text{mol}^{-1}$（$0.1844\text{kJ}\cdot\text{mol}^{-1}$），即

$p^{\ominus}$ 由 101.325kPa 改为 100kPa 后，上述反应的 $\Delta_f G_m^{\ominus}$ 最多增加 184.4J·mol^{-1}（即 0.1844kJ·mol^{-1}），远低于允许的误差（±12.5kJ·mol^{-1}）值。故原来的数据仍然可用，不必修正。

3.3 热力学第三定律及化学变化过程熵变的计算

对于任一化学反应，式 $\Delta_r G_m = \Delta_r H_m - T\Delta_r S_m$ 中的 $\Delta_r H_m$ 可由量热法直接测得，若能从量热数据求得摩尔反应熵变 $\Delta_r S_m$，则 $\Delta_r G_m$ 可求，再根据化学反应等温方程就可以计算出反应的标准平衡常数 $K^{\ominus}$。假设物质在某一温度 T 下的熵值为 $S_m(T)$，因为物质恒压可逆变温过程中，$\delta Q_R = C_p \mathrm{d}T$，而 $\mathrm{d}S = \frac{\delta Q_R}{T}$，所以

$$\mathrm{d}S_m = C_{p,m}\frac{\mathrm{d}T}{T}$$

两边作定积分

$$\int_{S_m(0\mathrm{K})}^{S_m(T)} \mathrm{d}S_m = \int_{0\mathrm{K}}^{T} C_{p,m}\,\mathrm{d}\ln T$$

$$S_m(T) - S_m(0\mathrm{K}) = \int_{0\mathrm{K}}^{T} C_{p,m}\,\mathrm{d}\ln T$$

式中，$S_m(0\mathrm{K})$ 和 $S_m(T)$ 为某 1mol 物质在 0K 和 T 时的熵值。如能知道物质在绝对零度（0K）时的熵值 $S_m(0\mathrm{K})$，则由 $C_{p,m}$ 等量热数据就可求得 T 时物质的 $S_m(T)$。由于能斯特热定理的发现、热力学第三定律的提出以及物质标准摩尔熵值的确定，使物质在 T 下的 $S_m(T)$ 值及化学变化过程熵变 $\Delta_r S_m$ 的计算变得简便易行。

3.3.1 能斯特热定理

1902 年，里查兹（Richards）研究低温反应时发现，当温度降低时，反应的 $\Delta_r G_m$ 和 $\Delta_r H_m$ 的数值迅速接近。1906 年，能斯特（Nernst）根据低温下凝聚系统反应的实验现象得到如下关系

$$\lim_{T\to 0\mathrm{K}}\left(\frac{\partial \Delta_r G_m}{\partial T}\right)_p = \lim_{T\to 0\mathrm{K}}\left(\frac{\partial \Delta_r H_m}{\partial T}\right)_p = 0 \qquad (3\text{-}19)$$

也就是说，当接近绝对零度时，$\Delta_r G_m$ 和 $\Delta_r H_m$ 与温度 T 的两条关系曲线相切，其公切线与横轴平行，如图 3-1 所示。

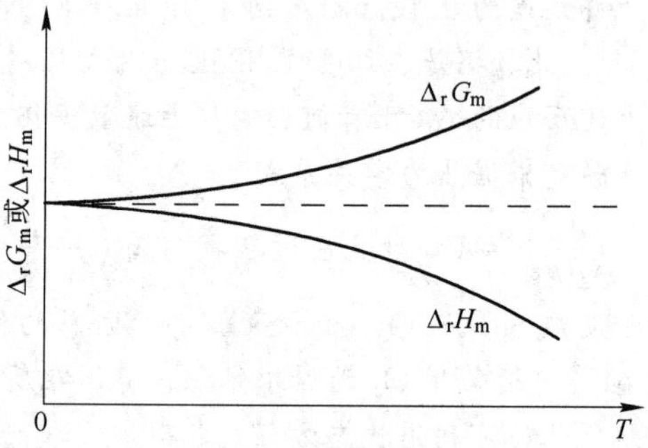

图 3-1 能斯特热定理

设某反应在某温度 T 下，始态、终态物质的吉布斯函数和熵分别为 G_1、G_2 和 S_1、S_2，则反应的

$$\Delta_r G_m = G_2 - G_1$$

$$\Delta_r S_m = S_2 - S_1$$

上式中的 $\Delta_r S_m$ 为温度 T 下，进度为 1mol 的化学反应过程的熵变，称为摩尔反应熵。根据式（2-73）可得，恒压过程中

$$\left(\frac{\partial G_1}{\partial T}\right)_p = -S_1$$

$$\left(\frac{\partial G_2}{\partial T}\right)_p = -S_2$$

因此
$$\left(\frac{\partial G_2-\partial G_1}{\partial T}\right)_p=-(S_2-S_1)$$
$$\left(\frac{\partial \Delta_r G_m}{\partial T}\right)_p=-\Delta_r S_m \tag{3-20}$$
所以
$$\lim_{T\to 0K}\Delta_r S_m=0 \tag{3-21}$$
即在温度趋近于绝对零度时，凝聚系统所发生的过程没有熵变，这就是能斯特热定理。

从热定理可以得到推论，在绝对零度时，凝聚系统反应前后的熵值相等，因而发生的化学反应也没有熵的变化。设在 0K 时系统的始态熵和终态熵分别用 $S'(0K)$ 和 $S''(0K)$ 表示，则
$$S'(0K)=S''(0K)$$
由此看来，绝对零度时凝聚系统的熵值是一个常数。1911 年，普朗克（Planck）进一步假设这个常数为零，即 $S'(0K)=S''(0K)=0$。

3.3.2 热力学第三定律

1912 年，其他学者对普朗克假定进行了补充修正，提出热力学第三定律：绝对零度（0K）时，任何纯物质完美晶体的熵值为零。用公式表示为
$$\lim_{T\to 0} S_m(\text{完美晶体，}T\text{K})=0$$
或
$$S_m(\text{完美晶体，0K})=0 \tag{3-22}$$
热力学第三定律强调了纯物质及完美的晶体的限制。这是因为，如果物质不纯，混在该物质中的杂质会使整个系统混乱度增加，从而使物质的熵值增加。而完美晶体则是指晶体中质点的排列只有一种方式。某些物质的晶体中可能会存在质点的几种排列方式（无序排列），这样的无序排列同样会加大系统混乱度，从而使熵值增加，导致在 0K 时这种晶体的熵值不为零。例如 CO 在 $T\to 0K$ 就不是完美的晶体，因为 CO 分子的取向有两种可能：COCOCO…和 CO-COOC。其他分子如 NO、N_2O 等也是如此。此外，如玻璃体、固熔体以及其他保持无序结构的晶体等也不是完美晶体，它们在 0K 时的熵值也不为零。

3.3.3 规定熵和标准熵

在热力学第三定律基础之上，既然能确定 S_m(完美晶体，0K)$=0$，则就有可能求得该纯物质在其他状态的熵，也就是该物质的规定熵。在本节开始已经指出，对于纯物质在恒压条件下，由 0K 升温到 T 过程中熵的改变
$$S_m(T)-S_m(0K)=\int_0^T C_{p,m}\,\mathrm{d}\ln T$$
根据热力学第三定律可知其完美晶体的 $S_m(0K)=0$，所以
$$S_m(T)=\int_0^T C_{p,m}\,\mathrm{d}\ln T \tag{3-23}$$
由式（3-23）可以看出，只要知道 0～TK 范围内 $C_{p,m}$ 与 T 的关系，就可算出温度 T 下物质的规定熵 $S_m(T)$。式（3-23）只适用于在 0～TK 范围内没有发生相变的情况。若在此温度范围内有晶型转变、熔化、气化等相变过程发生，则应将相变过程的熵变考虑进去，进行分段计算。

在标准压力及温度 T 下，纯物质的规定熵称为该物质在 T 时的标准熵，符号为 $S^\ominus(T)$。而温度 T 下，1mol 纯物质的标准熵称为该物质在 T 时的标准摩尔熵，符号为 $S_m^\ominus(T)$，单位为 $J\cdot mol^{-1}\cdot K^{-1}$ 或 $kJ\cdot mol^{-1}\cdot K^{-1}$。许多物质 298K 时的标准摩尔熵已经

测定（见附录）。

如果 1mol 某物质从 0K 至 298K 的升温过程经过下列步骤：

$$\underset{0\mathrm{K}}{\text{固态}}\longrightarrow\underset{T_f}{\text{固态}}\xrightarrow{\text{熔化}}\underset{T_f}{\text{液态}}\longrightarrow\underset{T_b}{\text{液态}}\xrightarrow{\text{蒸发}}\underset{T_b}{\text{气态}}\longrightarrow\underset{298\mathrm{K}}{\text{气态}}$$

则该物质在 298K 时的标准摩尔熵可通过式（3-24）计算

$$S_m^\ominus(298\mathrm{K})=\int_0^{T_f}C_{p,m}^\ominus(s)\mathrm{d}\ln T+\frac{\Delta_{fus}H_m^\ominus}{T_f}+\int_{T_f}^{T_b}C_{p,m}^\ominus(l)\mathrm{d}\ln T+\frac{\Delta_{vap}H_m^\ominus}{T_b}+\int_{T_b}^{298}C_{p,m}^\ominus(g)\mathrm{d}\ln T \tag{3-24}$$

式中，T_f为物质的熔点，K；T_b为物质的沸点，K；$\Delta_{fus}H_m^\ominus$ 为物质的标准摩尔熔化焓，J·mol^{-1}；$\Delta_{vap}H_m^\ominus$ 为物质的标准摩尔蒸发焓，J·mol^{-1}；$C_{p,m}^\ominus(s)$，$C_{p,m}^\ominus(l)$，$C_{p,m}^\ominus(g)$ 为 物质分别处于固、液、气态时的标准摩尔恒压热容，J·mol^{-1}·K^{-1}。

这个公式中没有考虑固态时物质所发生的晶型转变，如果有晶型的转变，还应当加上相应的项。

接近绝对零度时，物质的 $C_{p,m}^\ominus$很难从实验测得，一般采用德拜（Debye）的理论公式计算

$$C_{V,m}=\left[1943.6\times\left(\frac{T}{\theta}\right)^3\right]\mathrm{J\cdot mol^{-1}\cdot K^{-1}} \tag{3-25}$$

式中，θ为德拜晶体的特征振动温度，与物质本性有关，单位为 K。例如 $\theta_{Pb}=88\mathrm{K}$，$\theta_{Cu}=315\mathrm{K}$，$\theta_{Au}=1840\mathrm{K}$ 等。低温时物质的 $C_{p,m}^\ominus\approx C_{V,m}^\ominus$。

规定熵的测定除量热法外还有光谱法。光谱法是利用光谱数据，通过统计力学计算得出的规定熵值。由表 3-1 可看出两种方法得到的结果基本相符。

表 3-1　利用量热法和光谱法测得物质标准摩尔熵的数据之比较

物　质	O_2	Cl_2	CO_2	CH_4	NH_3
$S_m^\ominus$(量热法)/J·mol^{-1}·K^{-1}	205.43	220.92	216.31	185.14	197.48
$S_m^\ominus$(光谱法)/J·mol^{-1}·K^{-1}	205.14	223.05	213.72	188.0	192.4

3.3.4　标准摩尔反应熵的计算

当反应物和产物均为标准态纯物质时，一定温度 T 下进行反应进度为 1mol 的化学反应过程的熵变称为该反应在温度 T 下的标准摩尔反应熵，用 $\Delta_r S_m^\ominus$ 表示。由于熵是状态函数，根据状态函数的特点，可知温度为 T 时化学反应过程的 $\Delta_r S_m^\ominus$ 应是反应终态熵的总和与反应始态熵的总和之差，即

$$\Delta_r S_m^\ominus=\sum_B \nu_B S_m^\ominus(B) \tag{3-26}$$

式中，$S_m^\ominus(B)$ 为参与反应的物质 B 在温度 T 下的标准摩尔熵。

式（3-26）说明在一定温度下化学反应的标准摩尔反应熵等于同样温度下各自处于纯态的参与反应物质的标准摩尔熵与其化学计量系数乘积的代数和。

例 3-10　利用物质 25℃时的标准摩尔熵和标准摩尔焓的数据计算下面反应在 25℃下的标准平衡常数 $K^\ominus$。

$$2SO_2(g)+O_2(g)=\!=\!=2SO_3(g)$$

解：查本书附表 1 得下列数据（25℃）

物　质	$S_m^\ominus$/J·mol^{-1}·K^{-1}	$\Delta_f H_m^\ominus$/J·mol^{-1}
SO_2(g)	248.11	−296900
O_2(g)	205.04	0
SO_3(g)	256.6	−395760

$$\begin{aligned}\Delta_r H_m^\ominus &= 2\Delta_f H_m^\ominus(SO_3,g) - 2\Delta_f H_m^\ominus(SO_2,g)\\ &= 2\times(-395760) + 2\times 296900\\ &= -197720\,\text{J}\cdot\text{mol}^{-1}\end{aligned}$$

$$\begin{aligned}\Delta_r S_m^\ominus &= 2S_m^\ominus(SO_3,g) - 2S_m^\ominus(SO_2,g) - S_m^\ominus(O_2,g)\\ &= 2\times 256.6 - 2\times 248.11 - 205.04\\ &= -188.06\,\text{J}\cdot\text{mol}^{-1}\cdot\text{K}^{-1}\end{aligned}$$

$$\begin{aligned}\Delta_r G_m^\ominus &= \Delta_r H_m^\ominus - T\Delta_r S_m^\ominus\\ &= -197720 + 298\times 188.06\\ &= -141678\,\text{J}\cdot\text{mol}^{-1}\end{aligned}$$

$$\ln K^\ominus = -\frac{\Delta_r G_m^\ominus}{RT} = \frac{141678}{8.314\times 298} = 57.18$$

$$K^\ominus = 6.84\times 10^{24}$$

3.3.5 标准摩尔反应熵与温度的关系

根据物质 25℃下标准摩尔熵的数据，可以求得 25℃下的标准摩尔反应熵。而大多数反应并非是在 25℃下进行的，若要求其他温度下的标准摩尔反应熵，就需要了解温度对标准摩尔反应熵的影响。

根据熵的定义，在恒压条件下，

$$dS_m = C_{p,m}\frac{dT}{T}$$

将上式在标准状态下积分得

$$S_m^\ominus(T_2) = S_m^\ominus(T_1) + \int_{T_1}^{T_2} C_{p,m}^\ominus \frac{dT}{T} \tag{3-27}$$

对于在恒定温度 T_2 及标准压力 $p^\ominus$ 下进行反应进度为 1mol 的化学反应

$$aA + bB = yY + zZ$$

$$\begin{aligned}\Delta_r S_m^\ominus(T_2) &= \sum_B \nu_B S_m^\ominus(B,T_2)\\ &= yS_m^\ominus(Y,T_2) + zS_m^\ominus(Z,T_2) - aS_m^\ominus(A,T_2) - bS_m^\ominus(B,T_2)\end{aligned}$$

将式（3-27）应用于每一种反应物和产物后代入上式得

$$\begin{aligned}\Delta_r S_m^\ominus(T_2) = &[yS_m^\ominus(Y,T_1) + zS_m^\ominus(Z,T_1) - aS_m^\ominus(A,T_1) - bS_m^\ominus(B,T_1)] +\\ &\int_{T_1}^{T_2}\frac{y\,C_{p,m}^\ominus(Y) + z\,C_{p,m}^\ominus(Z) - a\,C_{p,m}^\ominus(A) - b\,C_{p,m}^\ominus(B)}{T}dT\end{aligned}$$

整理后得

$$\Delta_r S_m^\ominus(T_2) = \Delta_r S_m^\ominus(T_1) + \int_{T_1}^{T_2}\frac{\Delta_r C_{p,m}^\ominus}{T}dT \tag{3-28}$$

式（3-28）表明化学变化过程的标准摩尔反应熵 $\Delta_r S_m^\ominus$ 与温度 T 的关系。若已知某化学反应在 $T_1=298$K 时的 $\Delta_r S_m^\ominus$(298K)，则利用式（3-28）即可求出某一温度 T_2 时反应的 $\Delta_r S_m^\ominus(T_2)$。

利用 $\Delta_r S_m^{\ominus}$ 与温度的关系式以及第1章中介绍过的基尔霍夫公式（式（1-54）），可以求得除25℃外的其他温度下化学反应的标准平衡常数 $K^{\ominus}$。

令 $T_1=298\text{K}$。利用式（1-54）

$$\Delta_r H_m^{\ominus}(T)=\Delta_r H_m^{\ominus}(298\text{K})+\int_{298}^{T}\Delta_r C_{p,m}^{\ominus}\mathrm{d}T$$

以及式（3-28）

$$\Delta_r S_m^{\ominus}(T)=\Delta_r S_m^{\ominus}(298\text{K})+\int_{298}^{T}\frac{\Delta_r C_{p,m}^{\ominus}}{T}\mathrm{d}T$$

求出 $\Delta_r H_m^{\ominus}$ 及 $\Delta_r S_m^{\ominus}$ 与温度的关系式，代入下式

$$\Delta_r G_m^{\ominus}(T)=\Delta_r H_m^{\ominus}(T)-T\Delta_r S_m^{\ominus}(T)$$

得

$$\Delta_r G_m^{\ominus}(T)=\Delta_r H_m^{\ominus}(298\text{K})-T\Delta_r S_m^{\ominus}(298\text{K})+\int_{298}^{T}\Delta_r C_{p,m}^{\ominus}\mathrm{d}T-T\int_{298}^{T}\frac{\Delta_r C_{p,m}^{\ominus}}{T}\mathrm{d}T \tag{3-29}$$

在应用此式计算时，需要已知参加反应各物质的 $C_{p,m}^{\ominus}$ 与温度 T 的函数关系式，而且计算过程比较繁琐。作为近似计算，可假设反应的 $\Delta_r H_m^{\ominus}$ 和 $\Delta_r S_m^{\ominus}$ 都不随温度而变，且都等于298K时的数值，即令 $\Delta_r C_{p,m}^{\ominus}\approx 0$，则式（3-29）可简化为

$$\Delta_r G_m^{\ominus}(T)=\Delta_r H_m^{\ominus}(298\text{K})-T\Delta_r S_m^{\ominus}(298\text{K}) \tag{3-30}$$

将式 $\Delta_r G_m^{\ominus}(T)=-RT\ln K^{\ominus}$ 代入上式得

$$\ln K^{\ominus}=-\frac{\Delta_r H_m^{\ominus}\ (298\text{K})}{RT}+\frac{\Delta_r S_m^{\ominus}\ (298\text{K})}{R} \tag{3-31}$$

式（3-31）称为熵法求标准平衡常数的近似式。

例3-11 用熵法近似求 Ag_2O 在（1）100kPa的纯氧中；（2）100kPa的空气中的分解温度。

解： Ag_2O 的分解反应如下

$$2Ag_2O(s)=\!=\!=4Ag(s)+O_2(g)$$

只有当 $K^{\ominus}\geqslant$ 外界氧分压 $\frac{p_{O_2}}{p^{\ominus}}$ 时，Ag_2O 才有可能分解。查热力学数据表可得，298K时

$$\Delta_f H_m^{\ominus}(Ag_2O)=-30570\text{J}\cdot\text{mol}^{-1}$$

$$S_m^{\ominus}(Ag_2O)=121.71\text{J}\cdot\text{mol}^{-1}\cdot\text{K}^{-1}$$

$$S_m^{\ominus}(Ag)=42.70\text{J}\cdot\text{mol}^{-1}\cdot\text{K}^{-1}$$

$$S_m^{\ominus}(O_2)=205.14\text{J}\cdot\text{mol}^{-1}\cdot\text{K}^{-1}$$

所以

$$\Delta_r H_m^{\ominus}(298\text{K})=-2\Delta_f H_m^{\ominus}(Ag_2O)=2\times 30570=61140\text{J}\cdot\text{mol}^{-1}$$

$$\Delta_r S_m^{\ominus}(298\text{K})=4S_m^{\ominus}(Ag)+S_m^{\ominus}(O_2)-2S_m^{\ominus}(Ag_2O)$$

$$=4\times 42.70+205.14-2\times 121.70=132.54\text{J}\cdot\text{mol}^{-1}\cdot\text{K}^{-1}$$

$$\ln K^{\ominus}=-\frac{61140}{8.314T}+\frac{132.54}{8.314}$$

$$\ln K^{\ominus}=-\frac{7354}{T}+15.94$$

（1）在纯氧中，$K^{\ominus}\geqslant\frac{p_{O_2}}{p^{\ominus}}=1$，则

$$\ln K^{\ominus}\geqslant 0$$

所以

$$-\frac{7354}{T}+15.94\geqslant 0$$

$$T \geqslant 462\text{K}$$

因此，在100kPa纯氧中，Ag_2O 于462K开始分解。

(2) 在空气中，$K^{\ominus} \geqslant \frac{p_{O_2}}{p^{\ominus}} = 0.21$，则

$$\ln K^{\ominus} \geqslant -1.560$$

所以

$$-\frac{7354\text{K}}{T} + 15.94 \geqslant -1.560$$

$$T \geqslant 420.23\text{K}$$

因此，在100kPa的空气中，Ag_2O 于421K开始分解。

3.4 温度对标准平衡常数的影响

3.4.1 吉布斯-亥姆霍兹方程

从热力学基本方程出发，可以推导出吉布斯函数 G 和亥姆霍兹函数 A 与温度 T 的关系。将式（2-71）和式（2-73）

$$\left(\frac{\partial A}{\partial T}\right)_V = -S$$

$$\left(\frac{\partial G}{\partial T}\right)_p = -S$$

用于下面的公式推导中，

$$\left[\frac{\partial(A/T)}{\partial T}\right]_V = \frac{1}{T}\left(\frac{\partial A}{\partial T}\right)_V - \frac{A}{T^2} = -\frac{S}{T} - \frac{A}{T^2} = \frac{-(TS+A)}{T^2}$$

因 $A=U-TS$,所以

$$\left[\frac{\partial(A/T)}{\partial T}\right]_V = -\frac{U}{T^2} \tag{3-32}$$

同理

$$\left[\frac{\partial(G/T)}{\partial T}\right]_p = \frac{1}{T}\left(\frac{\partial G}{\partial T}\right)_p - \frac{G}{T^2} = -\frac{S}{T} - \frac{G}{T^2} = \frac{-(TS+G)}{T^2}$$

因 $G=H-TS$,所以

$$\left[\frac{\partial(G/T)}{\partial T}\right]_p = -\frac{H}{T^2} \tag{3-33}$$

式（3-32）和式（3-33）称为吉布斯-亥姆霍兹方程。这两个方程分别表示了在恒容条件下（A/T）随 T 的变化关系及在恒压条件下（G/T）随 T 的变化关系。

3.4.2 标准摩尔反应吉布斯函数与反应温度的关系

对于在标准状态下进行的化学反应 $0=\sum_{\text{B}} \nu_{\text{B}}\text{B}$，将式（3-33）应用于每一种反应物及产物可得

$$\frac{\text{d}[\nu_{\text{B}} G_{\text{m}}^{\ominus}(\text{B})/T]}{\text{d}T} = -\frac{\nu_{\text{B}} H_{\text{m}}^{\ominus}(\text{B})}{T^2}$$

将上式左右两侧均对B求代数和

$$\frac{\text{d}\left\{\sum_{\text{B}}[\nu_{\text{B}} G_{\text{m}}^{\ominus}(\text{B})]/T\right\}}{\text{d}T} = -\frac{\sum_{\text{B}} \nu_{\text{B}} H_{\text{m}}^{\ominus}(\text{B})}{T^2}$$

则
$$\frac{d(\Delta_r G_m^\ominus/T)}{dT}=-\frac{\Delta_r H_m^\ominus}{T^2} \tag{3-34}$$

对于亥姆霍兹函数，也可用同样方法推出标准摩尔反应亥姆霍兹函数 $\Delta_r A_m^\ominus$ 与反应温度 T 的关系

$$\frac{d(\Delta_r A_m^\ominus/T)}{dT}=-\frac{\Delta_r U_m^\ominus}{T^2} \tag{3-35}$$

将式（3-34）作不定积分可得到 $\Delta G_m^\ominus-T$ 的关系式

$$-\frac{\Delta_r G_m^\ominus}{T}=\int\frac{\Delta_r H_m^\ominus}{T^2}dT+I \tag{3-36}$$

I 为积分常数。如 $\Delta_r H_m^\ominus$ 与 T 有关，其关系为式（1-58）

$$\Delta_r H_m^\ominus=\Delta H_0+\Delta aT+\frac{1}{2}\Delta bT^2-\Delta c'T^{-1}$$

将此关系式代入式（3-36），积分后可得

$$\Delta_r G_m^\ominus=\Delta_r H_0-\Delta aT\ln T-\frac{1}{2}\Delta bT^2-\frac{1}{2}\Delta c'T^{-1}-IT \tag{3-37}$$

式（3-37）中的积分常数 I 是通过某一个温度下的 $\Delta_r G_m^\ominus$（例如 $\Delta_r G_{298K}^\ominus$）代入公式确定的。以不同温度下计算得到的 $\Delta_r G_m^\ominus$ 作为纵坐标、温度为横坐标作图，线性拟合数据点，可获得 $\Delta_r G_m^\ominus$ 与温度之间的直线关系

$$\Delta_r G_m^\ominus=\Delta_r H_m^\ominus-IT \tag{3-38}$$

式中，$\Delta_r G_m^\ominus$ 与 T 为直线关系。

理论上，这个式子只是一个近似式，但实际应用时，若温度范围不太宽，由它计算的结果与实验结果符合得很好。由于此式通常由实验求出，所以常写成

$$\Delta_r G_m^\ominus=A+BT \tag{3-39}$$

A 和 B 为实验常数，对一定反应来说，它们有一定的应用温度范围。本书附表中列出了某些反应的 $\Delta_r G_m^\ominus$ 与 T 关系式中的 A、B 值以及适用的温度范围。

3.4.3 标准摩尔生成吉布斯函数与温度关系图

在高温反应过程中，经常遇到金属的氧化物、硫化物和卤化物等化合物。它们的热力学稳定性与反应过程进行的可能性和平衡有很大关系。在一定条件下，各种同类型化合物的稳定性可用它们的标准生成吉布斯函数来比较。例如，1000K 时

$$\frac{4}{3}Al(l)+O_2(g)=\!=\!=\frac{2}{3}Al_2O_3(s) \qquad \Delta_f G_m^\ominus\left(\frac{2}{3}Al_2O_3\right)=-906300J\cdot mol^{-1}(=\Delta_r G_{m,1}^\ominus)$$

$$4Cu(s)+O_2(g)=\!=\!=2Cu_2O(s) \qquad \Delta_f G_m^\ominus(2Cu_2O)=-190400J\cdot mol^{-1}(=\Delta_r G_{m,2}^\ominus)$$

上述氧化反应的 $\Delta_r G_m^\ominus$ 等于相应氧化物的 $\Delta_f G_m^\ominus$。比较可知，氧化铝的标准生成吉布斯函数具有较大的负值，因此它的稳定性较氧化亚铜大。将两式相减就可以更明显地看到这一点。

$$\frac{4}{3}Al(l)+2Cu_2O(s)=\!=\!=4Cu(s)+\frac{2}{3}Al_2O_3(s) \qquad \Delta_r G_m^\ominus=-715900J\cdot mol^{-1}$$

$\Delta_r G_m^\ominus$ 为负，反应自发进行，Cu_2O 被 Al 还原，说明此时 Cu_2O 不如 Al_2O_3 稳定。由此还可以看出，比较各种氧化物（其他化合物也有类似情况）的稳定性时，由于每一氧化物分子所含的氧原子数各不相同，如 Cu_2O 含 1 个原子，Al_2O_3 含 3 个原子，当比较它们的生成吉布斯函数大小时，不应以 1mol 氧化物为单位，而应以 1mol O_2 为单位进行比较。例如，要以 2mol Cu_2O 与 $\frac{2}{3}$mol Al_2O_3 的标准生成吉布斯函数值的大小来比较两者的稳定性。

氧化物的稳定性随温度而变，$\Delta_r G_m^{\ominus}$ 与 T 的关系接近直线

$$\Delta_f G_m^{\ominus} = A + BT$$

为了比较各种氧化物在各种温度下的相对稳定性，将 $\Delta_f G_m^{\ominus}$ 对温度作图，称之为标准生成吉布斯函数与温度关系图，也称为氧势图或艾灵哈姆（Ellingham）图（见图 3-2）。此图有几种坐标，这里仅就 $\Delta_f G_m^{\ominus}$ 与温度的关系加以说明。

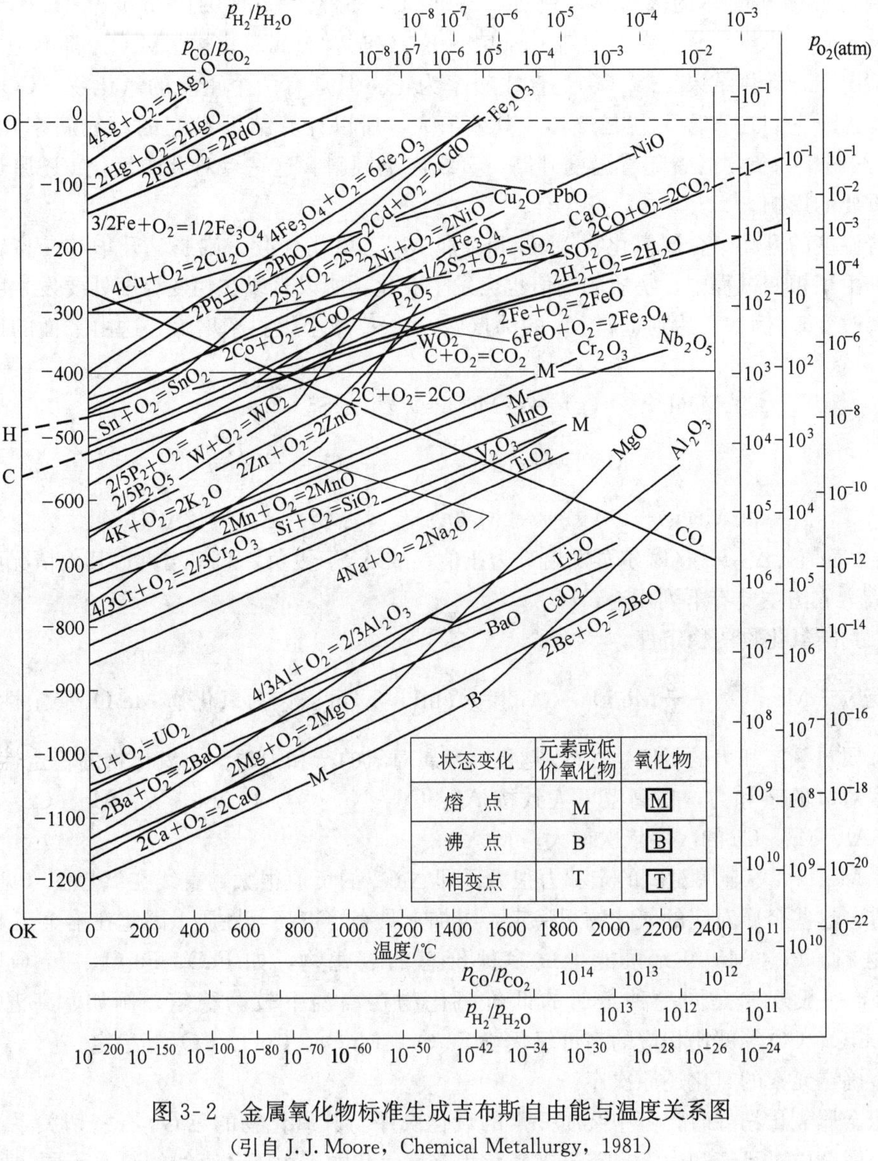

图 3-2　金属氧化物标准生成吉布斯自由能与温度关系图

（引自 J. J. Moore，Chemical Metallurgy，1981）

1atm=101325Pa

图中纵坐标为 $\Delta_f G_m^{\ominus}$，单位是 $kJ \cdot (molO_2)^{-1}$，横坐标为温度，单位是℃。各条直线所代表的反应已在线上注明。这些反应一般都是金属与氧反应生成金属氧化物。一些金属有几种价态，对应有多种氧化物，所以有些直线是代表金属的低价氧化物与氧反应生成高价氧化物的。如 $4Fe_3O_4(s)+O_2(g)=6Fe_2O_3(s)$ 等。根据式（3-20）可得

$$\left(\frac{\partial \Delta_f G_m^\ominus}{\partial T}\right)_p = -\Delta_r S_m^\ominus$$

因此，直线斜率为$-\Delta_r S_m^\ominus$。对任意一种金属 Me 氧化为金属氧化物 MeO（以二价金属氧化物为例）的反应

$$2Me + O_2 \longrightarrow 2MeO$$

$$\Delta_r S_m^\ominus = 2S_{MeO}^\ominus - 2S_{Me}^\ominus - S_{O_2}^\ominus$$

气体的熵比液体和固体的大得多，例如，298K 时，$S_{O_2(g)}^\ominus = 205.04J \cdot mol^{-1} \cdot K^{-1}$，$S_{FeO(s)}^\ominus = 60.75J \cdot mol^{-1} \cdot K^{-1}$，$S_{Fe(s)}^\ominus = 27.15J \cdot mol^{-1} \cdot K^{-1}$。通常金属氧化物（MeO）都不是气体，因而一般情况下，计算结果$\Delta_r S_m^\ominus < 0$，直线斜率为正。但是有两个重要的氧化物（CO_2 和 CO）是例外，由于它们在室温下就是气体，其熵值大，所以计算结果 CO_2 的直线斜率几乎为零，CO 的直线斜率为负，后者随着温度升高，直线向下倾斜。这一点对碳的氧化-还原热力学性质有很重要的影响。

随着温度的升高，金属氧化物 MeO 和金属 Me 会发生熔化、沸腾、升华和晶型转变等相变过程。由于相变过程中，物质的熵值也会发生变化，所以直线在相变温度处要发生明显的转折（斜率改变）。例如，达到金属 Me 的沸点后，$\Delta_r S_m^\ominus$ 减小，斜率增大，这由下面的计算可以看到。

$$2Me(l) + O_2(g) \longrightarrow 2MeO(s) \qquad \Delta_r S_1^\ominus$$

$$Me(l) \longrightarrow Me(g) \qquad \Delta S_2^\ominus = \frac{\Delta_{vap} H_m^\ominus}{T_b}$$

$$2Me(g) + O_2(g) \longrightarrow 2MeO(s) \qquad \Delta_r S_3^\ominus = \Delta_r S_1^\ominus - 2\Delta S_2^\ominus$$

因$\Delta_r S_1^\ominus$为负值，$\Delta_{vap} H_m^\ominus$（摩尔蒸发焓）为正值，故$\Delta_r S_3^\ominus$更负，斜率增大。其他情况可类推。

$\Delta_f G_m^\ominus - T$ 图主要有下列用途：

（1）判断氧化物的稳定性。

对反应$\frac{2x}{y}Me + O_2 = \frac{2}{y}Me_xO_y$，$\Delta_f G_m^\ominus = RT\ln\left(\frac{p_{O_2}}{p^\ominus}\right)$可以作为氧化物 Me_xO_y 稳定性的量度，也就是金属对氧亲和力的量度。$\Delta_f G_m^\ominus$ 越负，金属对氧的亲和力越大，氧化物的稳定性也越大。不同元素对氧的亲和力，在高温下大致按 Ag、Cu、Ni、Co、P、Fe、W、Mo、Cr、Mn、V、Si、Ti、Al、Mg、Ca 的次序依次增大。

Ca、Mg、Al 等金属对氧的亲和力很大，即 $\Delta_f G_m^\ominus$ 的负值很大，直线在氧势图（见图 3-2）的最下方。这些金属对应的氧化物很稳定，再加上具有熔点高等性质，因此在冶金工业中常用作耐火材料。Fe、Mn 等元素能生成多种价态的氧化物，如 FeO、Fe_3O_4、Fe_2O_3、MnO、MnO_2 等，一般规律是同一种金属的低价氧化物在高温下较为稳定，例如，高温下 FeO、MnO、Cu_2O、CO 等就比相应的高价氧化物 Fe_2O_3、MnO_2、CuO、CO_2 等稳定。

（2）确定元素的氧化还原次序。

在粗金属氧化精炼时，其中杂质元素的氧化次序与其氧化物的 $\Delta_f G_m^\ominus$ 有密切关系。图 3-2 下部的金属杂质对氧亲和力大，首先被氧化为金属氧化物。由于各直线的斜率不同，所以温度的改变也会使氧化次序发生变化。例如，炼钢时，开始铁水温度较低（低于 1400℃），杂质氧化的顺序是 Si、Mn、C（见图 3-2）。首先是 Si 被氧化，接着是 Mn 被氧化。氧化过程放出的热使钢液的温度上升。当钢液温度超过 1530℃时，氧化顺序就发生改变，变成 C、Si、Mn，此时 C 先被大量氧化，之后是 Si、Mn 等。由于钢中主要金属是铁，因此，在图 3-2 中，直线处在铁以上的杂质元素在炼钢时是不会被氧化的。例如，铁水中如含有铜，则铜始终不能被氧化

除去。

在氧化物的还原过程中，图 3-2 上部金属的氧化物稳定性较小，所以首先还原为金属单质（或低价金属氧化物）。原则上，凡是图 3-2 下部的金属都有可能作为还原剂，用于还原图 3-2 上部的金属氧化物。例如，Al 可以作为还原剂还原 Cr_2O_3

$$2Al+Cr_2O_3 = Al_2O_3+2Cr$$

（3）求出用碳还原氧化物的最低还原温度。

前面已经指出，碳被氧化为 CO 的直线斜率是负的，与金属被氧化为金属氧化物不同，这就决定了碳在金属的氧化-还原过程中具有与众不同的特性。随着温度的升高，碳的直线与处于其下面的直线逐渐接近，碳对该金属氧化物的还原能力逐渐增强。达到两线交点以后，碳就能将此金属氧化物还原。交点温度称为用碳还原此金属氧化物的最低还原温度（开始还原温度）。由此看来，只要温度足够高，各种金属氧化物都可以被碳还原。但实际上，由于有时金属与碳作用会生成碳化物，所以用碳还原时不一定能得到金属单质。用碳还原金属氧化物的最低还原温度可以直接由图 3-2 中的交点读出，也可以通过计算求得。

应当指出，氧势图（图 3-2）中的直线都是对标准状态而言的，直接从此图中得到的上述结论只在标准状态下适用。对于形成溶液、处于真空状态或存在副反应等情况，应再作具体分析。例如，上述关于炼钢时杂质氧化的顺序问题，由于 Si 的氧化产物 SiO_2 与 Mn 的氧化产物 MnO 等的相互作用（造渣作用），使得 Si 与 Mn 实际上是同时氧化的。而且碳的氧化在 1530℃ 以下已经开始，这是由于 Si 和 Mn 经氧化后浓度已大大下降的缘故。一般来说，由于多种因素的影响，许多金属的氧化或还原的次序不是截然分开的。

3.4.4　标准平衡常数与温度的关系

由化学反应的标准摩尔反应吉布斯函数 $\Delta_r G_m^\ominus$ 与温度的关系式（3-34）可推出标准平衡常数 $K^\ominus$ 与温度的关系。

因为 $\Delta_r G_m^\ominus=-RT\ln K^\ominus$，将其代入式（3-34）

$$\frac{d[(-RT\ln K^\ominus)/T]}{dT}=-\frac{\Delta_r H_m^\ominus}{T^2}$$

可得

$$\frac{d\ln K^\ominus}{dT}=\frac{\Delta_r H_m^\ominus}{RT^2} \tag{3-40}$$

式（3-40）称为范特霍夫（Van't Hoff）等压方程，此式表明了 $K^\ominus$ 与 T 的关系。

$\ln K^\ominus$ 随温度 T 变化率的符号由 $\Delta_r H_m^\ominus$ 决定，因此可以根据反应是吸热还是放热来确定温度对 $K^\ominus$ 的影响。对于吸热反应，$K^\ominus>0$，为正值，则 $d(\ln K^\ominus)/dT>0$，这说明 $K^\ominus$ 随温度 T 的升高而增大，若反应已达平衡，升温将使其正向移动；对于放热反应，$\Delta_r H_m^\ominus<0$，为负值，所以 $d(\ln K^\ominus)/dT<0$，说明 $K^\ominus$ 随温度 T 的升高而减小，已达到平衡状态的反应将会因为温度的升高而逆向移动。

例 3-12　求用碳还原 MnO 的最低还原温度。设：（1）$p_{CO}=100kPa$；（2）$p_{CO}=10kPa$。

解：先求出反应

$$C(石墨)+MnO(s) = Mn(l)+CO(g)$$

的 $\Delta_r G_m^\ominus$-T 关系式。查表得

$$C(石墨)+\frac{1}{2}O_2(g) = CO(g) \qquad \Delta_r G_{m,1}^\ominus=(-116300-83.9T/K)J\cdot mol^{-1}$$

$$Mn(l)+\frac{1}{2}O_2(g) = MnO(s) \qquad \Delta_r G_{m,2}^\ominus=(-399150+82.11T/K)J\cdot mol^{-1}$$

两式相减得

$$C(石墨)+MnO(s)=\!=\!=Mn(l)+CO(g)$$

$$\Delta_r G_{m,3}^{\ominus}=\Delta G_{m,1}^{\ominus}-\Delta G_{m,2}^{\ominus}=(282850-166.01T/K)J\cdot mol^{-1}$$

因为，
$$Mn(l)+\frac{3}{7}C(石墨)=\!=\!=\frac{1}{7}Mn_7C_3$$

$$\Delta_r G_{m,4}^{\ominus}=(-30360+10.96T/K)J\cdot mol^{-1}$$

所以，$MnO(s)$被C还原的反应为

$$\frac{10}{7}C+MnO(s)=\!=\!=\frac{1}{7}Mn_7C_3+CO$$

$$\Delta_r G_{m,5}^{\ominus}=(252490-155.05T/K)J\cdot mol^{-1}$$

(1) 当 $p_{CO}=100kPa$ 时，若使 MnO 的还原反应能进行，应有

$$\Delta_r G_{m,5}\leqslant 0$$

解之得
$$T\geqslant\frac{252490}{155.05}=1628K\ (1355℃)$$

(2) 当 $p_{CO}=10kPa$ 时，同理可算出

$$T\geqslant 1449K\ (1176℃)$$

例 3-13 硅热法炼镁是用 Si 还原 MgO 而得到 Mg。已知：

$$2Mg(g)+O_2(g)=\!=\!=2MgO(s)\qquad \Delta_r G_{m,1}^{\ominus}=(-1428800+387.4T/K)J\cdot mol^{-1}\qquad (1)$$

$$Si(s)+O_2(g)=\!=\!=SiO_2(s)\qquad \Delta_r G_{m,2}^{\ominus}=(-905800+175.7T/K)J\cdot mol^{-1}\qquad (2)$$

$$Si(l)+O_2(g)=\!=\!=SiO_2(s)\qquad \Delta_r G_{m,3}^{\ominus}=(-866500+152.3T/K)J\cdot mol^{-1}\qquad (3)$$

$$2CaO(s)+SiO_2(s)=\!=\!=Ca_2SiO_4(s)\qquad \Delta_r G_{m,4}^{\ominus}=(-137650-4.98T/K)J\cdot mol^{-1}\qquad (4)$$

求：(1) 总压力为 1kPa 时，用 Si 还原 MgO 的最低温度；

(2) 总压力为 1kPa 时，在加入 CaO 与 SiO_2 形成 Ca_2SiO_4 的条件下，Si 还原 MgO 的最低温度。

解：(1) 用 Si 还原 MgO 的反应温度较高，Si 为液态

$$2MgO(s)+Si(l)=\!=\!=2Mg(g)+SiO_2(s)\qquad (5)$$

反应(5)=(3)−(1)，所以

$$\Delta_r G_{m,5}^{\ominus}=\Delta_r G_{m,3}^{\ominus}-\Delta_r G_{m,1}^{\ominus}=(562300-235.1T/K)J\cdot mol^{-1}$$

当总压为 1kPa 时

$$\Delta_r G_{m,5}=\Delta_r G_{m,5}^{\ominus}+RT\ln\left(\frac{p_{Mg(g)}}{p^{\ominus}}\right)^2\leqslant 0$$

即
$$562300-235.1T/K+8.314\left(\ln\frac{1^2}{100^2}\right)T/K\leqslant 0$$

解之得
$$T\geqslant 1804K(1531℃)$$

(2) 生成的 SiO_2 与 CaO 作用，使还原温度降低，Si 为固态，反应为

$$2CaO(s)+Si(s)+2MgO(s)=\!=\!=Ca_2SiO_4(s)+2Mg(g)\qquad (6)$$

反应(6)=(2)−(1)+(4)，所以

$$\Delta_r G_{m,6}^{\ominus}=\Delta_r G_{m,2}^{\ominus}-\Delta_r G_{m,1}^{\ominus}+\Delta_r G_{m,4}^{\ominus}$$
$$=(385350-216.7T/K)J\cdot mol^{-1}$$

当总压为 1kPa 时，

$$\Delta_r G_{m,6}=\Delta_r G_{m,6}^{\ominus}+RT\ln\left(\frac{p_{Mg(g)}}{p^{\ominus}}\right)^2\leqslant 0$$

即
$$385350-216.7T/K+8.314\left(\ln\frac{1^2}{100^2}\right)T/K\leqslant 0$$

解之得　　$T \geqslant 1314K$ （1041℃）

由计算结果可知，由于CaO的加入，使Si还原MgO而制得Mg的还原反应温度大大降低，由1804K（1531℃）降到1314K（1041℃）。

下面我们讨论范特霍夫等压方程的积分式。

3.4.4.1　$\Delta_r H_m^\ominus$ 不随温度变化时的范特霍夫等压方程积分式

如果 $\Delta_r H_m^\ominus$ 随温度的变化不大，而且所讨论的温度范围较窄时，可以近似地把 $\Delta_r H_m^\ominus$ 看作定值，与温度无关。在此条件下将式（3-40）作不定积分

$$\int \mathrm{d}\ln K^\ominus = \int \frac{\Delta_r H_m^\ominus}{RT^2}\mathrm{d}T$$

可得

$$\ln K^\ominus = -\frac{\Delta_r H_m^\ominus}{RT} + C \tag{3-41}$$

式中，C 为积分常数，可由一个已知温度的标准平衡常数求得。该式也可写成

$$\lg K^\ominus = \frac{A}{T} + B \tag{3-42}$$

式中，A 和 B 均为常数，其中

$$A = -\frac{\Delta_r H_m^\ominus}{2.303R}$$

$$B = \frac{C}{2.303}$$

上式表明在 $\Delta_r H_m^\ominus$ 为定值时，用 $\lg K^\ominus$ 对 $1/T$ 作图可得到一条直线（见图3-3）。

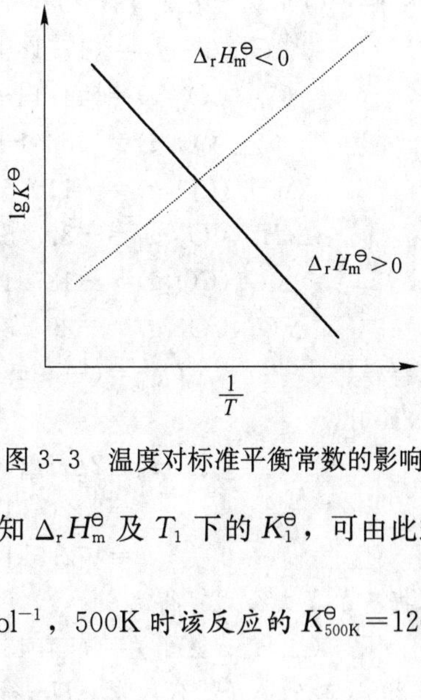

图3-3　温度对标准平衡常数的影响

若将式（3-40）作定积分

$$\int_{K_1^\ominus}^{K_2^\ominus} \mathrm{d}\ln K^\ominus = \int_{T_1}^{T_2} \frac{\Delta_r H_m^\ominus}{RT^2}\mathrm{d}T$$

可得

$$\ln\frac{K_2^\ominus}{K_1^\ominus} = -\frac{\Delta_r H_m^\ominus}{R}\left(\frac{1}{T_2} - \frac{1}{T_1}\right) \tag{3-43}$$

式中，$K_1^\ominus$ 和 $K_2^\ominus$ 为温度 T_1 和 T_2 时反应的平衡常数。若已知 $\Delta_r H_m^\ominus$ 及 T_1 下的 $K_1^\ominus$，可由此式计算出反应在 T_2 下的 $K_2^\ominus$。

例3-14　已知下列水煤气反应的 $\Delta_r H_m^\ominus = -36400 \mathrm{J \cdot mol^{-1}}$，500K时该反应的 $K_{500K}^\ominus = 126$。求：600K时该反应的 $K_{600K}^\ominus = ?$

$$CO(g) + H_2O(g) = CO_2(g) + H_2(g)$$

解： 根据式（3-43）

$$\ln\frac{K_{600K}^\ominus}{K_{500K}^\ominus} = -\frac{\Delta_r H_m^\ominus}{R}\left(\frac{1}{T_2} - \frac{1}{T_1}\right)$$

将已知数据（$T_1 = 500K$，$T_2 = 600K$）代入上式

$$\ln\frac{K_{600K}^\ominus}{126} = \frac{36400}{8.314} \times \left(\frac{1}{600} - \frac{1}{500}\right) = -1.459$$

解得　　$K_{600K}^\ominus = 29.3$

3.4.4.2　$\Delta_r H_m^\ominus$ 随温度变化时的范特霍夫等压方程积分式

当 $\Delta_r H_m^\ominus$ 与 T 有关时，根据式（1-58）

$$\Delta_r H_m^\ominus = \Delta H_0 + \Delta a T + \frac{1}{2}\Delta b T^2 - \Delta c' T^{-1}$$

将其代入式（3-40）并作不定积分

$$\int \mathrm{d}\ln K^\ominus = \int \left(\frac{\Delta H_0}{RT^2} + \frac{\Delta a}{RT} + \frac{1}{2} \times \frac{\Delta b}{R} - \frac{\Delta c'}{RT^3}\right)\mathrm{d}T$$

可得

$$\ln K^\ominus = -\frac{\Delta H_0}{RT} + \frac{\Delta a}{R}\ln T + \frac{\Delta b}{2R}T + \frac{\Delta c'}{2R}T^{-2} + I \tag{3-44}$$

式中，I 为积分常数，其值可由已知某一温度的 $K^\ominus$ 代入式（3-44）求得。

式（3-44）中的 ΔH_0 和积分常数 I 分别由某个确定温度下反应的 $\Delta_r H_m^\ominus$、$K^\ominus$（例如，298K 下的 $\Delta_r H_m^\ominus$ 和 $K^\ominus$）和物质的 $C_{p,m}^\ominus$ 与 T 的经验关系式求得。这些所有的数据都可通过热力学数据表查出或算出，由此就可计算出其他温度下的 $K^\ominus$ 了。对于高温反应过程，由于实验测定困难较大，所以上述计算方法更具实际意义。

例 3-15 利用本书附录中的数据求（1）碳的气化反应

$$C(石墨) + CO_2(g) \Longrightarrow 2CO(g)$$

的标准平衡常数 $K^\ominus$ 与温度 T 的关系式。（2）标准压力（$p^\ominus = 100\text{kPa}$）下，1000℃和 600℃时的平衡气相组成。

解：（1）从附表 2 查得 298K 时

$$C_{p,m}^\ominus(石墨) = (17.16 + 4.27\times10^{-3}T - 8.79\times10^5 T^{-2})\,\text{J}\cdot\text{K}^{-1}\cdot\text{mol}^{-1}$$
$$C_{p,m}^\ominus(CO_2,g) = (44.14 + 9.04\times10^{-3}T - 8.54\times10^5 T^{-2})\,\text{J}\cdot\text{K}^{-1}\cdot\text{mol}^{-1}$$
$$C_{p,m}^\ominus(CO,g) = (28.41 + 4.10\times10^{-3}T - 0.46\times10^5 T^{-2})\,\text{J}\cdot\text{K}^{-1}\cdot\text{mol}^{-1}$$
$$\Delta_f H_m^\ominus(CO,g) = -110.5\text{kJ}\cdot\text{mol}^{-1}$$
$$\Delta_f H_m^\ominus(CO_2,g) = -393.52\text{kJ}\cdot\text{mol}^{-1}$$
$$\Delta_f G_m^\ominus(CO,g) = -137.12\text{kJ}\cdot\text{mol}^{-1}$$
$$\Delta_f G_m^\ominus(CO_2,g) = -394.39\text{kJ}\cdot\text{mol}^{-1}$$

求得

$$\Delta_r C_{p,m}^\ominus = (-4.48 - 5.11\times10^{-3}T + 16.41\times10^5 T^{-2})\,\text{J}\cdot\text{K}^{-1}\cdot\text{mol}^{-1}$$

298K 时，

$$\begin{aligned}\Delta_r H_m^\ominus &= 2\Delta_f H_m^\ominus(CO,g) - \Delta_f H_m^\ominus(CO_2,g)\\ &= 2\times(-110.5) + 393.52\\ &= 172.5\text{kJ}\cdot\text{mol}^{-1} = 172500\text{J}\cdot\text{mol}^{-1}\end{aligned}$$

根据基尔霍夫公式可得

$$(\Delta_r H_m^\ominus - \Delta H_0) = (-4.48T - 2.56\times10^{-3}T^2 - 16.41\times10^5 T^{-1})\,\text{J}\cdot\text{K}^{-1}\cdot\text{mol}^{-1}$$

以 298K 时的 $\Delta_r H_m^\ominus$ 代入求 ΔH_0，得

$$\Delta H_0 = 179570\text{J}\cdot\text{mol}^{-1}$$

根据式（3-44）得

$$\ln K^\ominus = -\frac{21600\text{K}}{T} - 0.539\ln T - 3.073\times10^{-4}T + 98690T^{-2} + I$$

298K 时，

$$\begin{aligned}\Delta_r G_m^\ominus &= 2\Delta_f G_m^\ominus(CO,g) - \Delta_f G_m^\ominus(CO_2,g)\\ &= 2\times(-137.12) + 394.39\\ &= 120.15\text{kJ}\cdot\text{mol}^{-1} = 120150\text{J}\cdot\text{mol}^{-1}\end{aligned}$$

$$\ln K_{298\text{K}}^\ominus = -\frac{\Delta_r G_m^\ominus}{RT} = \frac{-120150}{8.314\times298} = -48.5$$

以 $\ln K^{\ominus}_{298K}$ 代入求积分常数 I，

$$I=-48.5+\frac{21600}{298}+0.539\ln 298+3.073\times10^{-4}\times298-\frac{98690}{298^2}$$
$$=26.03$$

求得 $\ln K^{\ominus}$ 与 T 的关系式为

$$\ln K^{\ominus}=-21600T^{-1}-0.539T-3.073\times10^{-4}T+98690T^{-2}+26.03$$

(2) 计算平衡组成。

由上式求得

$$K^{\ominus}_{1273K}=131.4$$
$$K^{\ominus}_{873K}=0.082$$

根据式(3-1)可得

$$K^{\ominus}=\frac{(p^{eq}_{CO})^2}{p^{eq}_{CO_2}}\times(p^{\ominus})^{-1}=\frac{(p^{eq}_{CO})^2}{p^{\ominus}-p^{eq}_{CO}}\times(p^{\ominus})^{-1}$$

以 $K^{\ominus}_{1273K}$ 代入得：$p^{eq}_{CO}=99.3\text{kPa}$，$p^{eq}_{CO_2}=0.7\text{kPa}$。平衡气相组成为 99.3%CO，0.7%$CO_2$。以 $K^{\ominus}_{873K}$ 代入得：$p^{eq}_{CO}=24.8\text{kPa}$，$p^{eq}_{CO_2}=75.2\text{kPa}$。平衡气相组成为 24.8%CO，75.2%$CO_2$。

3.5 影响理想气体化学平衡的其他因素

通过上节的讨论我们知道，温度对化学平衡有重要的影响，温度主要影响平衡常数。而气态反应系统中反应物或产物分压、总压、惰性气体等虽然不影响平衡常数，但对平衡的移动和平衡组成是有影响的。现分别进行讨论。

3.5.1 气态组分的分压对化学平衡的影响

气态反应物或产物分压对化学平衡的影响可以通过化学反应等温方程直接看出。在化学反应等温式

$$\Delta_r G_m=\Delta_r G^{\ominus}_m+RT\ln J_p$$

中，压力商

$$J_p=\prod_B\left(\frac{p'_B}{p^{\ominus}}\right)^{\nu_B}$$

由此式可知，若在总压力及温度恒定条件下，增大反应物的分压，会使 J_p 减小，$\Delta_r G_m$ 变负，平衡向正反应方向移动。反之，如果产物的分压增大，会使 J_p 增大，$\Delta_r G_m$ 变正，平衡向逆反应方向移动。

3.5.2 系统总压力对化学平衡的影响

因为标准平衡常数 $K^{\ominus}$ 只是温度的函数，所以总压力 p^{eq} 的改变对 $K^{\ominus}$ 没有影响，但 p^{eq} 对反应的平衡是有影响的。

根据式(3-8)

$$K^{\ominus}=K_x\left(\frac{p}{p^{\ominus}}\right)^{\sum_B \nu_B}$$

得

$$\ln K^{\ominus}=\ln K_x+\sum_B \nu_B(\ln p-\ln p^{\ominus})$$

在恒温条件下两边都对平衡总压 p 求偏导，$K^{\ominus}$ 与总压 p 无关，所以

$$\left(\frac{\partial \ln K^{\ominus}}{\partial p}\right)_T=0$$

$$\left(\frac{\partial \ln K_x}{\partial p}\right)_T = -\frac{\sum_B \nu_B}{RT} \tag{3-45}$$

当反应系统 $0=\sum_B \nu_B$ 的反应进度为 1mol 时，根据理想气体状态方程可得$\frac{\nu_B}{p}=\frac{V_B}{RT}$，$V_B$ 表示参与反应的物质 B 的分体积。所以

$$\sum_B \frac{\nu_B}{p} = \frac{\sum_B V_B}{RT}$$

设 ΔV 为反应前后系统体积的改变，将上式代入（3-45）得

$$\left(\frac{\partial \ln K_x}{\partial p}\right)_T = -\frac{\sum_B \nu_B}{p} = -\frac{\Delta V}{RT} \tag{3-46}$$

当 $\Delta V<0$ 时，发生体积减小的反应，此时$\left(\frac{\partial \ln K_x}{\partial p}\right)_T>0$，$K_x$ 随 p 的增加而增大，反应平衡向正向移动，即增加压力有利于体积减小的反应。例如，合成氨反应 $N_2(g)+3H_2(g)$═$2NH_3(g)$，属于 $\Delta V<0$ 的反应（$\sum_B \nu_B=-2<0$），增加压力有利于该反应的进行。

当 $\Delta V>0$ 时，发生的是体积增加的反应，此时$\left(\frac{\partial \ln K_x}{\partial p}\right)_T<0$，$p$ 增加使 K_x 减小，反应平衡逆向移动，即增加压力不利于体积增加的反应。例如，碳气化反应 C(石墨)＋CO_2(g)═2CO(g)，属于 $\Delta V>0$ 的反应（$\sum_B \nu_B=1>0$），增加压力不利于该反应的进行。

当 $\Delta V=0$ 时，$\left(\frac{\partial \ln K_x}{\partial p}\right)_T=0$，$p$ 对 K_x 无影响，对平衡也没有影响。例如，水煤气反应 CO(g)＋H_2O(g)═H_2(g)＋CO_2(g)的平衡就不受压力的影响。

值得注意的是，对于理想气体反应系统可以用式(3-45)中的 $\sum_B \nu_B$ 大于或小于零直接讨论总压力对平衡的影响。对于气体摩尔数增加的反应，$\sum_B \nu_B>0$，$\left(\frac{\partial \ln K_x}{\partial p}\right)_T>0$，增加压力有利于平衡逆向移动，对于气体摩尔数减小的反应，$\sum_B \nu_B<0$，增加压力有利于平衡正向移动。对于有凝聚相参与的反应系统（例如碳气化反应），利用式(3-46)中 ΔV 的增减讨论总压力对平衡的影响要更适用。

现在我们通过碳气化反应来讨论温度和压力对平衡组成的影响。

在例 3-15 中已算出此反应 C(石墨)＋CO_2(g)═2CO(g)的 $\ln K^\ominus$ 与温度 T 的关系为

$$\ln K^\ominus = -21600(K/T) - 0.539\ln(T/K) - 3.073\times10^{-4}(T/K) + 98690(K/T)^2 + 26.03 \tag{3-47}$$

又根据式(3-9)

$$K^\ominus = K_x\left(\frac{p}{p^\ominus}\right)^{\sum_B \nu_B}$$

这里 $\sum_B \nu_B=1$（只考虑气态组分的计量系数。与气态组分相比，固态组分的摩尔体积很小，因而忽略压力的影响），所以

$$K_x = K^\ominus\left(\frac{p^\ominus}{p}\right) \tag{3-48}$$

而
$$K_x=\frac{(x_{CO})^2}{x_{CO_2}}=\frac{(x_{CO})^2}{1-x_{CO}}$$

解之得
$$x_{CO}=\frac{-K_x+\sqrt{K_x^{\ 2}+4K_x}}{2} \tag{3-49}$$

给定温度 T 后，由式（3-47）计算出 $K^{\ominus}$，再根据给定的压力 p 计算出 K_x，然后由式（3-49）就可算出CO的平衡组成 x_{CO}。计算结果见表3-2。

表3-2　碳气化反应平衡组成（计算值）

T/K		700	800	900	1000	1100	1200
K_x		0.00023	0.0094	0.167	1.65	10.6	49.8
x_{CO}	10.13kPa	0.047	0.263	0.704	0.946	0.991	0.998
	101.3kPa	0.015	0.0924	0.334	0.702	0.920	0.981
	1013kPa	0.0048	0.030	0.121	0.332	0.628	0.854

将此计算结果作图（见图3-4）。由此图可以看出，由于这个反应是吸热的，所以随着温度的升高，产物的平衡含量（x_{CO}）增大。又由于此反应 $\sum_B \nu_B>0$，是气体摩尔数增加的反应，所以压力增大，产物的平衡含量减小，不利于平衡正向进行。

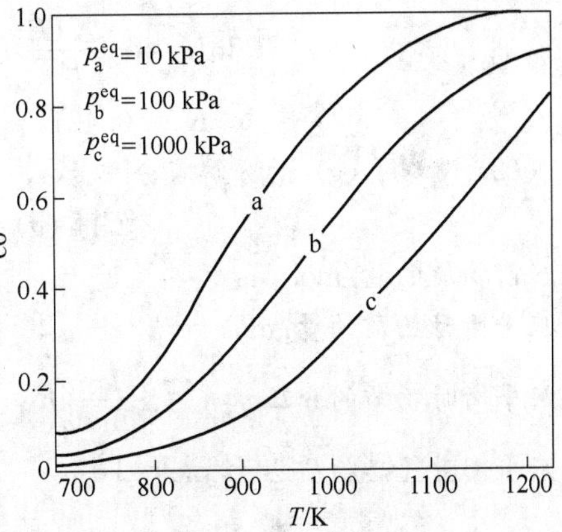

图3-4　碳气化反应平衡组成

3.5.3　惰性气体对化学平衡的影响

所谓惰性气体，在这里是指不参加化学反应的气体。例如，在一般的冶炼以及热处理过程中，由于通入空气而带入的 N_2，它通常不参加反应，就称为惰性气体。这些惰性气体虽不参加反应，但却影响平衡的移动。

在一个反应系统中，当总压力 p^{eq} 一定时，惰性气体的存在实际上对每个参与反应的气体起到了稀释作用，使每种参与反应的气体分压及分压之和都降低了，它对化学平衡的影响与减小反应系统总压力对平衡的影响相同，也就是使化学平衡向体积增加的方向移动。

对于理想气体的化学反应，有
$$K^{\ominus}=K_x\left(\frac{p}{p^{\ominus}}\right)^{\sum_B \nu_B}$$

设反应系统总摩尔数为 n_t，参与反应的物质B在平衡时，摩尔数为 n_B，则
$$K^{\ominus}=\prod_B (x_B)^{\nu_B}\left(\frac{p}{p^{\ominus}}\right)^{\sum_B \nu_B}=\prod_B (n_B)^{\nu_B}\left(\frac{p}{p^{\ominus}\,n_t}\right)^{\sum_B \nu_B} \tag{3-50}$$

对于气体摩尔数增加的反应，$\sum_B \nu_B>0$，如添加惰性气体，n_t 会增大，在一定温度压力下 $K^{\ominus}$ 不变，则 $\prod_B (x_B)^{\nu_B}$ 增大，反应正向移动。例如，乙苯脱氢制苯乙烯的反应
$$C_6H_5CH_2CH_3(g) \xlongequal{} C_6H_5CHCH_2(g)+H_2(g)$$
在该反应系统中通入水蒸气（作为惰性气体），可以增加乙苯的转化率。

对于气体摩尔数减少的反应，$\sum_B \nu_B < 0$ 的反应，如添加惰性气体，反应则逆向移动。例如，合成氨反应中，原料气体是循环使用的，当原料气带入的惰性气体氩（Ar）和甲烷（CH_4）（氩气是氮气中的杂质、甲烷是氢气中的杂质）积累过多时，就会影响氨的产率。因此每隔一定时间就要将原料气排空，同时补充新鲜气。

例 3-16 甲烷高温下按下式分解

$$CH_4(g) \longrightarrow C(s) + 2H_2(g) \qquad \Delta_r G_m^\ominus = (90165 - 109.45T/\text{K})\,\text{J} \cdot \text{mol}^{-1}$$

求(1) 500℃时此反应的标准平衡常数 $K^\ominus$。

(2) 反应在500℃达平衡时，$CH_4(g)$ 的分解百分率。设其总压力为100kPa和50kPa，并且系统中没有惰性气体。

(3) 500℃、总压力为100kPa时，分解前的甲烷中含50%（摩尔百分比）惰性气体，则 $CH_4(g)$ 的分解百分率又是多少？

解：(1) 在 (500+273)=773K 时

$$\Delta_r G_m^\ominus = 90165 - 109.45 \times 773 = 5560.2\,\text{J} \cdot \text{mol}^{-1}$$

$$\ln K^\ominus = -\frac{\Delta_r G_m^\ominus}{RT} = -\frac{5560.2}{8.314 \times 773} = -0.865$$

$$K^\ominus = 0.421$$

(2) 设 $CH_4(g)$ 的分解百分率为 α，系统平衡总压力为 p。

	$CH_4(g) \longrightarrow$	C(石墨) +	$2H_2(g)$
反应前物质的量/mol	1	0	0
反应平衡时物质的量/mol	$1-\alpha$	α	2α
反应平衡时物质的分压	$\frac{1-\alpha}{1+\alpha}p$		$\frac{2\alpha}{1+\alpha}p$

反应平衡时气态物质总量/mol $=1+\alpha$

$$K^\ominus = K_p (p^\ominus)^{-\sum_B \nu_B} = \frac{\left(\frac{2\alpha}{1+\alpha}\right)^2 p^2}{\left(\frac{1-\alpha}{1+\alpha}\right) p} (p^\ominus)^{-1} = \frac{4\alpha^2}{1-\alpha^2} \frac{p}{p^\ominus}$$

$$\alpha = \sqrt{\frac{K^\ominus}{\frac{4p}{p^\ominus} + K^\ominus}}$$

根据(1)中结果，$T=773\text{K}$ 时，$K^\ominus = 0.421$，将 $K^\ominus$ 及 p 的数据代入上式可得

当 $p=100\text{kPa}$ 时，$CH_4(g)$的分解百分率 $\alpha=0.309$；

当 $p=50\text{kPa}$ 时，$CH_4(g)$的分解百分率 $\alpha=0.417$。

由此结果可见，系统总压力降低有利于 $CH_4(g)$的分解。

(3)分解前的甲烷中含50%惰性气体，这意味着当 $CH_4(g)$为1mol时，惰性气体的量也为1mol。而分解前后惰性气体的量不会改变。

	$CH_4(g) \longrightarrow$	C(s) +	$2H_2(g)$	惰性气体
反应前物质的量/mol	1	0	0	1
反应平衡时物质的量/mol	$1-\alpha$	α	2α	1
反应平衡时物质的分压	$\frac{1-\alpha}{2+\alpha}p$		$\frac{2\alpha}{2+\alpha}p$	

反应平衡时气态物质总量/mol $=2+\alpha$

$$K^{\ominus}=K_p(p^{\ominus})^{-1}=\frac{\left(\frac{2\alpha}{2+\alpha}\right)^2 p^2}{\left(\frac{1-\alpha}{2+\alpha}\right)p}(p^{\ominus})^{-1}=\left[\frac{4\alpha^2}{(1-\alpha)(2+\alpha)}\right]\frac{p}{p^{\ominus}}$$

当 $p=100\text{kPa}=p^{\ominus}$ 时，由上式可得

$$\alpha=\frac{-K^{\ominus}\pm\sqrt{K^{\ominus 2}+8K^{\ominus}\ (4+K^{\ominus})}}{2\ (4+K^{\ominus})}$$

将 $K^{\ominus}=0.421$ 代入上式，求得 $\alpha=0.391$。

比较（2）和（3）的结果可知，总压都为 100kPa 时，由于惰性气体的存在而使 α 增大，相当于降低总压力的作用。应当注意到，虽然反应前有 50%惰性气体，反应气体 $CH_4(g)$ 的分压为 50kPa，但 α 的数值（0.391）与总压为 50kPa 且没有惰性气体时的数值（0.417）仍然不同。事实上，惰性气体的分压在反应过程中一直在变化。在本题中，可以算出反应平衡时，惰性气体的分压变为 41.8kPa。按平衡时参与反应气体总压为 100－41.8＝58.2kPa 且没有惰性气体存在的情况来计算，α 应为 0.391，与总压为 100kPa 且反应前气相中含 50%惰性气体的情况下所计算得到的 α 相同。

3.6 同时平衡

在实际反应系统中常有两个或两个以上的反应同时进行并达到平衡。有些参加反应的物质在几个反应中都出现，它们的组成应同时满足几个反应的平衡，这种情况称为几个反应同时平衡。若要计算这类反应系统的平衡组成，首先要知道系统中独立的化学反应个数，系统达到平衡后的状态就可由这几个独立反应确定。

在复杂的反应系统中同时进行的许多反应并非都是独立的。如果将其中几个独立反应确定下来，那么其他反应就可以从这几个独立反应的线性组合得到。系统中存在的独立反应的数目称为独立反应数，用 R 表示，R 为等于或大于 1 的整数。

例如，若反应炉中存在 C（石墨）、$O_2(g)$、$H_2(g)$、$H_2O(g)$、$CO(g)$、$CO_2(g)$ 等物质时，可能发生下列各种反应（下列反应式中，各种物质的状态同上，故省略之。各反应的标准摩尔反应吉布斯函数和标准平衡常数列于各反应之后）：

(1) $C+O_2 = CO_2$　　$\Delta_r G^{\ominus}_{m,1}$　　$K^{\ominus}_1$

(2) $2C+O_2 = 2CO$　　$\Delta_r G^{\ominus}_{m,2}$　　$K^{\ominus}_2$

(3) $2H_2+O_2 = 2H_2O$　　$\Delta_r G^{\ominus}_{m,3}$　　$K^{\ominus}_3$

(4) $2CO+O_2 = 2CO_2$　　$\Delta_r G^{\ominus}_{m,4}$　　$K^{\ominus}_4$

(5) $CO_2+C = 2CO$　　$\Delta_r G^{\ominus}_{m,5}$　　$K^{\ominus}_5$

(6) $CO+H_2O = H_2+CO_2$　　$\Delta_r G^{\ominus}_{m,6}$　　$K^{\ominus}_6$

(7) $H_2O+C = CO+H_2$　　$\Delta_r G^{\ominus}_{m,7}$　　$K^{\ominus}_7$

(8) $2H_2O+C = CO_2+2H_2$　　$\Delta_r G^{\ominus}_{m,8}$　　$K^{\ominus}_8$

在这个系统中发生的反应虽然很多，但独立的反应只有 3 个，即 $R=3$。至于选取哪三个反应作为独立反应，原则上是任意的，但这几个独立反应应当包含系统中所有的物质。例如，若选取反应（1），（2）和（3）作为独立反应，则其他反应可由这三个反应经过线性组合得到

$$(4)=2\times(1)-(2)$$

$$(5)=(2)-(1)$$

$$(6)=(1)-\frac{1}{2}\times(2)-\frac{1}{2}\times(3)$$

$$(7)=\frac{1}{2}\times(2)-\frac{1}{2}\times(3)$$

$$(8)=(1)-(3)$$

反应式相加减或乘上一个系数时，$\Delta_r G_m^\ominus$ 也要相应地进行加减运算或乘上同一个系数。例如，反应（4）的 $\Delta_r G_{m,4}^\ominus$ 为

$$\Delta_r G_{m,4}^\ominus = 2\Delta_r G_{m,1}^\ominus - \Delta_r G_{m,2}^\ominus$$

因为 $$\Delta_r G_m^\ominus = -RT\ln K^\ominus$$

所以 $$-RT\ln K_4^\ominus = -2RT\ln K_1^\ominus + RT\ln K_2^\ominus$$

则 $$K_4^\ominus = (K_1^\ominus)^2/K_2^\ominus$$

也就是说，反应式相加减，则标准平衡常数相乘除，反应式乘上的系数，就作为标准平衡常数的指数。因此有

$$\Delta_r G_{m,5}^\ominus = \Delta_r G_{m,2}^\ominus - \Delta_r G_{m,1}^\ominus \qquad K_5^\ominus = K_2^\ominus/K_1^\ominus$$

$$\Delta_r G_{m,6}^\ominus = \Delta_r G_{m,1}^\ominus - \frac{1}{2}\Delta_r G_{m,2}^\ominus - \frac{1}{2}\Delta_r G_{m,3}^\ominus \qquad K_6^\ominus = K_1^\ominus/(K_2^\ominus K_3^\ominus)^{\frac{1}{2}}$$

$$\Delta_r G_{m,7}^\ominus = \frac{1}{2}\Delta_r G_{m,2}^\ominus - \frac{1}{2}\Delta_r G_{m,3}^\ominus \qquad K_7^\ominus = (K_2^\ominus/K_3^\ominus)^{\frac{1}{2}}$$

$$\Delta_r G_{m,8}^\ominus = \Delta_r G_{m,1}^\ominus - \Delta_r G_{m,3}^\ominus \qquad K_8^\ominus = \frac{K_1^\ominus}{K_3^\ominus}$$

系统的独立反应数 R 通常可由式（3-51）计算

$$R=n-m \tag{3-51}$$

式中，n 为系统中的物种数，即系统中物质的种类数；m 为系统中的元素数，即组成系统中各物种的元素种类数。

例如，C、CO、CO_2 形成的系统，$n=3$，系统由 C、O 两种元素组成，$m=2$，所以 $R=n-m=3-2=1$，即系统只有一个独立化学反应，就是

$$C+CO_2 = 2CO$$

又例如，上述 C、O_2、H_2、H_2O、CO、CO_2 6 个物种的系统，组成系统的元素数 $m=3$（C、O、H），因此 $R=6-3=3$，有 3 个独立化学反应。

式（3-51）有些例外，不能普遍适用。例如 $CaCO_3=CaO+CO_2$，$NH_4Cl=NH_3+HCl$ 以及类似的一些反应系统，按此式计算出的独立反应数都比实际的少。此两系统按式（3-51）计算，独立反应数都是零，这显然是不对的。这是由于组成系统各物质的元素的量之间存在着一定的关系之故。此两系统存在的关系分别为 $n_O=n_{Ca}+2n_C$ 和 $n_H=n_{Cl}+3n_N$，n 为物质的量。无论这些化合物的物质的量如何改变，这些关系式都存在。也就是说，三个元素中，只有两种元素的量是独立变化的，第三种元素的量不独立变化，是由这两种元素的量确定的。设元素间的这种独立的浓度关系数为 r，独立元素数为 m'，则

$$m'=m-r \tag{3-52}$$

独立元素数 m' 是系统中物质的量可以独立变化的元素的数目。在这种情况下，独立反应数 R 的计算公式应为

$$R=n-m' \tag{3-53}$$

例如，系统 CaO、SiO_2、$CaSiO_3$、Ca_2SiO_4 中的元素有 3 个，它们之间有关系式 $n_O=n_{Ca}+2n_{Si}$，所以独立元素数 m' 为 2，独立反应数 $R=n-m'=4-2=2$。可选如下反应作为独立反应

$$CaO + SiO_2 = CaSiO_3$$
$$2CaO + SiO_2 = Ca_2SiO_4$$

例 3-17 由 $CaO(s)$、$CaF_2(s)$、$SiO_2(s)$ 与混合气体 $H_2O(g)-HF-SiF_4(g)$ 构成的系统在一定温度下会发生下列 3 个反应，并达到平衡。

$$CaF_2(s) + H_2O(g) = CaO(s) + 2HF(g) \tag{1}$$
$$SiO_2(s) + 4HF(g) = SiF_4(g) + 2H_2O(g) \tag{2}$$
$$SiO_2(s) + 2CaF_2(s) = 2CaO(s) + SiF_4(g) \tag{3}$$

请指出此平衡系统中的物种数 n，元素数 m，独立元素数 m' 和独立反应数 R 是多少？

答：物种数 $n=6$，元素数 $m=5$。

由于该系统是一个非氧化还原反应，各元素的氧化数均不变。根据"在化合物中，所有元素的氧化数的代数和为零"的规则，可得下式

$$m_H + 2m_{Ca} + 4m_{Si} - m_F - 2m_O = 0$$

式中，m_H，m_{Ca}，m_{Si}，m_F，m_O 分别代表元素 H、Ca、Si、F、O。由于上式的存在，此系统的独立元素数应为 $m'=5-1=4$

独立反应数 $R=n-m'=6-4=2$

若以反应 (1)、反应 (2) 为独立反应，则反应 (3) 可以由下列线性组合得到

$$(3) = 2\times(1) + (2)$$

例 3-18 在液态氮温度下适用的超导体 $YBa_2Cu_3O_{6.5+\delta}$ 在 500℃以上会按下面反应分解出氧

$$YBa_2Cu_3O_{6+\delta} = YBa_2Cu_3O_{6.5} + \frac{\delta}{2}O_2$$

请指出此平衡系统中的物种数 n，元素数 m，独立元素数 m' 和独立反应数 R 是多少？

答：物种数 $n=3$，元素数 $m=4$，独立反应数 $R=1$。

在元素之间存在着下列两个固定关系式：

$$m_Y = \frac{1}{2}m_{Ba}$$

$$m_Y = \frac{1}{3}m_{Cu}$$

故独立元素数 $m'=4-2=2$。

例 3-19 利用本书附录的数据计算：500℃、总压 100kPa 下，含 C(石墨)、$H_2(g)$、$H_2O(g)$、$CO(g)$、$CO_2(g)$ 的系统达到平衡时，$CO_2(g)$、$H_2(g)$、$H_2O(g)$ 所占的百分比。已知 $CO(g)$ 占 1%。

解： 此系统的独立反应数 $R=5-3=2$。现选下列两反应为独立反应

$$CO_2 + C = 2CO \tag{1}$$
$$CO + H_2O = H_2 + CO_2 \tag{2}$$

查表得各化合物标准摩尔生成吉布斯函数与温度的关系为

$$\Delta_f G_m^\ominus(CO_2,g) = -395390\text{J}\cdot\text{mol}^{-1}$$
$$\Delta_f G_m^\ominus(CO,g) = (-116300 - 83.9T/\text{K})\text{J}\cdot\text{mol}^{-1}$$
$$\Delta_f G_m^\ominus(H_2O,g) = (-249600 + 57.1T/\text{K})\text{J}\cdot\text{mol}^{-1}$$

在 773K 时，计算得

$$\Delta_f G_m^\ominus(CO_2,g) = -395390\text{J}\cdot\text{mol}^{-1}$$
$$\Delta_f G_m^\ominus(CO,g) = -181150\text{J}\cdot\text{mol}^{-1}$$

$$\Delta_f G_m^\ominus(H_2O,g) = -205460 J \cdot mol^{-1}$$

$$\Delta_r G_{m,1}^\ominus = 2\Delta_f G_m^\ominus(CO,g) - \Delta_f G_m^\ominus(CO_2,g)$$
$$= 2\times(-181150) + 395390$$
$$= 33090 J \cdot mol^{-1}$$

$$\Delta_r G_{m,2}^\ominus = 2\Delta_f G_m^\ominus(CO_2,g) - \Delta_f G_m^\ominus(CO,g) - \Delta_f G_m^\ominus(H_2O,g)$$
$$= -395390 + 181150 + 205460$$
$$= -8780 J \cdot mol^{-1}$$

$$\ln K_1^\ominus = -\frac{\Delta_r G_{m,1}^\ominus}{RT} = -\frac{33090}{8.314\times773} = -5.15$$

$$K_1^\ominus = 5.80\times10^{-3}$$

$$\ln K_2^\ominus = -\frac{\Delta_r G_{m,2}^\ominus}{RT} = -\frac{-8780}{8.314\times773} = 1.37$$

$$K_2^\ominus = 3.93$$

$$K_1^\ominus = \frac{p_{CO}^2}{p_{CO_2}}(p^\ominus)^{-1}$$

$$K_2^\ominus = \frac{p_{CO_2} p_{H_2}}{p_{CO} p_{H_2O}}$$

因为总压 $p_{总}$ 等于标准压力 $p^\ominus$，而任一组分B的分压 $p_B = p_{总} x_B$，x_B 为组分B的摩尔分数，所以有

$$K_1^\ominus = \frac{x_{CO}^2}{x_{CO_2}}$$

$$K_2^\ominus = \frac{x_{CO_2} x_{H_2}}{x_{CO} x_{H_2O}}$$

将平衡时CO的摩尔分数0.01（1%）以及上面的计算结果代入上两式，得

$$5.80\times10^{-3} = \frac{0.01^2}{x_{CO_2}}$$

$$x_{CO_2} = \frac{0.01^2}{5.80\times10^{-3}} = 0.0172$$

因为系统中 $x_{H_2} + x_{CO_2} + x_{CO} + x_{H_2O} = 1$，所以

$$x_{H_2} = 1 - x_{CO} - x_{CO_2} - x_{H_2O}$$
$$= 1 - 0.01 - 0.0172 - x_{H_2O} = 0.973 - x_{H_2O}$$

将其代入 $K_2^\ominus$ 表达式

$$3.36 = \frac{0.0172\times(0.973 - x_{H_2O})}{0.01 x_{H_2O}}$$

解之得

$$x_{H_2O} = 0.296$$

$$x_{H_2} = 0.677$$

所以，各种气体的平衡含量分别为：1%CO(g)、1.72% CO_2(g)、67.7% H_2(g)、29.6% H_2O(g)。

习　题

3-1　在500℃，总压为100kPa时，N_2 与 H_2 以摩尔分数1∶3的比例混合，反应达平衡后生成 NH_3 在

平衡系统中占1.20%，若要平衡系统中NH_3占10.40%，总压应为多少？

(1.055MPa)

3-2　在457K，100kPa时，二氧化氮按下式离解5%：$2NO_2 = 2NO + O_2$，求此温度下此反应的K_p和K_c。

($K_p = 6.76\times10^{-3}$kPa；$K_c = 1.80\times10^{-6}$mol·L^{-1})

3-3　甲烷制氢的反应为$CH_4(g) + H_2O(g) = CO + 3H_2$。已知1000K时，$K^\ominus = 25.56$。若总压为400kPa，反应前系统存在甲烷和水蒸气，其摩尔比为1∶1，求甲烷的转化率（即CH_4物质的量变化占原物质的量的百分比）。

(57.2%)

3-4　将含有50%CO，25%CO_2，25%H_2的混合气体通入900℃的炉子中，总压为200kPa。试计算平衡气相的组成。已知反应

$$CO_2 + H_2 = H_2O(g) + CO \qquad K^\ominus_{1173K} = 1.22$$

(18.03%CO_2，18.03%H_2，6.97%H_2O，56.97%CO)

3-5　判断反应在恒温恒压下能否进行是根据$\Delta_r G_m$还是$\Delta_r G_m^\ominus$？

3-6　1500K时，含10%CO，90%CO_2的气体混合物能否将Ni氧化成NiO？已知在此温度下

$$Ni + \frac{1}{2}O_2 = NiO \qquad \Delta_r G^\ominus_{m,1} = -112050\text{J}\cdot\text{mol}^{-1}$$

$$C + \frac{1}{2}O_2 = CO \qquad \Delta_r G^\ominus_{m,2} = -242150\text{J}\cdot\text{mol}^{-1}$$

$$C + O_2 = CO_2 \qquad \Delta_r G^\ominus_{m,3} = -395390\text{J}\cdot\text{mol}^{-1}$$

3-7　在1000℃时加热钢材，用H_2作保护气氛时，H_2/H_2O不得低于1.34，否则Fe要氧化成FeO，如在同样条件下改用CO作保护气氛，则CO/CO_2应超过多少才能起到保护作用？已知在此温度下反应

$$CO + H_2O(g) = CO_2 + H_2 \qquad K^\ominus = 0.647$$

(2.07)

3-8　求1000K时Fe_3O_4分解成FeO的分解压。已知此温度下反应$Fe_3O_4 + H_2 = 3FeO + H_2O$的平衡气相中含$H_2O$ 60.3%。

$$H_2 + \frac{1}{2}O_2 = H_2O(g) \qquad K^\ominus_{1000K} = 7.95\times10^9$$

($p_{O_2} = 3.65\times10^{-18}$kPa)

3-9　已知25℃时Ag_2O的分解压为1.317×10^{-2}kPa。

(1) 求此温度下Ag_2O的标准摩尔生成吉布斯函数。

(2) 求1mol Ag_2O在空气（总压100kPa，含氧21%）中分解的摩尔反应吉布斯函数。

(3) Ag_2O 25℃时在空气中能否稳定存在？

((1) −11068.6J·mol^{-1}；(2) 9151.3J·mol^{-1})

3-10　影响平衡常数和影响平衡的因素是否相同？

3-11　如何利用热力学函数表计算任一温度的$K^\ominus$？如没有热容随温度变化的数据，如何进行近似计算？

3-12　反应$2SO_2 + O_2 = 2SO_3$在727℃时的$K^\ominus = 3.45$。求此反应在827℃（1100K）时的$K^\ominus$。在此温度范围内反应热效应可视为常数$\Delta_r H_m = -189100$J·mol^{-1}。

($K^\ominus_{1100K} = 0.436$)

3-13　641K时反应$MgCO_3 = MgO + CO_2$的$K^\ominus$为1，298K时反应的$\Delta_r H_m^\ominus = 116520$J·mol^{-1}。若$\Delta_r C_{p,m} = -3.05$J·K^{-1}·mol^{-1}，求该反应$\lg K^\ominus$与$T$的关系式及300℃时$MgCO_3$的分解压。

($p_{CO_2} = 7.58$kPa)

3-14　查表计算1000K时$CaCO_3$的分解压。

($p_{CO_2}=10.5kPa$)

3-15 竖炉炼锌的总反应主要为 $ZnO(s)+C = CO+Zn(g)$。设系统中没有其他气体，求总压为 100kPa 时反应的开始温度。已知

$$2Zn(g)+O_2 = 2ZnO(s) \qquad \Delta_r G^{\ominus}_{m,1}=(-921740+395T/K)J\cdot mol^{-1}$$
$$2C+O_2 = 2CO \qquad \Delta_r G^{\ominus}_{m,2}=(-232600-167.8T/K)J\cdot mol^{-1}$$

(903℃)

3-16 用熵法近似法查表求 $PbO(s)+CO = Pb(l)+CO_2$ 在 400℃时的 $K^{\ominus}$。

(6.47×10^5)

3-17 已知 C_2H_4、C_2H_6 和 H_2 在 25℃的标准摩尔燃烧焓分别为 $-1387.4kJ\cdot mol^{-1}$，$-1541.4kJ\cdot mol^{-1}$和$-241.8kJ\cdot mol^{-1}$。若在 298～1000K 的温度范围内，反应 $C_2H_4+H_2 = C_2H_6$ 的平均摩尔恒压热容差 $\Delta_r C_{p,m}=10.84J\cdot K^{-1}\cdot mol^{-1}$。求此反应在 1000K 时的平衡常数 K。已知 $S^{\ominus}_{(C_2H_4,298K)}=219.8J\cdot K^{-1}\cdot mol^{-1}$，$S^{\ominus}_{(C_2H_6,298K)}=228.4J\cdot K^{-1}\cdot mol^{-1}$，$S^{\ominus}_{(H_2,298K)}=130.6J\cdot K^{-1}\cdot mol^{-1}$。

(0.0317)

3-18 用 C 还原 Na_2CO_3 可制得钠。其反应如下

$$Na_2CO_3(l)+2C = 2Na(g)+3CO$$

已知

$$2C+O_2 = 2CO \qquad \Delta_r G^{\ominus}_{m,1}=(-232600-167.8T/K)J\cdot mol^{-1}$$
$$2Na(g)+C+\frac{3}{2}O_2 = Na_2CO_3(l) \qquad \Delta_r G^{\ominus}_{m,2}=(-1302000+431.4T/K)J\cdot mol^{-1}$$

求反应平衡时 Na 蒸气的压力与温度的关系式，并算出 700℃及 1000℃时钠的平衡蒸气压。

(700℃时 $p_{Na}=0.063kPa$，1000℃时 $p_{Na}=16.27kPa$)

3-19 (1) 求下列反应 25℃时的 $\Delta_r H^{\ominus}_m$，$\Delta_r S^{\ominus}_m$ 和 $\Delta_r G^{\ominus}_m$。

$$4CuO(s) = 2Cu_2O(s)+O_2$$

(2) 若使 CuO 在空气中分解为 Cu_2O，至少需加热到多少度？已知空气中 O_2 的含量为 21%。试用近似法计算。

	$-\Delta_f H^{\ominus}(298K)/kJ\cdot mol^{-1}$	$S^{\ominus}(298K)/J\cdot K^{-1}\cdot mol^{-1}$
CuO(s)	155.85	42.59
$Cu_2O(s)$	170.29	92.93
$O_2(g)$	0	205.04

($\Delta_r H^{\ominus}_m=282.82kJ\cdot mol^{-1}$，$\Delta_r S^{\ominus}_m=220.54J\cdot K^{-1}\cdot mol^{-1}$，$\Delta_r G^{\ominus}_m=217.1kJ\cdot mol^{-1}$，$T=1211K$)

3-20 已知 25℃时 CO_2，CO 和 $H_2O(l)$ 的标准摩尔生成焓 $\Delta_f H^{\ominus}_m(298K)$分别为$-393.52kJ\cdot mol^{-1}$、$-110.5kJ\cdot mol^{-1}$和$-285.84kJ\cdot mol^{-1}$。$CO_2$、CO、$H_2$、$H_2O(l)$ 的标准摩尔熵 $S^{\ominus}(298K)$ 分别为$213.7J\cdot K^{-1}\cdot mol^{-1}$、$197.6J\cdot K^{-1}\cdot mol^{-1}$、$130.6J\cdot K^{-1}\cdot mol^{-1}$和 $70.08J\cdot K^{-1}\cdot mol^{-1}$。又知 25℃时水的饱和蒸气压为 3.167kPa。求反应：$H_2O(g)+CO = H_2+CO_2$ 25℃时的 $\Delta_r G^{\ominus}_m$ 和 $K^{\ominus}$。

($\Delta_r G^{\ominus}_m(298K)=-28566.5kJ\cdot mol^{-1}$，$K^{\ominus}=1.02\times10^5$)

3-21 已知：

$$2Fe(s)+O_2 = 2FeO(s) \qquad \Delta_r G^{\ominus}_{m,1}=(-519200+125T/K)J\cdot mol^{-1}$$
$$\frac{3}{2}Fe(s)+O_2 = \frac{1}{2}Fe_3O_4(s) \qquad \Delta_r G^{\ominus}_{m,2}=(-545600+156.5T/K)J\cdot mol^{-1}$$

(1) 当 Fe(s) 过量时，高温下 Fe_3O_4 稳定还是 FeO 稳定？两种氧化物共存的温度是多少？

(2) 当 1000K，氧的压力为 1kPa 时，是 Fe_3O_4 稳定还是 FeO 稳定？

((1) 565.1℃)

3-22　在1500K下ZnO(s)和ZnS(s)与H_2S、H_2O、H_2气氛反应达平衡（平衡后$p_{H_2O}=50.65kPa$，$p_{H_2}=4.265kPa$）。试计算在此气氛下O_2、H_2S、S_2和Zn的平衡分压。计算所用数据如下

$$2H_2+O_2 = 2H_2O(g) \qquad \Delta_r G^\ominus_{m,1}=(-499200+114.2T/K)J\cdot mol^{-1}$$

$$2Zn(g)+O_2 = 2ZnO(s) \qquad \Delta_r G^\ominus_{m,2}=(-921740+394.6T/K)J\cdot mol^{-1}$$

$$2H_2+S_2(g) = 2H_2S(g) \qquad \Delta_r G^\ominus_{m,3}=(-180300+98.7T/K)J\cdot mol^{-1}$$

$$2Zn(g)+S_2(g) = 2ZnS(s) \qquad \Delta_r G^\ominus_{m,4}=(-733870+378T/K)J\cdot mol^{-1}$$

($p_{O_2}=5.38\times10^{-8}kPa$, $p_{Zn}=7.79kPa$, $p_{S_2}=0.0255kPa$, $p_{H_2S}=0.248kPa$)

3-23　已知　$ThO_2(s)+C = Th(s)+CO_2 \qquad \Delta_r G^\ominus_{m,1}=(837180-324.1T/K)J\cdot mol^{-1}$

$Th(s)+2Cl_2 = ThCl_4(l) \qquad \Delta_r G^\ominus_{m,2}=(-1069900+216.4T/K)J\cdot mol^{-1}$

(1) 求$ThO_2(s)+2Cl_2+C = ThCl_4(l)+CO_2$的$\Delta_r G^\ominus_m$与$T$的关系式。

(2) 已知$ThCl_4$的沸点为921℃，其蒸发热$\Delta H^\ominus_v$为152700J·mol^{-1}。求：$ThO_2(s)+2Cl_2+C = ThCl_4(g)+CO_2$的$\Delta_r G^\ominus_{m,4}$与$T$的关系式。

($\Delta_r G^\ominus_{m,3}=(-232720-107.7T/K)J\cdot mol^{-1}$, $\Delta_r G^\ominus_{m,4}=(-80020-235.59T/K)J\cdot mol^{-1}$)

3-24　高温下气态碘I_2部分离解成碘原子I，反应在342.7cm^{3}的容器内进行，测得的部分数据如下

T/K	973	1173
p/Pa	8.325	12.240
$10^4 n(I)/n(I_2)$	2.471	2.437

求此两温度下反应的标准平衡常数$K^\ominus$和$\Delta_r H^\ominus_m$。

(5.084×10^{-12}，7.271×10^{-12}，16975.6J·mol^{-1})

4 多组分系统热力学

【本章概要】

本章定义了各种偏摩尔量，介绍了偏摩尔量的性质及化学势在多组分多相系统中的应用，介绍了拉乌尔定律和亨利定律及理想溶液与稀溶液的性质，建立了理想溶液和稀溶液中组分化学势的表达式，定义了以拉乌尔定律和亨利定律为基础的两种活度，介绍了活度及活度系数的测量与计算方法，导出了实际溶液中组分化学势的表达，并在此基础上介绍了有实际溶液中组分参与的化学反应的平衡计算。

【关键词】

偏摩尔量，化学势，理想溶液，稀溶液，活度，活度系数

【章节重点】

本章应重点掌握偏摩尔量和化学势、稀溶液的依数性、活度和活度系数等概念。了解稀溶液的依数性的应用。掌握实际溶液中组分的活度与活度系数的计算方法，学会有实际溶液中组分参与的化学反应的平衡计算。

两种或两种以上的物质互相混合，若其分散程度达到分子状态，就构成了溶液或者混合物。溶液可以是气态的（例如空气）、液态的（例如糖水）和固态的（例如金银合金）。溶液中各部分的化学组成和物理性质皆相同，是均相系统。通常将溶液组分分为两种类型，溶剂和溶质。溶液中含量较多的组分称为溶剂，含量较少的组分称为溶质，溶质可以有几种，溶剂只有一种。例如由少量酒精和大量水组成的溶液，水是溶剂，酒精是溶质。反之，由少量水和大量酒精所组成的溶液，则酒精是溶剂，水是溶质。对固体或气体在液体中形成的溶液，如食盐、空气等溶于水，则无论液体多少，一般都称为溶剂，而其中气体和固体称为溶质。

在冶炼过程中，常常遇到各种各样的溶液。例如，在湿法冶金中的电解液就是各种电解质的水溶液。萃取过程中的有机相就是化合物溶于有机溶剂中的溶液。在火法冶金中，反应在高温下进行，高温下的液体或溶液常称为熔体。均匀熔渣是各种金属氧化物和非金属氧化物（SiO_2、CaO、FeO、Al_2O_3、Fe_3O_4、MgO）的熔体；熔盐是各种盐类（如金属氯化物和氟化物）的熔体；钢液和粗金属是各种合金成分或杂质溶于金属中的熔体等等。

一般情况下不同气体能以任何比例互相混合形成气态溶液，其分散程度达到分子状态，所以系统只有一个气相。在压力不太大的情况下，气体混合物的行为可用理想气体来描述。液态溶液可以通过下列三种方式形成：(1) 气体溶解在液体中；(2) 固体溶解在液体中；(3) 液体溶解在液体中。通常在实际生产过程中遇到的溶液大多数为液态溶液。固体溶液将在相平衡一章中讨论。本章主要通过定义溶液中组分的偏摩尔性质，讨论溶液热力学、气-液平衡规律、溶液化学反应平衡等内容。

溶液的性质与溶液的组成有着密切的关系，溶液的组成变化，常会引起溶液性质的变化。所以，描述多组分系统的热力学时，在单组分系统热力学温度和压力两个变量的基础之上，又增加了组成变量，即描述多组分系统的热力学时需要组成变量。一般常用的溶液组成标度有以下几种：

(1) 摩尔分数：溶质 B 的物质的量 n_B 与溶液的物质的量 $\sum n_B$ 的比值，用符号 x_B 表示，无量纲。

(2) 质量分数：溶质 B 的质量与溶液总质量的比值乘 100%，用符号 w_B 表示，无量纲。

(3) 质量摩尔浓度：溶质 B 的物质的量 n_B 与溶剂质量的比值，用符号 m_B 表示，单位是 $mol \cdot kg^{-1}$。

(4) 物质的量浓度：溶质 B 的物质的量 n_B 与溶液体积的比值，简称为 B 的浓度，用符号 c_B 表示，单位是 $mol \cdot m^{-3}$ 或 $mol \cdot L^{-1}$。

4.1　偏摩尔性质

本章之前讨论的热力学系统，都是纯物质系统，或者是由多种物质构成的系统，但组成不变，因此，只需要温度和压力两个变量描述系统的状态，即所有热力学性质（如 U、H、S 和 G 等）都可选作温度和压力两个变量的函数。但是对于由多种物质构成的溶液而言，规定了系统的温度和压力，并没有完全确定系统的状态，因此，必须规定系统中每一种物质的数量，才能最终确定系统的状态。而且溶液的热力学性质并不等于构成溶液的物质的性质的简单加和。例如，将 1molH_2O(l) 加到大量纯水中，系统总体积增加 18cm^3，这是水的摩尔体积；将 1molH_2O(l) 加到大量乙醇中，系统总体积增加 14cm^3，这相当于在水和乙醇形成的溶液中 1mol H_2O 的体积。同样是 1mol H_2O 在不同的液体中（水和乙醇）中，体积是不同的，说明水的摩尔体积与溶液的组成有关，不同于纯组分的摩尔体积。为了和纯组分的摩尔性质有区别，这里引入一个新的概念-偏摩尔性质，来描述多组分系统的热力学。偏摩尔性质是溶液中组分的摩尔性质，是多组分系统热力学的基础。表 4-1 列出了 20℃乙醇水溶液的体积与浓度的关系。

表 4-1　乙醇水溶液的体积与浓度的关系（20℃，100g）

乙醇浓度/%	$V_{纯乙醇}$/mL	$V_{纯水}$/mL	$V_{计算}(V_{纯乙醇}+V_{纯水})$/mL	$V_{实际}$/mL	差异/mL
10	12.67	90.36	103.03	101.84	1.19
20	25.34	80.32	105.66	103.24	2.42
30	38.01	70.28	108.29	104.84	3.45
40	50.68	60.24	110.92	106.93	3.99
50	63.35	50.20	113.55	109.43	4.12
60	76.02	40.16	116.18	112.22	3.96
70	88.69	30.12	118.81	115.25	3.56
80	101.36	20.08	121.44	118.56	2.88
90	114.03	10.04	124.07	122.25	1.82

4.1.1　偏摩尔性质

对于一个由 1，2，3，…，k 个物质组成的多组分系统而言，系统的热力学状态由温度、压力和组分 1，2，…，k 的物质的量 n_1，n_2，…，n_k 决定，系统的吉布斯函数 G 与 T，p，n_1，n_2，…，n_k 性质之间存在着如下的函数关系

$$G=G(T,p,n_1,n_2,\cdots,n_k) \tag{4-1}$$

热力学通常关心系统状态函数的变化，因此，对 G 求全微分，即

$$dG=\left(\frac{\partial G}{\partial T}\right)_{p,n_j}dT+\left(\frac{\partial G}{\partial p}\right)_{T,n_j}dp+\left(\frac{\partial G}{\partial n_1}\right)_{T,p,n_j\neq 1}dn_1+\left(\frac{\partial G}{\partial n_2}\right)_{T,p,n_j\neq 2}dn_2+\cdots+\left(\frac{\partial G}{\partial n_k}\right)_{T,p,n_j\neq k}dn_k \tag{4-2}$$

在式（4-2）中，等式右侧的各项分别代表温度、压力和物质的量变化时，系统吉布斯函数 G 的变化。因此，系统吉布斯函数的变化是由系统温度、压力和物质的量的变化引起的。

定义组分 i 的偏摩尔吉布斯函数

$$G_i=\left(\frac{\partial G}{\partial n_i}\right)_{T,p,n_j\neq i} \tag{4-3}$$

式（4-3）的右下角标符号表示在求导数的过程中保持不变的量。从组分偏摩尔吉布斯函数的定义式（4-3）看出，组分 i 的偏摩尔吉布斯函数就是，在保持系统温度、压力和其他组分物质的量均不变的条件下，向无限大的系统中（系统无限大，少量物质的加入不至于引起系统中组分浓度的变化）加入 1mol 组分 i 时，引起的系统吉布斯函数的增量。从数学上看，组分 i 的偏摩尔吉布斯函数 G_i 即是系统吉布斯函数 G 对组分 i 的物质的量的一阶偏导数，代表变化率，仍然是温度、压力和物质的量的函数，是强度性质，具有 $kJ\cdot mol^{-1}$ 或 $J\cdot mol^{-1}$ 单位。

将偏摩尔吉布斯函数的定义式（4-3）代入式（4-2）

$$dG=\left(\frac{\partial G}{\partial T}\right)_{p,n_j}dT+\left(\frac{\partial G}{\partial p}\right)_{T,n_j}dp+G_1dn_1+G_2dn_2+\cdots+G_kdn_k$$

$$=\left(\frac{\partial G}{\partial T}\right)_{p,n_j}dT+\left(\frac{\partial G}{\partial p}\right)_{T,n_j}dp+\sum_{i=1}^{k}G_idn_i \tag{4-4}$$

同理定义组分 i 的偏摩尔体积

$$V_i=\left(\frac{\partial V}{\partial n_i}\right)_{T,p,n_j\neq i} \tag{4-5}$$

组分 i 的偏摩尔体积 V_i 是在温度、压力和其他组分的物质的量均不变的条件下，向无限大的系统中（保持系统浓度不变）加入 1mol 组分 i 后，引起系统总体积的变化值，也即系统总体积随组分 i 的物质的量变化的变化率。

设 Y 代表系统的任意热力学容量性质，系统中组分 i 的偏摩尔性质 Y_i 的定义为

$$Y_i=\left(\frac{\partial Y}{\partial n_i}\right)_{T,p,n_j\neq i}$$

值得注意的是，只有系统的容量性质才有偏摩尔性质，强度性质是没有偏摩尔性质的，因为只有容量性质才与系统中物质的量有关。另外还要注意，偏摩尔性质必须是在恒温、恒压条件下的偏导数，其他条件下的偏导数不是偏摩尔性质。

4.1.2　集合公式

假设一个系统由 $n_A$mol 的 A 物质和 $n_B$mol 的 B 物质所组成。在恒温和恒压的条件下，向系

统中加入 dn_A mol 的 A 物质和 dn_B mol 的 B 物质时，系统的热力学量会发生相应的变化。以系统的吉布斯函数变化为例加以说明。恒温恒压时，系统吉布斯函数的全微分式（4-4）右侧的前两项均等于零，因此，吉布斯函数的变化 dG 就可化简为

$$dG=G_A dn_A+G_B dn_B \tag{4-6}$$

如果连续不断地向此系统中加入 A 与 B，但在这个过程中保持系统组分浓度恒定，那么，组分 A 和 B 的偏摩尔吉布斯函数 G_A 和 G_B 则均是常数。系统吉布斯函数等于下列积分

$$\int_0^n dG=\int_0^n (G_A dn_A+G_B dn_B)$$

由于 G_A 和 G_B 是常数，积分时可移至积分号外面来，有

$$G=G_A n_A+G_B n_B \tag{4-7}$$

写成通式，则

$$G=\sum_i G_i n_i \tag{4-8}$$

这说明在一定的温度和压力下，系统吉布斯函数等于系统中各物质的偏摩尔吉布斯函数与其物质的量乘积之和。称式（4-7）、式（4-8）为多组分系统的集合公式。当系统中总物质的量 n 等于 1mol 时，$n_A=x_A n=x_A$，$n_B=x_B n=x_B$，代入集合公式中，则得系统的摩尔吉布斯函数

$$G_m=G_A x_A+G_B x_B \tag{4-9}$$

同理，系统总体积的集合公式

$$V=V_A n_A+V_B n_B \tag{4-10}$$

及系统任意性质 Y 的集合公式

$$Y=Y_A n_A+Y_B n_B \tag{4-11}$$

集合公式表明，系统的某个热力学性质等于系统中各个物质的热力学性质的贡献之和。

4.1.3 Gibbs-Duham 方程

系统中物质的偏摩尔性质之间存在着相互关联，这可以从下面的推导中看出来。对集合公式（4-7）两侧各项求微分，即

$$dG=n_A dG_A+n_B dG_B+G_A dn_A+G_B dn_B \tag{4-12}$$

比较式（4-6）和式（4-12），可以看出式（4-12）中的求和项

$$n_A dG_A+n_B dG_B=0 \tag{4-13}$$

式（4-13）表明，在两组分系统中，一个组分的偏摩尔吉布斯函数减少的同时，另一个组分的偏摩尔吉布斯函数一定增加。式（4-13）称为 Gibbs-Duham 方程，表示系统中组分的偏摩尔吉布斯函数不是完全独立的变量，各个组分的偏摩尔吉布斯函数之间存在着由 Gibss-Duham 方程建立的联系。多组分系统的 Gibss-Duham 方程表示为

$$\sum_i n_i dG_i=0 \quad 或 \quad \sum_i x_i dG_i=0 \tag{4-14}$$

由偏摩尔体积表示的 Gibbs-Duham 方程

$$\sum_i n_i dV_i=0 \quad 或 \quad \sum_i x_i dV_i=0 \tag{4-15}$$

由任意偏摩尔性质 Y 表示的 Gibbs-Duham 方程

$$\sum_i n_i dY_i=0 \quad 或 \quad \sum_i x_i dY_i=0 \tag{4-16}$$

4.1.4 求偏摩尔体积

体积是容易计算的系统容量性质，现以 A-B 二元溶液为例，说明两种计算组分偏摩尔体积的方法。

4.1.4.1 切线法

根据组分偏摩尔体积的定义，在恒温恒压且组分A的物质的量恒定的条件下，向系统中加入组分B，并测量系统总体积V随n_B的变化关系；以总体积V为纵坐标，B物质的量n_B为横坐标作图，得到一条曲线，如图4-1所示。欲求某一浓度时组分B的偏摩尔体积，在相应浓度处作曲线的切线，根据偏摩尔体积的定义式(4-5)可知，切线斜率$\left(\frac{\partial V}{\partial n_B}\right)_{T,p,n_A}=V_B$，即是组分B的偏摩尔体积。

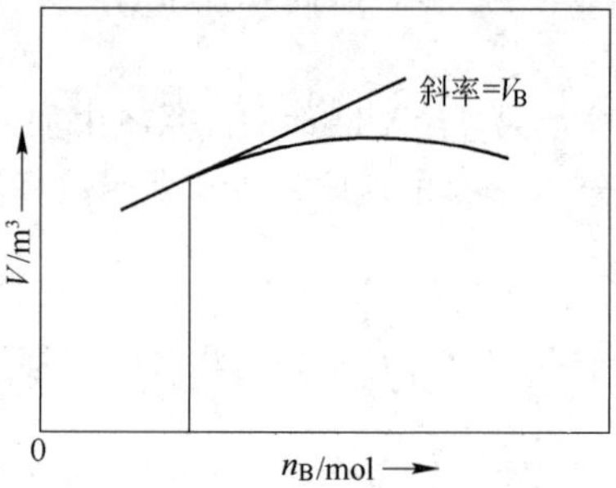

图4-1 切线法求偏摩尔体积

4.1.4.2 解析法

已知溶液总体积与组分B的物质的量之间的函数关系时，可直接根据偏摩尔体积的定义式（4-5），通过对溶液总体积求导数计算组分的偏摩尔体积。

例4-1 25℃，100kPa时，NaCl(B)溶于1kg H_2O(A)中，形成的溶液总体积V与组分B的物质的量n_B之间满足如下关系式

$$V=(1002.8+16.4n_B+2.5n_B^2-1.2n_B^3)\text{cm}^3$$

求$n_B=1.00$mol时，NaCl和H_2O的偏摩尔体积。

解： 根据偏摩尔体积的定义式（4-5），NaCl(B)的偏摩尔体积V_B

$$V_B=\left(\frac{\partial V}{\partial n_B}\right)_{T,p,n_A}=(16.4+5.0n_B-3.6n_B^2)\text{cm}^3\cdot\text{mol}^{-1}$$

将$n_B=1$代入上式，得NaCl的偏摩尔体积，即

$$V_B=17.8\times10^{-3}\text{cm}^3\cdot\text{mol}^{-1}$$

根据系统总体积V求算H_2O(A)的偏摩尔体积V_A。根据集合公式（4-10），溶液的总体积等于各组分偏摩尔体积与相应的物质的量乘积之和，即

$$V=n_AV_A+n_BV_B$$

组分A的偏摩尔体积

$$V_A=(V-n_BV_B)/n_A$$

将$n_B=1$mol，$V_B=17.8\text{cm}^3\cdot\text{mol}^{-1}$

得
$$V=1002.8+16.4\times1+2.5\times1^2-1.2\times1^3=1021\text{cm}^3$$

$n_A=\frac{1\text{kg}}{18.0152\times10^{-3}\text{kg}\cdot\text{mol}^{-1}}=55.5$mol代入上式，求得$V_A=18.08\text{cm}^3\cdot\text{mol}^{-1}$。

4.1.4.3 截距法

已知溶液摩尔体积V_m与组分B的摩尔分数关系如图4-2所示。在某一浓度时作曲线的切线，并延长切线至$x_B=0$（$x_A=1$）和$x_B=1$。根据几何原理可以证明，曲线在两个轴上的截距分别等于该浓度的溶液中组分A和组分B的偏摩尔体积V_A和V_B。

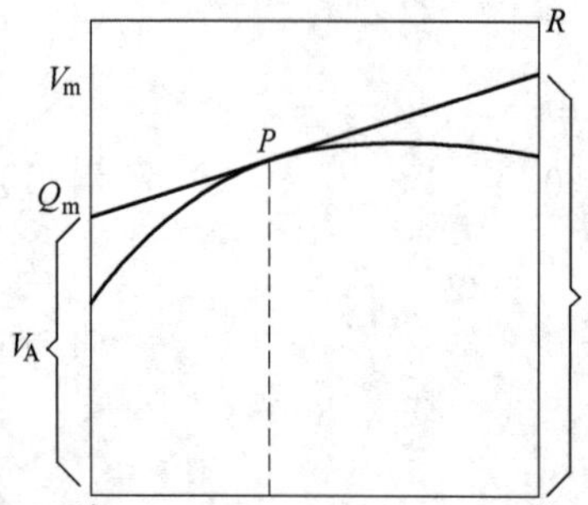

图4-2 截距法求偏摩尔体积

4.1.5 相对偏摩尔量

对于偏摩尔焓、熵和吉布斯函数等，由于不知道这些函数的绝对值，故通常计算其相对变化值。在一定浓度的溶液中，组分i的相对偏摩尔量就是该溶液中i的偏摩尔

量与纯 i 的摩尔量之差。例如相对偏摩尔焓 $\Delta H_i = H_i - H_i^{\ominus}$。$\Delta H_i$ 的意义是在恒温恒压下，在一定浓度的大量溶液中，溶入 1mol 组分 i 的焓变，单位为 $J \cdot mol^{-1}$。因此，ΔH_i 也可以称为 i 的偏摩尔溶解热或微分溶解热。此外还有相对偏摩尔熵 $\Delta S_i = S_i - S_i^{\ominus}$ 和相对偏摩尔吉布斯函数 $\Delta G_i = G_i - G_i^{\ominus}$ 等。它们也可称为 i 的偏摩尔溶解熵和偏摩尔溶解吉布斯函数。

形成溶液过程中，热力学函数的变化称为混合热力学函数，如混合热、混合熵和混合吉布斯函数等。这里讨论的混合热力学函数通常是对 1mol 溶液而言的。例如，混合热 ΔH_m 是溶液的摩尔焓（H_m）与未混合前各组分焓总和（$\sum x_i H_i^{\ominus}$）之差，也就是由各纯物质混合形成一定浓度的溶液时所吸收或放出的热。

$$\Delta H_m = H_m - \sum x_i H_i^{\ominus}$$

对二元溶液，

$$H_m = x_1 H_1 + x_2 H_2 \qquad \sum x_i H_i^{\ominus} = x_1 H_1^{\ominus} + x_2 H_2^{\ominus}$$

所以

$$\Delta H_m = x_1 (H_1 - H_1^{\ominus}) + x_2 (H_2 - H_2^{\ominus})$$

$$= x_1 \Delta H_1 + x_2 \Delta H_2$$

此式表明，溶液的摩尔混合焓等于各组分相对偏摩尔焓乘上相应的摩尔分数之和。

对混合熵和混合吉布斯函数也可以推得类似的公式

$$\Delta S_m = x_1 \Delta S_1 + x_2 \Delta S_2 \tag{4-17}$$

$$\Delta G_m = x_1 \Delta G_1 + x_2 \Delta G_2 \tag{4-18}$$

例 4-2 500℃时 Au-Cu 固体合金的摩尔混合热与摩尔分数的关系如下：

x_{Cu}	0.1	0.2	0.3	0.4	0.5	0.6	0.7	0.8	0.9
$\Delta H_m / J \cdot mol^{-1}$	−1487	−2740	−3830	−4700	−5140	−5185	−4730	−3600	−1925

求 $x_{Cu} = 0.3$ 时 Cu 和 Au 的相对偏摩尔焓 ΔH_{Cu} 和 ΔH_{Au}。

解： 以 x_{Cu} 为横坐标、$-\Delta H_m$ 为纵坐标作图（图 4-3），然后在 $x_{Cu} = 0.3$ 处作切线。切线

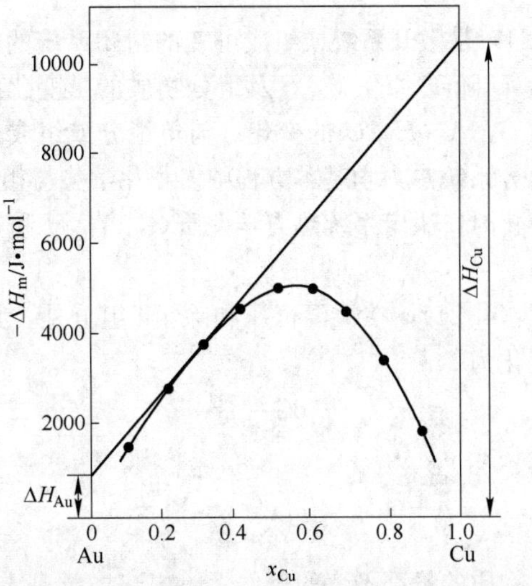

图 4-3 Au-Cu 的相对偏摩尔焓

在 $x_{Cu}=0$ 处的截距为 -836，在 $x_{Au}=0$ 处的截距为 -10880。因此

$$\Delta H_{Au}=-836\text{J}\cdot\text{mol}^{-1}$$

$$\Delta H_{Cu}=-10880\text{J}\cdot\text{mol}^{-1}$$

4.2 化 学 势

4.2.1 化学势的定义

在所有偏摩尔性质中，偏摩尔吉布斯函数是最重要的，因此，有专门的名称“化学势”，用符号 μ 表示。组分 i 的化学势定义为

$$\mu_i=\left(\frac{\partial G}{\partial n_i}\right)_{T,p,n_j\neq i} \tag{4-19}$$

用化学势表示系统吉布斯函数的微分式（4-4），有

$$dG=\left(\frac{\partial G}{\partial T}\right)_{p,n_j}dT+\left(\frac{\partial G}{\partial p}\right)_{T,n_j}dp+\sum_{i=1}^{k}\mu_i dn_i \tag{4-20}$$

从前面学过的知识可知，单组分或组成恒定的封闭系统热力学基本公式（2-58）为

$$dG=-SdT+Vdp$$

将此式与式（4-20）相比较，得

$$dG=-SdT+Vdp+\sum_{i=1}^{k}\mu_i dn_i \tag{4-21}$$

将热力学函数的定义式 $G=A+pV$ 求微分后并代入上式中，得

$$dA=-SdT-pdV+\sum_{i=1}^{k}\mu_i dn_i \tag{4-22}$$

将 $G=H-TS=U+PV-TS$ 分别求微分，并代入式（4-21）中，有

$$dH=TdS+Vdp+\sum_{i=1}^{k}\mu_i dn_i \tag{4-23}$$

$$dU=TdS-pdV+\sum_{i=1}^{k}\mu_i dn_i \tag{4-24}$$

式（4-21）～式（4-24）是敞开系统或组成可变的封闭系统的热力学基本方程，它表示系统热力学性质 G，A，H，U 随 T，P，V，S 及组分物质的量变化的关系。可通过对这些方程式的积分获得热力学性质 G，A，H，U 的变化。与单组分或组成恒定的多组分系统热力学基本方程相比较可知，多组分系统热力学基本方程中多了化学势与相应的物质的量增量乘积的求和项，即当系统中组成变化时，决定系统热力学性质 G，A，H 和 U 随组成变化关系的量是物质的化学势。

根据热力学基本方程（4-21），在恒温恒压和除了 i 组分外，其他物质的量均不变的条件下，系统吉布斯函数的变化为

$$dG=\mu_i dn_i \tag{4-25}$$

因此得到化学势的定义式

$$\mu_i=\left(\frac{\partial G}{\partial n_i}\right)_{T,p,n_j\neq i}$$

在恒温、恒容和其他物质的量都不变的条件下，由热力学基本方程式（4-22），可得由系统的亥姆霍兹函数定义的组分化学势，即

$$\mu_i=\left(\frac{\partial A}{\partial n_i}\right)_{T,V,n_j\neq i} \tag{4-26}$$

在恒熵、恒压和其他物质的量都不变的条件下，由热力学基本方程式（4-23），得由系统的焓定义的组分化学势，即

$$\mu_i=\left(\frac{\partial H}{\partial n_i}\right)_{S,p,n_j\neq i} \tag{4-27}$$

在恒熵、恒容和其他物质的量都不变的条件下，由热力学基本方程式（4-24），得由系统的热力学能（内能）定义的组分化学势，即

$$\mu_i=\left(\frac{\partial U}{\partial n_i}\right)_{S,V,n_j\neq i} \tag{4-28}$$

因此，用系统的各种容量性质定义的组分化学势为

$$\mu_i=\left(\frac{\partial G}{\partial n_i}\right)_{T,p,n_j\neq i}=\left(\frac{\partial A}{\partial n_i}\right)_{T,V,n_j\neq i}=\left(\frac{\partial H}{\partial n_i}\right)_{S,p,n_j\neq i}=\left(\frac{\partial U}{\partial n_i}\right)_{S,V,n_j\neq i}$$

注意在上述化学势的定义中，求偏导数时保持不变的量是不同的，只有$\left(\frac{\partial G}{\partial n_i}\right)_{T,p,n_j\neq i}$是在恒温、恒压和其他物质的量不变的条件下求的偏导，是组分的偏摩尔性质，而其他偏导数都不是偏摩尔性质。

化学势是系统中最重要的热力学性质，是决定物质转移和化学反应自发进行的方向和限度的量。

4.2.2 化学势在多相平衡系统中的应用

当多组分系统达到多相平衡时，各相的温度和压力相同，且每种组分在每个相中的物质转移也达到了平衡，因此从宏观来看，各相的组成也不再随时间变化。

下面推导多组分系统中达到多相平衡的条件。设系统中有 α 和 β 两相。在恒温恒压的条件下，设物质的量等于 dn_i^α 的 i 组分从 α 相中转移至 β 相，在这个物质转移的过程中，只有 i 组分物质的量发生了变化。根据热力学基本方程式（4-21），系统的吉布斯函数的变化

$$dG=\sum_i\mu_i dn_i=\mu_i^\alpha dn_i^\alpha+\mu_i^\beta dn_i^\beta$$

式中，μ_i^α 和 μ_i^β 分别为组分 i 在 α 相和 β 相中的化学势。

组分 i 是从 α 相中迁出，迁入 β 相，故两相中的 dn_i 大小相等，符号相反，即：$dn_i^\alpha=-dn_i^\beta$。因此

$$dG=(\mu_i^\beta-\mu_i^\alpha)dn_i^\beta$$

根据热力学第二定律，在恒温恒压无非体积功的条件下，系统自发过程是朝着吉布斯函数减小的方向进行，即

$$dG\leqslant 0$$

式中，"<"表示自发过程，"="表示平衡 。在上述物质转移的过程中，组分 i 由 α 相转移到 β 相，即 $dn_i^\beta>0$，因此上式变为

$$\mu_i^\beta-\mu_i^\alpha\leqslant 0 \tag{4-29}$$

即

$$\mu_i^\alpha\geqslant\mu_i^\beta \tag{4-30}$$

即化学势作为推动力使物质转移过程发生。当组分 i 从 α 相向 β 相转移时，组分 i 在 α 相中的化学势高于在 β 相中的化学势；当物质转移的过程达到平衡时，有

$$\mu_i^\alpha=\mu_i^\beta \tag{4-31}$$

组分i在α相和β相中的化学势相等时，转移过程停止，系统达到平衡。因此，物质在两相中的化学势相等是物质转移过程达到平衡的必要条件。

虽然上面的结论是根据两相系统中物质转移过程推导出来的，但对多相系统也同样成立。即多相系统达到相平衡的必要条件是：除了系统中各相的温度和压力必须相同外，各组分在各相中的化学势也都必须相等，即

$$\mu_i^{\alpha}=\mu_i^{\beta}=\cdots=\mu_i^{\kappa} \tag{4-32}$$

式中，上标α，β，…，κ代表系统中存在的平衡相，下标代表系统中的任意组分。

4.2.3 理想气体的化学势

由式（2-59）可知，理想气体组分的摩尔吉布斯函数与其压力的关系为

$$G_m=G_m^{\ominus}+RT\ln\frac{p}{p^{\ominus}}$$

因为混合理想气体中，组分i的性质与其单独存在时的性质相同，所以通过混合理想气体中组分的分压 p_i，求得组分i的偏摩尔吉布斯函数的表达式，即

$$G_i=G_i^{\ominus}+RT\ln\frac{p_i}{p^{\ominus}} \tag{4-33}$$

式中，G_i 为组分i的偏摩尔吉布斯函数。又因组分的偏摩尔吉布斯函数等于化学势，即 $G_i=\mu_i$，所以，混合理想气体中分压为 p_i 的i组分的化学势为

$$\mu_i=\mu_i^{\ominus}+RT\ln\frac{p_i}{p^{\ominus}} \tag{4-34}$$

式中，$\mu_i^{\ominus}$ 为组分i的标准化学势，也就是当组分i是理想气体、且分压等于标准压力 $p_i=p^{\ominus}$ 时的化学势。组分的标准化学势只是温度的函数，即 $\mu_i^{\ominus}=f(T)$。

4.3 稀溶液的气液平衡

4.3.1 拉乌尔定律

当溶质溶于溶剂中时，将使溶剂的蒸气压降低。1887年拉乌尔总结了这一方面的规律。若用 p_A^* 表示一定温度时纯溶剂的饱和蒸气压，p_A 表示相同温度时溶液中溶剂的蒸气压，x_A 表示溶液中溶剂的摩尔分数，拉乌尔发现，溶液中溶剂的蒸气压正比于溶液中溶剂的摩尔分数，其比例系数是同温度时纯溶剂的饱和蒸气压，即

$$p_A=p_A^*x_A \tag{4-35}$$

式（4-35）称为拉乌尔定律。形成溶液后，溶剂的蒸气压降低

$$p_A^*-p_A=p_A^*(1-x_A) \tag{4-36}$$

对二组分溶液来说，$1-x_A=x_B$，则

$$p_A^*-p_A=p_A^*x_B \tag{4-37}$$

即溶剂的蒸气压降低值与溶液中溶质的摩尔分数成正比。在服从拉乌尔定律的前提下，溶液中溶质含量越多，溶剂的蒸气压下降越大。一般来说，只有在稀溶液中的溶剂才能较准确地遵守拉乌尔定律。在稀溶液中，溶质浓度很低，一个溶剂分子周围几乎全部被溶剂分子所包围，与纯溶剂时的环境相同。因此，溶剂的饱和蒸气压就仅与单位体积的溶液中溶质的分子数有关，与其性质无关。但当溶液浓度变大时，溶剂分子的蒸发受到溶质分子的显著影响，此时溶液不再遵守拉乌尔定律。因此拉乌尔定律一般是在稀溶液中才适用。

当溶质是不挥发性的，溶液的蒸气分压就等于溶剂的蒸气压，即

$$p=p_A=p_A^* x_A \tag{4-38}$$

即溶液中加入不挥发性的溶质，溶液的蒸气压降低，这称为稀溶液的依数性。

4.3.2 亨利定律

1807 年，亨利在研究气体在溶剂中的溶解度时发现，一定温度下气体的溶解度与液面上方该气体的平衡压力成正比，称为亨利定律。亨利定律也适用于计算挥发性溶质的平衡蒸气分压，即稀溶液中一挥发性溶质的平衡分压与该溶质在溶液中的摩尔分数成正比

$$p_B=k_B x_B \tag{4-39}$$

式中，p_B，k_B，x_B 分别为溶质的蒸气压、亨利定律中的比例常数（也称为亨利定律常数）和溶质在溶液中的摩尔分数。虽然，亨利定律在形式上与拉乌尔定律相似，但亨利定律中的比例常数 k_B 是与溶剂和溶质的本性及温度均有关的量，需要通过实验数据获得。

一般说来，只有在稀溶液中的溶质方能比较准确地遵守亨利定律。因为在稀溶液中，溶质分子周围绝大多数都是溶剂分子，溶质分子从溶液中逸出进入气相时，受到溶剂分子的影响可视为常数，因此其蒸气压仅与其浓度成正比。

亨利定律中溶质的组成也可以用其他组成标度表示，例如

质量摩尔浓度表示的亨利定律 $$p_B=k_m m_B \tag{4-40}$$

质量百分浓度表示的亨利定律 $$p_B=k^{\%} w_B \tag{4-41}$$

式中，m_B 和 w_B 分别为物质 B 的质量摩尔浓度和质量百分浓度；k_m 和 $k^{\%}$ 分别为相应的亨利定律常数。浓度单位不同，亨利定律常数数值也不同。

亨利定律也可以用于计算气体在熔体中溶解的溶解度。例如，1540℃时，铜蒸气在铁液中溶解，其溶解度与铜的蒸气分压之间满足亨利定律，

$$p_{Cu}=k^{\%} w_{Cu}$$

式中，亨利定律常数 $k^{\%}=53\text{Pa}$。当 $w_{Cu}=0.3\%$时，气相中 Cu 的分压等于 $53\times0.3=15.9\text{Pa}$。

如果气体在液体中溶解时发生了结构变化，例如 H_2 在金属熔体中溶解后分解为氢原子

$$H_2(g)=2[H]$$

在溶解反应达到平衡时，有 $K=\dfrac{w_H^2}{p_{H_2}}$，即

$$w_H=kp_{H_2}^{1/2} \tag{4-42}$$

式中，w_H 和 p_{H_2} 分别为 H_2 在金属熔体中的溶解度和 H_2 的气相分压；K 为溶解反应的平衡常数，$k=K^{1/2}$。

称式（4-42）为西华特定律或平方根定律，它表示气体在液体中的溶解度与气体分压的平方根呈正比。

1600℃时，H_2 和 N_2 在铁液中的溶解服从西华特定律，铁液中 H 和 N 浓度与 H_2 和 N_2 的分压之间的关系为

$$w_H=0.00272p_{H_2}^{1/2}$$
$$w_N=0.0453p_{N_2}^{1/2}$$

式中，w_N 为溶解在铁液中的 N 的质量分数；p_{N_2} 为 N_2 的平衡气相分压，kPa。

亨利定律和拉乌尔定律有下列几点区别：

（1）拉乌尔定律适用于计算稀溶液中溶剂的蒸气压，亨利定律适用于计算稀溶液中溶质的蒸气压。

(2) 拉乌尔定律中的比例常数是同温度下纯溶剂的蒸气压，与溶质性质无关；而亨利定律中的比例常数与溶剂、溶质的性质都有关，需要通过实验确定。

(3) 在亨利定律中，溶质组成可用任何组成标度表示，但拉乌尔定律中的组成必须用摩尔分数表示。

例 4-3 计算 20℃，101.3kPa 下空气中的氮在 $1\text{dm}^3\ H_2O$ 中溶解的物质的量，换成标准状态下的体积是多少？已知，20℃时氮在水中溶解的亨利定律常数等于 8.4×10^6kPa。

解： 根据亨利定律式 (4-39)，空气中氮的分压与水中氮的溶解度成正比，即

$$p_{N_2}=kx_{N_2}$$

式中，$k=8.4\times10^6$kPa，空气中氮含量等于 78%，氮的分压 $p_{N_2}=101.325\times78\%=79$kPa。

水中溶解氮的摩尔分数 $$x_{N_2}=\frac{p_{N_2}}{k}=\frac{79}{8.4\times10^6}=9.4\times10^{-6}$$

$$x_{N_2}=\frac{n_{N_2}}{n_{N_2}+\dfrac{1}{18\times10^{-3}}}\approx0.018n_{N_2}$$

换成氮的摩尔数 $$n_{N_2}\approx\frac{x_{N_2}}{0.018}=\frac{9.4\times10^{-6}}{0.018}=5.2\times10^{-4}\text{mol}$$

换算成标准状态（0℃，100kPa）下的体积为

$$V_{N_2}=5.2\times10^{-4}\times22700=11.8\text{mL}$$

4.4 理想稀溶液

理想稀溶液（简称稀溶液）是一种溶液模型，其热力学的定义是溶剂服从拉乌尔定律、溶质服从亨利定律的溶液。当两个挥发性的物质组成实际溶液时，溶质含量越少，越接近稀溶液。

4.4.1 稀溶液中组分的化学势

以一个由两组分 A 和 B 组成的稀溶液为例，假设 A 是溶剂，B 是溶质，A 和 B 都是挥发性的组分。下面推导稀溶液中溶剂化学势的表达式。

当溶液与其蒸气平衡时，根据相平衡条件式 (4-31)，溶剂 A 在气、液两相中的化学势相等，即

$$\mu_A^l=\mu_A^g$$

式中，μ_A^g 和 μ_A^l 分别为溶剂 A 在气相中的化学势和在液相中的化学势。假设蒸气是理想气体，根据理想气体化学势的表达式 (4-34)，理想气体中组分 A 的化学势

$$\mu_A^g=\mu_A^\ominus+RT\ln\frac{p_A}{p^\ominus}$$

则稀溶液中溶剂 A 的化学势为

$$\mu_A^l=\mu_A^\ominus+RT\ln\frac{p_A}{p^\ominus}$$

由于稀溶液中溶剂服从拉乌尔定律，$p_A=p_A^*x_A$。将 $p_A=p_A^*x_A$ 代入上式，得

$$\mu_A^l=\mu_A^\ominus+RT\ln\frac{p_A^*}{p^\ominus}+RT\ln x_A$$

再将上式中等式右边的前两项 $\mu_A^{\ominus}+RT\ln\dfrac{p_A^*}{p^{\ominus}}$ 合并，并用符号 $\mu_A(T,p_A^*)$ 表示，则得稀溶液中溶剂化学势的表达式

$$\mu_A=\mu_A(T,\ p_A^*)+RT\ln x_A \tag{4-43}$$

式中，$\mu_A(T,p_A^*)$ 称为标准化学势，是当温度等于 T、蒸气分压等于 p_A^*、组分浓度 x_A 等于 1 的溶剂的化学势，也即纯液态 A 的化学势。

稀溶液中溶剂化学势的表达式分为标准化学势和浓度的对数两项。由于稀溶液中溶剂的摩尔分数 $x_A<1$，相同温度下稀溶液中溶剂的化学势小于纯溶剂的化学势 $\mu_A(T,p_A^*)$，即 $\mu_A-\mu_A(T,p_A^*)=RT\ln x_A<0$。例如，25℃时在纯水中加入少量其他物质，使水的摩尔分数下降到 0.95，按理想稀溶液计算，在这个过程中，水的化学势的变化为

$$\begin{aligned}\Delta\mu_{H_2O}&=\mu_{H_2O}-\mu_{H_2O}(T,p^*)=RT\ln 0.95\\&=8.314\times298\ln 0.95\\&=-127.08\text{J}\cdot\text{mol}^{-1}\end{aligned}$$

稀溶液中溶质 B 的化学势也可以按相同的方法推导出来。当溶液和蒸气达到平衡时，根据相平衡条件，溶质 B 在气、液两相中的化学势相等，即

$$\mu_B^l=\mu_B^g$$

假设气体是理想气体，按式（4-34）理想气体中组分 B 的化学势表示为

$$\mu_B^g=\mu_B^{\ominus}+RT\ln\frac{p_B}{p^{\ominus}}$$

由于稀溶液中溶质 B 服从亨利定律，按照亨利定律式（4-39），将溶液中 B 的蒸气分压与其浓度的关系

$$p_B=k_Bx_B$$

代入上式，则得稀溶液中溶质 B 的化学势

$$\mu_B^l=\mu_B^g=\mu_B^{\ominus}+RT\ln\frac{p_B}{p^{\ominus}}=\mu_B^{\ominus}+RT\ln\frac{k_B}{p^{\ominus}}+RT\ln x_B$$

用符号 $\mu_B(T,k_B)$ 表示上式中等号右边的前两项的加和，即 $\mu_B(T,k_B)=\mu_B^{\ominus}+RT\ln\dfrac{k_B}{p^{\ominus}}$，则稀溶液中溶质 B 的化学势为

$$\mu_B=\mu_B(T,k_B)+RT\ln x_B \tag{4-44}$$

式中，$\mu_B(T,k_B)$ 称为溶质 B 的标准化学势，是遵守亨利定律且蒸气压等于 k_B 的状态。根据亨利定律 $p_B=k_Bx_B$ 可知，只有当溶质 B 的摩尔分数 x_B 等于 1 时（即纯溶质），其蒸气压等于 k_B。但是这个状态是不存在的，因为只有稀溶液中的溶质方能服从亨利定律。因此，这个标准化学势 $\mu_B(T,k_B)$ 所对应的状态是一种虚拟假想状态。

如果在推导过程中采用其他组分标度表示亨利定律，如采用质量摩尔浓度 m_B 和质量分数 w_B 表示，则可得到用不同浓度表示的溶质 B 的化学势。一定条件下，溶质 B 的化学势数值是唯一的，但用不同组成标度表示时，其标准化学势是不同的。

4.4.2 分配定律

分配定律表示同一种物质在两个互不相溶的液相中，溶解达到平衡时溶解度之间的关系，它是根据稀溶液的基本定律推导出来的。

假设系统由两个互不相溶的液相 α 和 β 构成，某一组分 i 可同时溶解在 α 相和 β 相中，但

在两个相中的溶解度都很小，形成稀溶液。当溶解过程达到平衡时，根据多相平衡条件，组分 i 在 α 相和 β 相中的化学势相等，即 $\mu_i^\alpha=\mu_i^\beta$。应用稀溶液中溶质化学势的公式（4-44），有

$$\mu_i^\alpha(T,k_i^\alpha)+RT\ln x_i^\alpha=\mu_i^\beta(T,k_i^\beta)+RT\ln x_i^\beta$$

式中，k_i^α，k_i^β 分别为 i 组分在 α 相和 β 相中的亨利定律常数；x_i^α，x_i^β 是组分 i 在 α 相和 β 相中以摩尔分数表示的溶解度。

将上式移项并合并同类项后，得分配定律

$$\frac{x_i^\alpha}{x_i^\beta}=\exp\left(\frac{\mu_i^\beta(T,k_i^\beta)-\mu_i^\alpha(T,k_i^\alpha)}{RT}\right)=常数 \tag{4-45}$$

恒温时，对特定的溶剂和溶质，两个标准化学势 $\mu_i^\alpha(T,k_i^\alpha)$ 和 $\mu_i^\beta(T,k_i^\beta)$ 均是常数，因此，比值 $\frac{x_i^\alpha}{x_i^\beta}$ 也是常数。所以当组分 i 在两个互不相溶的液相中溶解达到平衡时，它们在两个相中的溶解度的比值是常数，称为分配系数。当用其他组成标度表示溶解度时，分配系数不同，即分配系数数值与浓度单位有关。

实际生产中经常遇到两个互不相溶的液相相互接触的情况。例如，水和四氯化碳、钢液和熔渣、金属和熔盐等。当一种物质溶解在两个相中并且溶解度都很小时，可以认为形成了稀溶液，已知物质在其中一个相中的溶解度时，可以用分配定律计算物质在另一相中的溶解度。表 4-2 列出了 25℃时 I_2 在 $H_2O(l)$ 和 CCl_4 中的溶解度及分配系数，表中的浓度是物质的量浓度。

表 4-2　I_2 在 $H_2O(l)$ 和 CCl_4 之间的分配（25℃）

$c_{I_2}^{H_2O}/mol\cdot L^{-1}$	$c_{I_2}^{CCl_4}/mol\cdot L^{-1}$	分配系数 $k=\frac{c_{I_2}^{H_2O}}{c_{I_2}^{CCl_4}}$
0.000322	0.02745	0.0117
0.000503	0.0429	0.0117
0.000763	0.0654	0.0117
0.00115	0.1010	0.0114
0.00134	0.1196	0.0112

利用分配定律，还可以实现物质的富集和分离。设水中含有某组分 i，选择另一种与水不相溶的有机液体（有机相），且要求 i 能溶解在该有机相中，经震荡和摇晃使水溶液与有机相充分接触。待组分 i 在两相中的溶解过程达到平衡时，部分组分 i 将从水相中转移进入有机相中。通过换取新的有机相，使其反复和水溶液接触，最终可使水相中组分 i 的浓度降至所要求的数值。这个过程称为萃取，它在稀土分离、锆铪分离、放射性元素的提取和提纯以及有色金属镍、钴分离等方面得到了广泛的应用。

一般被萃取的相往往是水溶液，其中含有被萃取的溶质。另一相是萃取剂，往往是有机物。将两相混合、澄清后分为水相和有机相，有机相富集了被萃取的物质，实现了分离溶质的目的。实际的萃取操作过程是分多级进行的。利用分配定律可计算出经过多级萃取操作后溶质被萃取的量。设被萃取的物质在两相中都没有缔合、离解和其他化学变化，则经 n 级萃取后，被萃取的溶质量 g_e

$$g_e=g_0\left[1-\left(\frac{KV_1}{KV_1+V_2}\right)^n\right]$$

式中，g_0 为原溶液中被萃取溶质的质量；V_1，V_2 为水相体积和每级萃取剂的体积；K 为分配

系数 $c_{水}/c_{有机}$。

从上式可以算出有效萃取所必需的最少级数。

应用分配定律时，应当注意，它只适用于稀溶液，而且溶质在两相中要具有相同的化学式。所谓化学式不同，一般是指溶质分子在其中一个相要离解或缔合。在这种情况下，就不能直接引用式（4-45）。

例如，苯甲酸（C_6H_5COOH）在水中以 C_6H_5COOH 的形式存在，而在苯中却以缔合分子 $(C_6H_5COOH)_2$ 的形式存在。苯甲酸在水和苯两相之间的分配存在下列平衡：

$$(C_6H_5COOH)_{2(苯)} \rightleftharpoons 2C_6H_5COOH_{(水)}$$

此时平衡浓度间的关系是

$$\frac{c_{i(水)}^2}{c_{i(苯)}}=K$$

或

$$\frac{c_{i(水)}}{\sqrt{c_{i(苯)}}}=K'$$

式中，$c_{i(水)}$ 和 $c_{i(苯)}$ 分别为苯甲酸在水和苯中的浓度。

4.5 稀溶液的依数性

当少量不挥发性的溶质溶解在溶剂中形成稀溶液时，会使溶剂的某些物理性质发生变化，如蒸气压下降、沸点上升、凝固点下降以及产生渗透压。这些性质的变化仅与溶质的数量有关、与其本性无关，被称为稀溶液的依数性。在本章 4.3.1 节中已经讨论了稀溶液的蒸气压下降，本节将讨论稀溶液的沸点上升、凝固点下降和渗透压。

4.5.1 沸点上升

图 4-4 中的曲线Ⅰ和Ⅱ分别代表纯溶剂和稀溶液的蒸气压与温度的关系。纯溶剂的蒸气压曲线在稀溶液的蒸气压曲线的上方，相同温度下，纯溶剂的蒸气压总是大于稀溶液的蒸气压。溶剂沸腾时，其蒸气压达到外压，而此时稀溶液的蒸气压尚未达到外压，不能沸腾，需要加热到更高的温度才能沸腾。所以，稀溶液的沸点高于纯溶剂的沸点。图中的 p_A^* 和 T_b^* 代表纯溶剂的蒸气压和沸点，p 代表溶剂正常沸点时溶液的蒸气压，T_b 代表溶液的沸点。

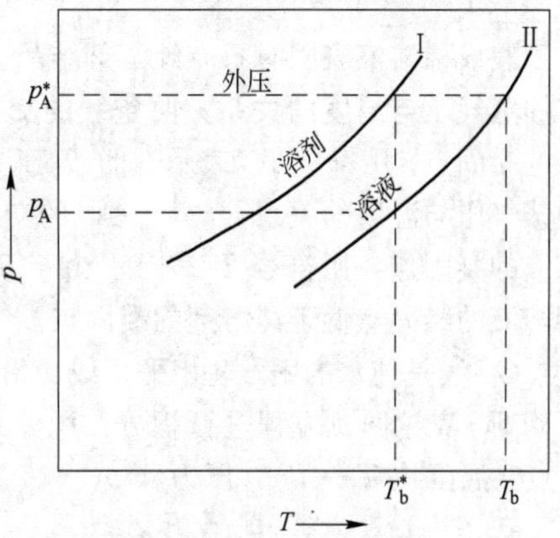

图 4-4 稀溶液的沸点上升

从前面的讨论可知，克劳修斯-克拉佩龙方程（2-75）适用于纯物质气、液两相平衡时的温度和压力之间的关系。假设稀溶液中的溶剂也服从克劳修斯-克拉佩龙方程，在温度区间 $T_b^* \rightarrow T_b$、压力区间 $p_A \rightarrow p_A^*$ 沿着溶液蒸气压-温度曲线Ⅱ，对克劳修斯-克拉佩龙方程进行积分，即

$$\int_{p_A}^{p_A^*} \mathrm{d}\ln p=\int_{T_b^*}^{T_b}\frac{\Delta_{vap}H_m}{RT^2}\mathrm{d}T$$

$$\ln\left(\frac{p_A^*}{p_A}\right)=\frac{\Delta_{vap}H_m}{RT_bT_b^*}(T_b-T_b^*)$$

式中，$T_b - T_b^* = \Delta T_b$ 为稀溶液的沸点上升值；$\Delta_{vap}H_m$，T_b^* 分别为溶剂的摩尔蒸发焓和正常沸点。由于 T_b 与 T_b^* 相差不大，假设 $T_b T_b^* \approx T_b^{*2}$，即

$$\ln\left(\frac{p_A^*}{p_A}\right) = \frac{\Delta_{vap}H_m}{RT_b^{*2}}\Delta T_b$$

由于稀溶液中的溶剂服从拉乌尔定律，即

$p_A = p_A^* x_A$，$\dfrac{p_A^*}{p_A} = \dfrac{1}{x_A} = \dfrac{1}{1-x_B}$，代入上式

$$\ln\frac{1}{1-x_B} = \frac{\Delta_{vap}H_m}{RT_b^{*2}}\Delta T_b$$

而

$$\ln\frac{1}{1-x_B} = -\ln(1-x_B) \approx x_B$$

因此，稀溶液的沸点上升值为

$$\Delta T_b = \frac{RT_b^{*2}}{\Delta_{vap}H_m}x_B \tag{4-46}$$

式（4-46）表明，稀溶液的沸点上升值 ΔT_b 与溶质的摩尔分数成正比，比例系数$\dfrac{RT_b^{*2}}{\Delta_{vap}H_m}$由溶剂的性质决定，与溶质性质无关。将稀溶液的沸点上升公式（4-46）中的摩尔分数浓度 x_B 换成质量摩尔浓度 m_B，即

$$\Delta T_b = \frac{RT_b^{*2}M_A}{\Delta_{vap}H_m}m_B \tag{4-47}$$

$$k_b = \frac{RT_b^{*2}M_A}{\Delta_{vap}H_m} \tag{4-48}$$

式中，k_b 为稀溶液的沸点上升常数；M_A 为溶剂的摩尔质量；T_b^* 为溶剂的正常沸点；$\Delta_{vap}H_m$ 为溶剂在正常沸点时的摩尔蒸发焓。以水为溶剂时的沸点上升常数值等于 0.518K·mol^{-1}·kg^{-1}。

4.5.2 凝固点下降

假设稀溶液凝固时只有纯溶剂结晶。在图 4-5 中，曲线 OA、OC 分别代表纯水的蒸气压及冰的蒸气压与温度的关系，两条线的交点温度是纯水的凝固点，用符号 T_f^* 表示。曲线 BC 代表稀溶液的蒸气压与温度的关系，BC 与 OC 的交点温度是稀溶液的凝固点，用符号 T_f 表示。由于 $T_f < T_f^*$，故稀溶液的凝固点低于纯溶剂的凝固点。

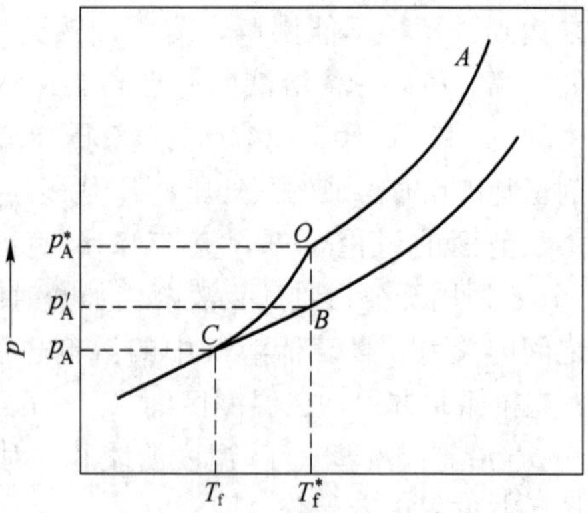

图 4-5 稀溶液的凝固点下降

OC 线是纯水的固-气相平衡线，沿 OC 线对克劳修斯-克拉佩龙方程进行积分，积分是从 C 点到 O 点，温度从 $T_f \to T_f^*$，压力从 $p_A \to p_A^*$，得

$$\int_{p_A}^{p_A^*} d\ln p = \int_{T_f}^{T_f^*} \frac{\Delta_{sub}H_m}{RT^2}dT$$

$$\ln\frac{p_A^*}{p_A} = \frac{\Delta_{sub}H_m}{RT_f^{*2}}(T_f^* - T_f) \tag{4-49}$$

式中，$\Delta_{sub}H_m$ 为水的摩尔升华焓；p_A^* 为纯溶剂水在沸点 T_f^* 时的蒸气压，并假设 $T_f T_f^* = T_f^{*2}$。

BC 线是溶液与气相溶剂的平衡线（溶质不挥发），沿 BC 线对克劳修斯-克拉佩龙方程积

分，温度从 $T_f \to T_f^*$，压力从 $p_A \to p'_A$，得

$$\int_{p_A}^{p'_A} \mathrm{d}\ln p = \int_{T_f}^{T_f^*} \frac{\Delta_{vap} H_m}{RT^2} \mathrm{d}T$$

$$\ln \frac{p'_A}{p_A} = \frac{\Delta_{vap} H_m}{RT_f^{*2}} (T_f^* - T_f) \tag{4-50}$$

式中，$\Delta_{vap} H_m$ 为水的摩尔蒸发焓；p'_A为 T_f^* 温度下稀溶液的蒸气压。由于式（4-49）和式（4-50）温度区间相同，两式相减，得

$$\ln \frac{p_A^*}{p'_A} = \frac{\Delta_{fus} II_m}{RT_f^{*2}} (T_f^* - T_f)$$

式中，$\Delta_{fus} H_m$ 为水的摩尔熔化焓，等于水的摩尔升华焓与摩尔蒸发焓之差，即

$$\Delta_{fus} H_m = \Delta_{sub} H_m - \Delta_{vap} H_m$$

利用拉乌尔定律 $p'_A = p_A^* x_A$

得　$$\frac{p_A^*}{p'_A} = \frac{1}{x_A}$$

取对数　$$\ln \frac{p_A^*}{p'_A} = \ln \frac{1}{x_A}$$

又因　$$\ln \frac{1}{x_A} = -\ln x_A = -\ln(1 - x_B) \approx x_B$$

所以，$\ln \frac{p_A^*}{p'_A} \approx x_B$得到稀溶液凝固点的下降值为

$$\Delta T_f = \frac{RT_f^{*2}}{\Delta_{fus} H_m} x_B \tag{4-51}$$

式中，T_f^* 和 $\Delta_{fus} H_m$ 分别为纯溶剂的凝固点和摩尔熔化焓，与溶质本性无关，因此，稀溶液的凝固点下降只与溶质的摩尔分数成正比，与溶质的本性无关。

将浓度换算成质量摩尔浓度 m_B，得稀溶液凝固点下降为

$$\Delta T_f = \frac{RT_f^{*2} M_A}{\Delta_{fus} H_m} m_B = k_f m_B \tag{4-52}$$

$$k_f = \frac{RT_f^{*2}}{\Delta_{fus} H_m} M_A \tag{4-53}$$

式中，k_f 为稀溶液的凝固点下降常数，以水作为溶剂时的凝固点下降常数等于 1.86K·mol^{-1}·kg^{-1}。利用稀溶液的依数性，可以测量溶液的相对分子质量。

例 4-4　将 5.67×10^{-4}kg 的尿素溶于 0.5kg 水中，测得溶液的凝固点等于−0.0351℃，求尿素的摩尔质量。

解：根据稀溶液的凝固点下降公式 $\Delta T_f = k_f m_B$

将凝固点下降值 $\Delta T_f = 0.0351$K，凝固点下降常数 $k_f = 1.86$K·mol^{-1}·kg^{-1}，尿素的质量摩尔浓度 $m_B = \frac{5.67 \times 10^{-4}}{M_B} \times \frac{1}{0.5}$代入上式中，求得尿素的摩尔质量为

$$M_B = \frac{1.86 \times 5.67 \times 10^{-4}}{0.0351 \times 0.5} = 0.060 \text{kg} \cdot \text{mol}^{-1}$$

4.5.3　渗透压

用一个只允许溶剂分子穿过的半透膜，将溶剂与稀溶液隔开。由于纯溶剂的化学势高于稀

溶液中溶剂的化学势，溶剂分子将会穿过半透膜扩散至稀溶液一侧。扩散过程达到平衡时，膜两侧液体存在着稳定的高度差，如图 4-6 所示。由两侧液体高度不同引起的压力差称为稀溶液的渗透压，用符号 π 表示。

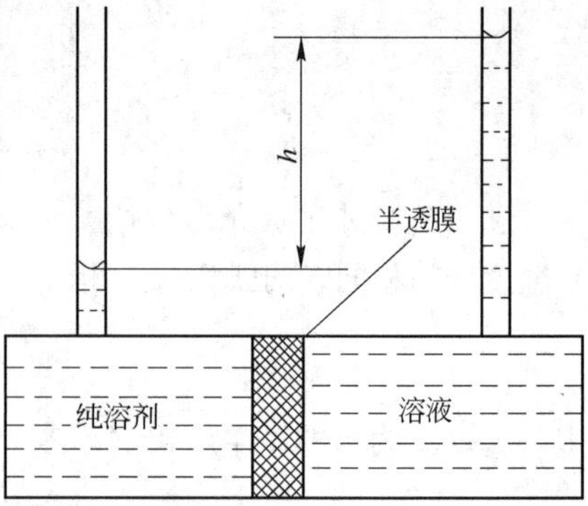

图 4-6 渗透作用

渗透压的大小可通过相平衡关系推导出来。渗透平衡时，溶剂在膜两侧的化学势相等，即

$$\mu_A(T,p)=\mu_A(T,p+\pi)+RT\ln x_A$$

式中，等号左侧表示纯溶剂的化学势，与温度 T 和压力 p 有关；等号右侧表示稀溶液中溶剂的化学势，与温度 T、压力 p、渗透压 π 和 x_A 有关，x_A 是稀溶液中溶剂的摩尔分数，这里应用了稀溶液中溶剂化学势的表达式（4-43）。对上式合并同类项，即

$$-[\mu_A(T,p+\pi)-\mu_A(T,p)]=RT\ln x_A$$

上式中左侧两项之差表示恒温时压力变化引起的溶剂化学势的变化。利用公式（2-72），$\left(\frac{\partial G}{\partial p}\right)_T=V$，得$\left(\frac{\partial \mu_A}{\partial p}\right)_T=V_A$，即恒温时化学势对压力的偏导数是偏摩尔体积，$V_A$ 是稀溶液中溶剂 A 的偏摩尔体积。由于是稀溶液，A 的偏摩尔体积近似等于其摩尔体积，即 $V_A\approx V_A^*$，在压力变化不大时可视其为常数，则

$$-[\mu_A(T,p+\pi)-\mu_A(T,p)]=-V_A\pi=-V_A^*\pi$$

因此，稀溶液的渗透压与溶质摩尔分数浓度之间的关系为

$$-V_A^*\pi=RT\ln x_A=RT\ln(1-x_B)\approx -RTx_B$$

$$V_A^*\pi=RTx_B$$

渗透压

$$\pi=\frac{RT}{V_A^*}x_B\approx\frac{RT}{V_A^*}\frac{n_B}{n_A} \tag{4-54}$$

式中，x_B 和 n_B 为稀溶液中溶质 B 的摩尔分数和物质的量；n_A 为稀溶液中溶剂的物质的量，$x_B=\frac{n_B}{n_B+n_A}\approx\frac{n_B}{n_A}$。公式（4-54）可化简为物质的量浓度表示，即

$$\pi=RT\frac{n_B}{n_AV_A^*}=RT\frac{n_B}{V}\approx c_BRT \tag{4-55}$$

式中，$V=n_AV_A^*$ 为溶液中溶剂的总体积，由于溶质量很少，溶剂总体积近似等于溶液的体积；c_B 为溶质的物质的量浓度。式（4-55）表明溶剂穿过半透膜产生的渗透压与稀溶液中溶质的浓度成正比，与溶质的性质无关。

例 4-5 20℃时蔗糖水溶液的质量摩尔浓度 $m_B=0.3\text{mol}\cdot\text{kg}^{-1}$，纯水的密度 $\rho=0.9982\text{g}\cdot\text{cm}^{-3}$，设想一个半透膜将此蔗糖水溶液与纯水分开，试求溶液的渗透压。

解： 根据渗透压公式（4-54），渗透压 $\pi=\frac{RTn_B}{n_AV_A^*}$

水的物质的量 $n_A=\frac{1\text{kg}}{18\times10^{-3}\text{kg}\cdot\text{mol}^{-1}}=55.5\text{mol}$，蔗糖物质的量 $n_B=0.3\text{mol}$，纯水的摩尔体积

$$V_A^*=\frac{18\times10^{-3}}{0.9982\times10^3}=\frac{18\times10^{-6}}{0.9982}=1.803\times10^{-6}\text{m}^3\cdot\text{mol}^{-1}$$

代入渗透压公式中，即

$$\pi=\frac{8.314\times293\times0.3}{55.5\times1.803\times10^{-6}}=0.730\times10^{6}\,\mathrm{Pa}=0.73\mathrm{MPa}$$

如果在图4-6中的溶液上方施加一定的外压，当所加的外压足够大时，稀溶液中的溶剂分子则穿过半透膜反向进入纯溶剂中，称这个过程为反渗透过程。反渗透技术在海水淡化制备超纯水、污水净化等领域已经得到了广泛的应用。

4.6 理想溶液

4.6.1 理想溶液的蒸气压

一定温度下溶液中所有组分在全部组成范围内都遵守拉乌尔定律的溶液称为理想溶液。根据前面对拉乌尔定律的讨论可知，理想溶液中组分之间的相互作用力完全相同，即溶剂分子之间、溶质分子之间以及溶剂与溶质分子之间的作用力均相同，组分从溶液中逸出进入气相时，产生的蒸气压大小仅与其在溶液中的摩尔分数成正比，即服从拉乌尔定律

$$p_i=p_i^*x_i$$

这里i代表溶液中的任一组分。实际系统中，同位素组成的化合物如 CH_3I 和 $^{12}CH_3I$、紧邻同系物如 C_6H_6 和 $CH_3C_6H_5$、C_2H_5Br 和 C_2H_5I、Fe和Mn、FeO和MnO等组成的溶液，性质都非常接近理想溶液。

假设A-B两组分形成理想溶液，并达到气、液两相平衡。用 p 表示气相总压，p_A 和 p_B 表示气相中A和B的分压，x_A 和 x_B 表示溶液中A和B的摩尔分数，则气相总压等于A与B的分压之和，即

$$p=p_A+p_B=p_A^*x_A+p_B^*x_B$$

将溶液中组分摩尔分数浓度关系 $x_A=1-x_B$ 代入上式，得到理想溶液的蒸气压与溶质摩尔分数 x_B 之间关系为

$$p=p_A^*+(p_B^*-p_A^*)x_B \qquad (4-56)$$

当 $x_B=0$ 时，$p=p_A^*$；$x_B=1$ 时，$p=p_B^*$；$0<x_B<1$ 时，p 随 x_B 线性变化，如图4-7所示。

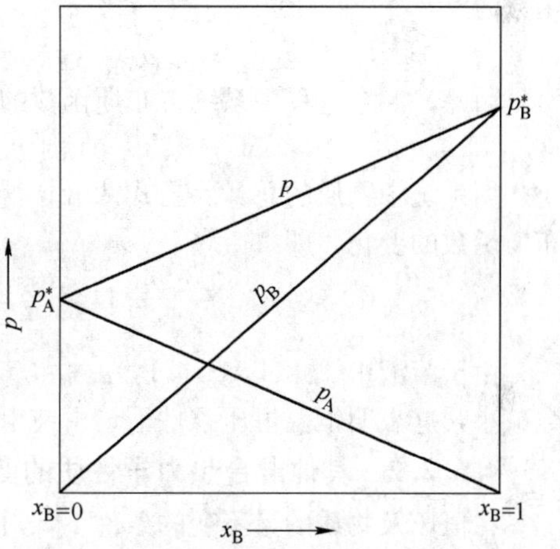

图4-7 理想溶液蒸气压与组成的关系

4.6.2 理想溶液中组分的化学势

设由理想溶液组成的气、液平衡系统中，μ_A^g 和 μ_A^l 分别代表组分A在气、液两相中的化学势，根据相平衡条件，有

$$\mu_A^l=\mu_A^g$$

将理想气体中组分化学势的表示式（4-34）$\mu_i=\mu_i^\ominus+RT\ln\frac{p_i}{p^\ominus}$ 及拉乌尔定律 $p_A=p_A^*x_A$ 代入上式，即

$$\mu_A^l=\mu_A^\ominus+RT\ln\frac{p_A}{p^\ominus}=\mu^\ominus+RT\ln\frac{p_A^*}{p^\ominus}+RT\ln x_A$$

上式中的前两项用符号 $\mu_A(T,p_A^*)$ 表示，称为A的标准化学势，代表纯液体A的化学势。则得理想溶液中任意组分A的化学势为

$$\mu_A^l=\mu_A(T,p_A^*)+RT\ln x_A \qquad (4-57)$$

由于溶液中组分浓度 $x_A<1$，溶液中组分 A 的化学势 μ_A^l 小于纯液体 A 的化学势 $\mu_A(T,p_A^*)$。理想溶液中所有组分都遵守拉乌尔定律，式（4-57）即代表理想溶液中所有组分化学势的表达式。此式与稀溶液中溶剂化学势表达式（4-43）相同，这是因为稀溶液中的溶剂也遵守拉乌尔定律。

当多个物质从纯状态混合成理想溶液时，伴随着混合过程的发生，系统的热力学性质如焓、熵、吉布斯函数、体积等将发生变化。假设物质的量分别等于 $n_A$mol 的 A 物质和 $n_B$mol 的 B 物质在一定温度下混合，形成理想溶液，可按如下方法计算混合过程中系统热力学性质的变化。

4.6.2.1 吉布斯自由能的变化

混合前，系统的吉布斯函数是两个纯组分吉布斯函数之和，即

$$G_{(混合前)}=n_A\mu_A(T,p_A^*)+n_B\mu_B(T,p_B^*)$$

式中，$\mu_A(T,p_A^*),\mu_B(T,p_B^*)$ 分别为纯组分 A 和纯组分 B 的化学势。

混合后，根据集合公式（4-7），系统吉布斯函数等于组分 A 及组分 B 的化学势与相应物质的量的乘积之和，即

$$G_{(混合后)}=n_A\mu_A+n_B\mu_B$$

因为组分的偏摩尔吉布斯函数就是化学势，这里用化学势代替了式（4-7）中的偏摩尔吉布斯函数。

再将理想溶液中组分 A 和组分 B 的化学势式（4-57）代入上式，得混合后系统的吉布斯函数为

$$G_{(混合后)}=n_A[\mu_A(T,p_A^*)+RT\ln x_A]+n_B[\mu_B(T,p_B^*)+RT\ln x_B]$$

因此，混合过程中系统吉布斯函数的变化为 $\Delta G=G_{(混合后)}-G_{(混合前)}$，即

$$\Delta G=n_ART\ln x_A+n_BRT\ln x_B=RT\,(n_A\ln x_A+n_B\ln x_B) \tag{4-58}$$

用系统中物质的总量除上式两端，得到单位物质的量时系统吉布斯函数的变化，即摩尔吉布斯函数的变化，即

$$\frac{\Delta G}{n}=\Delta G_m=RT\,(x_A\ln x_A+x_B\ln x_B) \tag{4-59}$$

由于溶液中 $x_A<1$，$x_B<1$，$\Delta G_m<0$，即在形成理想溶液的过程中，系统的混合吉布斯函数减小，这表明恒温恒压条件下，由纯组分混合形成理想溶液的过程是自发进行的。

4.6.2.2 其他混合热力学性质的变化

在恒压及物质的量不变的条件下，对混合吉布斯函数求温度的一阶导数，得到混合熵，即

$$\Delta S=-\left(\frac{\partial \Delta G}{\partial T}\right)_{p,n_j}=-R(n_A\ln x_A+n_B\ln x_B)$$

$$\Delta S=-R(n_A\ln x_A+n_B\ln x_B) \tag{4-60}$$

摩尔混合熵 $$\Delta S_m=-R(x_A\ln x_A+x_B\ln x_B) \tag{4-61}$$

混合体积 $$\Delta V=\left(\frac{\partial \Delta G}{\partial p}\right)_{T,n_j}=0 \tag{4-62}$$

混合焓 $$\Delta H=\Delta G+T\Delta S=0 \tag{4-63}$$

因此，恒温恒压条件下，由纯组分混合形成理想溶液的过程中，系统吉布斯函数减少，熵增加，体积和焓保持不变。

4.7 活　　度

4.7.1 以拉乌尔定律为基础的活度

实际溶液总是与拉乌尔定律和亨利定律有着或大或小的偏差。因此，实际溶液中组分的蒸

气压不能用拉乌尔定律或亨利定律表示，组分的化学势也不能像理想溶液和稀溶液中那样推导出来。提出活度的概念就是为了使实际溶液中组分的化学势具有和理想溶液和稀溶液组分化学势相同的形式。

图 4-8 和图 4-9 为实际溶液中组分的蒸气压和系统总压随着溶液浓度变化关系的示意图。图 4-8 是对理想溶液产生负偏差的两组分系统，图 4-9 是对理想溶液产生正偏差的两组分系统。图中虚线是根据拉乌尔定律计算的组分分压及系统总压，实线则是实测的组分分压及系统总压。在同一浓度下，实线值低于虚线值，表示系统对拉乌尔定律产生负偏差，也即对理想溶液产生负偏差；两组分有生成化合物的倾向时也属于这种情况。对于两组分金属系统，负偏差的例子有 Mg - Pb、Fe - Al、Fe - Ti 等。形成这种溶液时，体积收缩，并伴有放热。$\Delta V_m<0$，$\Delta H_m<0$。当实线高于虚线时，表示系统对拉乌尔定律产生正偏差，也即对理想溶液产生正偏差。从图中可看出，对理想溶液产生负偏差的溶液，所有组分都产生负偏差；对理想溶液产生正偏差的溶液，所有组分都产生正偏差。如某组分形成溶液时，其缔合分子分解，也属于这种情况。由于同名质点的相互作用力大于异名质点，而相互作用力大的有聚集的倾向，因此正偏差的极端情况是液相分层（例如 Pb - Zn 和 Fe - Pb 系）。正偏差金属二元系的例子有，Mg - Pb、Fe - Al、Fe - Ti 等。形成这种溶液时，体积增大，并有吸热现象。$\Delta V_m>0$，$\Delta H_m>0$。

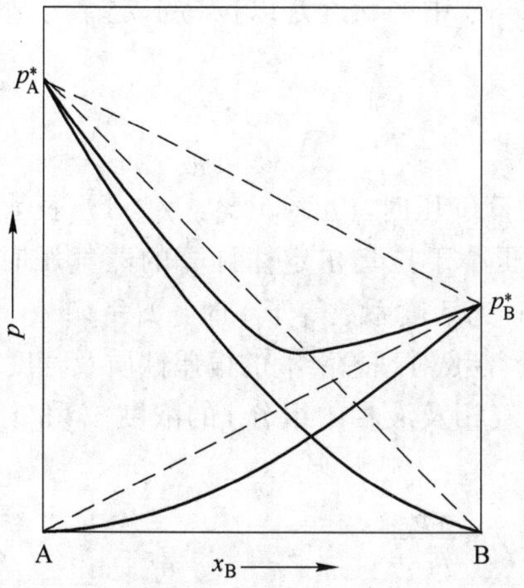

图 4-8　负偏差溶液的组分蒸气压 - 组成图

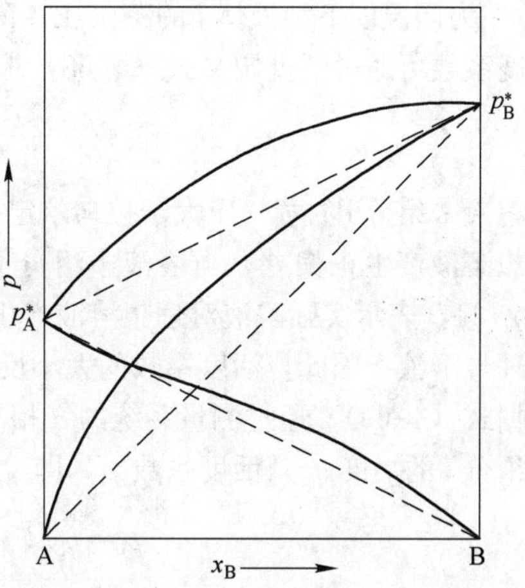

图 4-9　正偏差溶液的组分蒸气压 - 组成图

当溶剂和溶质之间的相互作用力大时，分子不容易从溶液中逸出，产生的蒸气压比较小，溶液对理想溶液呈现负偏差，即 $p_i<p_i^* x_i$；当溶剂和溶质之间的相互作用力小时，分子容易从溶液中逸出，产生的蒸气压比较大，溶液对理想溶液呈现正偏差，即 $p_i>p_i^* x_i$。

从上面对实际溶液的讨论可以看到，实际溶液对拉乌尔定律往往有正偏差或负偏差。对于稀溶液的溶质，当溶液的浓度还未低到一定的值（随不同系统而不同）时，实测的蒸气压也往往与亨利定律有偏差。我们讨论理想溶液和稀溶液时，化学势与浓度的关系都是以此两定律为基础的，而热力学的其他定律，例如分配定律，又是从化学势与浓度的关系推导出来的。这样一来，热力学的这些定律对实际溶液就不适用了。有两种解决问题的办法：一是找出实际溶液的蒸气压或其他热力学性质与浓度关系的新规律，在此基础上，求出化学势与浓度的关系，然后推出其他公式。由于溶液的复杂性，目前还没有找到这样的普遍规律；二是仍然保留拉乌尔定律和亨利定律的形式，但对公式的浓度加以校正，使其适用于实际溶液。活度理论就是采用后一种办法来解决问题的。在冶金和金属材料方面，由于金属、合金、熔渣、熔融硫化物和熔盐等熔体一般都不是理想溶液，因此作热力学处理时，活度理论就显得很重要。

理想溶液呈现偏差，即组分不服从拉乌尔定律时，有

$$p_i \neq p_i^* x_i \tag{4-64}$$

$p_i > p_i^* x_i$ 时是正偏差；$p_i < p_i^* x_i$ 时是负偏差。如果在上式右侧乘一个常数 γ_i，可使上述不等式变为等式，即

$$p_i = p_i^* x_i \gamma_i \tag{4-65}$$

式中，γ_i 为一个无量纲的量，其值与溶剂和溶质的性质、溶液浓度及温度都有关，称为活度系数。活度系数需要通过实验数据求得。

将式（4-65）写成下面的形式

$$p_i = p_i^* a_i \tag{4-66}$$

式中，a_i 等于组分 i 的摩尔分数乘活度系数，称为活度，即

$$a_i = \gamma_i x_i \tag{4-67}$$

根据式（4-66）可定义活度为

$$a_i = \frac{p_i}{p_i^*} \tag{4-68}$$

式中，p_i^* 为同温度下纯液体 i 的蒸气压。称式（4-68）中的活度是以拉乌尔定律为基础的活度。活度系数可通过活度定义式（4-68）求得，即

$$\gamma_i = \frac{p_i}{p_i^* x_i} \tag{4-69}$$

当溶液中组分 i 的蒸气压大于拉乌尔定律计算的蒸气压时，$p_i > p_i^* x_i$，$\gamma_i > 1$，表示实际溶液对理想溶液产生正偏差；当溶液中组分 i 的蒸气压小于拉乌尔定律计算的蒸气压时，$p_i < p_i^* x_i$，$\gamma_i < 1$，表示实际溶液对理想溶液产生负偏差；当活度系数等于 1 时，$p_i = p_i^* x_i$，表示该溶液是理想溶液。因此，活度系数的大小反映了实际溶液对理想溶液的偏差性质及程度。

根据式（4-69），通过测量系统的气相总压 p、气相及液相中组分 i 的浓度 y_i 和 x_i，计算溶液中组分 i 的活度 a_i 及活度系数 γ_i，即

$$p_i = p y_i,\ a_i = \frac{p_i}{p_i^*},\ \gamma_i = \frac{p_i}{p_i^* x_i}$$

例 4-6 1000K 时，测量两组分金属熔体 Mg－Cu 中 Mg 的蒸气压值，列于下表。试计算 Mg 在这些熔体中的活度及活度系数。

x_{Mg}	1.000	0.936	0.765	0.581	0.330
p_{Mg}/Pa	1501	1381	1100	575.5	119.0
a_{Mg}	1	0.920	0.733	0.383	0.0793
γ_{Mg}	1	0.983	0.958	0.659	0.240

解：根据活度及活度系数的定义式（4-68）和式（4-69），Mg－Cu 熔体中 Mg 的活度及活度系数计算如下

$$a_{Mg} = \frac{p_{Mg}}{p_{Mg}^*},\ \gamma_{Mg} = \frac{p_{Mg}}{p_{Mg}^* x_{Mg}}$$

根据上表可知，1000K 时，镁的饱和蒸气压 $p_{Mg}^* = 1501\text{Pa}$，将 $x_{Mg} = 0.936$，$p_{Mg} = 1381\text{Pa}$ 代入上式中，有

$$a_{Mg}=\frac{1381}{1501}=0.920,\quad \gamma_{Mg}=\frac{1381}{1501\times 0.936}=0.983$$

同理计算其他浓度时 Mg 的活度和活度系数，计算结果也列于上表中。Mg - Cu 熔体中，Mg 的活度系数小于 1，表示该熔体对理想溶液产生负偏差。

根据实际溶液的液气平衡条件和活度定义式（4-68），像推导稀溶液中溶剂组分化学势一样（推导过程略去，详见 4.4.1 节），得到实际溶液中组分化学势的表达式为

$$\mu_i=\mu_i(T,p^*)+RT\ln a_i \tag{4-70}$$

式中，$\mu_i(T,p^*)$ 为同温度下纯液体 i 的化学势，是组分活度 $a_i=1$ 时的化学势，称为标准化学势。式（4-70）中的活度是以拉乌尔定律为基础的活度。实际溶液中组分化学势与其纯液体化学势之差，可根据式（4-70）得到，即

$$\mu_i-\mu_i(T,p^*)=\Delta\mu_i=RT\ln a_i \tag{4-71}$$

已知组分活度，即可求 $\Delta\mu_i$。

例 4-7　15℃，将 1mol NaOH 溶解于 4.56mol H_2O 中，所形成溶液的蒸气压为 596kPa（NaOH 不挥发），纯水在 15℃的蒸气压为 $p^*_{H_2O}=1705$kPa。

(1) 求此溶液中水的活度及活度系数。

(2) 此溶液中水的化学势 μ_{H_2O} 和纯水的化学势 $\mu^*_{H_2O}$，哪一个较大？二者相差多少？

解：

(1)
$$a_{H_2O}=\frac{p_{H_2O}}{p^*_{H_2O}}=\frac{596}{1705}=0.3496$$

$$\chi_{H_2O}=\frac{n_{H_2O}}{n_{H_2O}+n_{NaOH}}=\frac{4.56}{4.56+1}=0.820$$

$$\gamma_{H_2O}=\frac{a_{H_2O}}{\chi_{H_2O}}=\frac{0.3496}{0.820}=0.426$$

(2)
$$\Delta\mu=\mu_{H_2O}-\mu^*_{H_2O}$$

$$=RT\ln\frac{596}{1705}=8.314\times 288\ln\frac{596}{1705}=-2516\text{J}\cdot\text{mol}^{-1}$$

即
$$\mu^*_{H_2O}>\mu_{H_2O}$$

4.7.2 以亨利定律为基础的活度

图 4-10（a）中的实线表示实际溶液中组分 i 的蒸气压与摩尔分数 x_i 的关系，实线介于两条虚线之间。下方的虚线是服从拉乌尔定律的蒸气压 $p_i^* x_i$，上方的虚线则是服从亨利定律的蒸气压 $k_i x_i$，即

$$p_i^* x_i<p_i<k_i x_i$$

在上式右边乘一个常数 γ_i，称为活度系数，使 $p_i<k_i x_i$ 成为等式，即

$$p_i=k_i\gamma_i x_i=k_i a_i$$

则
$$a_i=\gamma_i x_i$$

也称 γ_i 为活度系数。是以亨利定律为基础的活度系数，其定义为

$$\gamma_i=\frac{p_i}{k_i x_i}$$

以亨利定律为基础的活度定义为

$$a_i=\frac{p_i}{k_i} \tag{4-72}$$

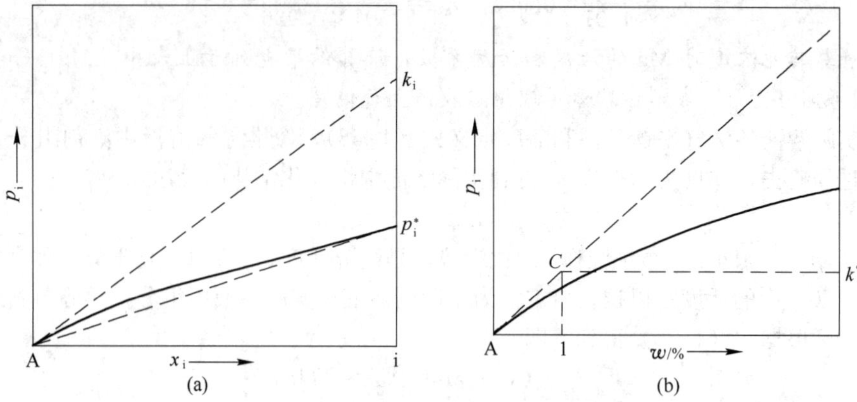

图 4-10 实际溶液中组分的蒸气压
(a) 摩尔分数浓度；(b) 质量分数浓度

式（4-72）中的分子是组分 i 的蒸气压 p_i，分母是以摩尔分数表示的亨利定律常数 k_i。式（4-72）定义的以亨利定律为基础的活度与式（4-68）定义的以拉乌尔定律为基础的活度数值不同，因为这两个活度定义式中的分母是不同的，这表明溶液中组分的活度值不是唯一的，可选择不同的方法进行计算。

同样，当活度系数 $\gamma_i>1$ 时，$p_i>k_ix_i$，表示实际溶液对亨利定律呈正偏差；$\gamma_i<1$ 时，$p_i<k_ix_i$，表示实际溶液对亨利定律呈负偏差；$\gamma_i=1$ 时，$p_i=k_ix_i$，表示实际溶液服从亨利定律。

根据式（4-72），同样可推导出实际溶液中的组分 i 化学势的表示形式，即

$$\mu_i=\mu_i(T,k_i)+RT\ln a_i \tag{4-73}$$

式中，$\mu_i(T,k_i)$ 为标准化学势，所对应的状态称为以亨利定律为基础的活度标准状态，是图 4-10（a）中 $x_i=1$ 轴上的 k_i 点，代表服从亨利定律的纯组分 i（因 k_i 在亨利定律线上）。由于亨利定律只适用于稀溶液中的溶质，所以服从亨利定律的纯组分是不存在的，是虚拟或假想状态。因此，这个活度标准状态（即具有化学势 $\mu_i(T,k_i)$ 的状态）称为活度 a_i 的假想纯物质标准状态。

如果用其他组成标度表示亨利定律，如质量分数 w_i，则活度及活度系数分别为

$$a_i=f_iw_i \tag{4-74}$$

$$f_i=\frac{a_i}{w_i}=\frac{p_i}{k_i^{\%}w_i} \tag{4-75}$$

式（4-74）、式（4-75）中采用符号 f 表示以亨利定律为基础、质量分数为浓度时组分的活度系数，以区别上面定义的两种活度系数。

以亨利定律为基础、质量分数为浓度表示活度时，组分的化学势为

$$\mu_i=\mu_i(T,k_i^{\%})+RT\ln a_i \tag{4-76}$$

图 4-10（b）中亨利定律线（上方虚线）上的 C 点代表标准化学势 $\mu_i(T,k_i^{\%})$ 对应的状态，此时 i 的质量分数等于 1%。由于 i 组分浓度等于 1%时，i 组分实际蒸气压（实线）已经偏离亨利定律（虚线），因此，图中所示的该活度标准状态（C 点）是虚拟状态。对有些系统，当组分的浓度等于 1%时，仍服从亨利定律，这种情况下，组分的活度标准状态则代表实际状态。

计算组分活度时，活度标准状态的选取是任意的，可选择上面介绍的三种活度标准态中的

任何一种。如果所研究的组分是稀溶液中的溶剂，选择以拉乌尔定律为基础的活度便于计算。因为稀溶液中的溶剂服从拉乌尔定律时，活度系数等于1，当缺乏实际溶液中组分的活度系数数据时，可以近似把活度系数取作1，是比较合理的。相反，对溶液中的溶质，采用以亨利定律为基础的活度比较方便。因为稀溶液中的溶质浓度很低时，可近似认为服从亨利定律，活度系数等于1，计算时用浓度代替活度。

4.8 活度和活度系数的测定

4.8.1 实验方法

4.8.1.1 蒸气压法

当形成溶液的组分是挥发性的，并且蒸气压比较大时，可通过测量平衡气相总压及组成，利用公式 $p_i = py_i$，$a_i = \frac{p_i}{p_i^*} = \frac{y_i p}{p_i^*}$ 及 $\gamma_i = \frac{y_i p_i}{p_i^* x_i}$ 或 $\gamma_i = \frac{a_i}{x_i}$ 计算组分的活度及活度系数。这里 p 是溶液总压，p_i^* 是组分i的饱和蒸气压，p_i，a_i，γ_i，y_i 及 x_i 分别是组分i的气相分压、活度、活度系数、气相中及液相中组分i的摩尔分数。

例4-8 29℃时 CS_2(A) 和 CH_3COCH_3(B) 的混合物中B的组成 $x_B = 0.540$，测得平衡气相总压 $p = 69.79\text{kPa}$，气相中B的摩尔分数 $y_B = 0.400$。已知29℃时 $p_A^* = 56.66\text{kPa}$，$p_B^* = 34.93\text{kPa}$。试计算溶液中组分A和组分B的活度及活度系数。

解： 以拉乌尔定律为基础的活度等于其气相分压除以饱和蒸气压，即

$$a_A = \frac{y_A p}{p_A^*} = \frac{(1-0.400)\times 69.79}{56.66} = 0.739$$

活度系数等于活度除以摩尔分数

$$\gamma_A = \frac{a_A}{x_A} = \frac{0.739}{1-0.540} = 1.607$$

同理，B组分以拉乌尔定律为基础的活度和活度系数分别为

$$a_B = \frac{y_B p}{p_B^*} = \frac{0.400\times 69.79}{34.93} = 0.799;\ \gamma_B = \frac{a_B}{x_B} = \frac{0.799}{0.540} = 1.480$$

4.8.1.2 分配定律法

在两个互相接触、互不相溶的液相中，某组分i溶解达到平衡。应用分配定律公式（4-45），并在分配定律中以活度代替相应的浓度，有

$$\frac{a_i^\alpha}{a_i^\beta} = \text{常数}$$

式中，a_i^α，a_i^β 分别为组分i在α相和β相中的活度。当组分在两个相中都是以拉乌尔定律为基础的活度时，组分i在两相中的标准化学势相同，因此，组分i在两相中的活度也相同，即

$$a_i^\alpha = a_i^\beta$$

因此，已知组分在一个相中的活度，就可以计算其在另一个相中的活度及活度系数。

例4-9 1420℃时，Si在Fe和Ag两相中的溶解达到平衡。平衡时Si在两相中的摩尔分数分别为 $x_{Si}^{Fe} = 0.326$，$x_{Si}^{Ag} = 0.00847$，已知Si在Ag液中（以拉乌尔定律为基础）的活度系数等于0.155。计算Si在Fe中的活度及活度系数。

解： Si在Fe和Ag两相中都取以拉乌尔定律为基础的活度时，根据分配定律可知，两个活度相等，即

$$a_{Si}^{Fe}=a_{Si}^{Ag}=\gamma_{Si}^{Ag}x_{Si}^{Ag}=0.155\times0.00847=1.313\times10^{-3}$$

$$\gamma_{Si}^{Fe}=\frac{a_{Si}^{Fe}}{x_{Si}^{Fe}}=\frac{1.313\times10^{-3}}{0.326}=4.028\times10^{-3}$$

4.8.1.3　化学平衡法

对于蒸气压比较小的组分，常采用化学平衡法来测定活度。化学平衡法就是设计一个化学反应，待测物质是溶液中的组分，反应的平衡常数可以通过实验测出，则通过测定平衡常数就可以计算出活度。现以测定 1600℃下铁液中 S 的活度为例，说明测定原理。

在含一定量硫的铁液中通入 H_2S/H_2 的混合气体，发生下列反应

$$H_2(g)+[S]══H_2S(g)$$

通过测量反应过程中参与反应的各物质分压及浓度，按下式计算 K'值，并列于表 4-3 中：

$$K'=\frac{p_{H_2S}}{p_{H_2}}\frac{1}{w[S]_{\%}}$$

表 4-3　1600℃时 S 在 Fe 液中的活度

$w[S]_{\%}$	0.25	0.5	1.0	2.0	3.0	4.0
p_{H_2S}/p_{H_2}	0.65×10^{-3}	1.3×10^{-3}	2.5×10^{-3}	4.7×10^{-3}	6.6×10^{-3}	8.2×10^{-3}
K'	2.6×10^{-3}	2.6×10^{-3}	2.5×10^{-3}	2.35×10^{-3}	2.2×10^{-3}	2.1×10^{-3}
a_s	0.245	0.49	0.94	1.75	2.49	3.16
f_s	0.98	0.98	0.94	0.88	0.83	0.79

K'值不是常数表明溶解在 Fe 中的 S 不遵守亨利定律。上述反应的标准平衡常数为

$$K^{\ominus}=\frac{p_{H_2S}}{p_{H_2}}\frac{1}{a_s}$$

S 的标准状态是 1%状态，H_2S 和 H_2 的标准状态均为 100kPa 下相应的理想气体。定温下 $K^{\ominus}$是常数。K'与 $K^{\ominus}$的比值为

$$\frac{K'}{K^{\ominus}}=\frac{a_s}{w[S]_{\%}}$$

当溶液很稀时，$\gamma_s=1$，$a_s=w[S]_{\%}$，$K'=K^{\ominus}$。图 4-11 所示为 $w[S]_{\%}$与 K'的关系，将曲线外推到 $w[S]_{\%}=0$ 时，从纵坐标上得到的 K'值即为 $K^{\ominus}$，为 2.65×10^{-3}。已知 $K^{\ominus}$后可根据不同浓度时的 K'求得活度和活度系数，结果列于表 4-3 最后两行。

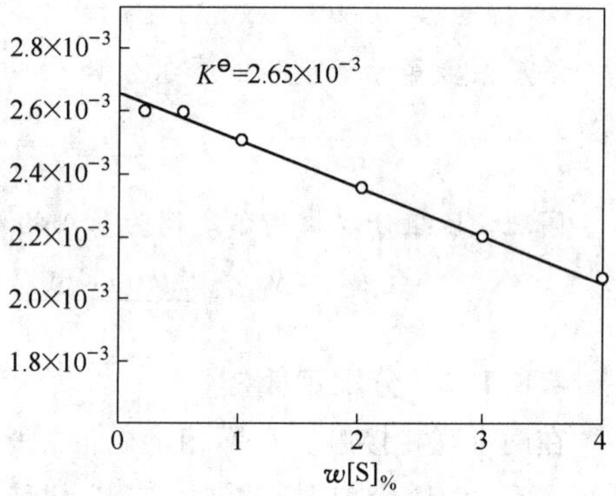

图 4-11　Fe-S 系统 $K^{\ominus}$的图解求法（1600℃）

4.8.2　Gibbs-Duham 方程法

在两个组分溶液中，若已知一个组分在一定浓度范围内的活度值，利用吉布斯-杜亥姆方程可计算另外一个组分的活度。

根据吉布斯—杜亥姆方程（4-16），组分 1 和组分 2 的化学势 μ_1 和 μ_2 之间满足下列关系

$$x_1 d\mu_1+x_2 d\mu_2=0$$

将以拉乌尔定律为基础的组分化学势表达式代入上式后，有

$$x_1\mathrm{d}[\mu_1(T,p_1^*)+RT\ln a_1]+x_2\mathrm{d}[\mu_2(T,p_2^*)+RT\ln a_2]=0$$

由于恒温时，$\mathrm{d}\mu_1(T,p_1^*)=0$，$\mathrm{d}\mu_2(T,p_2^*)=0$，进一步得

$$x_1\mathrm{d}\ln a_1+x_2\mathrm{d}\ln a_2=0$$

将 $a_1=\gamma_1 x_1$，$a_2=\gamma_2 x_2$ 代入上式中，即

$$x_1\mathrm{d}\ln(\gamma_1 x_1)+x_2\mathrm{d}\ln(\gamma_2 x_2)=0$$

$$x_1\mathrm{d}\ln\gamma_1+\mathrm{d}x_1+x_2\mathrm{d}\ln\gamma_2+\mathrm{d}x_2=0$$

由于 $x_1+x_2=1$，$\mathrm{d}x_1+\mathrm{d}x_2=0$，代入上式，则得

$$x_1\mathrm{d}\ln\gamma_1+x_2\mathrm{d}\ln\gamma_2=0$$

积分上下限的确定。当 $x_2=0$ 时，是纯组分 1，以拉乌尔定律为基础时，纯组分的活度系数等于 1，即 $\gamma_1=1$；当 x_2 是某一个中间值时，对应组分 1 的活度系数是 γ_1。在积分区间 $0\to x_2$ 及 $0\to\ln\gamma_1$ 范围内，对上式积分，得

$$\int_0^{\ln\gamma_1}\mathrm{d}\ln\gamma_1=\int_0^{x_2}-\frac{x_2}{1-x_2}\mathrm{d}\ln\gamma_2 \tag{4-77}$$

如果已知 $\ln\gamma_2$ 与 x_2 之间的函数关系，可通过上式求任意浓度时溶液中组分 1 的活度系数 γ_1，若已知组分 2 在 $0\sim x_2$ 范围内的活度系数值，对（4-77）式作数值积分可求 γ_1。

例 4-10 对 Cd－Pb 系，500℃时，用电动势法求得 Cd 的活度系数见表 4-4。试求 $x_{Pb}=0.5$ 时的 y_{Pb} 和 a_{Pb}，Pb 的活度标准状态为液态纯物质。

解：

$$\lg\gamma_{Pb}=\int_{x_{Cd}=0}^{x_{Cd}=x_{Cd}}-\frac{x_{Cd}}{x_{Pb}}\mathrm{d}\lg\gamma_{Cd}$$

作 x_{Cd}/x_{Pb} 与 $\lg\gamma_{Pb}$ 的图（见图 4-12）。当 $x_{Pb}=0.5$，即 $x_{Cd}/x_{Pb}=1$ 时，图中阴影的面积为 0.105。由于 x_{Cd}/x_{Pb} 增加时，$\lg\gamma_{Cd}$ 减小，故此面积是负的，积分结果是正的。因此

$$\lg\gamma_{Pb}=0.105,\ \gamma_{Pb}=1.27$$

$$a_{Pb}=1.27\times0.5=0.635$$

其他浓度的 y_{Pb} 和 a_{Pb} 可用类似方法求出。将计算结果和 a_{Cd} 一起作图得整个浓度范围内的活度（见图 4-13），Cd－Pb 系统都对拉乌尔定律呈正偏差。

表 4-4 Cd－Pb 系的活度（500℃）

x_{Cd}	x_{Pb}	x_{Cd}/x_{Pb}	a_{Cd}	γ_{Cd}	$\lg\gamma_{Cd}$
0.9470	0.0530	17.81	0.954	1.01	0.004
0.8807	0.1193	7.38	0.906	1.03	0.013
0.8091	0.1909	4.23	0.870	1.07	0.029
0.6910	0.3039	2.23	0.814	1.18	0.072
0.5805	0.4195	1.38	0.762	1.31	0.118
0.5044	0.4956	1.01	0.723	1.42	0.156
0.3961	0.6039	0.66	0.653	1.65	0.218
0.2939	0.7061	0.42	0.566	1.92	0.284
0.1277	0.8723	0.15	0.328	2.57	0.410
0.1043	0.8957	0.12	0.281	2.69	0.430

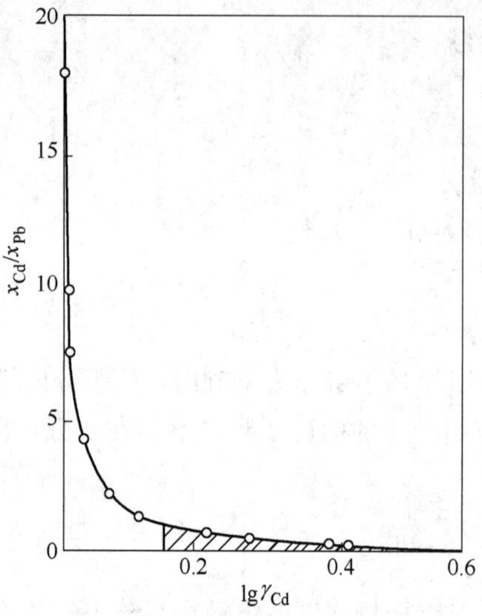

图 4-12 由镉的活度求铅的活度（500℃）

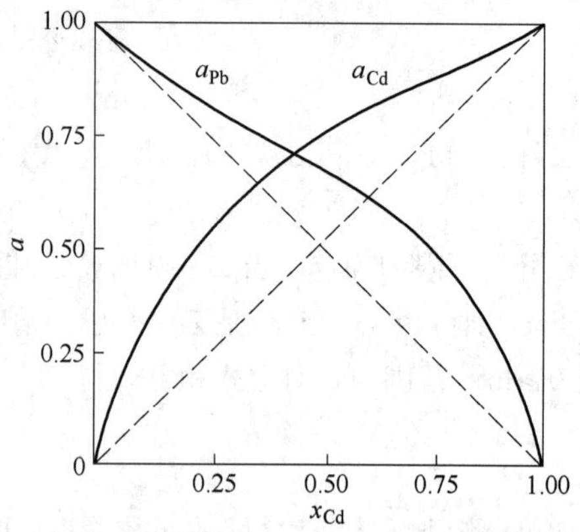

图 4-13 Pb-Cd 系统组分的活度与浓度的关系（500℃）

4.9 溶质活度系数的相互影响

在钢铁和有色金属中，往往溶解有各种各样的杂质或金属元素。这些溶质之间的相互作用也反映在活度系数上。例如在 1600℃时，纯铁中含 0.25%S，活度系数 $f_s=0.98$，但铁中含 0.25%S 的同时，还含 6.99%Mn 时，$f_s=0.765$，这说明 Mn 的存在对 S 的活度系数及活度有影响。

在两组分 Me-i 中，i 的活度系数表示为 f_i^i（也可用 f_i'表示），在 Me-i-j 三组分系统中，i 和 j 是稀溶液中的两种溶质。i 的活度系数为 f_i。由于 j 对 i 的活度系数有影响，f_i^i 和 f_i 是不同的。令两者的比值为 f_i^j，即

$$\frac{f_i}{f_i^i}=f_i^j \tag{4-78}$$

式中，f_i^j 为组分 j 对组分 i 的活度系数的影响。当加入 j 增大 i 的活度系数时，$f_i^j>1$；加入 j 减小 i 的活度系数时，$f_i^j<1$。对式（4-78）取对数，得

$$\lg f_i=\lg f_i^i+\lg f_i^j \tag{4-79}$$

式（4-79）表明，三组分系统 Me-i-j 中，组分 i 的活度系数 f_i 由两部分组成。一部分是由于 i 组分与溶剂性质差异引起的，另一部分则是加入的第三个组分 j 对 i 活度系数产生的影响，称 f_i^j 为 j 对 i 的相互作用系数。

相互作用系数 f_i^j 与 j 的浓度有关。实验证明，在稀溶液的范围内，$\lg f_i^j$ 与 $w[j]_{\%}$ 成正比，即

$$\lg f_i^j=e_i^j w[j]_{\%} \tag{4-80}$$

式中，e_i^j为 j 对 i 的相互作用参数，表示当单位浓度（1%）的 j 对 i 组分活度系数的影响。

图 4-14 表示一些合金元素［j］的浓度（$w[j]_{\%}$）与铁液中 S 的交互作用系数 $\lg f_i^j$ 的关系。

在低浓度时，$\lg f_i^j$ 与 $w[j]_{\%}$ 成直线关系；在浓度较大时，$\lg f_i^j$ 与 $w[j]_{\%}$ 不是直线关系。因此 e_i^j 的严格定义是

$$e_i^j=\left(\frac{\partial \lg f_i^j}{\partial w[j]_{\%}}\right)_{w[i]_{\%}} \tag{4-81}$$

通常取 $w[j]_{\%}\to 0$ 时曲线的斜率作为 e_i^j。对于多组分的稀溶液，各溶质对其中溶质 i 的活度系数的影响是有加和性的。即

$$\lg f_i=\lg f_i^i+\lg f_i^j+\lg f_i^{j'}+\cdots$$

$$\lg f_i=e_i^i w[i]_{\%}+e_i^j w[j]_{\%}+e_i^{j'} w[j']_{\%}+\cdots \tag{4-82}$$

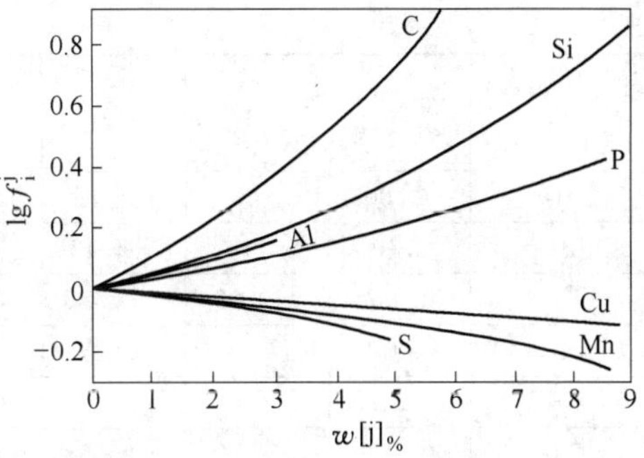

图 4-14　合金元素的浓度与铁液中 S 的交互作用系数的关系（1600℃）

式中，e_i^i 为在 Me－i 两组分中，i 本身的浓度为 1%时 i 活度系数的对数 f_i^i。

例如，铁液中硫的活度系数 f_S 可表示为

$$\lg f_S=e_S^S w[S]_{\%}+e_S^C w[C]_{\%}+e_S^{Al} w[Al]_{\%}+\cdots$$

铁液在 1600℃时各种元素的相互作用参数 e_i^j 的实验值见表 4-5。在文献资料中，这类数值目前分歧很大，应用时只能作为近似值来看。

表 4-5　铁液中元素的相互作用参数 e_i^j（1600℃）

元素 i ＼ 元素 j	Al	B	C	Co	Cr	Cu	H	Mn	Mo	Ni
Al	0.045		0.13	0.017	0.047	0.008	0.24	0.035		0.008
B		0.016	0.22				0.48			
C	0.063	0.244	0.22	0.012	−0.018	0.016	0.83	−0.001	−0.009	0.012
Co	0.03		0.042	0.001	−0.022		−0.004			
Cr	0.045		−0.092	−0.019	0.0129	−0.087	−0.52		0.0018	−0.0093
Cu	0.013		0.066		−0.102	−0.021	−0.240			
H	0.013	0.05	0.072	0.004	−0.0057	0.0024	0.17	−0.0014	0.0029	−0.0024
Mn	0.07		−0.070				−0.13	0		
Mo			−0.12		−0.0003		−0.13		0.005	
Ni	0.013		0.047		−0.011		−0.264			−0.050
N	−0.028	0.13	0.102	0.007	−0.046	0.009		−0.013	−0.013	0.011
O	−3.9	−0.62	−0.65	0.008	−0.064	−0.01	0.189	−0.026	−0.005	0.006
P	0.054		0.14	0.001	0.083	0.004	0.55	0.026		0.002
Si	0.059	0.20	0.24	0.009	0.015	0	0.74	0.28		0.005
S	0.022	0.134	0.29	0.0026	−0.038	−0.012	0.41	−0.017	0.0027	0
Ti	0.12		−0.3				−1.10			
V	0.10		−0.17				−0.46			

续表 4-5

元素 j / 元素 i	N	Nb	O	P	Si	S	Ti	V	Zr
Al	−0.006		−6.59	0.048	0.055	0.017	0.07	0.06	
B	0.10		−0.42		0.078	0.048			
C	0.087	−0.06	−0.485	0.058	0.107	0.112	−0.08	−0.053	
Co	0.016		0.018	−0.001	0.013	0.0001			
Cr	−0.183		−0.22	0.144	0.023	−0.064			
Cu	0.025		−0.053	0.009	0	−0.028			
H		−0.0068	0.016	0.022	0.031	0.017	−0.019	−0.0094	
Mn	−0.064		0.100	0	0.55	−0.032			
Mo	−0.11		0.008			−0.014			
Ni	0.032		0.011	0	0.011	−0.0037			
N	0	−0.067	−0.12	0.051	0.07	0.013	−0.93	−0.11	
O	−0.14	−0.06	−0.20	0.07	−0.16	1.00	−0.81	−0.13	−0.11
P	0.11		0.131	0.031	0.094	0.041	−0.003	−0.003	
Si	0.156		−0.28	0.085	0.08	0.057	0.03	0.15	
S	0.024	−0.013	0	0.042	0.065	−0.0282	−0.072	−0.03	−0.053
Ti	−2.2		−0.56	−0.01	0.05	−0.08	0.048		
V	−0.35		−0.36	−0.008	0.027	0.050		0.02	

从表 4-5 可以看到，e_i^j的正负号和大小各不相同。如 e_i^j为正值，就表明 j 的加入会使 i 的活度系数增大，如 e_i^j为负值，就表明 j 的加入会使 i 的活度系数减小。由于 $a_i=f_i w[i]_{\%}$，所以当 a_i 一定时，f_i 愈大，$w[i]_{\%}$就愈小，反之亦然。元素 i 在钢液中的溶解达平衡时，此元素在钢液中有一定活度，如果另一组分 j 的加入引起 i 活度系数的增大（或减小），就会使 i 的平衡浓度（即溶解度）相应地减小（或增大）。

例 4-11　铁水中含有 1%Si 和 3%C，求 Si 和 C 的活度系数和活度。

解：(1)
$$\lg f_{Si}=e_{Si}^{Si}w[Si]_{\%}+e_{Si}^{C}w[C]_{\%}$$

查表 4-5 得

$$e_{Si}^{Si}=0.08,\ e_{Si}^{C}=0.24$$
$$\lg f_{Si}=0.08\times1+0.24\times3=0.8$$
$$f_{Si}=6.3$$
$$a_{Si}=f_{Si}w[Si]_{\%}=6.3\times1=6.3$$

(2)
$$\lg f_C=e_C^C w[C]_{\%}+e_C^{Si}w[Si]_{\%}$$
$$e_C^C=0.22,\ e_C^{Si}=0.107$$
$$\lg f_C=0.22\times3+0.107\times1=0.767$$
$$f_C=5.85$$
$$a_C=f_C w[C]_{\%}=5.85\times3=17.5$$

4.10　超额函数与规则溶液

4.10.1　超额函数

超额函数（也称过剩函数）是各组分形成实际溶液时的混合热力学函数与假设它们形成理

想溶液时的混合热力学函数之差。超额函数表示稀溶液的不理想程度。通常是对 1mol 溶液而言的，例如超额摩尔吉布斯函数、超额摩尔熵、超额摩尔焓等。摩尔两字常常略去，超额吉布斯函数、超额熵、超额焓用符号 G^{E}、S^{E}、H^{E} 表示。

形成 1mol 实际溶液时，系统的吉布斯函数的变化为

$$\Delta G_{m}=RT(x_{1}\ln a_{1}+x_{2}\ln a_{2})=RT(x_{1}\ln x_{1}+x_{2}\ln x_{2})+RT(x_{1}\ln\gamma_{1}+x_{2}\ln\gamma_{2})$$

形成 1mol 理想溶液时，系统吉布斯函数的变化为

$$\Delta G_{m}^{id}=RT\ (x_{1}\ln x_{1}+x_{2}\ln x_{2})$$

两式相减，得超额吉布斯函数

$$G^{E}=RT(x_{1}\ln\gamma_{1}+x_{2}\ln\gamma_{2}) \tag{4-83}$$

超额熵是超额吉布斯函数对温度的一阶偏导数，即

$$\begin{aligned}S^{E}&=-\left(\frac{\partial G^{E}}{\partial T}\right)_{p,n_{i}}\\&=-RT(x_{1}\ln\gamma_{1}+x_{2}\ln\gamma_{2})-RT\left(x_{1}\frac{\partial\ln\gamma_{1}}{\partial T}+x_{2}\frac{\partial\ln\gamma_{2}}{\partial T}\right)\end{aligned} \tag{4-84}$$

而超额焓则为

$$\begin{aligned}H^{E}&=G^{E}+TS^{E}\\&=RT^{2}\left(x_{1}\frac{\partial\ln\gamma_{1}}{\partial T}+x_{2}\frac{\partial\ln\gamma_{2}}{\partial T}\right)\end{aligned} \tag{4-85}$$

超额吉布斯函数可以分成超额焓和超额熵两部分

$$G^{E}=H^{E}-TS^{E} \tag{4-86}$$

所以，实际溶液的不理想程度在形式上可以认为是由于超额焓和超额熵这两部分造成的。

有两类非理想溶液的规律性比较简单。一类是 $S^{E}\approx 0$，即混合过程的熵变很接近生成理想溶液的熵变，但 $H^{E}\neq 0$，混合时有热效应，这类溶液称为规则溶液。另一类是 $H^{E}\approx 0$，即混合热等于零，溶液之所以不理想，是由于 $S^{E}\neq 0$，这类溶液称为无热溶液。在非理想溶液的理论模型中，规则溶液是最常见的一种，对金属系统应用较多。

4.10.2 规则溶液

规则溶液模型是 1929 年希尔德勃兰德（Hildbrand）提出的。规则溶液的超额熵 $S^{E}\approx 0$，即其混合熵基本上与理想溶液相同。这就意味着形成溶液时，质点的排列与理想溶液一样，是完全无序的。由于 $H^{E}\neq 0$，所以形成溶液时，质点的相互作用能是有变化的。利用统计方法推导出的规则溶液中各组分活度系数与浓度的关系为

$$RT\ln\gamma_{1}=ax_{2}^{2},\ RT\ln\gamma_{2}=ax_{1}^{2} \tag{4-87}$$

式中，a 是一常数，其值决定于两组分形成溶液时相互作用能的变化，与温度和组成无关。

利用式（4-87）可以求出规则溶液的超额函数为

$$G^{E}=RT(x_{1}\ln\gamma_{1}+x_{2}\ln\gamma_{2})=RT\left(x_{1}\frac{a}{RT}x_{2}^{2}+x_{2}\frac{a}{RT}x_{1}^{2}\right)=ax_{1}x_{2}^{2}+ax_{2}x_{1}^{2}=ax_{1}x_{2} \tag{4-88}$$

由于 $S^{E}=0$，则有

$$H^{E}=G^{E}=ax_{1}x_{2} \tag{4-89}$$

这就是说，G^{E} 和 H^{E} 与组成 x 的关系是重合的抛物线。C_6H_6 - CCl_4 系统（见图 4-15）基本符合这个规律。有些系统，如 Cd - Sn 系，它的 G^{E} 和 H^{E} 与 x 的关系虽然接近抛物线，却因两者相差较大，不是规则溶液（见图 4-16）。

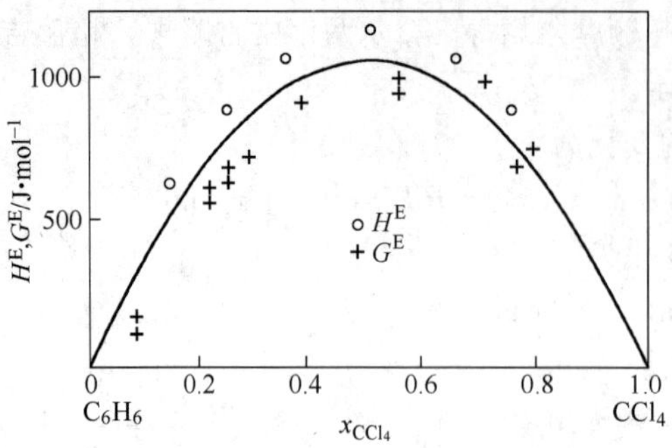

图 4-15　C_6H_6-CCl_4 系统的超额函数

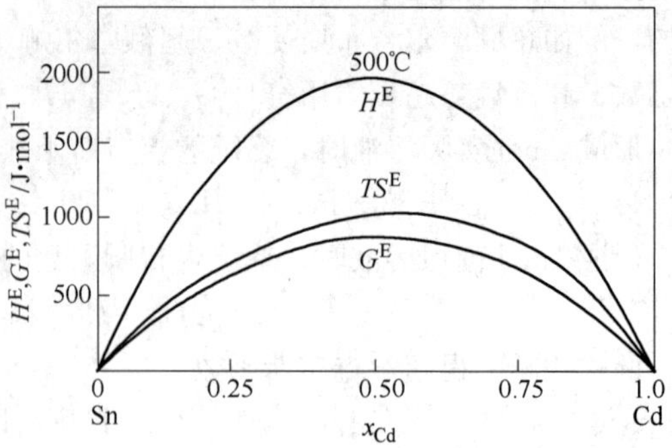

图 4-16　Cd-Sn 系统的超额函数

4.11　溶液中的化学平衡

上面几节中已涉及一些溶液中化学反应平衡的计算，本节对此问题作一归纳，并举例说明其应用。

某一多相反应：

$$a[\mathrm{A}]+b[\mathrm{B}]=\!=\!=d\mathrm{D(g)}$$

式中，[　] 表示溶液中的组分，g 表示气态。在恒温恒压下，反应的吉布斯函数的变化 $\mathrm{d_r}G_\mathrm{m}=\sum\limits_\mathrm{i}\mu_\mathrm{i}\mathrm{d}n_\mathrm{i}$ 。反应的平衡条件是 $\mathrm{d_r}G_\mathrm{m}=0$，即

$$\sum_\mathrm{i}\mu_\mathrm{i}\mathrm{d}n_\mathrm{i}=0$$

对理想气体 D，应用化学势式（4-34）；而溶液中的组分 A 和组分 B，应用化学势式（4-70），式（4-73）或式（4-76），并代入上式中，即

$$\left(\mu_\mathrm{D}^\ominus+RT\ln\frac{p_\mathrm{D}}{p^\ominus}\right)\mathrm{d}n_\mathrm{D}+(\mu_\mathrm{A}^\ominus+RT\ln a_\mathrm{A})\mathrm{d}n_\mathrm{A}+(\mu_\mathrm{B}^\ominus+RT\ln a_\mathrm{B})\mathrm{d}n_\mathrm{B}=0$$

根据反应方程式的化学计量数，各组分物质的量的增量之间应有下列关系

$$\mathrm{d}n_\mathrm{A}=-\frac{a}{d}\mathrm{d}n_\mathrm{D},\ \mathrm{d}n_\mathrm{B}=-\frac{b}{d}\mathrm{d}n_\mathrm{D}$$

代入上式中，有

$$d\left(\mu_\mathrm{D}^\ominus+RT\ln\frac{p_\mathrm{D}}{p^\ominus}\right)\mathrm{d}n_\mathrm{D}-a(\mu_\mathrm{A}^\ominus+RT\ln a_\mathrm{A})\mathrm{d}n_\mathrm{D}-b(\mu_\mathrm{B}^\ominus+RT\ln a_\mathrm{B})\mathrm{d}n_\mathrm{D}=0$$

$$\left(\mathrm{d}\mu_\mathrm{D}^\ominus-a\mu_\mathrm{A}^\ominus-b\mu_\mathrm{B}^\ominus+RT\ln\frac{(p_\mathrm{D}/p^\ominus)^d}{a_\mathrm{A}^a a_\mathrm{B}^b}\right)\mathrm{d}n_\mathrm{D}=0$$

因为 $\mathrm{d}n_\mathrm{D}\neq0$，所以

$$\mathrm{d}\mu_\mathrm{D}^\ominus-a\mu_\mathrm{A}^\ominus-b\mu_\mathrm{B}^\ominus+RT\ln\frac{(p_\mathrm{D}/p^\ominus)^d}{a_\mathrm{A}^a a_\mathrm{B}^b}=0$$

将上式移项，得

$$\ln\frac{(p_\mathrm{D}/p^\ominus)^d}{a_\mathrm{A}^a a_\mathrm{B}^b}=\frac{-(\mathrm{d}\mu_\mathrm{D}^\ominus-a\mu_\mathrm{A}^\ominus-b\mu_\mathrm{B}^\ominus)}{RT}=\frac{-\Delta_\mathrm{r}G_\mathrm{m}^\ominus}{RT} \tag{4-90}$$

式中，$\Delta_\mathrm{r}G_\mathrm{m}^\ominus=\mathrm{d}\mu_\mathrm{D}^\ominus-a\mu_\mathrm{A}^\ominus-b\mu_\mathrm{B}^\ominus$ 是化学反应的标准摩尔反应吉布斯函数。令

$$K^\ominus=\frac{(p_\mathrm{D}/p^\ominus)^d}{a_\mathrm{A}^a a_\mathrm{B}^b} \tag{4-91}$$

称为标准平衡常数，则得到标准平衡常数 $K^{\ominus}$ 与系统标准摩尔反应吉布斯函数的关系，即

$$\Delta_r G_m^{\ominus} = -RT\ln K^{\ominus}$$

在标准平衡常数中，溶液中组分用活度表示，气相组分用分压表示。由于溶液组分的标准化学势 $\mu_i^{\ominus}$ 与所选取的活度标准状态有关，可选择以拉乌尔定律为基础的活度，或选择以亨利定律为基础的活度，所以 $\Delta_r G_m^{\ominus}$ 和 $K^{\ominus}$ 是组分与活度的标准状态有关的量，在计算时应特别予以注意。

标准平衡常数式（4-91）也可写成下列形式

$$K^{\ominus} = \frac{(p_D/p^{\ominus})^d}{\gamma_A^a x_A^a \gamma_B^b x_B^b} \tag{4-92}$$

式中，γ_A，γ_B，x_A，x_B 分别为溶液中组分 A 和组分 B 的活度及活度系数，可直接利用本书附录中列出的热力学数据，计算化学反应的标准摩尔反应吉布斯函数 $\Delta_r G_m^{\ominus}$ 及反应的标准平衡常数 $K^{\ominus}$。

如果组分之间形成理想溶液，因为理想溶液中组分活度系数等于 1，即 $\gamma_A = \gamma_B = 1$，则可将式（4-92）化简为

$$K^{\ominus} = \frac{(p_D/p^{\ominus})^d}{x_A^a x_B^b} \tag{4-93}$$

对实际溶液中的溶质，常选用以亨利定律为基础的活度。其中以 $w_B = 1\%$ 活度标准状态对冶金类反应计算最为常用。选择这种活度标准状态后，反应的标准平衡常数为

$$K^{\ominus} = \frac{(p_D/p^{\ominus})^d}{(f_A w_B)^a\ (f_B w_A)^b} \tag{4-94}$$

因为式（4-94）中所选取的活度标准状态是以亨利定律为基础、1%状态作为活度的标准状态，用 f_A，f_B 代表溶液中组分 A 和组分 B 的活度系数，以区别另外两种标准状态的活度。计算式（4-94）中的平衡常数时，需要已知各溶解态物质的各标准溶解吉布斯函数。表 4-6 中列出了部分组分溶解在铁液中的标准摩尔溶解吉布斯函数数据。组分的标准溶解吉布斯函数是标准状态下，1mol 纯组分溶解到大量溶液中的标准吉布斯函数的变化，即下列过程的吉布斯函数变化

$$\mathrm{A} = [\mathrm{A}]_{1\%} \qquad \Delta G_m^{\ominus}$$

表 4-6 铁液中溶质的标准溶解吉布斯函数（1%标准状态）

溶 解 反 应	$\Delta G_m^{\ominus}$/J·mol^{-1}	溶 解 反 应	$\Delta G_m^{\ominus}$/J·mol^{-1}
Al(l)=[Al]	−43095−32.26T/K	1/2P_2(g)=[P]	−122170−19.2T/K
C(石墨)=[C]	21340−41.84T/K	Si(l)=[Si]	−119240−25.5T/K
Cr(s)=[Cr]	20920−47.32T/K	1/2S_2(g)=[S]	−131880+22.05T/K
Co(s)=[Co]	−38.74T/K	Ti(s)=[Ti]	−54810−44.8T/K
Cu(l)=[Cu]	33464−39.33T/K	W(s)=[W]	33470−56.1T/K
1/2H_2(g)=[H]	31966+32.13T/K	V(s)=[V]	−15480−45.6T/K
1/2O_2(g)=[O]	−117150−2.89T/K	Zr(s)=[Zr]	−53555−50.2T/K
FeO(l)=[O]+Fe	120920−52.34T/K	1/2N_2(g)=[N]	10795+21.0T/K

当溶液很稀、溶质服从亨利定律时，以亨利定律为基础的活度系数等于 1，即 $f_A = f_B = 1$，式（4-94）变成

$$K^{\ominus}=\frac{(p_D/p^{\ominus})^d}{(w_A)^a(w_B)^b} \tag{4-95}$$

下面举例说明溶液化学反应平衡的计算。

例 4-12 试根据附表 4 的数据求 1873K 时 MnO 的分解压。如 Mn 与 Fe 形成含 3%Mn 的理想溶液，试求此时 MnO 的分解压。

解： 查表得

$$2Mn(l)+O_2 = 2MnO(s)$$

$$\Delta_r G_m^{\ominus}=(-798307+164.22T)\text{J}\cdot\text{mol}^{-1}$$

1873K 时，$\Delta_r G_m^{\ominus}=-490723\text{J}\cdot\text{mol}^{-1}$

$$\lg K^{\ominus}=\lg\frac{p^{\ominus}}{p_{O_2}}=\frac{-\Delta_r G_m^{\ominus}}{2.303RT}=13.68$$

$$K^{\ominus}=4.79\times10^{13}$$

$$p_{O_2}=\frac{1\times10^5}{4.79\times10^{13}}=2\times10^{-9}\text{Pa}$$

MnO 与溶解在铁液中的 Mn 平衡时，反应方程式为

$$2[Mn]+O_2 = 2MnO(s)$$

取以拉乌尔定律为基础的活度，Mn 的活度标准态是纯液态锰，平衡常数 $K^{\ominus}$ 和本题中前面的计算相同，等于 4.79×10^{13}

$$K^{\ominus}=\frac{p^{\ominus}}{x_{Mn}^2 p_{O_2}},\quad p_{O_2}=\frac{p^{\ominus}}{K^{\ominus}\ x_{Mn}^2}$$

将 3%换算成摩尔分数 $x_{Mn}=0.0305$，则

$$p_{O_2}=\frac{p^{\ominus}}{K^{\ominus}\ x_{Mn}^2}=\frac{1\times10^5}{4.79\times10^{13}\times0.0305^2}=2.24\times10^{-6}\text{Pa}$$

例 4-13 在 1000℃，标准压力下含 3%CH_4（体积分数）的混合气体与 Fe-C 合金达平衡。求此合金中的碳含量。如要此合金为石墨所饱和，混合气体中最低应含多少 CH_4？

已知：

$$C(石墨)+2H_2(g) = CH_4(g)$$

$$\Delta_r G_m^{\ominus}=(-69120+51.25T\lg T-65.35T)\text{J}\cdot\text{mol}^{-1}$$

1000℃，Fe-C 合金中 C 的质量分数与活度（以石墨为标准状态）的关系曲线如图 4-17 所示。

解： $[C]+2H_2(g) = CH_4(g)$

根据题中所给出的标准摩尔反应吉布斯函数数据计算反应的标准平衡常数。1273K 时，$\Delta_r G_m^{\ominus}=50252\text{J}\cdot\text{mol}^{-1}$，

$$\ln K^{\ominus}=-\frac{\Delta_r G_m^{\ominus}}{RT}=-\frac{50252}{8.314\times1273}$$

有 $K^{\ominus}=8.7\times10^{-3}$

反应达到平衡时，平衡常数与 CH_4 和 H_2 分压及碳的活度之间的关系为

$$K^{\ominus}=\frac{\dfrac{p_{CH_4}}{p^{\ominus}}}{\left(\dfrac{p_{H_2}}{p^{\ominus}}\right)^2 a_C}$$

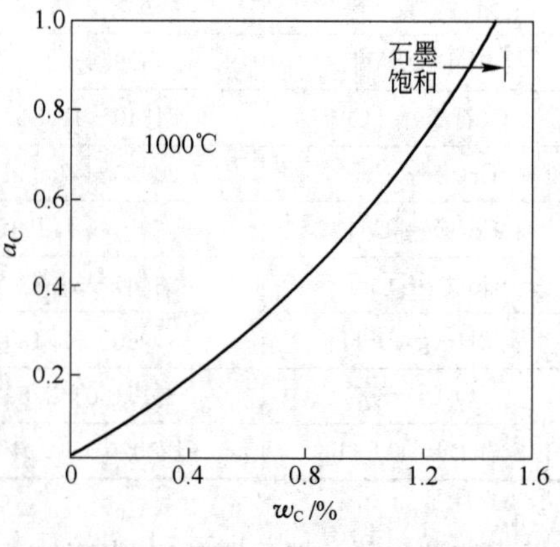

图 4-17 Fe-C 合金中碳的活度

将 p_{CH_4}、p_{H_2} 数值代入上式，解得碳的活度为

$$a_C=0.575$$

从碳的活度与组成关系图（见图 4-17）上查出，Fe-C 合金中，当 $a_C=0.575$ 时，铁中碳的质量分数 $w_C=1.04\%$。

对与石墨成平衡的系统 Fe-C 合金，石墨在固体 Fe 中溶解已达饱和，有纯固体石墨析出。所以，以石墨为标准状态时，碳的活度等于 1。$p_{H_2}=p^\ominus-p_{CH_4}\approx p^\ominus$，$8.7\times10^{-3}=\dfrac{p_{CH_4}}{p^\ominus\times1^2\times1}$，求得 CH_4 气相分压为

$$p_{CH_4}/p^\ominus=8.7\times10^{-3}$$

当总压等于标准压力时，CH_4 所占的体积分数应等于 0.87%。

例 4-14 利用本书附录中的热力学数据，计算 1600℃时，铁液中下列反应的平衡常数。

$$[C]+[O]=\!=\!=CO(g)$$

解： 本题反应方程式中碳和氧都是溶解状态的物质，以亨利定律为基础，1%浓度的溶液为活度的标准状态时，C 和 O 在铁液中溶解反应的标准摩尔溶解吉布斯函数为

$$C(石墨)=\!=\!=[C] \qquad \Delta G^\ominus_{m,1}=(21340-41.84T/K)J\cdot mol^{-1} \tag{1}$$

$$\frac{1}{2}O_2=\!=\!=[O] \qquad \Delta G^\ominus_{m,2}=(-117150-2.89T/K)J\cdot mol^{-1} \tag{2}$$

反应 $C(石墨)+\frac{1}{2}O_2=CO$ 的标准摩尔反应吉布斯函数为

$$\Delta_r G^\ominus_{m,3}=(-116300-83.9T/K)J\cdot mol^{-1} \tag{3}$$

由上面三个反应组合得到下列反应及标准摩尔反应吉布斯函数

$$[C]+[O]=\!=\!=CO(g) \tag{4}$$

$$\Delta_r G^\ominus_{m,4}=\Delta_r G^\ominus_{m,3}-\Delta G^\ominus_{m,2}-\Delta G^\ominus_{m,1}=(-20490-39.17T/K)J\cdot mol^{-1}$$

1873K 时，$\Delta_r G^\ominus_{m,4}=-93855J\cdot mol^{-1}$

$$\ln K^\ominus=\frac{-\Delta_r G^\ominus_{m,4}}{RT}=\frac{93855}{8.314\times1873}$$

$$K^\ominus=\frac{p_{CO}/p^\ominus}{f_C f_O w_C w_O}=415$$

C 和 O 在铁液中的溶解度较小，近似把此铁液看作是稀溶液，取 $f_C=f_O=1$，而 $p_{CO}=p^\ominus$，得到 1600℃铁液中溶解氧和溶解碳的浓度积为

$$w_C\times w_O=0.0024$$

例 4-15 1600℃时，用真空感应炉在氧化镁坩埚内熔炼含碳 0.1%、含铬介于 18%～20% 的不锈钢返回料，炉内真空度 1～0.1Pa。问氧化镁坩埚能否受到侵蚀？已知此合金中碳的活度系数 $f_C=0.2$。

解： 从附表 4 查得下列反应的标准摩尔反应吉布斯函数为

$$2C+O_2=\!=\!=2CO \qquad \Delta_r G^\ominus_{m,1}=(-232600-167.8T/K)J\cdot mol^{-1} \tag{1}$$

$$2Mg(g)+O_2=\!=\!=2MgO(s) \qquad \Delta_r G^\ominus_{m,2}=(-1428800+387.4T/K)J\cdot mol^{-1} \tag{2}$$

碳的标准摩尔溶解吉布斯函数为

$$C=\!=\!=[C] \qquad \Delta G^\ominus_{m,3}=(21338-41.84T/K)J\cdot mol^{-1} \tag{3}$$

氧化镁被侵蚀的反应方程为

$$MgO(s)+[C]=\!=\!=Mg(g)+CO \tag{4}$$

从上面三个反应方程联立求得反应（4）的标准摩尔反应吉布斯函数为

$$\Delta_r G^{\ominus}_{m,4}=\frac{1}{2}\Delta_r G^{\ominus}_{m,1}-\frac{1}{2}\Delta_r G^{\ominus}_{m,2}-\Delta G^{\ominus}_{m,3}=(576762-235.76T/\mathrm{K})\mathrm{J\cdot mol^{-1}}$$

1873K 时，$\Delta_r G^{\ominus}_{m,4}=135184\mathrm{J\cdot mol^{-1}}$

$$\ln K^{\ominus}=\frac{-135184}{8.314\times1873}$$

$$K^{\ominus}=1.7\times10^{-4}$$

将气体分压及物质浓度关系式代入上式中，即

$$K^{\ominus}=\frac{p_{Mg}p_{CO}}{(p^{\ominus})^2 a_C}=\frac{p_{CO}^2}{(p^{\ominus})^2 f_C w_C}=\frac{p_{CO}^2}{(p^{\ominus})^2\times0.2\times0.1}=1.7\times10^{-4}$$

求得氧化镁坩埚被侵蚀时的一氧化碳分压为

$$p_{CO}=184\mathrm{Pa}$$

故侵蚀反应析出气体的压力等于 $p_{Mg}+p_{CO}=2p_{CO}=368\mathrm{Pa}$。此值远大于炉内压力（0.1～1Pa），所以热力学计算表明，在给定条件下，氧化镁坩埚会被侵蚀。

例 4-16　炼钢过程中，用铝去除钢中氧的反应如下

$$2[\mathrm{Al}]+3[\mathrm{O}]=\!=\!=\mathrm{Al_2O_3(s)} \qquad (1)$$

（1）求此反应在 1600℃时的平衡常数。已知 Al_2O_3 的标准摩尔生成吉布斯函数及 Al 和 O_2 的标准溶解吉布斯函数数据如下：

$$2\mathrm{Al(l)}+\frac{3}{2}\mathrm{O_2}=\!=\!=\mathrm{Al_2O_3(s)} \qquad \Delta_r G^{\ominus}_{m,2}=(-1680750+321.3T/\mathrm{K})\mathrm{J\cdot mol^{-1}} \qquad (2)$$

$$\mathrm{Al(l)}=\!=\!=[\mathrm{Al}] \qquad \Delta G^{\ominus}_{m,3}=(-43095-32.26T/\mathrm{K})\mathrm{J\cdot mol^{-1}} \qquad (3)$$

$$\frac{1}{2}\mathrm{O_2}=\!=\!=[\mathrm{O}] \qquad \Delta G^{\ominus}_{m,4}=(-117150-2.89T/\mathrm{K})\mathrm{J\cdot mol^{-1}} \qquad (4)$$

（2）如果脱氧过程在 1600℃时进行，试近似计算钢中残留铝的质量分数等于 0.01%时，钢中的氧含量。

解：（1）

$$2[\mathrm{Al}]+3[\mathrm{O}]=\!=\!=\mathrm{Al_2O_3(s)}$$

$$\Delta_r G^{\ominus}_{m,1}=\Delta_r G^{\ominus}_{m,2}-2\Delta G^{\ominus}_{m,3}-3\Delta G^{\ominus}_{m,4}=(-1243110+394.5T/\mathrm{K})\mathrm{J\cdot mol^{-1}}$$

1873K 时，铝脱氧反应的标准摩尔反应吉布斯函数 $\Delta_r G^{\ominus}_{m,1}=-504210\mathrm{J\cdot mol^{-1}}$

反应的标准平衡常数为

$$\ln K^{\ominus}=\frac{-\Delta_r G^{\ominus}_{m,1}}{RT}=\frac{504210}{8.314\times1873}$$

$$K^{\ominus}=1.15\times10^{14}$$

（2）根据题意可知［Al］和［O］都是以 1%为标准状态的。近似计算时，设 $f_O=f_{Al}=1$，则得

$$K^{\ominus}=\frac{1}{w_{Al}^2 w_O^3}$$

将 $K^{\ominus}=1.15\times10^{14}$，$w_{Al}=0.01$ 代入，即

$$w_O=0.00044\%$$

例 4-17　将 SrO(s)、$SrCO_3$(s) 和石墨粉混匀，置于密闭的容器中，用真空泵将容器中空气全部抽走，加热到 950℃保持足够时间，达平衡后，测得容器的总压力为 108kPa。若将上述实验中的石墨粉用 Fe－C 合金粉代替，其他条件不变，测得平衡后容器内的总压力为 27.7kPa。求此 Fe－C 合金中碳的活度，并指明其标准态。已知：

$$\mathrm{SrCO_3(s)}=\!=\!=\mathrm{SrO(s)}+\mathrm{CO_2} \qquad \Delta_r G^{\ominus}_{m,1}=(214600-141.6T/\mathrm{K})\mathrm{J\cdot mol^{-1}} \qquad (1)$$

解：此系统在950℃时，$SrCO_3(s)$ 会分解出 CO_2，同时，此 CO_2 又会与石墨粉发生下列反应

$$CO_2 + C \longrightarrow 2CO \qquad K_2^\ominus = \frac{(p_{CO}/p^\ominus)^2}{p_{CO_2}/p^\ominus} \tag{2}$$

在950℃时，反应（1）、（2）同时达平衡，由 $\Delta_r G_{m,1}^\ominus = -RT\ln K_1^\ominus$ 可求出 $K_1^\ominus$

$$\Delta_r G_{m,1}^\ominus = 214600 - 141.6 \times 1223 = 41423\text{J} \cdot \text{mol}^{-1}$$

则 $\ln K_1^\ominus = -\dfrac{41423}{8.314 \times 1223}$，$K_1^\ominus = \dfrac{p_{CO_2}}{p^\ominus} = 0.0170$

$$p_{CO_2} = 1.7\text{kPa}, \ p_{CO} = p - p_{CO_2} = 108 - 1.7 = 106.3\text{kPa}$$

将以上的 p_{CO_2}，p_{CO} 代入 $K_2^\ominus$ 表达式中，求出

$$K_2^\ominus = \frac{(106.3/p^\ominus)^2}{1.7/p^\ominus} = 66.5$$

当用 Fe-C 合金代替石墨粉后，反应（2）可写为

$$CO_2 + [C]_{Fe\text{-}C} \longrightarrow 2CO \qquad K_2^\ominus = \frac{(p_{CO}/p^\ominus)^2}{(p_{CO_2}/p^\ominus)a_C} = 66.5$$

温度不变，则 $K_2^\ominus$ 亦不变。由 $K_2^\ominus$ 表达式得

$$a_C = \frac{1}{K_2^\ominus} \frac{(p_{CO}/p^\ominus)^2}{p_{CO_2}/p^\ominus} = \frac{1}{66.5} \frac{(p_{CO}/p^\ominus)^2}{p_{CO_2}/p^\ominus} \tag{3}$$

因为 p_{CO_2} 受反应（1）的平衡所控制，仍为1.7kPa。所以改用 Fe-C 合金代替石墨粉后（总压变为27.7kPa），气相中 p_{CO} 为

$$p_{CO} = p - p_{CO_2} = 27.7 - 1.7 = 26.0\text{kPa}$$

将以上 p_{CO}，p_{CO_2} 值代入式（3）中，得到 Fe-C 合金的碳活度为

$$a_C = \frac{1}{K_2^\ominus} \frac{(p_{CO}/p^\ominus)^2}{p_{CO_2}/p^\ominus} = \frac{1}{66.5} \times \frac{(26)^2}{1.7 \times 100} = 0.06$$

此 a_C 的标准态是纯石墨。

例 4-18 拟用由 CaO、SiO_2、CaF、Na_2O 的熔渣加入到铁水包中对铁水脱硫，但在铁水温度（1623K）下，此渣中的（Na_2O）会被铁水中的碳还原

$$(Na_2O) + [C] \longrightarrow 2Na(g) + CO$$

产生的钠蒸气排出炉外，又被空气氧化成白色的 Na_2O 烟雾，污染环境。请用下列数据计算上述反应可能产生的蒸气的最大压力。铁水中的［C］接近饱和，可认为 $a_C = 1$，渣中（Na_2O）的活度 $a_{Na_2O} = 4.7 \times 10^{-6}$，$\Delta_f G_m^\ominus(CO) = (-114400 - 85.77T/\text{K})\text{J} \cdot \text{mol}^{-1}$，$\Delta_f G_m^\ominus(Na_2O) = (-518800 + 234.7T/\text{K})\text{J} \cdot \text{mol}^{-1}$

解：用题给数据，可算出下列反应的 $\Delta_r G_m^\ominus$

$$Na_2O(g) + C(s) \longrightarrow 2Na(g) + CO$$

$$\Delta_r G_m^\ominus = \Delta_f G_m^\ominus(CO) - \Delta_f G_m^\ominus(Na_2O) = (404400 - 320.47T/\text{K})\text{J} \cdot \text{mol}^{-1}$$

因为铁水中［C］接近饱和，活度取为1，上面算出的 $\Delta_r G_m^\ominus$ 就是下列反应的 $\Delta_r G_m^\ominus$

$$(Na_2O) + [C] \longrightarrow 2Na(g) + CO$$

在 $T = 1623\text{K}$ 时，可算出 $\Delta_r G_m^\ominus = -115723\text{J} \cdot \text{mol}^{-1}$，由此算出平衡常数 $K^\ominus = 5303$

$$K^\ominus = \frac{(p_{NaO}/p^\ominus)^2 (p_{CO}/p^\ominus)}{a_{Na_2O} a_C}$$

将（$p_{CO}/p^\ominus$）$=1$，$a_{Na_2O} = 4.7 \times 10^{-6}$，$a_C = 1$，$K^\ominus = 5303$ 代入，得

$$(p_{NaO}/p^{\ominus})=\sqrt{\frac{5303\times4.7\times10^{-6}\times1}{1}}=0.158$$

$$p_{NaO}=15.8\text{kPa}$$

例 4-19　请根据下列热力学数据

$$2Cr(s)+\frac{3}{2}O_2 \xlongequal{} Cr_2O_3(s)\qquad \Delta_r G^{\ominus}_{m,1}=(-1092440+237.94T/K)J\cdot mol^{-1}\qquad(1)$$

$$3Cr(s)+2O_2 \xlongequal{} Cr_3O_4(s)\qquad \Delta_r G^{\ominus}_{m,2}=(-1355200+264.64T/K)J\cdot mol^{-1}\qquad(2)$$

(1) 金属 Cr 在 1550～1700℃氧化，最可能生成的氧化物是 Cr_2O_3 还是 Cr_3O_4？

(2) 不锈钢（其中 Cr、Ni 的质量分数分别为 18%和 9%，其余为 Fe，其他组分可不计）在氩-氧混合吹炼过程中，温度为 1660℃，[Cr] 氧化最可能生成的一次氧化物是什么？设Fe-Cr-Ni 合金为理想溶液。

解法一：

(1) 将题给的数据作线性组合：(2)×3/4－(1)，得

$$Cr_2O_3(s)+\frac{1}{4}Cr(s) \xlongequal{} \frac{3}{4}Cr_3O_4(s)\qquad \Delta_r G^{\ominus}_{m,3}=(76040-39.46T/K)J\cdot mol^{-1}\qquad(3)$$

命 $\Delta_r G^{\ominus}_{m,3}=0$，解之，得 $T=1927K$（1654℃）
在 $T>1927K$ 时，$\Delta_r G^{\ominus}_{m,3}<0$，反应（3）能自发正向进行，表明在有 Cr 存在的情况下，Cr_3O_4 比 Cr_2O_3 更稳定，即当 Cr 氧化时，优先生成 Cr_3O_4。

在 $T<1927K$ 时，$\Delta_r G^{\ominus}_{m,3}>0$，反应（3）能自发逆向进行，表明 Cr 氧化时，优先生成 Cr_2O_3。

(2) 对于不锈钢中 [Cr] 的氧化反应，也可有

$$Cr_2O_3(s)+\frac{1}{4}Cr(s) \xlongequal{} \frac{3}{4}Cr_3O_4(s)\qquad \Delta_r G^{\ominus}_{m,4}=(76040-39.46T/K)J\cdot mol^{-1}\qquad(4)$$

按等温方程式

$$\Delta_r G_{m,4}=\Delta_r G^{\ominus}_{m,4}+RT\ln\frac{1}{a_{Cr}^{1/4}}\qquad(5)$$

应该求 a_{Cr}，视为理想溶液时，

$$a_{Cr}=x_{Cr}=\frac{\frac{18}{52}}{\frac{18}{52}+\frac{9}{58.7}+\frac{73}{55.9}}=0.1917$$

（注：上式中 52、58.7、55.9 分别为 Cr、Ni、Fe 的摩尔质量，g/mol）
将 $a_{Cr}=0.1917$、$T=1660+273=1933K$ 代入式（4）和式（5），得

$$\Delta_r G_{m,4}=76040-39.46\times1933+8.314\times1933\ln\frac{1}{0.1917^{1/4}}$$

$$=6400J\cdot mol^{-1}$$

$\Delta_r G_{m,4}>0$，表示在 $a_{Cr}=0.1917$ 的情况下，Cr_2O_3 比 Cr_3O_4 更稳定，即 [Cr] 氧化优先生成的氧化物是 Cr_2O_3。

解法二：

可将题给的数据，换算成与 1mol O_2 生成氧化物的 $\Delta_r G^{\ominus}_m$，即

$$\frac{4}{3}Cr(s)+O_2 \xlongequal{} \frac{2}{3}Cr_2O_3(s)\qquad \Delta_r G^{\ominus}_{m,5}=(-728293+158.63T/K)J\cdot mol^{-1}\qquad(6)$$

$$\frac{3}{2}Cr(s)+O_2 \xlongequal{} \frac{1}{2}Cr_3O_4(s)\qquad \Delta_r G^{\ominus}_{m,6}=(-677600+132.32T/K)J\cdot mol^{-1}\qquad(7)$$

将 $\Delta_r G^{\ominus}_{m,5}$，$\Delta_r G^{\ominus}_{m,6}$ 对 T 作图，得到两直线，交点对应的温度为 1927K（1654℃）。

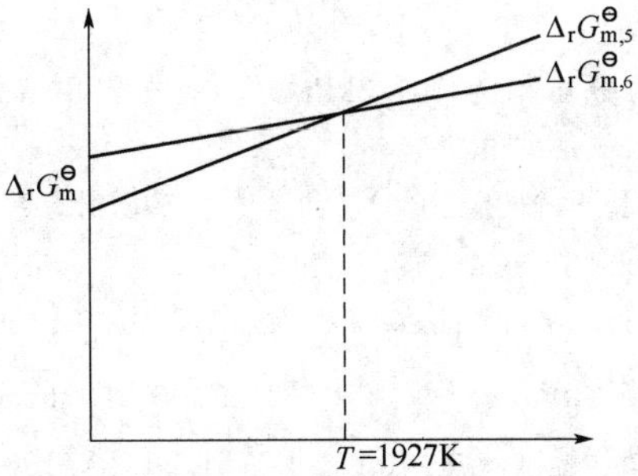

故在 $T>1927$K 时，最可能生成的氧化物是 Cr_3O_4，在 $T<1927$K 时，最可能生成的氧化物是 Cr_2O_3。这与解法一得到的结果一致。

习　题

4-1　每升溶液中含有 192.6g KNO_3 的溶液，密度为 1.1432kg/dm^3。试计算

（1）物质的量浓度；（2）质量摩尔浓度；（3）摩尔分数；（4）质量分数。

（(1) 1.905mol·L^{-1}；(2) 2.004mol·kg^{-1}；(3) 0.0348；(4) 16.85%）

4-2　20℃，60%（质量分数）甲醇水溶液的密度是 0.8946g·cm^{-3}。在此溶液中水的偏摩尔体积为 16.80cm^3·mol^{-1}。求甲醇的偏摩尔体积。

（39.75cm^3·mol^{-1}）

4-3　根据下列数据，用作图法求 $CuSO_4$ 溶液的质量摩尔浓度为 0.3mol·kg^{-1} 时 $CuSO_4$ 的偏摩尔体积。

w_{CuSO_4}/%	1.912	3.187	4.462	5.737
溶液密度/g·cm^{-3}	1.0190	1.0319	1.0450	1.0582

（10.1cm^3·mol^{-1}）

4-4　为了使汞的蒸气压从 $p^*_{Hg}=94.62$kPa 降到 93.30kPa，需在 50g 汞中溶解多少锡？假设此合金遵守拉乌尔定律。

（0.4201g）

4-5　已知纯锌、纯铅和纯镉的蒸气压（Pa）与温度的关系式为

Zn：　$$\lg(p/\text{Pa})=-\frac{6163\text{K}}{T}+10.233$$

Pb：　$$\lg(p/\text{Pa})=-\frac{9840\text{K}}{T}+9.953$$

Cd：　$$\lg(p/\text{Pa})=-\frac{5800\text{K}}{T}-1.23\lg(T/\text{K})+14.232$$

设粗锌中含有 0.97%Pb 和 1.3%Cd（摩尔分数）。

求在 950℃蒸馏粗锌时的最初蒸馏产物中 Pb 和 Cd 的含量（摩尔分数）。设此溶液服从拉乌尔定律。

（$x'_{Pb}=5\times10^{-6}$，$x'_{Cd}=0.0419$）

4-6　25℃时，氮溶于水中的亨利常数为 $k_x=8.68\times10^9$Pa。若将氮与水平衡时的压力从 6.664×10^5Pa 降至 1.013×10^5Pa。

求从 1kg 水中可放出多少毫升 N_2？

（88.5mL）

4-7　20℃，101.3kPa 下，1kg 水中能溶 1.7g CO_2，而 40℃时则只能溶 1.0g。某玻璃瓶内部气体压力如

超过202.6kPa就不安全，则20℃时瓶中CO_2的压力应低于多少才能使其在40℃下使用而无危险？设溶液服从亨利定律。瓶中差不多盛满CO_2水溶液，而且没有其他气体。

(119.2kPa)

4-8 已知1540℃，H_2与N_2的分压均为101.3kPa时，液态铁中溶解的H_2与N_2分别为0.0025%及0.039%。

求该温度下，含0.0005%H_2和含0.010%N_2的液态铁平衡时，气相中H_2与N_2的分压。

($p_{H_2}=4.06$kPa，$p_{N_2}=6.68$kPa)

4-9 在1075℃曾测得氧在100g液态银中的溶解度数据如下：

O_2的分压/kPa	17.06	65.04	101.3	160.3
100g Ag中溶解的氧（标准状态）/mL	81.5	156.9	193.6	247.8

(1) 用作图法确定氧在银中的溶解是否遵守平方根定律；

(2) 100g Ag在1075℃能从空气中吸收多少氧（mL）？

(94mL)

4-10 已知Cd的熔点为320.9℃，溶化焓为5105J·mol^{-1}，某Cd-Pb熔体含1%（质量分数）Pb。设在固态时铅完全不溶于镉中，求此Cd-Pb熔体的凝固点。

(317.7℃)

4-11 某不挥发性溶质溶于水中，20℃时使水的蒸气压从2.334kPa下降到2.322kPa。求溶液的沸点和凝固点。(已知水的凝固点下降常数$K_f=1.86$K·mol^{-1}·kg，水的蒸发焓为2255J·g^{-1})

(100.146℃，−0.530℃)

4-12 固态和液态$TaBr_5$的蒸气压公式为

$$\lg(p/\text{Pa})(\text{s})=-\frac{5650\text{K}}{T}+14.696$$

$$\lg(p/\text{Pa})(\text{l})=-\frac{3265\text{K}}{T}+10.296$$

计算$TaBr_5$的熔点和熔化焓。

(542K，45666J·mol^{-1})

4-13 25℃，乳酸在水中和$CHCl_3$中的分配函数为$c_{CHCl_3}/c_{H_2O}=0.0203$。$c$为物质的量的浓度。将100mL水与100mL含0.8mol·L^{-1}的乳酸$CHCl_3$溶液混合振荡，问可提取乳酸多少摩尔？

(0.0784mol)

4-14 15℃时，将碘溶于含0.1mol·L^{-1} KI的水溶液中，与CCl_4一起振荡，达平衡后分为两层。将两层液体分离后，用滴定方法测定水层中碘的浓度为0.050mol·L^{-1}，CCl_4层中碘的浓度为0.085mol·L^{-1}。已知碘在CCl_4和水中的分配系数为$c_{I_2}^{CCl_4}/c_{I_2}^{H_2O}=85$。

求反应$KI+I_2=KI_3$在15℃时的平衡常数K_c。

(提示：滴定测得水层碘浓度是否等于公式中的$c_{I_2}^{H_2O}$？)

(960.8)

4-15 50℃时，CCl_4和$SiCl_4$的饱和蒸气压分别为42.34kPa和80.03kPa，设CCl_4和$SiCl_4$形成理想溶液。

求：(1) 外压53.28kPa，沸点为50℃的溶液组成；

(2) 蒸馏此溶液时最初冷凝物中$SiCl_4$的摩尔分数。

((1) 0.290；(2) 0.436)

4-16 某温度时液体A的饱和蒸气压是液体B的21倍，A、B两液体形成理想溶液。若气相中A和B的摩尔分数相等，试问液相中A和B的摩尔分数为多少？

($x_A=0.0455$，$x_B=0.9545$)

4-17 在325℃时，Hg的蒸气压为55.49kPa，同温度下Tl-Hg合金中Hg的蒸气分压及摩尔分数如下：

x_{Hg}	0.957	0.915	0.836	0.664	0.497
p_{Hg}/kPa	53.00	50.00	44.55	33.40	24.03

求对应于各浓度时汞的活度和活度系数。

4-18 如要使液态铜中的氧降到0.1%，用CO还原时，CO/CO_2 应超过多少？设反应温度为1150℃，$f_O \approx 1$，氧溶解在铜液中的标准摩尔溶解吉布斯函数为

$$\frac{1}{2}O_2 \Longrightarrow [O]_{铜} \qquad \Delta_r G_m^\ominus = (-75730 + 11.17T/\mathrm{K})\mathrm{J \cdot mol^{-1}}$$

其余数据查附录。

4-19 钢液中碳氧平衡的反应为 $[C]+[O] \Longrightarrow CO(g)$

[C]、[O]的浓度用质量分数表示时，反应的标准摩尔反应吉布斯函数与温度的关系为

$$\Delta_r G_m^\ominus = (-35600 - 31.45T/\mathrm{K})\mathrm{J \cdot mol^{-1}}$$

求1600℃时：(1) 平衡常数；(2) 含0.02%碳的钢液中氧的平衡含量。

((1) 432；(2) 0.116)

4-20 Cu-Zn二元系统中，Zn的活度系数满足下列关系式

$$RT\ln\gamma_{Zn} = -a x_{Cu}^2$$

式中，$a=19246\mathrm{J \cdot mol^{-1}}$，为常数。适用的温度范围是1000～1500K。组分活度标准状态是相应的液态金属。

求：(1) 用吉布斯-杜亥姆方程计算Cu的活度系数；

(2) 求1060℃时，含60% Cu，40% Zn（原子百分数）的溶液上面Zn的分压。已知1060℃时 $p_{Zn}^* = 405.2\mathrm{kPa}$。

(86.71kPa)

4-21 溶液化学平衡中，μ_i，$\mu_i^\ominus$，$\Delta_r G_m$，$\Delta_r G_m^\ominus$，$K^\ominus$ 等物理量是否与选取的标准状态有关？

4-22 1540℃，碳含量[C]在0.216%以下的钢，可按理想稀溶液处理。已知此浓度下，维持碳与氧反应

$$CO_2 + [C] \Longrightarrow 2CO$$

平衡时的气体分压之比 $p_{CO}^2/p_{CO_2} = 9421\mathrm{kPa}$。

(1) 求平衡常数；

(2) 当 [C]=0.425%时，$p_{CO}^2/p_{CO_2} = 19348\mathrm{kPa}$，求 a_C 和 f_C；

(3) 石墨在钢液中达饱和后，测得 $p_{CO}^2/p_{CO_2} = 1.55\times10^6\mathrm{kPa}$。若以石墨为标准状态，求(2)条件下钢液中的 a_C。

((1) 430.5；(2) $a_C=0.444$，$f_C=1.045$；(3) 0.0125)

4-23 某加热炉内气相组成如下：

气体	CO_2	CO	N_2
体积分数/%	7.0	27.0	66.0

若被加热的合金钢锭含0.6%的碳（活度为0.26，以纯石墨为标准状态），炉温为1200℃，炉内总压为106.4kPa。

求：(1) 上述条件下钢锭能否发生脱碳反应（即C被 CO_2 氧化成CO）？

(2) 采取什么措施可防止脱碳？

回答上述问题时所需数据自行查附表。

4-24 在1600℃测得液态Fe-Ni合金中Ni的活度如下：

x_{Ni}	1	0.9	0.8	0.7	0.6	0.5	0.4	0.3	0.2	0.1
a_{Ni}	1	0.89	0.766	0.62	0.485	0.374	0.283	0.207	0.136	0.067

根据吉布斯-杜亥姆公式，用图解积分法求 $x_{Fe}=0.3$ 时铁的活度 a_{Fe}。

(0.22)

5 相　　图

【本章概要】

本章介绍了单组分相图，推导了相律，重点介绍了两组分系统的气－液平衡和液－固平衡相图，介绍了 $CaO-SiO_2$ 系相图、几种简单的三组分相图及 $CaO-SiO_2-Al_2O_3$ 系相图。

【关键词】

相律，自由度，独立组分，三相点，步冷曲线，共晶点，固溶体

【章节重点】

本章应重点掌握相律，学会应用相律分析相图，能够标出两组分相图中各个部分的平衡相，能够写出三相线上的反应，并学会利用步冷曲线制作相图。

多相系统平衡时，系统中所含的相的数量和状态受系统温度、压力和组成的影响。例如，25℃，101.325kPa 下，水是单一液相平衡，而 100℃、101.325kPa 下，水是气－液两相平衡。平衡系统中相的状态和数量随着温度和压力等性质变化的规律可以通过几何图形表示，统称为相图。

5.1 单组分相图

图 5-1 表示单组分水的相图。图中纵坐标为压力，横坐标为温度，水的状态随着温度或压力的变化而改变。图中的 OA、OB 和 OC 3 条线将水的相图划分为 3 个区域，且 3 条线交于一点（O 点）。

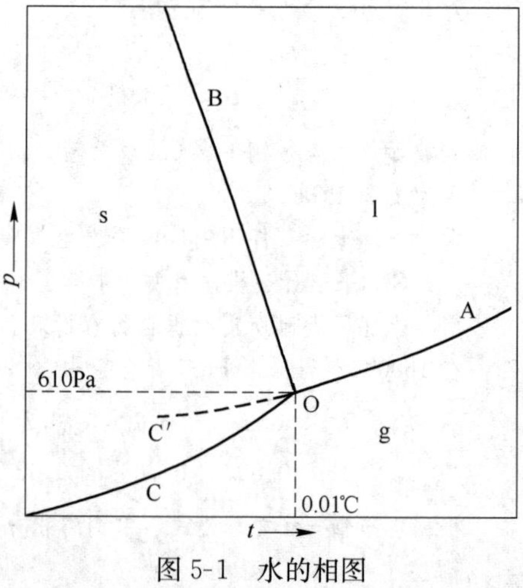

图 5-1　水的相图

（1）气－液相平衡线 OA。OA 是水和水蒸气两相的分界线，OA 线上的点所代表的系统是水和水蒸气的两相平衡系统，OA 线上的温度和压力分别代表气－液两相平衡时水的沸点和平衡蒸气压，可见水的沸点随外压的增大而升高。例如 101.325kPa 下，水的沸点是 100℃，而 202.6kPa 压力下，水的沸点是 121.2℃。OA 线只能向上延伸至温度 374℃，此时压力等于 2.23×10^7Pa，这是水的临界点。临界点温度是系统存在液相的最高温度，超过临界点温度后，水和水蒸气的密度相等，相界面消

失。OA线向下可延伸至温度低于O点，温度低于O点尚存的水称为过冷水。过冷水不是平衡状态，是亚稳状态。过冷水的饱和蒸气压高于同温度下冰的蒸气压，由图5-1中的曲线OC′表示。

(2) 气-固相平衡线OC。OC是冰和冰蒸气两相的分界线，OC线上的点代表冰和冰蒸气的两相平衡系统，OC线上的温度代表相应外压下冰的升华温度，OC线上的压力代表冰的蒸气压。

(3) 固-液相平衡线OB。OB是水和冰两相的分界线，OB线上的点代表水和冰的两相平衡系统，即冰的熔点随压力变化的曲线。OB线斜率是负值，表明冰的熔点随外压增加而降低。

在OA、OB、OC 3条曲线上均为两相平衡共存，系统的状态由两个性质T和p中的任意一个确定。当系统的温度确定时，压力一定随之确定，否则系统中将消失一相，不能维持两相平衡共存。

OA、OB和OC 3条曲线相交于O点，称为三相点。三相点温度和压力分别是0.01℃，610Pa。在三相点上，系统处于水、水蒸气和冰的三相平衡。水的正常熔点与三相点不同。正常熔点是指大气压力下冰的熔化温度，是0℃和101.3kPa下，固-液两相平衡共存的温度。由于在水的正常熔点时，压力高于三相点压力，且氧和其他气体在水中溶解达到饱和，均造成水的熔点低于三相点温度。空气中冰-水共存时，空气溶解在水中，使冰-水平衡温度降低了0.0024℃。压力又从三相点压力610kPa增大到101.3kPa，冰-水平衡温度再降0.0075℃，总的结果是降了0.1℃。

图5-1中OA、OB和OC 3条曲线之间的面积分别表示气、固、液3个相平衡区。图中曲线OA、OC均可以根据克劳修斯-克拉佩龙方程解出，OB线则根据克拉佩龙方程求出。例如，根据克拉佩龙方程可以求出OB线上温度与压力之间的函数关系，即冰的熔点和外压的关系为

$$\frac{\mathrm{d}p}{\mathrm{d}T}=\frac{\Delta_{\mathrm{fus}}H}{T\Delta V}$$

式中，$\Delta_{\mathrm{fus}}H$为冰的熔化焓；ΔV为熔化前后系统体积的变化。冰融化后体积收缩，导致$\frac{\mathrm{d}p}{\mathrm{d}T}<0$，因此若增加外压，冰的熔点会降低。

5.2 相　律

5.2.1 相律的推导

5.2.1.1 相

系统中物理性质和化学性质完全均匀的部分称为相，相的数目用符号Φ表示，相与相之间有明显的界面。通常条件下系统中的气相部分可以是无限互溶的，因此系统中只有一个气相；液相之间可能存在有限溶解度，因此系统可以有1个、2个甚至3个液相；在不能互相溶解的情况下，系统中的固相颗粒不论粉碎得多细，每个小颗粒都属于同一个相。例如，冰以细小的颗粒浮在水面上构成冰水混合物，系统是冰和水的两相平衡。系统最小相数等于1。

5.2.1.2 独立变量数

独立变量数是描述系统平衡状态所需要的最少变量数目，也称为自由度，用符号f表示。这些独立变量数包含温度、压力、组成等。当系统达到平衡时，系统内部同时达到热平衡、力平衡和物质平衡。热平衡和力平衡的系统，温度和压力是均匀的。因此，在平衡系统中，只有一个温度变量和一个压力变量。这些独立变量（如温度、压力、浓度等）的数值可在一定范围内任意改变而不致引起系统中旧相消失或新相产生。以水的相图（见图5-1）为例，在AOC以下的区域内，系统只有一个气相。可在一定范围内（不超过AOC线）任意改变温度，同时也

任意改变压力，系统仍保持为气相。所以系统的自由度等于 2。如果系统中水和水蒸气平衡共存（如 OA 线），则温度一经确定，压力也随之确定，不能任意选择。同样，当压力确定时，温度也不能任意选择。此时系统只有一个独立变量，即 $f=1$。当系统处于 O 点时，三相平衡共存，温度、压力都不能改变，所以 $f=0$，O 点的系统为无变量系统。又例如 H_2O-NaCl 系，独立组分数为 2。当溶液未饱和时，温度、压力和气、液相的浓度中，只有两个量可以独立改变。例如固定温度和溶液浓度后，气相的压力就随之固定了，也就是说 $f=2$。但如果溶液已达饱和，多了一个 NaCl 固相，则只要确定一个变量，例如确定温度，就可以确定其他变量，此时 $f=1$。由上述简单例子可以看出，自由度与独立组分数和相数之间是有一定关系的，这个关系就是相律。

5.2.1.3 独立组分数

独立组分数是描述平衡系统各相组成所需要的最少物质数，用符号 K 表示。在不引起混淆的情况下，独立组分数也称为组分数。独立组分数与系统中存在的物质数目有关，物质数目越多，独立组分数也越多。当系统中存在化学反应，存在着由平衡常数所维系的反应物与产物组成之间的关系，或者某些物质之间存在着由化学反应计量数所限定的浓度比例关系（即浓度限定条件）时，系统的独立组分数都将减少。

例如，$NH_4Cl(s)$ 分解反应：$NH_4Cl(s)=NH_3(g)+HCl(g)$，反应开始时，系统中只有 $NH_4Cl(s)$，分解产生两个产物 NH_3 和 HCl 分压相等，且存在平衡常数关系式 $\frac{p_{HCl}p_{NH_3}}{(p^\ominus)^2}=K^\ominus$。因此，系统的独立组分数减少了 2 个。当系统的温度确定时，平衡常数也确定，系统中 2 个气态物质的分压也就随之确定。但必须要注意，在计算独立组分数时，存在着物质的量关系的系统，并非一定存在着浓度限定条件。例如，$CaCO_3$ 分解反应：$CaCO_3(s)=CaO(s)+CO_2(g)$，虽然两个分解产物均来自 $CaCO_3$，且有 CaO 和 CO_2 物质的量相等关系，即 $n_{CaO}=n_{CO_2}$，但是 CaO 和 CO_2 组分分属于固相和气相，它们的组成之间不存在任何关系，即不存在浓度限制条件。

一般情况下，系统的独立组分数可以通过下式计算

$$K=n-R-R' \tag{5-1}$$

式中，n 为系统中物质数；R 为系统中物质之间存在的独立化学反应数；R' 为系统中存在的浓度限制条件。如果物种之间没有化学反应存在，也没有浓度的定量关系，则物种数与独立组分数相等。可见，系统的独立组分数只能等于或小于物种数。在讨论相律时，注意的是独立组分的数目，选哪几个物质作独立组分是无关紧要的。例如上述 SO_3、SO_2、O_2 组成的系统，因有一个独立化学反应，$K=2$，可以选取 SO_2 和 O_2、SO_2 和 SO_3 或 SO_3 和 O_2 作为独立组分，另一物种的浓度可由化学平衡计算获得。

相律就是在平衡系统中，联系相数、独立组分数、自由度数及影响系统性质的外界因素（如温度、压力等）之间关系的规律。

5.2.1.4 相律的推导

当系统含有 n 个物质、Φ 个相时，每个相中含有 n 个浓度变量，则 Φ 个相中总的浓度变量数等于 $n\Phi$，考虑温度和压力两个变量后，系统总变量数等于 $n\Phi+2$。

根据物质守恒和物质平衡规律，这些浓度变量之间存在着下列关系：

（1）每个相内各组分摩尔分数之和是常数，即 $\sum_{i=1}^{k} x_i=1$，求和是对一个相中所有的组分而言的，Φ 个相就存在着 Φ 个这样的关系式；

(2) 每个组分在每一相中的化学势都相等，即 $\mu_i^{\alpha}=\mu_i^{\beta}$。对于一个分布在 Φ 个相中的组分，存在着 $\Phi-1$ 个这样的关系式；n 个组分共有 $n(\Phi-1)$ 个这样的等式；

(3) 若系统中存在 R 个独立的化学反应，R'个浓度限制条件，每个独立化学反应提供一个产物与反应物组成之间的平衡常数关系，因此，共有 $R+R'$个物质组成关系式。

按照简单的减法关系：系统的独立变量数＝总变量数－变量之间的关系数，求得独立变量数为

$$f=n\Phi+2-\Phi-n(\Phi-1)-R-R'=n-R-R'-\Phi+2$$

$$f=K-\Phi+2 \tag{5-2}$$

式中，f，K，Φ 分别为独立变量数、独立组分数和相数，称式（5-2）为相律。从相律式(5-2)看出，系统增加一个独立组分数时，增加一个自由度数；增加一个相数时，减少一个自由度。

5.2.2 相律的应用

单组分相平衡。单组分系统中只有一种物质，不存在着化学反应及浓度限制条件，即 $R=0$，$R'=0$，$K=1$。根据相律 $f=K-\Phi+2$，单组分系统独立变量数 f 与相数 Φ 之间满足 $f=1-\Phi+2=3-\Phi$。单相系统中相数 $\Phi=1$，自由度为 2，也称为双变量系统。水的相图（见图 5-1）中所有的单相区自由度 f 都等于 2，表明单相系统中温度和压力可以独立地变化；3 条线上相数 $\Phi=2$（双相系统），自由度 $f=1$，也称单变量系统，温度和压力 2 个变量中，只有 1 个可以独立地变化；三相点上，自由度 $f=0$，也称无变量系统，表示温度、压力都已经确定，没有变量。因此，单组分系统中最大的平衡相数是 3，对应的最小自由度等于零。

相律在多相化学平衡中的应用。

例 5-1　求由 $H_2O(g)$、C（石墨）、CO、CO_2 和 H_2 组成的平衡系统的自由度。

解：一般情况下，系统中物质之间存在的独立化学反应数可用下式求得

$$独立反应数(R)=物质数(n)-元素数(m) \tag{5-3}$$

本题所给的系统有 5 种物质，构成这 5 种物质的元素有 3 个，因此，独立反应数 $R=5-3=2$，没有浓度限制条件，$R'=0$。

按式（5-1）计算独立组分数 $K=n-R-R'=5-2-0=3$

相数　　$\Phi=2$（一个固相，一个气相）

自由度　$f=K-\Phi+2=3-2+2=3$

但是对有些化学反应系统，不能用式（5-3）计算独立反应数。例如化学反应 $CaCO_3 = CaO+CO_2$，用式（5-3）计算独立反应数时，由于 $n=3$，$m=3$，$R=n-m=0$，但实际存在着一个独立的化学反应。

例 5-2　求由 ZnO(s)、C(石墨)、CO(g) 和 Zn(g) 组成的平衡系统的自由度。其中 CO(g) 和 Zn(g) 均来自化学反应：ZnO(s)＋C(石墨)══ CO(g)＋Zn(g)。

解：系统的独立反应数 $R=1$，CO 和 Zn 均由反应产生得来，二者的物质的量相等或分压相同，即浓度限制条件 $R'=1$。

独立组分数　　　　$K=4-1-1=2$

相数　　　　　　　$\Phi=3$

自由度　　　　　　$f=2-3+2=1$

一个自由度可以是温度或压力。如果选择温度作为独立变量，温度确定时，系统的总压及组分的分压都能确定，由于 C(石墨)、ZnO(s)是纯固相，组成均是常量，各相组成也因此确定。

5.3 两组分系统的气-液平衡相图

对 A-B 两组分系统，独立变量数 $f=2-\Phi+2$，Φ 最小值等于 1，因此，两组分系统最大自由度等于 3。这表明需要在三维空间用温度、压力和组成 3 个独立变量描述两组分系统的平衡状态。为方便起见，通常保持 1 个变量恒定，研究系统相的状态和数目与另外 2 个变量之间的关系。因此，有温度恒定时的压力-组成图及压力恒定时的温度-组成图两种相图。

5.3.1 理想溶液的蒸气压-组成图

对理想溶液，根据拉乌尔定律，理想溶液中组分 A、B 的分压 p_A、p_B 及系统总压 p 为

$$p_A=p_A^*x_A=p_A^*(1-x_B) \tag{5-4}$$

$$p_B=p_B^*x_B \tag{5-5}$$

$$p=p_A+p_B=p_A^*(1-x_B)+p_B^*x_B=p_A^*+(p_B^*-p_A^*)x_B \tag{5-6}$$

式中，p_A^*，p_B^*，x_A，x_B 分别为纯液态 A、B 的蒸气压及溶液中组分 A、B 的摩尔分数。从压力与溶液组分 x_B 的摩尔分数关系式（5-4）、式（5-5）及式（5-6）看出，组分 A、B 分压 p_A、p_B 及系统总压与溶液中组分 B 的摩尔分数 x_B 呈直线关系。

图 5-2 表示 79.6℃时 $C_6H_5CH_3$(A)-C_6H_6(B) 两组分系统压力-组成图。组分 A（甲苯）的分压 p_A，组分 B（苯）的分压 p_B 及系统总压 p 与溶液中组分 B 的摩尔分数 x_B 呈直线关系，可看作理想溶液。

气相总压 p 与气相中组分 A、B 的摩尔分数 y_A，y_B 之间的函数关系也可以推导出来

组分 A 的分压 $$p_A=p_A^*(1-x_B)=y_Ap \tag{5-7}$$

组分 B 的分压 $$p_B=p_B^*x_B=y_Bp \tag{5-8}$$

则气相中 B 的摩尔分数 $$y_B=\frac{p_B^*x_B}{p} \tag{5-9}$$

气相中 A 的摩尔分数 $$y_A=\frac{p_A^*(1-x_B)}{p} \tag{5-10}$$

为方便起见，表示系统总压 p 与溶液组成 x_B 关系的曲线称为液相线，表示系统总压 p 与气相组成 y_B 关系的曲线称为气相线，如图 5-2 所示。气相线和液相线将两组分蒸气压-组成图分成 3 个区。气相线以下是单一气相平衡区，气相线与液相线之间是气-液 2 相平衡区，液相线以上是单一液相区。两相平衡区内 2 个相的组成可以通过作图法确定。例如，图 5-2 中的 O 点所代表的系统是蒸气和溶液两相平衡，确定 B 组分在气相中的摩尔分数 y_B 和液相中的摩尔分数 x_B 的方法是：过 O 点作一条平行于横轴的线，分别交与气相线上的点 y、液相线上的点 x。y 点处的横坐标即表示气相中 B 的摩尔分数 y_B，x 点处的横坐标表示液相中 B 的摩尔分数 x_B。

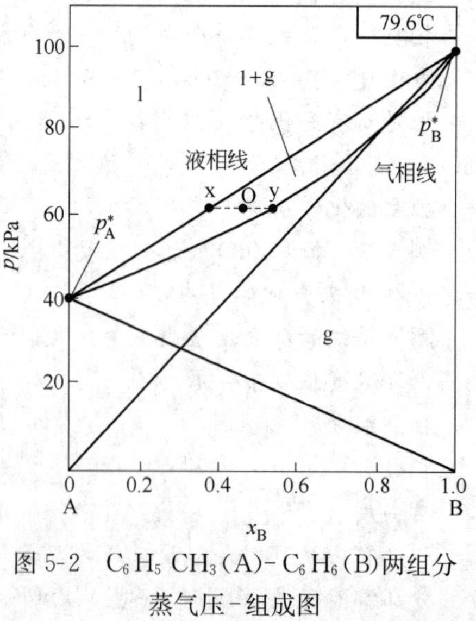

图 5-2 $C_6H_5CH_3$(A)-C_6H_6(B)两组分蒸气压-组成图

5.3.2 实际溶液的蒸气压-组成图

当实际溶液中的组分偏离理想溶液行为时，溶

液蒸气压与组成不符合上述描述的直线关系，需要根据实际溶液蒸气压的测量结果，绘制相图。图5-3是对理想溶液呈现正偏差的实际溶液蒸气压-组成图。图5-4是对理想溶液呈负偏差的实际溶液蒸气压-组成图。H_2O-CH_3OH溶液蒸气压-组成图属于前种类型，$C_4H_{10}O$-$CHCl_3$溶液蒸气压-组成图属于后种类型。溶液中不同组分分子之间的相互吸引力小于纯组分分子间的吸引力，或者由于第二组分的加入使原有分子之间的缔合程度降低，都有利于溶液产生蒸气压，即与理想溶液呈现正偏差。反之，当形成溶液的不同分子之间的吸引力大于纯组分分子之间的吸引力时，溶液蒸气压低于理想溶液的蒸气压，呈现负偏差。

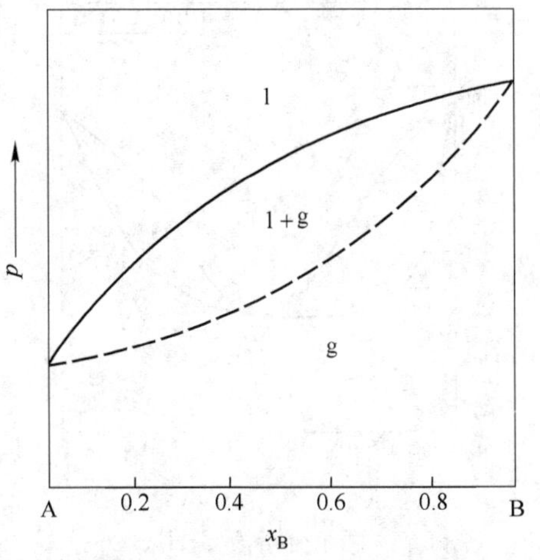

图5-3　对理想溶液呈正偏差的两组分溶液蒸气压-组成示意图

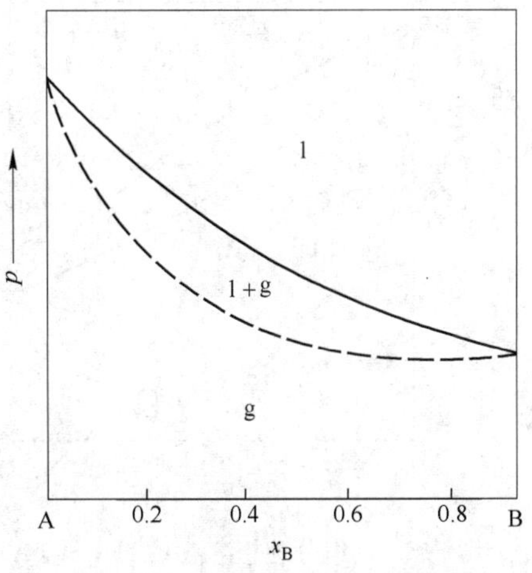

图5-4　对理想溶液呈负偏差的两组分溶液蒸气压-组成示意图

当正偏差或负偏差非常强烈时，在蒸气压曲线上可能出现极值。图5-5是出现极大值的C_6H_6-C_2H_5OH蒸气压-组成图，图中极大值M点两侧的两组分系统发生气-液相转变时，是在一定的压力范围内进行的，经过气-液两相平衡区，而M点所代表的系统气-液相变的过程则是在恒定的压力下完成的，这一点类似于纯组分。

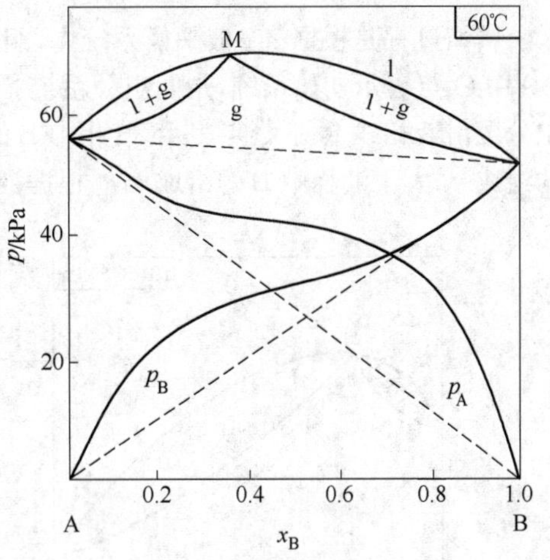

图5-5　出现极大值的两组分C_6H_6-C_2H_5OH蒸气压-组成图

5.3.3　两组分溶液的沸点-组成图

两组分溶液的沸点-组成图是在恒压条件下，以温度为纵坐标，组成为横坐标绘制的。图5-6是两组分理想溶液$C_6H_5CH_3$-C_6H_6的沸点-组成图。由于恒压条件下升高温度，到达沸点时，液体将沸腾，因此，低温时平衡相是液相，高温时平衡相是气相，气-液两相之间的区域是两相平衡区。液相线和气相线均在图中标出，与图5-2所示的$C_6H_5CH_3$-C_6H_6的蒸气压-组成图中的位置相反。系统的沸腾是从产气泡开始，直到液体消失为止，因此，两组分系统的沸腾是在一个温度区间内完成的，与纯物质不同，纯物质沸腾是在恒温下进行的。

当两组分溶液对理想溶液产生正偏差并在蒸气压-组成图上出现极大值时，具有极大压力的系统在加热过程中最先沸腾，因此，在其沸点-组成图上出现极小值。

图5-7和图5-8表示具有极小值和极大值的两组分溶液沸点-组成图。图中的M点称为恒沸点，具有M点组成的溶液称为恒沸混合物。恒沸混合物是在固定温度下沸腾的，类似于化合物。恒沸混合物的组成随压力改变而改变，因此不是化合物。例如，H_2O和HCl组成的两组分溶液，在压力等于1.103×10^5 Pa时，恒沸混合物中含HCl的质量分数等于20.242%，而在压力等于1.026×10^5 Pa时，恒沸混合物中HCl的质量分数等于20.218%。

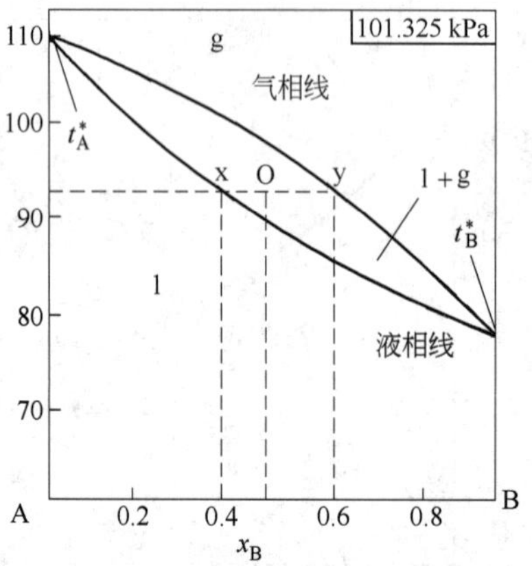

图5-6 两组分理想溶液$C_6H_5CH_3$(A)-C_6H_6(B)沸点-组成图

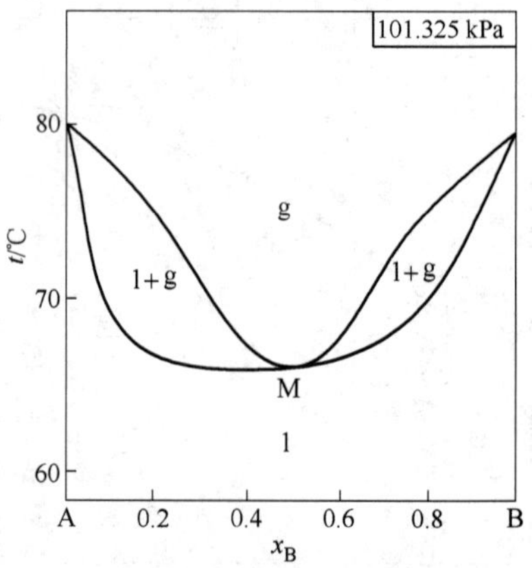

图5-7 两组分溶液C_6H_6(A)-C_6H_5OH(B)沸点-组成图

5.3.4 精馏原理

精馏过程是根据气-液平衡系统中,组分在两相中的组成不同而实现提纯和分离的。设图5-9中O′点表示初始系统,是两组分系统。提高温度后,系统进入两相区(O点),液相中B的摩尔分数由液相线上的x_1点表示,气相中B的摩尔分数由气相线上的y_1点表示。此时,气相中B的组成y_1大于液相中B的组成x_1。根据液相和气相密度的不同,将气、液两相单独收集、分离。

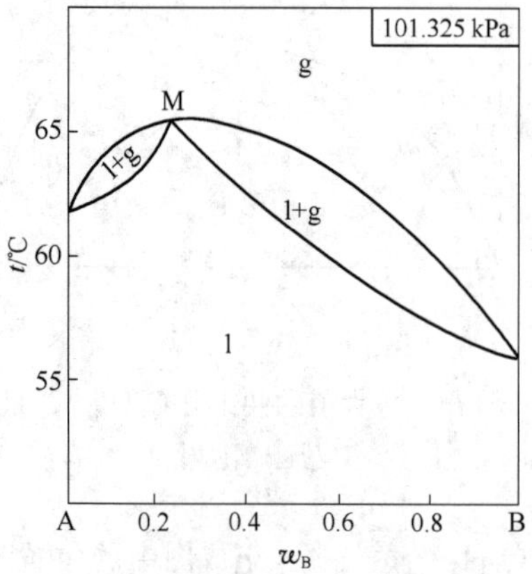

图5-8 两组分溶液$CHCl_3$(A)-CH_3COCH_3(B)温度-组成图

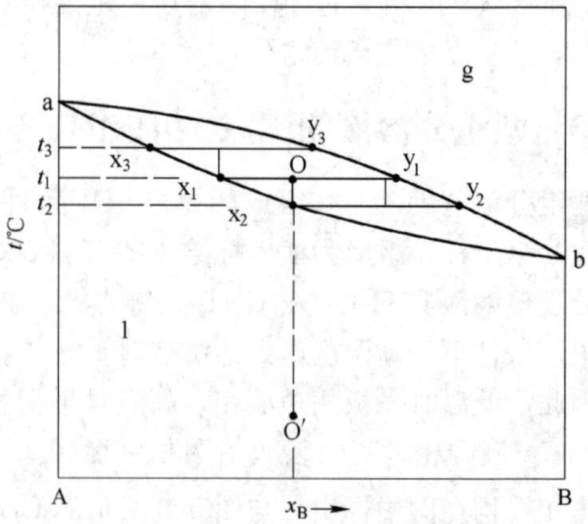

图5-9 精馏原理示意图

冷却分离出的气相至 t_2 温度，此时系统仍然两相平衡，但平衡气相中B的摩尔分数到达 y_2 点，大于 t_1 温度时平衡气相中B的摩尔分数（y_1 点）。因此，冷却过程中，B组分在气相中得到富集。继续冷却 y_2 点组成的气相至两相区，系统中气相和液相将得到进一步的分离，气相中将含有更多的B组分。如此反复进行气液分离及气体冷却操作，最终可获得纯组分B。

加热分离出的液相（x_1）至 t_3 温度，使系统处于两相平衡区。其中平衡液相中B的摩尔分数（由 x_3 表示）低于加热前 t_1 温度时的摩尔分数（由 x_1 表示），即组分A在液相中得到了富集。继续加热 x_3 点组成的液体至两相平衡区，液相中B的浓度逐渐减小，A的浓度逐渐增大，液相成分沿液相线 $bx_2x_1x_3a$ 向a点靠近。反复进行相同的气-液分离与加热操作，最终可得到纯液相A。上述过程称为精馏。

对具有恒沸混合物的两组分系统，初始组成点在恒沸混合物左侧或右侧时，精馏结果将分别获得左侧的纯组分及恒沸混合物或右侧的纯组分及恒沸混合物。

在工业生产中的精馏塔和精馏柱上，装有多层塔板，板上有气孔，有利于气-液接触和气体冷凝，在塔板上方得到气相，流到塔板下方的是液相，从而实现气相和液相的分离。

5.4　液态部分互溶型的两组分相图

大多数情况下，两组分在液态时彼此是完全互相溶解的，相图上不存在表示液态溶解度的曲线。当两个组分在液态时彼此溶解度是有限值时，系统会同时存在两个液相，由于两个液相密度不同，一个液相在另一个液相的上方，即液相分层现象。液态部分互溶型的两组分相图可以通过测量两组分系统溶解度数据制作。图5-10是一定温度范围内水(A)-苯胺(B)两组分溶液的温度-组成图。20℃时水在苯胺中的溶解度（质量分数）$w(H_2O)$ 等于5%，苯胺在水中的溶解度等于3.1%。20℃时，将苯胺加入到水中，在苯胺质量分数达到3.1%之前，系统是单一液相，称为苯胺水溶液，其中水是溶剂，苯胺是溶质。当苯胺质量分数超过溶解度值3.1%后，系统中将析出第二个液相——水苯胺溶液，此苯胺水溶液中含水 $w(H_2O)$ 为5%。继续增加苯胺的量时，系统中水苯胺溶液量增多。当系统中苯胺总质量分数超过95%时，系统中苯胺水溶液相消失，系统又成为单一液相，即水苯胺溶液。

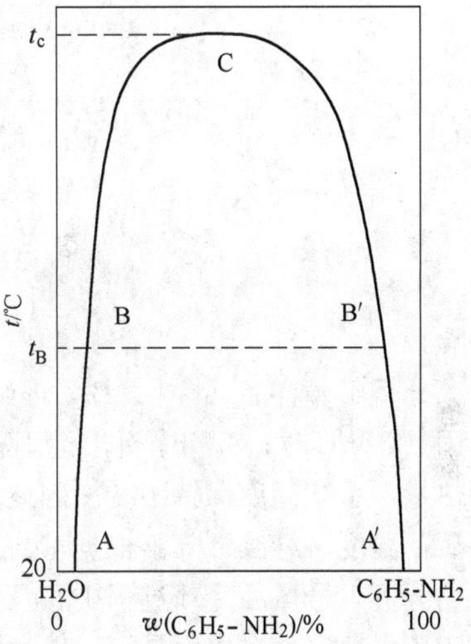

图5-10　水-苯胺溶液相图

温度升高，两个液相的相互溶解度增加，即苯胺在水中的溶解度和水在苯胺中的溶解度增加。当温度超过临界温度 t_c 时，两个液相完全互溶，系统在全部组成范围内呈现单一液态。因此，由两条相交的溶解度曲线所包围的封闭区是分层的2个液相区，曲线外是单一液相区。

5.5　固相完全不互溶的共晶型两组分相图

5.5.1　热分析法制作相图

热分析法是一种制作相图的基本方法。首先将样品加热至完全熔化，停止加热，缓慢冷却样品。记录样品冷却过程中不同时间时的温度值，即温度-时间数据，根据数据绘制温度-时间曲线（称为步冷曲线），再根据步冷曲线上出现水平和转折处的温度绘制相图。

以 Cd－Bi 两组分相图为例，说明热分析法制作相图。

对 Cd－Bi 两组分相图，配制下列 7 个组成的样品：

序号	1	2	3	4	5	6	7
x_{Bi}/%	0	20	40	45	60	80	100

其中 x_{Bi} 代表组分 Bi 的摩尔分数。上述 7 个样品冷却过程中的步冷曲线如图 5-11（a）所示。图中纵坐标是温度，横坐标是时间。

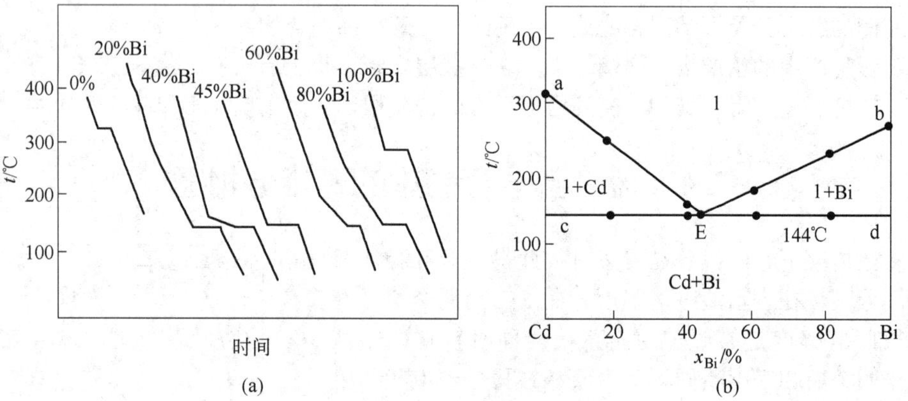

图 5-11 Cd－Bi 两组分的步冷曲线及相图

(a) 步冷曲线；(b) Cd－Bi 两组分相图

分析 1 号样品（含 0%Bi，即纯 Cd）的步冷曲线。在冷却过程中温度平滑下降，至 Cd 的凝固点 321℃时，液相中析出纯固相 Cd，因 Cd 的凝固放热抵消了系统冷却过程中向环境散失的热量，系统温度保持不变。因此，在步冷曲线上出现一段水平线段（平台）；待液相全部凝固后，温度又继续下降。根据 Cd 的步冷曲线上出现平台的温度确定出 Cd 的凝固点。

分析 1 号样品冷却过程中相及自由度的变化规律。在出现平台之前，是单组分单相平衡，由于压力恒定，自由度是 $f=1-1+1=1$，这个自由度指的是温度；平台阶段是单组分固－液两相平衡，$f=1-2+1=0$，系统温度不变；平台之后是固相 Cd 的冷却过程，温度继续下降，$f=1-1+1=1$。

分析 $x_{Bi}=20\%$系统的步冷曲线。在温度到达 242℃之前，系统是单一液相的降温过程，在步冷曲线上，温度随着时间延长而平滑下降；到达 242℃时，步冷曲线斜率变小，此时系统中有固相 Cd 析出，因为 Cd 的凝固放热降低了系统的冷却速度，使步冷曲线出现转折，斜率变小；温度降至 144℃时，在步冷曲线上出现了平台。观察冷却后的样品表明，144℃是第二个固相 Bi 开始凝固析出的温度，此时系统中液体、固体 Cd 和固体 Bi 三相平衡共存，自由度等于零。144℃是 Cd－Bi 两组分系统存在液相的最低温度，称为最低共熔温度，或共晶温度。用下列反应式表示可逆的共晶反应：

$$l_{(E)} \rightleftharpoons Cd + Bi$$

式中，$l_{(E)}$ 表示发生共晶反应中的液相，E 点代表发生共晶反应的液相组成。两组分系统中三相平衡时，自由度 $f=2-3+1=0$，因此发生上述共晶反应时，液相组成是固定的。在 144℃

凝固过程结束后，系统中液相完全消失，继续降温进入固体 Cd 和固体 Bi 的两相平衡区，步冷曲线上温度均匀下降，自由度是 1。

$x_{Bi}=40\%$系统的步冷曲线与 $x_{Bi}=20\%$系统的步冷曲线类似，但由于 Bi 含量增多，系统中开始析出固相 Cd 的温度与 $x_{Bi}=20\%$的系统相比更低了。

$x_{Bi}=45\%$系统的步冷曲线在冷却至 144℃之前，温度一直平滑下降，表示无固相析出；在 144℃出现水平线段，表示固体 Cd 和固体 Bi 同时析出；在 144℃以下，液相消失，系统是固体 Cd 和固体 Bi 两相平衡共存。因此，45% Bi 是 Bi－Cd 两组分系统的共晶组成。

x_{Bi}等于 60%和 80%的系统，步冷曲线与 x_{Bi}等于 20%和 40%系统的步冷曲线相似。但在共晶温度以上，步冷曲线出现转折时，系统中析出的是纯固相 Bi，而不是 Cd；在 144℃时出现水平线段，系统中析出的第 2 个固相是纯固相 Cd。

纯 Bi 步冷曲线与纯 Cd 的步冷曲线相似，水平线段表示 Bi 的凝固点。

以温度为纵坐标，x_{Bi}为横坐标，将不同系统冷却曲线上的转折温度和水平温度画在同一个图中（见图 5-11（b）），得到一系列点。连接各个系统开始析出固相的点（步冷曲线上的转折温度），得到曲线 aEb，称为液相线；连接各个系统中液相消失的点（步冷曲线上的水平温度），得到曲线 cEd，称为共晶线，即得到 Cd－Bi 两组分相图，如图 5-11（b）所示。

Cd－Bi 相图分为 4 个区域。液相线 aEb 以上是单一液相区；液相线 aEb 和共晶线 cEd 之间是固－液两相平衡区，其中共晶点 E 左侧是液相和固相 Cd 两相平衡区，共晶点 E 右侧是液相和固相 Bi 两相平衡区；共晶线 cEd 以下是固相 Cd 和固相 Bi 的两相平衡区。共晶线上液相（E 点组成）、固相 Cd 和固相 Bi 三相平衡。图中标出了各相区的平衡相。Cd－Bi 两组分相图是简单共晶型的两组分相图。

属于这种简单共晶型的两组分相图还有 Ag－Si、NaCl－KCl、NaOH－KOH 等系统。

图 5-12 表示简单共晶型的 $Na_3AlF_6-Al_2O_3$ 两组分相图。从图 5-12 中可看到，系统共晶点（E 点）处 $w_{Al_2O_3}$ 等于 15%，共晶点右侧的液相线温度随组分浓度 $w_{Al_2O_3}$ 增大而迅速上升。工业上电解生产金属铝时，电解质主要成分是 Al_2O_3 和 Na_3AlF_6，Al_2O_3 质量分数都控制在 10%以内，避免由于电解质组成少许变动，电解液中析出固相，降低电解液的流动性而影响实际生产操作过程。

5.5.2 杠杆规则

图 5-13 中的 O 点代表 Cd－Bi 相图中固相 Cd 和液相的两相平衡，称为总组成点。过 O 点作平行于横轴的线，此线与相边界的交点分别是 S 和 L，分别代表两相平衡时的固相组成和液相组成，称为物相点。

设系统总物质的量是 $n$mol，系统中 Bi 的摩尔分数是 x，固相和液相物质的量分别是 n_1 和 $n_2$mol，固相中 Bi 的摩尔分数是 x_1（S 点），液相中的摩尔分数浓度是 x_2（L 点）。根据物质质量守恒关系，有

系统总摩尔数等于固、液两相摩尔数之和，$n=n_1+n_2$

系统中 Bi 的总摩尔数等于固相中 Bi 的摩尔数与液相中 Bi 的摩尔数之和，$xn=x_1n_1+x_2n_2$

解上述联立方程，得固、液两相物质的量之比：$\dfrac{n_1}{n_2}=\dfrac{x_2-x}{x-x_1}=\dfrac{\overline{LO}}{\overline{OS}}$

上式称为杠杆规则。上述方程中$\overline{LO}$、$\overline{OS}$分别代表图 5-13 中 2 个相应的线段长度之比。

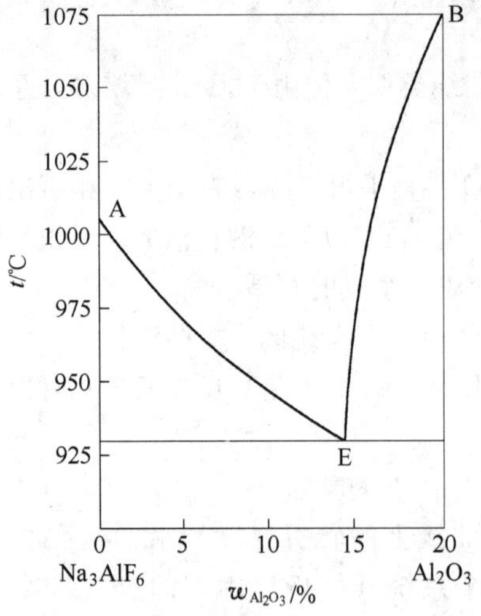

图 5-12 Na_3AlF_6 - Al_2O_3 两组分相图

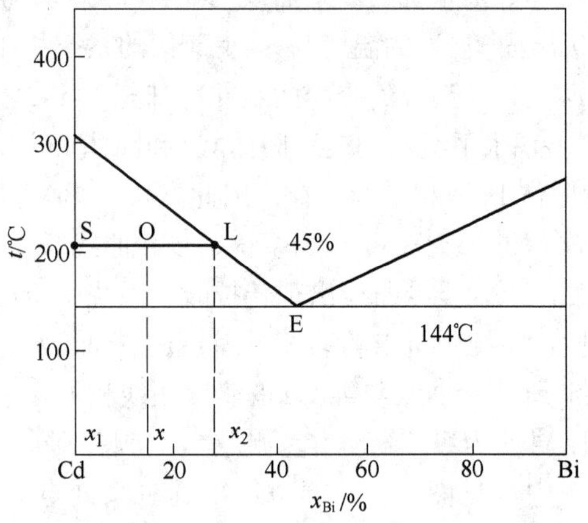

图 5-13 杠杆原理示意图

杠杆规则表明，系统中两组分两相平衡时，根据两相平衡时相的组成和系统总组成，可以求得两个平衡相的相对量。即由系统总组成、各个相的组成及系统总物质的量，计算两个平衡相中的物质的量。系统总组成点作为杠杆支点，两个平衡相的相组成作为杠杆的两个端点，平衡相物质的量与到支点的距离成反比。

应用杠杆规则时应注意，如果组成坐标是用摩尔分数 x 表示的，则固、液两相的量之比就是摩尔数之比；如果组成坐标是用质量分数表示的，则固、液两相的量之比就是质量比。

5.6 固相完全不互溶且生成化合物型的两组分相图

有些物质之间能生成化合物。化合物分为稳定化合物和不稳定化合物两种。在加热过程中，稳定化合物在达到熔点温度时熔化，且熔化前后组成不变，称为相合熔化，不稳定化合物在达到熔点之前分解，分解后液体的组成与原始固相组成不同，称为不相合熔化。

5.6.1 生成稳定化合物的两组分相图

图 5-14 是 NaF - MgF_2 两组分相图，属于生成稳定化合物的相图类型。化合物 $NaMgF_3$ 熔点是 1030℃，熔化前后组成相同，稳定化合物也称同份熔点化合物。化合物熔化时，独立组分数是 1，相数是 2，因此自由度 $f=1-2+1=0$，表明化合物熔化时系统温度是不变的，即熔化过程是在固定温度下进行的。相图中有两个共晶点 E_1 和 E_2，共晶温度分别是 830℃和 1000℃。在共晶温度下系统分别发生下列共晶反应为

$$830℃\qquad l_{(E_1)} \rightleftharpoons NaF(s) + NaMgF_3$$

$$1000℃\qquad l_{(E_2)} \rightleftharpoons MgF_2(s) + NaMgF_3$$

生成稳定化合物的两组分相图可以认为是由两个简单共晶型相图的合并。对 NaF - MgF_2 系统，可以认为是由简单共晶型 NaF - $NaMgF_3$ 和 $NaMgF_3$ - MgF_2 两个相图组合而成，因此，可用本章中 5.5 节讨论的方法分析这类相图。表 5-1 给出 NaF - MgF_2 相图中每个相区的平衡相，表中 f 代表相区的自由度数。

表 5-1 NaF - MgF_2 两组分相图中各相区的平衡相和自由度数

区	1	2	3	4	5	6	7
相	l	NaF+l	$NaMgF_3$+l	$NaMgF_3$+l	MgF_2+l	NaF+$NaMgF_3$	MgF_2+$NaMgF_3$
f	2	1	1	1	1	1	1

当两组分之间能够形成多个稳定化合物时，在相图上会出现多个表示这些化合物熔点的最高点。图 5-15 是 H_2O - H_2SO_4 两组分相图，由于 H_2O 和 H_2SO_4 能生成 3 个稳定化合物 $H_2SO_4\cdot4H_2O$、$H_2SO_4\cdot2H_2O$ 和 $H_2SO_4\cdot H_2O$，因此，在 H_2O - H_2SO_4 相图上有 4 个共晶点。对应的四个共晶反应分别为

$$l_{(E_1)}=H_2O(s)+H_2SO_4\cdot4H_2O(s)$$
$$l_{(E_2)}=H_2SO_4\cdot4H_2O(s)+H_2SO_4\cdot2H_2O(s)$$
$$l_{(E_3)}=H_2SO_4\cdot2H_2O(s)+H_2SO_4\cdot H_2O(s)$$
$$l_{(E_4)}=H_2SO_4\cdot H_2O(s)+H_2SO_4(s)$$

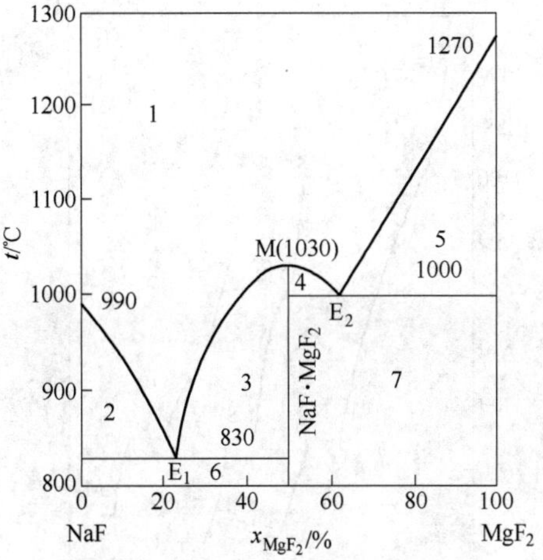

图 5-14 NaF - MgF_2 两组分相图

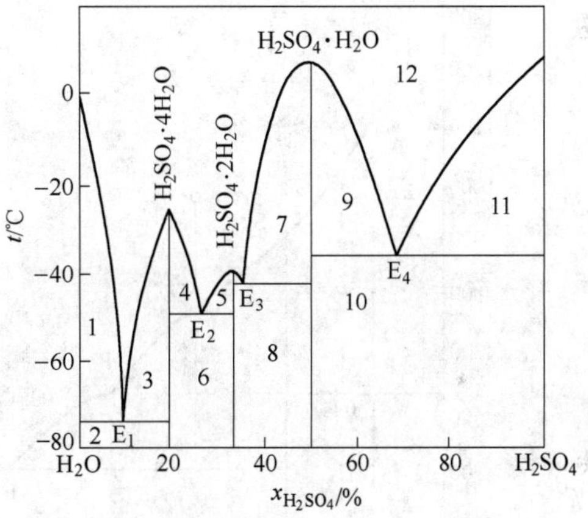

图 5-15 H_2O - H_2SO_4 两组分相图

各相区的平衡相列在表 5-2 中。表中 C_1，C_2，C_3 分别代表化合物 $H_2SO_4\cdot4H_2O$，$H_2SO_4\cdot2H_2O$ 和 $H_2SO_4\cdot H_2O$。

表 5-2 H_2O - H_2SO_4 两组分相图中各区平衡相

相区	1	2	3	4	5	6	7	8	9	10	11	12
相	H_2O+l	H_2O+C_1	l+C_1	l+C_1	l+C_2	C_1+C_2	l+C_3	C_2+C_3	C_3+l	C_3+H_2SO_4	l+H_2SO_4	l

5.6.2 生成不稳定化合物的两组分相图

图 5-16 是 Au - Bi 两组分相图。在 x_{Bi} 等于 0.333 时生成化合物 Au_2Bi。该化合物在加热时未到达熔点之前分解，分解产物是 P 点组成的液相和纯固相 Au。由于分解得到的液相（P 点）与原化合物组成不同，称为不相合熔化，这种化合物也称为不稳定化合物或异份熔点化合物。化合物的分解温度是图中水平线上的温度（644℃），在分解温度时发生下面三相反应：

$$Au_2Bi(s) \rightleftharpoons l_{(P)} + Au(s)$$

这个分解反应也称包晶反应，反应温度也称为包晶温度。发生包晶反应时，两组分系统存在三个相，所以自由度 $f=2-3+1=0$，表明发生包晶反应时温度和各相组成均恒定。

下面分析点 N、S、M 代表的系统冷却过程中状态的变化。N、S、M 代表的 3 个系统含 Bi 浓度不同，经历的状态变化也不同。N 点系统含 Bi 低，冷却时首先析出固相 Au，温度降至 644℃时，发生包晶反应，析出固相 Au_2Bi，包晶反应一直进行到液相消失为止，继续降温时，系统是包晶反应后剩余的固相 Au 和包晶反应生成的 Au_2Bi 的两相平衡。

S 点系统冷却也是首先析出固相 Au，在 644℃ 发生包晶反应，并且包晶反应恰好使固相 Au 和液相 $l_{(P)}$ 全部消耗，包晶反应结束后，系统是单相 Au_2Bi。

M 点系统冷却首先析出固相 Au，在 644℃时发生的包晶反应消耗掉固相 Au，有液相剩余，继续降温，系统则进入液相和 Au_2Bi 固相两相平衡区；液相在共晶温度 514℃ 发生共晶反应：$l_{(E)} \rightleftharpoons Au_2Bi(s)+Bi$。共晶反应结束后，液相消失，系统进入 Au_2Bi 和 Bi 两个固相平衡区。3 个系统的步冷曲线也画在图 5-16 中。表 5-3 列出 Au-Bi 两组分相图中，各相区平衡相和自由度数。

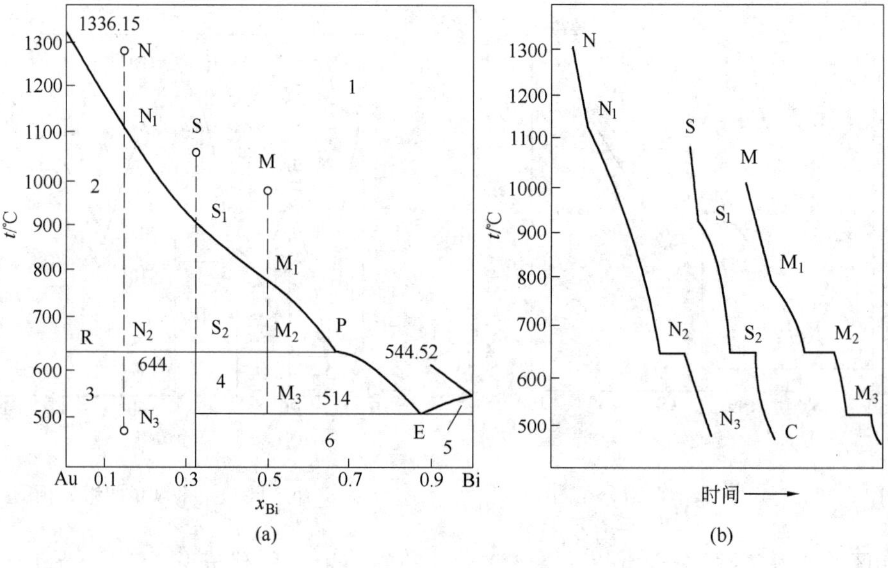

图 5-16 Au-Bi 两组分相图

表 5-3 Au-Bi 两组分相图各平衡相区和自由度数

区	1	2	3	4	5	6
相	l	l+Au	Au+Au_2Bi	l+Au_2Bi	l+Bi	Au_2Bi+Bi
f	2	1	1	1	1	1

5.7 生成固溶体的两组分相图

固态合金是一种金属均匀溶解于另一种金属中所形成的固溶体。许多金属能相互形成固溶体。当形成固溶体的两种金属原子尺寸相近、能在晶格中互相取代时，所形成的固溶体称为置换式固溶体或代位固溶体；当一种金属原子很小，能够镶嵌在另一种金属晶格的空位中，所形成的固溶体是间隙式固溶体。除合金外，其他非金属物质间也能形成固溶体。固溶体可以分为部分互溶及全部互溶两种情况。

5.7.1　固相部分互溶的共晶型两组分相图

图 5-17 是 Ag－Cu 两组分相图。在图中除了有表示固溶体溶解度的两条曲线 acg 和 bdf 外，还有 2 个固溶体 α 和 β 相区。α 固溶体是 Cu 溶解在 Ag 基体中形成的固溶体，β 固溶体是 Ag 溶解在 Cu 基体中所形成的固溶体。在 2 个固溶体相区内，系统是单相平衡，系统自由度数 $f=2-1+1=2$。水平线温度表示共晶温度，共晶反应是 $l_{(E)} \rightleftharpoons \alpha(c)+\beta(d)$。$l_{(E)}$ 代表共晶反应时 E 点组成的液相，α(c)、β(d) 分别代表共晶反应时 c 点组成的 α 固溶体和 d 点组成的 β 固溶体。因此参与共晶反应的 3 个相的浓度和温度是固定的，此时系统的自由度等于零。

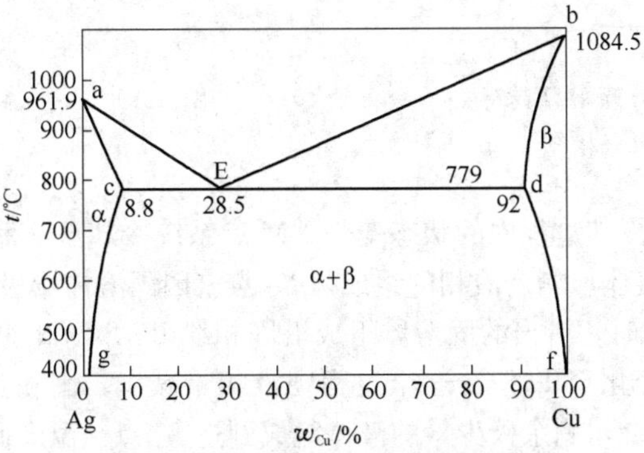

图 5-17　Ag－Cu 两组分相图

当温度低于共晶温度，系统内不存在液相，不同温度下 Cu 在 Ag 中的溶解度沿 acg 线变化，Ag 在 Cu 中的溶解度则沿 bdf 线变化。因此，曲线 acg 和 bdf 是固溶体的溶解度曲线。

两组分 Pb－Sn、Pb－Sb、Bi－Sn、AgCl－CuCl、MgO－CaO、KNO_3－$NaNO_3$ 相图属于这类相图。

5.7.2　固相部分互溶且转熔型的两组分相图

图 5-18 表示固态部分互溶且具有转熔点的两组分相图。在相图上有一条三相线 Pdc，三相线上系统发生下列相转变反应：

$$l_{(P)}+\beta(c) \rightleftharpoons \alpha(d)$$

$l_{(P)}$，β(c) 和 α(d) 分别代表液相（P 点组成）、β 固溶体（c 点组成）和 α 相（d 点组成）。这个反应称为包晶反应，发生包晶反应时三相平衡，系统自由度等于零。P 点称为包晶点或转熔点。凡是组成点落在 Pdc 线上的系统在冷却过程中都要发生包晶反应，而且组成点在 Pd 之间的系统，包晶反应结束后 β 相消失，剩余液相，液相将在系统降温过程中逐渐结晶析出固溶体 α；组成点在 dc 之间的系统包晶反应后，液相消失，进入 α、β 两个固溶体的平衡相区。图 5-18 中同时标出了各相区中的平衡相。Hg－Cd、Ag－Pt 相图属于这类相图。

5.7.3　固相完全互溶型的两组分相图

固态完全互溶的两组分相图是由连续的光滑曲线构成。Ag 和 Au 在液态和固态时都能彼此完全互溶，相图如图 5-19 所示。在 Ag－Au 相图中存在 3 个相区，即液相平衡区、固相平衡区和固、液两相平衡区。固、液两相平衡区也称为相转变环。相转变环上方的曲线 $AL_3L_2L_1B$ 称为液相线，下方的曲线 $AS_3S_2S_1B$ 称为固相线。

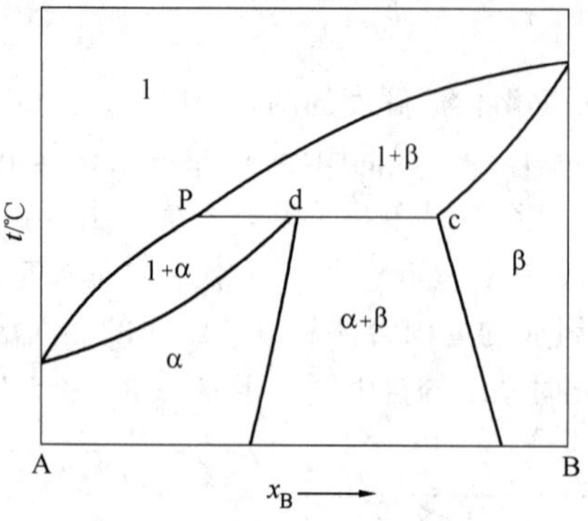

图 5-18 固态部分互溶且具有转熔点的两组分相图

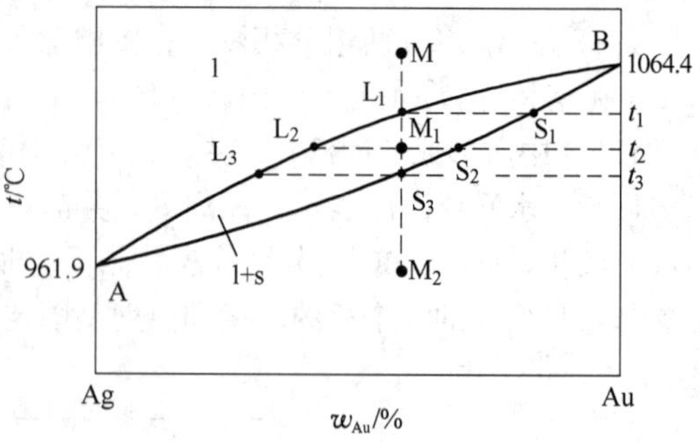

图 5-19 Ag－Au 两组分相图

分析 M 点的系统在冷却过程中的状态变化。M 点系统冷却至 t_1 温度时，系统开始析出含 Au 组成等于 S_1 点的固溶体，剩余液相的组成是 L_1 点（因固溶体量极小，液相组成点 L_1 与系统点重合）；降至 t_2 温度时，析出的固溶体组成沿固相线 $BS_1S_2S_3A$ 变化至 S_2 点，剩余液相组成沿液相线 $BL_1L_2L_3A$ 变化至 L_2，在这个过程中液相量减少，固相量增多；降至 t_3 温度时，固相组成 S_3 与系统点重合，剩余极少量的液体组成到达 L_3 点。温度低于 t_3 时，液相消失，系统是单一固相平衡。

在冷却过程中得到的固溶体浓度是不均匀的，先析出的固溶体中含 Au 浓度大，后析出的固溶体中含 Au 浓度小，这种固溶体浓度不均匀的现象称为偏析。消除偏析的方法是在固溶体熔点温度以下，将固溶体长时间保温，使固溶体中的物质通过扩散达到浓度均匀。

Au－Pt、Ag－Pd、Co－Ni、Mo－Ta、Bi－Sb、Ge－Si、Hf－Zr、AgCl－NaCl、Na_2CO_3－K_2CO_3 等系统属于固相完全互溶型的两组分相图。Cu－Au 两组分相图也是属于固相完全互溶型，但存在极小值。

5.7.4 区域熔炼

信息产业的发展需要高纯度的金属材料。若两种金属固相部分互溶或完全互溶时，则可通过区域熔炼提纯金属。以图 5-20 为例说明区域熔炼原理，图 5-20（a）表示生成固溶体的两组分相图。C_0 表示初始系统点。将系统冷却至 t_1 温度时，系统进入液、固平衡相区，平衡的固相组成和液相组成分别用 S_1 和 L_1 表示，是 t_1 温度下作与 x 轴平行的线分别与固相线和液相线相交的交点。固相中 A 的浓度 S_1 高于初始系统中 A 的浓度；如果将此固相加热至 t_2 温度，使系统重新进入固、液两相平衡区，此时固相中 A 的浓度 S_2 高于 t_1 温度时固相中 A 的浓度 S_1，说明这个过程中 A 在固相中发生了富集。重复此操作，终将获得纯 A。

图 5-20（b）是区域熔炼操作示意图。用可移动的加热环加热棒状合金，加热环缓慢从左向右移动，左边凝固时，金属在棒的左端富集；随着加热环向右移动，杂质在棒的右端液相中富集。经过反复操作，杂质都集中到了棒的右端，在试样的左端获得纯度很高的金属，杂质量可控制在亿万分之一。

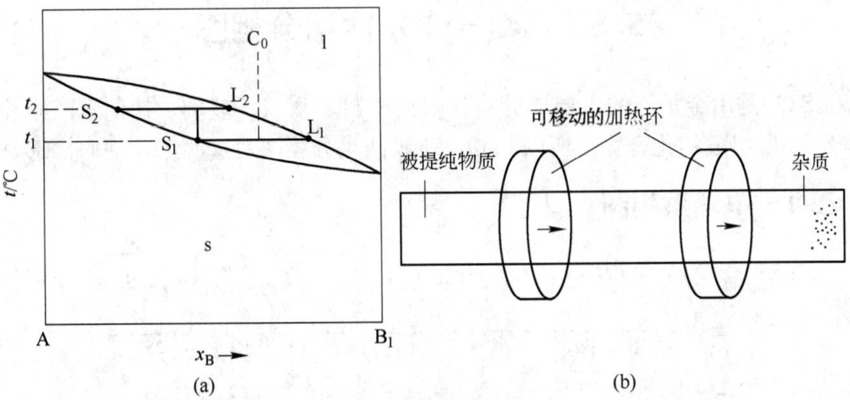

图 5-20　区域熔炼原理

(a) 固态互溶相图；(b) 区域熔炼操作示意图

例 5-3　图 5-21 是 MgO-SiO$_2$ 两组分液固平衡相图。回答下列问题。

(1) C_1、C_2 是什么类型的化合物？

(2) 写出水平线上的三相反应。

(3) 绘制表格，并将各相区的平衡相及自由度填在表格内。

解：用字母 A 表示 MgO，字母 B 表示 SiO$_2$。则

(1) C_1 是稳定化合物，C_2 是不稳定化合物。

(2) 四个三相反应分别为：$l_{(E_1)} \rightleftharpoons A + C_1$；$l_{(P)} + C_1 \rightleftharpoons C_2$；$l_{(E_2)} \rightleftharpoons C_2 + B$；$l_{(E_3)} \rightleftharpoons l_{(a)} + B$。

(3) 各相区的平衡相及自由度数见下表：

区	1	2	3	4	5	6	7	8	9	10	11
相	l	l+A	A+C_1	l+C_1	l+C_1	C_1+C_2	l+C_2	C_2+B	l+B	l_1+l_2	l+B
f	2	1	1	1	1	1	1	1	1	1	1

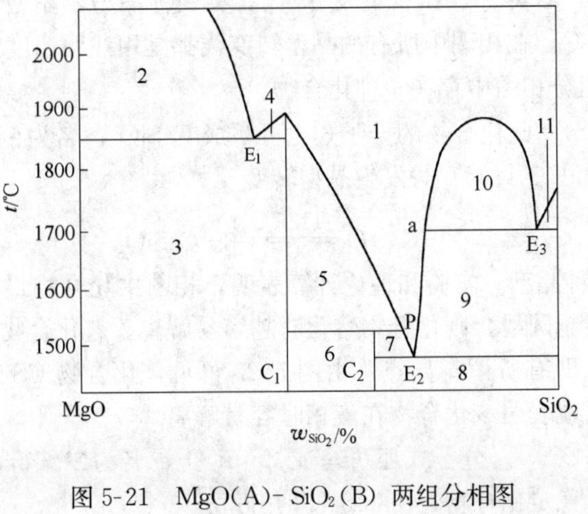

图 5-21　MgO(A)-SiO$_2$(B) 两组分相图

5.8 CaO - SiO_2 两组分相图

CaO 和 SiO_2 是冶金炉渣的主要成分。在耐火材料、水泥、玻璃、搪瓷等工业中也经常遇到 CaO 和 SiO_2 所组成的化合物。所以 CaO - SiO_2 两组分相图对这些工业是非常重要的。

5.8.1 CaO - SiO_2 系相图

图 5-22 为 CaO - SiO_2 系相图。

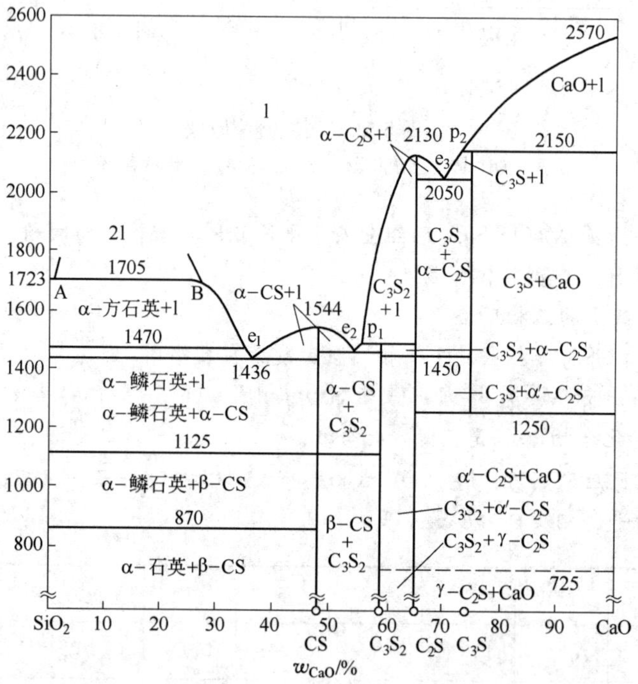

图 5-22 CaO - SiO_2 系相图

SiO_2 有 β-石英、α-石英、α-鳞石英及 α-方石英四种晶型，晶型转变温度分别为 575℃、870℃、1125℃和 1470℃。在相图中所有的晶型转变线都是用注明温度的横轴平行线表示的。

在 CaO - SiO_2 两组分相图中存在 4 种化合物。

(1) CaO · SiO_2(CS)。此化合物的分子式也可写成 $CaSiO_3$，名为偏硅酸钙或硅灰石，是稳定化合物，熔点为 1544℃。1125℃时发生晶型转变

$$\alpha - CaSiO_3 \xrightleftharpoons{1125℃} \beta - CaSiO_3$$

α 和 β 是偏硅酸钙的两种晶型。实验和理论计算表明，相图中化合物最高点的液相线和固相线的曲率半径越大，曲线越圆滑，则化合物熔化时越容易解离。若化合物在液态时不解离，则液相线在最高处成锐角，即有所谓奇异点。由图 5-22 可见，化合物 CS 的液相线最高点是圆滑的，即没有奇异点，这就表明该化合物在液相时容易解离。

(2) 3CaO · $2SiO_2$(C_3S_2)。分子式还可写成 $Ca_3Si_2O_7$，名为二偏硅酸三钙，在自然界中以硅钙石形式存在，是不稳定化合物，在 1464℃时分解。

(3) $2CaO \cdot SiO_2(C_2S)$。分子式可写成 Ca_2SiO_4，名为正硅酸钙或硅酸二钙。在 $CaO-SiO_2$ 系统中它是属于最稳定的化合物。熔点为 2130℃，有 α、α′、β 和 γ 四种晶型。该化合物加热时的晶型转变顺序为

$$\gamma \xrightarrow{725℃} \alpha' \xrightarrow{1450℃} \alpha$$

冷却时的晶型转变顺序与此不同。由于 $\alpha'-C_2S$ 与 $\gamma-C_2S$ 在结构上有很大差异，所以在冷却时 $\alpha'-C_2S$ 往往出现过冷现象，在 670℃首先转变成结构与 $\alpha'-C_2S$ 相近的 $\beta-C_2S$。温度降至 525℃后，再由 $\beta-C_2S$ 转变为 $\gamma-C_2S$。因此，冷却时 C_2S 的晶型转变顺序为

$$\alpha \xrightarrow{1450℃} \alpha' \xrightarrow{670℃} \beta \xrightarrow{525℃} \gamma$$

由此可见，$\beta-C_2S$ 是亚稳状态，而不是真正的平衡状态。由于 $\beta-C_2S$ 和 $\gamma-C_2S$ 的密度不同（分别为 $3.20g \cdot cm^{-3}$ 和 $2.94g \cdot cm^{-3}$），所以 $\beta-C_2S$ 在冷却变成 $\gamma-C_2S$ 时，体积要增大约 9%，使 C_2S 晶体发生粉化现象。采用骤冷的方法可使 $\beta-C_2S$ 来不及转变为 $\gamma-C_2S$，仍以 β 晶型存在，此法可避免粉化现象的产生。

因为相图是在平衡状态下作出的，故图中没有表示 $\beta-C_2S$ 的区域而只有表示 $\alpha-C_2S$、$\alpha'-C_2S$ 和 $\gamma-C_2S$ 的区域。

(4) $3CaO \cdot SiO_2$ (C_3S)。分子式还可写成 Ca_3SiO_5，名为硅酸三钙，是不稳定化合物，只在 1250℃至 2150℃范围内稳定存在。超出该温度范围时化合物分解。

$CaO-SiO_2$ 两组分系统有 3 个共晶点：e_1、e_2 和 e_3，两个包晶点：p_1 和 p_2。这些点的组成和温度见表 5-4。

表 5-4 $CaO-SiO_2$ 系的共晶点和包晶点

图上标号	平衡性质	所在位置	组成/%		温度/℃
			CaO	SiO_2	
e_1	共晶	SiO_2-CS	37	63	1436
e_2	共晶	$CS-C_2S$	54.6	45.4	1460
e_3	共晶	C_2S-CaO	67.5	32.5	2050
p_1	转熔	$CS-C_2S$	55.5	44.5	1464
p_2	转熔	C_2S-CaO	73.6	26.4	2150

此外，在相图的左部，含 CaO 在 0.6%～28%的组成范围内（A、B 两点），温度在 1705℃以上时，液相有分层现象。温度升高时，两液相的饱和浓度相互接近。有的资料表明，当温度达到 2100℃，CaO 含量为 10%左右时，两液相区消失，成为单一液相。

5.8.2 应用举例

造渣是冶炼过程的重要环节，为保证冶炼的正常进行，要求炉渣具有较低的熔点，以便使金属与脉石互相分离。CaO 和 SiO_2 是高炉渣的主要成分，渣中 $\frac{w_{CaO}}{w_{SiO_2}}$ 称为碱度。由 CaO 和 SiO_2 两组分相图可见，$w_{CaO}=50\%$，碱度 $=1$ 左右时熔点最低。所以在高炉炼铁中把渣碱度选在 0.9～1.2 之间，在这个组成范围内，高炉渣中 CaO 与 SiO_2 可能生成 CS 或 C_3S_2。

CaO 和 SiO_2 系统内的四种化合物各具有不同的特性，在工业生产中要根据需要控制化合

物的生成。例如，β-C_2S变成γ-C_2S时体积增大，在为炼铁提供的原料的烧结过程中，应尽量避免生成正硅酸钙，因为体积膨胀会使已经烧好的烧结矿石在冷却中粉碎。与此相反，在电炉炼钢时要求炉渣中产生较多的正硅酸钙，因为它能增大钢渣的界面张力，减少钢中夹杂物，有助于提高钢的质量。

5.9 三组分液-固相图

5.9.1 三组分相图组成表示法

三组分系统的独立组分数是3，自由度 $f=3-\Phi+2$，当相数 $\Phi=1$ 时，系统最大的自由度 $f=3-1+2=4$。当维持压力恒定时，系统的自由度是3，即至少需要3个变量描述系统状态的变化，也即必须用三维空间表示三组分相图。

三维相图通常用图5-23所示的三棱柱体表示。柱高表示温度，底面正三角形表示组成，正三角形中的3个顶点分别代表3个纯组分A、B、C，3条边则代表A-B、B-C、C-A 3个两组分系统，各组分浓度分别用符号 x_A，x_B，x_C 表示，在图中沿逆时针方向标出，三角形内的任意一点代表一个三组分系统。

图5-24所示为三角形浓度表示方法。图5-24中，M点代表任意一个三组分系统，M点系统组分浓度按下列方式确定：过M点作顶点A对边BC的平行线，交于AC边D点，线段CD则代表系统中组分A的摩尔分数，$x_A=0.40$。同样的方法，M点系统中B和C的摩尔分数分别相当于线段AF和BI，$x_B=0.20$，$x_C=0.40$。

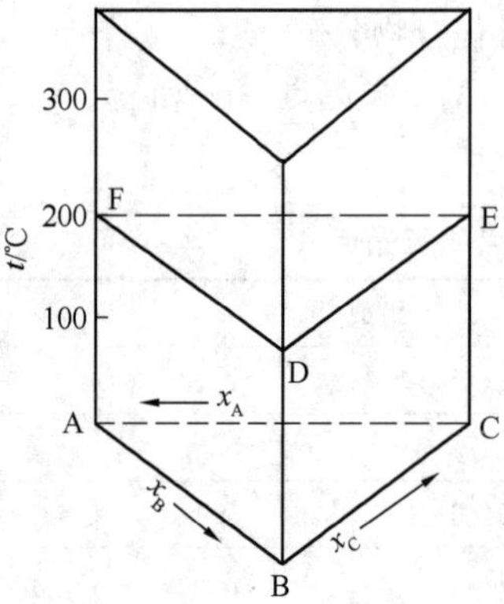

图5-23 三组分立体图

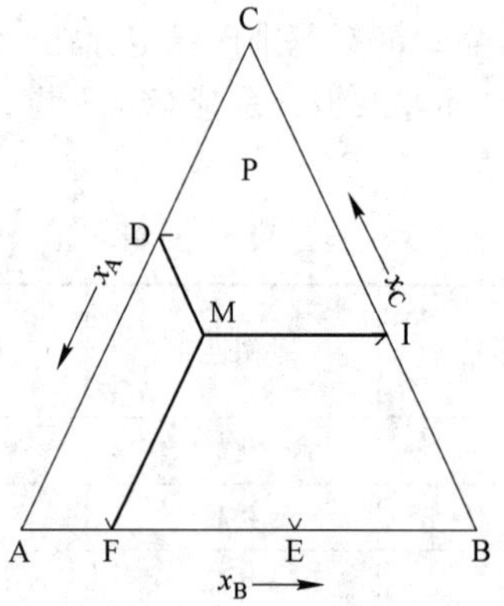

图5-24 三组分相图浓度坐标

三组分系统中组分浓度之间存在着下列关系：

(1) 位于平行于某一边的直线上的所有的系统点含该边对角组分的浓度相同，如图5-25中MN线上的3个系统点 x_1、x_2、x_3 的含A量均相同。

(2) 在顶点与对边之间任意一连线上的所有系统点，另外两组分的组成比例相同，如图5-25中的AP线上3个系统点 y_1，y_2，y_3 含B和C的比例相同即 x_B/x_C

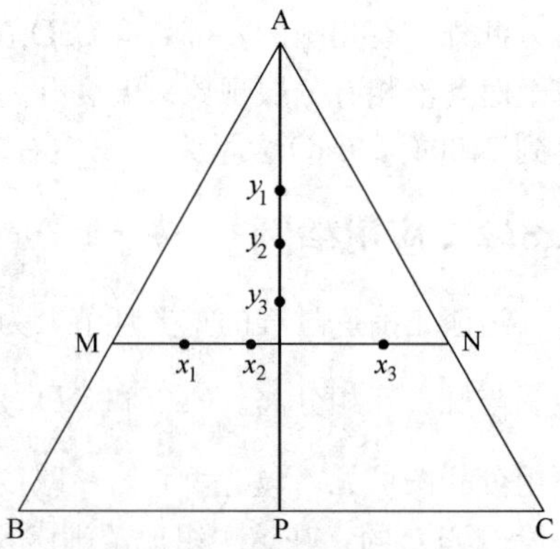

图5-25 等边三角形组分规则

相同。

(3) 由 2 个系统点混和形成的第 3 个系统点，其组成在这 2 个系统点的连线上，并且位置取决于 2 个系统点的相对质量，如图 5-25 中 y_1 和 y_3 组成的系统点在直线 AP 上，且位于 2 个系统点 y_1，y_3 之间。

5.9.2 简单共晶型的三组分液-固相图

三组分之间液相是完全互溶的，固相是完全不互溶的，且没有化合物生成时，其相图就是简单共晶型的相图，是三组分液固相图中最简单的一种。Bi－Sn－Pb 系统液固相图就是简单共晶型相图，如图 5-26 所示。

三棱柱的 3 个侧面分别是 3 个两组分相图，共晶点分别用 e_1，e_2，e_3 表示。三组分的共晶点是 e，是 3 条共晶线 e_1e，e_2e，e_3e 的交点。由 $ee_3ae_1e-ee_3ce_2e-ee_2be_1e$ 所包围的曲面是液相面，该液相面被 e_1e，e_2e，e_3e 3 条线分为 3 个部分。当系统从高温冷却到曲面上时，系统开始结晶，析出相应饱和的单一纯固相。例如系统点 L 冷却至液相面上 L_1 点时，将析出固相 Bi，系统是固相 Bi 与被 Bi 饱和的液相两相平衡。

当系统中析出固相 Bi 后，液相中 Bi 含量下降，而 Pb 和 Sn 的含量不变，系统点将离代表纯组分 Bi 的顶点 a 越来越远，即在液相面上沿 aL_1 连线上沿着远离 a 点的方向变化。当系统点到达 e_1e 线时，溶液又被第 2 个固相 Sn 饱和，析出固相 Sn；继续冷却，系统点将沿 e_1e 冷却至 e 点，e 点处系统将发生 3 个固相同时结晶的四相反应

$$l_{(e)} \rightleftharpoons Bi + Sn + Pb$$

三组分系统中四相平衡时，自由度 $f=3-4+1=0$。在 e 点以下，液相不存在，在液相面以上，固相不存在。

将立体相图中的点 A，B，C 和线 e_1e，e_2e，e_3e 投影到底面上，得到投影图（见图 5-27）。在投影图中还画出一些等温线。等温线是将相图在不同温度下的恒温截面与相图液相面相交的交线在底面上的投影所得，图中的数字代表温度值（℃），同一等温线上的系统点开始结晶的温度相同。

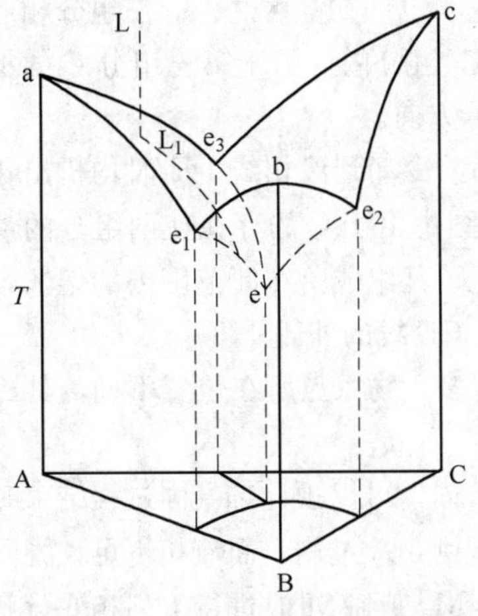

图 5-26 Bi(A)－Sn(B)－Pb(C) 立体图

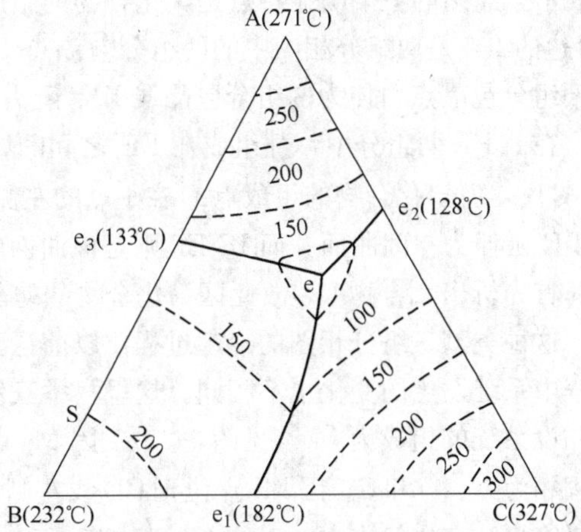

图 5-27 Bi(A)－Sn(B)－Pb(C) 液固相图平面投影图

5.9.3 具有一个两组分稳定化合物的三组分液-固相图

在A-B-C三组分系统中，若A-B两组分生成一个稳定化合物A_mB_n，其余两个两组分相图均为简单共晶型，则属于这种类型的相图。图5-28所示为生成稳定化合物的两组分A-B相图和A-B-C三组分平面投影图。平面投影图A-B边上的D点是化合物组成的投影点。因为化合物A_mB_n的存在，使得三组分系统A-B-C平面投影图中存在4个固相初晶区，分别表示系统点冷却时纯固相A、A_mB_n、B、C开始结晶的浓度范围，并存在两个四相平衡的共晶点：

$$l_{(E_5)} \rightleftharpoons A + A_mB_n + C$$

$$l_{(E_6)} \rightleftharpoons A_mB_n + B + C$$

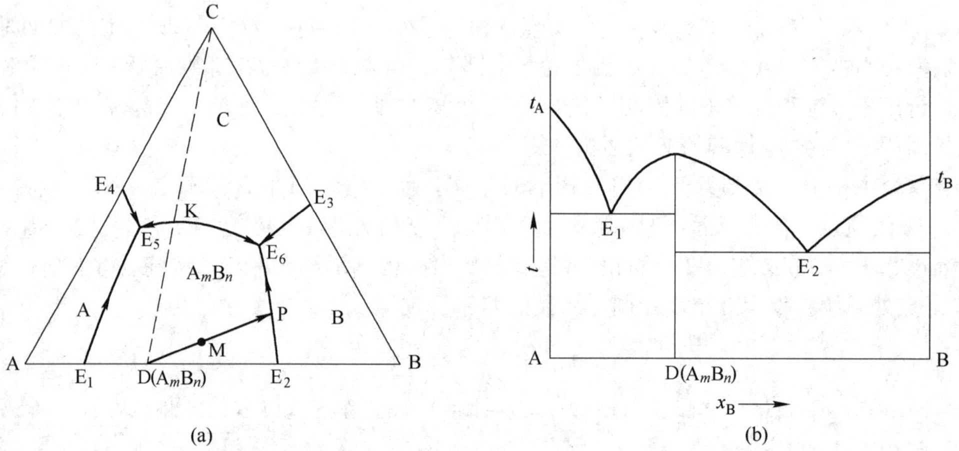

图5-28 具有一个两组分稳定化合物的三组分相图

5.9.4 具有一个两组分不稳定化合物的三组分相图

如图5-29所示，此三组分中存在一个两组分不稳定化合物A_mB_n，它位于AB边，组成以D表示。此图的一个明显特点是，化合物的组成点D位于它自己的初晶区之外。三组分相图中AB边的I点是两组分相图中的两组分包晶点I′的投影。在三组分内，由于第三组分C的加入使两组分包晶点引伸为两组分包晶线IP，箭头表示温度下降方向。

在A-B两组分中，凡组成在$I'E_1'$之间的熔体，例如M，冷却到液相线$I'E_1'$时均析出化合物A_mB_n，但该化合物的组成点D在I′点的左侧。三组分相图中由于C的存在使两组分的液相线$I'E_1'$延伸为空间曲面，而IE_1EP则是该曲面的投影。因此，凡组成落在此范围内的熔体，冷却时首先析出化合物D。故此区为化合物的初晶区，且位于CD线的外侧。

这种类型三组分相图的冷却过程比以前遇到的要复杂得多。物系点所在位置不同，其冷却过程中系统发生的变化也不相同。这里只举三例说明。

设系统的组成为M_1（见图5-29）。因M_1点位于△ADC内，可以预计，凝固过程结束时所得固相为A、D和C。因M_1点位于CD线左侧，根据杠杆规则，A过剩，而液相不足，凝固过程最终将结束在P点上。系统M_1首先析出固相A，液相从M_1变到M_1'时进行下列相变，开始出现化合物D（两组分包晶反应）

$$A + 液 \rightleftharpoons D$$

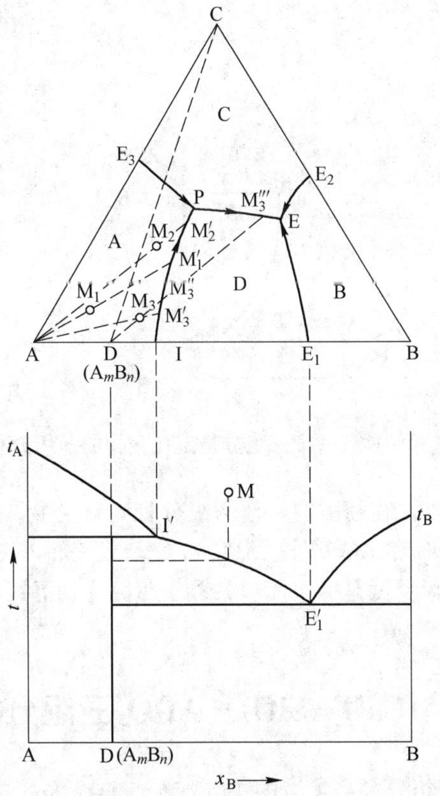

图 5-29 具有一个两组分不稳定化合物的三组分相图

温度继续下降，液相组成沿 IP 线变化，到达 P 点时，发生下列三组分包晶反应，固相 C 开始析出

$$A+P(液)\longrightarrow D+C$$

直到液相 C 全部消失为止。整个冷却过程结束在 P 点，P 点称为三组分包晶点。所得固相为 A、D 和 C。

系统点 M_2 位于△DBC 之内，凝固结束后得到固相 B、D 和 C。因为 M_2 点位于 CD 线的右侧，在 P 点三相包晶反应结束后，有液相剩余，系统点将沿 PE 线向 E 点移动，在这个过程中，C 和 D 析出。在 E 点发生析出的 D、C 和 B 的共晶反应为

$$l_{(E)}\rightleftharpoons D+C+B$$

系统 M_3 的冷却过程比较特殊。此点位于△DBC 之内，凝固结束时所得固相应为 B、D 和 C。熔体冷却时首先析出 A，液相从 M_3 变到 M_3' 后发生两组分包晶反应，开始出现化合物 D：A+液═D。此时系统组成点向 P 移动。当液相达到 M_3'' 时，固相 A 消失，上述两组分包晶反应已不能进行，系统剩下化合物和液相 M_3''。此后再继续冷却，系统组成点沿 DM_3'' 连线向 M_3''' 移动，D 不断析出，直至到达两组分共晶线 PE 上的 M_3''' 后，D、C 同时析出，然后沿 PE 线降到三组分共晶点 E，并在此点完全凝固。

5.9.5 具有一个三元稳定化合物的三组分相图

图 5-30 属于这种类型。系统内生成一个三组分稳定化合物 $A_mB_nC_p$，其组成用 D 点表示。因为是三组分化合物，所以它的组成点位于△ABC 内，而不是在三角形的边上。因为它是稳

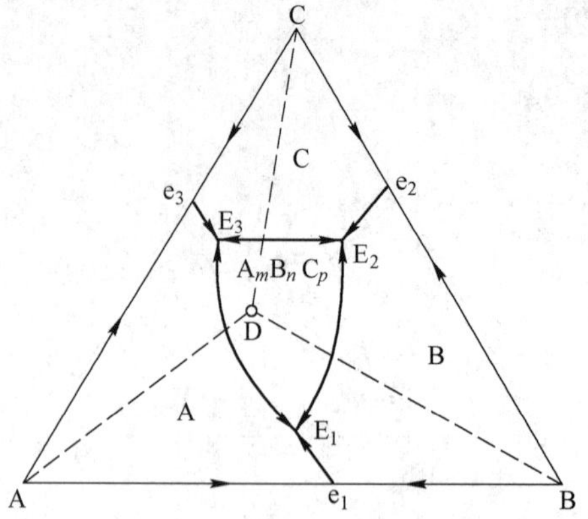

图 5-30　具有一个三组分稳定化合物的三组分相图

定化合物，所以有相应的熔点，在相图中，像两组分稳定化合物一样，也有它自己的最高点。从 D 点联结三条线：DA、DB 和 DC，则△ABC 被分割成三个小三角形：△ADB、△BDC 和△CDA，可以将每个小三角形看做是一个简单共晶三组分。初晶区的确定和冷却过程的分析方法与前类似，不再详述。

5.10　$CaO-SiO_2-Al_2O_3$ 三组分相图

CaO、SiO_2、Al_2O_3 三个组分是高炉渣的主要成分，这个系统的相图对于研究高炉渣有重要应用，此外还有许多硅酸盐工业的产品也处于该系统的组成范围内，所以该系统对于硅酸盐工业也有实际意义。

5.10.1　$CaO-SiO_2-Al_2O_3$ 系相图

图 5-31 是 $CaO-SiO_2-Al_2O_3$ 三组分相图。该相图中有 3 个三组分化合物，其中钙斜长石 $CaO \cdot Al_2O_3 \cdot 2SiO_2$（$CAS_2$）和铝方柱石 C_2AS 都是稳定化合物。不稳定化合物 C_3AS 在图中没有标明。另外还有 10 种两组分化合物，在相图中它们都位于三角形的边上。这些三组分和两组分化合物的名称和熔点均列于表 5-5 中。

表 5-5　$CaO-SiO_2-Al_2O_3$ 系的化合物与熔点

化合物	熔点/℃	化合物	熔点/℃
C_3A	1535 分解	CS	1544
$C_{12}A_7$	1455	C_3S_2	1464 分解
CA	1605	C_2S	2130
CA_2	1750	C_3S	在 1250～2150 存在
CA_6	1850 分解	CAS_2	1553
A_3S_2	1850	C_2AS	1593

相图内标有数字的虚线是等温线，粗实线表示两组分共晶线或两组分包晶线，线上的箭头表示温度下降的方向。整个相图被两组分共晶线以及两组分包晶线分割成许多小块，每小块属于各化合物的初晶区，图内已标明了各初晶物质的名称。此系统共有 15 个初晶区，即 CaO、

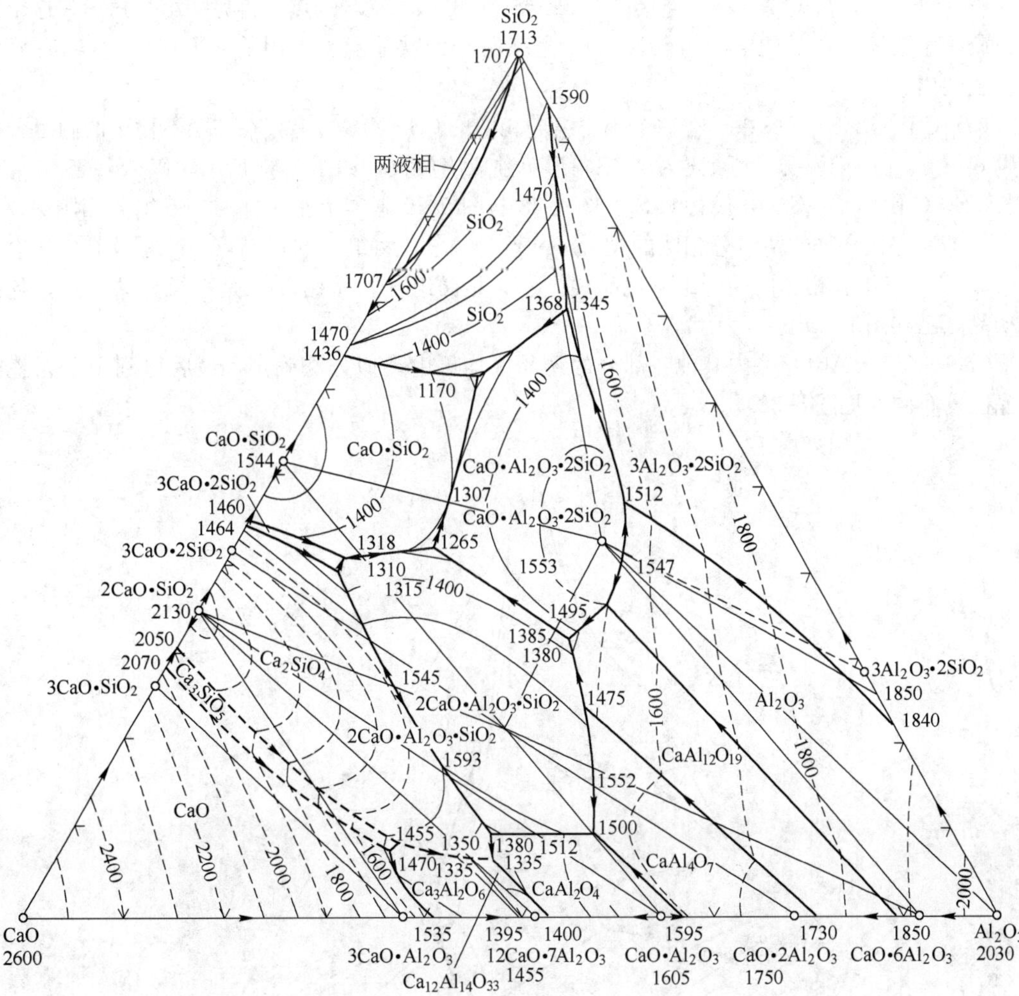

图 5-31 CaO - SiO₂ - Al₂O₃ 系相图

SiO_2、Al_2O_3 3 个组分以及 10 个两组分化合物和 2 个三组分化合物的初晶区。除此之外，在 CaO · SiO_2 一边还出现一个狭长的液相分层区。

5.10.2 CaO - SiO_2 - Al_2O_3 系相图分析

这个三组分相图是一个比较复杂的相图。为了弄清楚图中点、线、面的意义，可以像讨论复杂的两组分相图那样，把整个图分割成若干个简单的三组分相图，逐个加以讨论，最后再汇总到一起。

(1) SiO_2 - CS - CAS_2 系。图 5-32 的左上角，用细实线把 SiO_2、CS 和 CAS_2 三个顶点联结起来，得到一个小三角形，三角形的三顶点 SiO_2、CS 和 CAS_2 代表这个三组分相图中的三个组分。将它与简单三组分共晶相图比较可知，二者完全相似，所以不难确定这个三角形内的各初晶区。位于上面的属于 SiO_2 初晶区，左下方为 CS 的初晶区，而右下方则是 CAS_2 的初晶区。E_1 是三组分共晶点，在此点上，SiO_2，CS 和 CAS_2 三个固相与组成为 E_1 的液相平衡共存，$f=3-4+1=0$。

(2) $CS-CAS_2-C_2AS$ 系。连接图 5-32 CS、CAS_2、C_2AS 三点，得另一小三角形。这个系统也属于生成简单共晶的三组分相图。E_2 是三组分的共晶点。可用前述方法确定各初晶区，已标在图内。

(3) $CS-C_2AS-C_2S$ 系。在这个小三组分相图的 $CS-C_2S$ 边上存在一个不稳定的两组分化合物 C_3A_2。为便于说明，可把这个小三角形单独取出放大，如图 5-33 所示，以 A 代替 C_2S，B 代替 CS，C 代替 C_2AS，M 代替 C_3S_2。图 5-33 与图 5-29 基本上是一样的。三组分相图 AB 边是生成不稳定化合物的两组分相图的投影。N 点是 A - B 两组分的包晶点。n 是 N 在 AB 边的投影。nP 为三组分相图内的两组分包晶线。e_3E_3 是两组分共晶线，E_3 是三组分共晶点。各物的初晶区已在图上标出。

$CaO-SiO_2-Al_2O_3$ 系内其他各部分的初晶区均可由类似方法确定，最后得到一个完整的初晶区分布图（见图 5-32）。

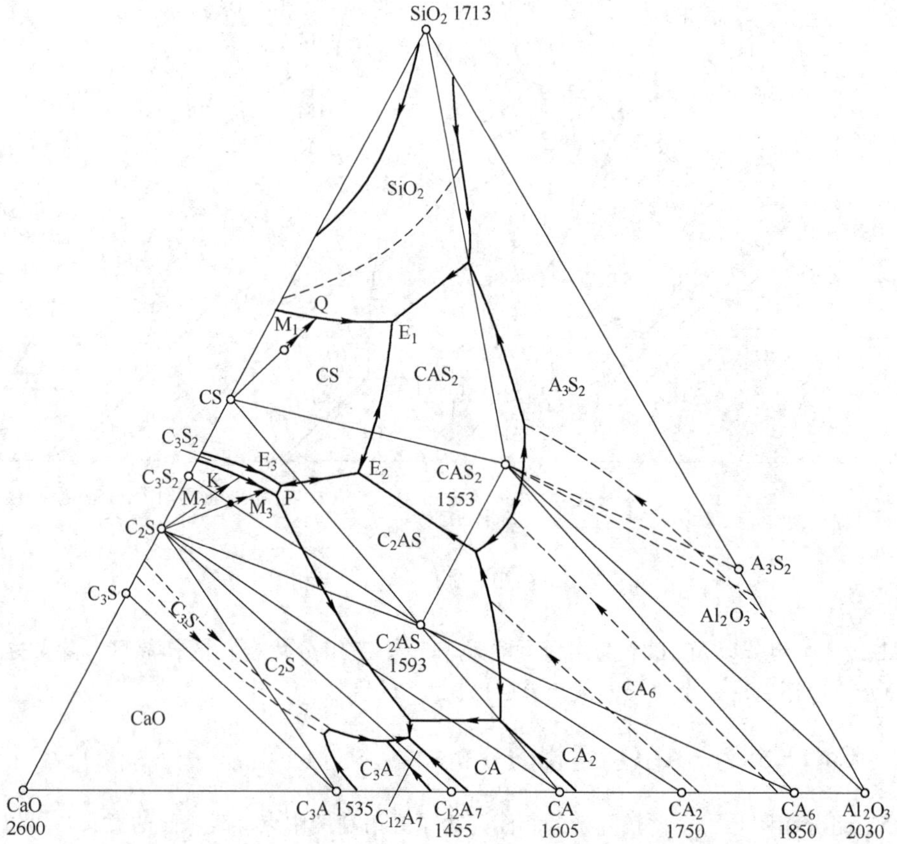

图 5-32　$CaO-SiO_2-Al_2O_3$ 系初晶区分布图

5.10.3 冷却过程分析

由于此系统的相图比较复杂，所以当系统的状态处于相图内不同位置时，其冷却过程可能有很大差异，但讨论的方法和依据大体相同。现仅举两例稍加说明。

(1) 设系统点为 M_1，如图 5-32 所示。开始温度很高时，系统全部为液相。温度下降到液相面时，开始析出固相 CS（因 M_1 点位于 CS 的初晶区内），系统变为固相 CS 和组成为 M_1 的

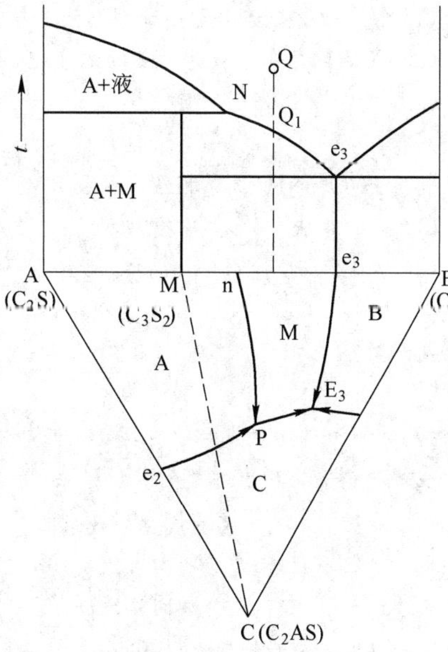

图 5-33　C_2S－CS－C_2AS 部分的放大图

熔体两相平衡共存。温度继续下降，液相组成沿 M_1Q 变化，达 Q 点时 SiO_2 开始析出。然后液相组成沿 QE_1 变化，凝固过程最终结束在 E_1 点。在 E_1 点的温度以下，液相消失，系统变为 CS、SiO_2、CAS_2 三个固相平衡共存。

(2) 系统点 M_2 位于 CS－C_2AS－C_2S 三角形内。温度下降到液相面时，开始析出 C_2S，此后随着温度下降，液相组成沿 M_2K 变化，达 K 点，C_2S 与液相反应生成 C_3S_2，即进行：C_2S＋液相→C_3S_2 的包晶反应，系统为三相平衡，$f=1$。从 K 点开始，随着温度的下降，液相组成沿 KP 线移动，达三组分包晶点 P 时，出现 C_2AS，发生下列反应

$$C_2S+液相 \longrightarrow C_3S_2+C_2AS$$

直到液相消失为止。因系统点 M_1 位于以 C_2S、C_2AS、C_3S_2 为顶点的三角形内，所以凝固过程将终止于 P 点，而不会再达 E_3 点，最终所得固相应是这三个顶点的组分。

如果系统点位于 C_2AS－C_3S_2－CS 的三角形内（M_3 点），可以预计，冷却到最后得到的固相是 C_2AS、C_3S_2、CS，而得不到 C_2S，并且凝固过程结束于 E_3 点。

习　题

5-1　下面的说法是否有错误，错在什么地方？试由相律加以说明。

(1) 一个平衡系统最多只有三相（气、液、固）。

(2) 多元系的相数一定多，单元系的相数一定少。

(3) 水的冰点自由度为零。

(4) 无论系统有几个组分，当其从液相缓慢冷却析出固相时，其温度不变，直至完全凝固后，温度才下降。

5-2　计算下列系统的自由度：

(1) $N_2(g)$、$H_2(g)$ 和 $NH_3(g)$。

(2) $N_2(g)$、$H_2(g)$和 $NH_3(g)$，其中 N_2 和 H_2 均由 NH_3 分解而得。

((1) 3；(2) 2)

5-3　试确定下列系统的自由度：

(1) $CaCO_3(s)$、$CaO(s)$ 和 $CO_2(g)$。

(2) Fe(s)、FeO(s)、CO(g)、$CO_2(g)$。

(3) Fe(s)、FeO(s)、C(s)、CO(g)、$CO_2(g)$。

(4) C(s)、CO(g)、$CO_2(g)$、$N_2(g)$。

(5) 高温下 Fe－C 熔体，CO(g)、$CO_2(g)$、$O_2(g)$、$N_2(g)$。

((1) 1；(2) 2；(3) 1；(4) 3；(5) 4)

5-4　四氯化碳和四氯化锡的蒸气压 p_1^* 和 p_2^* 在不同温度时的测定值如下：

t/℃	77	80	90	100	110	114
p_1^*/kPa	101.3	111.4	148.2	193.3	250.6	
p_2^*/kPa		34.4	48.3	66.2	89.7	101.3

(1) 假定这2个组分形成理想溶液，绘出其温度-组成图（沸点-组成图）。

(2) CCl_4 的摩尔分数为0.2的溶液在101.3kPa蒸馏时，于多少度开始沸腾，最初的馏出物中所含 CCl_4 的摩尔分数是多少？

（(2) 103℃，0.43）

5-5 利用 H_2O-NH_4Cl 系相图（见图5-34）回答问题：

(1) 将一小块−5℃的冰投入−5℃的15%的 NH_4Cl 溶液中，这块冰将起什么变化？

(2) 在12℃时将 NH_4Cl 晶体投入25%的 NH_4Cl 溶液中，NH_4Cl 晶体会溶解吗？

(3) 100g 25%的 NH_4Cl 溶液冷却到−10℃，加入多少水（保持温度不变）方能使析出的 NH_4Cl 重新溶解？

（(3) 25g）

5-6 将Ni-Cu的熔融混合物冷却，由步冷曲线可知，在下列各温度时系统开始凝固及完全凝固，而且在每种情况下析出的都是固态溶液：

镍的质量分数/%	0	10	40	70	100
开始凝固点温度/℃	1083	1140	1270	1375	1452
完全凝固点温度/℃	1083	1100	1185	1310	1452

(1) 根据上面的数据绘出Ni-Cu系统的温度-组成图，并标明每一相区存在的相。

(2) 将50%Ni的系统自1400℃冷却至1200℃，说明所发生的状态变化，并标出开始凝固、完全凝固及1275℃液固平衡时液态溶液与固态溶液的组成。

5-7 测量Mg-Si系的步冷曲线得到下列结果：

Si的质量分数/%	0	3	20	37	45	57	70	85	100
曲线转折温度/℃			1000		1070		1150	1290	
曲线水平温度/℃	651	638	638	1102	950	950	950	950	1420

(1) 作出该系统的相图，确定镁和硅生成化合物的化学式。

(2) 638℃及950℃是什么温度？

(3) 冷却含硅85%（质量分数）的熔体5kg至1200℃时可得多少纯硅？残液组成如何？

5-8 根据Au-Pt系相图（见图5-35）回答：

(1) 如有含40%Pt的合金冷却到1300℃时，固体合金的组成如何？

(2) 如有300g 60%Pt的合金冷却到1500℃时，固相中有多少铂？

（(2) 109.5g）

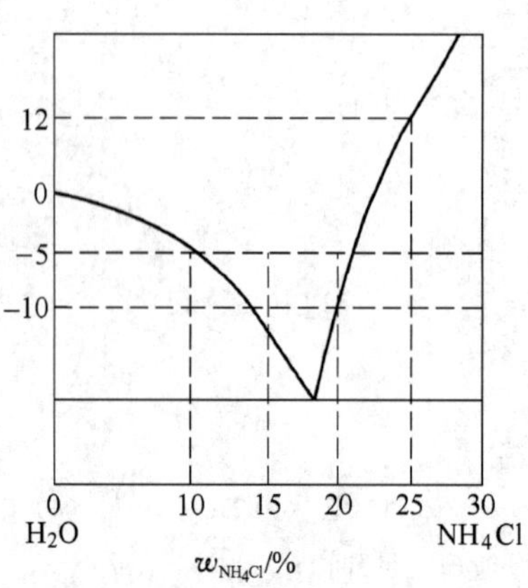

图5-34 H_2O-NH_4Cl 系相图

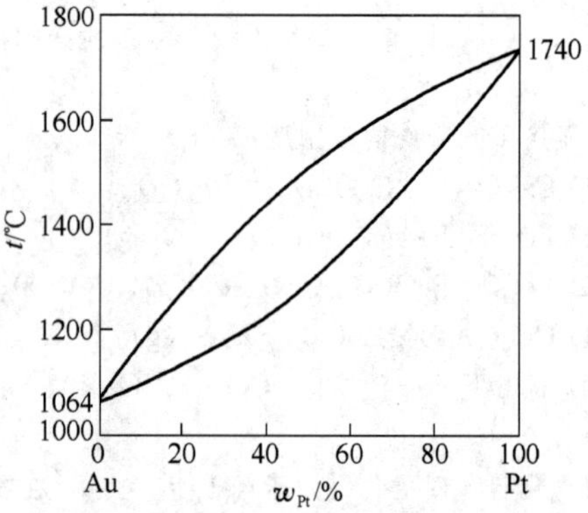

图5-35 Au-Pt系相图

5-9 根据Ag-Cu系相图（见图5-36）回答：

(1) 当冷却 100g 70%Cu 的溶液到 850℃时，有多少固体析出？

(2) 如有 100g 含铜 70%的熔体，850℃平衡时，铜在熔体和固溶体间如何分配？

((1) 55g；(2) 固相 50.6g，液相 19.4g)

5-10　标出图 5-37 中每个相区存在的相，并作 1、2、3、4、5 各系统的步冷曲线。

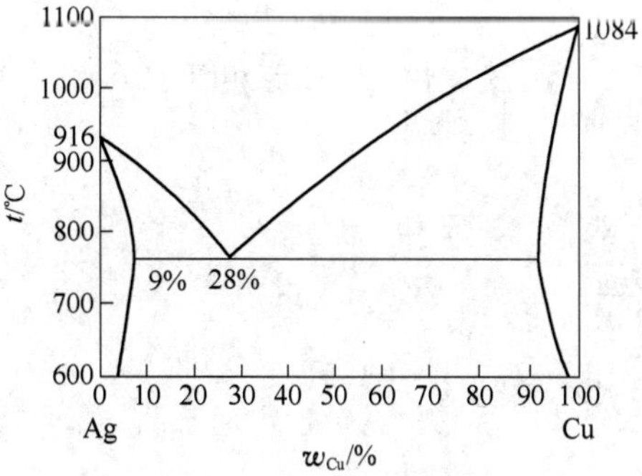

图 5-36　Ag-Cu 系相图

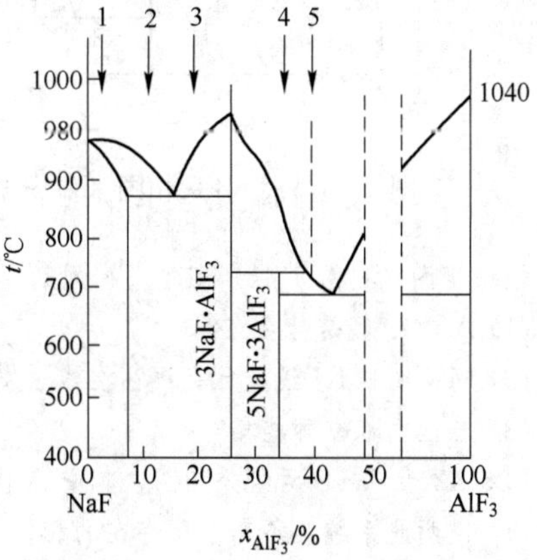

图 5-37　NaF-AlF_3 系相图

5-11　指出图 5-38 的 3 个二元系相图中所有的单相区、两相区和三相区。

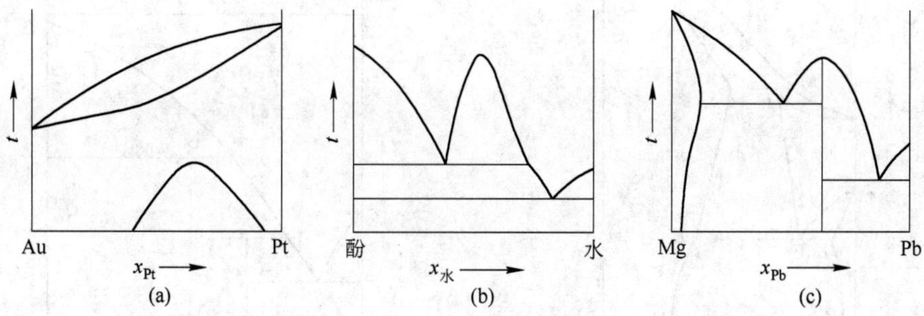

图 5-38　Au-Pt，酚-水和 Mg-Pb 二元系相图

5-12　根据下列数据作出 Hg-Tl 系相图，并根据相律加以解释。

物质	Hg	Tl	Hg_2Tl
熔点/℃	−40	302	15

共晶点　(1) 温度−60℃，组成 8%Tl (质量分数%)；

(2) 温度+0.6℃，组成 41%Tl。

5-13　求由 Fe(s)、FeO(s)、Fe_3O_4(s) 组成的系统的自由度以及平衡温度。

已知：Fe(s)+Fe_3O_4(s)══4FeO(s)达到平衡。

(1) 2Fe(s)+O_2 ══2FeO(s)　　　$\Delta_r G_m^{\ominus}=(-519200+125T/\mathrm{K})\,\mathrm{J\cdot mol^{-1}}$

(2) $\frac{3}{2}$Fe(s)+O_2 ══$\frac{1}{2}$$Fe_3O_4$(s)　　$\Delta_r G_m^{\ominus}=(-545600+156.5T/\mathrm{K})\,\mathrm{J\cdot mol^{-1}}$

(0，840K)

5-14　指出图 5-39 与图 5-40 中各区存在的相以及三相线的变化。

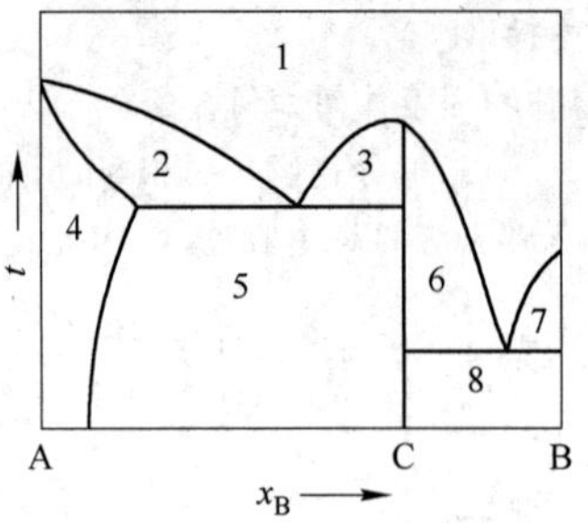

图 5-39 A-B系相图（1）

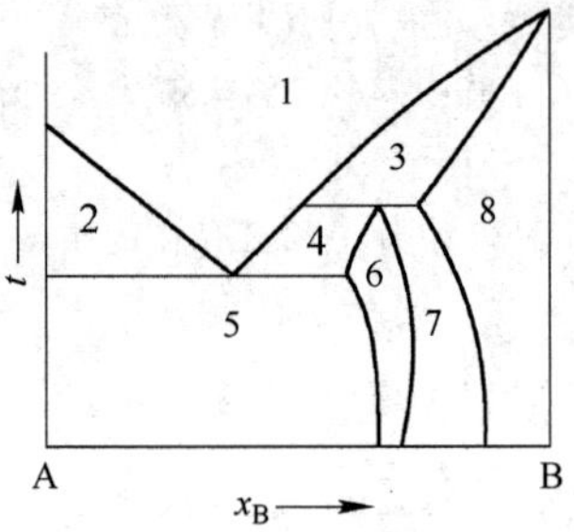

图 5-40 A-B系相图（2）

5-15 根据相图（见图 5-41）回答下列问题：

(1) A、B、C是什么点？

(2) MN线和KJ线是什么线？在线上发生什么反应？

(3) 各区内都有哪些相？

5-16 图 5-42 为 A-B 两组分相图，其中 A 代表水、B 代表难挥发组分。

(1) 说明此系统各不变系所存在的相。

(2) P点代表系统某一状态。用冷却的办法能得到纯 M_1 吗？欲得到最大量的纯 M_1，应冷却到什么温度？

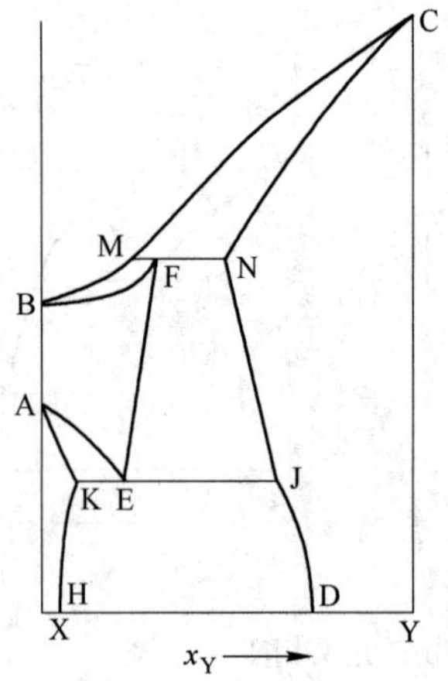

图 5-41 X-Y系相图

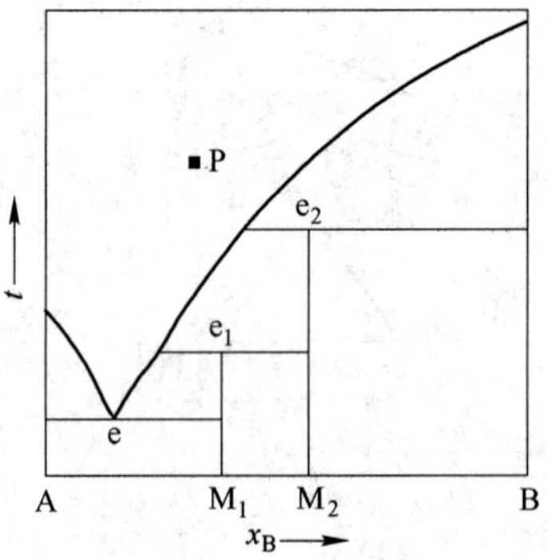

图 5-42 A-B系相图

5-17 图 5-43 为 Fe-Cu 系相图，其中图（b）是图（a）中靠近 Cu 一方的放大图形。

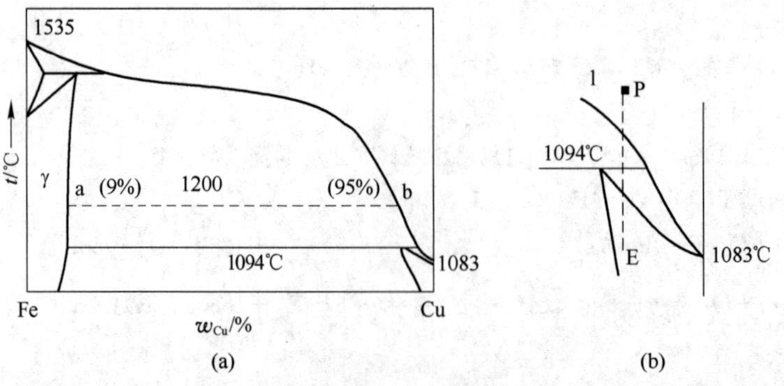

图 5-43 Fe-Cu系相图

(1) 说明图中P点的冷却过程。

(2) 计算1200℃时液相线上b点Fe的活度和活度系数（以固态纯Fe为标准状态），假设γ固溶体的溶剂遵守拉乌尔定律。

((2) 0.92，16.43)

5-18　说明图5-44中的M_1点和M_2点所代表的系统冷却的状态变化。

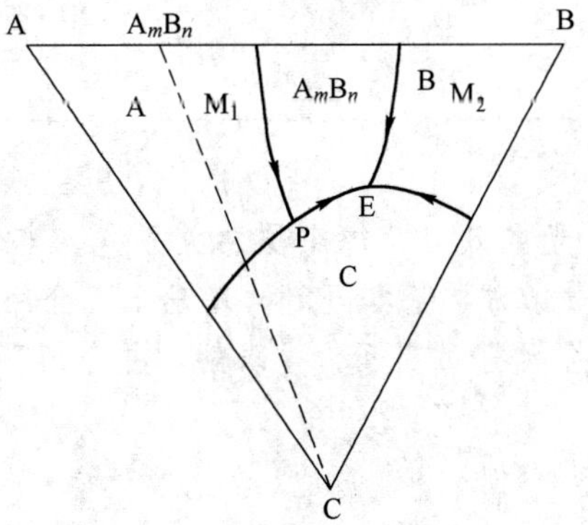

图5-44　A-B-C系相图

6 量子力学基础

【本章概要】

本章介绍了黑体辐射、光电效应、德布罗意关系式、电子衍射等量子力学的实验基础，介绍了测不准原理，在量子力学基本假定的基础上，介绍了一维和三维势箱粒子、线型刚性转子、一维谐振子和氢原子的量子力学求解，并介绍了电子自旋和多电子原子的电子波函数、核外电子排布和光谱项等。

【关键词】

波粒二象性，定态，量子化，波函数，几率，能级，分离变量，简并，算符，本征函数，线性组合，轨道，自旋

【章节重点】

本章应重点掌握基本概念，在求解简单系统薛定谔方程的过程中理解和掌握量子力学的原理和方法，重点理解在氢原子薛定谔方程求解过程中建立的波函数和轨道的概念，理解多电子原子系统波函数及性质。

量子力学是研究微观粒子包括分子、原子、原子核和电子等运动规律的科学。在化学反应过程中反应物分子断裂旧键形成产物分子新键，因此涉及分子中原子核和电子运动状态的变化。物质宏观状态的变化是由于分子的热运动和分子间的相互作用引起的。为了在分子水平上理解物质状态变化和化学反应的本质，需要掌握量子力学基础知识。

6.1 量子力学的实验基础

和许多理论体系一样，量子力学的诞生也是建立在一些重要的实验基础之上。其中具有代表性的是黑体辐射和光电效应。

(1) 黑体辐射。所谓黑体，是指一种理想的辐射体，它在任何温度下都能完全吸收任何波长的辐射。图 6-1 所示的具有一个小孔的空腔，可近似地看作黑体，光从小孔进入后，经过多次反射后被完全吸收。当加热这一空腔时，从小孔向外发射的光称为黑体辐射。

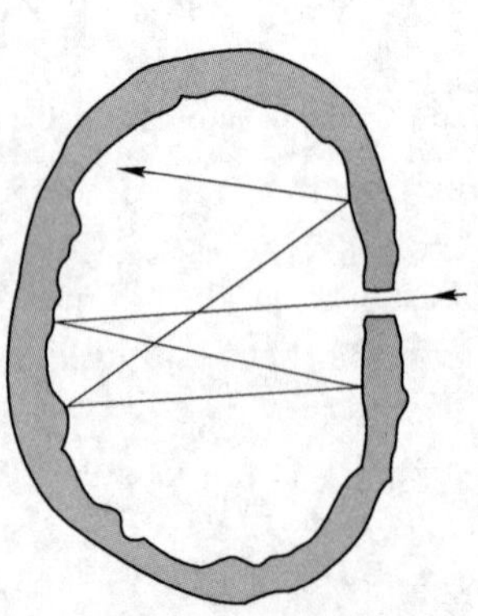

图 6-1 黑体

1900 年，瑞利（J. W. Rayleigh）和金斯（J. H. Jeans）从经典的电磁理论出发，导出黑体辐射时单位体积的辐射能量随频率的变化关系

$$dE_V(\nu)=\rho_\nu d\nu=8\pi kT\frac{\nu^2}{c^3}d\nu \quad (6\text{-}1)$$

式中，$\mathrm{d}E_V(\nu)$ 为单位体积中频率在 $\nu \sim (\nu+\mathrm{d}\nu)$ 间的辐射能量；ρ_ν 为单位体积单位频率间隔的辐射能量。将光的速度、频率及波长之间的关系式 $\lambda\nu=c$ 代入上式，得方程的另一种形式

$$\mathrm{d}E_V(\lambda)=\rho_\lambda \mathrm{d}\lambda=8\pi kT\frac{1}{\lambda^4}\mathrm{d}\lambda \tag{6-2}$$

图 6-2 表示黑体辐射能量与波长的关系。温度升高，辐射能增加；每个温度下辐射能在一定波长下出现极大值，且极大值随温度升高向短波方向移动，如图 6-2（a）所示。图 6-2（b）表示在 1600K 时，按式（6-1）计算的辐射能（虚线）与实测值（实线）的比较。只有当波长 λ 很大时，预测值才与实验值接近，随着波长的减小，辐射能 ρ_λ 单调增至无穷大，与实测值不相符，这称为紫外灾难。

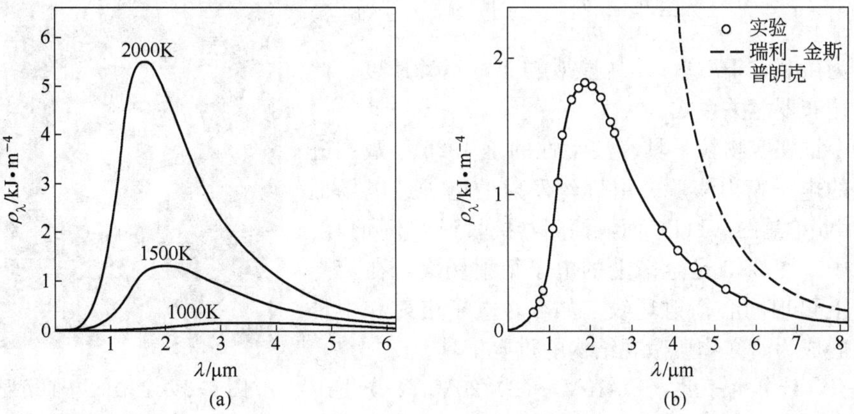

图 6-2 黑体辐射能量与波长的关系

（a）不同温度下，辐射能量与波长及温度的关系；（b）黑体辐射的实验结果与理论预测的比较，1600K

（2）普朗克量子论。为了克服这一困难，普朗克于 1900 年在瑞利-金斯的推导中放弃能量连续变化的假设，假设能量是量子化的，物体中谐振子吸收或放出的能量 $E=nh\nu$，其最小值为

$$E_0=h\nu \tag{6-3}$$

式中，$h\nu$ 称为量子；h 为普朗克常数，$h=6.6260755\times10^{-34}\,\mathrm{J\cdot s}$；$\nu$ 为振子的振动频率。在此基础上，推导出如下公式

$$\mathrm{d}E_V(\nu)=\rho_\nu \mathrm{d}\nu=8\pi h\frac{\nu^3}{c^3}\frac{1}{\mathrm{e}^{\frac{h\nu}{kT}}-1}\mathrm{d}\nu \tag{6-4}$$

或

$$\mathrm{d}E_V(\lambda)=\rho_\lambda \mathrm{d}\lambda=8\pi h\frac{c}{\lambda^5}\frac{1}{\mathrm{e}^{\frac{hc}{\lambda kT}}-1}\mathrm{d}\lambda \tag{6-5}$$

普朗克对黑体辐射能的预测结果和实验结果完全一致。

（3）光电效应。光电效应由德国物理学家赫兹于 1887 年发现，它是指物质吸收光子并激发出自由电子的现象。当金属表面在特定的光照下，会吸收光子并发射电子，发射出来的电子称为光电子。光的波长需小于某一临界值时才能激发出电子。临界值与金属材料的性质有关，而激发出电子的能量取决于光的波长，与光的强度无关，这一点无法用光的波动性解释。

（4）爱因斯坦的光子学说。1905 年，爱因斯坦在普朗克量子论的基础上提出，光的辐射也有一个最小单位叫光子，它是一种静止质量为零的微观粒子，其能量为 $E=h\nu$，根据质能关系 $E=mc^2$。可计算光子的动量 p

$$p=mc=\frac{E}{c}=\frac{h\nu}{c}=\frac{h}{\lambda} \tag{6-6}$$

利用光子学说，可以解释光电效应。当光照射到金属表面时，每一个光子激发一个电子，但由于电子从金属表面上逸出都需要一个最低能量，因此光的频率必须大于某一最低频率，即临阈频率。入射光频率越高，光子能量越高，激发出的电子的动能也就越大。至于光的强度，是光子数量多少的反映，只能影响激发出电子的数目，而不影响电子的动能。

上述黑体辐射和光电效应的解释说明，光不仅具有波动性，而且具有粒子性，即波粒二象性。黑体辐射和光电效应对发展量子理论和波粒二象性起了根本性的作用。

(5) 德布罗意假设。1923 年，法国的青年物理学家德布罗意提出了一个大胆的假设，他认为除了光子之外，其他微观粒子也有波动性，这种波称为物质波（或德布罗意波），并假设物质波的波长 λ 与粒子动量 p 的关系仍遵从式（6-6）

$$\lambda=\frac{h}{p}=\frac{h}{mv} \tag{6-7}$$

式中，m 为微观粒子质量；v 为微观粒子的运动速度。此式又称为德布罗意关系式。

第一个证实实物粒子具有波动性的是 1925 年戴维逊和盖末做的电子衍射实验。由灯丝发射的电子经电场加速后射向 Ni 单晶的（111）面，探测器接收到了不同角度的散射电子。图 6-3 是金箔上的电子衍射图案，在荧光屏或底片上再现同心衍射环纹。如今，电子衍射和中子衍射已发展成为研究物质微观结构的重要工具。

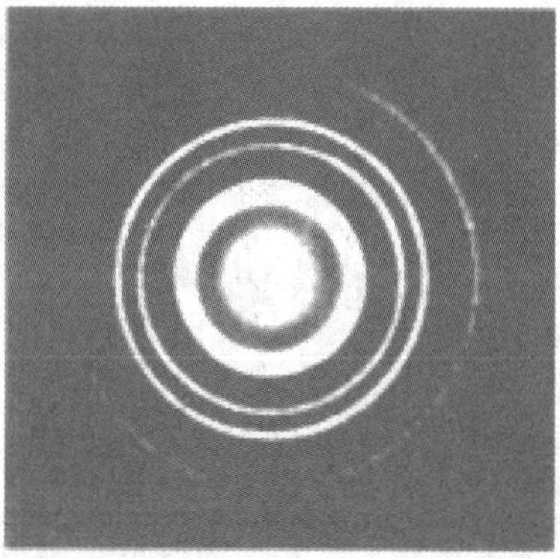

图 6-3 金箔的电子衍射图样

例 6-1 计算电子被（1）10V，（2）20V，（3）1kV 的电场加速后的波长。

解： 用 $\Delta\phi$ 代表电场强度，电子在电场中运动所做的功 $e\Delta\phi$ 转变为动能，$e\Delta\phi=m_e v^2/2$，相应动量为 $p=m_e v=(2em_e\Delta\phi)^{1/2}$，代入式（6-7）

$$\lambda=\frac{h}{m_e v}=\frac{h}{(2em_e\Delta\phi)^{1/2}},\ m_e=9.1093897\times10^{-31}\,\text{kg}$$

$$e=1.60217733\times10^{-19}\,\text{C}$$

(1) $$\lambda=\frac{6.626\times10^{-34}}{(2\times9.1093897\times10^{-31}\,\text{kg}\times1.60217733\times10^{-19}\,\text{C}\times10\text{V})^{1/2}}=0.3879\times10^{-9}\,\text{m}$$

(2) $$\lambda=0.2743\times10^{-9}\,\text{m}$$

(3) $$\lambda=0.3879\times10^{-10}\,\text{m}$$

由此例可知，电子经过几十到几百电子伏特的加速，能够发射波长为 10^{-10} m 的电子射线，与晶格间距接近，比可见光和紫外光的波长短得多。

6.2 测不准原理

在经典力学中，通常用粒子的坐标和动量来描述它的运动状态，坐标和动量可以同时准确地测定。但由于微观粒子具有波粒二象性，不能同时准确测定其坐标和动量，这就是测不准原理，它是海森堡于 1927 年提出的。

以一束电子通过狭缝衍射来说明测不准原理（见图 6-4）。

在图 6-4 中，一束电子以一定速度 v 沿着 Ox 方向运动，当遇到一宽度为 Δy 的缝隙 AB 屏

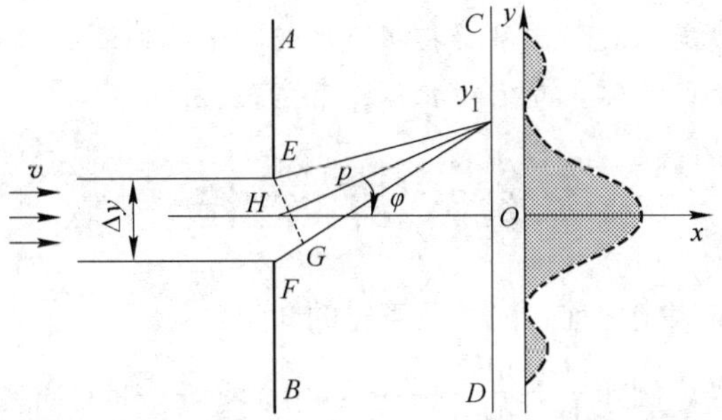

图 6-4 狭缝衍射现象

后，电子束改变方向并在 CD 屏上产生衍射花样，其强度分布如图中的曲线所示。零级最强处衍射角为零。最弱处 y_1 衍射角为 φ。电子由狭缝两端 E 与 F 到达 y_1 点的程差 FG 应等于射线的波长 λ，由 E 和 H 间运动至 y_1 的电子与由 H 和 F 间运动至 y_1 的电子的波程差为 $\lambda/2$，它们的相位正好相反，强度互相抵消。以式（6-8）表示

$$FG=FE\sin\varphi=\Delta y\sin\varphi=\lambda \tag{6-8}$$

或

$$\sin\varphi=\lambda/\Delta y \tag{6-9}$$

当电子穿过狭缝时在 Oy 方向上的坐标误差或不确定度为 Δy，在 Oy 方向上的动量分量介于 0 与 $p\sin\varphi$ 之间

$$0\leqslant p_y\leqslant p\sin\varphi \tag{6-10}$$

式中，$\sin\varphi=\lambda/\Delta y$，因此动量分量的误差为

$$\Delta p_y\approx p\sin\varphi=p\lambda/\Delta y \tag{6-11}$$

将德布罗意关系式 $p=h/\lambda$ 代入式（6-11）得

$$\Delta p_y\Delta y\approx h \tag{6-12}$$

若将次级衍射也考虑在内，则

$$\Delta p_y\Delta y\geqslant h \tag{6-13}$$

这就是测不准原理的表达式。测不准原理还有另一种表达形式

$$\Delta E\Delta t\geqslant\frac{\hbar}{2} \tag{6-14}$$

测不准原理说明，微观粒子的动量与坐标不能同时准确测定，能量与时间也不能同时准确确定，它们的不确定度满足式（6-13）和式（6-14）。这是微观粒子波粒二象性的具体反映。如果动量 p_x 是完全确定的，即 $\Delta p_x=0$，则坐标完全不能确定，$\Delta x=\infty$。如果粒子的坐标完全确定，则 $\Delta x=0$，动量就完全不确定了，这时 $\Delta p_x=\infty$。

例 6-2 （1）设有一质量为 10^{-9} kg 的小颗粒，坐标精度达 10^{-6} m，试求其速度的不确定度；

（2）原子的半径为 10^{-10} m 的数量级，试求原子中电子速度的不确定度。

解：（1）$\Delta p=h/(4\pi\Delta x)=6.6\times10^{-34}/(4\pi\times10^{-6})=0.53\times10^{-28}\,\mathrm{kg\cdot m\cdot s^{-1}}$

$$\Delta v=\Delta p/m=0.53\times10^{-28}/10^{-9}=0.53\times10^{-19}\,\mathrm{m\cdot s^{-1}}$$

可见速度的不确定度很小，这说明宏观粒子的坐标和速度都可以很准确地确定。

（2）$m_e=0.91\times10^{-30}\,\mathrm{kg}$，$\Delta x=10^{-10}\,\mathrm{m}$

$$\Delta p=h/(4\pi\Delta x)=6.6\times10^{-34}/(4\pi\times10^{-10})=0.53\times10^{-24}\,\mathrm{kg\cdot m\cdot s^{-1}}$$

$$\Delta v=\Delta p/m=0.53\times10^{-24}/(0.91\times10^{-30})=0.58\times10^{6}\,\mathrm{m\cdot s^{-1}}$$

这个速度的不确定度就很大了，准确指明速度的数值已经没有多大意义。本例说明，测不准原理是对微观粒子施加的限制，对宏观物体没有意义。

6.3 算 符

在介绍量子力学基本假定之前，先学习算符的知识。

算符是一种运算符号。例如$\frac{\mathrm{d}}{\mathrm{d}x}$，$\frac{\mathrm{d}^2}{\mathrm{d}x^2}$，exp，sin，cos 等。将算符表示为 $\hat{A}$，$\hat{B}$，$\hat{\sigma}$ 等，即在字母上方加一个“^”符号。

算符有下列运算规则

算符相加 $$(\hat{A}+\hat{B})f(x)=\hat{A}f(x)+\hat{B}f(x) \tag{6-15}$$

算符相减 $$(\hat{A}-\hat{B})f(x)=\hat{A}f(x)-\hat{B}f(x) \tag{6-16}$$

算符相乘 $$\hat{A}\hat{B}f(x)=\hat{A}[\hat{B}f(x)] \tag{6-17}$$

一般来说，$\hat{A}\hat{B}$ 和 $\hat{B}\hat{A}$ 运算结果是不相同的，例如在 $\hat{A}=\frac{\mathrm{d}}{\mathrm{d}x}$，$\hat{B}=x$ 情况下

$$\hat{A}\hat{B}f(x)=\frac{\mathrm{d}[xf(x)]}{\mathrm{d}x}=f(x)+xf'(x)\ ,\hat{B}\hat{A}f(x)=\frac{x\mathrm{d}f(x)}{\mathrm{d}x}=xf'(x)$$

算符的对易子 $$[\hat{A},\hat{B}]=\hat{A}\hat{B}-\hat{B}\hat{A} \tag{6-18}$$

若 $\hat{A}\hat{B}=\hat{B}\hat{A}$，对易子 $[\hat{A},\hat{B}]=0$，称 $\hat{A}$ 和 $\hat{B}$ 是可对易的。

(1) 线性算符。一个算符 $\hat{A}$ 如果对任意函数 f 和 g 都有

$$\hat{A}(f+g)=\hat{A}f+\hat{A}g \tag{6-19}$$

这个算符就是线性算符。$\frac{\mathrm{d}}{\mathrm{d}x}$，$\frac{\mathrm{d}^2}{\mathrm{d}x^2}$ 等是线性算符，sin，cos 等不是线性算符。量子力学中算符均为线性算符。

(2) 算符的本征方程、本征函数和本征值。当一算符 $\hat{F}$ 作用于一函数 $u(x)$ 后，所得结果等于一个常数乘以该函数

$$\hat{F}u(x)=\lambda u(x) \tag{6-20}$$

称此方程为算符 $\hat{F}$ 的本征方程，$u(x)$ 为 $\hat{F}$ 的本征函数，λ 为 $\hat{F}$ 的本征值。

例 6-3 若 $\hat{F}=-\frac{\mathrm{d}^2}{\mathrm{d}x^2}$，$u(x)=\sin3x$，求 $\hat{F}$ 本征值。

解： $-\frac{\mathrm{d}^2(\sin3x)}{\mathrm{d}x^2}=9\sin3x$

符合式 (6-20)，因此 $\sin3x$ 是算符 $\frac{\mathrm{d}^2}{\mathrm{d}x^2}$ 的本征函数，本征值为 9。

例 6-4 找出算符$\frac{\mathrm{d}}{\mathrm{d}x}$的本征函数和本征值。

解： 按式 (6-20) $\frac{\mathrm{d}u(x)}{\mathrm{d}x}=\lambda u(x)$，$\frac{\mathrm{d}u(x)}{u(x)}=\lambda\mathrm{d}x$

积分得 $$u(x)=C\mathrm{e}^{\lambda x}$$

式中，C 为积分常数；$C\mathrm{e}^{\lambda x}$ 为$\frac{\mathrm{d}}{\mathrm{d}x}$的本征函数；$\lambda$ 为本征值，可取任意数值。

(3) 厄米 (Hermite) 算符。厄米算符又称自轭算符。对任意品优函数 $u(x)$ 和 $v(x)$ 都满

足下面自轭的算符（* 指共轭）。量子力学中的算符都是线性自轭算符。

$$\int u^* \ \hat{F} v \mathrm{d}x = \int v(\hat{F}u)^* \mathrm{d}x \tag{6-21}$$

品优函数必须满足单值、连续、平方可积的条件，这在后面章节中还会提到。

例 6-5 证明 $\hat{F}=-i\hbar \mathrm{d}/\mathrm{d}x$ 是厄米算符。

解： $\int u^* \hat{F} v \mathrm{d}x=\int u^*(-i\hbar \mathrm{d}v/\mathrm{d}x)\mathrm{d}x=-\int u^* i\hbar \mathrm{d}v=-i\hbar u^* v\Big|_{-\infty}^{+\infty}+i\hbar\int v\mathrm{d}u^*$（分部积分），由于 u，v 都是品优函数，在 $x\to\pm\infty$ 时必须为零，因此第一项为零，

$$\int u^* \ \hat{F} v \mathrm{d}x = i\hbar\int v\mathrm{d}u^* = \int(-i\hbar\mathrm{d}u/\mathrm{d}x)^* v\mathrm{d}x = \int v(\hat{F}u)^*\mathrm{d}x$$

符合式（6-21），因此 $-i\hbar\mathrm{d}/\mathrm{d}x$ 是厄米算符。

厄米算符有两个重要性质。

(1) 厄米算符的本征值是实数。以 $u=v$ 代入式（6-21）

$$\int u^* \ \hat{F} u \mathrm{d}x = \int u(\hat{F}u)^* \mathrm{d}x$$

按式（6-20），$\hat{F}u=\lambda u$，$(\hat{F}u)^*=(\lambda u)^*=\lambda^* u^*$，代入上式

$$\lambda\int u^* u\mathrm{d}x = \lambda^*\int u^* u\mathrm{d}x, \lambda=\lambda^* \tag{6-22}$$

一个数与其共轭复数相等，必须是实数，因此本征值 λ 是实数。

(2) 厄米算符的不同本征函数具有正交性。两个函数 $u_1(x)$，$u_2(x)$ 具有 $\int_a^b u_1^* u_2\mathrm{d}x=0$ 的性质，则此两函数在区间 $[a, b]$ 内正交。取厄米算符 $\hat{F}$ 的两个本征函数 u_i 和 u_j，相应本征值为 λ_i 和 λ_j

$$\hat{F}u_i=\lambda_i u_i \tag{6-23}$$

$$\hat{F}u_j=\lambda_j u_j \tag{6-24}$$

取式（6-24）的共轭复数，并以式（6-22）代入

$$(\hat{F}u_j)^*=\lambda_j^* u_j^*=\lambda_j u_j^* \tag{6-25}$$

分别以 u_j^* 和 u_i 乘式（6-23）和式（6-25）并积分，得

$$\int u_j^* \hat{F} u_i \ \mathrm{d}x = \lambda_i\int u_j^* u_i\mathrm{d}x \tag{6-26}$$

$$\int u_i(\hat{F}u_j)^* \ \mathrm{d}x = \lambda_j\int u_j^* u_i\mathrm{d}x \tag{6-27}$$

按厄米算符的定义式（6-21），上两式左边应相等，因此

$$(\lambda_i-\lambda_j)\int u_j^* u_i\mathrm{d}x = 0 \tag{6-28}$$

由于 $\lambda_i\neq\lambda_j$，所以

$$\int u_j^* u_i\mathrm{d}x = 0 \tag{6-29}$$

这就证明了厄米算符的任意两个不同本征值的本征函数正交。

6.4 量子力学的基本假定

(1) 微观粒子系统的状态用波函数 Ψ 来描述。

波函数具有如下特点：

1) 波函数是坐标和时间的函数，表示为 $\Psi(q,t)$。在笛卡儿坐标系中，对一维单粒子系统，

q 代表 x，三维单粒子系统，q 代表 x，y，z。

2）波函数 Ψ 是一个品优函数，具有单值、有限和平方可积的性质。$\int \Psi^* \Psi \mathrm{d}\tau$ 是有限值，其中 $\mathrm{d}\tau$ 代表一小体积元，$\mathrm{d}\tau = \mathrm{d}x$（一维）或 $\mathrm{d}\tau = \mathrm{d}x\mathrm{d}y\mathrm{d}z$（三维）。

3）Ψ 与共轭复数 Ψ^* 的乘积 $\Psi\Psi^*$（或模平方 $|\Psi|^2 = \Psi\Psi^*$）代表粒子出现的几率密度。$|\Psi|^2 \mathrm{d}\tau$ 则代表粒子在某时间 t 出现在空间某一点（x，y，z）附近微元体积 $\mathrm{d}\tau$ 内的几率，由于粒子在整个空间出现的几率等于 1，故可得

$$P = \int_{-\infty}^{+\infty} \Psi\Psi^* \mathrm{d}\tau = \int_{-\infty}^{+\infty} |\Psi|^2 \mathrm{d}\tau = 1 \tag{6-30}$$

式（6-30）称为波函数的归一化条件（所以要求 Ψ 是平方可积的）。

如果波函数不是归一化的，可乘以任意常数 A 使其归一化，即

$$\int_{-\infty}^{+\infty} A^2 \Psi\Psi^* \mathrm{d}\tau = \int_{-\infty}^{+\infty} A^2 |\Psi|^2 \mathrm{d}\tau = 1 \tag{6-31}$$

式中，$A = \dfrac{1}{\sqrt{\int_{-\infty}^{+\infty} |\Psi|^2 \mathrm{d}\tau}}$，为归一化系数。

（2）微观粒子系统的每个可观察的力学量 F，都对应着一个厄米（线性自轭）算符 $\hat{F}$。当对力学量 F 进行测量时，可能的测量值只能是相应算符 $\hat{F}$ 的本征方程的本征值。

在经典力学中，每一个力学量都可表达为坐标和动量的函数

$$F = F(q, p) \tag{6-32}$$

与该力学量对应的厄米算符相应地表示为

$$\hat{F} = F(\hat{q}, \hat{p}) \tag{6-33}$$

其中坐标与动量算符分别定义如下

$$\hat{q} \overset{\text{def}}{=\!=} q \tag{6-34}$$

$$\hat{p}_i \overset{\text{def}}{=\!=} \frac{h}{2\pi i}\frac{\partial}{\partial q_i} = -i\hbar \frac{\partial}{\partial q_i} \tag{6-35}$$

可见坐标的算符即坐标的本身。表 6-1 列出各种力学量对应的算符。表中总能量 $E = T + V$ 算符称为哈密顿算符，用 $\hat{H}$ 表示

$$\hat{H} = -\frac{\hbar^2}{2m}\nabla^2 + V(x, y, z)$$

式中，$\nabla^2 = \dfrac{\partial^2}{\partial x^2} + \dfrac{\partial^2}{\partial y^2} + \dfrac{\partial^2}{\partial z^2}$，称为拉普拉斯（Laplace）算符。

表 6-1　各种力学量对应的算符

力学量名称	$F = F(q, p)$	算符 $\hat{F}$
坐　标	x, y, z	$\hat{x} = x, \hat{y} = y, \hat{z} = z$
坐标平方	x^2, y^2, z^2	$\hat{x}^2 = x^2, \hat{y}^2 = y^2, \hat{z}^2 = z^2$
动　量	p_x, p_y, p_z	$\hat{p}_x = -i\hbar \dfrac{\partial}{\partial x}, \cdots$
	$\vec{p}$	$\hat{\vec{p}}_x = -i\hbar\left(\dfrac{\partial}{\partial x} + \dfrac{\partial}{\partial y} + \dfrac{\partial}{\partial z}\right)$
动量平方	p_x^2, p_y^2, p_z^2	$\hat{p}_x^2 = -\hbar^2 \dfrac{\partial^2}{\partial x^2}, \cdots$

续表 6-1

力学量名称	$F=F(q,p)$	算符 $\hat{F}$
角动量	$\vec{M}_x=yp_z-zp_y$	$\hat{\vec{M}}_x=-i\hbar\left(y\frac{\partial}{\partial z}-z\frac{\partial}{\partial y}\right)$
	$\vec{M}_y=zp_x-xp_z$	$\hat{\vec{M}}_y=-i\hbar\left(z\frac{\partial}{\partial x}-x\frac{\partial}{\partial z}\right)$
	$\vec{M}_z=xp_y-yp_x$	$\hat{\vec{M}}_z=-i\hbar\left(x\frac{\partial}{\partial y}-y\frac{\partial}{\partial x}\right)$
角动量平方	$\vec{M}_x^2,\vec{M}_y^2,\vec{M}_z^2$	$\vec{M}_x^2=-\hbar^2\left(y\frac{\partial}{\partial z}-z\frac{\partial}{\partial y}\right)^2,\cdots$
动　能	$T=p^2/2m$	$\hat{T}=-\frac{\hbar^2}{2m}\nabla^2=-\frac{\hbar^2}{2m}\left(\frac{\partial^2}{\partial x^2}+\frac{\partial^2}{\partial y^2}+\frac{\partial^2}{\partial z^2}\right)$
位　能	$V(x,y,z)$	$\hat{V}=V(x,y,z)$
总能量	$E=T+V$	$\hat{H}=-\frac{\hbar^2}{2m}\nabla^2+V(x,y,z)$

对于力学量 F 的算符 $\hat{F}$，本征方程可写为

$$\hat{F}g_i=f_ig_i \tag{6-36}$$

式中，g_i 为本征函数，f_i 为相应的本征值。

本征函数 g_i 形成一个完备集，任何状态的波函数总是可表达为这一完备集中所有本征函数 g_i 的叠加。

(3) 当在一定状态下测量系统某个力学量 F 时，可能出现不同的测量结果，按式（6-37）求其平均值 $\langle F\rangle$

$$\langle F\rangle=\int\Psi^*\hat{F}\Psi\mathrm{d}\tau \tag{6-37}$$

如果波函数是未归一化的，则有

$$\langle F\rangle=\frac{\int\Psi^*\hat{F}\Psi\mathrm{d}\tau}{\int\Psi^*\Psi\mathrm{d}\tau} \tag{6-38}$$

上述只对空间坐标 $\mathrm{d}\tau=\mathrm{d}x\mathrm{d}y\mathrm{d}z$ 进行积分，因此平均值 $\langle F\rangle$ 是某个确定时间下的统计平均值，而不是时间的平均值。

(4) 微观粒子系统的运动方程由薛定谔方程描述，表达为

$$-\frac{\hbar}{i}\frac{\partial\Psi}{\partial t}=\hat{H}\Psi \tag{6-39}$$

方程（6-39）含有时间和坐标变量，称为含时间的薛定谔方程。

当系统所处的力场不随时间变化，势能 V 就只是坐标的函数。对一粒子一维系统，含时间的薛定谔方程为

$$-\frac{\hbar}{i}\frac{\partial\Psi(x,t)}{\partial t}=-\frac{\hbar^2}{2m}\frac{\partial^2\Psi(x,t)}{\partial^2 x}+V(x)\Psi(x,t) \tag{6-40}$$

对上述方程求具有下列分离变量形式的解

$$\Psi(x,t)=\psi(x)f(t)$$

$$\frac{\partial\Psi(x,t)}{\partial t}=\frac{\mathrm{d}f(t)}{\mathrm{d}t}\psi(x),\ \frac{\partial^2\Psi(x,t)}{\partial^2 x}=f(t)\frac{\mathrm{d}^2\psi(x)}{\mathrm{d}^2 x}$$

代入上式中得

$$-\frac{\hbar}{i}\frac{1}{f(t)}\frac{\mathrm{d}f(t)}{\mathrm{d}t}=-\frac{\hbar^2}{2m\psi(x)}\frac{1}{}\frac{\mathrm{d}^2\psi(x)}{\mathrm{d}^2x}+V(x) \tag{6-41}$$

这个方程左边与时间有关,右边与坐标有关,只有常数满足这个条件,即

$$-\frac{\hbar}{i}\frac{1}{f(t)}\frac{\mathrm{d}f(t)}{\mathrm{d}t}=E \tag{6-42}$$

$$\frac{\mathrm{d}f(t)}{f(t)}=-\frac{iE}{\hbar}\mathrm{d}t \tag{6-43}$$

方程(6-43)的解为

$$f(t)=A\mathrm{e}^{-iEt/\hbar}$$

含坐标的 $\psi(x)$ 方程为

$$-\frac{\hbar^2}{2m\psi(x)}\frac{\mathrm{d}^2\psi(x)}{\mathrm{d}^2x}+V(x)=E \tag{6-44}$$

$$-\frac{\hbar^2}{2m}\frac{\mathrm{d}^2\psi(x)}{\mathrm{d}^2x}+V(x)\psi(x)=E\psi(x) \tag{6-45}$$

方程(6-45)是质量为 m 的一粒子一维运动的不含时间的薛定谔方程,常数 E 代表系统总能量。将时间与坐标变量分离后,系统波函数的形式转化为

$$\boldsymbol{\Psi}(x,t)=\mathrm{e}^{-iEt/\hbar}\psi(x) \tag{6-46}$$

波函数的平方

$$\begin{aligned}|\boldsymbol{\Psi}|^2&=\boldsymbol{\Psi}^*\boldsymbol{\Psi}\\&=[e^{-iEt/\hbar}\psi(x)]^*[e^{-iEt/\hbar}\psi(x)]\\&=e^{iEt/\hbar}\psi(x)^*e^{-iEt/\hbar}\psi(x)\\&=\psi(x)^*\psi(x)\\&=|\psi(x)|^2\end{aligned}$$

这说明,几率密度的平方 $|\boldsymbol{\Psi}|^2=|\psi(x)|^2$ 不随时间变化,这样的态称为定态。上面推导过程中用了 $E^*=E$ 条件,即系统能量是实数的条件。它在量子力学中的作用相当于牛顿第二定律在经典力学中的作用,非常重要,是量子力学的基本方程。在下面将要介绍的简单量子力学系统中,势能都与时间无关,所以均需求解如式(6-45)的定态薛定谔方程。

根据式(6-45),可写出三维单粒子系统和多粒子系统的定态薛定谔方程,分别为

$$-\frac{\hbar^2}{2m}\nabla^2\psi+V(x,y,z)\psi=E\psi \tag{6-47}$$

$$\sum_{i=1}^{N}-\frac{\hbar^2}{2m_i}\nabla_i^2\psi+V(x_1,y_1,z_1,\cdots,x_N,y_N,z_N)\psi=E\psi \tag{6-48}$$

$$\nabla_i^2=\frac{\partial^2}{\partial x_i^2}+\frac{\partial^2}{\partial y_i^2}+\frac{\partial^2}{\partial z_i^2}$$

式中,m_i 为粒子 i 的质量;x_i,y_i,z_i 为粒子的坐标;V 为系统的位能。

定态薛定谔方程是一个本征方程,对一定的微观粒子系统,可解得一系列本征函数 ψ_1,ψ_2,…和相应的本征值 E_1,E_2,…,它们分别代表微观粒子系统不同的状态和相应的能量。每个能量值 E_i 均为实数,并且这些定态波函数 ψ_i 具有正交性

$$\int\psi_i^*\psi_j\mathrm{d}\tau=0,i\neq j \tag{6-49}$$

和归一性

$$\int\psi_i^*\psi_i\,\mathrm{d}\tau=1 \tag{6-50}$$

态的叠加。上述本征函数或波函数 ψ_1,ψ_2,…代表微观粒子系统各种可能的状态。这些波

函数的线性组合

$$\psi = c_1\psi_1 + c_2\psi_2 + \cdots = \sum_i c_i\psi_i \tag{6-51}$$

仍然是这一系统可能的状态（一种混合状态）。c_1，c_2，…，c_i 称为线性组合系数，均为常数。当测量该状态的能量时，结果可能得到 E_1，E_2，…中的任一个值，得到任一个 E_i 的几率正比于式（6-51）中相应系数的平方 $|c_i|^2$。

一般来说，不同的本征函数常可能有相同的本征值。在这种情况下，就称这个本征值是简并的，具有相同本征值的本征函数的个数称为该本征值的简并度。若 ψ_1，ψ_2，…，ψ_n 是某一简并的本征值 E 的可能的本征函数，那么可以证明，它们的线性组合，仍是薛定谔方程的本征函数。

6.5 一维势箱粒子

平动是分子最简单的热运动形式。金属中的自由电子、共轭分子中的 π 离域电子，也可以近似地按一维势箱粒子处理。

设一个质量为 m 的粒子在长度为 l 的一维势箱中运动，粒子的势能在势箱中为零，在势箱壁或势箱外势能为无穷大，如图 6-5 所示。按式（6-45），粒子运动的薛定谔方程为

$$\frac{\hbar^2}{2m}\frac{d^2\psi(x)}{dx^2} + E\psi(x) = 0 \tag{6-52}$$

这是一个二阶齐次线性微分方程。通解为

$$\psi = A\exp\left(\frac{i}{\hbar}\sqrt{2mE}x\right) + B\exp\left(-\frac{i}{\hbar}\sqrt{2mE}x\right) \tag{6-53}$$

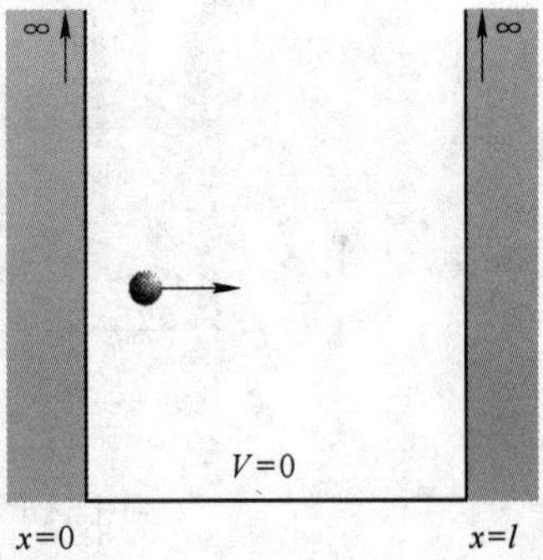

图 6-5 一维势箱运动的粒子

式中，A，B 为常数，可利用边界条件和归一化条件求得。

由于在势箱外波函数为零，为了满足波函数必须是连续的条件，粒子在箱两侧 $x=0$ 和 $x=l$ 处的波函数也必须为零。即：当 $x=0$ 时，$\psi(x)=0$；当 $x=l$ 时，$\psi(x)=0$。

将 $x=0$ 时，$\psi(x)=0$ 代入式（6-53）得 $A+B=0$，即

$$\psi = A\left[\exp\left(\frac{i}{\hbar}\sqrt{2mE}x\right) - \exp\left(-\frac{i}{\hbar}\sqrt{2mE}x\right)\right] \tag{6-54}$$

由于 $e^{iy} - e^{-iy} = 2i\sin y$，令 $C=2iA$，上式可写为

$$\psi = 2iA\sin\left(\frac{1}{\hbar}\sqrt{2mE}l\right) = C\sin\left(\frac{1}{\hbar}\sqrt{2mE}l\right) \tag{6-55}$$

再将 $x=l$，$\psi(x)=0$ 代入式（6-55）

$$\psi(l) = C\sin\left(\frac{1}{\hbar}\sqrt{2mE}l\right) = 0 \tag{6-56}$$

式中，C 不能等于零，否则波函数将处处等于零，粒子就不存在了，所以

$$\sin\left(\frac{1}{\hbar}\sqrt{2mE}l\right) = 0$$

$$\frac{1}{\hbar}\sqrt{2mE}l = \pm n\pi \tag{6-57}$$

式中，n 为不包括零的正整数。当 $n=0$ 时，$\sqrt{2mE}l/\hbar = 0$ 导致式（6-56）波函数为零，粒子也将不存在。

从而得到一维势箱中粒子的平动能级

$$E = \frac{n^2\pi^2\hbar^2}{2ml^2} \qquad n=1,\ 2,\ 3,\ \cdots \tag{6-58}$$

这说明一维势箱中粒子的能量是不连续变化的，是量子化的。n 称为平动量子数，$n=1$ 的态称为基态，相应的能量 E_0 称为基态能或零点能；$n>1$ 的态称为激发态，相应的能量 $E_n=n^2E_0$。

将式（6-57）代入式（6-55）

$$\psi=C\sin\left(\frac{n\pi x}{l}\right) \quad n=1, 2, 3, \cdots \tag{6-59}$$

根据归一化条件 $\int_0^l \psi^* \psi \mathrm{d}\tau=\int_0^l |\psi|^2 \mathrm{d}x=1$，得

$$|C|^2\int_0^l \sin^2\left(\frac{n\pi x}{l}\right)\mathrm{d}x=1，解得 C=\sqrt{\frac{2}{l}}$$

因此，一维势箱中粒子的平动波函数为

$$\psi=\sqrt{\frac{2}{l}}\sin\left(\frac{n\pi x}{l}\right) \quad n=1, 2, 3, \cdots \tag{6-60}$$

波函数与平动量子数 n 有关。

图 6-6 表示了不同状态的 ψ，$|\psi|^2$ 与 x 的关系。ψ 可以取正值或负值，$|\psi|^2$ 则均为正值，它代表粒子出现的几率密度。当 ψ 由正变为负，中间经过一个 $\psi=0$ 的点，称为节点，在此点上粒子出现的几率密度为零。基态（$n=1$）没有节点，量子数 n 增加 1 个，节点数就增加 1 个。

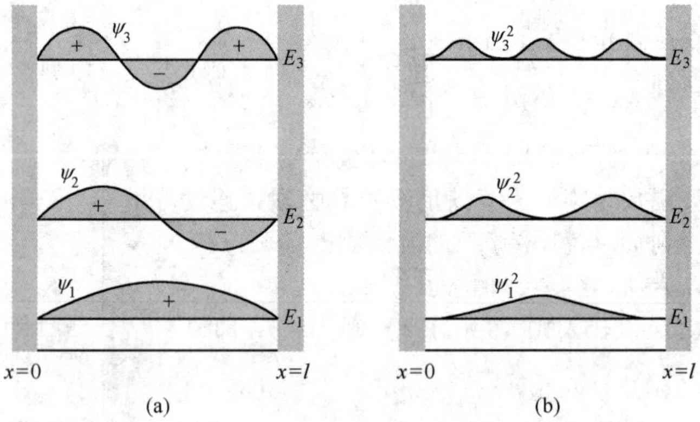

图 6-6 一维势箱中平动粒子的波函数和几率密度

6.6 三维势箱粒子

三维势箱中粒子的薛定谔方程为

$$\frac{\hbar^2}{2m}\left(\frac{\partial^2\psi}{\partial x^2}+\frac{\partial^2\psi}{\partial y^2}+\frac{\partial^2\psi}{\partial z^2}\right)+E\psi=0 \tag{6-61}$$

假设粒子沿 x，y，z 三个方向的运动是独立的，ψ 可表示为三个单独变量函数 x，y，z 之积

$$\psi=\psi_x\psi_y\psi_z \tag{6-62}$$

则总能量为三个能量之和

$$E=E_x+E_y+E_z \tag{6-63}$$

将式（6-62）、式（6-63）代入式（6-61），移项后得

$$\frac{\hbar^2}{2m}\left(\frac{\partial^2}{\partial x^2}+\frac{\partial^2}{\partial y^2}+\frac{\partial^2}{\partial z^2}\right)(\psi_x\psi_y\psi_z)+(E_x+E_y+E_z)\psi_x\psi_y\psi_z=0$$

即

$$\frac{\hbar^2}{2m}\left(\frac{1}{\psi_x}\frac{\partial^2\psi_x}{\partial x^2}+\frac{1}{\psi_y}\frac{\partial^2\psi_y}{\partial y^2}+\frac{1}{\psi_z}\frac{\partial^2\psi_z}{\partial z^2}\right)+(E_x+E_y+E_z)=0 \tag{6-64}$$

因此可得三个独立的薛定谔方程

$$\frac{\hbar^2}{2m}\frac{\partial^2\psi_x}{\partial x^2}+E_x\psi_x=0 \tag{6-65}$$

$$\frac{\hbar^2}{2m}\frac{\partial^2\psi_y}{\partial y^2}+E_y\psi_y=0 \tag{6-66}$$

$$\frac{\hbar^2}{2m}\frac{\partial^2\psi_z}{\partial z^2}+E_z\psi_z=0 \tag{6-67}$$

上面三个方程均具有一维势箱粒子薛定谔方程（6-58）的形式，具有一维势箱粒子薛定谔方程的解，解的结果为

$$E=E_x+E_y+E_z=\frac{\pi^2\hbar^2}{2m}\left(\frac{n_x^2}{a^2}+\frac{n_y^2}{b^2}+\frac{n_z^2}{c^2}\right) \tag{6-68}$$

$$\psi=\psi_x\psi_y\psi_z=\sqrt{\frac{8}{abc}}\sin\frac{n_x\pi x}{a}\sin\frac{n_y\pi y}{b}\sin\frac{n_z\pi z}{c} \tag{6-69}$$

式中，a、b、c 分别为箱子三个边的长度；n_x、n_y、n_z 分别为对应于三个方向的三个平动量子数，只能取大于零的正整数。

三维势箱粒子能量和波函数均与三个量子数有关，当势箱的三边长度相等，即 $a=b=c$ 时，式（6-68）变为

$$E=\frac{\pi^2\hbar^2}{2ma^2}(n_x^2+n_y^2+n_z^2) \tag{6-70}$$

$n_x=n_y=n_z=1$ 的状态称为基态，相应的能量称为基态能，$E_0=\frac{3\pi^2\hbar^2}{2ma^2}$，$n_x$、$n_y$ 与 n_z 增加，能量增大，但不是连续的。

第一激发态对应的（n_x，n_y，n_z）分别为（2，1，1）、（1，2，1）、（1，1，2），能量为$E=3\pi^2\hbar^2/ma^2$，这样的能级就称为简并能级，有三种状态具有相同的能级，它所对应的状态则称为简并态，而对应于同一能级的波函数（量子态）数目，即称为该能级的简并度。对于上述例子，简并度为 3。

图 6-7 标出了立方势箱中粒子的能级和简并度。

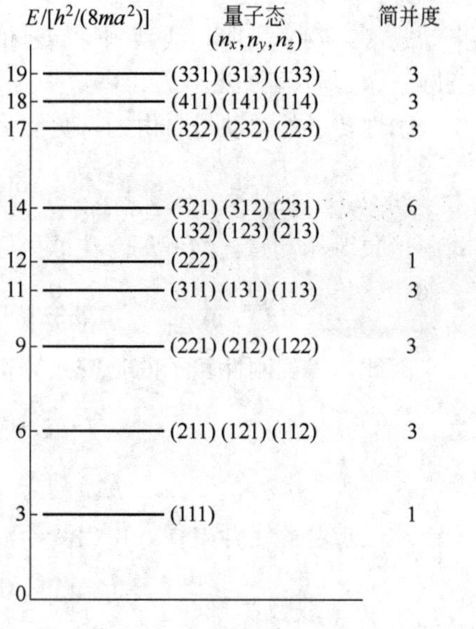

图 6-7 立方势箱中粒子的能级和简并度

6.7 线型刚性转子

线型刚性转子是由一根长度为 r 的无重刚性直棒连接的两个质点构成，质点的质量分别为 m_1 和 m_2，整个转子围绕质量重心 S 点转动如图 6-8 所示。双原子的转动运动可近似为线型刚性转子。

当线型刚性转子绕质量重心 S 旋转时，满足下列关系

$$m_1r_1=m_2r_2 \tag{6-71}$$

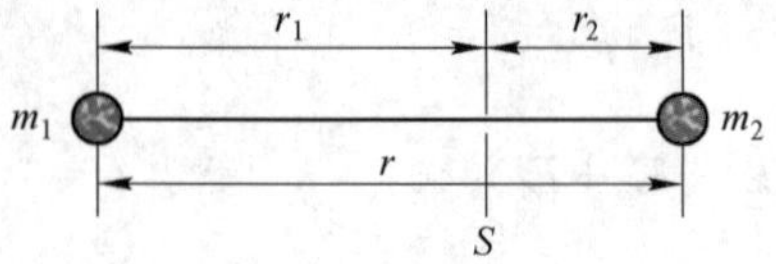

图 6-8 线型刚性转子模型

联立 $r_1+r_2=r$，解得

$$r_1=\frac{m_2}{m_1+m_2}r,\ r_2=\frac{m_1}{m_1+m_2}r \tag{6-72}$$

角速度 $\omega=\frac{v}{r}$，转子旋转时，两质点的角速度相等，即

$$v_1=r_1\omega,\ v_2=r_2\omega \tag{6-73}$$

v_1，v_2 分别为两个质点的线速度。则整个转子转动的动能为

$$\begin{aligned}T&=\frac{1}{2}m_1v_1^2+\frac{1}{2}m_2v_2^2\\&=\frac{1}{2}\left[m_1\left(\frac{m_2}{m_1+m_2}\right)^2r^2+m_2\left(\frac{m_1}{m_1+m_2}\right)^2r^2\right]\omega^2\\&=\frac{1}{2}\left(\frac{m_1m_2}{m_1+m_2}\right)r^2\omega^2\end{aligned}$$

令 $\mu=\frac{m_1m_2}{m_1+m_2}$，称为折合质量，代入上式可得转子运动的转动能为

$$T=\frac{1}{2}\mu r^2\omega^2=\frac{1}{2}I\omega^2 \tag{6-74}$$

式中，I 为双原子分子的转动惯量，$I=\mu r^2$。

式（6-74）表明，线型刚性转子的转动可以等效地看成一个质量为 μ 的质点在半径为 r 处绕圆心做圆周运动。

刚性转子的运动是自由的，势能为零，总转动能 E 为

$$E=T=\frac{M^2}{2I} \tag{6-75}$$

式中，M 为角动量，$M=I\omega$。在球坐标下角动量平方算符 M^2 可表示为

$$M^2=-\left(\frac{h}{2\pi}\right)^2\left[\frac{1}{\sin\theta}\frac{\partial}{\partial\theta}\left(\sin\theta\frac{\partial}{\partial\theta}\right)+\frac{1}{\sin^2\theta}\frac{\partial^2}{\partial^2\varphi}\right] \tag{6-76}$$

因此，得到刚性转子的哈密顿算符和薛定谔方程为

$$\hat{H}=T=\frac{M^2}{2I}$$

$$\hat{H}\psi=E\psi \tag{6-77}$$

通过求解薛定谔方程，得出分子的转动能量 E 如下

$$E=\frac{h^2}{8\pi^2I}J(J+1)\quad J=0,1,2,\cdots \tag{6-78}$$

式中，J 为转动量子数，J 的取值是包括 0 的正整数。

对于每一个 J 值，它在空间有 $2J+1$ 个取向，代表着 $2J+1$ 个状态，而能级只与 J 值有关。因此转动能级也是简并的，简并度为 $2J+1$。图 6-9 表示线型刚性转子的能级分布及简并度。

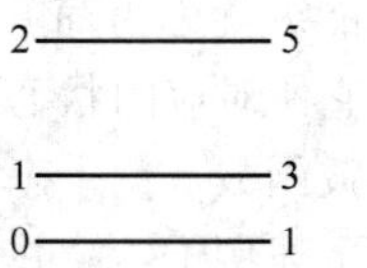

图 6-9 线型刚性转子的能级及简并度

6.8 一维谐振子

简谐振动也是一种基本的运动形式。前面讲到的黑体辐射和原子在分子中的振动，都可以近似当作简谐振动处理。设质量为 m 的质点在弹簧作用下作振动运动，如图 6-10 所示。按虎

克定律

$$f=-kx \qquad (6\text{-}79)$$

式中，f 为作用于质点 m 上的力，它永远指向平衡位置；k 为弹簧的力常数；x 为质点离开平衡位置的距离。f 与势能 V 的关系为

$$f=-\frac{dV}{dx}$$

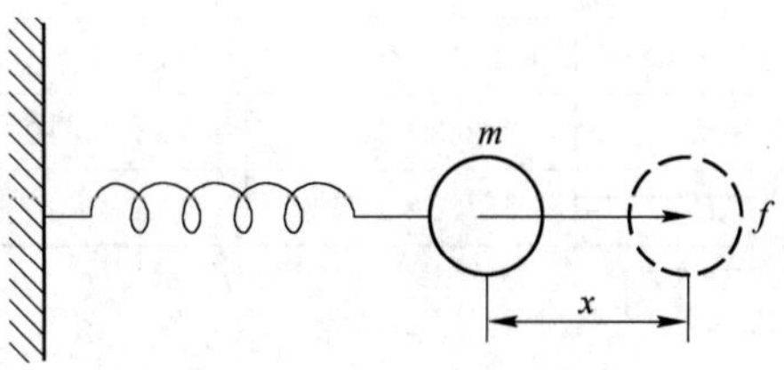

图 6-10 弹簧运动示意图

则 $$-\frac{dV}{dx}=-kx$$

积分后得

$$V=\frac{1}{2}kx^2$$

振子的振动频率与质量和力常数的关系为

$$\nu=\frac{1}{2\pi}\sqrt{\frac{k}{m}} \qquad (6\text{-}80)$$

可见 ν 与振幅和振动能量无关。

振子动能 T 为

$$T=\frac{p_x^2}{2m} \qquad (6\text{-}81)$$

总振动能量为

$$E_v=T+V=\frac{p_x^2}{2m}+\frac{1}{2}kx^2$$
$$=\frac{p_x^2}{2m}+2\pi^2 m\nu^2 x^2 \qquad (6\text{-}82)$$

相应的哈密顿算符则为

$$\hat{H}=-\frac{h^2}{8\pi^2 m}\frac{d^2}{dx^2}+2\pi^2 m\nu^2 x^2 \qquad (6\text{-}83)$$

因此，得到一维振子的薛定谔方程

$$\hat{H}\psi=E\psi \qquad (6\text{-}84)$$

求解薛定谔方程，得一维谐振子的振动能为

$$E=\left(v+\frac{1}{2}\right)h\nu \quad v=0,\ 1,\ 2,\ \cdots \qquad (6\text{-}85)$$

式（6-85）表明谐振子的振动能也是量子化的，形成等间距的振动能级。式中，v 为振动量子数。基态时 $v=0$，$E_0=\frac{1}{2}h\nu$，称为零点振动能。振动能级是非简并的，即简并度等于 1。

例 6-6 振动特征温度定义为 $\Theta_v=h\nu/k$，已知 H_2、N_2、O_2、CO 和 HCl 的 Θ_v 分别为 6320K、3393K、2278K、3120K 和 4330K，试计算振动频率、零点能和能级间距。

解： 以 H_2 为例计算，其他物质计算结果列于下表。

$$\nu=k\Theta_v/h=1.381\times10^{-23}\times6320/6.626\times10^{-34}$$
$$=1.317\times10^{14}\,\mathrm{s}^{-1}$$

$$E(v=0)=h\nu/2=6.626\times10^{-34}\times1.317\times10^{14}/2=4.363\times10^{-20}\,\mathrm{J}$$

$$\Delta E=h\nu=8.726\times10^{-20}\,\mathrm{J}$$

物　质	H_2	N_2	O_2	CO	HCl
ν/s^{-1}	1.317×10^{14}	0.7065×10^{14}	0.4748×10^{14}	0.6503×10^{14}	0.9025×10^{14}
$E(v=0)/J$	4.363×10^{-20}	2.341×10^{-20}	1.573×10^{-20}	2.154×10^{-20}	2.990×10^{-20}
$\Delta E/J$	8.726×10^{-20}	4.681×10^{-20}	3.416×10^{-20}	4.309×10^{-20}	5.980×10^{-20}

6.9 氢原子和类氢离子

本节讨论氢原子薛定谔方程的求解过程。氢原子和类氢离子只有一个核外电子，是最简单的原子，但结果具有普遍意义。

首先写出氢原子和类氢离子的薛定谔方程。氢原子和类氢离子的电子势能为

$$V=-\frac{Ze^2}{r} \tag{6-86}$$

式中，Z 为核电荷数；r 为电子离核的距离。

氢原子或类氢离子的薛定谔方程如下

$$\nabla^2\psi+\frac{8\pi^2\mu}{h^2}\left(E+\frac{Ze^2}{r}\right)\psi=0 \tag{6-87}$$

式中，μ 为折合质量，$\mu=\dfrac{mM}{m+M}$；m 和 M 分别为电子与核的质量。

采用折合质量是把电子与核两粒子的运动处理为一个粒子的相对运动，即坐标原点设在原子核上，电子相对原子核做运动。

氢原子薛定谔方程在笛卡儿坐标下无解析解。为求解方便，采用球坐标，如图 6-11 所示，笛卡儿坐标变量 x，y，z 与球坐标变量 r，θ，φ 之间的关系为

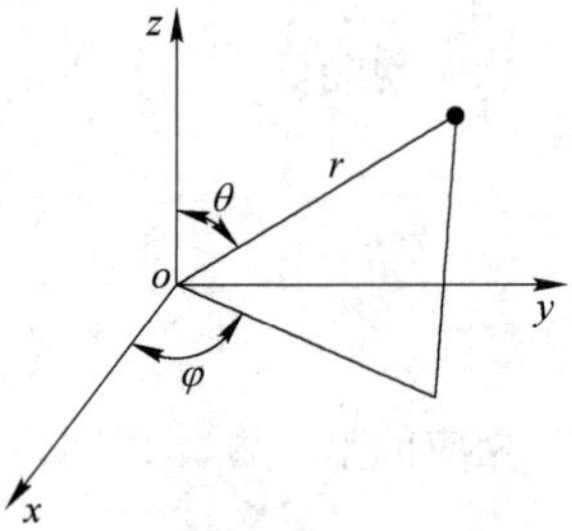

图 6-11　直角坐标与球坐标的关系

$$x=r\sin\theta\cos\varphi$$
$$y=r\sin\theta\sin\varphi$$
$$x=r\cos\theta$$
$$r=\sqrt{x^2+y^2+z^2}$$

在球坐标下氢原子的薛定谔方程为

$$\frac{1}{r^2}\frac{\partial}{\partial r}\left(r^2\frac{\partial\psi}{\partial r}\right)+\frac{1}{r^2\sin\theta}\frac{\partial}{\partial\theta}\left(\sin\theta\frac{\partial\psi}{\partial\theta}\right)+\frac{1}{r^2\sin^2\theta}\left(\sin\theta\frac{\partial^2\psi}{\partial\varphi^2}\right)+\frac{8\pi^2\mu}{h^2}\left(E+\frac{Ze^2}{r}\right)\psi=0 \tag{6-88}$$

采用分离变量法求解上述方程，设波函数 $\psi(r,\theta,\varphi)$ 为三个独立函数乘积的形式

$$\psi(r,\theta,\varphi)=R(r)\Theta(\theta)\Phi(\varphi) \tag{6-89}$$

代入式 (6-88) 并经变换后，可得三个常微分方程

$$-\frac{1}{\Phi}\frac{d^2\Phi}{d\varphi^2}=m^2 \tag{6-90}$$

$$\frac{m^2}{\sin^2\theta}-\frac{1}{\Theta\sin\theta}\frac{d}{d\theta}\left(\sin\theta\frac{d\Theta}{d\theta}\right)=\beta \tag{6-91}$$

$$\frac{1}{R}\frac{d}{dr}\left(r^2\frac{dR}{dr}\right)+\frac{8\pi^2\mu r^2}{h^2}\left(E+\frac{Ze^2}{r}\right)=\beta \tag{6-92}$$

式中，m 和 β 为变换中引进的常数。

(1) 含 φ 变量方程的求解。式（6-90）是以 Φ 为变量的常微分方程，其解为

$$\Phi_m = A\mathrm{e}^{im\varphi} \tag{6-93}$$

式中，A 为常数。

由于 φ 在极坐标中周期为 2π，因此

$$\Phi_m(\varphi)=\Phi_m(\varphi+2\pi),A\mathrm{e}^{im\varphi}=A\mathrm{e}^{im(\varphi+2\pi)}$$

这只有当 m 是整数时才成立,即

$$m=0,\pm1,\pm2,\cdots \tag{6-94}$$

称 m 为磁量子数。这里又一次自然地得出量子数的概念。磁量子数 m 决定电子绕核运动的轨道角动量在磁场中的分量的取值，即

$$M_z=m\hbar \quad m=0,\ \pm1,\ \pm2,\ \cdots \tag{6-95}$$

式中，下角标 z 代表磁场方向；M_z 代表电子轨道运动在磁场中的分量。M_z 的取值也是量子化的，是 $\hbar$ 的整数倍。

(2) 含 θ 变量方程的求解。式（6-91）是以 θ 为变量的常微分方程，只有当 $\beta=l(l+1)$，且

$$l=0,\ 1,\ 2,\ \cdots \tag{6-96}$$

才能得到收敛的解 $\Theta_{l,m}$（表达式略）。l 称为角量子数。量子力学可以证明，电子的轨道角动量也是量子化的，角量子数决定电子轨道角动量的取值，即

$$L=\sqrt{l(l+1)}\hbar \tag{6-97}$$

(3) 含 r 变量方程的求解。式（6-92）是以 r 为变量的常微分方程，只有当能量 E 满足式（6-98）

$$E=-\frac{2\pi^2\mu e^4Z^2}{n^2h^2} \quad n=1,\ 2,\ 3,\ \cdots,\ n>l \tag{6-98}$$

式（6-92）才有收敛的解 $R_{n,l}$（表达式略）。n 称为主量子数。$n=1$，能量最低，称为基态，基态能为 -13.6eV（电子伏特）。$n>1$ 的状态为激发态，对应一个 n 值，有 n 个 l 值，一个 l 值有 $2l+1$ 个 m 值，每个不同的 m 值或 l 值，则对应不同的波函数，所以氢原子或类氢离子波函数是简并的，简并度为 n^2。

解得 Φ，Θ，R 后，代入式（6-89），得到电子的波函数为

$$\psi_{n,l,m}=R_{n,l}\Theta_{l,m}\Phi_m \tag{6-99}$$

量子数 n，l，m 的取值范围及相互限定关系为

$$\left.\begin{array}{l} n=1,2,3,\cdots \\ l=0,1,2,\cdots,n-1 \\ m=0,\pm1,\pm2,\cdots,\pm l \end{array}\right\} \tag{6-100}$$

以上采用分离变量法分别求出了 r，θ，φ 方程。在求解的过程中，由于边界条件和品优函数的要求，分别得出了主量子数 n、角量子数 l 和磁量子数 m，它们分别决定着电子轨道运动的能量、角量子数及角量子数在磁场方向的分量的取值。它们都是电子的力学性，取值都是量子化的。

氢原子或类氢离子的波函数列于表 6-2 中。通常用符号 s，p，d，f 依次代表 $l=0$，1，2，3，…，用方向符号 x，y，z 代表不同的 m 值。例如 $n=1$，$l=0$，$m=0$ 的基态波函数写为 ψ_{1s}

$$\psi_{1,0,0}=\psi_{1s}=\frac{1}{\sqrt{\pi}}\left(\frac{Z}{a_0}\right)^{3/2}\mathrm{e}^{-\rho/2}$$

ψ_{1s} 只是电子与原子核间距离的 r 函数，对原子核呈球形对称。$n=2$，$l=1$，$m=0$ 的波函

数写为 ψ_{2p0}，即

$$\psi_{2,1,0}=\psi_{2p0}=\frac{1}{4\sqrt{2\pi}}\left(\frac{Z}{a_0}\right)^{3/2}\rho e^{-\rho/2}\cos\theta$$

因为 $\rho=\frac{2Zr}{2a_0}$，$z=r\cos\theta$，ψ_{2p0} 可表示为

$$\psi_{2p_z}=\frac{1}{4\sqrt{2\pi}}\left(\frac{Z}{a_0}\right)^{3/2}\frac{Z}{a_0}e^{-\rho/2}(r\cos\theta)=f(r)z$$

表 6-2　氢原子和类氢离子的波函数

$n=1$	$l=0$	$m=0$	$\psi_{1s}=\frac{1}{\sqrt{\pi}}\left(\frac{Z}{a_0}\right)^{3/2}e^{-\rho/2}$
$n=2$	$l=0$	$m=0$	$\psi_{2s}=\frac{1}{4\sqrt{2\pi}}\left(\frac{Z}{a_0}\right)^{3/2}(2-\rho)e^{-\rho/2}$
$n=2$	$l=1$	$m=0$	$\psi_{2p_z}=\frac{1}{4\sqrt{2\pi}}\left(\frac{Z}{a_0}\right)^{3/2}\rho e^{-\rho/2}\cos\theta$
$n=2$	$l=1$	$m=\pm1$	$\psi_{2p_x}=\frac{1}{4\sqrt{2\pi}}\left(\frac{Z}{a_0}\right)^{3/2}\rho e^{-\rho/2}\sin\theta\cos\varphi$ $\psi_{2p_y}=\frac{1}{4\sqrt{2\pi}}\left(\frac{Z}{a_0}\right)^{3/2}\rho e^{-\rho/2}\sin\theta\sin\varphi$
$n=3$	$l=0$	$m=0$	$\psi_{3s}=\frac{1}{18\sqrt{3\pi}}\left(\frac{Z}{a_0}\right)^{3/2}(6-6\rho+\rho^2)e^{-\rho/2}$
$n=3$	$l=1$	$m=0$	$\psi_{3p_z}=\frac{1}{18\sqrt{3\pi}}\left(\frac{Z}{a_0}\right)^{3/2}(4\rho-\rho^2)e^{-\rho/2}\cos\theta$
$n=3$	$l=1$	$m=\pm1$	$\psi_{3p_x}=\frac{1}{18\sqrt{3\pi}}\left(\frac{Z}{a_0}\right)^{3/2}(4\rho-\rho^2)e^{-\rho/2}\sin\theta\cos\varphi$ $\psi_{3p_y}=\frac{1}{18\sqrt{3\pi}}\left(\frac{Z}{a_0}\right)^{3/2}(4\rho-\rho^2)e^{-\rho/2}\sin\theta\sin\varphi$
$n=3$	$l=2$	$m=0$	$\psi_{3d_{z^2}}=\frac{1}{36\sqrt{6\pi}}\left(\frac{Z}{a_0}\right)^{3/2}\rho^2 e^{-\rho/2}(3\cos\theta-1)$
$n=3$	$l=2$	$m=\pm1$	$\psi_{3d_{x^2}}=\frac{1}{36\sqrt{2\pi}}\left(\frac{Z}{a_0}\right)^{3/2}\rho^2 e^{-\rho/2}\sin2\theta\cos\varphi$ $\psi_{3d_{y^2}}=\frac{1}{36\sqrt{2\pi}}\left(\frac{Z}{a_0}\right)^{3/2}\rho^2 e^{-\rho/2}\sin2\theta\sin\varphi$
$n=3$	$l=2$	$m=\pm2$	$\psi_{3d_{x^2-y^2}}=\frac{1}{36\sqrt{2\pi}}\left(\frac{Z}{a_0}\right)^{3/2}\rho^2 e^{-\rho/2}\sin^2\theta\cos2\varphi$ $\psi_{3d_{yx}}=\frac{1}{36\sqrt{2\pi}}\left(\frac{Z}{a_0}\right)^{3/2}\rho^2 e^{-\rho/2}\sin^2\theta\sin2\varphi$

注：表中 $\rho=\frac{2Z}{na_0}r$；a_0 为玻尔半径。

由以上的讨论可知，通过求解氢原子或类氢离子的薛定谔方程，自然地得到原子中电子的

运动是量子化的概念。当量子数 n，l，m 具有不同的数值时，对应着氢原子或类氢离子不同的定态，这些定态可以用一定形式的波函数来描写，并且具有确定的能量。由于从一个定态变为另一个定态时，能量是不连续变化的，因此形成能级，一定的定态对应着一定的能级。当受到激发，电子的运动状态发生改变，原子由低能级进到高能级。当由高能级返回低能级时，就对外发射出频率一定的光量子。

6.10 电子波函数和电子云

前文提到，波函数 ψ 模数的平方 $|\psi|^2$ 对应于粒子出现的几率密度。电子在原子中的运动，是按不同的几率在空间不同的位置出现。一定的 $\psi(r,\theta,\varphi)$ 表示一定的状态（定态），$|\psi|^2(r,\theta,\varphi)$ 则代表电子在空间确定的几率密度分布，这种分布形象地称为电子云。原子中的电子虽然没有确定的轨道，却具有角动量，它是电子绕核运动的统计平均效应。

虽然 $|\psi|^2\mathrm{d}\tau$ 表示在空间小区域 $\mathrm{d}\tau$ 内电子出现的几率，但由于 ψ 既取决于离核的距离 r，又取决于空间角度 θ 和 ϕ，下面分别讨论波函数沿径向的变化和沿角度的变化。

(1) 径向分布函数为 $R^2(r)r^2$。在球坐标下，三边为 $\mathrm{d}r$，$r\mathrm{d}\theta$ 和 $r\sin\theta\mathrm{d}\varphi$ 的空间微元 $\mathrm{d}\tau$ 为：

$$\mathrm{d}\tau = r^2\sin\theta\mathrm{d}r\mathrm{d}\theta\mathrm{d}\varphi \tag{6-101}$$

为估计在半径 r 处厚度为 $\mathrm{d}r$ 的球壳中粒子出现的几率，应将 $|\psi|^2\mathrm{d}\tau$ 在 $\theta=0\sim\pi$ 和 $\varphi=0\sim2\pi$ 间积分，由于 $\psi=R(r)\Theta(\theta)\Phi(\varphi)$，

$$\begin{aligned}\int_{\varphi=0}^{2\pi}\int_{\theta=0}^{\pi}\psi^2(r,\theta,\varphi)\mathrm{d}\tau &= \int_{\varphi=0}^{2\pi}\int_{\theta=0}^{\pi}R(r)\Theta(\theta)\Phi(\varphi)r^2\sin\theta\mathrm{d}r\mathrm{d}\theta\mathrm{d}\varphi \\ &= R^2(r)r^2\mathrm{d}r\int_{\varphi=0}^{2\pi}\Theta^2(\theta)\sin\theta\mathrm{d}\theta\int_{\theta=0}^{\pi}\Phi^2(\varphi)\mathrm{d}\varphi \\ &= R^2(r)r^2\mathrm{d}r \end{aligned} \tag{6-102}$$

称 $R^2(r)r^2$ 为波函数的径向分布函数。

图 6-12 所示为氢原子的 1s,2s,2p,3s,3p,3d 轨道的 $R(r)$，$R^2(r)$ 以及 $R^2(r)r^2$。图中的横坐标为 r/a_0，纵坐标则分别为 $a_0^{3/2}R(r)$，$a_0^3R^2(r)$ 和 $a_0r^2R^2(r)$。r/a_0 的大小表示核外电子离核的远近。

从图 6-12 可知，1s，2s，3s 轨道是球形对称的，在原子核处最大，1s 的 $R(r)$ 随 r 的变化以指数形式单调下降；2s 则在 $r=2a_0$ 处有一个 $R=0$ 的节面，节面内外 ψ 的符号相反；3s 有两个节面。$R^2(r)$ 均为正值，节面更明显。$R^2(r)r^2$ 表示电子在原子核周围出现的几率随 r 的变化。对 1s 上的电子，最可能出现的位置是在离核较近的球壳之内，2s 和 3s 轨道上的电子最大几率离核较远。当 $r=0$ 时，$R^2(r)r^2$ 等于零。图 6-12（d）所示为 1s，2s，3s 电子云的剖面图。

p 轨道和 d 轨道的电子，在 $r=0$ 处，$R(r)$ 为零，R 随 r 变化也出现节面以及正负的变化。由图 6-12 可总结出现极大值和节面的规律，对于主量子数为 n，角量子数为 l 的轨道，极大值有 $n-l$ 个，节面有 $n-l-1$ 个。对于 p 轨道和 d 轨道，波函数还与 θ 和 φ 有关。$R^2(r)$ 或 $R^2(r)\ r^2$ 只表示几率密度随径向的变化。

(2) 波函数随角度分布用球谐函数 $Y(\theta,\varphi)=\Theta(\theta)\Phi(\varphi)$ 或 $Y^2(\theta,\varphi)$ 表示，它可大致反映出原子轨道的空间形状。图 6-13 所示为氢原子的 s，p，d 原子轨道的角度分布。

例 6-7 计算氢原子 2s 轨道和 3s 轨道节面的位置。

解： 由表 6-2 可知，ψ_{2s} 中节面处 $2-\rho=0$，$\rho=2$。又 $Z=1$，$n=2$，r(节面)$=na_0\rho/2Z=2a_0=2\times52.9=105.8\mathrm{pm}$。

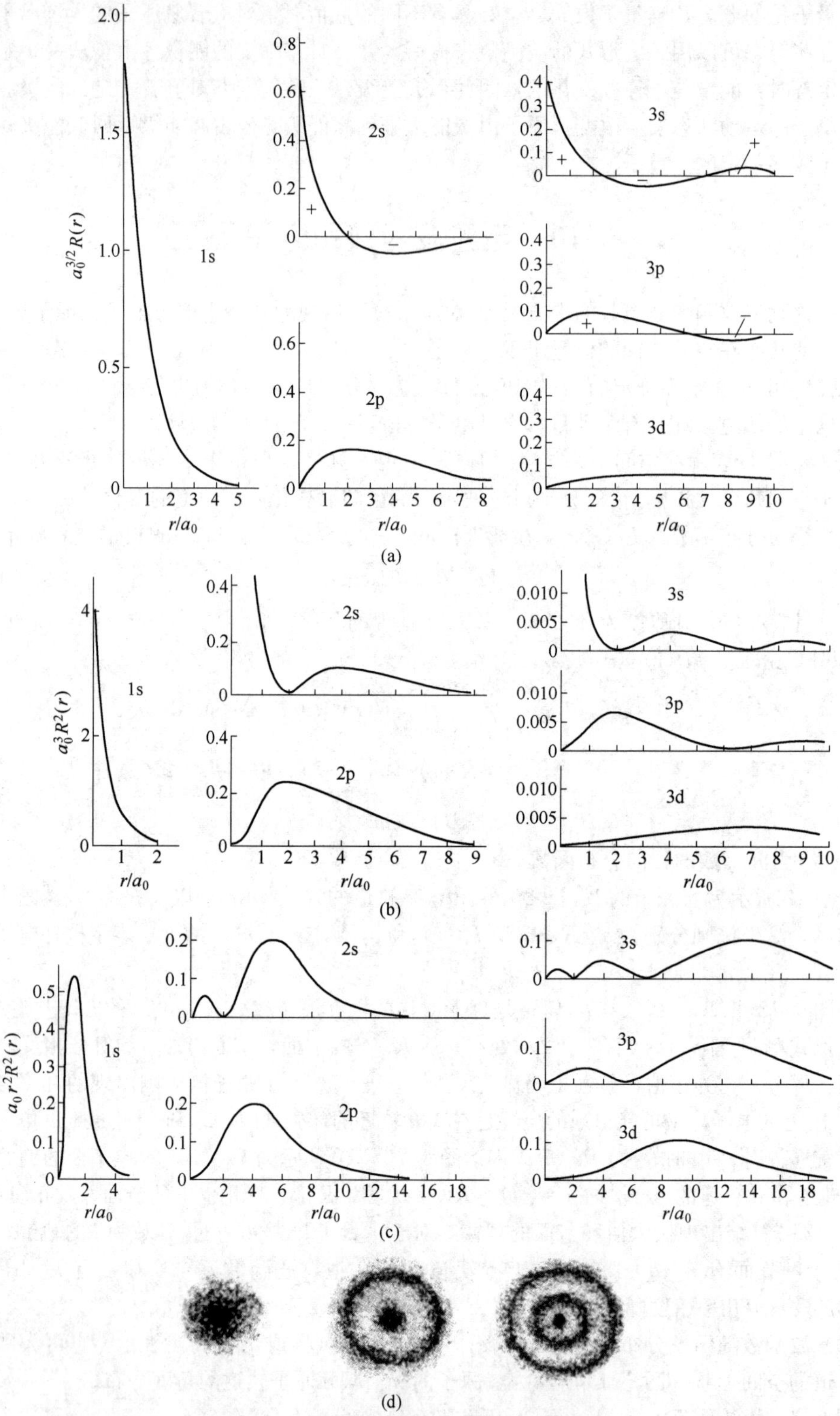

图 6-12 氢原子和类氢离子中各种原子轨道

(a) 氢原子和类氢离子中各种原子轨道的径向波函数 $R(r)$；(b) 氢原子和类氢离子中各种原子轨道的 $R^2(r)$；(c) 氢原子和类氢离子中各种原子轨道的 $R^2(r)r^2$；(d) 1s，2s，3s 电子云的剖面示意

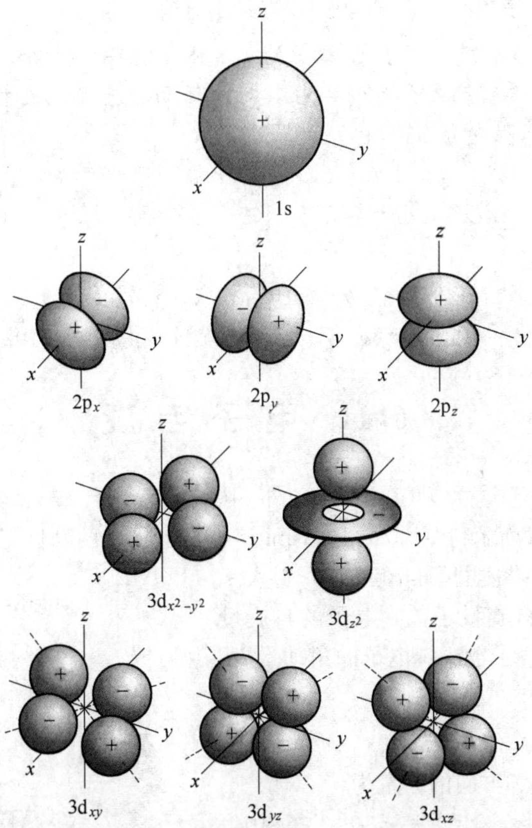

图6-13 氢原子s，p，d轨道的角度分布（虚线是$\Theta\Phi$相位，实线是$(\Theta\Phi)^2$）

ψ_{3s}中节面处$6-6\rho+\rho^2=0$，$\rho=3\pm\sqrt{3}$。又$Z=1$，$n=3$，

r_1(节面)$=na_0\rho/2Z=1.5(3-\sqrt{3})a_0=1.90a_0=100.6\text{pm}$。

r_2(节面)$=1.5(3+\sqrt{3})a_0=7.10a_0=375.5\text{pm}$。

例6-8 计算氢原子1s轨道和2s轨道的平均半径。

解：按计算力学量平均值的式(6-37)，平均半径按下式计算

$$\langle r\rangle=\int_\tau r\psi^2(r,\theta,\varphi)\mathrm{d}\tau=\int_0^\infty r\times r^2R^2(r)\mathrm{d}r。$$

对1s轨道，根据表6-2，$\rho=2Zr/na_0=2r/a_0$

$$R(r)=\psi_{1,0,0}/(\Theta_{0,0}\Phi_0)=(1/\sqrt{\pi})(Z/a_0)^{3/2}\mathrm{e}^{-\rho/2}\times\sqrt{2}\times\sqrt{2\pi}=2a_0^{-3/2}\mathrm{e}^{-r/a_0}$$

$$\langle r\rangle=\int_0^\infty 4a_0^{-3}r^3\mathrm{e}^{-2r/a_0}\mathrm{d}r=3a_0/2$$

对2s轨道，根据表6-2，$\rho=r/a_0$

$$R(r)=\psi_{2,0,0}/(\Theta_{0,0}\Phi_0)=(1/4\sqrt{2\pi})(Z/a_0)^{3/2}(2-\rho)\mathrm{e}^{-\rho/2}\times\sqrt{2}\times\sqrt{2\pi}$$

$$=(\sqrt{2}/4)a_0^{-3/2}(2-r/a_0)\mathrm{e}^{-r/(2a_0)}$$

$$\langle r\rangle=\int_0^\infty(1/8)a_0^{-3}(2-r/a_0)^2r^3\mathrm{e}^{-r/a_0}\mathrm{d}r=6a_0$$

注：计算中用到标准积分 $\int_0^{\infty} x^n e^{-ax} dx = n!/a^{n+1}$ 。

例 6-9　计算氢原子和类氢离子 1s 轨道的几率最大的半径和该处的径向分布函数值。

解：电子出现的几率密度最大时的半径，对应径向分布函数为极值。由上例得 1s 轨道，$R(r)=2(Z/a_0)^{3/2}e^{-Zr/a_0}$，径向分布函数为

$$D(r)=r^2R^2(r)=4(Z/a_0)^3r^2e^{-2Zr/a_0}$$

取极值　　$$dD(r)/dr=4(Z/a_0)^3(2r-2Zr^2/a_0)e^{-2Zr/a_0}=0$$

解得　　$$r_{max}=a_0/Z$$

H：a_0，He^+：$a_0/2$，Li^{2+}：$a_0/3$，Be^{3+}：$a_0/4$，B^{4+}：$a_0/5$，…，$a_0=52.9pm$

$$D(r_{max})=4(Z/a_0)^3(a_0/Z)^2e^{-2}=0.5413Z/a_0=0.01023Z\text{pm}^{-1}$$

6.11　电子自旋

电子除了上述描述过的轨道运动之外，还存在着自旋运动。1925 年，乌伦贝克（G. E. Uhlenbeck）和古斯米特（S. A. Goudsmit）提出电子有两种自旋状态，如图 6-14 所示。

自旋角动量。为了描述电子自旋状态，引入了第四个量子数 s，称为自旋量子数。电子的自旋量子数 s 等于 1/2。自旋量子数决定电子的角动量 M_s 的取值

$$M_s=\sqrt{s(s+1)}\hbar \qquad (6-103)$$

自旋角动量在外磁场方向的分量为

$$M_{sz}=m_s\hbar \qquad (6-104)$$

式中，m_s 为自旋磁量子数，$m_s=s, s-1, \cdots, -s$。对电子来说，m_s 只能取 $+1/2$ 和 $-1/2$ 两个数值，一般形象地用符号↑与↓表示。

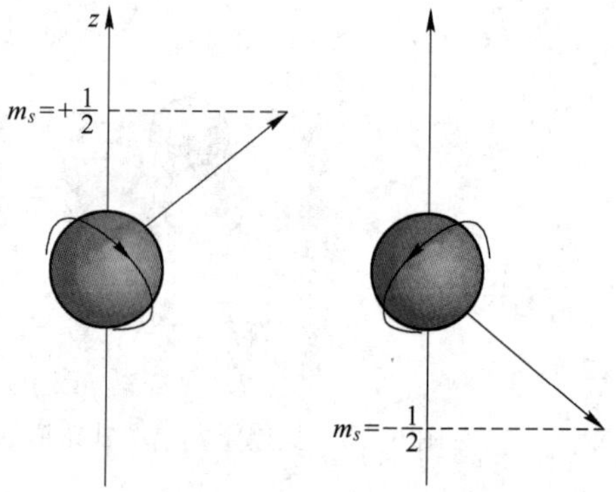

图 6-14　电子两种自旋状态

考虑到电子的自旋，对于单电子原子的电子运动状态，波函数采用原子轨道波函数 $\psi_{n,l,m}$ 与自旋波函数之积的形式，即

$$\psi_{n,l,m,m_s}=\psi_{n,l,m}\alpha$$

或　　$$\psi_{n,l,m,m_s}=\psi_{n,l,m}\beta$$

式中，ψ_{n,l,m,m_s} 称为完全波函数；α，β 代表自旋磁量子数为 $+1/2$（自旋向上）和 $-1/2$（自旋向下）的自旋函数。

6.12　多电子原子的电子波函数

对于一个有 N 个电子的原子，势能 V 由两部分构成，一部分是电子与电荷数为 Z 的原子核间的库仑引力能，另一部分是电子之间的库仑排斥能。

$$V=-\sum_i^N \frac{Ze^2}{4\pi\varepsilon_0 r_i}+\sum_i^N\sum_{j>i}^N \frac{e^2}{4\pi\varepsilon_0 r_{ij}} \qquad (6-105)$$

式中，r_i 为电子 i 与核之间的距离；r_{ij} 为电子 i 与 j 之间的距离。

多电子原子的薛定谔方程如下

$$\hat{H}\psi=\left[-\sum_i^N \frac{h^2}{8\pi^2 m_e}\nabla_i^2-\sum_i^N \frac{Ze^2}{4\pi\varepsilon_0 r_i}+\sum_i^N\sum_{j>i}^N \frac{e^2}{4\pi\varepsilon_0 r_{ij}}\right]\psi=E\psi \qquad (6-106)$$

式中，ψ 为描述 N 个电子绕核运动状态的波函数，它是 x_1，y_1，z_1，x_2，y_2，z_2，…，x_N，y_N，z_N 或 r_1，θ_1，φ_1，r_2，θ_2，φ_2，…，r_N，θ_N，φ_N 的函数。$\psi\psi^* \mathrm{d}\tau_1 \mathrm{d}\tau_2 \cdots \mathrm{d}\tau_N$ 则是同时在 x_1，y_1，z_1 处的体积元 $\mathrm{d}\tau_1$ 中找到第 1 个电子，x_2，y_2，z_2 处的体积元 $\mathrm{d}\tau_2$ 中找到第 2 个电子……x_N，y_N，z_N 处的体积元 $\mathrm{d}\tau_N$ 中找到第 N 个电子的几率，波函数是归一化的

$$\int \cdots \int \psi\psi^* \mathrm{d}\tau_1 \mathrm{d}\tau_2 \cdots \mathrm{d}\tau_N = 1$$

为完全地描述原子中电子的运动状态，还必须引入电子的自旋波函数。

(1) 单电子近似。因为各个电子间存在着相互作用，很难准确地描述 N 个电了的运动状态。单电子近似假设每一个电子 i 是在一个由原子核和所有其他电子所产生的平均势场 $V_i(r_i)$ 中运动，这时 N 个电子绕核运动的波函数可以近似地表示为 N 个单电子波函数 ψ_i 之积

$$\psi = \psi_1 \psi_2 \cdots \psi_N = \prod_i^N \psi_i \tag{6-107}$$

总能量 E 则近似地表示为 N 个单电子的能量 E_i 之和

$$E = E_1 + E_2 + \cdots + E_N = \sum_i^N E_i \tag{6-108}$$

我们沿用氢原子和类氢离子波函数的形式，将单电子波函数称为原子轨道函数，或称为原子轨道。单电子波函数服从的薛定谔方程为

$$\hat{H}_i \psi_i = \left[-\frac{h^2}{8\pi^2 m_e}\nabla_i^2 + V_i(r_i)\right]\psi_i = E_i \psi_i \tag{6-109}$$

式（6-109）形式上和类氢离子的相同，但在势能 $V_i(r_i)$ 包含了其他电子对第 i 个电子作用信息。

(2) 泡利原理。要完全描述一个电子的运动状态，需要考虑空间和时间两部分函数。例如，处于基态的氦原子中，有两个电子 1 和 2，这两个电子有下列四种可能的自旋状态

$$\alpha(1)\alpha(2)\ \uparrow\uparrow \tag{6-110}$$

$$\beta(1)\beta(2)\ \downarrow\downarrow \tag{6-111}$$

$$\alpha(1)\beta(2)\ \uparrow\downarrow \tag{6-112}$$

$$\beta(1)\alpha(2)\ \downarrow\uparrow \tag{6-113}$$

其中 $\alpha(1)\alpha(2)$ 和 $\beta(1)\beta(2)$ 是对称的，因为 1 与 2 交换后不改变符号，即 $\alpha(1)\alpha(2)=\alpha(2)\alpha(1)$，$\beta(1)\beta(2)=\beta(2)\beta(1)$。$\alpha(1)\beta(2)$ 和 $\beta(1)\alpha(2)$ 是非对称的，因为交换 1 与 2 后 $\alpha(1)\beta(2)\neq\alpha(2)\beta(1)$，$\beta(1)\alpha(2)\neq\beta(2)\alpha(1)$。将 $\alpha(1)\beta(2)$ 和 $\beta(1)\alpha(2)$ 线性组合为一个对称的波函数 $(1/\sqrt{2})[\alpha(1)\beta(2)+\beta(1)\alpha(2)]$ 和一个反对称的函数 $(1/\sqrt{2})[\alpha(1)\beta(2)-\beta(1)\alpha(2)]$，式中 $1/\sqrt{2}$ 是归一化常数。

泡利（W. Pauli）指出：对于包含两个或两个以上电子的系统的完全波函数，交换任意两个电子的坐标或自旋，完全波函数必须是反对称的。这又称为泡利原理。

对于 He 原子基态中的两个电子，只有下面的轨道和自旋组合符合泡利原理

$$\psi(1,2)=\frac{1}{\sqrt{2}}\varphi_{1s}(1)\varphi_{1s}(2)[\alpha(1)\beta(2)-\beta(1)\alpha(2)] \tag{6-114}$$

这个波函数是反对称的，式(6-114)也可用行列式表示

$$\psi(1,2)=\frac{1}{\sqrt{2}}\begin{vmatrix}\varphi_{1s}(1)\alpha(1) & \varphi_{1s}(1)\beta(1)\\ \varphi_{1s}(2)\alpha(2) & \varphi_{1s}(2)\beta(2)\end{vmatrix} \tag{6-115}$$

称为 Slater 行列式。

氦原子的两个电子具有相同的轨道量子数，不同的自旋量子数，也即在同一原子中，不允

许有四个量子数完全相同的电子存在。此即泡利不相容原理。

(3) Hartree 自洽场方法。1928 年，哈特里采用计算平均值的方法计算其他电子对某电子 i 的库仑作用，即任意电子 j 对电子 i 的平均势能，按力学量平均值式（6-37）计算

$$\overline{V}_{ji}=\int\varphi_j^*\frac{e^2}{4\pi\varepsilon_0 r_{ij}}\varphi_j\,\mathrm{d}\tau_j \tag{6-116}$$

即电子 i 的总势能分为两项，受到核的吸引势能及其他电子的排斥平均势能之和。

$$V_i(r_i)=-\frac{Ze^2}{4\pi\varepsilon_0 r_i}+\sum_{i\neq j}\overline{V}_{ji} \tag{6-117}$$

式（6-117）右边第一项表示电子与核的引力能，第二项表示电子 i 与所有其他电子的斥力能。

采用迭代法求解单电子波函数 φ_j。在计算电子 1 时，先根据经验找出所有其他 $N-1$ 个电子的 φ_j，然后按式（6-116）、式（6-117）和式（6-109）解出每个电子的 φ_1，再依次计算 φ_2，φ_3，…。这样循环计算，每一次 φ_j 都用上一次的结果。直到两次所得 φ_i 和 E_i 在一定允许误差范围内、自洽为止。将上述计算得到的单电子能量 E_i 相加得到多电子系统的总能量，但要减去求和时重复计算的值。

6.13 多电子原子的核外电子排布和光谱项

前面已经介绍可将多电子原子的波函数表示为 N 个单电子波函数之积。这些单电子波函数可称为原子轨道函数或原子轨道，仍用符号 1s，2s，$2p_x$，$2p_y$，$2p_z$ 等表示，N 个电子则按能级由低到高依次填入。这一概念称为核外电子排布，所得到的排布方式称为电子组态。

核外电子排布遵循下列规律：

(1) 泡利不相容原理。在同一原子中，不允许有四个量子数完全相同的电子存在。因此，对于一个由 n，l，m 所决定的原子轨道，最多只能充填 $m_s=1/2$ 和 $-1/2$ 自旋相反的两个电子。

(2) 能量最低原理。对于基态，电子排布应尽可能使总能量最低。

(3) 洪特（F. Hund）规则。当两个电子在一组能量相同的原子轨道（如三个 p 轨道 $2p_x$，$2p_y$，$2p_z$，五个 d 轨道和七个 f 轨道）上排布时，它们将尽可能分占不同轨道，并保持自旋平行。这个规则只适用于基态。

为了反映包括自旋在内的电子间相互作用，对多电子原子，引入下列量子数。

(1) 总轨道角量子数。它等于各个电子角量子数的代数和。对两个电子的原子，

$$L=|L_1+L_2|,\ |L_1+L_2-1|,\ |L_1+L_2-2|,\ \cdots,\ |L_1-L_2| \tag{6-118}$$

式中，L_1 和 L_2 分别为两个电子的角量子数。例如 2 个 p 轨道上的电子（$L_1=L_2=1$），L 的取值为 2，1，0；又如一个 f 电子和两个 p 电子（$L_1=3$，$L_2=L_3=1$），L 的取值为 4，3，2。

多电子原子的总轨道角动量的值 M_L 按式（6-119）计算

$$M_L=\hbar\sqrt{L(L+1)} \tag{6-119}$$

总轨道角动量 L 在外磁场方向上产生的分量 M_{L_z}，由总轨道磁量子数 m_L 决定，其中 m_L 的取值是从 L 到 $-L$ 共有 $2L+1$ 个取值，即

$$M_{L_z}=m_L\hbar,\ m_L=L,\ L-1,\ L-2,\ \cdots,\ -L \tag{6-120}$$

(2) 总自旋量子数 S。它等于各个电子自旋量子数 s 的代数和。

例如 2 个电子体系，$S=|s_1+s_2|$，$|s_1-s_2|$，即 $S=1$，0。多电子原子的总电子自旋角动量的值 M_S 计算公式为

$$M_S=\hbar\sqrt{S(S+1)} \tag{6-121}$$

相应的自旋角动量在外磁场方向的分量 M_{S_z} 由总自旋磁量子数 m_S 决定

$$M_{S_z}=m_S\hbar,\ m_S=S,\ S-1,\ S-2,\ \cdots,\ -S \tag{6-122}$$

即对于一定的 S 值，m_S 从 S 到 $-S$ 共有 $2S+1$ 个取值。

(3) 总角量子数 J。总角量子数与 L 和 S 的关系为

$$J=L+S,\ L+S-1,\ L+S-2,\ \cdots,\ |L-S| \tag{6-123}$$

例如 $L=3$，$S=3/2$，则 $J=9/2$，$7/2$，$5/2$，$3/2$；$L=1$，$S=3/2$，则 $J=5/2$，$3/2$，$1/2$。这种计算 J 的方法又称为 LS 偶合，其反映了总轨道角动量与总自旋角动量的相互作用。除了 LS 偶合外，也可以先使各个电子的 l 与 s 组成 j，然后 j 与 j 组成 J，称为 jj 偶合。对于轻原子(原子序数不太大)，通常采用 LS 偶合；对于重原子（例如稀土元素），则采用 jj 偶合。这些耦合反映了角动量、自旋角动量彼此之间的相互作用。多电子原子的总角动量 M_J 用总角动量子数计算

$$M_J=\hbar\sqrt{J(J+1)} \tag{6-124}$$

总角动量在外磁场方向上的分量 M_{J_z} 由总磁量子数 m_J 计算

$$M_{J_z}=m_J\hbar,\ m_J=J,\ J-1,\ J-2,\ \cdots,\ -J \tag{6-125}$$

在 J 一定时，m_J 的取值从 J 到 $-J$ 共 $2J+1$ 个。

确定了 L，S，J 以及 m_J，多电子原子的量子态才完全确定。

对于多电子原子，常用光谱项表示原子的能级。正如在单电子原子时用 s，p，d，f，g 等依次表示 $l=0$，1，2，3，4 等轨道一样，在多电子原子中，光谱项的符号按 L 值确定

$$L=0,1,2,3,4,5,\cdots$$

相应的光谱项符号为 S，P，D，F，G，H，…

此外还在 S，P，D 等符号的左上角注明 $2S+1$ 的数值，$2S+1$ 则称为光谱项的多重性。在 $L>S$ 时，$2S+1$ 表示 J 可能取的个数；在 $L<S$ 时，J 可能取的个数应为 $2L+1$，但在左上角仍标注 $2S+1$。例如光谱项 ^2D，表示 $L=2$，$S=\frac{1}{2}$。如将具体 J 值标注在光谱项的右下角，则称为光谱支项，每一个光谱项包含 $2S+1$ 个光谱支项。对于上述 ^2D，$J=5/2$ 和 3/2 时，相应的两个光谱支项为 $^2D_{5/2}$ 与 $^2D_{3/2}$。

例如，碳的基态电子组态为 $C(1s^2 2s^2 2p^2)$，有如下光谱项和光谱支项

$^1S_0$　　$L=0$，$S=0$，$J=0$，$m_J=0$

$^2D_2$　　$L=2$，$S=0$，$J=2$，$m_J=2$，1，0，-1，-2

$^3P_{2,1,0}$　　$L=1$，$S=1$

　$^3P_2$　　$J=2$，$m_J=2$，1，0，-1，-2

　$^3P_1$　　$J=1$，$m_J=1$，0，-1

　$^3P_0$　　$J=0$，$m_J=0$

C 的外层电子为 $2p^2$。这时 $l_1=1$，$l_2=1$；$s_1=1/2$，$s_2=1/2$；$L=2$，1，0；$S=1$，0。L 与 S 进行不同组合，即可得到上述光谱项和光谱支项。由上可见，每一个光谱支项代表 L，S 与 J 的特定组合。

根据洪特规则，可知在光谱项中，S 最大时能量最低；S 相同，则 L 最大时能量最低。如 L 与 S 均相同，当电子壳层未达半充满时，J 愈小，能量愈低；半充满后，则 J 愈大，能量愈低。

图 6-15 为碳的不同光谱所对应的能级。括号内的数值表示简并度，即 m_J 可取的数值。

光谱项代表原子的能级，光谱支项代表精细的能级，在外磁场作用下，电子与磁场发生相互作用，这些光谱支项还能进一步发生分裂，分裂能级的个数和取值与总磁量子数 m_J 有关。

多电子原子的能级跃迁还必须满足如下的跃迁规则

$$\Delta n \text{任意}；\Delta L=\pm 1；\Delta J=0，\pm 1；\Delta m_s=0 \tag{6-126}$$

图 6-16 表示钠的光谱项、能级以及能级间的跃迁。由图可见，由 3^2P 至 4^2S，5^2S，…间的跃迁构成了钠原子光谱中的锐线系（sharp），由 3^2S 至 3^2P，4^2P，…则为主线系（principle），还有图中没有画出的 3^2P 至 3^2D，4^2D，…为漫线系（diffuse），3^2D 至 3^2F，4^2F，…为基线系（fundamental）。光谱项的名称以及 s，p，d，f 等即由此而来。由图 6-16 还可看出，由于有些光谱项具有几个光谱支项，实际上是一种简并性的能级，表现在光谱上如果分辨率很高就出现精细结构。例如由 3^2P 至 4^2S 对应着在可见区的一条黄线，它实际上由两条线 $3^2P_{3/2}-4^2S_{1/2}$ 与 $3^2P_{1/2}-4^2S_{1/2}$ 所组成，两条线的波数仅差 17.2cm^{-1}。

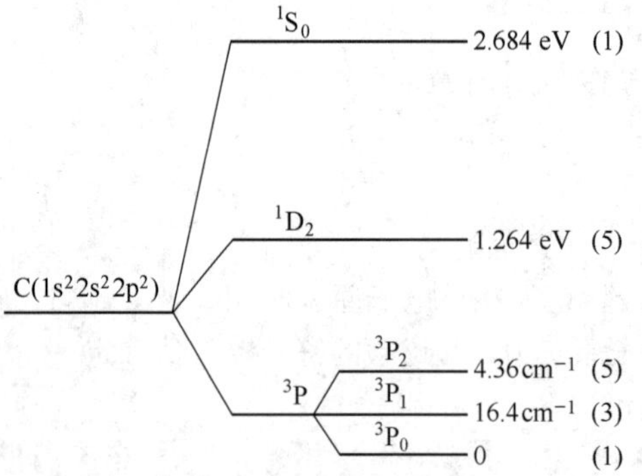

图 6-15 碳的光谱项和能级

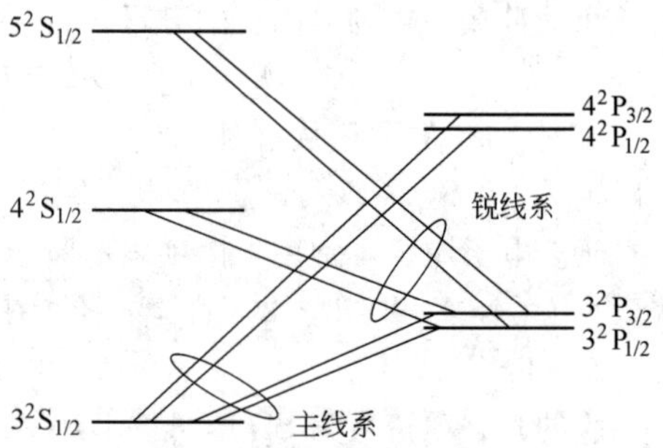

图 6-16 钠的光谱项、能级以及能级间的跃迁

表 6-3 原子的各种基态性质

Z	原子	相对原子质量	基态电子组态	基态光谱项	电离能/eV	电子亲和能/eV	轨道半径/nm
1	H	1.00797	1s	$^2S_{1/2}$	13.595	(0.75415)	0.0529
2	He	4.0026	1s^2	$^1S_0$	24.580		0.0291
3	Li	6.939	[He]2s	$^2S_{1/2}$	5.390	约 0.6(0.625)	0.1586
4	Be	9.0122	[He]2s^2	$^1S_0$	9.320		0.1040
5	B	10.811	[He]2s^{2}2p	$^2P_{1/2}$	8.296	(0.3)	0.0776
6	C	12.01115	[He]2s^{2}2p^2	$^3P_0$	11.264	1.25	0.0620
7	N	14.0067	[He]2s^{2}2p^3	$^4P_{3/2}$	14.54		0.0521
8	O	15.9994	[He]2s^{2}2p^4	$^3P_2$	13.614	1.465 或 1.478	0.0450
9	F	18.9984	[He]2s^{2}2p^5	$^2P_{3/2}$	17.42	3.400 或 3.448	0.0396
10	Ne	20.183	[He]2s^{2}2p^6	$^1S_0$	21.559		0.0354
11	Na	22.9898	[Ne]3s	$^2S_{1/2}$	5.138	(0.54)(0.47)	0.1713
12	Mg	24.312	[Ne]3s^2	$^1S_0$	7.644		0.1279
13	Al	26.9815	[Ne]3s^{2}3p	$^2P_{1/2}$	5.984	(0.52)	0.1312

续表 6-3

Z	原子	相对原子质量	基态电子组态	基态光谱项	电离能/eV	电子亲和能/eV	轨道半径/nm
14	Si	28.086	[Ne]$3s^23p^2$	$^3P_0$	8.149	(1.39)	0.1068
15	P	30.9738	[Ne]$3s^23p^3$	$^4S_{3/2}$	11.0	(0.78)	0.0919
16	S	32.064	[Ne]$3s^23p^4$	$^3P_2$	10.357	2.07	0.0810
17	Cl	35.453	[Ne]$3s^23p^5$	$^2P_{3/2}$	13.01	3.613	0.0725
18	Ar	39.948	[Ne]$3s^23p^6$	$^1S_0$	15.755		0.0660
19	K	39.102	[Ar]4s	$^2S_{1/2}$	4.339	0.49或0.75	0.2162
20	Ca	40.08	[Ar]$4s^2$	$^1S_0$	6.111		0.1690
21	Sc	44.956	[Ar]$4s^23d$	$^2D_{3/2}$	6.56		0.1570
22	Ti	47.90	[Ar]$4s^23d^2$	$^3F_2$	6.83		0.1477
23	V	50.942	[Ar]$4s^23d^3$	$^4F_{3/2}$	6.74		0.1401
24	Cr	51.996	[Ar]$4s3d^5$	$^7S_3$	6.76	0.980	0.1453
25	Mn	54.9380	[Ar]$4s^23d^5$	$^6S_{5/2}$	7.432		0.1278
26	Fe	55.847	[Ar]$4s^23d^6$	$^5D_4$	7.896	0.582	0.1227
27	Co	58.9332	[Ar]$4s^23d^7$	$^4F_{9/2}$	7.86	0.936	0.1181
28	Ni	58.71	[Ar]$4s^23d^8$	$^4F_3$	7.633	1.276	0.1139
29	Cu	63.546	[Ar]$4s3d^{10}$	$^2S_{1/2}$	7.723	1.801	0.1191
30	Zn	65.37	[Ar]$4s^23d^{10}$	$^1S_0$	9.391		0.1065

习　题

6-1　若电子的波长为 1×10^{-10}m，计算该电子的动能（用 J 作单位）。

(2.410×10^{-17}J)

6-2　计算下述粒子的德布罗意波的波长。(1) 射出的子弹（质量为 0.01kg，速度为 $1\times10^3\text{m}\cdot\text{s}^{-1}$）；(2) 空气中的尘埃（质量为 1×10^{-10}kg，速度为 $0.01\text{m}\cdot\text{s}^{-1}$）；(3) 分子中的电子（动能为 1×10^{-24}J）；(4) 经 1×10^4V 电场加速的显像管（真空）中的电子。

((1) 6.626×10^{-35}m；(2) 6.626×10^{-22}m；(3) 4.909×10^{-7}m；(4) 1.227×10^{-11}m)

6-3　在 1×10^3V 电场中加速的电子，能否用普通光栅（栅线间距为 10^{-6}m）观察到电子的衍射现象？若用晶体作为光栅（晶面间距为 10^{-11}m），又如何？

6-4　下列哪些函数是算符 d^2/dx^2 的本征函数？试求出本征值。e^x，$\sin x$，$2\cos x$，x^3，$\sin x+\cos x$。

6-5　已知函数 $\psi=xe^{-ax^2}$ 为算符 $[(d^2/dx^2)-4a^2x^2]$ 的本征函数，求本征值。

($-6a$)

6-6　长度为 a 的一维势箱中粒子运动的波函数为 $\psi=A\sin\frac{n\pi x}{a}$，试求常数 A。

($(a/2)^{1/2}$)

6-7　计算氢原子和氦离子在 1s 态时电子离核的平均距离。利用 Γ-函数积分公式 $\Gamma(n)=\int_0^\infty x^{n-1}e^{-x}dx=(n-1)!$。

6-8　已知氢原子 $2p_z$ 轨道波函数为 $\psi_{2p_z}=(4\sqrt{2\pi a_0^3})^{-1}(r/a_0)e^{-r/2a_0}\cos\theta$。(1) 求该轨道能级 E；(2) 求轨道角动量的绝对值 $|M|$；(3) 求该轨道角动量 $\vec{M}$ 与 z 轴的夹角；(4) 求该轨道节面的形状和位置。

（(1) -5.45×10^{-19}J；(2) 1.491×10^{-34}kg·m/s；(3) 90°；(4) xy平面）

6-9 氢原子1s态本征函数$\psi(r)=Ne^{-ar}$，其中N和a为常数。(1) 求归一化常数N和常数a；(2) 求该轨道能量本征值。

（(1) $N=[Z^3/(\pi a_0^3)]^{1/2}$，$a=Z/a_0$；(2) $E_{1s}=-13.6$eV）

6-10 试求氢原子轨道电子云径向分布极大值离核的距离。已知该轨道的径向波函数为$R=(2\sqrt{6})^{-1}(1/a_0)^{3/2}(r/a_0)e^{-r/2a_0}$。

（$4a_0$）

6-11 试写出硼离子B^{2+}薛定谔方程的表达式（不考虑电子自旋），并说明哈密顿算符中各项的物理意义。

6-12 试推出钠原子和氟原子基态的原子光谱项和光谱支项；推出碳原子激发态（$1s^22s^22p^13p^1$）的原子光谱和光谱支项。

6-13 写出铝原子基态（$3p^1$）和激发态（$3d^1$）的光谱项和光谱支项。

7 统计热力学

【本章概要】

本章介绍了独立子系统的分布及其微观状态数，导出了玻耳兹曼分布，定义了配分函数，并推导出独立子系统的热力学函数与配分函数的关系，以原子晶体、单原子和双原子理想气体为例，得到了振动、平动和转动配分函数的表达式，并通过配分函数计算理想气体反应的平衡常数。

【关键词】

分布，微观状态数，独立定域子，独立离域子，最概然分布，玻耳兹曼分布，配分函数

【章节重点】

本章应重点掌握基本概念和玻耳兹曼分布，理解和掌握振动、平动和转动配分函数的表达式和相关计算，能够应用配分函数计算系统的热力学函数。

同热力学一样，统计热力学也是研究由大量粒子组成的宏观系统的平衡性质。统计热力学根据微观粒子的运动规律，采用求统计平均值的方法，计算宏观系统的平衡性质，建立系统微观状态与宏观性质之间的联系。

作为统计热力学的初步知识，本章仅介绍粒子间相互作用可以忽略不计的独立子系统，不涉及粒子间相互作用不能忽略的相倚子系统。根据独立子系统中的子是否定域在空间某个固定的点上，将独立子系统分为独立定域子系统和独立离域子系统。独立离域子系统中的子彼此之间既不能通过粒子本身分辨，也不能通过子所处的位置加以区别，因此是完全不能分辨的系统。例如，氧气可以看作理想气体，在整个空间内运动，且所有氧分子都是全同的，属于独立离域子系统。晶体中的原子或分子被限定在晶格节点上作振动，在忽略晶格节点上振子之间的相互作用能的情况下，可以看作是独立定域子系统。独立定域子系统和独立离域子系统具有不同的统计规律。

7.1 系统分布及其微观状态数

当一个宏观系统达到平衡时，即系统的总能量（U）、总体积（V）和总粒子数（N）都确定时，系统仍可以经历不同的微观状态。这些微观状态具有相同的总能量、总体积和总粒子数，但是系统中的每个粒子的能量不一定相同，系统中的粒子可能取不同的能量值或处于不同的能量状态，即系统呈现不同的微观状态。平衡系统的微观状态数目与系统本身的性质有关，还与温度、压力、体积等有关，是个很大的数目。下面以一维谐振子系统为例，讨论如何计算

独立定域子系统的微观状态数。

通过求解一维谐振子的薛定谔方程，得到一维谐振子的允许能量值为

$$\varepsilon_v=\left(v+\frac{1}{2}\right)h\nu \quad v=1,\ 2,\ 3,\ \cdots \tag{7-1}$$

式中，v 为振动量子数，只能取从 1 开始的正整数；h 为普朗克常数；ν 为振子的振动频率。

当振动量子数 $v=0$ 时，振子的能量最低，称为零点振动能 ε_0，$\varepsilon_0=\frac{1}{2}h\nu$；当振动量子数 $v=1$ 时，称为第一激发态，振动能 $\varepsilon_1=\frac{3}{2}h\nu$；其他激发态振动量子数及能量为 $v=2$，$\varepsilon_2=\frac{5}{2}h\nu$；$v=3$，$\varepsilon_3=\frac{7}{2}h\nu$ 等。一维谐振子的振动能是量子化的，允许的振动能级是等间隔的。

假设有一个由三个一维谐振子组成的系统，系统的总能量为 $\varepsilon=\frac{9}{2}h\nu$。系统总粒子数目是 3，用字母 O、P、Q 表示这 3 个振子。由于振子是在固定点附近发生振动，因此能够通过坐标分辨这 3 个粒子，在维持总粒子数及总能量不变的情况下，这个系统具有 3 种能级分布，每种分布对应不同的微观状态数，见表 7-1。

表 7-1　一维谐振子 O、P、Q 按能级分布及其微观状态数

振动量子数 v	振动能级	分布 A	分布 B			分布 C					
0	$\varepsilon_0=\frac{1}{2}h\nu$		PQ	OQ	OP	O	O	P	P	Q	Q
1	$\varepsilon_1=\frac{3}{2}h\nu$	OPQ				P	Q	O	Q	O	P
2	$\varepsilon_2=\frac{5}{2}h\nu$					Q	P	Q	O	P	O
3	$\varepsilon_3=\frac{7}{2}h\nu$		O	P	Q						
微观状态序号		1	2	3	4	5	6	7	8	9	10
分布的微观状态数		1	3			6					

从表 7-1 看出，在保证系统中总能量为 $\varepsilon=\frac{9}{2}h\nu$、总粒子数为 3 的前提下，系统共有 A、B、C 3 种分布。分布 A 中，3 个振子 O、P、Q 都在第一振动激发态（$\varepsilon_1=\frac{3}{2}h\nu$）上，因为这 3 个粒子在同一能级上的做法只有一种，因此，对应这种分布只有 1 个微观状态数；分布 B 中，两个振子占据第一激发态，另外一个振子占据第 3 激发态，在保证总能量为 $\varepsilon=\frac{9}{2}h\nu$ 的前提下，粒子有 3 种互换位置的方式。因此，分布 B 对应的微观状态数为 3；在分布 C 中，基态、第 1 激发态和第 2 激发态上分别占据一个粒子，因为任何两个粒子互换位置都带来新的状态，因此，分布 C 的微观状态数为 6。系统总微观状态数是这 3 种分布的微观状态数的加和，等于 10。

从上面的讨论可以看出，当一个宏观系统达到热力学平衡时，系统微观上会经历不同的状态。且系统处于这些微观状态上时，粒子有不同的能级分布方式。

当系统的微观状态不相同，但能量相同时，多个微观状态具有相同的能量值，称这个能量

为简并能级，具有相同能量的状态数目称为简并度，用符号 ω 表示简并度。

在系统总粒子数等于各个能级上所有粒子数目之和，即 $N=\sum n_i$，系统总能量等于系统中所有粒子总能量之和，即 $E=\sum \varepsilon_i n_i$ 的前提下，某一种分布 x 的能级、能级的简并度及能级上分布的粒子数目（简称分布数）表示为

能级　ε_0，ε_1，ε_2，ε_3，ε_4，ε_5，ε_6，…

简并度　ω_0，ω_1，ω_2，ω_3，ω_4，ω_5，ω_6，…

分布数　n_0，n_1，n_2，n_3，n_4，n_5，n_6，…

按照排列组合原理，分布 x 的微观状态数 t_x 可以通过排列组合的方法计算出来。将 N 个粒子排列成一排的方法数共 $N!$ 个。因为第 1 个位置共有 N 种选法，第 2 个位置共有（$N-1$）种选法，第 3 个位置共有（$N-2$）种选法……在非简并的情况下，占据同一能级上的粒子交换排列位置，不会引起系统微观状态的变化，扣除交换的数目，分布 t_x 的微观状态数要少于 $N!$，等于 $\dfrac{N!}{n_1!\ n_2!\ n_3!\ \cdots n_i!}$，即 $\dfrac{N!}{\prod n_i!}$。

在能级简并的情况下，同一能级、不同状态上的粒子交换位置能够给出系统新的微观状态，这种交换产生的微观状态总数与能级简并度有关，等于 $\omega_1^{n_1}\omega_2^{n_2}\omega_3^{n_3}\cdots\omega_i^{n_i}=\prod\omega_i^{n_i}$。因此，简并情况下，分布 x 的微观状态数 t_x 为

$$t_x=\frac{N!}{n_1!\ n_2!\ n_3!\ \cdots n_i!}\omega_1^{n_1}\omega_2^{n_2}\omega_3^{n_3}\cdots\omega_i^{n_i}=\frac{N!}{\prod n_i!}\prod\omega_i^{n_i}=N!\ \prod\frac{\omega_i^{n_i}}{n_i!} \tag{7-2}$$

系统总的微观状态数等于各个分布的微观状态数之和，即

$$\Omega_{定}=\sum t_x=\sum N!\ \prod\frac{\omega_i^{n_i}}{n_i!}=N!\ \sum\prod\frac{\omega_i^{n_i}}{n_i!} \tag{7-3}$$

式中，用符号 Ω 表示系统具有的微观状态总数，下标“定”表示独立定域系统，$\sum$ 表示连加号，$\prod$ 表示连乘号。

对独立离域子系统，由于粒子的全同性及粒子的离域性，不能通过空间位置将粒子分辨出来。例如，表 7-1 中讨论的独立定域子系统分布 A 的 6 种微观状态是通过粒子的位置分辨出来的。但对独立离域子系统，不能通过空间位置分辨粒子，分布 A 的 6 种微观状态实际上是全同的，相当于一种微观状态。这表明相同条件下，独立离域子系统的微观状态总数少于独立定域子系统的微观状态总数，两者之间相差 $N!$ 倍。即独立离域子系统的微观状态总数为

$$\Omega_{离}=\frac{\Omega_{定}}{N!}=\sum\prod\frac{\omega_i^{n_i}}{n_i!} \tag{7-4}$$

7.2 玻耳兹曼分布定律

7.2.1 独立定域子系统的最概然分布

对宏观状态确定的系统来说，它的状态函数熵 S 和总微观状态数 Ω 之间存在着下列关系，即

$$S=k\ln\Omega \tag{7-5}$$

称这个公式为玻耳兹曼（Boltzmann）公式。它将宏观系统平衡态的热力学性质和微观的分子属性联系起来，是沟通热力学与统计热力学的重要公式。式（7-5）中的 k 是玻耳兹曼常数，求出了总微观状态数 Ω 就可计算状态函数熵 S。

如前所述，系统总微观状态数 Ω 等于各个分布的微观状态数的加和，即

$$\Omega = \sum_{(N,U)} t_x \tag{7-6}$$

这么多个 t_x 项是很难求的。可以证明：当 N 足够大时，只有 t_x 中的最大项 $t_{\max}$ 才对 Ω 作出有效的贡献，而其他各项可以忽略不计，称为撷取最大项法，即

$$\Omega \approx t_{\max} \tag{7-7}$$

在系统的一系列分布中，微观状态数最大的那一个分布又称为最概然分布。下面计算最概然分布的能级分布数，即微观状态数最大时各能级上分布的粒子数。

独立定域子系统某一个分布的微观状态数 t_x 为

$$t_x = N!\ \prod \frac{\omega_i^{n_i}}{n_i!} \tag{7-8}$$

其限制条件为

$$\sum_i n_i = N \tag{7-9}$$

$$\sum_i n_i \varepsilon_i = U \tag{7-10}$$

为了求在限制条件下 t_x 的最大项 $t_{\max}$ 及其相应的能级分布数 n_i^*，需要应用拉格朗日（Lagrange）未定乘数法和斯特林（Stirling）公式。

根据斯特林公式，当 N 很大（统计热力学中系统的 N 大约为 10^{24}）时，$N!$ 可近似为

$$\ln N! = \left(N + \frac{1}{2}\right)\ln N - N + \frac{1}{2}\ln(2\pi)$$

进一步化简为

$$\ln N! = N\ln N - N \tag{7-11}$$

下面用拉格朗日未定乘数法求 $\ln t_x$ 的条件极大值 $\ln t_{\max}$。

当 $\ln t_x$ 为极大值 $\ln t_{\max}$ 时，t_x 也为极大值 $t_{\max}$。对式（7-8）取对数，得

$$\ln t_x = \ln N! + \sum_i n_i \ln\omega_i - \sum_i \ln n_i!$$

将式（7-11）代入上式

$$\ln t_x = N\ln N - N + \sum_i n_i \ln\omega_i - \sum_i n_i \ln n_i + \sum_i n_i$$

根据式（7-9），$\sum_i n_i = N$，则

$$\ln t_x = N\ln N + \sum_i n_i \ln\omega_i - \sum_i n_i \ln n_i$$

当 $\ln t_x$ 取极大值 $\ln t_{\max}$ 时，它的一阶导数等于零，即

$$\mathrm{d}\ln t_{\max} = \mathrm{d}(N\ln N) + \sum_i \mathrm{d}(n_i \ln\omega_i) - \sum_i \mathrm{d}(n_i \ln n_i) = 0$$

由于常数项的微分为零，所以 $\mathrm{d}(N\ln N)=0$，上式化为

$$\begin{aligned}\mathrm{d}\ln t_{\max} &= \sum_i \ln\omega_i \mathrm{d}n_i - \sum_i \ln n_i \mathrm{d}n_i - \sum_i n_i \frac{\mathrm{d}n_i}{n_i} \\ &= \sum_i \ln\frac{\omega_i}{n_i}\mathrm{d}n_i - \sum_i \mathrm{d}n_i \\ &= \sum_i \ln\frac{\omega_i}{n_i}\mathrm{d}n_i = 0 \end{aligned} \tag{7-12}$$

根据式（7-9），$\sum_i n_i = N$，微分后 $\sum_i \mathrm{d}n_i = 0$，所以消去了上式中的求和项 $\sum_i \mathrm{d}n_i$。

于是，从式（7-9）～式（7-11）得到

$$\sum_i \mathrm{d}n_i = 0 \tag{7-13}$$

$$\sum_i \varepsilon_i \mathrm{d}n_i = 0 \tag{7-14}$$

同理，对式（7-9）和式（7-10）求一阶导数，组成了条件极值方程组，即

$$\sum_i \left(\ln \frac{\omega_i}{n_i} + \alpha + \beta\varepsilon_i\right)\mathrm{d}n_i = 0 \tag{7-15}$$

满足式（7-15）的条件是

$$\ln \frac{\omega_i}{n_i} + \alpha + \beta\varepsilon_i = 0 \quad (i=1,\ 2,\ \cdots) \tag{7-16}$$

式中，α 和 β 为待定系数。从而得到最概然分布的能级分布数 n_i^* 为

$$n_i^* = \omega_i \mathrm{e}^{\alpha+\beta\varepsilon_i} = \omega_i \mathrm{e}^{\alpha} \mathrm{e}^{\beta\varepsilon_i} \quad (i=1,\ 2,\ \cdots)$$

因为

$$N = \sum_i n_i = \sum_i \omega_i \mathrm{e}^{\alpha} \mathrm{e}^{\beta\varepsilon_i} = \mathrm{e}^{\alpha} \sum_i \omega_i \mathrm{e}^{\beta\varepsilon_i}$$

所以

$$\mathrm{e}^{\alpha} = \frac{N}{\sum_i \omega_i \mathrm{e}^{\beta\varepsilon_i}} \tag{7-17}$$

把式（7-17）代入式（7-16），得

$$n_i^* = N \frac{\omega_i \mathrm{e}^{\beta\varepsilon_i}}{\sum_i \omega_i \mathrm{e}^{\beta\varepsilon_i}} \quad (i = 1,2,\cdots) \tag{7-18}$$

令 $q = \sum_i \omega_i \mathrm{e}^{\beta\varepsilon_i}$，则

$$n_i^* = \frac{N}{q} \omega_i \mathrm{e}^{\beta\varepsilon_i} \tag{7-19}$$

将最概然分布的能级分布数代入式（7-8），得到最概然分布的微观状态数 $t_{\max}$ 为

$$t_{\max} = N! \prod_i \frac{\omega_i^{n_i^*}}{n_i^*\,!} \tag{7-20}$$

粒子运动的能级和简并度 ε_i 和 ω_i 可以从粒子运动的薛定谔方程求解得出。

7.2.2 β 乘数的求法

将独立定域子系统的最大微观状态数代入玻耳兹曼公式中，即

$$S = k\ln\Omega \approx k\ln t_{\max}$$

$$S = k\ln\left(N! \prod_i \frac{\omega_i^{n_i^*}}{n_i^*\,!}\right) = k\left(\ln N! + \sum n_i^* \ln\omega_i - \sum \ln n_i^*\,!\right)$$

并应用斯特林公式

$$S = k\left(N\ln N - N + \sum n_i^* \ln\omega_i - \sum n_i^* \ln n_i^* + \sum n_i^*\right)$$

$$= k\left(N\ln N - \sum n_i^* \ln \frac{n_i^*}{\omega_i^*}\right)$$

将最概然分布的分布数式（7-19）代入上式，得

$$S = k\left(N\ln N - \sum n_i^* \ln \frac{N}{q} \mathrm{e}^{\beta\varepsilon_i}\right)$$

$$= k\left(N\ln N - \ln \frac{N}{q} \sum n_i^* - \sum \beta\varepsilon_i n_i^*\right)$$

$$=k(N\ln q-\beta U) \tag{7-21}$$

根据热力学第一、第二定律

$$\left(\frac{\partial S}{\partial U}\right)_{V,N}=\frac{1}{T} \tag{7-22}$$

在恒容、粒子数一定的情况下，对式（7-21）求U的一阶偏导数，在求偏导时，先求S对β的偏导数，再求β对U的偏导数，

即
$$\left(\frac{\partial S}{\partial U}\right)_{V,N}=\left(\frac{\partial S}{\partial \beta}\right)_{V,N}\left(\frac{\partial \beta}{\partial U}\right)_{V,N}$$

则
$$\left(\frac{\partial S}{\partial U}\right)_{V,N}=k\left[\left(\frac{\partial}{\partial \beta}N\ln q\right)-U\right]\frac{\partial \beta}{\partial U}-k\beta$$

式中，k，N均为常数；q和U均为β的函数，所以

$$\left(\frac{\partial}{\partial \beta}N\ln q\right)-U=\frac{N}{q}\frac{\partial q}{\partial \beta}-U$$

将$q=\sum\omega_i e^{\beta\varepsilon_i}$代入上式，得

$$\begin{aligned}\left(\frac{\partial}{\partial \beta}N\ln q\right)&=\frac{N}{q}\sum\omega_i\varepsilon_i e^{\beta\varepsilon_i}-U\\&=\sum\frac{N}{q}\omega_i\varepsilon_i e^{\beta\varepsilon_i}-U\\&=\sum n_i^*\varepsilon_i-U=0\end{aligned}$$

所以

$$\left(\frac{\partial S}{\partial U}\right)_{V,N}=-k\beta \tag{7-23}$$

比较式（7-22）和式（7-23），最终得到β值，为

$$\beta=-\frac{1}{kT} \tag{7-24}$$

式（7-24）表明，β是系统温度T的函数，若系统的U、V和N不变，则T也不变。

将β值代入式（7-18）和式（7-19），得最概然分布的分布数，为

$$n_i^*=N\frac{\omega_i e^{-\varepsilon_i/kT}}{\sum_i\omega_i e^{-\varepsilon_i/kT}}\quad(i=1,2,\cdots) \tag{7-25}$$

或

$$n_i^*=\frac{N}{q}\omega_i e^{-\varepsilon_i/kT}\quad(i=1,\ 2,\ \cdots) \tag{7-26}$$

式中

$$q=\sum_i\omega_i e^{-\varepsilon_i/kT} \tag{7-27}$$

上面求出了在限制条件下，独立定域子系统的N个粒子分布在能级ε_1，ε_2，…的最概然分布的粒子数n_1^*，n_2^*，…，n_i^*，…。式（7-25）和式（7-26）又称为玻耳兹曼分布定律。q称为粒子的配分函数，指数项$e^{-\varepsilon_i/kT}$称为玻耳兹曼因子。

7.2.3 配分函数 q 的意义

式（7-26）可改写为

$$\frac{n_i^*}{N}=\frac{\omega_i e^{-\varepsilon_i/kT}}{q} \tag{7-28}$$

即 q 中的任一项 $\omega_i e^{-\varepsilon_i/kT}$ 与 q 之比是粒子在 i 能级的分布分数。若将最概然分布的 i 能级的粒子数 n_i^* 与 j 能级的粒子数 n_j^* 相比，则得

$$\frac{n_i^*}{n_j^*}=\frac{\omega_i e^{-\varepsilon_i/kT}}{\omega_j e^{-\varepsilon_j/kT}} \tag{7-29}$$

即 q 中的任意两项之比是最概然分布时，在这两个能级上粒子分布数之比，这也正是 q 被称为配分函数的原因。配分函数 q 也可以说是对一个粒子在很长时间中所经历的所有可能状态的玻耳兹曼因子取和，所以又称粒子的状态和。

根据式（7-3）和式（7-4）可知，独立定域子系统的微观状态总数比独立离域子系统的微观状态总数大了 $N!$ 倍。由于在推导最概然分布数的计算公式时，进行了取对数并求导数运算，$N!$ 在取对数和求导数运算后为零。因此，无论是定域子系统还是离域子系统，最概然分布的分布数均相同，为式（7-25）。

7.3 独立子系统的热力学函数

7.3.1 独立定域子系统的热力学函数

将上面求得的 $\beta=-\frac{1}{kT}$代入熵的表达式（7-21）中，得出熵与热力学能（内能）之间的关系式

$$S=k(N\ln q-\beta U)=k\ln q^N+\frac{U}{q} \tag{7-30}$$

根据 $A=U-TS$，得亥姆霍兹函数 A 与配分函数的关系，为

$$A=-kT\ln q^N \tag{7-31}$$

由于 $S=-\left(\frac{\partial A}{\partial T}\right)_{V,N}$

$$S=-\left(\frac{\partial A}{\partial T}\right)_{V,N}=\frac{\partial(kT\ln q^N)}{\partial T}=k\ln q^N+NkT\left(\frac{\partial \ln q}{\partial T}\right)_{V,N}$$

因此，用配分函数表示的熵为

$$S=k\ln q^N+NkT\left(\frac{\partial \ln q}{\partial T}\right)_{V,N} \tag{7-32}$$

从式（7-31）和式（7-32），又可求得热力学能（内能）

$$U=A+TS=NkT^2\left(\frac{\partial \ln q}{\partial T}\right)_{V,N} \tag{7-33}$$

上述公式表明，系统的热力学函数能够用粒子的配分函数来表示。已知系统的配分函数则可求得其热力学函数。

7.3.2 独立离域子系统的热力学函数

对独立离域子系统来说，其配分函数和热力学函数之间存在着上述类似的关系，例如，熵

$$S=k\ln\frac{q^N}{N!}+\frac{U}{T} \tag{7-34}$$

亥姆霍兹函数

$$A=U-TS=-kT\ln\frac{q^N}{N!} \tag{7-35}$$

与独立定域子系统比较，相应的关系式（7-30）和式（7-31）相比，独立离域子系统的熵和亥姆霍兹函数式（7-34）和式（7-35）中，均在配分函数出现的项目上多了（$1/N!$）。经过与

7.3.1 节类似的推导，独立离域子系统的熵与亥姆霍兹函数与其配分函数的关系为

$$S=-\left(\frac{\partial A}{\partial T}\right)_{V,N}=\frac{\partial\left(kT\ln\frac{q^N}{N!}\right)}{\partial T}$$

$$=k\ln\frac{q^N}{N!}+kT\frac{\partial(N\ln q-\ln N!)}{\partial T}$$

$$=k\ln\frac{q^N}{N!}+NkT\left(\frac{\partial\ln q}{\partial T}\right)_{V,N} \tag{7-36}$$

将式（7-36）代回式（7-35），得到用配分函数表示的独立离域子系统的热力学能为

$$U=A+TS=NkT^2\left(\frac{\partial\ln q}{\partial T}\right)_{V,N} \tag{7-37}$$

7.4 配分函数和热力学函数的计算

7.4.1 配分函数的析因子性质

粒子的配分函数 q，按式（7-27）写为

$$q=\sum_i\omega_i e^{-\varepsilon_i/kT}$$

式中，ε_i 为粒子在能级 i 的总能量。分子的总能量一般包括平动（tr）、转动（r）、振动（v）、电子运动（el）和核自旋（n）能，当这些能项近似地彼此独立时，可以有

$$\varepsilon_i=\varepsilon_{tr}+\varepsilon_r+\varepsilon_v+\varepsilon_{el}+\varepsilon_n \tag{7-38}$$

设 ω_{tr}，ω_r，ω_v，ω_{el}，ω_n 分别代表分子的平动、转动、振动、电子运动和核运动能量的简并度，则分子运动能量总的简并度是各个形式能量简并度的乘积，即

$$\omega_i=\omega_{tr}\omega_r\omega_v\omega_{el}\omega_n \tag{7-39}$$

把式（7-38）和式（7-39）代入式（7-27），则分子的配分函数可以分解为各种独立运动的配分函数的乘积，即

$$q=\sum\omega_{tr}\omega_r\omega_v\omega_{el}\omega_n e^{-\varepsilon_{tr}/kT}e^{-\varepsilon_r/kT}e^{-\varepsilon_v/kT}e^{-\varepsilon_{el}/kT}e^{-\varepsilon_n/kT}$$

$$=\sum(\omega_{tr}e^{-\varepsilon_{tr}/kT})\sum(\omega_r e^{-\varepsilon_r/kT})\sum(\omega_v e^{-\varepsilon_v/kT})\sum(\omega_{el}e^{-\varepsilon_{el}/kT})\sum(\omega_n e^{-\varepsilon_n/kT})$$

$$=q_{tr}q_r q_v q_{el}q_n \tag{7-40}$$

式中，q_{tr}，q_r，q_v，q_{el} 和 q_n 依次为分子的平动、转动、振动、电子运动和核自旋的配分函数。这就是配分函数的析因子性质。

下面通过原子晶体、单原子分子理想气体和双原子分子理想气体来讨论振动、平动和转动配分函数。作为对统计热力学的初步介绍，这里省略了电子配分函数和核自旋配分函数，即

$$q=q_{tr}q_r q_v$$

因为核的激发需要极高的温度，化学反应一般不涉及原子核状态的改变（核蜕变反应除外），略去 q_n 并不影响热力学平衡的计算。电子的激发往往也需要较高的温度，在反应温度不是很高的情况下，略去 q_{el} 也在正常误差范围之内。

7.4.2 原子晶体的配分函数和热力学函数

在铅、铝、金刚石等结构简单的原子晶体中，原子的热运动可归结为在它们的点阵点附近作简谐振动。每个原子相当于 1 个三维简谐振子或 3 个一维简谐振子。按量子理论，一维简谐振子的能级公式（6-85）为

$$\varepsilon=\left(v+\frac{1}{2}\right)h\nu \quad (v=1,\ 2,\ 3,\ \cdots)$$

单维振子的各个能级都是非简并的，即 $\omega_v=1$。

由 N 个原子组成的晶体系统相当于 $3N$ 个单维简谐振子组成的系统。按爱因斯坦（Einstein，1907）对原子晶体所作的简化假设，认为各个单维振子是彼此独立的，而且其振动频率 ν 都是相同的，从而导出了原子晶体的振动配分函数和振动热力学函数。根据配分函数公式 (7-27)

$$q=\sum_i \omega_i e^{-\varepsilon_i/kT}$$

原子晶体的热运动只有振动，因此，单维振子的振动配分函数为

$$q_v=\sum \omega_v e^{-\varepsilon/kT}=\sum_{v=0}^{\infty} e^{-\left(v+\frac{1}{2}\right)h\nu/kT}=e^{-h\nu/2kT}(1+e^{-h\nu/kT}+e^{-2h\nu/kT}+\cdots)=\frac{e^{-h\nu/2kT}}{1-e^{-h\nu/kT}} \tag{7-41}$$

$h\nu/k$ 具有温度的量纲，称为振动特征温度，并且用 Θ_v 表示。因此，式 (7-41) 又可写成

$$q_v=\frac{e^{-\Theta_v/2T}}{1-e^{-\Theta_v/T}}$$

按式 (7-31) 可以求得原子晶体的振动亥姆霍兹函数，并从而求得振动熵和振动能，但需注意系统共有 $3N$ 个单维振子。

$$\begin{aligned}A_v&=-kT\ln q_v^{3N}=-3NkT\ln\frac{e^{-h\nu/2kT}}{1-e^{-h\nu/kT}}\\&=\frac{3}{2}Nh\nu+3NkT\ln(1-e^{-h\nu/kT})\end{aligned} \tag{7-42}$$

振动频率 ν 与体积 V 有关，即 ν 是 V 的函数

$$\begin{aligned}S_v&=-\left(\frac{\partial A_v}{\partial T}\right)_{V,N}\\&=-3Nk\ln(1-e^{-h\nu/kT})-3NkT\frac{\partial\ln(1-e^{-h\nu/kT})}{\partial T}\\&=-3Nk\ln(1-e^{-h\nu/kT})+3N\left(\frac{h\nu}{T}\right)\frac{1}{e^{h\nu/kT}-1}\end{aligned} \tag{7-43}$$

$$U_v=A_v+TS_v=\frac{3}{2}Nh\nu+3Nh\nu\frac{1}{e^{h\nu/kT}-1} \tag{7-44}$$

式中，$\frac{3}{2}Nh\nu$ 为零点振动能。

从式 (7-44) 可以引出晶体的热容

$$C_v=-\left(\frac{\partial U}{\partial T}\right)_{V,N}=3Nk\left(\frac{h\nu}{kT}\right)^2\frac{e^{h\nu/kT}}{(e^{h\nu/kT}-1)^2} \tag{7-45}$$

当温度足够高时，$\frac{h\nu}{kT}\to 0$，$e^{h\nu/kT}\approx 1+\frac{h\nu}{kT}$，上式化为

$$C_v=3Nk$$

当 $N=N_A$ 时，C_v 化为摩尔热容

$$C_{v,m}=3N_A k$$

这就是杜隆-珀蒂（Dulong-Petit）定律。

当温度趋向 0K 时，$\frac{h\nu}{kT}\to\infty$，则

$$\left(\frac{h\nu}{kT}\right)^2\frac{e^{h\nu/kT}}{(e^{h\nu/kT}-1)^2}\approx\frac{\left(\frac{h\nu}{kT}\right)^2}{e^{h\nu/kT}}=0$$

所以

$$\lim_{T\to 0}C_{v,m}=0$$

在这两种情况下，摩尔热容的计算值和实验结果是一致的，但当$\frac{h\nu}{kT}\approx 1$时，计算值稍低于实验值，这说明爱因斯坦模型基本上反映了晶体热运动的情况。后来，德拜（Debye，1912）对爱因斯坦模型作了修正，认为 $3N$ 个简谐振子的频率是不同的，分布在零到某一极大值 ν_m 的频率区间中，从而得到立方定律形式

$$C_{v,m}\propto T^3$$

该式使理论计算和实验结果一致，所以德拜模型比爱因斯坦模型又进了一步。

当略去零点振动能$\frac{1}{2}h\nu$，即规定最低振动态的能量为零时，振动配分函数化为

$$q_v=\frac{1}{1-e^{-h\nu/kT}} \tag{7-46}$$

于是振动亥姆霍兹函数和振动能分别为

$$A_v=3NkT\ln(1-e^{-h\nu/kT}) \tag{7-47}$$

$$U_v=\frac{3Nh\nu}{e^{h\nu/kT}-1} \tag{7-48}$$

振动熵和定容热容不变，分别按式（7-43）和式（7-45）计算。

7.4.3 单原子分子理想气体的配分函数和热力学函数

单原子分子理想气体没有振动和转动，只有平动，其平动配分函数是

$$q_{tr}=\sum\omega_{tr}e^{-\varepsilon_{tr}/kT}$$

质量为 m 的单原子理想气体分子可视作三维平动粒子，它在边长为 a，b，c，体积为 V 的容器中运动时，可用三维势箱粒子模型近似，它的动能级按式（6-70）计算

$$\varepsilon=\frac{h^2}{8m}\left(\frac{n_x^2}{a^2}+\frac{n_y^2}{b^2}+\frac{n_z^2}{c^2}\right)\quad(n_x，n_y，n_z=1，2，\cdots)$$

式中，n_x，n_y，n_z 为平动量子数。把上式代入平动配分函数，得三维平动粒子的配分函数为

$$\begin{aligned}q_{tr}&=\sum_{n_x,n_y,n_z}e^{-\frac{h^2}{8mkT}\left(\frac{n_x^2}{a^2}+\frac{n_y^2}{b^2}+\frac{n_z^2}{c^2}\right)}\\&=\sum_{n_x=1}^{\infty}\sum_{n_y=1}^{\infty}\sum_{n_z=1}^{\infty}e^{-\frac{h^2}{8mkT}\left(\frac{n_x^2}{a^2}+\frac{n_y^2}{b^2}+\frac{n_z^2}{c^2}\right)}\\&=\sum_{n_x=1}^{\infty}e^{-\frac{h^2}{8mkT}\frac{n_x^2}{a^2}}\sum_{n_y=1}^{\infty}e^{-\frac{h^2}{8mkT}\frac{n_y^2}{b^2}}\sum_{n_z=1}^{\infty}e^{-\frac{h^2}{8mkT}\frac{n_z^2}{c^2}}\\&=q_xq_yq_z\end{aligned} \tag{7-49}$$

式中，q_x，q_y，q_z 分别为 x，y，z 方向的单维平动粒子的配分函数。由于已对所有的量子数 n_x，n_y，n_z 求和，包括了全部可能的量子态，因此就不再涉及简并度 ω 了。求和是对所有可能的量子态进行的。

$$q_x=\sum_{n_x=1}^{\infty}e^{-\frac{h^2}{8mkT}\frac{n_x^2}{a^2}} \tag{7-50}$$

令指数中的

$$\frac{h^2}{8mkTa^2}=B^2 \tag{7-51}$$

当 $T=300\text{K}$，$a=10^{-2}m$，m 为一个氢原子的质量，$m=1.67\times10^{-27}\text{kg}$ 时，将 $k=1.38\times10^{-23}\text{J}\cdot\text{K}^{-1}$，$h=1.38\times10^{-23}\text{J}\cdot\text{s}$ 代入上式，得 $B^2\approx10^{-16}$。一般说来，$B^2\ll1$，式（7-50）中的连加号可用积分号代替，即

$$q_x=\sum_{n_x=1}^{\infty}\mathrm{e}^{-B^2n_x^2}\approx\int_0^{\infty}\mathrm{e}^{-B^2n_x^2}\mathrm{d}x$$

从积分表查得

$$\int_0^{\infty}\mathrm{e}^{-B^2n_x^2}\mathrm{d}x=\frac{\sqrt{\pi}}{2B}$$

代入 q_x 得

$$q_x=\frac{\sqrt{2\pi mkT}}{h}a$$

同理可得

$$q_y=\frac{\sqrt{2\pi mkT}}{h}b$$

$$q_z=\frac{\sqrt{2\pi mkT}}{h}c$$

因 $V=abc$，故三维平动粒子的配分函数为

$$q_{\text{tr}}=\frac{(2\pi mkT)^{3/2}}{h^3}V \tag{7-52}$$

如果用 f_{tr} 表示单位体积中一个平动自由度的配分函数 $\frac{\sqrt{2\pi mkT}}{h}$，则

$$\frac{q_{\text{tr}}}{V}=f_{\text{tr}}^3$$

三维平动粒子的平动亥姆霍兹函数，按式（7-35）计算

$$A_{\text{tr}}=-kT\ln\frac{q_{\text{tr}}^N}{N!} \tag{7-53}$$

$$A_{\text{tr}}=-kT\left[N\ln\frac{(2\pi mkT)^{3/2}}{h^3}V-\ln N!\right]$$

$$=-NkT\left[\ln V+\frac{3}{2}\ln T+\ln\frac{(2\pi mk)^{3/2}}{h^3}-\ln N+1\right] \tag{7-54}$$

理想气体的压力可由热力学得到

$$p=-\left(\frac{\partial A_{\text{tr}}}{\partial V}\right)_{T,N}$$

代入式（7-54），得

$$p=\frac{NkT}{V}\text{或}\ pV=NkT \tag{7-55}$$

这就用统计热力学的方法导出了理想气体的状态方程。

三维平动粒子的平动熵、平动能和平动热容分别是

$$S_{\text{tr}}=-\left(\frac{\partial A_{\text{tr}}}{\partial T}\right)_{V,N}=-\frac{A_{\text{tr}}}{T}+\frac{3}{2}Nk$$

$$=Nk\ln\frac{(2\pi mkT)^{3/2}}{h^3}\frac{V}{N}+\frac{5}{2}Nk \tag{7-56}$$

$$U_{\text{tr}}=A_{\text{tr}}+TS_{\text{tr}}=\frac{3}{2}NkT \tag{7-57}$$

$$C_{V,\mathrm{tr}}=\left(\frac{\partial U_{\mathrm{tr}}}{\partial T}\right)_{V,N}=\frac{3}{2}Nk \tag{7-58}$$

7.4.4 双原子分子理想气体的配分函数和热力学函数

双原子分子的运动可分解为质心的平动、原子核绕质心的转动和沿核间连线方向上的振动。振动和平动已经在原子晶体和单原子分子理想气体中讨论了，下面着重讨论双原子分子的转动。

转动配分函数为

$$q_{\mathrm{r}}=\sum \omega_{\mathrm{r}}\mathrm{e}^{-\varepsilon_{\mathrm{r}}/kT} \tag{7-59}$$

将双原子分子看作刚性转子，其转动能（见式（6-78））为

$$\varepsilon_{\mathrm{r}}=J(J+1)\frac{h^2}{8\pi^2 I}\quad (J=1,2,\cdots)$$

$$I=\mu r_0^2,\ \mu=\frac{m_{\mathrm{A}}m_{\mathrm{B}}}{m_{\mathrm{A}}+m_{\mathrm{B}}}$$

式中，J 为转动量子数；I 为转动惯量；μ 为折合质量；m_{A} 和 m_{B} 分别为两个原子的质量；r_0 为两原子核间的平衡距离。

每个转动能级的简并度 $\omega_{\mathrm{r}}=2J+1$，即与每个能级相对应的状态数目为 $2J+1$ 个。因此，双原子分子的转动配分函数为

$$q_{\mathrm{r}}=\sum_{J=0}^{\infty}(2J+1)\mathrm{e}^{-J(J+1)\frac{h^2}{8\pi^2 IkT}}$$

令

$$\frac{h^2}{8\pi^2 Ik}=\Theta_{\mathrm{r}}$$

式中，Θ_{r} 为分子的转动特征温度，不同物质的 Θ_{r} 不同，它可由分子的转动惯量求得，也可由光谱求得。于是，

$$q_{\mathrm{r}}=\sum_{J=0}^{\infty}(2J+1)\mathrm{e}^{-J(J+1)\frac{\Theta_{\mathrm{r}}}{T}}=1+3\mathrm{e}^{-\frac{2\Theta_{\mathrm{r}}}{T}}+5\mathrm{e}^{-\frac{6\Theta_{\mathrm{r}}}{T}}+\cdots$$

由表 7-2 可见，除 H_2 以外，常温下的大多数双原子分子 $\Theta_{\mathrm{r}}/T\ll 1$。因此，可以用积分代替加和来计算转动配分函数。

表 7-2 双原子分子的转动特征温度

分子	H_2	N_2	O_2	CO	NO	HCl	HBr	HI
Θ_{r}/K	85.4	2.68	2.07	2.77	2.42	15.2	12.1	9.0

$$q_{\mathrm{r}}=\sum_{J=0}^{\infty}(2J+1)\mathrm{e}^{-J(J+1)\frac{\Theta_{\mathrm{r}}}{T}}\approx\int_0^{\infty}(2J+1)\mathrm{e}^{-J(J+1)\frac{\Theta_{\mathrm{r}}}{T}}\mathrm{d}J$$

令 $J(J+1)=X$，则 $\mathrm{d}X=(2J+1)\mathrm{d}J$

$$q_{\mathrm{r}}=\int_0^{\infty}\mathrm{e}^{-\Theta_{\mathrm{r}}X/T}\mathrm{d}J=-\frac{T}{\Theta_{\mathrm{r}}}\mathrm{e}^{-\Theta_{\mathrm{r}}X/T}\Big|_0^{\infty}=\frac{T}{\Theta_{\mathrm{r}}}$$

$$q_{\mathrm{r}}=\frac{8\pi^2 IkT}{h^2} \tag{7-60}$$

式（7-60）只适用于异核双原子分子，例如 CO、HCl 等。同核双原子分子围绕对称轴（与分子轴垂直并通过分子重心）转动 360°时，由于原子的不可分辨性，会出现两次相同的位置，所以使用上式时应除以 2，即

$$q_{\mathrm{r}}=\frac{8\pi^2 IkT}{2h^2} \tag{7-61}$$

一般情况下，将双原子的转动配分函数写成

$$q_{\mathrm{r}}=\frac{8\pi^2 IkT}{\sigma h^2} \tag{7-62}$$

式中，σ 为对称数。对异核双原子分子，$\sigma=1$，对同核双原子分子，$\sigma=2$。

双原子分子是线性分子，它的转动可分解为围绕两个通过分子重心并与原子核连线垂直的轴而转动，即双原子分子有 2 个转动自由度。如以 f_{r} 表示一个自由度的配分函数，则

$$q_{\mathrm{r}}=f_{\mathrm{r}}^2$$

由转动配分函数可计算转动亥姆霍兹函数、转动熵和其他热力学函数。

按式（7-35），对独立离域多粒子系统

$$A=-kT\ln\frac{q^N}{N!}$$

当不包括核自旋和电子运动能量时，系统的亥姆霍兹函数为

$$\begin{aligned}A&=-kT\ln\frac{(q_{\mathrm{tr}}q_{\mathrm{v}}q_{\mathrm{r}})^N}{N!}\\&=\left(-kT\ln\frac{q_{\mathrm{tr}}^N}{N!}\right)+(-kT\ln q_{\mathrm{v}}^N)+(-kT\ln q_{\mathrm{r}}^N)\\&=A_{\mathrm{tr}}+A_{\mathrm{v}}+A_{\mathrm{r}}\end{aligned} \tag{7-63}$$

这里把系统亥姆霍兹函数分成三部分之和，A_{tr}，A_{v} 和 A_{r} 代表平动、振动和转动亥姆霍兹函数。注意 $kT\ln N!$ 属于平动亥姆霍兹函数。转动亥姆霍兹函数为

$$A_{\mathrm{r}}=-kT\ln q_{\mathrm{r}}^N=-NkT\ln\frac{8\pi^2 IkT}{\sigma h^2} \tag{7-64}$$

转动熵、转动能和转动热容分别是

$$S_{\mathrm{r}}=-\left(\frac{\partial A_{\mathrm{r}}}{\partial T}\right)_{V,N}=Nk\ln\frac{8\pi^2 IkT}{\sigma h^2}+Nk \tag{7-65}$$

$$U_{\mathrm{r}}=A_{\mathrm{r}}+TS_{\mathrm{r}}=NkT \tag{7-66}$$

$$C_{V,\mathrm{r}}=\left(\frac{\partial U_{\mathrm{r}}}{\partial T}\right)_{V,N}=Nk \tag{7-67}$$

平动配分函数和单原子分子理想气体的配分函数相同，即

$$q_{\mathrm{tr}}=\frac{(2\pi mkT)^{3/2}}{h^3}V$$

但需注意，式中 $m=m_{\mathrm{A}}+m_{\mathrm{B}}$。双原子分子只有沿化学键方向和单维简谐振动，所以，振动配分函数和单维简谐振子的配分函数相同，在略去零点振动能时

$$q_{\mathrm{v}}=\frac{1}{1-\mathrm{e}^{-h\nu/kT}}$$

所以，双原子分子理想气体的配分函数是

$$q=q_{\mathrm{tr}}q_{\mathrm{v}}q_{\mathrm{r}}=\frac{(2\pi mkT)^{3/2}V}{h^3}\frac{8\pi^2 IkT}{\sigma h^2}\frac{1}{1-\mathrm{e}^{-h\nu/kT}} \tag{7-68}$$

根据式（7-68），将分子的配分函数代入统计热力学关系式，就可得到双原子分子理想气体亥姆霍兹函数及其他各热力学函数。双原子分子理想气体的亥姆霍兹函数（不包括核自旋和电子部分）为

$$A=A_{\mathrm{tr}}+A_{\mathrm{v}}+A_{\mathrm{r}}$$

式中

$$A_{tr}=-kT\left[N\ln\frac{(2\pi mkT)^{3/2}V}{h^3}-\ln N!\right] \tag{7-69}$$

$$m=m_A+m_B$$

$$A_r=-NkT\ln\frac{8\pi^2 IkT}{\sigma h^2} \tag{7-70}$$

$$A_v=NkT\ln(1-e^{-h\nu/kT}) \tag{7-71}$$

和原子晶体有 $3N$ 个单维振子不同，双原子分子理想气体只有 N 个单维振子。

其他热力学函数可以从亥姆霍兹函数导出。按上述简化的理论模型所得到的热力学函数，基本上和实验值符合。

例 7-1 当 $V=1\text{cm}^3$，$T=300\text{K}$ 时，求氩气分子的配分函数。

解： 氩气是单原子分子，它的分子运动是平动，配分函数等于平动配分函数

$$q=q_{tr}=\frac{(2\pi mkT)^{3/2}}{h^3}V$$

已知：氩的相对原子质量是 $39.95\times10^{-3}\text{kg}\cdot\text{mol}^{-1}$。

$$m=\frac{39.95\times10^{-3}}{6.02\times10^{23}}=6.63\times10^{-26}\text{kg}$$

$$k=1.38\times10^{-23}\text{J}\cdot\text{K}^{-1}$$

$$T=300\text{K}$$

$$h=6.62\times10^{-34}\text{J}\cdot\text{s}$$

$$V=10^{-6}\text{m}^3$$

$$q=\frac{(2\times3.1416\times6.63\times10^{-26}\times1.38\times10^{-23}\times300)^{3/2}}{(6.62\times10^{-34})^3}\times10^{-6}=2.5\times10^{26}$$

例 7-2 计算氩在 298.2K 和 101325Pa 下的摩尔熵。

解： 氩是单原子分子理想气体，只有平动运动，根据式（7-56），平动熵为

$$S_m=\frac{5}{2}N_Ak+N_Ak\ln\frac{(2\pi mkT)^{3/2}}{h^3}\frac{V}{N_A}$$

已知

$$N_A=6.02\times10^{23}\ \text{mol}^{-1}$$

$$T=298.2\text{K}$$

$$V=22414\times\frac{298.2}{273.2}\times10^{-6}\text{m}^3$$

代入公式后，得

$$S_m=S_{tr}=154.7\text{J}\cdot\text{K}^{-1}\cdot\text{mol}^{-1}$$

例 7-3 计算 F_2 在 298.2K 的转动配分函数，已知 F_2 的转动惯量 $I=32.5\times10^{-40}\text{g}\cdot\text{cm}^2$。

解： 根据转动配分函数公式（7-70）得

$$q_r=\frac{8\pi^2 IkT}{\sigma h^2}$$

已知

$$I=32.5\times10^{-40}\text{g}\cdot\text{cm}^2=32.5\times10^{-47}\ \text{kg}\cdot\text{m}^2$$

$$T=298.2\text{K}$$

代入公式，得

$$q_r=\frac{8\times3.1416^2\times32.5\times10^{-47}\times1.38\times10^{-23}\times298.2}{2\times(6.62\times10^{-34})^2}=120$$

例 7-4 计算 298.2K 和 101325Pa 下 F_2 的摩尔平动熵和转动熵。F_2 的转动惯量同例 7-3。

解： F_2 的相对分子质量是 $38.0\times10^{-3}\text{kg}\cdot\text{mol}^{-1}$，$F_2$ 的分子质量 $m=6.31\times10^{-26}\text{kg}$。

代入平动熵的计算公式，求得的摩尔平动熵为

$$S_{tr}=154.0\text{J}\cdot\text{K}^{-1}\cdot\text{mol}^{-1}$$

从式（7-65）得摩尔转动熵

$$S_r=N_A k\ln\frac{8\pi^2 IkT}{\sigma h^2}+N_A k$$

代入有关数据后，得 F_2 的摩尔转动熵

$$S_r=48.1\text{J}\cdot\text{K}^{-1}\cdot\text{mol}^{-1}$$

例 7-5 计算 F_2 在 298.2K 的振动配分函数，已知 F_2 的基本振动频率 $\gamma=2.676\times10^{13}\text{s}^{-1}$。

解： 从式（7-46）得略去零点振动能的配分函数为

$$q_v=\frac{1}{1-e^{-h\nu/kT}}$$

$$\frac{h\nu}{kT}=\frac{6.62\times10^{-34}\times2.676\times10^{13}}{1.38\times10^{-23}\times298.2}=4.305$$

$$q_v=\frac{1}{1-e^{-4.305}}=1.01$$

例 7-6 计算 298.2K 和 101325Pa 下 F_2 的摩尔振动熵，并结合例 7-4 计算 F_2 的摩尔熵。

解： 每个 F_2 分子只有一个沿键长方向的振动运动，所以，摩尔 F_2 的振动能相当于 N 个振子的能量。从式（7-48）得 F_2 的摩尔振动熵

$$S_v=R\left[\frac{\frac{h\nu}{kT}}{e^{h\nu/kT}-1}-\ln(1-e^{-h\nu/kT})\right]$$

从例 7-5 得 $\frac{h\nu}{kT}=4.305$，而 $R=N_A k=8.314\text{J}\cdot\text{K}^{-1}\cdot\text{mol}^{-1}$，所以

$$S_v=R(0.0590+0.0136)=0.605\text{J}\cdot\text{K}^{-1}\cdot\text{mol}^{-1}$$

F_2 在 298.2K 和 101325Pa 下的摩尔熵

$$S_m=S_{tr}+S_r+S_v=154.0+48.1+0.6=202.7\text{J}\cdot\text{K}^{-1}\cdot\text{mol}^{-1}$$

多原子分子气体的配分函数近似地说也可以认为是平动、转动和振动配分函数之积。设多原子分子有 n 个原子，则其总运动自由度为 $3n$。对于线型分子，平动自由度有 3 个，转动自由度则由于各原子排成一直线，所以只有 2 个，因此振动自由度为 $3n-5$ 个。非线型分子平动和转动各有 3 个自由度，因此振动自由度为 $3n-6$ 个。

7.5 理想气体反应平衡常数的计算

7.5.1 能量零点与配分函数的关系

粒子配分函数的数值与粒子能量的大小有关，而粒子能量的绝对值现在还不知道，因此必须规定一个能量零点，以便得到粒子能量的数值，从而求得配分函数和热力学函数。为了简化公式和计算，以前实际上都是规定每种分子在 0K 时的能量或最低能级为零，即能量从各种分子的最低能级算起。

这就是说，一种物质就有一个能量零点，不同物质的能量零点是不同的，但是在讨论化学反应时，这样做行不通了，必须有一个公共的能量零点才能看出不同物质间的能量差，如图

7-1 所示。

它以公共横坐标线作为能量零点，这个零点对参加反应的各个原始物和生成物都是相同的。如果以 ε_0 表示一个分子在 0K 时的能量，以 U_0 表示 1mol 物质在 0K 时的能量，$U_0=N_A\varepsilon_0$，则采用公共横坐标能量零点的配分函数 q_* 为

$$q_* = \sum_i \omega_i e^{-(\varepsilon_0+\varepsilon_i)/kT} = e^{-\varepsilon_0/kT}\sum_i \omega_i e^{-\varepsilon_i/kT} = e^{\frac{-U_0}{kT}} q \tag{7-72}$$

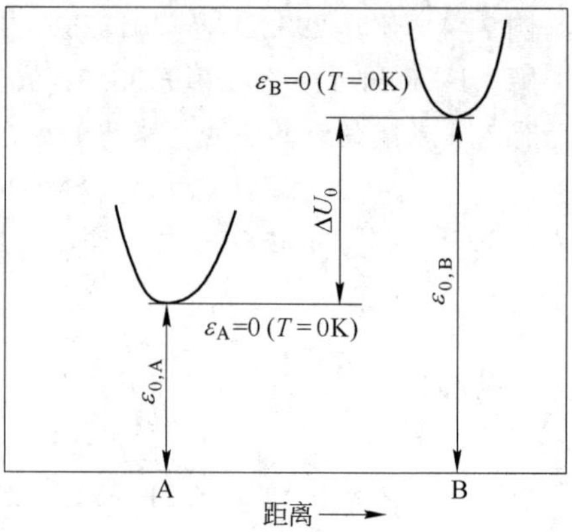

图 7-1 物质公共零点时的能量差

式中，q 为没有使用公共能量零点时的配分函数，它以 0K 时的能量作为能量零点。

按式（7-35），采用 0K 时的能量作为能量零点时，理想气体的亥姆霍兹函数为

$$A=-kT\ln\frac{q^N}{N!}$$

当气体是 1mol 时，$N=N_A$，气体的摩尔亥姆霍兹函数是

$$A_m=-kT\ln\frac{q^{N_A}}{N_A!}$$

讨论化学平衡要改用公共能量零点，所以配分函数采用 q_*。于是

$$A_m=-kT\ln\frac{q_*^{N_A}}{N_A!} \tag{7-73}$$

而 $q_*=e^{-U_0/kT}q$，代入式（7-73），得

$$A_m=-kT\ln\frac{q^{N_A}}{N_A!}(e^{-U_0/kT})^{N_A}$$

$$A_m=-kT\ln\frac{q^{N_A}}{N_A!}+U_0 \tag{7-74}$$

讨论化学平衡时，常用到吉布斯函数。理想气体的摩尔吉布斯函数是

$$\begin{aligned}G_m&=A_m+pV=A_m+RT\\&=-kT\ln\frac{q^{N_A}}{N_A!}+U_0+RT\\&=-kT\ln q^{N_A}+kT(N_A\ln N_A-N_A)+U_0+RT\\&=-RT\ln\frac{q}{N_A}+U_0\end{aligned} \tag{7-75}$$

7.5.2 从配分函数求平衡常数

设有下列化学反应

$$aA+bB=lL+mM$$

式中，A，B，L，M 都是理想气体。

根据热力学公式

$$\Delta_r G_m^{\ominus}=-RT\ln K^{\ominus}$$

式中，$\Delta_r G_m^{\ominus}$ 为标准摩尔反应吉布斯函数，即各物质的分压都是 100kPa 时的标准摩尔反应吉布斯函数。

根据标准摩尔反应吉布斯函数定义

$$\Delta_r G_m^\ominus = (lG_L^\ominus + mG_M^\ominus) - (aG_A^\ominus + bG_B^\ominus)$$

式中，$G_L^\ominus$，$G_M^\ominus$，$G_A^\ominus$ 和 $G_B^\ominus$ 为物质 L，M，A 和 B 的标准摩尔生成吉布斯函数。将关系式$G_m^\ominus = -RT\ln\dfrac{q^\ominus}{N_A} + U_0^\ominus$ 代入上式，$q^\ominus$是物质标准状态下的配分函数，$U_0^\ominus$ 是标准状态和 0K 时的摩尔热力学能（内能）。

$$\Delta_r G_m^\ominus = -lRT\ln\frac{q_L^\ominus}{N_A} + lU_{0,L}^\ominus - mRT\ln\frac{q_M^\ominus}{N_A} + mU_{0,M}^\ominus + aRT\ln\frac{q_A^\ominus}{N_A} - aU_{0,A}^\ominus + bRT\ln\frac{q_B^\ominus}{N_A} - bU_{0,B}^\ominus$$

$$= RT\ln\frac{\left(\dfrac{q_L^\ominus}{N_A}\right)^l\left(\dfrac{q_M^\ominus}{N_A}\right)^m}{\left(\dfrac{q_A^\ominus}{N_A}\right)^a\left(\dfrac{q_B^\ominus}{N_A}\right)^b} + \Delta_r U_0^\ominus$$

式中，$\Delta_r U_0^\ominus = lU_{0,L}^\ominus + mU_{0,M}^\ominus - aU_{0,A}^\ominus - bU_{0,B}^\ominus$，$\Delta_r U_0$ 是分压为 100kPa 和 0K 时反应的热力学能（内能）变化。将上式和 $\Delta_r G_m^\ominus = -RT\ln K^\ominus$对比，得到：

$$K^\ominus = \frac{\left(\dfrac{q_L^\ominus}{N_A}\right)^l\left(\dfrac{q_M^\ominus}{N_A}\right)^m}{\left(\dfrac{q_A^\ominus}{N_A}\right)^a\left(\dfrac{q_B^\ominus}{N_A}\right)^b} e^{\frac{-\Delta_r U_0^\ominus}{kT}} \tag{7-76}$$

7.5.3 从“吉布斯函数”求平衡常数

根据式（7-75）

$$G_m^\ominus = -RT\ln\frac{q^\ominus}{N_A} + U_0^\ominus$$

可改写为

$$-\left(\frac{G_m^\ominus - U_0^\ominus}{T}\right) = R\ln\frac{q^\ominus}{N_A}$$

上式左边的量称为“吉布斯函数”。由于 $q^\ominus$ 可以从光谱数据算出，因而也就得到了吉布斯函数。相关数据列入表 7-3 中。若已知各物质的吉布斯函数，再通过下列关系式，就可计算反应的平衡常数。

$$-R\ln K^\ominus = \frac{\Delta_r G_m^\ominus}{T} = \Delta_r\left(\frac{G_m^\ominus - U_0^\ominus}{T}\right) + \frac{\Delta_r U_0^\ominus}{T} \tag{7-77}$$

式中

$$\Delta_r\left(\frac{G_m^\ominus - U_0^\ominus}{T}\right) = \left[l\left(\frac{G_m^\ominus - U_0^\ominus}{T}\right)_L + m\left(\frac{G_m^\ominus - U_0^\ominus}{T}\right)_M\right] - \left[a\left(\frac{G_m^\ominus - U_0^\ominus}{T}\right)_A + b\left(\frac{G_m^\ominus - U_0^\ominus}{T}\right)_B\right]$$

用式（7-77）求解 $K^\ominus$要比式（7-76）简便些。

表 7-3 一些物质的$-\left(\dfrac{G_m^\ominus - H_0^\ominus}{T}\right)$、$\Delta_f H_{298K}^\ominus$、$H_{298K}^\ominus - H_0^\ominus$ 和 $\Delta_f H_0^\ominus$

物质	$-\left(\dfrac{G_m^\ominus - H_0^\ominus}{T}\right)$/J·K^{-1}·mol^{-1}					$\Delta_f H_{298K}^\ominus$ /kJ·mol^{-1}	$H_{298K}^\ominus - H_0^\ominus$ /kJ·mol^{-1}	$\Delta_f H_0^\ominus$ /kJ·mol^{-1}
	298K	500K	1000K	1500K	2000K			
Br(g)	154.14	164.89	179.28	187.82	193.97		6.197	112.93
Br_2(g)	212.76	230.08	254.39	269.07	279.62		9.728	35.02
Br_2(l)	104.60						13.556	0
C(石墨)	2.22	4.85	11.63	17.53	22.51		1.050	0

续表 7-3

物质	$-\left(\frac{G_m^{\ominus}-H_0^{\ominus}}{T}\right)$/J·K^{-1}·mol^{-1}					$\Delta_f H_{298K}^{\ominus}$/kJ·mol^{-1}	$H_{298K}^{\ominus}-H_0^{\ominus}$/kJ·mol^{-1}	$\Delta_f H_0^{\ominus}$/kJ·mol^{-1}
	298K	500K	1000K	1500K	2000K			
Cl(g)	144.06	155.06	170.25	179.20	185.52		6.272	119.41
Cl_2(g)	192.17	208.57	231.92	246.23	256.65		9.180	0
F(g)	136.77	148.16	163.43	172.21	178.41		6.519	77.0±4
F_2(g)	173.09	188.70	211.04	224.85	235.02		8.828	0
H(g)	93.81	104.56	118.99	127.40	133.39		6.197	215.98
H_2(g)	102.17	117.13	136.98	148.91	157.61		8.468	0
I(g)	159.91	170.62	185.06	193.47			6.197	107.15
I_2(g)	226.69	244.60	269.45	284.34	295.06		8.987	65.52
I_2(s)	71.88						13.196	0
N_2(g)	162.42	177.49	197.95	210.37	219.58		8.669	0
O_2(g)	175.98	191.13	212.13	225.14	234.72		8.660	0
S(斜方)	17.11	27.11					4.406	0
CO(g)	168.41	183.51	204.05	216.65	225.93	−110.525	8.673	−113.81
CO_2(g)	182.26	199.45	226.40	244.68	258.80	−393.514	9.364	−393.17
CS_2(g)	202.00	221.92	253.17	273.80	289.11	115.269	10.669	114.60±8
CH_4(g)	152.55	170.50	199.37	221.08	238.91	−74.852	10.029	−66.90
CH_3Cl(g)	198.53	217.82	250.12	274.22		−82.0	10.414	−74.1
$CHCl_3$(g)	248.07	275.35	321.25	352.96		−100.42	14.184	−96
CCl_4(g)	251.67	285.01	340.62	376.39		−106.7	17.200	−104
$COCl_2$(g)	240.58	264.97	304.55	331.08	351.12	−219.53	12.866	−217.82
CH_3OH(g)	201.38	222.34	257.65			−201.17	11.427	−190.25
CH_2O(g)	185.14	203.09	230.58	250.25	266.02	−115.9	10.012	−112.13
HCOOH(g)	212.21	232.63	267.73	293.59	314.39	−378.19	10.883	−370.91
HCN(g)	170.79	187.65	213.43	230.75	243.97	130.5	9.25	130.1
C_2H_2(g)	167.28	186.23	217.61	239.45	256.60	226.73	10.008	227.32
C_2H_4(g)	184.01	203.93	239.70	267.52	290.62	52.30	10.565	60.75
C_2H_6(g)	189.41	212.42	255.68	290.62		−84.68	11.950	−69.12
C_2H_5OH(g)	235.14	262.84	314.97	356.27		−236.92	14.18	−219.28
CH_3CHO(g)	221.12	245.48	288.82			−165.98	12.845	−155.44
CH_3COOH(g)	236.40	264.60	317.65	357.10		−434.3	13.81	−420.5
C_3H_6(g)	221.54	248.19	299.45	340.70		20.42	13.544	35.44
C_3H_8(g)	220.62	250.25	310.03	359.24		−103.85	14.694	−81.50
$(CH_3)_2CO$(g)	240.37	272.09	331.46	378.82		−216.40	16.272	−199.74
正-C_4H_{10}(g)	244.93	284.14	262.33	426.56		−126.15	19.435	−99.04
异-C_4H_{10}(g)	234.64	271.94	348.86	412.71		−134.52	17.891	−105.86

续表 7-3

物质	$-\left(\frac{G_m^\ominus - H_0^\ominus}{T}\right)$/J·K^{-1}·mol^{-1}					$\Delta_f H_{298K}^\ominus$ /kJ·mol^{-1}	$H_{298K}^\ominus - H_0^\ominus$ /kJ·mol^{-1}	$\Delta_f H_0^\ominus$ /kJ·mol^{-1}
	298K	500K	1000K	1500K	2000K			
正-C_5H_{12}(g)	269.95	317.73	413.67	492.54		−146.44	13.162	−113.93
异-C_5H_{12}(g)	269.28	314.97	409.86	488.61		−154.47	12.083	−120.54
C_6H_6(g)	221.46	252.04	320.37	378.44		82.93	14.230	100.42
环-C_6H_{12}(g)	238.78	277.78	371.29	455.2		−123.14	17.728	−83.72
Cl_2O(g)	228.11	248.91	280.50	300.87		75.7	11.380	77.86
ClO_2(g)	215.10	234.72	264.72	284.30		104.6	10.782	107.07
HF(g)	144.85	159.79	179.91	191.92	200.62	−268.6	8.598	−268.6
HCl(g)	157.82	172.84	193.13	205.35	214.35	−92.312	8.640	−92.127
HBr(g)	169.58	184.60	204.97	217.41	226.53	−36.24	8.650	−33.9
HI(g)	177.14	192.51	213.02	225.57	234.82	25.9	8.659	28.0
HClO(g)	201.84	220.05	246.92	264.20	269.5		10.220	
PCl_3(g)	258.05	288.22	335.09			−278.7	16.07	−275.8
H_2O(g)	155.56	172.80	196.74	211.76	223.14	−241.885	9.910	−238.995
H_2O_2(g)	196.49	216.45	247.54	269.01		−136.14	10.84	−129.90
H_2S(g)	172.30	189.75	214.65	230.84	241.3	−20.151	9.981	16.36
NH_3(g)	158.99	176.94	203.52	221.93	236.70	−46.20	9.92	−39.21
NO(g)	179.87	195.69	217.03	230.01	239.55	90.40	9.182	89.89
N_2O(g)	187.86	205.53	233.36	252.23		81.57	9.588	85.00
NO_2(g)	205.86	224.32	252.06	270.27	284.08	33.861	10.316	36.33
SO_2(g)	212.68	231.77	260.64	279.64	293.8	−296.97	10.542	−294.46
SO_3(g)	217.16	239.13	276.54	302.99	322.7	−395.27	11.59	−389.46

7.5.4 $\Delta_r U_0^\ominus$，0K 下反应的标准热力学能（内能）变化

按上面两种方法求平衡常数时，都用到了 $\Delta_r U_0^\ominus$，所以要将它求出才能解决问题。求 $\Delta_r U_0^\ominus$ 的方法如下：

$$\Delta_r U_0^\ominus = \Delta_r H_T^\ominus - \Delta_r (H_T^\ominus - U_0^\ominus) \tag{7-78}$$

知道各种物质在不同温度下的函数（$H_T^\ominus - U_0^\ominus$）值，就可以计算 $\Delta_r U_0^\ominus$，问题是如何求（$H_T^\ominus - U_0^\ominus$）值。

将式（7-75）应用于标准状态，可得

$$G_m^\ominus = -RT\ln\frac{q^\ominus}{N_A} + U_0^\ominus$$

又由热力学第二定律可知

$$S_m^\ominus = -\left(\frac{\partial G_m^\ominus}{\partial T}\right)_{p,N} = R\ln\frac{q^\ominus}{N_A} + RT\left(\frac{\partial \ln q^\ominus}{\partial T}\right)_{p,N} \tag{7-79}$$

$$H_m^\ominus = G_m^\ominus + TS_m^\ominus = RT^2\left(\frac{\partial \ln q^\ominus}{\partial T}\right)_{p,N} + U_0^\ominus \tag{7-80}$$

$$H_T^\ominus - U_0^\ominus = RT^2\left(\frac{\partial \ln q^\ominus}{\partial T}\right)_{p,N} \tag{7-81}$$

根据光谱数据，通过标准配分函数 $q^\ominus$ 所算出的各种物质在不同温度下的（$H_T^\ominus - U_0^\ominus$）值，再通过查表计算得 $\Delta_r H_T^\ominus$ 值，代入式（7-78），就可求 $\Delta_r U_0^\ominus$ 得。这些数据都可从表 7-3 查得。

例 7-7 求反应 $H_2(g)+\frac{1}{2}O_2(g)=H_2O(g)$ 的 $\Delta_r U_0^\ominus$。

解： 按式（7-78）

$$\Delta_r U_0^\ominus = \Delta_r H_T^\ominus - \Delta_r(H_T^\ominus - U_0^\ominus)$$

$$\Delta_r(H_{298K}^\ominus - U_0^\ominus) = (H_{298K}^\ominus - U_0^\ominus)_{H_2O(g)} - (H_{298K}^\ominus - U_0^\ominus)_{H_2(g)} - \frac{1}{2}(H_{298K}^\ominus - U_0^\ominus)_{O_2(g)}$$

$$= 9.910 - 8.468 - \frac{1}{2}\times 8.660$$

$$= -2.888\text{kJ}\cdot\text{mol}^{-1}$$

$$\Delta_r U_0^\ominus = \Delta_r H_{298K}^\ominus - \Delta_r(H_{298K}^\ominus - U_0^\ominus)$$

$$= -241.885 - (-2.888)$$

$$= -238.997\text{kJ}\cdot\text{mol}^{-1}$$

例 7-8 求反应 $H_2 + CO_2(g)=CO + H_2O(g)$ 在 1000K 的平衡常数。

解： 从 0K 时各物质的生成热 $\Delta_f H_T^\ominus$ 求反应的 $\Delta_r H_T^\ominus$

$$\Delta_r U_0^\ominus = \Delta_r H_0^\ominus = \Delta_f H_{0(CO)}^\ominus + \Delta_f H_{0(H_2O)(g)}^\ominus - \Delta_f H_{0(H_2)}^\ominus - \Delta_f H_{0(CO_2)}^\ominus$$

$$= -113.81 + (-238.995) - 0 - (-393.17)$$

$$= 40.365\text{kJ}\cdot\text{mol}^{-1}$$

$$= 40365\text{J}\cdot\text{mol}^{-1}$$

$$\Delta_r\left(\frac{G_m^\ominus - U_0^\ominus}{T}\right) = \left(\frac{G_m^\ominus - U_0^\ominus}{T}\right)_{CO} + \left(\frac{G_m^\ominus - U_0^\ominus}{T}\right)_{H_2O(g)} - \left(\frac{G_m^\ominus - U_0^\ominus}{T}\right)_{H_2} - \left(\frac{G_m^\ominus - U_0^\ominus}{T}\right)_{CO_2}$$

$$= -204.05 - 196.74 + 136.98 + 226.40$$

$$= -37.41\text{J}\cdot\text{mol}^{-1}$$

$$-R\ln K^\ominus = \frac{\Delta_r G_m^\ominus}{T} = \Delta_r\left(\frac{G_m^\ominus - U_0^\ominus}{T}\right) + \frac{\Delta_r U_0^\ominus}{T}$$

$$\frac{\Delta_r G_m^\ominus}{T} = -37.41 + \frac{40365}{1000} = 2.955$$

$$\Delta_r G_m^\ominus = 2.995\times 1000 = 2955\text{J}\cdot\text{mol}^{-1}$$

$$\ln K^\ominus = -\frac{2955}{8.314\times 1000} = -0.3554$$

$$K^\ominus = 0.701$$

习 题

7-1 什么是配分函数？由 N 个等同粒子构成的系统，它的配分函数和热力学能（内能）、熵、亥姆霍兹函数、吉布斯函数之间有什么关系，这种关系是如何导出的？

7-2 从实验得知 Cl_2 在 $v=0$ 和 $v=1$ 两振动能级的能量差为 1.11×10^{-20}J，问 25℃时 Cl_2 在 $v=1$ 能级上的分子数和 $v=0$ 能级上的分子数之比是多少？

（0.0673）

7-3 如果 O_2 的振动频率是 $4.7\times10^{13}s^{-1}$，则 100℃时 O_2 在第一激发态的分子数占多少百分比？

(2.37×10^{-3})

7-4 频率为 ν 的二维简谐振子的许可能级如下：

$$\varepsilon=(v+1)h\nu,\text{简并度 }\omega=v+1$$

证明：二维振子的配分函数是具有同样频率的一维振子配分函数的平方。

7-5 在体积为 $1cm^3$，温度为 298K 的条件下，计算 (1) H_2 和 (2) CH_4 的分子平动配分函数。

((1) 2.74×10^{24}，(2) 6.2×10^{25})

7-6 298K 时计算 (1) $^{14}N_2$，(2) $^{14}N^{15}N$ 的分子转动配分函数。已知两种分子的核间距都是 0.1095nm ($1nm=10^{-9}m$)。

((1) 51.4，(2) 106.6)

7-7 如何从统计热力学导出理想气体的状态方程？

7-8 计算 1mol 氦在 298K 的标准熵 $S^{\ominus}_{298K}$。

($S^{\ominus}_{298K}=126.0J\cdot K^{-1}\cdot mol^{-1}$)

7-9 假定 1mol 氖在 300K 体积为 V，而 1mol 氦也有同样的体积。如果这两种气体有同样的熵值，问氦的温度是多少？

(6285K)

7-10 已知 CO 的转动惯量 $I=1.45\times10^{-46}kg\cdot m^2$，振动特征温度 $\Theta_v=3084K$。计算 CO 在 100kPa，25℃时的摩尔熵和热容。

($S^{\ominus}(298K)=197.48J\cdot K^{-1}\cdot mol^{-1}$，$C_V=5/2R$)

7-11 298K，100kPa 下，1mol 氦和氩的熵分别为 $126J\cdot K^{-1}\cdot mol^{-1}$ 和 $155J\cdot K^{-1}\cdot mol^{-1}$。同样条件下，1mol 氮的熵是 $191.6J\cdot K^{-1}\cdot mol^{-1}$。试根据统计热力学原理解释这些数值差别的原因。

7-12 单原子分子理想气体的温度从 300K 升到 400K。如果上述过程在等容下进行，试以统计热力学方法证明气体的摩尔熵变是 $0.43R$。如果上述过程在等压下进行，证明摩尔熵变是 $0.72R$。

7-13 求反应 $H_2(g)+\frac{1}{2}O_2(g)=H_2O(g)$ 在 298K 和 2000K 的平衡常数。所需数据请自行查表。

(1.22×10^{40}，3425.4)

7-14 气相反应

(1) $CH_4+H_2O=CO+3H_2$

(2) $CH_4+2H_2O=CO_2+4H_2$

计算上述两个反应在 1000K 的平衡常数。所需数据请自行查表。

((1)25.1，(2)35.8)

8 表 面 现 象

【本章概要】

本章定义了表面张力、表面能，导出了附加压力的计算公式，在此基础上介绍了过饱和蒸气、过热液体、过冷液体等亚稳状态，介绍了润湿现象、杨氏方程，推导了吉布斯等温吸附式，介绍了固体自溶液中吸附的公式和规律，以及气体在固体表面上的吸附、朗格缪尔吸附等温方程和BET公式。

【关键词】

表面张力，表面能，附加压力，亚稳态，润湿，铺展系数，接触角，吸附，表面活性物质，胶束，吸附量

【章节重点】

本章应重点掌握基本概念，理解表面现象和亚稳态，学会应用开尔文方程、吉布斯等温方程、朗格缪尔吸附等温方程和BET公式。

相界面是两个相接触的界面区域，其厚度约为几个分子直径。相界面中的分子受力不平衡，使得具有较大表面积的系统具有特殊的物理性质和化学性质。例如，当液体分散至半径很小的球形时，具有较大的表面积与体积比值，此时液体的饱和蒸气压不仅与温度有关，还与液滴半径有关，半径越小，其蒸气压越大。

8.1 表面张力与表面能

8.1.1 表面张力

图8-1所示为一个在表面上的分子和一个在溶液内部的分子的受力状态。溶液内部分子受到来自溶液内部四面八方的力，合力等于零；而在表面层中的分子受到来自液体分子的吸引力大于来自气体分子的吸引力，合力不等于零，力的方向是沿着液体表面的切线方向，称为表面张力。表面张力是由于液体表面层分子受力不均衡而产生的，是表面层中分子受力的宏观表现。在表面张力的作用下，所有的液体都有缩小其表面积的趋势。

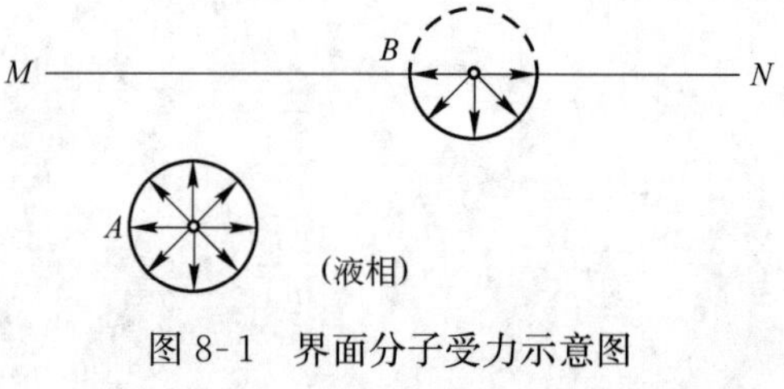

图8-1 界面分子受力示意图

如果要扩展液体的表面，把一部分分子从液体内部移动到表面上来，需要克服向内的拉力而做功，此功称为表面功。完成表面扩展之后，表面功转化为表面分子的能量。因此，表

面上的分子比内部分子具有更高的能量。

在一定的温度与压力下，增加液体表面积所需要的功正比于液体表面积的增加值，这可以通过图 8-2 说明。将肥皂膜铺展在一个边长为 AB、可以移动的金属环上，为了使 AB 边保持静止，必须施加一个外力 f，f 的大小与 AB 边的长度成正比，比例系数即为表面张力 σ

$$f=2\sigma l \quad 或 \quad \sigma=\frac{f}{2l} \tag{8-1}$$

式中，l 为 AB 边的长度，用 $2l$ 是考虑到皂膜有上下两个面。

按式（8-1）理解，表面张力 σ 是单位长度表面的收缩力，单位是 $N \cdot m^{-1}$。

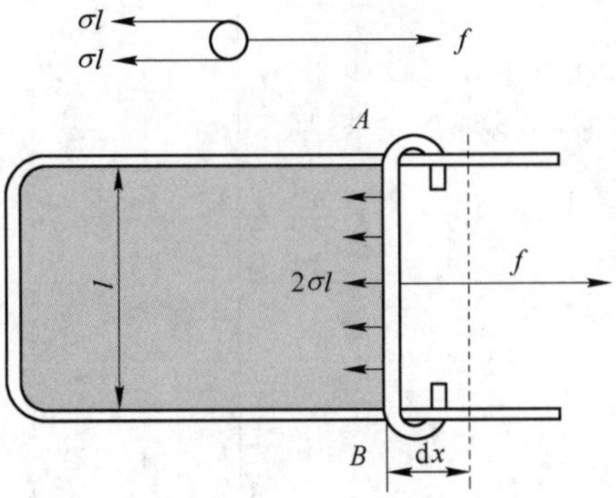

图 8-2 表面张力和表面功

8.1.2 表面能

若在恒温恒压条件下，使图 8-2 中的 AB 边沿外力方向可逆移动距离 dx。在这个过程中，系统对环境做功等于 $f dx$，系统的吉布斯函数的增加值为 dG。根据式（2-44），这两个量相等，即

$$dG=f dx=2l\sigma dx=\sigma dA \tag{8-2}$$

即在恒温恒压下，系统表面积增加 dA 时，需要从环境得到 σdA 的功，这部分功在数值上等于系统吉布斯函数的增加。因为系统吉布斯函数的增加是由于系统表面积增大所致，故称为表面能。

式（8-2）也可表示为

$$\sigma=(\partial G/\partial A)_{T,p} \tag{8-3}$$

式（8-3）说明表面张力是恒温恒压条件下，增加单位系统表面积时引起的系统吉布斯函数的增加值，也称为比表面能，单位是 $J \cdot m^{-2}$。

对一个表面积等于 A、表面张力为 σ 的热力学系统，表面能等于 $G=A\sigma$。A 和 σ 减小的过程都将降低系统能量，是自发进行的过程。露珠自发呈球形，是因为在同体积的液体中，球形的表面积最小。固体吸附气体时，表面张力减小，界面能降低，也是自发进行的过程。

由于气相对表面张力影响较小，液体表面张力通常是指液体和空气之间的表面张力，其值与分子或原子间力的强弱有关。金属键最强，金属熔化后表面张力最大；离子键比金属键弱，离子型化合物的液体表面张力小于金属液体的表面张力；有机化合物分子之间是非极性键，表面张力最小。水分子含有氢键，并且是极性的，因此，水的表面张力比普通液体表面张力大很多。表 8-1 列出了一些液体的表面张力。

表 8-1 一些液体的表面张力

物质	分子式	表面张力 σ/mN·m^{-1}	温度 t/℃	备注
铁	Fe	1850	1550	金属和氧化物的表面张力是在惰性气氛中测定的
铜	Cu	1103	1131	
锌	Zn	760	640	
汞	Hg	485	20	
氧化铝	Al_2O_3	690	2050	
硅酸钙	CaO(44%),SiO_2(56%)	389	1570	
人造渣	SiO_2(72.4%),Al_2O_3(1.1%),CaO(9.2%),MgO(3.4%),Na_2O(13.3%)	334	900	
氯化镁	$MgCl_2$	139	718	
氯化钠	NaCl	114	801	
氯化钾	KCl	97.4	790	
水	H_2O	72.53	20	
苯	C_6H_6	28.9	20	
二硫化碳	CS_2	31.4	20	
乙醇	C_2H_5OH	22.3	20	
乙酸	CH_3COOH	27.6	20	

一些实验结果指出，许多液-液界面张力恰好等于两液体表面张力之差，即

$$\sigma_{12}=\sigma_1'-\sigma_2' \tag{8-4}$$

σ_1'和σ_2'不是纯液体的表面张力，是相互接触的两种液体互相溶解、达到饱和溶解状态后的表面张力，因为严格说来，没有完全不互溶的液体。式（8-4）称为安东诺夫规则。利用式（8-4）也可以由金属熔体和熔融炉渣的表面张力估算出金属-炉渣的界面张力。熔融炉渣与金属熔体间界面张力的大小，与金属和熔渣的分离以及两相间的化学反应有密切的关系。

两种液体接触时，表面张力的定义为它们与空气之间表面张力的差，液-液表面张力比气-液表面张力小。表 8-2 列出了部分液体和水形成界面的表面张力。

表 8-2 20℃时几种液体和水形成的界面的表面张力

物 质	σ/mN·m^{-1}	物 质	σ/mN·m^{-1}
汞	375	甲苯	36.1
正己烷	51.1	苯	35.0
二硫化碳	48.4	油酸	15.6
四氯化碳	45.0	乙醚	10.7

固体表面张力尚不能准确测定。目前所采用的方法是测量劈裂固体所需要的功或测定其稍高于熔点时液态的表面张力，然后用外推法延伸到该物质是固态时的较低温度。表 8-3 列出的是几种固体的表面张力。同一物质在固态时的表面张力总是大于液态时的表面张力。

表 8-3 几种固体的表面张力

物 质	温度/℃	σ/mN·m^{-1}	气 氛
铜	1050	1670	铜蒸气
银	750	1140	
锡	215	685	真 空
冰	0	120±10	

表面张力与温度有关。实验指出，大多数液体的表面张力总是随着温度升高而降低，临界温度时，表面张力为零。

表面张力随温度升高而降低的原因如下：

(1) 温度升高，体积膨胀，液相中分子距离增大，内部分子对表面分子层分子的吸引力减弱；

(2) 温度升高，蒸气压增大，气相中分子对表面层分子的吸引力增强。当温度达到临界温度时，液体和蒸气的密度相同，所以表面张力为零。

有些物质的表面张力随温度升高而增加，例如铜液和炉渣。铜液出现这种“反常”的现象还没有明确的解释；至于炉渣，一般都认为：当温度升高时，复杂离子离解为简单离子的数目增加，而简单离子半径小，相互吸引力大，故使表面张力增大。

表 8-4 列出了不同温度下水的表面张力。

表 8-4 不同温度下水的表面张力

温度/℃	σ/mN·m^{-1}	温度/℃	σ/mN·m^{-1}	温度/℃	σ/mN·m^{-1}
0	75.49	25	71.76	50	67.8
5	74.75	30	71.03	60	66.0
10	74.01	35	70.29	70	64.2
15	73.26	40	69.54	80	62.3
20	72.53	45	68.6		

8.2 弯曲液面压力性质

8.2.1 附加压力

由于表面能的作用，任何液体都有尽量紧缩而减小表面积的趋势。如果液面是弯曲的，则这种紧缩趋势会对液面产生附加压力。

如图 8-3 所示，在插入液体中的毛细管下端吹出一个半径等于 r 的气泡时，需要施加的额外压力 p_s，称为附加压力。设想气泡上边有个活塞，在恒温恒压条件下，以压力 p_0+p_s 可逆地推动气泡上的活塞，使气泡半径增加 dr，体积增加 dV，表面积增加 dA。在这个过程中系统对环境做功等于 $p_s\mathrm{d}V$，系统的吉布斯函数增加 d$G=\sigma$dA，且两者相等，即 $p_s\mathrm{d}V=\sigma\mathrm{d}A$。

气泡体积 $$V=\frac{4}{3}\pi r^3,\ \mathrm{d}V=4\pi r^2\mathrm{d}r$$

表面积 $$A=4\pi r^2,\ \mathrm{d}A=8\pi r\mathrm{d}r$$

将 dV 和 dA 代入 $p_s\mathrm{d}V=\sigma\mathrm{d}A$ 中，得附加压力的计算公式

$$p_s=\frac{2\sigma}{r} \tag{8-5}$$

式（8-5）称为拉普拉斯方程，它表明在表面张力的作用下，弯曲液面的液体承受额外的压力，即附加压力。附加压力与液体的表面张力成正比，与弯曲液面的曲率半径成反比，其方向由界面曲率方向决定。凸形液面的液体，$r>0$，$p_s>0$；平面液体，$r=\infty$，$p_s=0$；凹形液面的液体，$r<0$，$p_s<0$。所以，具有凸形液面的液体，比平面液体承受更大的压力；而凹形液面的液体，承受的压力小于平面液体的压力。图 8-4 所示为两种形状的液面及其附加压力的方向。

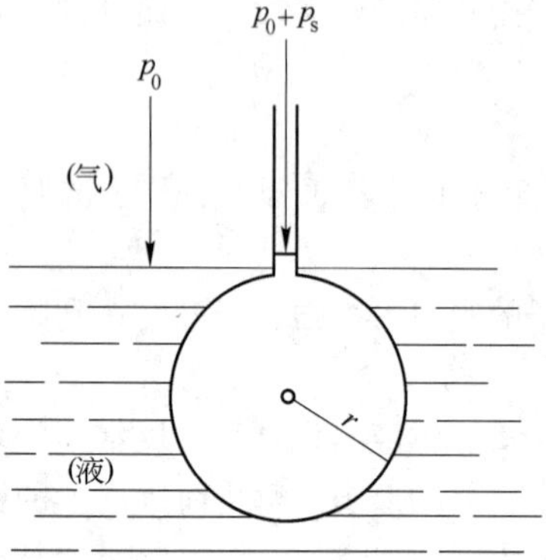

图 8-3 附加压力与曲率半径的关系

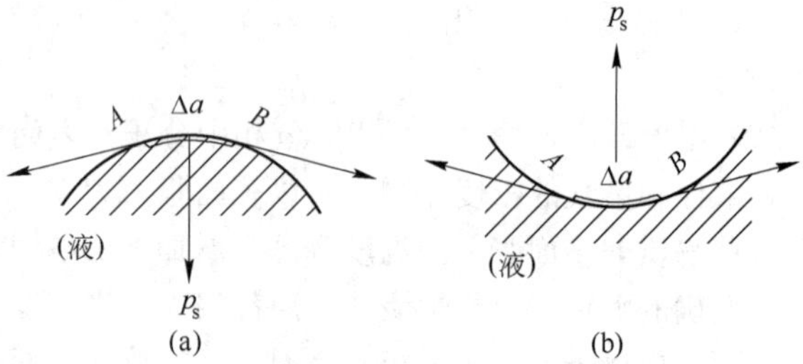

图 8-4 附加压力方向与曲率的关系
(a) $r>0$；(b) $r<0$

气泡最大压力法是测定液体表面张力的一种方法。下面通过图 8-3 说明其测量原理。在图 8-3 中要维持气泡静止，必须在活塞上施加附加压力。缓慢推进气泡上的活塞使气泡体积增加，半径增加，在这个过程中附加压力减小。当气泡半径达到最大值时，附加压力达到最小值，此时气泡的半径等于毛细管的半径。从压力计上读取最小压力差 Δp，根据毛细管半径，由式（8-5）即可计算液体的表面张力 $\sigma=\frac{r\Delta p}{2}$，式中，$r$ 为所用毛细管的半径。

在液体中形成气泡是很困难的。因为在气泡形成初期，气泡的半径很小，气泡内的气体需要承受很大的附加压力才能稳定存在。如果容器的器壁是粗糙的或吸附有气体，这些气体容易成为气泡的中心，气泡附着在这些中心上直接长大，避免了产生巨大附加压力的过程，使得在液体中形成气泡的过程变得比较容易。水沸腾时，气泡是在容器底部生成的，炼钢过程中产生的 CO 气体多数也是从炉底孔隙中形成的。这都是因为这些地方附着有气体，是气泡的核心。

例 8-1 玻璃容器底部有一个半径为 0.5mm 的小圆孔，孔壁内涂有一层极薄的石蜡，使水不能润湿孔壁。已知在实验温度下，水的表面张力为 $0.072\text{N}\cdot\text{m}^{-1}$。试问当容器内盛水，水面与容器底部（下图）的距离为 25mm 时，水能否从小孔漏出？

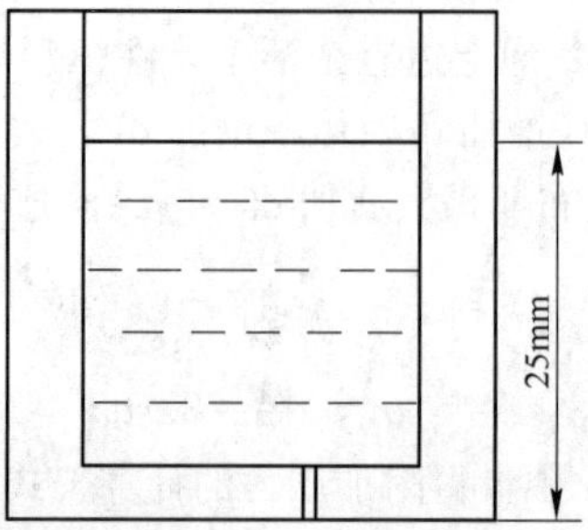

解：小孔下部若有水滴漏出，则水滴成半球状，此球面水滴的附加压力为

$$p_s=\frac{2\sigma}{r}$$

当液面距底部的高度为 h 时，水的静压力 ρgh 低于附加压力 p_s 时，水就不会漏出。故得液面允许（不致漏出）的高度为 h，即

$$p_s=\frac{2\sigma}{r}=\rho gh$$

式中，ρ 为水的密度，$\rho=1000\text{kg}\cdot\text{m}^{-3}$；$g$ 为重力加速度，$g=9.81\text{m}\cdot\text{s}^{-2}$。

$$h=\frac{2\sigma}{r\rho g}=\frac{2\times0.072}{5\times10^{-4}\times1000\times9.81}=0.0293\text{m}$$

即 29.3mm。故当液面距底部 25mm 时，水不会漏出。

8.2.2 开尔文方程

由于小液滴具有弯曲液面，弯曲液面上存在着附加压力，因而造成小液滴比平面液体具有更大的饱和蒸气压。下面讨论液体的蒸气压与液体曲率半径的关系。设某气-液平衡系统由两部分组成，一部分是平面液体与其饱和蒸气，液体的化学势等于气体的化学势，用理想气体的化学势（式(4-34)）表达，即 $\mu=\mu^\ominus+RT\ln\frac{p^*}{p^\ominus}$；另一部分是球形液滴及其饱和蒸气，化学势 $\mu=\mu^\ominus+RT\ln\frac{p}{p^\ominus}$。等温条件下将物质的量为 $\text{d}n$ 的液体从平面液体中移至液滴中，在这个过程中，系统的吉布斯函数变化为 $\Delta G=\left(RT\ln\frac{p}{p^\ominus}-RT\ln\frac{p^*}{p^\ominus}\right)\text{d}n=RT\ln\frac{p}{p^*}\text{d}n$，系统表面能的增量 $\text{d}G=\sigma\text{d}A$。这两个变化量相等，即

$$RT\ln\frac{p}{p^*}\text{d}n=\sigma\text{d}A \tag{8-6}$$

将 $A=4\pi r^2$、$\text{d}A=8\pi r\text{d}r$、$\text{d}n=\frac{\rho\text{d}V}{M}=\frac{\rho\text{d}}{M}\left(\frac{4}{3}\pi r^3\right)=\frac{4\pi r^2\rho\text{d}r}{M}$ 代入式（8-6）中，即

$$\ln\frac{p}{p^*}=\frac{2\sigma M}{RTr\rho} \tag{8-7}$$

式（8-7）称为开尔文方程。式中，p 和 p^* 分别为小液滴和平面液体的饱和蒸气压；ρ，M，σ 分别为液体密度、摩尔质量和表面张力；r 为弯曲液滴的半径；R 和 T 为气体常数和热力学温度。

开尔文方程表明，小液滴的蒸气压大于平面液体的蒸气压，并且随着液滴半径的减小，蒸气压逐渐增大。下面列出了 20℃时具有不同半径的水滴的蒸气压与平面水的蒸气压比值，当液滴半径降低到 10^{-9}mm 时，小液滴蒸气压接近正常水的蒸气压的 3 倍。开尔文方程也适用于纯物质固-气平衡时，气相压力与晶体尺寸的关系及晶体的溶解度与晶体尺寸的关系。这意味着分散度很高的晶体，比正常晶体具有更高的蒸气压和溶解度。

曲率半径	r/m	10^{-6}	10^{-7}	10^{-8}	10^{-9}
蒸气压	$\frac{p}{p^*}$	1.001	1.011	1.114	2.95

例 8-2 提高温度和减小液滴半径，均能增大液体的蒸气压。试计算 25℃时，将正常水分散为半径 10^{-8}m 的水珠后，蒸气压的升高值与提高多少温度所引起的蒸气压的升高值相等。

解：25℃时水的表面张力 $\sigma=71.76\text{mN}\cdot\text{m}^{-1}=71.76\times10^{-3}\text{N}\cdot\text{m}^{-1}$，密度 $\rho=0.998\times10^3\text{kg}\cdot\text{m}^{-3}$，摩尔质量 $M=18.02\times10^{-3}\text{kg}\cdot\text{mol}^{-1}$，水珠半径 $r=10^{-8}$m，代入开尔文方程

中，得

$$\ln\frac{p}{p^*}=\frac{2\sigma M}{RTr\rho}=\frac{2\times71.76\times10^{-3}\times18.02\times10^{-3}}{8.314\times298\times10^{-8}\times0.998\times10^{3}}=0.104$$

液体饱和蒸气压随温度变化的规律服从克-克方程（2-76），即

$$\ln\frac{p}{p^*}=\frac{\Delta_{vap}H_m}{R}\left(\frac{1}{T_1}-\frac{1}{T_2}\right)$$

将水的摩尔蒸发焓 $\Delta_{vap}H_m=44.01\text{kJ}\cdot\text{mol}^{-1}$，$T_1=298\text{K}$，$\ln\frac{p}{p^*}=0.104$ 代入克-克方程，得

$$\frac{1}{T_2}=\frac{1}{T_1}-\frac{R\ln\frac{p}{p^*}}{\Delta_{vap}H_m}=\frac{1}{298}-\frac{8.314\times0.104}{44.01\times10^{3}}=3.33\times10^{-3}\text{K}^{-1}$$

$$T_2=299.9\text{K}$$

$$\Delta T=T_2-T_1=299.9-298.15=1.75\text{K}$$

答：将水滴分散到 10^{-8}m 后，其蒸气压的升高值与温度增加 1.75K 所引起的蒸气压升高值相等。

8.3 亚稳状态

8.3.1 过饱和蒸气和过热液体

过饱和蒸气是温度降至气-液平衡温度以下仍不凝结的蒸气。以水为例，水蒸气凝结时，首先形成半径极小的水珠。根据开尔文方程，半径极小的水珠具有很大的蒸气压。因此，就会出现对正常水来说是过饱和、对小水珠尚未达到饱和的蒸气，即过饱和蒸气。过饱和蒸气是亚稳状态，不是热力学平衡状态。一旦系统中出现液体，在短时间内水蒸气将全部凝结为水。可以向过饱和水蒸气中投放一些作为液相成核核心的固体颗粒，水蒸气在固体颗粒表面上迅速凝结，直接长成大的水珠。人工降雨时向云层中投放 AgI 就是利用这个道理。

过热液体是指温度超过沸点仍不沸腾的液体。这是因为在液体沸腾过程中产生的小气泡具有弯曲液面，气泡内气体承受很大的附加压力，液体难以沸腾。特别是在形成气泡的最初阶段，弯曲液面曲率半径 $r\to0$，附加压力 $p_s\to\infty$。如果向过热液体中投放一些吸附有气体的固体颗粒，蒸气就直接在固体颗粒表面的气泡上长大，避免了气泡从无到有的生长过程，沸腾过程则能快速进行，一直到液相消失。

8.3.2 微小晶粒的熔点和过冷液体

普通晶体都有一个固定熔点。但是，当晶粒极小时，它们的熔点却低于普通晶体。这种“反常”现象是由于微小晶粒的蒸气压大于普通晶体蒸气压所造成的。

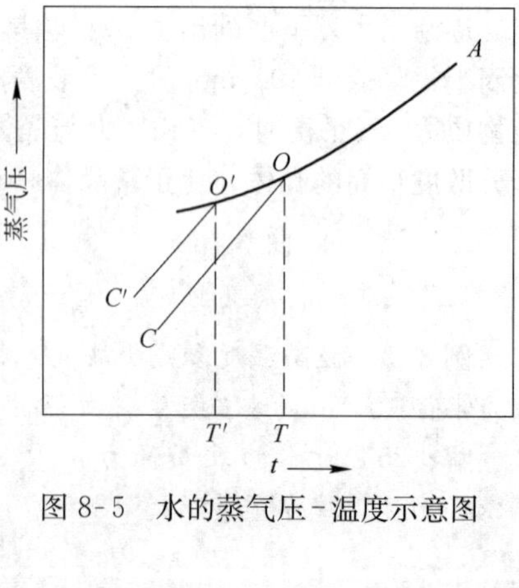

图 8-5　水的蒸气压-温度示意图

下面以水为例加以说明。图 8-5 是水的蒸气压-温度示意图。$O'A$ 是水的蒸气压线；OC 是普通晶体冰的蒸气压线；$O'C'$ 是微小晶粒冰的蒸气压线。因为微小晶粒的蒸气压大于普通晶体的蒸气压，所以 $O'C'$ 在 OC

之上。从图 8-5 中可以看出，OC 线与 $O'A$ 线交于 O 点，此时普通晶体冰的蒸气压等于水的蒸气压，O 点对应的温度 T 就是普通晶体冰的熔点（即正常熔点）。同理，和 O' 对应的温度 T' 是微小晶粒冰的熔点。因此，微小晶粒冰的熔点 T' 低于普通晶体冰的熔点 T。当然，晶粒越小，它的蒸气压越大，熔点也越低。

过冷液体是低于正常熔点还不凝固的液体。例如，纯水可以冷却到零下几度甚至几十度还不结冰。这是由于当液体冷却到正常熔点时，开始结晶出来的晶粒极小，它的熔点低于正常熔点，所以立刻又被熔化而不能成长为大晶体。要使这样的液体析出晶体，只有把温度降得更低些。另一个办法是向过冷液体中投入晶体作为结晶种子，促使过冷液体迅速结晶。例如，实验室中为了使过冷水迅速结冰，可投入少量冰屑。

8.3.3 微小晶粒的溶解度与过饱和溶液

物质的晶粒越小，蒸气压越大，它从该相中逸出的倾向也越大，因而在液体中的溶解度也越大。例如，25℃时，直径为 3.6×10^{-6}m 的 $BaSO_4$ 在水中的溶解度为 2.29×10^{-3}kg·m^{-3}；若磨细到直径为 2×10^{-7}m，其溶解度可增加到 4.15×10^{-3}kg·m^{-3}，几乎增大一倍。

根据亨利定律，物质的溶解度与其分压（蒸气压）成正比。

$$\frac{p}{p_0}=\frac{c}{c_0} \tag{8-8}$$

式中，p，p_0 和 c，c_0 分别为微小晶粒和普通晶体的蒸气压和溶解度。

将式（8-8）代入式（8-7），可得到如下关系式

$$\ln\frac{c}{c_0}=\frac{2\sigma_{sl}}{r\rho}\frac{M}{RT} \tag{8-9}$$

式中，ρ，σ_{sl}，r，M，T 则分别为固体的密度、固-液界面张力、小晶粒的半径、物质的分子质量和热力学温度。

式（8-9）表明，小晶粒具有大的溶解度。在已知普通晶体和微小晶粒的溶解度时，可通过式（8-9）求出固-液界面张力。例如，半径为 3×10^{-7}m 的 $CaSO_4$ 在水中的溶解度为 18.2×10^3mmol^{-1}·m^{-3}，而半径为 2×10^{-6}m 的 $CaSO_4$ 晶体，其溶解度为 15.33×10^3mmol^{-1}·m^{-3}，按式（8-9）求得 $\sigma_{sl}=1.100$N·m^{-1}。由于晶体分散是不均匀的，故上述计算结果只是粗略估计值。

由于微小晶体的溶解度大于普通晶体，所以在生产和生活中经常遇到过饱和溶液。过饱和溶液是指在一定温度下溶液浓度已超过了饱和浓度但未析出晶体的溶液。这种溶液之所以存在，是因为溶液中最初析出的晶粒都很小，它的溶解度大于普通晶体，来不及长大就又溶解了。同一液体相对大晶体来说是过饱和的，对小晶粒来说则是未饱和的。生产中为了使过饱和溶液迅速结晶，加入少量大晶粒作为结晶种子，使过量的溶质结晶出来。

上述过饱和蒸气、过热液体和过饱和溶液等被称为亚稳状态。它们之所以能够保持一定的稳定性，这与新相种子难以生成是分不开的。在相变初期，新相尺寸极为微小，表面能很大，表现出不同于普通系统特有的物理和化学性质。但是亚稳状态不是真正的平衡状态，因为只要引入少量的结晶种子，就可以破坏这种状态。在实际生活和生产中，有时要破坏亚稳状态，例如人工降雨；有时则要保持亚稳状态，例如，金属淬火。金属淬火是让高温下的金属骤冷，以保存其高温结构。这种结构在常温下属于亚稳状态，但仍然相当稳定。

8.3.4 分散度对化学反应的影响

当参与化学反应的物质处于高度分散状态时，化学反应的方向和限度也会受到分散度的影

响。下面以 $CaCO_3$ 分解反应来说明分散度对化学反应平衡的影响。

表 8-5 列出了 $CaCO_3$ 的分解压与其分散度和温度的关系。在其他条件相同时，高度分散的 $CaCO_3$ 比普通 $CaCO_3$ 多了表面能，稳定性下降，分解压也因此得到提高，更容易分解。

表 8-5 $CaCO_3$ 分解压与其分散度和温度的关系

温度/℃		500	600	700	800	900	1000
分解压/kPa	$CaCO_3$（普通）	1.01×10^{-2}	0.213	2.33	17.2	88.1	344
	$CaCO_3$（高度分散）	1.98×10^{-2}	0.375	3.95	26.3	113	496

8.4 润湿现象

将液体滴在固体表面上，由于两个相的性质不同，液体会在固体表面上或铺展开来或呈凸透镜形状，产生润湿现象。将一种液体滴在另一种与之不相溶的液体表面上，也会形成不同的界面形状。

8.4.1 铺展系数

图 8-6 所示为恒温恒压下液滴在固相表面上的铺展过程。A_s 代表固相表面积，σ_{gs}，σ_{ls}，σ_{gl} 分别代表气-固、液-固和气-液界面的界面张力。发生铺展过程之前，系统存在气-固界面，界面能 $G=A_s\sigma_{gs}$。相对于固相表面积而言，由于液滴表面积很小，而忽略了气-液界面积。铺展后，原来的气-固界面消失，产生了液-固和气-液界面，界面能 $G=A_s(\sigma_{ls}+\sigma_{gl})$。因此，铺展过程界面能的变化为

$$\Delta G=A_s(\sigma_{ls}+\sigma_{gl}-\sigma_{gs}) \tag{8-10}$$

这个铺展过程是自发进行的，即 $\Delta G=A_s(\sigma_{ls}+\sigma_{gl}-\sigma_{gs})<0$

定义铺展系数为

$$\varphi=-(\sigma_{ls}+\sigma_{gl}-\sigma_{gs})=-\frac{\Delta G}{A_s} \tag{8-11}$$

则有 $\Delta G=-A_s\varphi$。当铺展系数 $\varphi>0$ 时，$\Delta G<0$，表明液体能在固体表面上铺展。因此，液体在固体表面上铺展开的必要条件是铺展系数大于零。

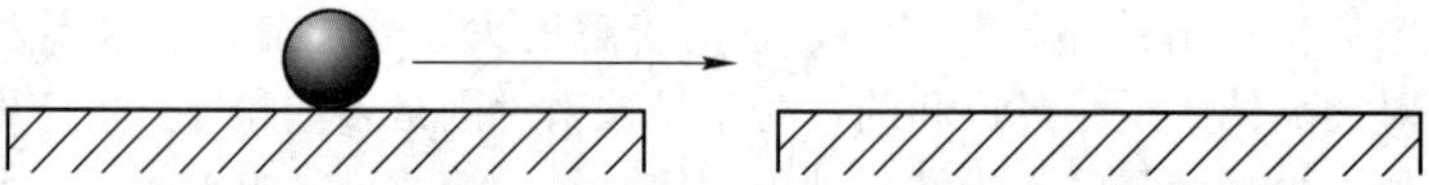

图 8-6 铺展润湿过程

8.4.2 黏附功和内聚功

图 8-7 所示为将一液柱从固体表面拉开和将一段液柱从中间拉断过程。设液柱横截面积是 $1m^2$，固相上表面积也是 $1m^2$。将液柱从固相表面拉开时，原有的液-固界面消失，同时增加了一个气-液界面和一个气-固界面，界面能的变化为

$$\Delta G=(\sigma_{gl}+\sigma_{gs}-\sigma_{ls})A_s=\sigma_{gl}+\sigma_{gs}-\sigma_{ls} \tag{8-12}$$

称此界面能的变化为黏附功，用符号 W_a 表示，即

$$W_a=\sigma_{gl}+\sigma_{gs}-\sigma_{ls} \tag{8-13}$$

将液柱从中间拉断时新增加了两个气-液界面，界面能的变化则等于 $2\sigma_{gl}$，称之为内聚功，用符号 W_c 表示

$$W_c=2\sigma_{gl} \tag{8-14}$$

根据铺展系数的定义式（8-11）可知，黏附功与内聚功之差等于铺展系数，即

$$W_a-W_c=\varphi \tag{8-15}$$

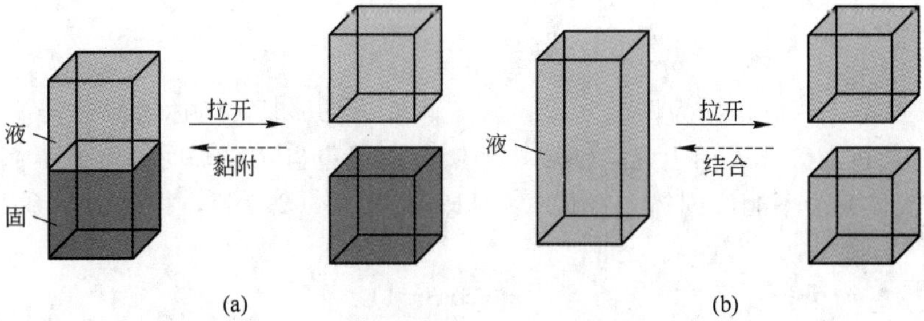

图 8-7 黏附功和内聚功示意图
(a) 黏附功；(b) 内聚功

当黏附功大于内聚功时，铺展系数大于零，表明液体能在固体表面上铺展；当黏附功小于内聚功时，铺展系数小于零，表明液体不能在固体表面上铺展。黏附功与液相和固相分子间的相互作用力有关，内聚功则反映了液体分子间力的大小。表 8-6 列出了几种液体的内聚功、与水的黏附功及在水面上的铺展系数。一种液体在另一种液体表面上的铺展过程也可用式(8-13)～式（8-15）进行讨论。

表 8-6 25℃时几种液体的内聚功、与水的黏附功及在水面上铺展的铺展系数

物 质	W_c/mJ·m^{-2}	W_a/mJ·m^{-2}	φ/mJ·m^{-2}
水	145		
辛醇	55	91.5	36.5
油酸	65	89.5	24.5
苯	57.8	66.6	8.8
溴仿	83	73.2	−9.8
液体石蜡	63.5	47.1	−16.5

例 8-3 试求 CS_2 的内聚功、与水的黏附功和铺展系数，并判断 CS_2 能否在水面上铺展。已知 $\sigma_{H_2O}=72.5\text{mN}\cdot\text{m}^{-1}$，$\sigma_{CS_2}=31.4\text{mN}\cdot\text{m}^{-1}$，$\sigma_{H_2O-CS_2}=48.4\text{mN}\cdot\text{m}^{-1}$。

解： CS_2 的内聚功为

$$W_c=2\sigma_{CS_2}=2\times31.4=62.8\text{mN}\cdot\text{m}^{-1}=62.8\text{mJ}\cdot\text{m}^{-2}$$

CS_2 与水的黏附功为

$$W_a=\sigma_{H_2O}+\sigma_{CS_2}-\sigma_{H_2O-CS_2}=72.5+31.4-48.4=55.5\text{mJ}\cdot\text{m}^{-2}$$

CS_2 在水面上的铺展系数为

$\varphi=W_a-W_c=(55.5-62.8)\text{mN}\cdot\text{m}^{-1}=-7.3\text{mJ}\cdot\text{m}^{-2}$。因为铺展系数 $\varphi<0$，所以 CS_2 不能在水面上铺展开来。

8.4.3 接触角

当铺展系数 $\varphi<0$ 时，铺展过程 $\Delta G>0$，铺展过程不能自发进行，出现黏附润湿或不润湿，如图 8-8 所示。图中的 A 点是固相、液相和气相三相的交界点。从 A 点标出气-固表面张力 σ_{gs}、液-固表面张力 σ_{ls} 和气-液表面张力 σ_{gl} 的方向，用符号 θ 表示界面张力 σ_{gl} 和 σ_{ls} 之间的夹角，称为接触角。平衡时，3 个界面张力和接触角 θ 之间的关系可从力平衡关系得到，即

$$\sigma_{gs}=\sigma_{gl}\cos\theta+\sigma_{ls} \tag{8-16}$$

或

$$\cos\theta=\frac{\sigma_{gs}-\sigma_{ls}}{\sigma_{gl}} \tag{8-17}$$

式（8-16）或式（8-17）称为杨氏方程。当接触角 $\theta<90°$ 时，液体对固体产生黏附润湿；当 $\theta=0°$ 时，液体在固体表面上发生铺展，即铺展润湿；当 $\theta>90°$ 时，液体不润湿固体；$\theta=180°$ 时，液体完全不润湿固体。将式（8-11）代入式（8-16），得到铺展系数与接触角的关系，即

$$\varphi=\sigma_{gl}(\cos\theta-1) \tag{8-18}$$

图 8-9 所示为液体在固体表面上发生的铺展润湿、黏附润湿、不润湿，固体在液体内部发生浸湿及一种液体在另一种液体表面上铺展及不铺展时的情况。

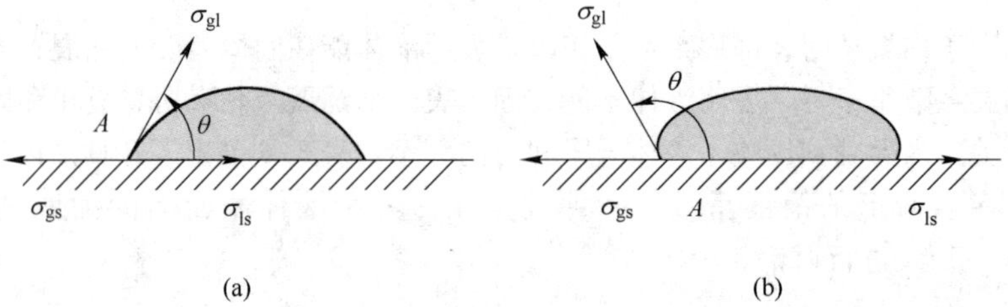

图 8-8 润湿作用与接触角
（a）黏附润湿；（b）不润湿

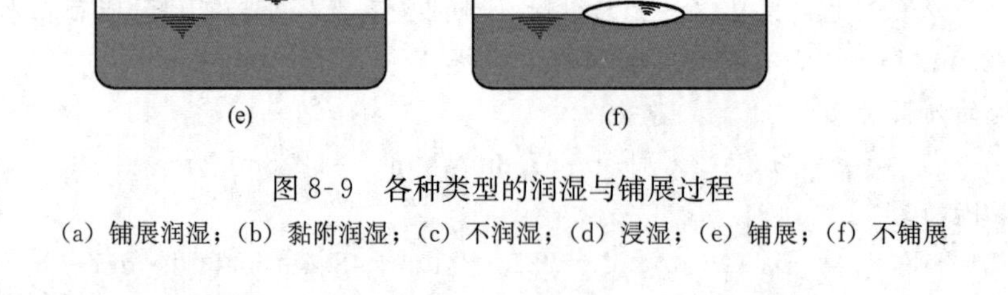

图 8-9 各种类型的润湿与铺展过程
（a）铺展润湿；（b）黏附润湿；（c）不润湿；（d）浸湿；（e）铺展；（f）不铺展

8.4.4 毛细管中液面上升或下降

将半径为 R 的毛细管插入液体中，若液体能够润湿毛细管，气-液界面则呈凹形。呈凹形

液面的液体，其受到的压力小于平面液体的压力，因此液体将在毛细管内上升至某一高度；液体不润湿毛细管时，气-液界面是凸形，呈凸形液面的液体压力大于平面的液体压力，液面在毛细管中将下降至某一高度。图 8-10 所示为液体能够润湿毛细管时毛细管中液面的形状。可以推导出毛细管中液面上升的高度 h 与毛细管半径 R、气液表面张力 σ_{gl} 和接触角 θ 之间的关系，即

$$h=\frac{2\sigma_{gl}\cos\theta}{\rho gR} \tag{8-19}$$

式中，ρ 为液体密度；g 为重力加速度。

液体润湿毛细管时，$\theta<90°$，$\cos\theta>0$，$h>0$，毛细管中液面上升；$\theta>90°$，$\cos\theta<0$，$h<0$，毛细管中液面下降。

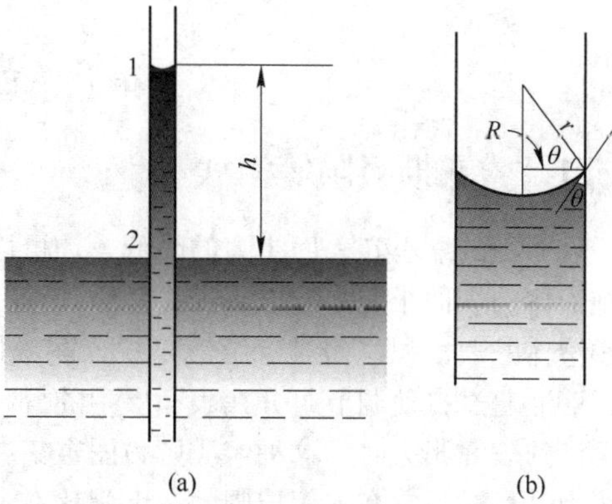

图 8-10 毛细现象
(a) 毛细管内液面上升；
(b) 液体润湿毛细管时液面形状

8.4.5 润湿现象在生产中的应用

电解铝时，冰晶石-氧化铝电解液对碳素阳极的润湿性直接影响电流效率。电解液润湿阳极时，阳极产物 CO 和 CO_2 气体能及时离开阳极表面，保证电解过程正常进行；如果电解液不润湿阳极，阳极气体会停留在电极表面附近，严重时可隔断电极和电解液之间的接触，造成电解池电阻上升、电流下降的阳极效应。因此，加入一些物质，如 Al_2O_3 可改善电解液对阳极的润湿程度。

在金属浇铸时，熔融金属对砂型的润湿性有一定的要求。若金属对砂型的润湿性太差，则所浇成的铸件在尖角或转弯处就会成为圆角，不能和砂型很好吻合。如果润湿性太好，则熔融金属会渗入砂型孔隙，形成不光滑的铸件。

矿物的可浮性与其润湿性有着密切的关系。矿石中有亲水性和疏水性的物质。亲水性的物质能被水润湿，疏水性的物质不能被水润湿。疏水性矿物，例如石墨、硫黄、辉钼矿等很容易浮选；而亲水性矿物，例如石英、方解石、长石却很难浮选。矿物浮选过程中，向矿浆中通入气体，不能被水润湿的细小矿物附着在气泡上，并随气泡上浮到表面，而能被水润湿的脉石则留在矿浆中，就可以达到分离脉石和富集有用矿物的目的。

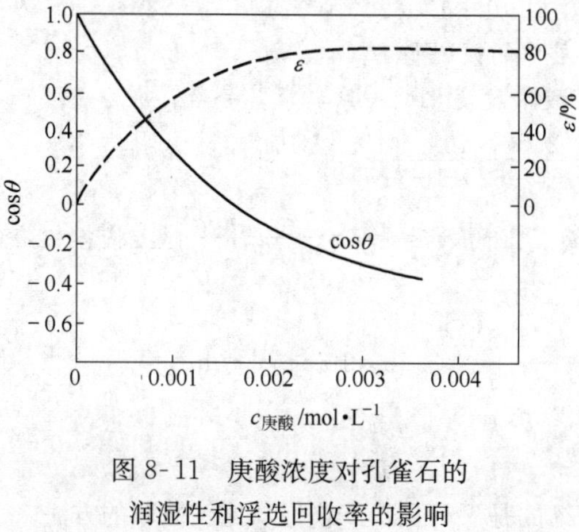

图 8-11 庚酸浓度对孔雀石的润湿性和浮选回收率的影响

浮选生产就是把矿石磨成很细的矿粒，疏水的有用矿物粒子附着在气泡上成为矿化气泡，而亲水的脉石粒子不能附着在气泡上而留在矿浆中。矿化气泡上浮形成矿化泡沫，把它从矿浆面上刮出来成为泡沫产品，这样就实现了矿物与脉石的分离。

图 8-11 所示为用庚酸（$C_6H_{13}COOH$）捕收孔雀石（$CuCO_3\cdot Cu(OH)_2$）时的回收率（ε）和接触角余弦（$\cos\theta$）的对应关系。因为 $\cos\theta$ 值和 θ 成相反关系，所以孔雀石的可浮性

随接触角的增加而变好，即疏水性越好越易浮选。

8.5 吉布斯吸附

8.5.1 吉布斯吸附等温式

表面积的缩小和表面张力的降低，均可以降低系统的吉布斯函数，都是自发的过程。定温下纯液体的表面张力是定值，因此对于纯液体来说，降低系统吉布斯函数的唯一途径是尽可能缩小液体的表面积。而对于溶液来说，溶液的表面张力和界面层的组成有着密切的关系。因此，溶液通过自动调节组分在表面层中的分布，可降低系统吉布斯函数。若所加入的溶质能降低溶液的表面张力时，这种溶质则力图富集在界面层上以降低界面能；反之，当溶质使溶液表面张力升高时，它在界面层中的浓度则比在本体内部的浓度低，而浓度差又趋于使系统中各部分的浓度均匀。在这两种相反过程的作用下，溶质在溶液内和表面层上形成一定的浓度分布。平衡时，溶质在溶液界面层的组成与溶液本体的组成不同时，可认为溶质在溶液界面层中发生了吸附。用单位界面层中溶质过剩的量表示吸附量，符号为 Γ。

吉布斯吸附等温式描述了溶质吸附量 Γ 与温度、溶质浓度及表面张力随溶质浓度的变化率之间的关系，即

$$\Gamma=-\frac{c}{RT}\left(\frac{\partial\sigma}{\partial c}\right)_T \tag{8-20}$$

式中，Γ 为吸附量，$mol\cdot m^{-2}$；c 为浓度，$mol\cdot m^{-3}$；$\left(\frac{\partial\sigma}{\partial c}\right)_T$ 为表面张力随溶质浓度的变化率；R 和 T 分别为气体常数和热力学温度。

从吉布斯吸附等温式（8-20）可知，当 $\left(\frac{\partial\sigma}{\partial c}\right)_T>0$ 时，$\Gamma<0$，表明增加溶质浓度，溶液的表面张力增加时，溶质在表面层中的量小于在相同体积的本体溶液内的量，即溶质在溶液表面层上发生了负吸附；若 $\left(\frac{\partial\sigma}{\partial c}\right)_T<0$，$\Gamma>0$，即表明溶液的表面张力随溶质浓度的增加而下降时，溶质在表面层中的量大于在相同体积的本体溶液内部的量，即溶质在溶液表面层上发生了正吸附。

例 8-4 20℃，丁酸水溶液表面张力 σ（$N\cdot m^{-1}$）与丁酸浓度 c（$mol\cdot m^{-3}$）之间的关系如下

$$\sigma=7.253\times10^{-2}-1.31\times10^{-2}\ln(1+1.962\times10^{-2}c)$$

试计算浓度等于 $100mol\cdot m^{-3}$ 的丁酸在溶液表面层中的吸附量 Γ。

解：题中给出了 20℃时的溶液表面张力随丁酸浓度变化的关系，求其导数，即

$$\left(\frac{\partial\sigma}{\partial c}\right)_T=\frac{d\sigma}{dc}=-\frac{2.57\times10^{-4}}{1+1.962\times10^{-2}c}$$

根据吉布斯吸附等温式（8-20），溶质在溶液表面层上的吸附量 $\Gamma=-\frac{c}{RT}\left(\frac{\partial\sigma}{\partial c}\right)_T$，将各相应的量代入公式中，得

$$\Gamma=\frac{100\times2.57\times10^{-4}}{8.314\times293\times(1+1.962\times10^{-2}\times100)}=3.56\times10^{-6}mol\cdot m^{-2}$$

8.5.2 吉布斯吸附等温式的推导

吉布斯吸附等温式的推导方法很多，下面介绍的是一种虽不严格但却比较简单的方法。

设有一溶液，由一溶剂及一溶质组成，浓度为 c。系统达平衡时，假定在表面层（面积为 A）上有物质的量为 1mol 的溶质过剩时，溶液的表面张力为 σ。设有微量溶质从溶液内部进入表面层，使表面张力减小 $\mathrm{d}\sigma$，这时系统的表面能变化为

$$\mathrm{d}G_{表面}=A\mathrm{d}\sigma$$

与此同时，系统浓度将有 $\mathrm{d}c$（活度变化为 $\mathrm{d}a_2$）的变化，因而将引起系统内部的吉布斯函数变化（$\mathrm{d}G_{内}$）。

因为溶质的化学势与它的活度有如下关系

$$\mu_2=\mu_2^*+RT\ln a_2$$

所以
$$\mathrm{d}G_{内}=\mathrm{d}\mu_2=RT\mathrm{d}\ln a_2$$

根据平衡条件
$$\mathrm{d}G=\mathrm{d}G_{表面}+\mathrm{d}G_{内}=0$$

或
$$A\mathrm{d}\sigma+RT\mathrm{d}\ln a_2=0$$

整理上式，可得
$$\frac{1}{A}=-\frac{\mathrm{d}\sigma}{RT\mathrm{d}\ln a_2}$$

因为
$$\mathrm{d}\ln a_2=\frac{\mathrm{d}a_2}{a_2}$$

所以上式可写成
$$\frac{1}{A}=-\frac{a_2}{RT}\frac{\mathrm{d}\sigma}{\mathrm{d}a_2} \tag{8-21}$$

根据假设，表面层上有物质的量为 1mol 的溶质过剩，所以 $\frac{1}{A}$ 就是单位表面层上溶质的过剩量，以 Γ 表示，称为单位表面层上吸附溶质之量（$\mathrm{mol\cdot m^{-2}}$）。于是式（8-21）变为

$$\Gamma=-\frac{a_2}{RT}\frac{\mathrm{d}\sigma}{\mathrm{d}a_2}$$

若溶液很稀，溶质的活度等于其浓度，并将导数写成偏导数后，上式变为

$$\Gamma=-\frac{c}{RT}\left(\frac{\partial\sigma}{\partial c}\right)_T \tag{8-22}$$

此即吉布斯吸附等温式。

8.6 表面活性物质和表面膜

8.6.1 表面活性物质

表面活性物质是能够显著降低液体表面张力的物质。以水为例，将不同物质加入到水中，水的表面张力随所加入物质的浓度呈现 3 种不同的变化规律，如图 8-12 所示。A 类物质使溶液表面张力升高，即 $\left(\frac{\partial\sigma}{\partial c}\right)_T>0$，这类物质在溶液表面层上发生负吸附，$\Gamma<0$。属于 A 类物质的多数是无机盐和蔗糖、甘露醇等多羟基有机物；加入 B 类物质和 C 类物质，溶液表面张力下降，因此，B 类和 C 类物质在溶液表面层中发生正吸附，即 $\Gamma>0$。醇醛、酮、羧酸、酯等有机物属于 B 类；肥皂、8 碳以上直链有机酸的碱金属盐、高碳直链烷基硫酸盐和苯硫酸盐等属于 C 类，加入少量 C 类物质可显著降低溶液的表面张力，故 C 类物质称为水的表面活性物质。

图 8-13 和图 8-14 是铁液表面张力随溶解氧含量的变化规律，及冰晶石熔体的表面张力随 NaF、Al_2O_3 和 AlF_3 浓度的变化规律。铁液的表面张力随着溶解氧浓度的增加而下降，冰晶石熔体的表面张力也随着 Al_2O_3 和 AlF_3 含量的增加而降低，因此，O 和 Al_2O_3、AlF_3 分别是铁液和冰晶石熔体的表面活性物质，在铁液及冰晶石表面层中发生正吸附；但加入 NaF，冰晶石

熔体的表面张力增加，因此，NaF 在冰晶石熔体表面层的浓度低于其在溶液内的本体浓度，发生负吸附。

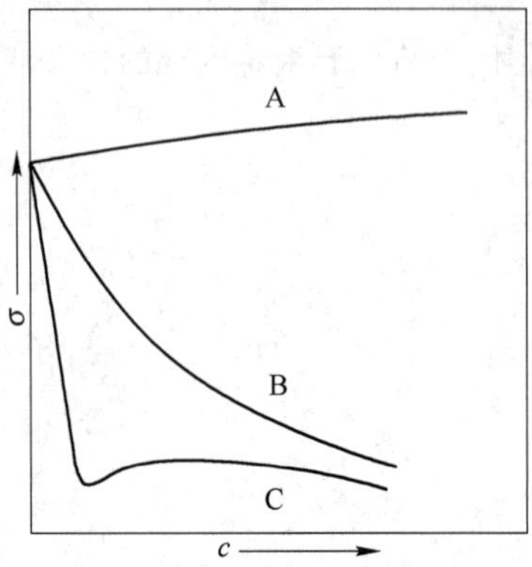

图 8-12 水的表面张力随三类溶质浓度关系

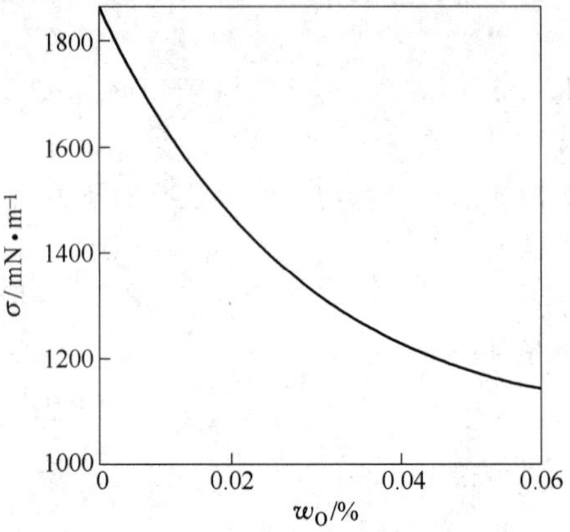

图 8-13 铁液表面张力与溶解氧浓度的关系（1550℃）

图 8-15 为水的表面活性物质的结构。水的表面活性物质都是由具有亲水性的极性基团和疏水性的非极性基团（也叫亲油性）构成，亲油性泛指非极性和弱极性的物质，如烃类有机物。

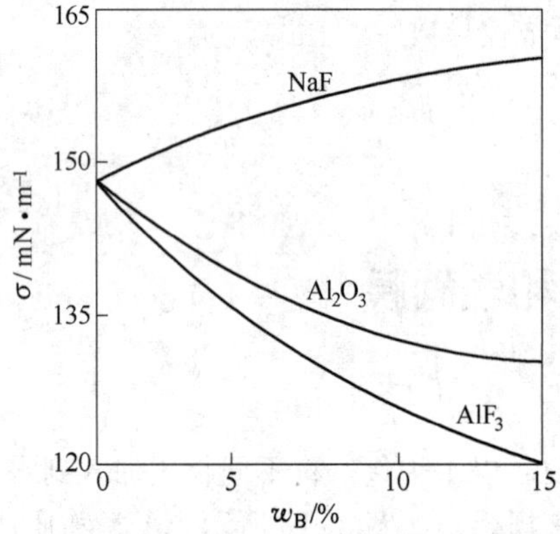

图 8-14 冰晶石表面张力与 NaF、Al_2O_3 和 AlF_3 浓度的关系（850℃）

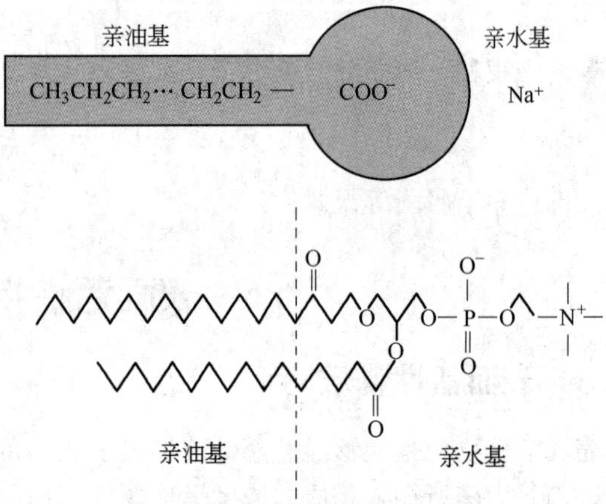

图 8-15 水的表面活性物质的结构

按起表面活性作用的基团种类划分，表面活性物质可分为离子型表面活性物质和分子型表面活性物质两种。分子型表面活性物质在水中不电离，呈分子状态，离子型表面活性物质在水中可电离出阴、阳离子，起降低溶液表面张力作用的可能是阴离子或阳离子，或两种离子都能降低溶液的表面张力。

例如肥皂和烷基磺酸盐是水的阴离子型表面活性物质，它们在水中的电离反应

肥皂

$$C_{17}H_{35}COONa = C_{17}H_{35}COO^- + Na^+$$

烷基磺酸盐

$$C_nH_{2n+1}SO_3Na = C_nH_{2n+1}SO_3^- + Na^+$$

电离出的阴离子能降低水的表面张力，起表面活性剂的作用。

十八胺酸盐是阳离子型表面活性物质，电离反应

$$C_{18}H_{37}NH_2HCl = C_{18}H_{37}NH_3^+ + Cl^-$$

氨基酸则是两性表面活性物质，阴、阳离子均能降低溶液的界面张力，在中性溶液中的电离反应

$$R_1NHR_2COOH = R_1NH_2^+R_2COO^-$$

在酸性溶液中的电离反应

$$R_1NHR_2COOH + H^+ = R_1NH_2^+R_2COOH$$

在碱性溶液中的电离反应

$$R_1NHR_2COOH + OH^- = R_1NHR_2COO^- + H_2O$$

这些表面活性物质在水溶液表面上发生定向排列，亲水基指向水中，疏水基指向空气。

图 8-16 所示为水的表面活性物质在水溶液界面层中的吸附量与浓度的关系，称为吸附等温线。低浓度范围，溶质在溶液界面层的吸附量 Γ 随溶液中溶质含量的增加而增加；当浓度超过图中 B 点所指示的浓度时，增加溶质含量（即溶液浓度），吸附量不再增加，此时的吸附量称为饱和吸附量，用符号 Γ^∞ 表示。不同链长的表面活性物质的 Γ^∞ 值相同，证明这些表面活性物质在水和空气的界面上都是垂直定向排列的，亲水基指向水中、亲油基指向空气，因此每个分子占据的面积大致相同，等于分子的横截面积，与分子的长度无关（见表 8-7）。

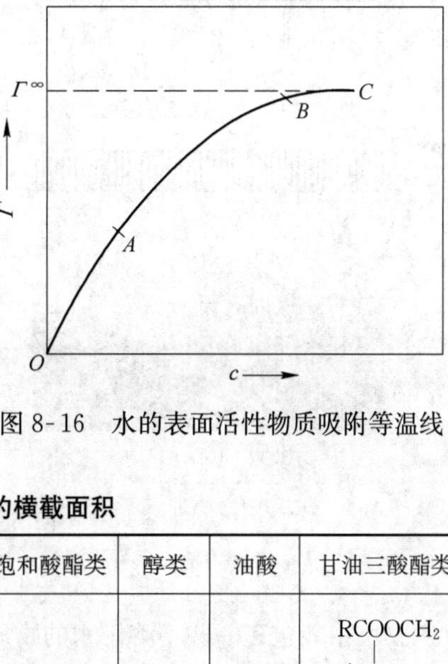

图 8-16 水的表面活性物质吸附等温线

表 8-7 几种有机化合物分子的横截面积

化合物	饱和脂肪酸	二元脂类	酰胺类	甲基酮类	饱和酸酯类	醇类	油酸	甘油三酸酯类
分子式	RCOOH	$RCOOC_2H_5$	$RCONH_2$	$RCOCH_3$	RCOOR	ROH	RCOOH	$RCOOCH_2$ | $R'COOCH$ | $R''COOCH_2$
横截面积/nm^2	0.205	0.205	0.205	0.205	0.220	0.216	0.410	0.615

根据表面活性物质的饱和吸附量 Γ^∞，可求得其横截面积 A_0

$$\Gamma_2^\infty N_A A_0 = 1$$

$$A_0 = (\Gamma_2^\infty N_A)^{-1} \tag{8-23}$$

式中，N_A 为阿伏加德罗常数。

8.6.2 胶束和临界胶束浓度

图 8-17 所示为水的表面活性物质在溶液表面层和溶液内部聚集的过程。当浓度很低时，表面活性物质在溶液中是随机分布的，如图 8-17（a）所示；逐渐增大浓度后，溶液表面层中

的表面活性物质浓度逐渐增多，如图 8-17（b）所示；当溶液表面层被表面活性物质覆盖、达到饱和吸附时，继续增加浓度，表面活性物质在溶液内部发生聚集，形成胶束，且胶束的数量随着表面活性物质的加入量增多而增大（见图 8-17（c）和图 8-17（d））。在这个过程中，表面活性物质始终以亲水基指向溶液，疏水基指向空气（形成胶束时，疏水基则指向胶束内部）。表面活性物质开始在溶液中形成胶束的浓度称为临界胶束浓度，此浓度相当于图 8-16 中 B 点所指示的浓度，大致与溶液表面层完全被覆盖时的表面活性物质的浓度相当。

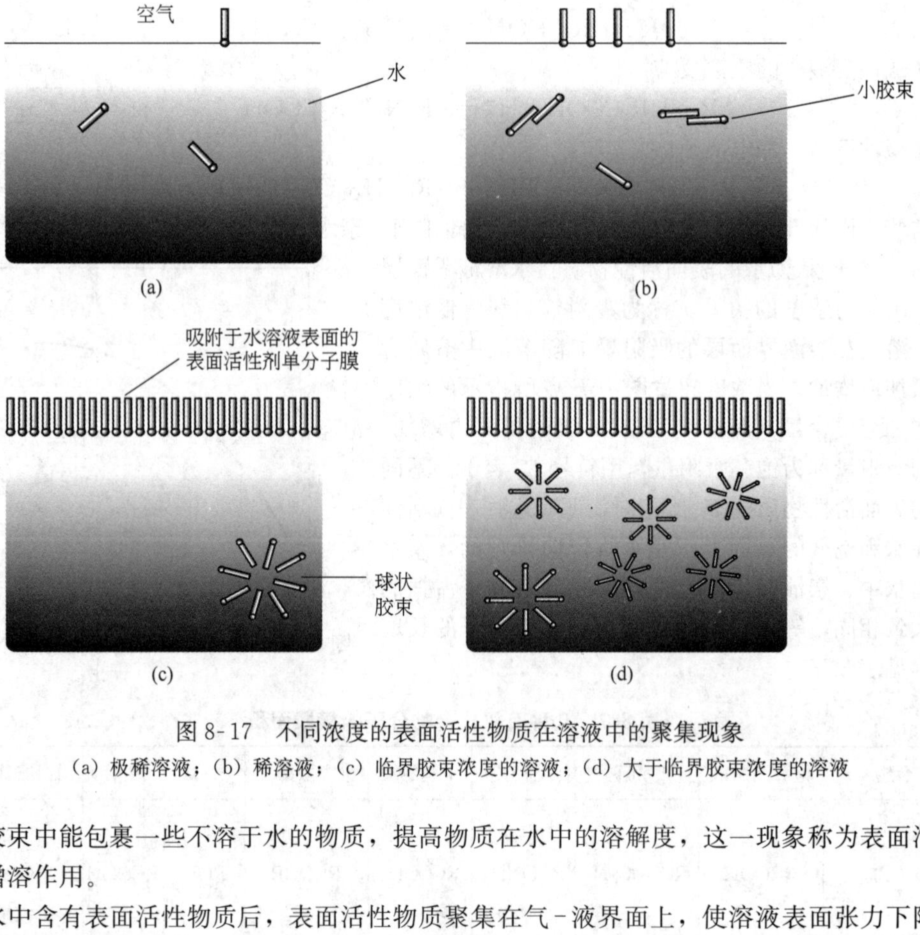

图 8-17 不同浓度的表面活性物质在溶液中的聚集现象

（a）极稀溶液；（b）稀溶液；（c）临界胶束浓度的溶液；（d）大于临界胶束浓度的溶液

胶束中能包裹一些不溶于水的物质，提高物质在水中的溶解度，这一现象称为表面活性物质的增溶作用。

水中含有表面活性物质后，表面活性物质聚集在气-液界面上，使溶液表面张力下降，容易产生泡沫，增加泡沫的弹性，称为表面活性剂的起泡作用。

8.6.3 不溶性的单分子膜

当表面活性物质不能溶解在水中或在水中的溶解度极小时会在水面上展开，形成单分子膜。因此可根据形成的单分子膜的面积 A，计算表面活性物质分子的横截面积 A_0

$$A_0=\frac{A}{n}=\frac{AM}{mN_A} \tag{8-24}$$

式中，n，m，M 分别为溶液表面形成单分子膜时表面活性物质的分子个数、质量和摩尔质量；N_A 为阿伏加德罗常数。

表 8-7 中列出了用这种方法计算的几种有机化合物分子的横截面积。从表中数据可看出，

多数有机化合物分子的横截面积是 0.205nm²，是一个碳氢链的面积，证明这些分子在水面上是垂直定向排列的，亲水基指向水面，疏水基指向空气，如图 8-18 所示。醇类及脂类含氢键，因此其横截面积略有增加；甘油三酸酯分子横截面积是 0.615nm²，因为其有 3 个极性基，占据 3 个碳氢链的面积；油酸分子的横截面积是 0.410nm²，因为油酸分子除了含有 COOH 极性基外，还有一个双键，和水分子发生吸引作用，导致横截面积增加。

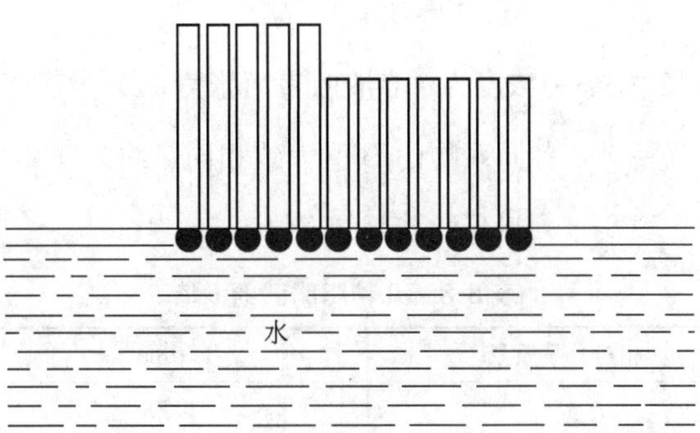

图 8-18　分子在界面上的定向排列

8.7　特劳贝定则和希斯科夫斯基方程式

溶液表面张力同表面活性物质的构造和浓度有关，下面介绍两个经验定律，应用很广。

8.7.1　特劳贝定则

1884 年，特劳贝（Traube）根据大量实验数据总结出一个规律：正脂肪酸（RCOOH）、醇类（ROH）、醛类（RCHO）等短烃链表面活性物质的表面张力几乎相等，但溶解在水中后，它们降低水的表面张力的能力却随着碳氢链的增长很快地增加。在稀溶液中，分子中每增加一个 CH_2 基，其表面活性约增大 3.2 倍，这一关系称为特劳贝定则。

图 8-19 所示为几个有机酸水溶液的表面张力等温线。图中表明，当溶液很稀时，相邻曲线的表面张力之比接近 3.2。

特劳贝定则指出，在同系物的稀溶液中，欲使表面张力降低一样多，则分子中每增加一个 CH_2 基，所需溶液浓度可以减少 2/3。表面活性物质在浮选中常用作起泡剂，为了减少起泡剂用量，一般总是宁愿使用烃链较长的物质。但烃链太长的物质溶解度往往很小，不易在水中分散，因此也不宜使用。浮选中所使用的起泡剂碳原子数大都在 5～11 之间。

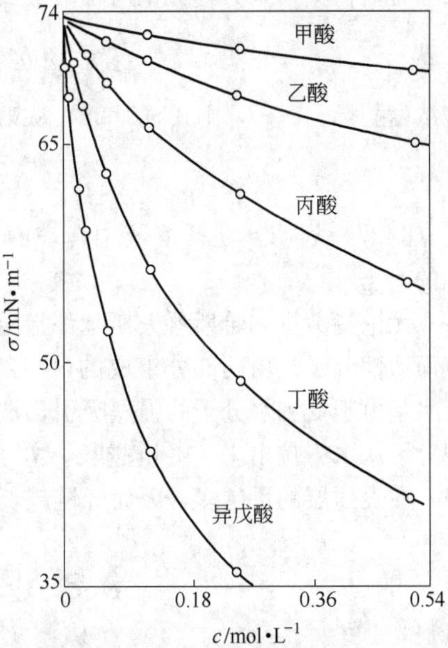

图 8-19　几种有机酸溶液的表面张力等温线

8.7.2 希斯科夫斯基方程式

1908 年，希斯科夫斯基（Szyszkowski）提出了一个经验公式，它反映溶液的表面张力相对下降值与溶液浓度之间的关系，称为希斯科夫斯基方程

$$\frac{\sigma_0-\sigma}{\sigma_0}=\frac{\Delta\sigma}{\sigma_0}=B\ln\left(1+\frac{c}{a}\right)$$

或

$$\frac{\Delta\sigma}{\sigma_0}=B\ln(1+bc) \tag{8-25}$$

式中，σ_0 为纯水的表面张力；σ 为浓度为 c 溶液的表面张力；$\Delta\sigma$ 为表面张力的降低值，$\Delta\sigma=\sigma_0-\sigma$；$B$、$a$ 及 b 为常数，$b=\frac{1}{a}$，各同系物的 B 值大致相同，约为 0.2，b 则随物质而异，它反映了各物质活性的大小。表 8-8 列出了脂肪酸的 b 值。

表 8-8 几种脂肪酸的 b 值

物 质	相对分子质量	$b/\text{L}\cdot\text{mol}^{-1}$	B_{i+1}/b_i
甲酸	46	0.73	
乙酸	60	2.84	3.9
丙酸	74	8.93	3.1
正丁酸	88	19.6	3.2
正戊酸	102	68.5	3.5
正己酸	116	233.0	3.4

从表 8-8 中可以看出，两相邻常数 b 之比接近 3.2，即当相对分子质量以算术级数增加时，b 值以几何级数增加。这和特劳贝定则是一致的。

希斯科夫斯基方程无论对稀溶液或浓溶液都适合。当 $c<1$ 时，展开式（8-25）得

$$\frac{\Delta\sigma}{\sigma_0}=B\left[bc-\frac{(bc)^2}{2}+\frac{(bc)^3}{3}-\frac{(bc)^4}{4}+\cdots\right] \tag{8-26}$$

若浓度甚稀，$c\to 0$，则式（8-26）从第二项起可以忽略，于是

$$\frac{\Delta\sigma}{\sigma_0}=Bbc=\beta c \tag{8-27}$$

式（8-27）表明，在稀溶液中，表面张力的相对下降值与其浓度成正比。这是完全符合实际的。

无论特劳贝和希斯科夫斯基都指出，物质的表面活性都随碳氢链的增长而加大。这是由于表面活性分子是由两部分组成的，一部分是疏水的烃链，另一部分是亲水基 OH、COOH 等。亲水基由于受到水分子的强烈吸引，被拉入水中；而疏水基的烃链由于受到水分子的排斥，要把分子从水中拉出来。烃链越长，分子的疏水性也越强，分子被拉入水中则越难，富集（吸附）在表面层的量越多，因而烃链越长的表面活性物质越容易被吸附。

8.8 固体自溶液中的吸附

固体自溶液中的吸附比较复杂。一方面，固体在溶液中除吸附溶质外，还要吸附溶剂，它们在固体表面上互相竞争；另一方面溶质和溶剂分子间还有相互作用，也互相影响着它们在固

体表面上的吸附。

8.8.1 吸附量的测定

测定固体吸附剂吸附溶质之量方法比较简单。将一定量的吸附剂加入到一定量的已知浓度的溶液中，摇晃，待吸附平衡后，再测定溶液浓度，从浓度改变及吸附剂的质量，即可计算出每克吸附剂吸附了多少溶质

$$a=\frac{x}{m}=\frac{V(c_1-c_2)}{m} \tag{8-28}$$

式中，m 为吸附剂的质量，g；x 为被吸附的溶质量，mol 或 mmol；a 为每克吸附剂吸附的溶质量，mol·g^{-1}或 mmol·g^{-1}；V 为溶液的体积；c_1，c_2 为吸附前后溶液的浓度。

若能测得吸附剂的比表面，则可根据式（8-28）求出固体吸附剂单位面积（1cm^2）的吸附量。用式（8-28）计算吸附量时没有考虑溶剂被吸附的情况，因此，所得结果只是相对的或表观的吸附量。当吸附量为零时，并不是两物质皆未被吸附，而是吸附层的浓度和液相中一样。有时计算结果是负值，说明这时该吸附剂更易吸附溶剂分子而较难吸附溶质分子。

8.8.2 固体自溶液中吸附的一些规律

影响固体自溶液中吸附量的因素很多，下面是一些规律：

(1) 极性吸附剂易吸附极性物质，非极性吸附剂易吸附非极性物质。极性吸附剂一般由离子键或极性键构成，它们的表面是亲水而疏油的。非极性吸附剂由分子键构成，它们的表面是疏水而亲油的。活性炭是非极性吸附剂，它从水溶液中吸附脂肪酸时，吸附量的顺序是：丁酸＞丙酸＞乙酸＞甲酸；硅胶（SiO_2）是极性吸附剂，它从苯溶液中吸附脂肪酸时，吸附量的顺序是：甲酸＞乙酸＞丙酸＞丁酸；二者恰好相反。这是因为烃链越长的脂肪酸极性越小。

(2) 在溶剂中溶解度小的物质通常较易被固体所吸附。例如，用炭从同浓度的 CS_2、$CHCl_3$ 和 CCl_4 的碘溶液中吸附的碘量，其比例为 1∶1.8∶4.8，而碘在这些物质中的溶解度比为4.5∶2∶1，几乎成反比关系。

(3) 由于固体和溶液性质不同，固体对溶质的吸附作用可以是化学的，也可以是物理的。在浮选过程中，硫化矿对黄药（ROCSSNa）的吸附是化学过程。例如，浮选方铅矿（PbS）时，黄药和 PbS 作用，在矿物表面上生成表面化合物黄酸铅。油类捕收剂，如煤油等在辉钼矿（MoS_2）和石墨（C）上的吸附是物理吸附。形成的吸附膜和矿物的结合不太牢固。氧化石蜡皂、塔尔油在赤铁矿（Fe_2O_3）表面上的吸附，既有化学吸附，又有物理吸附，形成“多分子层”。

总之，固体从溶液中的吸附非常复杂，必须考虑溶质溶剂及温度等各种因素的影响。

8.8.3 固体对电解质溶液的吸附

许多实际过程都涉及固体对电解质的吸附，如浮选过程中矿物粒子与药剂的作用，用离子交换剂分离稀土元素，土壤对营养元素的吸附等。对于弱电解质，例如脂肪酸，它们在溶液中很少电离，所以大都以分子形式吸附在固体表面上。强电解质则不然，它们在溶液中几乎完全电离为离子，所以常常以离子形式吸附在固体表面上。下面是固体对强电解质溶液吸附的一些规律：

(1) 吸附离子的固体通常都是极性吸附剂，因此，离子吸附常称为极性吸附。固体吸附离子的吸附力包括静电力和表面力两种。静电力是由于在极性的固体表面及周围产生的电场引起

的；而表面力则是固体表面的表面张力引起的。

(2) 固体对离子的吸附选择性很强。它们对阳离子和阴离子的吸附作用（能力）往往不同，在极端情况下甚至只吸附电解质中一种离子。只有在个别情况下才发生当量吸附，即对阳离子和阴离子的吸附量相等，相当于吸附了电解质分子。

对带电性质相同的离子的吸附能力有时相差也很大，它与离子的价数、离子的水化程度等各种因素有关。一般说来，高价离子较易被吸附，按吸附能力排序，有：$Th^{4+}>Al^{3+}>Ca^{2+}>K^+$。若离子价相同，则难以水化的离子较易被吸附，按吸附能力排序，有：$C^+>Rb^+>K^+>Na^+>Li^+$。表 8-9 列出了碱金属离子的半径。从表中数据可以看出，半径越小的离子越易水化，水化离子半径越大，水化外壳越厚。这种水化外壳能降低离子和固体表面的吸引力，因而可以阻止离子在固体表面上的吸附。

表 8-9　几种碱金属离子半径和水化离子半径

离　子	离子半径/nm	水化离子半径/nm
Li^+	0.078	1.003
Na^+	0.093	0.790
K^+	0.133	0.532
Rb^+	0.149	0.500

H^+ 和 OH^- 比其他无机离子更容易被固体吸附。用活性炭（活性炭因未除去灰分而显示极性）吸附各种离子的能力顺序：$H^+>\cdots>Fe^{3+}>Ba^{2+}>Sr^{2+}>Ca^{2+}>Mg^{2+}>Rb^+>K^+>Na^+>Li^+$。

有机离子，特别是那些长烃链的有机离子容易被固体吸附。

(3) 固体常从溶液中吸附其晶格中的同名离子和类质同象离子（化学成分相近，结晶构造相似，其质点互相替换而不破坏其结晶构造的一类物质称为类质同象物质。例如，菱铁矿（$FeCO_3$）和菱镁矿（$MgCO_3$）是类质同象物质。菱铁矿中的 Fe 和菱镁矿中的 Mg 互相替换不破坏其原有的结晶构造）。如固体 AgI 能从 $AgNO_3$ 溶液中吸附 Ag^+，从 KI 溶液中吸附 I^-。钨铁矿（$FeWO_4$）和钨锰矿（$MnWO_4$）、闪锌矿（ZnS）和方镉矿（CdS），它们都是类质同象物质。钨铁矿和钨锰矿都能吸附 Fe^{2+} 和 Mn^{2+}，闪锌矿和方镉矿都能吸附 Zn^{2+} 和 Cd^{2+}。物理化学中把固体吸附同名离子和类质同象离子的现象称为定位离子吸附。这种吸附的特点是：被吸附的离子能进入固相，成为固相组成的一部分，并且能改变固体表面的电性质，这样的离子称为定位离子。而溶液中与定位离子带相反电荷的离子称为反离子或抗衡离子。

(4) 被吸附的离子在吸附剂上生成的表面化合物溶解度越小，则这种离子越容易被吸附，这一规律称为法扬斯-潘尼斯规则。例如，AgI 固体可以从溶液中吸附 I^-、Br^-、Cl^-、CN^-、CNS^- 等离子，但不吸附 NO_3^- 和 CO_3^{2-}，这是由于 AgI、AgBr、AgCN、AgCNS 等难溶于水，而 $AgNO_3$ 和 Ag_2CO_3 较易溶于水的缘故。

法扬斯-潘尼斯规则可以说明浮选过程中一些药剂的作用，并且可以提供寻找新的选矿药剂的途径。例如，硫化铅矿能吸附黄药是由于能生成难溶的表面化合物黄酸铅（$ROCS_2$）Pb。硫化锌矿能吸附 Cu^{2+}（硫化锌被活化）是由于生成的表面化合物 CuS 比 ZnS 更难溶解。

(5) 交换吸附与特性吸附。固体吸附剂吸附离子时，同时向溶液中排出等电量的同种电荷的离子，这样的吸附称为交换吸附。例如，硫酸钡在氯化铅溶液中发生阳离子交换

$$[BaSO_4]BaSO_4+Pb^{2+}=\!=\!=[BaSO_4]PbSO_4+Ba^{2+}$$

在铬酸钾溶液中发生阴离子交换

$$[BaSO_4]BaSO_4 + CrO_4^{2-} = [BaSO_4]BaCrO_4 + SO_4^{2-}$$

硫化矿对黄药的吸附也属于交换吸附，吸附机理曾被深入研究，通过化学分析和红外光谱数据证实的机理是：

(1) 硫化矿吸附黄药之前必须先经过轻微的氧化

$$[MeS]2MeS + 2O_2 + H_2O = [MeS]Me_2S_2O_3(OH)_2$$

(2) 已氧化的表面与黄酸根离子 $ROCS_2^-$ (X^-) 相互作用

$$[MeS]Me_2S_2O_3(OH)_2 + 2X^- = [MeS]Me_2S_2O_3X_2 + 2OH^-$$

最终在硫化矿表面形成化合物 $Me_2S_2O_3X_2$，具备疏水性，因而容易浮游。

特性吸附是指吸附剂吸附某种离子（阳离子或阴离子）后，吸附剂上没有离子被取代下来。这时带相反电荷的离子仍保留在溶液中，界面上产生电势差，形成“双电层”。关于双电层理论将在第 10 章讨论。

8.9　气体在固体表面上的吸附

8.9.1　吸附量与温度和压力的关系

在充有氨气的容器中放入活性炭，可以观察到容器内氨气压力下降，这表明活性炭吸附了氨分子。吸附发生在固相表面上。

吸附气体的固相物质称为吸附剂，被吸附的气体称为吸附质。

吸附量是单位质量的固体吸附剂在标准状态（0℃，100kPa）下吸附气体的体积，用符号 a 表示。吸附量与吸附剂和吸附质的性质、吸附剂的表面状态、吸附质的压力以及温度都有关。由于吸附过程是在气-固相界面上发生的，提高吸附剂的分散度，吸附量会增加。

恒温条件下吸附量随吸附质压力变化的规律称为吸附等温线。图 8-20 所示为 5 种类型的吸附等温线。

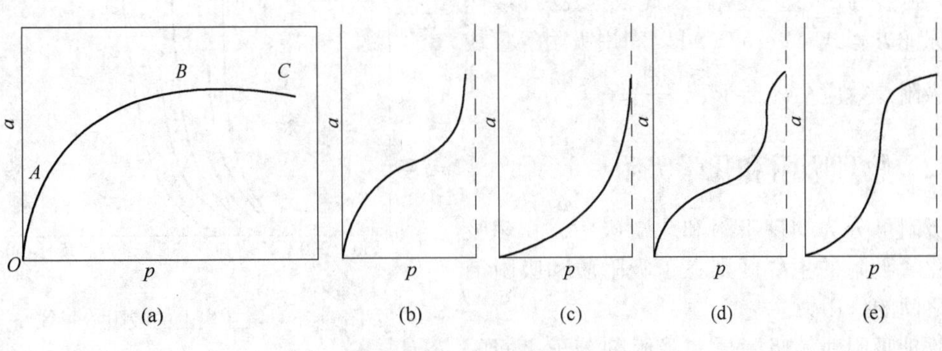

图 8-20　5 种吸附等温线

图 8-20 中的纵坐标是吸附量，横坐标是压力。根据 5 种吸附等温线可知，吸附量随吸附质压力增加而增加。(a) 类吸附是常见的，也是比较重要的吸附类型。对 (a) 类吸附等温曲线的解释是：低压时，吸附量随压力增加而线性增大，到达 B 点后，继续增加吸附质压力，吸附量不变，即吸附过程达到了饱和。－183℃时氮在活性炭上的吸附和 0℃时氯乙烷在木炭上

的吸附均属于（a）类吸附。-195℃时氮在铁催化剂上的吸附属于（b）类吸附，79℃时溴在硅胶上的吸附属于（c）类，50℃时苯在 Fe_2O_3 凝胶上的吸附属于（d）类，100℃时水蒸气在活性炭上的吸附则属于（e）类。

图 8-21 是不同温度下氨在炭上的吸附等温线，低温时属于（a）类吸附，压力增加到 30kPa 时就接近饱和吸附，此后增加压力，吸附量基本维持恒定；高温时，吸附量随着吸附质分压的增加而线性增加；相同压力下，吸附量随温度升高而减小。

在恒压条件下，表示吸附量与温度关系的曲线称为吸附等压线。在吸附等压线上，吸附量随温度升高而减小。因为吸附过程是放热的，升高温度不利于吸附反应的进行。图 8-22 是氨在炭上的吸附等压线。增加压力，吸附量增加；提高温度，吸附量减少。

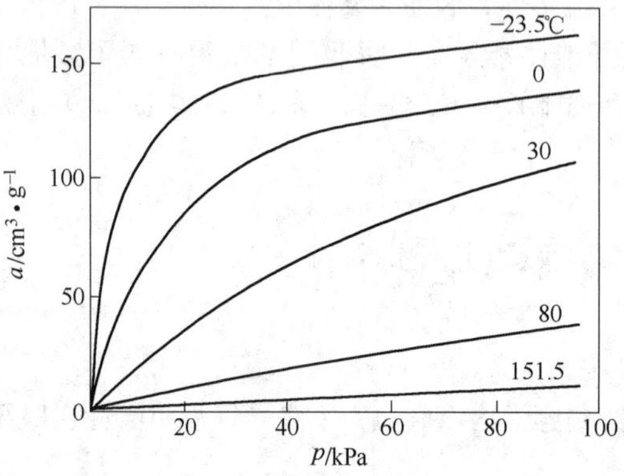

图 8-21　氨在炭上的吸附等温线

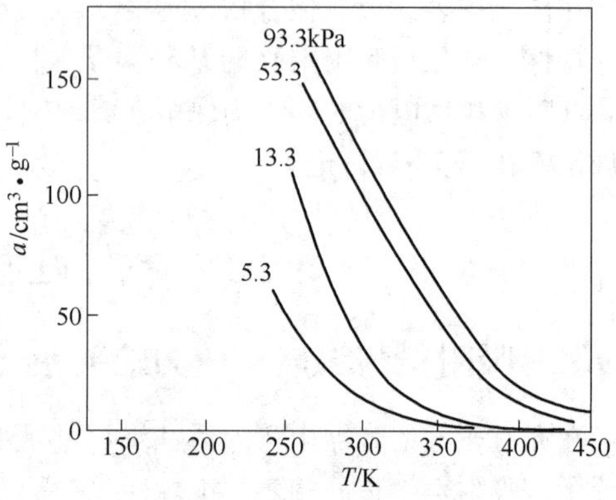

图 8-22　氨在炭上的吸附等压线

吸附等量线是吸附量恒定时，温度和吸附质分压之间的关系曲线。图 8-23 是氨在炭上的吸附等量线。温度升高，气体分压也必须增加，这样才能保持吸附量恒定。由于吸附等量线描述吸附温度与压力的关系，因此根据克劳修斯-克拉佩龙方程式（2-75），可以利用吸附等量线求出吸附热效应 $\Delta H_m = RT^2 \dfrac{d(\ln p)}{dT}$。

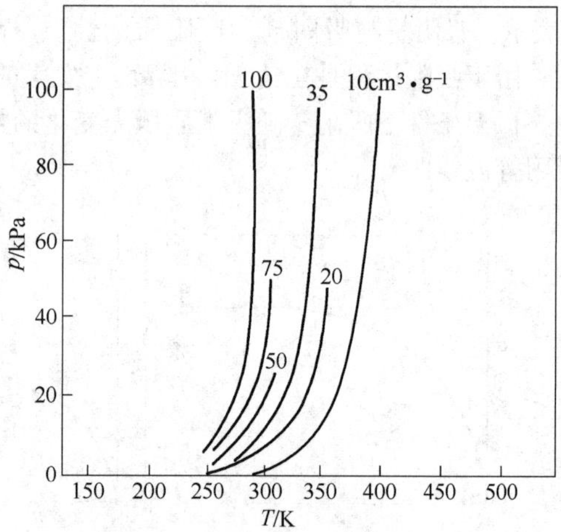

图 8-23　氨在炭上的吸附等量线

8.9.2　物理吸附和化学吸附

吸附可分为物理吸附和化学吸附。物理吸附和化学吸附的主要区别在于吸附质和吸附剂分子之间的作用力。

物理吸附时，吸附质和吸附剂分子之间的作用力是范德华力，因此物理吸附是没有选择性的，越容易液化的气体越容易被吸附。被吸附的气体分子还可以吸附气相中的其他分子，因此物理吸附是多层的。物理吸附的热效应比较小，接近气体分子的凝聚热。被吸附的气体分子可以脱附返回到气相中去，因此物理吸附是可逆的。物理吸附过程容易达到平衡，平衡时吸附速率等于脱附速率。

发生化学吸附时，吸附质分子和吸附剂表面上的原子发生化学反应，因此化学吸附具有选择性。当固相表面被气体分子覆盖满了之后，不再发生进一步的吸附，化学吸附是单分子层的。化学吸附热效应比较大，与化学反应的热效应相当，一般在 $80kJ \cdot mol^{-1}$ 以上。在低温下化学吸附不容易达到平衡，因为低温下脱附速率比较慢，且脱附的气体分子的结构有时不同于被吸附前的结构。

固相表面有许多活性中心，如突出的棱角，活性中心上的原子或分子受力不平衡，容易与周围接近其表面的分子发生相互作用。一般活性中心的数量很小，例如，镍粉活性中心的面积仅占总面积的 0.1%。

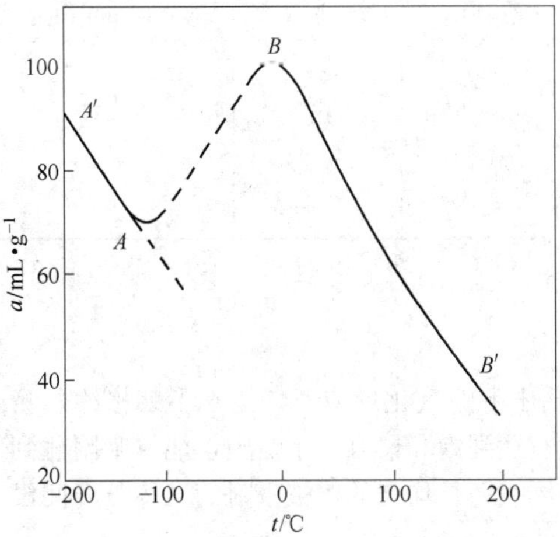

图 8-24 20kPa CO 气体在钯上的吸附等压线

在温度变化的过程中，很多等压吸附的吸附性质发生变化。因为低温有利于物理吸附，高温有利于化学吸附，对在低温下已经达到物理吸附平衡的系统，温度升高后开始发生化学吸附。图 8-24 是 20kPa CO 气体在钯上的吸附等压线。图中线段 AA' 表示达到物理吸附平衡后的系统，升高温度，吸附量下降；从 A 点开始发生化学吸附，吸附量随温度的升高而增加，并在 B 点达到最大吸附量；线段 BB' 表示在继续升温的过程中，吸附量下降。物理吸附和化学吸附过程都是放热的，所以，两类吸附的吸附量都随温度的升高而下降。

8.10 吸附等温方程式

有几个定量描述吸附等温线的方程，即吸附量与气体分压关系的方程。

8.10.1 弗劳因德里希（Freundlich）吸附等温方程

等温条件下，吸附量 a 与吸附质分压 p 的适当方次成正比，即

$$a=kp^{1/n} \tag{8-29}$$

式（8-29）是弗劳因德里希吸附等温方程，式中，k 和 n 均为经验常数，与吸附质、吸附剂的性质及温度有关，$n>1$，$k>0$。

将式（8-29）取对数，即

$$\lg a=\lg k+\frac{1}{n}\lg p \tag{8-30}$$

吸附量 a 的对数和分压的对数之间呈直线关系，直线的斜率和截距分别等于 $\frac{1}{n}$ 和 $\lg k$。因此，通过直线的斜率和截距可求弗劳因德里希等温方程中的两个常数 k 和 n。

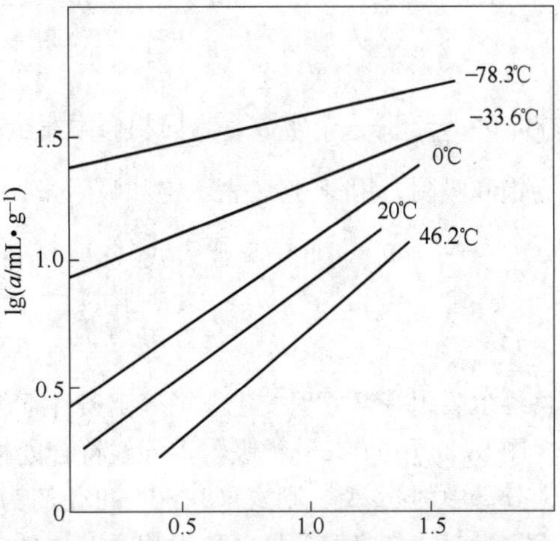

图 8-25 CO 在活性炭上的吸附等温线

在中等压力范围内，一些气体的吸附量和压力的关系满足弗劳因得里希吸附等温方程式

(8-30)。例如，不同温度下 CO 在炭上的等温吸附，如图 8-25 所示。各温度下 $\lg a$-$\lg p$ 之间均满足直线关系，温度不同，k 和 n 值也不同，且温度升高，吸附量下降。表 8-10 中列出了一些气体在沸点温度和外压下、在活性炭上的吸附量。其中氢的吸附量最小，二氧化硫的吸附量最大。

表 8-10 几种气体在活性炭上的等温吸附量

吸附物	沸点/℃	吸附量/mL·mg⁻¹	吸附物	沸点/℃	吸附量/mL·mg⁻¹
二氧化硫	−10.1	380	二氧化碳	−78.5	47.6
氯	−34	235	甲烷	−161.5	16.2
氨	−33.4	181	氧	−183	8.2
硫化氢	−60.7	99	氢	−252.7	4.7

8.10.2 朗格缪尔吸附等温方程

1916 年，朗格缪尔（Langmuir）研究钨丝在低压下的氧化反应时，建立了朗格缪尔吸附等温方程。他认为晶体表面上的原子或分子成键没有达到饱和，有剩余键力，能够吸附碰到其表面上的气体分子，形成单分子层吸附，并假设晶体表面是均匀的，被吸附的气体分子间没有相互作用力。

用符号 θ 表示固相表面上的吸附点被气体分子覆盖的分数（$0\leqslant\theta\leqslant1$），$(1-\theta)$ 代表尚未被气体分子覆盖的固相表面吸附点的分数，气体在固体表面的吸附速率正比于 $(1-\theta)$ 和气体的分压 p，脱附速率正比于 θ，即

$$v_{吸附}=k_1(1-\theta)p$$

$$v_{脱附}=k_2\theta$$

吸附平衡时，吸附速率和脱附速率相等，即

$$k_1(1-\theta)p=k_2\theta$$

求解覆盖分数 θ，得

$$\theta=\frac{\frac{k_1}{k_2}p}{1+\frac{k_1}{k_2}p}=\frac{bp}{1+bp} \tag{8-31}$$

式中，$b=\frac{k_1}{k_2}$，是一个常数。当固相表面完全被气体分子覆盖，即 $\theta=1$ 时，吸附气体的量最大，称为饱和吸附，用符号 a_∞ 表示饱和吸附量；尚未达到饱和吸附时，$\theta<1$，吸附量是 a，且 $a<a_\infty$，$\frac{a}{a_\infty}=\frac{\theta}{1}=\theta$。将此结果代入式（8-31）后，得朗格缪尔吸附等温方程式

$$a=\frac{a_\infty bp}{1+bp} \tag{8-32}$$

朗格缪尔吸附等温方程式建立了等温条件下气体吸附量和吸附质分压之间的关系。

图 8-20 中的（a）类吸附等温线符合朗格缪尔等温吸附方程。压力很小时，忽略掉式（8-32）分母中的 bp 值，则式（8-32）可化简为 $a=a_\infty bp$，这表明吸附量和气体分压呈直线关系；压力很大时，忽略掉分母中的常数项 1，式（8-32）可化简为 $a=a_\infty$，即吸附量不再随压力变化；中等压力范围内，$a=kp^{\frac{1}{n}}$，即符合弗劳因德里希吸附等温方程（8-29）。

将朗格缪尔等温方程式（8-32）取倒数，即

$$\frac{1}{a}=\frac{1}{a_{\infty}bp}+\frac{1}{a_{\infty}} \tag{8-33}$$

式（8-33）表明，吸附量的倒数和气体分压的倒数之间存在着直线关系，直线的斜率等于$\frac{1}{a_{\infty}b}$，截距等于$\frac{1}{a_{\infty}}$。因此，通过对吸附量和分压取倒数作图处理，可获得饱和吸附量a_{∞}及常数b。

推导朗格缪尔吸附等温方程时，假设吸附是单分子层的，因此朗格缪尔吸附等温方程适用于描述单分子层吸附，即化学吸附。

8.10.3　BET 理论

1938 年，由布龙瑙尔（Brunauers）、埃梅特（P. H. Emmett）和特勒（E. Teller）提出了适用于描述多分子层吸附的等温方程，简称 BET 理论。BET 理论假设固相吸附剂与吸附质分子首先发生第一层吸附，然后在被吸附的气体分子上面又发生第二层、第三层……物理吸附过程，如图 8-26 所示。吸附过程相当于气体的冷凝过程。描述多分子层吸附的 BET 公式为

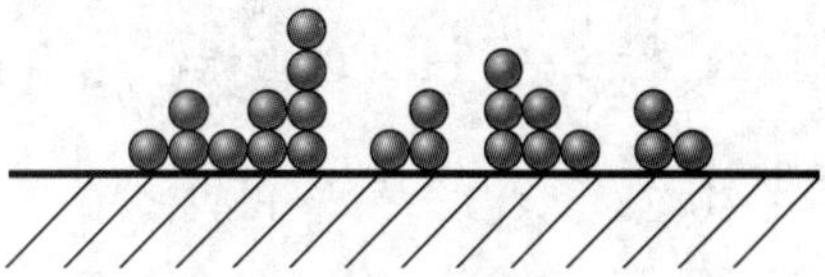

图 8-26　多分子层吸附示意图

$$a=\frac{a_{\infty}Cp}{(p^{*}-p)\left[1+(C-1)\frac{p}{p^{*}}\right]} \tag{8-34}$$

式中，a，a_{∞}分别为吸附量和饱和吸附量；p^{*}，p则分别为吸附温度下气体的饱和蒸气压及分压；C为常数。BET 理论中饱和吸附量a_{∞}所代表的意义仍然是吸附剂表面被吸附质分子覆盖一层时的吸附量。

将式（8-34）取倒数，即

$$\frac{p}{a(p^{*}-p)}=\frac{(C-1)}{a_{\infty}C}\frac{p}{p^{*}}+\frac{1}{a_{\infty}C} \tag{8-35}$$

式（8-35）表明，以$\frac{p}{a(p^{*}-p)}$为纵坐标，$\frac{p}{p^{*}}$为横坐标作图，可得一条直线，直线的斜率等于$\frac{C-1}{a_{\infty}C}$，截距为$\frac{1}{a_{\infty}C}$，从而可获得 BET 理论中的常数a_{∞}和C。

BET 公式适用于图 8-20 中等温吸附曲线（a）、（b）、（c）、（d）、（e）全部类型的中等压力范围，即$\frac{p}{p^{*}}=0.05\sim0.35$之间。BET 公式的重要应用是利用饱和吸附量$a_{\infty}$和气体分子的横截面积$A_0$，计算固体吸附剂的比表面积$A$

$$A=\frac{a_{\infty}N_{A}A_{0}}{22.7\times10^{-3}}$$

式中，22.7×10^{-3}为标准状态下（0℃，100kPa），1mol 理想气体的体积，m^3；比值$\frac{a_{\infty}}{22.7\times10^{-3}}$为达到饱和吸附时，吸附质的物质的量，其中$a_{\infty}$的单位为$m^3$；$N_A$为阿伏加德罗常数。

例 8-5　0℃时，实验测得丁烷在 6.602g TiO_2 粉末上的吸附量a数据如下：

p/kPa	7.05	11.31	18.22	26.60	43.62	75.81
a/mL	2.94	3.82	4.55	5.89	8.07	12.65

已知0℃时，丁烷的饱和蒸气压等于103.34kPa，丁烷分子的横截面积是0.321nm^2。试计算：

(1) BET公式中的饱和吸附量；

(2) TiO_2的比表面积（即1g TiO_2固体粉末具有的表面积）。

解：(1) 计算$\frac{p}{p^*}$和$\frac{p}{a(p^*-p)}$，列入下表：

$\frac{p}{p^*}$	0.0682	0.109	0.176	0.257	0.422	0.732
$\frac{p}{a(p^*-p)}$	0.0249	0.0322	0.0442	0.0590	0.0905	0.216

(2) 以$\frac{p}{a(p^*-p)}$为纵坐标，$\frac{p}{p^*}$为横坐标作图，获得一条直线，如图8-27所示。直线斜率$\frac{C-1}{a_\infty C}=0.184$，截距$\frac{1}{a_\infty C}=1.41\times10^{-3}$，联立解得$a_\infty=5.39$mL，因此$TiO_2$的表面积为

$$A=\frac{a_\infty N_A A_0}{22.7\times10^{-3}}=\frac{5.39\times10^{-6}\times6.02\times10^{23}\times0.321\times10^{-18}}{22.7\times10^{-3}}=45.9\text{m}^2$$

比表面积为45.9/6602=6.95m^2/g。

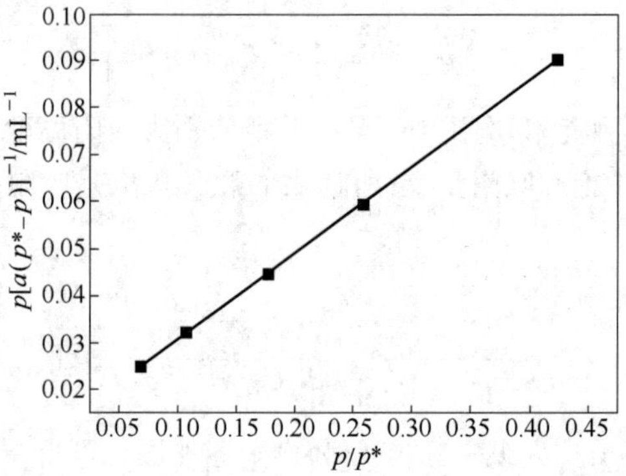

图8-27　0℃时TiO_2吸附丁烷分子

习　题

8-1　水泥、面粉或其他粉料，时间长了会结成团，试从表面现象说明其原因。

8-2　25℃下，将一半径$R=2$cm的水珠分散为$r=10^{-4}$cm的许多小水滴，问需消耗多少功，系统的表面能增加多少？

(7.21J)

8-3　25℃下，水面下有一半径为5×10^{-3}mm的气泡，求气泡内气体的压力（大气压力为101.3kPa，不考虑水的静压力）。

(130kPa)

8-4　若在两平板玻璃间放些水，将其叠在一起，则很难把两块玻璃掰开，说明其原因。

8-5　用气泡压力法测定某液体（密度为1.6g·mL^{-1}）的表面张力时，最大气泡压力为207Pa，毛细管半径为1mm，管端在液面下1cm，求该液体的表面张力。

(0.025N·m^{-1})

8-6　用气泡压力法测定20℃浓度为0.1mol·L^{-1}丁醇的表面张力。实验测得U形水压计的最大压力差Δp为4.30cm。若用同一毛细管来测定20℃的水，其压力差为5.58cm。试求丁醇溶液的表面张力。

(0.0538N·m^{-1})

8-7　水蒸气迅速冷却至25℃时会发生过饱和现象。已知25℃时水的表面张力为0.0715N·m^{-1}，当过饱和的水蒸气压力为平衡压力的4倍时，试计算在此情况下，开始形成水滴的半径。

(7.5×10^{-8}cm)

8-8　20℃，水的正常蒸气压为2.33kPa，求半径为5nm的水珠的蒸气压。

(2.89kPa)

8-9　20℃，$BaSO_4$的正常溶解度为1×10^{-16}mol·L^{-1}，求半径为5nm的$BaSO_4$的溶解度。$BaSO_4$密度为4.5g·cm^{-3}，它与水的界面张力为1.25N·m^{-1}。

(4.18×10^{-12}mol·L^{-1})

8-10　25℃，当石膏（$CaSO_4\cdot2H_2O$）粉末的颗粒半径平均为2μm和0.3μm时，其溶解度分别为15.33mmol·L^{-1}和18.2mmol·L^{-1}，已知石膏的摩尔体积为74.1cm^3·mol^{-1}，试求石膏-水界面张力的近似值。

(1.012N·m^{-1})

8-11　20℃时，水的表面张力为0.0725N·m^{-1}，汞的表面张力为0.485N·m^{-1}，汞-水界面张力为0.375N·m^{-1}，求水在汞表面上的展开系数，并判断水能否在汞表面上展开。

(0.0375N·m^{-1})

8-12　用焦炭吸附丙酮水溶液中的丙酮，获得数据如下：

$\frac{x}{m}$/mmol·g^{-1}	0.208	0.618	1.075	1.50	2.08
c/mol·L^{-1}	0.00234	0.01465	0.04103	0.0886	0.1776

试用作图法求弗劳因德里希吸附等温式中的常数k及$1/n$。

(k=5.52，$1/n$=0.532)

8-13　以焦炭吸附氨，在78.3℃时获得如下数据：

p/kPa	0.722	1.307	1.723	2.898	3.931	7.528	10.10
$\frac{x}{m}$/L·kg^{-1}	10.2	14.7	17.3	23.7	28.4	41.9	50.1

利用上列各数值求对应的$\lg p$及$\lg\frac{x}{m}$，并作$\lg\frac{x}{m}$-$\lg p$图，从图中求弗劳因德里希吸附等温式中的常数k及$1/n$。

(k=12.47，$1/n$=0.602)

8-14　下表是1g活性炭在0℃及不同压力下吸附氮气的体积（mL，换算为0℃及100kPa标准状态下的体积）。根据朗格缪尔等温吸附方程，作$\frac{1}{a}$与$\frac{1}{p}$直线，并确定常数a_∞及b。

p/Pa	523.9	1730	3058	4534	7495
a/mL	0.987	3.043	5.082	7.047	10.31

(a_∞=34.97，$b=5.48\times10^{-5}$ Pa^{-1})

8-15　用活性炭吸附$CHCl_3$蒸气时，在0℃的饱和吸附量为93.8L·kg^{-1}，已知$CHCl_3$的分压为13.37kPa时的平衡吸附量为82.5L·kg^{-1}。(1) 求朗格缪尔公式中的b值；(2) $CHCl_3$的分压为6.67kPa时，平衡吸附量是多少？

($b=5.46\times10^{-4}$$Pa^{-1}$，73.59L·$kg^{-1}$)

8-16 在-192.4℃下，用硅胶吸附氮气（已知硅胶的$A_0=0.162nm^2$），测得在不同压力下每克硅胶的吸附量（mL，换算为标准状况）如下：

p/Pa	8.887	13.93	20.62	27.73	33.76	37.30
a/mL	33.55	36.56	39.80	42.61	44.66	45.92

试求硅胶的比表面积。已知氮气在-192.4℃时的饱和蒸气压p^*为147.0kPa。

（154.4m^2）

8-17 把25mL浓度为0.198mol·L^{-1}的醋酸与3g炭共摇，达平衡后，取出5mL溶液用0.05mol·L^{-1} NaOH溶液滴定，结果用掉10mL，求1g炭吸附多少醋酸？

（0.817mmol·g^{-1}）

8-18 在20℃下，乙基硫醇（C_2H_5SH）的表面张力为0.022N·m^{-1}，水的表面张力为0.0725N·m^{-1}。将二者混合为一溶液，试分析哪一个在表面层上产生正吸附？哪一个产生负吸附？

8-19 乙醇的表面张力符合公式：$\sigma=0.072-0.0005c+0.0002c^2$，$c$是乙醇的浓度（mol·$L^{-1}$），温度为25℃。计算乙醇溶液浓度为0.6mol·L^{-1}时乙醇在表面层的吸附量。

（6.30×10^{-8}mol·m^{-2}）

8-20 在21.5℃时，测得各种浓度的β-苯基丙酸（β-$C_6H_5CH_2CH_2COOH$）水溶液的表面张力数据如下：

c/g·$(kgH_2O)^{-1}$	0.503	0.962	1.501	1.750	2.352	3.002
σ/mN·m^{-1}	69.0	66.5	63.6	61.3	59.3	56.1

求溶液浓度为1.501g·$(kgH_2O)^{-1}$时，β-苯基丙酸在表面层的吸附量。

（3.3×10^{-6}mol·m^{-2}）

8-21 20℃时，从实验测得酚水溶液的表面张力数据如下：

酚/%	0.024	0.047	0.118	0.471
σ/mN·m^{-1}	72.6	72.2	71.3	66.5

试从吉布斯吸附等温式计算溶液浓度为0.1%时酚的吸附量。

（5.6×10^{-7}mol·m^{-2}）

8-22 浓度为0.4g·L^{-1}的16酸苯溶液滴在水面上，苯迅速蒸发，而16酸则在水面展开形成一单分子膜。今测得729cm^2的水面上形成一紧密单分子膜需要上述溶液0.381mL，求16酸分子的截面积和长度。已知16酸的相对分子质量为256，密度为0.857g·cm^{-3}。

（0.203nm^2，2.44nm）

9 电 化 学

【本章概要】

本章介绍了电解质溶液中离子的传输性质，介绍了电解质溶液中组分的活度和化学势的计算与表达、电极电势的产生及原电池热力学、能斯特方程、可逆电极的特点与分类、电池电动势的测量与应用、熔盐电池和固体电解质电池，最后介绍了电极过程动力学。

【关键词】

电迁移率，迁移数，电导率，摩尔电导率，平均活度，德拜-尤格尔极限公式，电极电势，可逆电池，标准电极，极化，超电势，极限电流，分解电压，塔弗尔公式

【章节重点】

本章应重点掌握基本概念，理解电解质溶液的摩尔电导率和无限稀释溶液中离子独立运动定律，学会计算电解质溶液中组分的平均活度系数与活度，掌握由电极电势计算电池电动势和原电池热力学，掌握电极过程动力学的规律。

电化学是研究化学现象与电现象之间的相互关系以及化学能与电能之间相互转化规律的科学，是物理化学的重要分支，广泛应用于生产实践及基础理论研究中。电解法制取碱是仅次于合成氨和硫酸的无机物生产工艺；铝、钠等轻金属的冶炼，铜、锌等的精炼也都用的是电解法；机械工业使用电镀、电抛光、电泳涂漆等来完成部件的表面精整与处理；环境保护可用电渗析的方法除去氰离子、铬离子等污染物；化学电源；金属的防腐蚀问题，大部分金属腐蚀是电化学腐蚀问题；许多生命现象如肌肉运动、神经的信息传递都涉及到电化学机理。应用电化学原理发展起来的各种电化学分析法已成为实验室和工业监控中不可缺少的手段。

化学现象与电现象的联系，化学能与电能的转化，都必须通过电化学装置实现。将化学能转变为电能的装置称为原电池；将电能转变为化学能的装置称为电解池。

电池由两个电极和两个电极之间的电解质构成，因而电化学的研究内容包括两个方面：一方面是电解质的溶液理论，包括电解质的传输性质和平衡性质等；另一方面是电极的研究，包括电极的平衡性质和极化性质，也就是电极和电解质界面上的电化学行为。电化学研究涉及化学热力学、化学动力学和物质结构等内容。

9.1 法拉第定律

1834 年，英国物理学家和化学家 M. 法拉第在总结大量实验结果的基础上，提出法拉第定律。

法拉第定律是电解过程中总结出的经验规律，是电解过程的基本理论。法拉第定律：在电

解过程中，电极上发生反应的物质的量与通过电解池中的电量成正比，与该物质在电极反应中得失电子的数目成反比，即

$$n=\frac{Q}{ZF} \tag{9-1}$$

式中，n，Q，Z，F 分别为电极上发生反应的物质的量、电解过程中通过电解池的电量、转移电子的数目和法拉第常数。法拉第常数是1mol电子具有的电荷数，等于96485C。在一串联的电解池中通过1个法拉第电量，可分别使物质的量等于1mol的 Cu^{+}、$\frac{1}{2}$mol Cu^{2+}、$\frac{1}{3}$mol的 Al^{3+} 在阴极上沉积出来。因此，通过相同电量的情况下，离子的价数越高，沉积出的物质的量越少。

图9-1为电解池示意图。在电解质溶液中放置两个电极，并施加电压。在电场的作用下，溶液中的阳离子向阴极移动，在阴极上得到电子，发生还原反应；阴离子则向阳极移动，在阳极上失去电子，发生氧化反应。

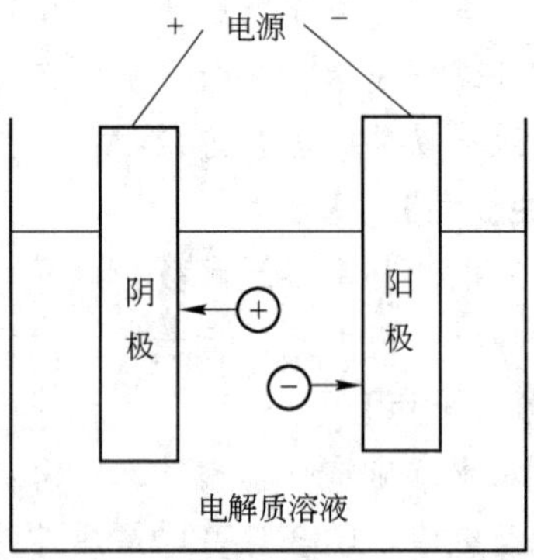

图9-1 电解池

例如，采用惰性电极电解 $CuSO_4$ 水溶液时，溶液中的 Cu^{2+} 在阴极上得到电子被还原为金属，阴极反应是

$$Cu^{2+}+2e^{-}=\!=\!=Cu$$

与此同时，溶液中的 OH^{-} 和 SO_4^{2-} 向阳极移动，由于 OH^{-} 比 SO_4^{2-} 容易失去电子，最终 OH^{-} 在阳极上失去电子被氧化，阳极反应是

$$2OH^{-}-2e^{-}=\!=\!=H_2O(l)+\frac{1}{2}O_2$$

在上述电解过程中，阴极上沉积出金属铜，阳极上释放出氧气。电极上获得物质的量的多少，与电解过程中通过电解池的电量有关，并可根据法拉第定律计算出来。

法拉第定律没有任何限制条件，在任何温度和压力下均能应用。在实际电解时，由于电极上常常发生副反应，电极上得到的物质的量低于按照法拉第定律计算出来的物质的量，电解过程的电流效率因此而降低。例如，水溶液的电解过程，除了其他阳离子在阴极上沉积以外，溶液中的 H^{+} 也常常在阴极上得到电子，释放氢气，降低电流效率。电流效率是通过一定电量后，电极上获得的实际物质的量与按照法拉第定律计算该物质的量之比。

9.2 离子的电迁移和迁移数

9.2.1 离子的电迁移率

电迁移是电解质溶液中的离子在电场的作用下发生的定向移动。离子的移动速度受温度、浓度、离子半径、外加电场强度、电解质及溶剂本质等因素的影响。提高温度和电场强度、降低电解质浓度都会加快离子的移动速度。半径小或具有特殊导电方式的离子，移动速度也大。

定义单位电场强度时离子的移动速度为离子的电迁移率，用符号 u 表示，即

$$u_B=\frac{v_B}{E} \tag{9-2}$$

式中，u_B，v_B，E 分别为离子B的电迁移率、移动速度和电场强度。

电解质溶液的导电能力与离子的电迁移率有关。下面推导电解质溶液的电流与溶液中正、

负离子的电迁移率之间的关系。

电解质 $M_{\nu_+}X_{\nu_-}$ 的电离反应：

$$M_{\nu_+}X_{\nu_-} = \nu_+ M^{z_+} + \nu_- M^{z_-}$$

式中，ν_+，ν_-，z_+，z_- 分别为电解质 $M_{\nu_+}X_{\nu_-}$ 电离出的阳离子 M^{z_+} 和阴离子 M^{z_-} 的个数和电荷数。

用 c 代表电解质 $M_{\nu_+}X_{\nu_-}$ 的物质的量浓度，电解质电离后产生的阳离子浓度是 c_+、阴离子浓度是 c_-。图 9-2 为电解池通电后的导电情况。通电后，电解池中的阳离子和阴离子分别向阴极和阳极移动，形成了阳离子移动电流 I_+、阴离子移动电流 I_-，总电流 I 为

$$I = I_+ + I_- \tag{9-3}$$

电流是单位时间内流过电解池的电量，即

$$I = \frac{Q}{t} = \frac{Q_+ + Q_-}{t} = I_+ + I_- \tag{9-4}$$

式中，Q_+，Q_- 和 Q 分别为在 t 时间内阳离子和阴离子输送的电量及总电量。

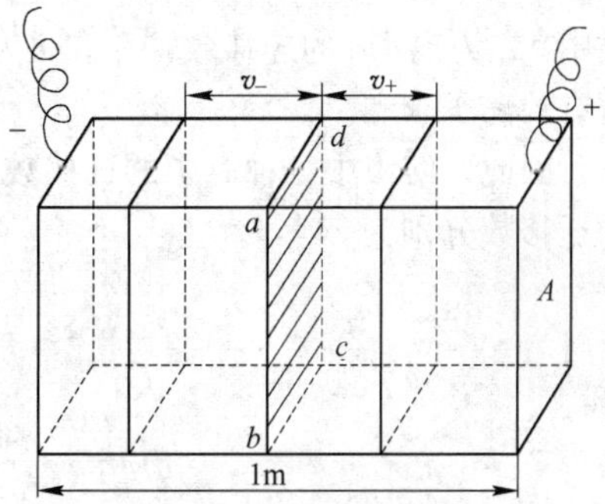

图 9-2 离子运动示意图

设阳离子、阴离子的移动速度分别是 v_+，v_-，电迁移率分别是 u_+，u_-，根据离子电迁移率与迁移速率的关系式（9-2），有 $v_+ = u_+ E$、$v_- = u_- E$。在图中取一截面 $abcd$，其面积等于 $A\text{m}^2$，单位时间内与此截面相距为 v_+、体积等于 Av_+ 的溶液中的所有阳离子都会在向阴极移动的过程中到达截面 $abcd$，形成正电荷流 $I_+ = Av_+c_+z_+F$。同理，单位时间内与此截面相距 v_-、体积等于 Av_- 的溶液中所有的阴离子也都会在向阳极移动的过程中到达此截面，形成负电荷流 $I_- = Av_-c_-z_-F$。因此，总电流 $I = I_+ + I_- = Av_+c_+z_+F + Av_-c_-z_-F = (v_+c_+z_+ + v_-c_-z_-)AF$。

由于溶液是电中性的，$|z_+c_+|$ 等于 $|z_-c_-|$，总电流 $I = (v_+ + v_-)c_+z_+AF$。利用电迁移率与迁移速率的关系式（9-2），得到电流与离子电迁移率的关系，即

$$I = (u_+ + u_-)c_+z_+AEF \tag{9-5}$$

式（9-5）表明，电解质溶液的电流强度与溶液中阳离子和阴离子的电迁移率之和成正比，与离子电荷、离子浓度和电解池的横截面积及电场强度成正比。

在无限稀释的电解质溶液中，阴、阳离子相距无限远，离子间的库仑引力可以忽略不计，因此在无限稀释时的电解质溶液中，离子的电迁移率是离子固有的特征参数，与溶液中共存的其他离子无关。表 9-1 列出了一些离子的无限稀释电迁移率，用符号 u_B^∞ 表示。在所有的阳离子中，H^+ 的无限稀释电迁移率最大；在所有的阴离子中，OH^- 的无限稀释电迁移率最大，这是因为这两种离子具有特殊的快速链式传输方式。

表 9-1 离子无限稀释时的电迁移率（25℃）

离　子	$u_B^\infty/\text{m}^2\cdot\text{s}^{-1}\cdot\text{V}^{-1}$	离　子	$u_B^\infty/\text{m}^2\cdot\text{s}^{-1}\cdot\text{V}^{-1}$
H^+	36.3×10^{-8}	OH^-	20.55×10^{-8}
Na^+	5.19×10^{-8}	F^-	5.74×10^{-8}
Li^+	4.01×10^{-8}	Cl^-	7.92×10^{-8}

续表 9-1

离 子	$u_B^\infty/m^2 \cdot s^{-1} \cdot V^{-1}$	离 子	$u_B^\infty/m^2 \cdot s^{-1} \cdot V^{-1}$
K^+	7.62×10^{-8}	Br^-	8.09×10^{-8}
Ag^+	6.42×10^{-8}	NO_3^-	7.40×10^{-8}
Ca^{2+}	6.17×10^{-8}	SO_4^{2-}	8.27×10^{-8}
Cu^{2+}	5.60×10^{-8}	HCO_3^-	4.61×10^{-8}

9.2.2 离子迁移数

定义电解质溶液中离子的迁移数等于离子输送的电流与总电流之比，即

$$t_i=\frac{I_i}{I}$$

式中，t_i 为离子 i 的迁移数；I_i 和 I 为离子 i 输送的电流和通过溶液的总电流，求和是对溶液中所有的离子求和。

因此，溶液中各种离子的迁移数之和等于 1。对只含一种电解质的溶液，阳离子和阴离子的迁移数分别为

$$t_+=\frac{I_+}{I}=\frac{I_+}{I_++I_-}=\frac{u_+}{u_++u_-} \tag{9-6}$$

$$t_-=\frac{I_-}{I}=\frac{I_-}{I_++I_-}=\frac{u_-}{u_++u_-} \tag{9-7}$$

实验测定电解质溶液中离子迁移数的一种方法是希托夫法，其装置如图 9-3 所示。电解质溶液分装在两个连通的、标有刻度的玻璃管内，将电解质划分为 3 个区。外线路串联电量计和电流表，记录流经电路的电流和电量。图 9-4 为迁移原理示意图。在图 9-4 中，用假想截面 AA′、BB′把电解池的阳极区、中间区和阴极区隔开。电解前，各区含有相同数目的阴、阳离子。

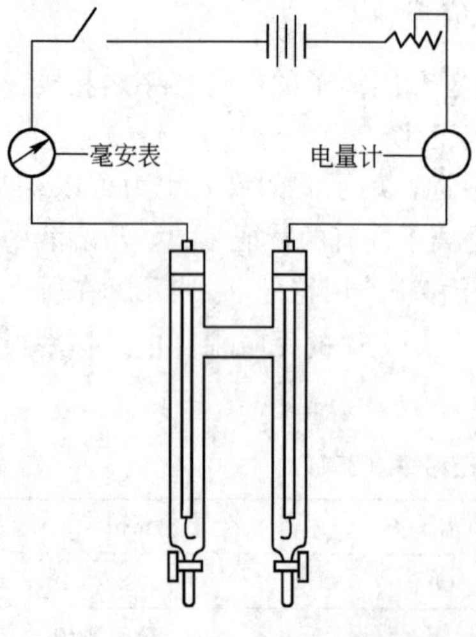

图 9-3 希托夫法测定离子迁移数装置

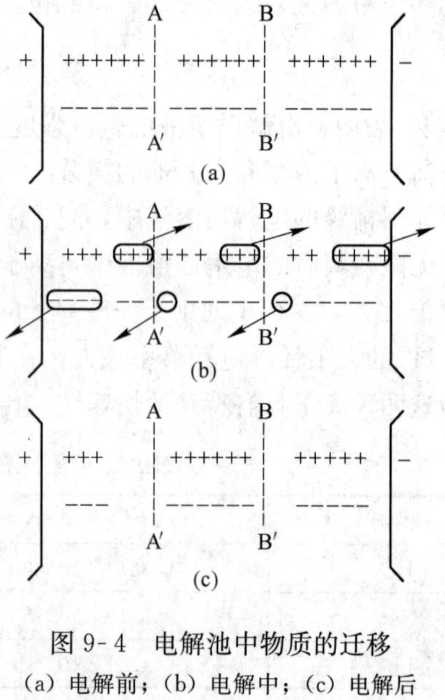

图 9-4 电解池中物质的迁移
(a) 电解前；(b) 电解中；(c) 电解后

设阳离子的电迁移率是阴离子电迁移率的3倍，共有4e的电荷（e是电子电荷的负值）通过电解池，其中阳离子输送的电荷数是3e，阴离子输送的电荷数是1e。电解后，在阳极和阴极上各有相当于4e电荷的物质发生了反应，同时4e电荷通过AA′、BB′截面。除中间区外，阳极区、阴极区内物质浓度都发生了变化。阳极区内物质量的变化与阳离子的迁移数成正比，阴极区内物质量的变化与阴离子的迁移数成正比。因此，分析电解前后阳极区内和阴极区内物质的量的变化，可以计算出离子的迁移数。

根据物料平衡关系，电解前后某种离子在某区内物质的量之间存在着如下的关系

$$n_{后}=n_{前}\pm n_{电}\pm n_{迁} \tag{9-8}$$

式中，$n_{后}$ 为电解后某区该种离子的摩尔数；$n_{前}$ 为电解前某区该种离子的摩尔数；$n_{电}$ 为电极反应引起的某区该种离子量的变化，增加（溶解）取“+”号，减少则取“−”号；$n_{迁}$ 为电解过程中某区该种离子迁入或迁出的量，迁入取“+”号，迁出取“−”号。

离子的迁移数：
$$t_i=\frac{I_i}{I}=\frac{Q_i}{Q}$$

式中，Q_i 为离子i输送的电量，等于 $n_{迁}$ 与电荷数 z_i 及法拉第常数的乘积；Q 为通过电解质的总电量，等于库仑计记载的电量，即

$$t_i=\frac{n_{迁}z_iF}{Q} \tag{9-9}$$

已知 $n_{迁}$ 及总电量，即可根据式（9-9）计算离子的迁移数。

例9-1 用两个银电极电解 $AgNO_3$ 溶液。分析电解后27.67g阳极溶液中，含有0.2326g $AgNO_3$。电解前19.48g溶液中，含0.1326g $AgNO_3$。电解过程中在串联的铜库仑计上沉积铜0.0160g。试计算阳离子 Ag^+ 及阴离子 NO_3^- 的迁移数 t_{Ag^+} 和 $t_{NO_3^-}$。

解：用式（9-8）计算阳极区阳离子 Ag^+ 物质的量变化。

$n_{后}$：电解后27.67g电解液中含0.2326g $AgNO_3$，相当于27.67−0.2326=27.44g水中含0.2326g $AgNO_3$。

$$n_{后}=\frac{0.2326\times10^{-3}}{169.87\times10^{-3}}=1.369\times10^{-3}\,\text{mol}$$

$n_{前}$：电解前阳极区同样质量的水中含 $AgNO_3$ 的量。

$$n_{前}=\frac{0.1326\times10^{-3}}{(19.48-0.1326)\times10^{-3}}\times27.44\times10^{-3}\times\frac{1}{169.87\times10^{-3}}=1.107\times10^{-3}\,\text{mol}$$

$n_{电}$：电极反应引起的阳极区 $AgNO_3$ 量的变化。由于电解后阳极区 $AgNO_3$ 量增加了，表明电极上的银溶解进入溶液。溶解银的量可以根据库仑计中沉积铜的量计算。

根据法拉第定律，沉积0.0160g Cu，相当于通过 $\frac{1.6\times10^{-5}\times2F}{M_{Cu}}=\frac{1.6\times10^{-5}\times2\times96485}{63.55\times10^{-3}}=$ 48.58C的电量，使 $\frac{48.58}{96485}=5.035\times10^{-4}$ mol的银从电极上溶解下来。式中，M_{Cu} 是Cu摩尔质量，等于 $63.55\times10^{-3}\,\text{kg}\cdot\text{mol}^{-1}$。

因此，$n_{后}=n_{前}+n_{电}-n_{迁}$

$$n_{迁}=1.107\times10^{-3}+5.035\times10^{-4}-1.369\times10^{-3}=2.415\times10^{-4}\,\text{mol}$$

$$t_{Ag^+}=\frac{Q_+}{Q}=\frac{n_{迁}F}{n_{电}F}=\frac{2.415\times10^{-4}}{5.035\times10^{-4}}=0.48$$

$$t_{NO_3^-}=1-t_{Ag^+}=1-0.48=0.52$$

表9-2列出了25℃时水溶液中某些电解质阳离子的迁移数及其与浓度的关系。阳离子中

H^+的迁移数最大，其次是K^+。

表 9-2 水溶液中某些电解质中阳离子的迁移数（25℃）

电解质	浓度 $c/mol \cdot dm^{-3}$					
	0.2	0.1	0.05	0.02	0.01	无限稀释
$AgNO_3$		0.468	0.466	0.465	0.465	0.464
$\frac{1}{2}CaCl_2$	0.395	0.406	0.414	0.422	0.426	0.438
HCl	0.834	0.831	0.829	0.827	0.825	0.821
KBr	0.484	0.483	0.483	0.483	0.483	0.485
$KCOOCH_3$		0.661	0.657	0.652	0.650	0.643
KCl	0.489	0.490	0.490	0.490	0.490	0.491
KI	0.489	0.488	0.488	0.488	0.488	0.489
KNO_3	0.512	0.510	0.509	0.509	0.508	0.507
$\frac{1}{2}K_2SO_4$	0.491	0.489	0.487	0.485	0.483	0.479
$\frac{1}{3}LaCl_3$	0.423	0.438	0.448	0.458	0.462	0.477
LiCl	0.311	0.317	0.321	0.326	0.329	0.336
NH_4Cl	0.491	0.491	0.490	0.491	0.491	0.491
NaCl	0.382	0.385	0.388	0.390	0.392	0.396
$NaCOOCH_3$	0.561	0.559	0.557	0.555	0.554	0.551
$\frac{1}{2}Na_2SO_4$	0.383	0.383	0.383	0.384	0.385	0.386
KOH	0.263	0.263	0.263	0.263	0.263	
LiOH	0.150	0.150				
NaOH	0.177	0.183	0.189	0.197	0.203	

9.3 电解质溶液的电导率

9.3.1 电导率

电解质溶液也服从欧姆定律，即

$$R=\rho l/A \tag{9-10}$$

式中，R，ρ，l，A 分别为电解质溶液的电阻、电阻率、两个电极之间的距离及电极面积。

更习惯的表示方法是将上式取倒数，得电解质溶液的电导及电导率为 $G=\frac{1}{R}$，$\kappa=\frac{1}{\rho}$，代入式（9-10）后，得

$$\frac{1}{R}=\kappa\frac{A}{l}$$

$$G=\kappa\frac{A}{l} \tag{9-11}$$

当两个电极之间的距离等于1m、电极的面积等于$1m^2$时，溶液的电导等于其电导率，即$G=\kappa$。因此，电导率是盛放在电极面积等于$1m^2$、电极间距等于1m的电导池内的电解质溶液的电导。测量电解质溶液的电导率时，先测量电阻，根据电导池常数$\frac{l}{A}$的值，用电导公式（9-11）计算电解质溶液的电导率。由于电导池常数很难直接测定，通常是先测量已知电导率的标准电解质溶液的电阻，再根据公式（9-11）计算电导池常数。当电极间距l的单位是m，电极面积A的单位是m^2时，电导率κ的单位是$\Omega^{-1}\cdot m^{-1}$或$S\cdot m^{-1}$，S是西门子，是欧姆的倒数。

图9-5表示18℃时某些电解质水溶液的电导率与浓度的关系。图中这些曲线具有如下规律：

(1) 对强电解质而言，增加电解质的浓度，溶液电导率呈现先增加后减小的规律。这是因为电导率是单位电导池（$l=1m$，$A=1m^2$）中的电解质溶液的导电能力，增加电解质的浓度，电导池内导电离子的数目增加，电导率增加。此外，在增加电解质浓度、增加导电离子数目的同时，离子平均距离减小，离子之间的库仑引力增加，离子电迁移率下降，电导率下降。因此，在电导率与浓度的关系曲线上出现了极大值。

(2) 强酸、强碱的电导率最大，其次是盐的电导率，弱酸的电导率最小。弱酸在水中部分电离，导电离子数目较少，电导率较小。

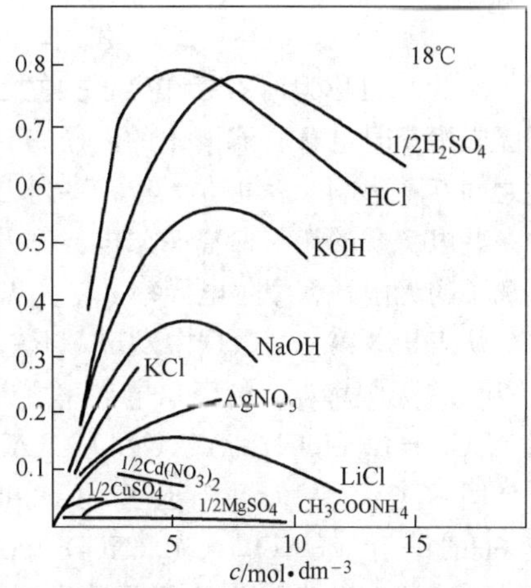

图9-5 某些电解质溶液的电导率与浓度的关系

除受浓度影响外，电解质溶液的电导率还受温度、溶剂性质的影响。提高温度，电解质的电导率增加。一般来说，在水溶液中，温度每升高1℃，电导率约增加2%～2.5%。

9.3.2 摩尔电导率

摩尔电导率是在两平行板电极之间的溶液中含有1mol电解质时溶液的电导率，即含单位物质量的电解质溶液的电导率，用符号Λ_m表示。摩尔电导率与电导率的关系

$$\Lambda_m=\frac{\kappa}{c} \tag{9-12}$$

当电解质的浓度c单位是$mol\cdot m^{-3}$时，摩尔电导率的单位是$\Omega^{-1}\cdot m^2\cdot mol^{-1}$。

对离子电荷数大于1的电解质，例如$CuSO_4$，其摩尔电导率$\Lambda_m(CuSO_4)$比$\Lambda_m\left(\frac{1}{2}CuSO_4\right)$大一倍。$\Lambda_m\left(\frac{1}{2}CuSO_4\right)$相当于将电解质$CuSO_4$中的阴、阳离子都转化为单位电荷时的摩尔电导率，这种转化便于比较和计算。

根据电解质溶液的摩尔电导率Λ_m的定义式（9-12）可知，电解质的摩尔电导率是量度含有1mol电解质时溶液的导电能力。由于离子间存在着库仑引力，电解质的摩尔电导率仍然与浓度有关。图9-6是25℃时几种电解质水溶液的摩尔电导率随电解质浓度平方根的变化规律。随着电解质浓度的增加，各种电解质的摩尔电导率均减小。浓度很低时，摩尔电导率Λ_m与电解质浓度的平方根$\sqrt{c}$呈直线关系，即

$$\Lambda_m=\Lambda_m^{\infty}-k\sqrt{c} \tag{9-13}$$

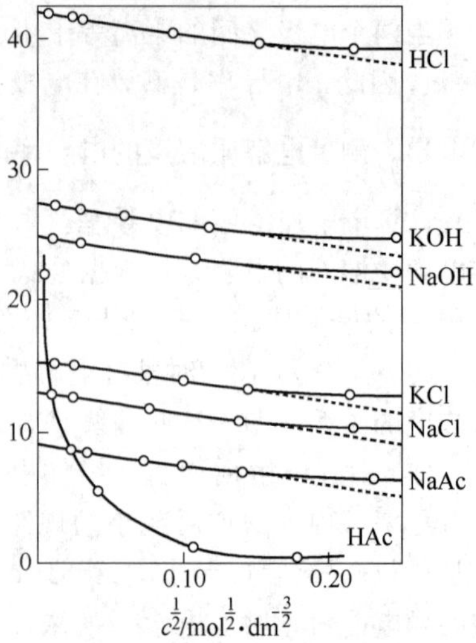

图 9-6 几种电解质水溶液的摩尔电导率随电解质浓度平方根的变化规律（25℃）

式中，k 为常数；Λ_m^∞ 为无限稀释时电解质的摩尔电导率，Λ_m^∞ 通过将 Λ_m 外推至浓度等于零时，在直线与纵坐标的交点（即截距）获得，如图 9-6 所示。

无限稀释时，溶液中阴、阳离子相距无限远，彼此独立运动，因此，无限稀释时电解质的摩尔电导率 Λ_m^∞ 是阴、阳离子无限稀释时的摩尔电导率 $\Lambda_m^{\infty-}$，$\Lambda_m^{\infty+}$ 之和，即

$$\Lambda_m^\infty = \Lambda_m^{\infty+} + \Lambda_m^{\infty-} \qquad (9\text{-}14)$$

式（9-14）也称为柯尔劳许离子独立运动定律，它表明无限稀释时电解质溶液中的离子是独立运动的，彼此之间互不影响。表 9-3、表 9-4 列出 25℃时水溶液中一些电解质的无限稀释摩尔电导率及不同温度下一些离子的无限稀释摩尔电导率 $\Lambda_m^{\infty+}$，$\Lambda_m^{\infty-}$。

从表 9-3 第一列数据中发现，不论是何种阴离子，K^+ 和 Li^+ 无限稀释时的摩尔电导率之差均是定值，即 $\Lambda_m^\infty(KCl)-\Lambda_m^\infty(LiCl)=\Lambda_m^\infty(KNO_3)-\Lambda_m^\infty(LiCl)=34.8\times10^{-4}\ \Omega^{-1}\cdot m^2\cdot mol^{-1}$。

同样，不论是何种阳离子，Cl^- 和 NO_3^- 无限稀释时的摩尔电导率之差也都是定值，即 $\Lambda_m^\infty(HCl)-\Lambda_m^\infty(HNO_3)=\Lambda_m^\infty(KCl)-\Lambda_m^\infty(KNO_3)=5.3\times10^{-4}\ \Omega^{-1}\cdot m^2\cdot mol^{-1}$。这证明了柯尔劳许离子独立运动定律，即无限稀释的溶液中离子是独立运动的，离子的导电能力与共存的异号离子种类及性质无关。

表 9-3 一些强电解质水溶液的无限稀释摩尔电导率（25℃）

电解质	$\Lambda_m^\infty/\Omega^{-1}\cdot m^2\cdot mol^{-1}$	差值$/\Omega^{-1}\cdot m^2\cdot mol^{-1}$	电解质	$\Lambda_m^\infty/\Omega^{-1}\cdot m^2\cdot mol^{-1}$	差值$/\Omega^{-1}\cdot m^2\cdot mol^{-1}$
KCl	149.9×10^{-4}	34.9×10^{-4}	HCl	426.0×10^{-4}	5.3×10^{-4}
LiCl	115.0×10^{-4}		HNO_3	420.7×10^{-4}	
KNO_3	144.6×10^{-4}	34.8×10^{-4}	KCl	149.9×10^{-4}	5.3×10^{-4}
$LiNO_3$	109.8×10^{-4}		KNO_3	144.6×10^{-4}	
KOH	270.5×10^{-4}	34.8×10^{-4}	LiCl	115.0×10^{-4}	5.2×10^{-4}
LiOH	235.7×10^{-4}		$LiNO_3$	109.8×10^{-4}	

表 9-4 水溶液中某些离子的无限稀释摩尔电导率 Λ_m^∞（$\Omega^{-1}\cdot m^2\cdot mol^{-1}$）

离子	0℃	18℃	25℃	100℃	离子	0℃	18℃	25℃	100℃
H^+	224×10^{-4}	315×10^{-4}	349.6×10^{-4}	631×10^{-4}	OH^-	105×10^{-4}	174×10^{-4}	197×10^{-4}	449×10^{-4}
Li^+	19.3×10^{-4}	32.6×10^{-4}	38.7×10^{-4}	114×10^{-4}	F^-		47.6×10^{-4}	55×10^{-4}	
Na^+	25.7×10^{-4}	42.6×10^{-4}	50.1×10^{-4}	148×10^{-4}	Cl^-	41.4×10^{-4}	66.3×10^{-4}	76.4×10^{-4}	213×10^{-4}
K^+	40.3×10^{-4}	63.7×10^{-4}	73.5×10^{-4}	193×10^{-4}	ClO_3^-	36×10^{-4}	55.8×10^{-4}	65.3×10^{-4}	172×10^{-4}
Ag^+	33×10^{-4}	53.3×10^{-4}	62.2×10^{-4}	180×10^{-4}	ClO_4^-	37.3×10^{-4}	59.1×10^{-4}	67×10^{-4}	183×10^{-4}
NH_4^+	40.4×10^{-4}	63.6×10^{-4}	74×10^{-4}	184×10^{-4}	Br^-	43.1×10^{-4}	68.3×10^{-4}	78×10^{-4}	150×10^{-4}
$\frac{1}{2}Mg^{2+}$	31×10^{-4}	44.6×10^{-4}	58×10^{-4}	170×10^{-4}	I^-	42.6×10^{-4}	66.8×10^{-4}	77.1×10^{-4}	
$\frac{1}{2}Ca^{2+}$	30.5×10^{-4}	50.4×10^{-4}	59×10^{-4}	187×10^{-4}	NO_3^-	40.2×10^{-4}	62.6×10^{-4}	71.1×10^{-4}	191×10^{-4}

续表 9-4

离子	0℃	18℃	25℃	100℃	离子	0℃	18℃	25℃	100℃
$\frac{1}{2}Ba^{2+}$	32×10⁻⁴	54.4×10⁻⁴	63.2×10⁻⁴	200×10⁻⁴	SCN^-	37.0×10⁻⁴	57.4×10⁻⁴	66×10⁻⁴	
$\frac{1}{2}Mn^{2+}$	23.5×10⁻⁴	44.5×10⁻⁴	50×10⁻⁴		MnO_4^-	36×10⁻⁴	53×10⁻⁴	61×10⁻⁴	
$\frac{1}{2}Fe^{2+}$	28×10⁻⁴	44.5×10⁻⁴	53.5×10⁻⁴		CH_3COO^-	23.5×10⁻⁴	35×10⁻⁴	41.4×10⁻⁴	66×10⁻⁴
$\frac{1}{2}Co^{2+}$	28×10⁻⁴	45×10⁻⁴	49×10⁻⁴		$\frac{1}{2}S_2O_3^{2-}$			84.9×10⁻⁴	
$\frac{1}{2}Ni^{2+}$	23×10⁻⁴	45×10⁻⁴	49×10⁻⁴		$\frac{1}{2}CrO_4^{2-}$	44×10⁻⁴	72×10⁻⁴	83×10⁻⁴	
$\frac{1}{2}Cu^{2+}$	28×10⁻⁴	45.3×10⁻⁴	55.5×10⁻⁴		$\frac{1}{3}Fe(CN)_6^{3-}$			94×10⁻⁴	
$\frac{1}{2}Zn^{2+}$	27.0×10⁻⁴	45×10⁻⁴	54×10⁻⁴		$\frac{1}{4}Fe(CN)_6^{4-}$	57.5×10⁻⁴		100×10⁻⁴	272×10⁻⁴
$\frac{1}{2}Cd^{2+}$	28×10⁻⁴	45.1×10⁻⁴	54×10⁻⁴						
$\frac{1}{2}Pb^{2+}$	37.5×10⁻⁴	60×10⁻⁴	65×10⁻⁴						
$\frac{1}{3}Al^{3+}$	29×10⁻⁴		61×10⁻⁴						

例 9-2 已知 25℃，$\Lambda_m^\infty(HCl)=426.0\times10^{-4}\Omega^{-1}\cdot m^2\cdot mol^{-1}$、$\Lambda_m^\infty(NaAc)=91.5\times10^{-4}\Omega^{-1}\cdot m^2\cdot mol^{-1}$、$\Lambda_m^\infty(NaCl)=126.5\times10^{-4}\Omega^{-1}\cdot m^2\cdot mol^{-1}$，求 $\Lambda_m^\infty(HAc)$。

解：

$$\begin{aligned}\Lambda_m^\infty(HAc)&=\Lambda_m^\infty(H^+)+\Lambda_m^\infty(Ac^-)\\&=\Lambda_m^\infty(HCl)+\Lambda_m^\infty(NaAc)-\Lambda_m^\infty(NaCl)\\&=(426.0+91.5-126.5)\times10^{-4}\\&=391.0\times10^{-4}\Omega^{-1}\cdot m^2\cdot mol^{-1}\end{aligned}$$

应用弱电解质的摩尔电导率和无限稀释摩尔电导率，可以求弱电解质在某浓度下的电离度，即

$$\alpha=\frac{\Lambda_m}{\Lambda_m^\infty} \tag{9-15}$$

式中，α 为弱电解质的电离度；Λ_m 和 Λ_m^∞ 为电解质的摩尔电导率及无限稀释摩尔电导率。

例 9-3 25℃时，将浓度为 $0.01mol\cdot dm^{-3}$ 的 KCl 溶液放入电导池中，测其电阻等于 161.6Ω。若在同一电导池中充满 $0.0025mol\cdot dm^{-3}$ 的 K_2SO_4 水溶液，测其电阻是 376Ω。已知 25℃时 $0.01mol\cdot dm^{-3}$ KCl 水溶液的电导率为 $0.1413\Omega^{-1}\cdot m^{-1}$。试求

(1) 电导池常数；

(2) $0.0025mol\cdot dm^{-3}$ K_2SO_4 溶液的电导率和摩尔电导率。

解：(1) 将 $0.01mol\cdot dm^{-3}$ KCl 溶液的电阻和电导率代入欧姆定律式 (9-11) 中，求得该电导池常数

$$\frac{1}{R}=\kappa\frac{A}{l}\ ,\ \frac{l}{A}=\kappa R=161.6\times0.1413=22.83m^{-1}$$

(2) K_2SO_4 水溶液的电导率和摩尔电导率 $\Lambda_m^\infty(K_2SO_4)$

电导率 $$\kappa=G\frac{l}{A}=\frac{1}{R}\frac{l}{A}=\frac{1}{376}\times22.83=6.07\times10^{-2}\Omega^{-1}\cdot m^{-1}$$

摩尔电导率　$\Lambda_m=\frac{\kappa}{c}=\frac{6.07\times10^{-2}}{0.0025\times1000}=0.024\Omega^{-1}\cdot m^2\cdot mol^{-1}$

例 9-4　25℃时，测得饱和 AgCl 水溶液的电导率为 $3.41\times10^{-4}\Omega^{-1}\cdot m^{-1}$，同温度下所用水的电导率等于 $1.60\times10^{-4}\Omega^{-1}\cdot m^{-1}$，计算 AgCl 的溶度积。

解： AgCl 在水中的溶解反应　$AgCl \Longrightarrow Ag^+ + Cl^-$

由于 AgCl 的溶解度很小，溶解的 AgCl 全部电离，其摩尔电导率 $\Lambda_m(AgCl)$ 接近无限稀释时的摩尔电导率 $\Lambda_m^\infty(AgCl)$。根据离子独立运动定律，有

$$\Lambda_m^\infty(AgCl)=\Lambda_m^\infty(Ag^+)+\Lambda_m^\infty(Cl^-)$$

查表 9-4 可知，无限稀释离子的摩尔电导率 $\Lambda_m^\infty(Ag^+)=62.2\times10^{-4}\Omega^{-1}\cdot m^2\cdot mol^{-1}$，$\Lambda_m^\infty(Cl^-)=76.4\times10^{-4}\Omega^{-1}\cdot m^2\cdot mol^{-1}$。

根据柯尔劳许离子独立运动定律，无限稀释时电解质 AgCl 的摩尔电导率为

$$\Lambda_m^\infty(AgCl)=(62.2+76.4)\times10^{-4}=138.6\times10^{-4}\Omega^{-1}\cdot m^2\cdot mol^{-1}$$

AgCl 的溶解度为

$$c=\frac{\kappa}{\Lambda_m^\infty}=\frac{(3.41-1.60)\times10^{-4}}{138.6\times10^{-4}}=1.31\times10^{-2}mol\cdot m^{-3}$$

AgCl 的溶度积为

$$K_{sp}=c_{Ag^+}c_{Cl^-}=(1.31\times10^{-2})^2=1.72\times10^{-4}mol^2\cdot m^{-6}$$

用同样的方法也可以求出水的离子积。

9.4 强电解质的活度

9.4.1 强电解质的活度和活度系数

强电解质 $M_{\nu_+}X_{\nu_-}$ 的电离反应

$$M_{\nu_+}X_{\nu_-}=\nu_+M^{z_+}+\nu_-M^{z_-}$$

因为电解质溶液总是保持电中性的，所以 $\nu_+z_++\nu_-z_-=0$。

设 a_+，a_-，μ_+，μ_-，$\mu_+^\ominus$，$\mu_-^\ominus$ 分别代表电解质溶液中阳离子和阴离子的活度、化学势及标准化学势，离子的化学势与其活度之间存在着如下的关系

$$\mu_+=\mu_+^\ominus+RT\ln a_+，\mu_-=\mu_-^\ominus+RT\ln a_- \tag{9-16}$$

电解质的化学势 μ 与其活度 a 之间同样存在着类似的关系，即

$$\mu=\mu^\ominus+RT\ln a \tag{9-17}$$

由于电解质的化学势等于其电离出的所有离子的化学势之和，即

$$\mu=\nu_+\mu_++\nu_-\mu_- \tag{9-18}$$

电解质的标准化学势 $\mu^\ominus$ 与其电离出的正、负离子的标准化学势之间也有上述关系，即

$$\mu^\ominus=\nu_+\mu_+^\ominus+\nu_-\mu_-^\ominus \tag{9-19}$$

将离子化学势式（9-16）代入式（9-18）中，得到电解质的化学势，即

$$\begin{aligned}\mu&=\nu_+\mu_++\nu_-\mu_-=\nu_+(\mu_+^\ominus+RT\ln a_+)+\nu_-(\mu_-^\ominus+RT\ln a_-)\\&=\nu_+\mu_+^\ominus+\nu_-\mu_-^\ominus+RT\ln a_+^{\nu_+}+RT\ln a_-^{\nu_-}\\&=\mu^\ominus+RT\ln a_+^{\nu_+}a_-^{\nu_-}\\&=\mu^\ominus+RT\ln a\end{aligned}$$

这里定义电解质的活度为

$$a=a_+^{\nu_+}\cdot a_-^{\nu_-} \tag{9-20}$$

即电解质的活度等于其电离出的阴离子和阳离子活度的适当方次的乘积。由于溶液总是电中性的，不能只含一种离子，因此不能测量单个离子的活度，也无法根据式（9-20）中定义的活度计算电解质的活度。

定义电解质的平均活度

$$a_\pm=a^{\frac{1}{\nu}}=a^{\frac{1}{\nu_++\nu_-}} \tag{9-21}$$

通过电解质的平均活度计算电解质活度

$$a=a_\pm^{\nu} \tag{9-22}$$

式中，$\nu=\nu_++\nu_-$，是一个电解质电离出的离子的总数。式（9-22）表明电解质的活度可以通过电解质的平均活度计算。

设 m，m_+ 和 m_- 分别代表电解质的浓度、阳离子的浓度和阴离子的浓度，离子浓度与电解质浓度之间的关系是：$m_+=\nu_+m$，$m_-=\nu_-m$。定义电解质的平均浓度 $m_\pm$ 为

$$m_\pm=(\nu_+^{\nu_+}\nu_-^{\nu_-})^{\frac{1}{\nu_++\nu_-}}m \tag{9-23}$$

电解质的平均活度等于其平均浓度乘以离子平均活度系数，类似于在第 4 章中讨论的组分活度与浓度的关系，即

$$a_\pm=\gamma_\pm\frac{m_\pm}{m^\ominus} \tag{9-24}$$

电解质的离子平均活度系数是阴、阳离子活度系数的几何平均值，反映出电解质溶液中阴、阳离子之间以及离子与溶剂分子之间作用力的大小。对极稀浓度的电解质，电解质的离子平均活度系数接近于1，即 $m\to0$，$\gamma_\pm\to1$。电解质的离子平均活度系数，可以通过测定电池电动势求得，见 9.8 电池电动势测定及应用一节。表 9-5 列出了实验测得的某些电解质水溶液中离子的平均活度系数。

表 9-5 25℃时水溶液中电解质的离子平均活度系数

m/mol·kg^{-1}	0.001	0.002	0.005	0.010	0.020	0.050	0.100	0.200	0.500	1.00	2.00
HCl	0.966	0.952	0.928	0.904	0.875	0.830	0.796	0.767	0.758	0.809	1.01
HNO_3	0.965	0.951	0.927	0.902	0.871	0.823	0.785	0.748	0.715	0.720	0.783
H_2SO_4	0.830	0.757	0.639	0.544	0.453	0.340	0.265	0.209	0.154	0.130	0.124
NaOH						0.82		0.73	0.69	0.68	0.70
$AgNO_3$			0.92	0.90	0.86	0.79	0.72	0.64	0.51	0.40	0.28
$CaCl_2$	0.89	0.85	0.785	0.725	0.66	0.57	0.515	0.48	0.52	0.71	
$CuSO_4$	0.74		0.53	0.41	0.31	0.21	0.16	0.11	0.068	0.047	
KCl	0.955	0.952	0.927	0.901		0.815	0.769	0.719	0.651	0.606	0.576
KBr	0.965	0.952	0.927	0.903	0.872	0.822	0.777	0.728	0.665	0.625	0.602
KI	0.965	0.951	0.927	0.905	0.88	0.84	0.80	0.76	0.71	0.68	0.69
LiCl	0.963	0.948	0.921	0.89	0.86	0.82	0.78	0.75	0.73	0.76	0.91
NaCl	0.966	0.953	0.929	0.904	0.875	0.823	0.780	0.730	0.68	0.66	0.67
$ZnSO_4$	0.734	0.610	0.477	0.387		0.202	0.148	0.110	0.063	0.043	0.035

观察表 9-5 中的数据可知，对大多数的电解质而言，其离子平均活度系数都不等于 1，表

明电解质溶液偏离理想溶液行为，在低浓度范围，离子平均活度系数随着电解质浓度的增加而减小。

例 9-5 计算 25℃时（1）$0.2\text{mol}\cdot\text{kg}^{-1}$ NaCl 水溶液中 NaCl 的活度；（2）$0.5\text{mol}\cdot\text{kg}^{-1}$ 水溶液中 $CaCl_2$ 的活度。

解：（1）NaCl 的电离反应：$NaCl \longrightarrow Na^+ + Cl^-$

NaCl 的平均活度　　$a_\pm = \gamma_\pm \dfrac{m_\pm}{m^\ominus}$

NaCl 的平均浓度 $m_\pm = (\nu_+^{\nu_+}\nu_-^{\nu_-})^{\frac{1}{\nu_+ + \nu_-}} m$，将 $m = 0.2\text{mol}\cdot\text{kg}^{-1}$，$m^\ominus = 1\text{mol}\cdot\text{kg}^{-1}$，$\nu_+ = 1$，$\nu_- = 1$ 代入平均浓度计算公式中，得 $m_\pm = 0.2\text{mol}\cdot\text{kg}^{-1}$。

从表 9-5 查得 $0.2\text{mol}\cdot\text{kg}^{-1}$ NaCl 的离子平均活度系数 $\gamma_\pm = 0.730$，计算得 NaCl 的平均活度 $a_\pm = 0.730\times 0.2 = 0.146$，活度 $a_{NaCl} = a_\pm^\nu = 0.146^2 = 0.0213$。

（2）$CaCl_2$ 电离反应：　　$CaCl_2 \longrightarrow Ca^{2+} + 2Cl^-$

$CaCl_2$ 的平均浓度 $m_\pm = (\nu_+^{\nu_+}\nu_-^{\nu_-})^{\frac{1}{\nu_+ + \nu_-}} m$。将 $m = 0.5\text{mol}\cdot\text{kg}^{-1}$，$\nu_+ = 1$，$\nu_- = 2$ 代入平均浓度计算公式中，得 $m_\pm = 0.794\text{mol}\cdot\text{kg}^{-1}$。

查表 9-5 得 $0.5\text{mol}\cdot\text{kg}^{-1}$ $CaCl_2$ 水溶液中 $CaCl_2$ 的离子平均活度系数 $\gamma_\pm = 0.52$，计算得 $CaCl_2$ 的离子平均活度 $a_\pm = 0.52\times\dfrac{0.794}{1} = 0.413$，活度 $a_{CaCl_2} = a_\pm^\nu = 0.413^3 = 0.0704$。

9.4.2 德拜-尤格尔极限公式

德拜-尤格尔由离子互吸理论推导出了电解质的离子平均活度系数和离子强度之间的关系。该理论认为，强电解质在稀溶液中是完全电离的。库仑作用力在同号离子之间表现为斥力，异号离子间为引力。在某种离子附近聚集着带有异号电荷的反离子，形成离子氛。离子和离子氛之间的相互作用，使得溶液偏离理想溶液的行为，离子间的相互作用使活度系数小于 1。

应用统计力学中的玻耳兹曼分布和静电学中的泊松方程，计算出离子和周围离子氛之间的电势和将离子的电荷由零增加到定值时所需的电功。数值上此电功等于因静电相互作用而引起的系统吉布斯函数的变化。在推导过程中，假设离子是带电的球体，可以看作点电荷，离子间的相互吸引能小于热运动能，溶液的介电常数近似等于溶剂的介电常数等。在这些假设的基础上，导出了适用于稀溶液的德拜-尤格尔极限公式，即

$$\lg\gamma_\pm = -|z_+ z_-| A\sqrt{I} \tag{9-25}$$

式中，A 为常数，25℃以水作为溶剂时，$A = 0.509\text{mol}^{-1/2}\cdot\text{kg}^{1/2}$；$z_+$，$z_-$ 分别为阳离子、阴离子的电荷数；I 是由式（9-26）定义的离子强度

$$I = \frac{1}{2}\sum_i m_i z_i^2 \tag{9-26}$$

式中，m_i 为第 i 种离子的质量摩尔浓度；z_i 为其电荷数，加和是对溶液中所有离子进行的。实验证明，该式适用于离子强度 $I < 0.01\text{mol}\cdot\text{kg}^{-1}$ 的稀电解质溶液。因此，利用德拜-尤格尔极限公式可以计算稀溶液中电解质的离子平均活度系数。

例 9-6 （1）计算由 $0.1\text{mol}\cdot\text{kg}^{-1}$ Na_2HPO_4 和 $0.2\text{mol}\cdot\text{kg}^{-1}$ NaH_2PO_4 混合形成的溶液的离子强度。

（2）用德拜-尤格尔公式计算 25℃下 $0.003\text{mol}\cdot\text{kg}^{-1}$ $CaCl_2$ 水溶液中 $CaCl_2$ 的离子平均活度系数。

解：（1）Na_2HPO_4 的电离反应：$Na_2HPO_4 = 2Na^+ + HPO_4^{2-}$

电离出 Na^+ 的浓度是 $2\times0.1=0.2mol\cdot kg^{-1}$

HPO_4^{2-} 的浓度是 $0.1mol\cdot kg^{-1}$

NaH_2PO_4 的电离反应： $NaH_2PO_4 \longrightarrow Na^+ + H_2PO_4^-$

电离出 Na^+ 的浓度是 $0.2mol\cdot kg^{-1}$

$H_2PO_4^-$ 的浓度是 $0.2mol\cdot kg^{-1}$

电解质溶液的离子强度为

$$I = \frac{1}{2}\sum_i m_i z_i^2$$

$$=\frac{1}{2}(0.2\times1^2+0.1\times2^2+0.2\times1^2+0.2\times1^2)$$

$$=0.5mol\cdot kg^{-1}$$

(2) $CaCl_2$ 的电离反应为： $CaCl_2 \longrightarrow Ca^{2+} + 2Cl^-$

$CaCl_2$ 水溶液的离子强度

$$I=\frac{1}{2}(0.003\times2^2+0.006\times1^2)=0.009mol\cdot kg^{-1}$$

利用德拜-尤格尔极限公式 $\lg\gamma_\pm=-0.509\,|z_+z_-|\sqrt{I}$，求 $CaCl_2$ 的离子平均活度系数，即

$$\lg\gamma_\pm=-0.509\,|2\times1|\,\sqrt{0.009}=-0.0966$$

$$\gamma_\pm=0.801$$

9.5 原 电 池

原电池是把化学能转变为电能的装置。所以，根据定义，普通的干电池、燃料电池都可以称为原电池。在图 9-7 中的丹尼尔电池中，金属 Zn 插在 $ZnSO_4$ 水溶液中、Cu 插在 $CuSO_4$ 水溶液中分别构成两个电极。两个溶液 $ZnSO_4$ 和 $CuSO_4$ 之间用盐桥连接，外线路中通过负载把 Cu 和 Zn 电极连接起来，形成回路，电流表指针偏转，表示有电流通过。

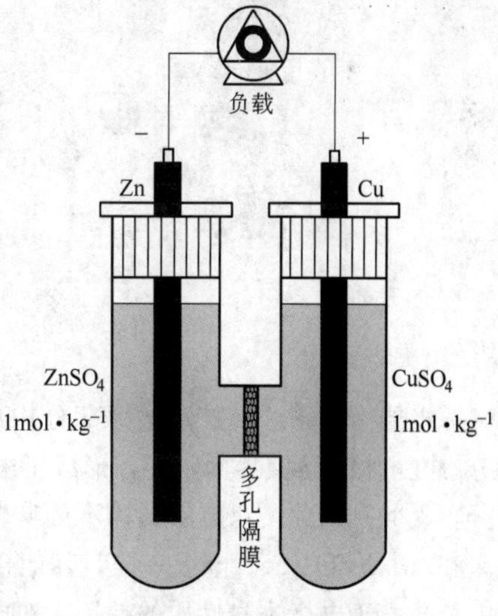

图 9-7 丹尼尔电池

丹尼尔电池中，Cu 电极的电势高，作为电池的正极（也称为阴极），发生还原反应

$$Cu^{2+}+2e^- = Cu$$

Zn 电极的电势低，作为电池的负极（也称阳极），发生氧化反应

$$Zn-2e^- = Zn^{2+}$$

电池反应是上述两个电极反应之和，即

$$Zn+Cu^{2+} = Cu+Zn^{2+}$$

因此，原电池反应是自发进行的氧化还原反应。

9.5.1 原电池的表示

在丹尼尔电池中，正极由 Cu 和 $CuSO_4$ 溶液构成，负极由 Zn 和 $ZnSO_4$ 溶液构成。用符号表示电极时，金属电极与溶液之间的相界面用竖线“|”表示，电极上每种物质状态用括号标

出。例如丹尼尔电池中的铜电极和锌电极分别表示为 $Cu|CuSO_4(aq)$和 $Zn|ZnSO_4(aq)$。两个溶液之间用多孔隔膜隔开时，用一条竖线表示多孔隔膜，如 $CuSO_4 | ZnSO_4$；如果两个溶液之间采用盐桥隔开（盐桥的作用将在下面介绍），则用两条竖线“‖”表示盐桥。另外，书写电池符号时，电池负极写在左侧，正极写在右侧，按照从左到右的顺序把电池中存在的物质和相界面表示出来。按照上面的规定，丹尼尔电池可表示为

$$(-)Zn|ZnSO_4(aq)\|CuSO_4(aq)|Cu(+)$$

又如 H_2 和 O_2 燃料电池，$Pt,H_2(p_1)|H^+(aq)|O_2(p_2)$，Pt，负极是分压等于 p_1 的 H_2，铂作引线；正极是分压等于 p_2 的 O_2，铂作引线，酸性水溶液作为电解质。

9.5.2 电极-溶液界面电势的产生

在丹尼尔电池中，存在下列几个界面：$Zn|ZnSO_4(aq)$,$ZnSO_4(aq)|$盐桥，盐桥$|CuSO_4(aq)$,$CuSO_4(aq)|Cu$。由于电池中每个相界面上都存在着电势差，电池电动势就是所有相界面电势差的代数和。

下面以$Zn|ZnSO_4(aq)$ 电极为例说明界面电势差，也即电极电势产生的原因。金属是由晶格结点上的阳离子和自由电子构成。将金属 Zn 放入原来是电中性的 $ZnSO_4$ 溶液中，在溶液中的 SO_4^{2-} 作用下，Zn 电极上的 Zn^{2+} 溶解进入溶液。$ZnSO_4$ 溶液中因 Zn^{2+} 的溶入而带正电，Zn 电极因电子过剩带负电，在$Zn|ZnSO_4(aq)$ 相界面处形成了电荷分布，即产生了界面电势。这个电势减小了 Zn^{2+} 从电极上进一步溶解进入溶液中的速度，同时也加快了 Zn^{2+} 从溶液中返回到电极上的速度。当这两个相反的过程达到平衡时，在$Zn|ZnSO_4(aq)$ 界面附近就形成了双电层，如图 9-8 所示。

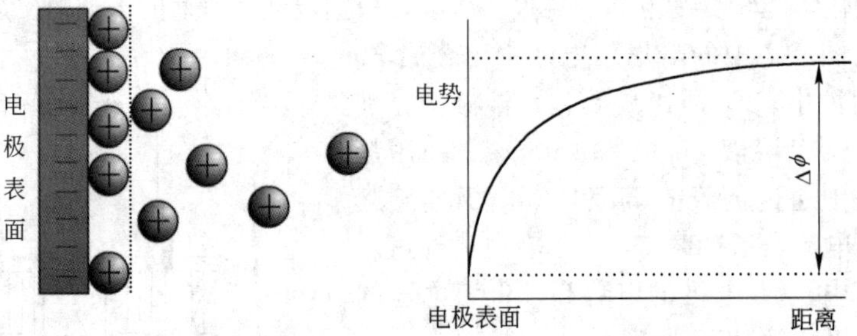

图 9-8 电极-溶液双电层分布和界面电势

双电层由紧密层和扩散层两部分构成，紧密层中的 Zn^{2+} 紧贴在电极表面，扩散层中的离子分散在电极-溶液界面附近，形成了电极-溶液界面电势。此电势仅与电荷数目有关，与电荷分布无关，因此，双电层结构不影响电极-溶液界面电势值的大小。

和$Zn|ZnSO_4(aq)$ 电极一样，其他金属和非金属插在含有其离子的溶液中，也同样产生电极电势。由于电极本身性质的差别，双电层内电荷的数目不同，电极-溶液界面电势值大小也就不同，甚至产生反向电势。

9.5.3 液接电势

9.5.3.1 液接电势的产生

两个相互接触的液相（不混合的情况下）之间也有电势，称为液体接触电势，简称液接电

势。例如，当两个浓度不同的 $CuSO_4$ 溶液相互接触时，$CuSO_4$ 将从高浓度一侧向低浓度一侧迁移（有外电场时，发生电迁移）。假设 Cu^{2+} 的迁移速度大于 SO_4^{2-} 的迁移速度，在相同的时间内，穿过接触面的 Cu^{2+} 数目将大于 SO_4^{2-} 数目，所以当达到迁移平衡时，接触面的一侧由于 Cu^{2+} 过剩而带正电荷，另一侧则由于 SO_4^{2-} 过剩而带负电荷，产生了液接电势。如果是相同浓度的不同电解质溶液互相接触，例如，在KCl|HCl界面上，将发生 K^+ 和 H^+ 同时向对方溶液迁移的过程。由于 H^+ 的迁移速度大于 K^+ 的迁移速度，达到平衡时，进入 KCl 溶液中 H^+ 的数目高于离开 KCl 溶液 K^+ 的数目，最终 KCl 溶液一侧将带正电，HCl 溶液一侧将带负电，正、负电荷沿界面排列分布，形成了液接电势。液接电势数值一般在 0.03V 左右。

9.5.3.2 液接电势的计算

由于相互接触的两个溶液所含电解质的性质和浓度不同，所以计算液体接界电势是十分困难的。下面讨论 1-1 价型的同种电解质，由于浓度差引起的液体接界电势的算法。设有 $1F$ 的电量通过下列电池：

$$Ag|AgNO_3(m_1)|AgNO_3(m_2)|Ag$$

设 Ag^+ 的迁移数为 t_+、NO_3^- 的迁移数为 t_-。电极反应为

负极 $$Ag-e^- \longrightarrow Ag^+(m_1)$$

正极 $$Ag^+(m_2)+e^- \longrightarrow Ag$$

接界处迁移过程 $$t_+Ag^+(m_1)\longrightarrow t_+Ag^+(m_2)$$

$$t_-NO_3^-(m_2)\longrightarrow t_-NO_3^-(m_1)$$

将上述四个反应加和，得总的电池反应为

$$Ag^+(m_2)+t_+Ag^+(m_1)+t_-NO_3^-(m_2)\longrightarrow Ag^+(m_1)+t_+Ag^+(m_2)+t_-NO_3^-(m_1)$$

合并同类项后，得

$$(1-t_+)Ag^+(m_2)+t_-NO_3^-(m_2)\longrightarrow(1-t_+)Ag^+(m_1)+t_-NO_3^-(m_1)$$

由于 $$t_-=1-t_+$$

$$t_-Ag^+(m_2)+t_-NO_3^-(m_2)\longrightarrow t_-Ag^+(m_1)+t_-NO_3^-(m_1)$$

即电池反应为 $$t_-AgNO_3^-(m_2)\longrightarrow t_-AgNO_3^-(m_1)$$

因已确定通过的电量为 $1F$，所以式中两边的 t_- 不能消去。电池电动势与电极溶液中 $AgNO_3$ 活度的关系如下

$$E=-\frac{RT}{F}\ln\left(\frac{a_1}{a_2}\right)^{t_-}$$

因为 $$a_1=a_{\pm(1)}^2 \qquad a_2=a_{\pm(2)}^2$$

所以 $$E=\frac{2t_-RT}{F}\ln\frac{a_{\pm(2)}}{a_{\pm(1)}} \tag{9-27}$$

若在上述电池中采用盐桥消除液体接界电势，即电池可表示为

$$Ag|AgNO_3(m_1)\|AgNO_3(m_2)|Ag$$

则电池反应为

$$Ag^+(m_2)\longrightarrow Ag^+(m_1)$$

电池电动势为 $$E'=\frac{RT}{F}\ln\frac{a_{+(2)}}{a_{+(1)}}$$

用 E_l 表示液接电势，则液接电势为上述两个电池的电动势之差，即

$$E_l=E-E'$$

$$E_l=\frac{2t_-RT}{F}\ln\frac{a_{\pm(2)}}{a_{\pm(1)}}-\frac{RT}{F}\ln\frac{a_{+(2)}}{a_{+(1)}}$$

假设 $a_+ \approx a_\pm$，则

$$E_l=(2t_- -1)\frac{RT}{F}\ln\frac{a_{\pm(2)}}{a_{\pm(1)}}$$

由 $t_+ + t_- =1$ 得

$$2t_- -1=t_- -t_+$$

从而得出液接电势的计算公式为

$$E_l=(t_- -t_+)\frac{RT}{F}\ln\frac{a_{\pm(2)}}{a_{\pm(1)}} \tag{9-28}$$

在推导式（9-28）时用了某些假定，所以得到的结果只是近似值。

例 9-7 计算 25℃ 时 $HCl(0.1mol\cdot L^{-1})|HCl(0.01mol\cdot L^{-1})$ 的液体接界电势 E_l，已知 HCl 溶液的有关数据如下：

$c/mol\cdot L^{-1}$	t_{H^+}	$\gamma_\pm$
0.1	0.831	0.796
0.01	0.825	0.904

解：由所给数据可见，在不同浓度的溶液中，H^+ 的迁移数 t 是不同的，粗略计算时可取其平均值。

$$t_{H^+}=\frac{1}{2}(0.831+0.825)=0.828$$

$$t_{Cl^-}=1-0.828=0.172$$

$$a_{\pm(1)}=0.1\times0.796=0.0796$$

$$a_{\pm(2)}=0.01\times0.904=0.00904$$

$$E_l=(t_- -t_+)\frac{RT}{F}\ln\frac{a_{\pm(2)}}{a_{\pm(1)}}=(t_+ -t_-)\frac{RT}{F}\ln\frac{a_{\pm(1)}}{a_{\pm(2)}}$$

$$=(0.828-0.172)\times\frac{8.314(25+273)}{96500}\times\ln\frac{0.0796}{0.00904}$$

$$=0.0366V=36.6mV$$

9.5.3.3 液接电势的消除

设计原电池时尽量使用一种电解质溶液。如果必须使用两种溶液，可以采用盐桥消除液接电势。盐桥通常制成 U 形管状，内装琼脂等凝胶并浸透饱和的 KCl 溶液。K^+ 和 Cl^- 的迁移数接近，在饱和 KCl 溶液与电解质溶液接触的界面上，主要是高浓度的 K^+ 和 Cl^- 迁移。这两种离子迁移速率相同，并且 U 形管两端都与溶液接触，因此产生大小近似相等、方向相反的两个液接电势，彼此互相抵消。因此，利用盐桥能够消除液体接触电势。

消除液体接触电势后，电池的电势就等于正极电势和负极电势的代数和。例如，丹尼尔电池的电势为

$$E=\varphi_{Cu^{2+}/Cu}+\varphi_{Zn/Zn^{2+}}=\varphi_{Cu^{2+}/Cu}-\varphi_{Zn^{2+}/Zn}$$

式中，$\varphi_{Cu^{2+}/Cu}$，$\varphi_{Zn^{2+}/Zn}$ 分别为正极电势和负极电势。

$\varphi_{Zn^{2+}/Zn}$ 与 $\varphi_{Zn/Zn^{2+}}$ 所表示的电极反应方向不同，两者数值大小相等、方向相反，所代表的电极反应也是互为可逆的，$\varphi_{Zn^{2+}/Zn}$ 表示电极上发生还原反应 $Zn^{2+}+2e^-\rightarrow Zn$，称为还原电极电势；$\varphi_{Zn/Zn^{2+}}$ 表示电极上发生氧化反应 $Zn-2e^-\rightarrow Zn^{2+}$，称为氧化电极电势，本书中一律采用还原电极电势。

9.6 原电池的热力学

9.6.1 可逆电池

当电池满足下列两点要求时，称为可逆电池。

(1) 充电时，电池反应及电解质溶液中迁移离子的种类和迁移方向，与放电时的电池反应和电解质溶液中迁移离子的种类和方向是互逆的。例如，丹尼尔电池充电和放电时，电极反应 $Zn^{2+}+2e^- \rightleftharpoons Zn$，$Cu^{2+}+2e^- \rightleftharpoons Cu$ 互为可逆，但是在两个液体相接触的界面上，迁移离子分别是 Cu^{2+} 和 Zn^{2+}。因此，严格上说丹尼尔电池不是可逆电池。在丹尼尔电池中采用盐桥消除液体接触电势后，可以认为是可逆的。

(2) 电池充电、放电过程是在电流接近零的条件下进行的，在充电过程中，系统和环境交换的功和热与放电过程中系统与环境交换的功和热互相抵消，系统恢复原状的同时，环境也恢复原状。

9.6.2 电池反应热力学

将化学反应安排在原电池中可逆地进行，根据电池电动势及其随温度变化的速率，可以计算可逆电池反应的热力学性质变化。根据式 (2-45)，在恒温、恒压条件下系统发生可逆过程时，系统吉布斯函数的变化 ΔG 等于系统和环境交换的最大非体积功 W'，即 $\Delta G=W'$。电池反应过程中，系统向环境做的最大的非体积功是电功，即 $W'=-ZFE$。因此，原电池电动势与电池反应的摩尔反应吉布斯函数之间的关系为

$$\Delta_r G_m=-ZFE \tag{9-29}$$

式中，Z，F，E 分别为电池反应转移的电子数、法拉第常数、电池电动势。

当电池反应中的物质都处于相应的标准状态时，测得的电动势就是标准电池电动势 $E^\ominus$，即

$$\Delta_r G_m^\ominus=-ZFE^\ominus \tag{9-30}$$

式中，$\Delta_r G_m^\ominus$ 为电池反应的标准摩尔反应吉布斯函数；$E^\ominus$ 为电池的标准电动势。

因为 $\Delta_r G_m$ 对温度的变化率等于摩尔反应熵，即

$$\left[\frac{\partial(\Delta_r G_m)}{\partial T}\right]_p=-\Delta_r S_m$$

将电池电动势与电池反应的摩尔反应吉布斯函数关系式 (9-29) 代入上式，得反应的摩尔反应熵与电池电动势温度系数的关系，即

$$\Delta_r S_m=ZF\left(\frac{\partial E}{\partial T}\right)_p \tag{9-31}$$

式中，$\left(\frac{\partial E}{\partial T}\right)_p$ 为电池电动势的温度系数。

由于电池反应是在可逆的条件下进行的，根据熵的定义式 $\Delta S=\frac{Q_R}{T}$，反应的热效应为

$$Q_R=T\Delta_r S_m=ZFT\left(\frac{\partial E}{\partial T}\right)_p \tag{9-32}$$

反应的摩尔反应焓为

$$\Delta_r H_m=\Delta_r G_m+T\Delta_r S_m=-ZFE+ZFT\left(\frac{\partial E}{\partial T}\right)_p \tag{9-33}$$

式（9-33）表明，测得原电池的电动势和温度系数，就能够计算出电池反应的热力学性质。

例 9-8 0℃，100kPa 下，将下列反应安排在原电池中进行

$$Zn(s)+2AgCl(s)\longrightarrow ZnCl_2(0.555mol\cdot kg^{-1})+2Ag(s)$$

测得电池电动势及其温度系数分别为 1.015V 和 $-4.0\times10^{-4}V\cdot K^{-1}$。试求反应的 $\Delta_r S_m$ 和 $\Delta_r H_m$。

解： $$\Delta_r S_m=ZF\left(\frac{\partial E}{\partial T}\right)_p=2\times96485\times(-4.0\times10^{-4})=-77.19J\cdot K^{-1}\cdot mol^{-1}$$

$$\Delta_r H_m=-ZFE+T\Delta_r S_m=-2\times96485\times1.015+273\times(-77.19)$$
$$=-216.94kJ\cdot mol^{-1}$$

9.6.3 能斯特方程

根据等温方程式（3-17），多相化学反应

$$aA(s)+bB(aq)=dD(g)+hH(aq)$$

的摩尔反应吉布斯函数为

$$\Delta_r G_m=\Delta_r G_m^{\ominus}+RT\ln J$$

式中，$J=\frac{a_H^h\times\left(\frac{p_D}{p^{\ominus}}\right)^d}{a_B^b}$，$a_H$ 和 a_B 分别为溶液中物质 H 和 B 的活度，p_D 为气态物质 D 的分压。

将式（9-29）和式（9-30）代入等温方程式中，得

$$-ZFE=-ZFE^{\ominus}+RT\ln J$$

即 $$E=E^{\ominus}-\frac{RT}{ZF}\ln J \tag{9-34}$$

式（9-34）称为电池反应的能斯特方程。在已知各物质的活度、分压和标准电池电动势 $E^{\ominus}$ 的情况下，可利用能斯特方程计算电池电动势。当 $a_B=a_H=1$，$p_D=p^{\ominus}$ 时，电极反应各物质均处于相应的标准状态，此时 $J=1$，E 则与 $E^{\ominus}$ 相等，测得的电动势就是标准电池电动势。根据标准电池电动势计算电池反应的平衡常数 $K^{\ominus}$，即

$$-ZFE^{\ominus}=\Delta_r G_m^{\ominus}=-RT\ln K^{\ominus}$$

$$K^{\ominus}=\exp\left(\frac{ZFE^{\ominus}}{RT}\right) \tag{9-35}$$

例 9-9 已知 25℃，电池 Pt，H_2（100kPa）$|HCl(a_{\pm}=0.1)|Cl_2$(100kPa)，Pt 的标准电动势 $E^{\ominus}=1.358V$。试回答下列问题：

（1）写出电极反应和电池反应；

（2）计算 25℃时电池电动势 E。

解：（1）负极反应 $H_2-2e^-=\!=\!=2H^+$

正极反应 $Cl_2+2e^-=\!=\!=2Cl^-$

电池反应 $H_2+Cl_2=\!=\!=2HCl$（$a_{\pm}=0.1$）

（2）根据能斯特方程，电池电动势为

$$E=E^{\ominus}-\frac{RT}{ZF}\ln\frac{a_{HCl}^2}{\frac{p_{H_2}}{p^{\ominus}}\frac{p_{Cl_2}}{p^{\ominus}}}=E^{\ominus}-\frac{RT}{ZF}\ln a_{HCl}^2=E^{\ominus}-\frac{RT}{ZF}\ln a_{\pm}^4$$

$$E=1.358-\frac{4\times8.314\times298}{2\times96485}\ln0.1=1.476V$$

例 9-10 已知 25℃时 $H_2O(l)$ 的标准摩尔生成焓 $\Delta_f H_m^\ominus(H_2O,l)=-285.85kJ\cdot mol^{-1}$，标准摩尔生成吉布斯函数 $\Delta_f G_m^\ominus(H_2O,l)=-237.14kJ\cdot mol^{-1}$。试求 25℃时下列电池的标准电动势及温度系数：

$$Pt,H_2(100kPa)|H_2SO_4(0.01mol\cdot kg^{-1})|O_2(100kPa),Pt$$

解： 负极反应 $H_2(100kPa)=\!=\!=2H^++2e^-$

正极反应 $\frac{1}{2}O_2(100kPa)+2H^++2e^-=\!=\!=H_2O(l)$

电池反应 $H_2(100kPa)+\frac{1}{2}O_2(100kPa)=\!=\!=H_2O(l)$

电池反应是 $H_2O(l)$ 的生成反应，所以电池反应的标准吉布斯函数

$$\Delta_r G_m^\ominus=\Delta_f G_m^\ominus(H_2O,l)=-237.14kJ\cdot mol^{-1}$$

电动势
$$E^\ominus=-\frac{\Delta_r G_m^\ominus}{ZF}=\frac{237140}{2\times96485}=1.229V$$

$$\left(\frac{\partial E^\ominus}{\partial T}\right)_p=\frac{\Delta_r S_m^\ominus}{ZF}=\frac{\Delta_r H_m^\ominus-\Delta_r G_m^\ominus}{ZFT}=\frac{\Delta_r H_m^\ominus}{ZFT}+\frac{E^\ominus}{T}$$

$$\left(\frac{\partial E^\ominus}{\partial T}\right)_p=-\frac{285850}{2\times96485\times298}+\frac{1.229}{298}=-8.5\times10^{-4}V\cdot K^{-1}$$

9.6.4 浓差电池

浓差电池 $Ag|AgNO_3(a_1)\|AgNO_3(a_2)|Ag$，$(a_2>a_1)$ 具有相同的正极和负极，但电解质浓度不同。

负极反应 $Ag-e^-=\!=\!=Ag^+(a_1)$

正极反应 $Ag^+(a_2)+e^-=\!=\!=Ag$

电池反应 $Ag^+(a_2)=\!=\!=Ag^+(a_1)$

电池反应的结果是 Ag^+ 从高浓度的溶液向低浓度的溶液发生迁移，是电极物质的浓度差产生了电池电动势，因此被称为浓差电池。

在上述电池中，两个电极相同，因此标准电池电动势 $E^\ominus=0$，电动势

$$E=\frac{RT}{ZF}\ln\frac{a_2}{a_1} \tag{9-36}$$

在浓差电池 $Pt,Cl_2(10kPa)|HCl(aq)|Cl_2(100kPa),Pt$ 中，两个电极相同，均为 $Pt,Cl_2|Cl^-$，共用一个电解质溶液，但电极上氯气的分压不同。

电池反应 $Cl_2\ (100kPa)=\!=\!=Cl_2\ (10kPa)$

25℃时电池的电动势

$$E=\frac{RT}{2F}\ln\frac{100}{10}=\frac{8.314\times298}{2\times96485}\ln10=2.96\times10^{-2}V$$

9.7 电极种类和电极电势

9.7.1 电极种类

可逆电池由可逆电极组成。有下列几类可逆电极。

(1) 金属-金属离子电极。将金属插在含有该金属离子的溶液中，构成金属-金属离子电极，如 $Zn^{2+}|Zn$ 电极，$Cu^{2+}|Cu$ 电极，统一表示为 $M^{Z+}|M$。

金属-金属离子的电极还原反应为 $M^{Z+}+Ze^{-}═══M$

(2) 铂-非金属-非金属离子电极。$Pt,H_2|H^+$,$Pt,Cl_2|Cl^-$,$Pt,Br_2(l)|Br^-$,$Pt,O_2|OH^-$和$Pt,O_2|H^+$等都属于这类电极。这些电极的还原反应分别为

$Pt,H_2|H^+$ $2H^+ + 2e^- ═══ H_2$

$Pt,Cl^-|Cl_2$ $Cl_2 + 2e^- ═══ 2Cl^-$

$Pt,Br^-|Br_2(l)$ $Br_2(l) + 2e^- ═══ 2Br^-$

$Pt,O_2|OH^-$ $\frac{1}{2}O_2 + 2e^- + H_2O(l) ═══ 2OH^-$

$Pt,O_2|H^+$ $\frac{1}{2}O_2 + 2e^- + 2H^+ ═══ H_2O(l)$

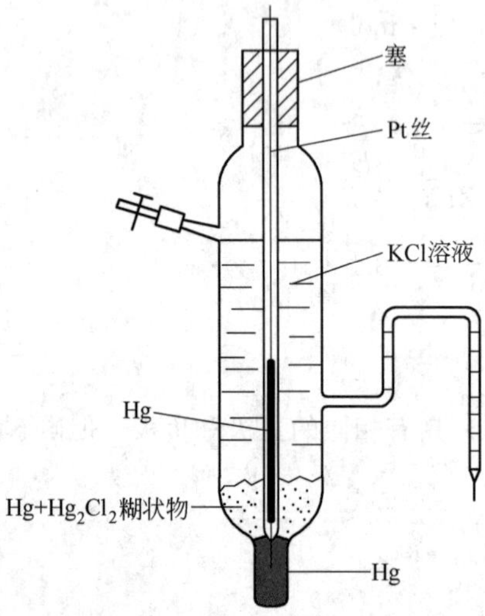

图 9-9 甘汞电极

(3) 氧化还原电极。将铂插在含有同一种离子、不同价态的溶液中构成这类电极。例如，电极 $Pt|Fe^{3+},Fe^{2+}$，电极反应为 $Fe^{3+}+e^{-}═Fe^{2+}$。

(4) 金属-金属的微溶盐-微溶盐中的阴离子电极。例如，氯化银电极 $Ag,AgCl(s)|Cl^-$,电极反应为 $AgCl+e^{-}═Ag+Cl^{-}$。

制备 AgCl 电极时，先在铂丝上镀一层银，再在氯化物溶液中用镀银的铂丝作阳极进行电解，使一部分 Ag 转化为 AgCl，然后浸在盐酸溶液中。AgCl 电极的优点是高温下具有稳定的电势值，在高温电化学研究中常用作参比电极。

(5) 甘汞电极。甘汞电极 $Hg,Hg_2Cl_2(s)|Cl^-$,电极反应为 $Hg_2Cl_2(s)+2e^{-}\rightarrow 2Hg+2Cl^{-}$。

其构造如图 9-9 所示。将少量汞放在玻璃管的底部，用由甘汞、汞、氯化钾溶液制成的糊盖上，上层倒入被甘汞饱和了的氯化钾溶液。甘汞电极电动势与氯化钾溶液的浓度有关。25℃时，KCl 浓度为 $0.1mol\cdot dm^{-3}$、$1mol\cdot dm^{-3}$及饱和时的甘汞电极，电极电势分别为 0.3335V、0.2799V 和 0.2410V。

9.7.2 标准氢电极和标准氢电极电势

标准氢电极 $Pt,H_2(100kPa)|H^+(a_{H^+}=1)$。

其结构如图 9-10 所示。把镀铂黑的铂片插入氢离子活度 $a_{H^+}=1$ 的溶液中，用压力为 100kPa 的氢气吹铂片。

电极反应

$$H^+(a_{H^+}=1)+e^-=\frac{1}{2}H_2(p_{H_2}=100kPa)$$

标准氢电极中，H_2 和 H^+ 均处于它们的标准状态，电极电势即是其标准电极电势 $\varphi^{\ominus}_{H^+/H_2}$。以标准氢电极作为标准，规定标准氢电极的电势 $\varphi^{\ominus}_{H^+/H_2}$ 等于零。用标准氢电极和其他待测电极组成电池

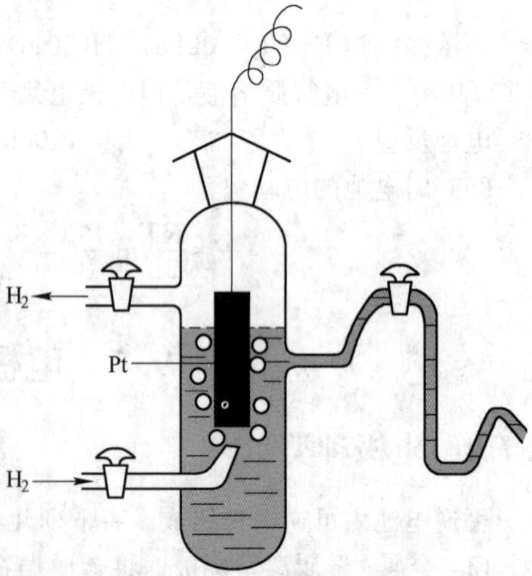

图 9-10 标准氢电极

时，通过测量电池的电动势，能够得到待测电极的电势。当待测电极处于标准态时，得到待测电极的标准电极电势。例如电池

$$\mathrm{Pt, H_2(100kPa)\,|\,H^+(a_{H^+}=1)\,\|\,Cu^{2+}(a_{Cu^{2+}})\,|\,Cu}$$

电池反应
$$\mathrm{H_2+Cu^{2+}=2H^+ +Cu}$$

$$E=E^{\ominus}-\frac{RT}{ZF}\ln\frac{a_{\mathrm{H}}^2+a_{\mathrm{Cu}}}{\frac{p_{\mathrm{H_2}}}{p^{\ominus}}a_{\mathrm{Cu^{2+}}}}$$

因为
$$a_{\mathrm{H^+}}=1,\ p_{\mathrm{H_2}}/p^{\ominus}=1$$

所以
$$E=E^{\ominus}-\frac{RT}{ZF}\ln\frac{a_{\mathrm{Cu}}}{a_{\mathrm{Cu^{2+}}}}$$

根据对标准氢电极的定义，这个电势就是铜电极的电势，即

$$E=\varphi_{\mathrm{Cu^{2+}|Cu}}-\varphi_{\mathrm{H^+|H_2}}=\varphi_{\mathrm{Cu^{2+}|Cu}}-0=\varphi_{\mathrm{Cu^{2+}|Cu}}$$

得
$$\varphi_{\mathrm{Cu^{2+}|Cu}}=\varphi^{\ominus}_{\mathrm{Cu^{2+}|Cu}}-\frac{RT}{ZF}\ln\frac{a_{\mathrm{Cu}}}{a_{\mathrm{Cu^{2+}}}}$$

用这种方法测得的部分电极的标准还原电极电势值列在表 9-6 中。

表 9-6 水溶液中一些电极的标准还原电极电势值（25℃）

电极	电极反应	$\varphi^{\ominus}$/V
	对阳离子可逆的电极	
$Li^+\|Li$	$Li^+ + e^- \rightleftharpoons Li$	−3.045
$Rb^+\|Rb$	$Rb^+ + e^- \rightleftharpoons Rb$	−2.925
$K^+\|K$	$K^+ + e^- \rightleftharpoons K$	−2.924
$Ba^{2+}\|Ba$	$Ba^{2+} + 2e^- \rightleftharpoons Ba$	−2.90
$Sr^{2+}\|Sr$	$Sr^{2+} + 2e^- \rightleftharpoons Sr$	−2.89
$Ca^{2+}\|Ca$	$Ca^{2+} + 2e^- \rightleftharpoons Ca$	−2.76
$Na^+\|Na$	$Na^+ + e^- \rightleftharpoons Na$	−2.7109
$Mg^{2+}\|Mg$	$Mg^{2+} + 2e^- \rightleftharpoons Mg$	−2.375
$Mn^{2+}\|Mn$	$Mn^{2+} + 2e^- \rightleftharpoons Mn$	−1.029
$Zn^{2+}\|Zn$	$Zn^{2+} + 2e^- \rightleftharpoons Zn$	−0.7628
$Cr^{3+}\|Cr$	$Cr^{3+} + 3e^- \rightleftharpoons Cr$	−0.74
$Fe^{2+}\|Fe$	$Fe^{2+} + 2e^- \rightleftharpoons Fe$	−0.441
$Cd^{2+}\|Cd$	$Cd^{2+} + 2e^- \rightleftharpoons Cd$	−0.4026
$Co^{2+}\|Co$	$Co^{2+} + 2e^- \rightleftharpoons Co$	−0.28
$Ni^{2+}\|Ni$	$Ni^{2+} + 2e^- \rightleftharpoons Ni$	−0.25
$Sn^{2+}\|Sn$	$Sn^{2+} + 2e^- \rightleftharpoons Sn$	−0.1364
$Pb^{2+}\|Pb$	$Pb^{2+} + 2e^- \rightleftharpoons Pb$	−0.1263
$H^+\|H_2$	$H^+ + e^- \rightleftharpoons \frac{1}{2}H_2$	0.000
$Cu^{2+}\|Cu$	$Cu^{2+} + 2e^- \rightleftharpoons Cu$	0.3402
$Cu^+\|Cu$	$Cu^+ + e^- \rightleftharpoons Cu$	0.522
$Hg_2^{2+}\|2Hg$	$Hg_2^{2+} + 2e^- \rightleftharpoons 2Hg$	0.7961
$Ag^+\|Ag$	$Ag^+ + e^- \rightleftharpoons Ag$	0.7996
$Hg^{2+}\|Hg$	$Hg^{2+} + 2e^- \rightleftharpoons Hg$	0.851
$Au^+\|Au$	$Au^+ + e^- \rightleftharpoons Au$	1.68

续表 9-6

电　极	电 极 反 应	$\varphi^{\ominus}/V$
对阴离子可逆的电极		
$Te^{2-}\mid Te$	$Te+2e^-\rightleftharpoons Te^{2-}$	−0.92
$Se^{2-}\mid Se$	$Se+2e^-\rightleftharpoons Se^{2-}$	−0.78
$S^{2-}\mid S$	$S+2e^-\rightleftharpoons S^{2-}$	−0.508
$SO_4^{2-},PbSO_4(s)\mid Pb$	$PbSO_4(s)+2e^-\rightleftharpoons Pb+SO_4^{2-}$	−0.356
$I^-,AgI(s)\mid Ag$	$AgI(s)+e^-\rightleftharpoons Ag+I^-$	−0.1519
$Br^-,AgBr(s)\mid Ag$	$AgBr(s)+e^-\rightleftharpoons Ag+Br^-$	0.0713
$Cl^-,AgCl(s)\mid Ag$	$AgCl(s)+e^-\rightleftharpoons Ag+Cl^-$	0.2223
$OH^-,H_2O\mid O_2$	$\frac{1}{2}O_2+H_2O+2e^-\rightleftharpoons 2OH^-$	0.401
$I^-\mid I_2$	$\frac{1}{2}I_2(l)+e^-\rightleftharpoons I^-$	0.535
$Br^-\mid Br_2$	$\frac{1}{2}Br(l)+e^-\rightleftharpoons Br^-$	1.065
$Cl^-\mid Cl_2$	$\frac{1}{2}Cl_2(l)+e^-\rightleftharpoons Cl^-$	1.3583
$F^-\mid F_2$	$\frac{1}{2}F(l)+e^-\rightleftharpoons F^-$	2.87
氧化还原电极		
$Pt\mid Cr^{2+},Cr^{3+}$	$Cr^{3+}+e^-\rightleftharpoons Cr^{2+}$	−0.41
$Pt\mid Sn^{2+},Sn^{4+}$	$Sn^{4+}+2e^-\rightleftharpoons Sn^{2+}$	0.15
$Pt\mid Cu^+,Cu^{2+}$	$Cu^{2+}+e^-\rightleftharpoons Cu^+$	0.58
$Pt\mid MnO_2,MnO_4^-,OH^-$	$MnO_4^-+2H_2O+3e^-\rightleftharpoons MnO_2+4OH^-$	0.588
Pt∣氢，醌，H^+	$C_6H_4O_2+2H^++2e^-\rightleftharpoons C_6H_4(OH)_2$	0.6995
$Pt\mid Fe^{2+},Fe^{3+}$	$Fe^{3+}+e^-\rightleftharpoons Fe^{2+}$	0.770
$Pt\mid Tl^+,Tl^{3+}$	$Tl^{3+}+2e^-\rightleftharpoons Ti^+$	1.247
$Pt\mid PbSO_4,PbO_2,H_2SO_4$	$PbO_2+4H^++SO_4^{2-}+2e^-\rightleftharpoons PbSO_4+2H_2O$	1.685

任意电极 $M^{Z+}\mid M$的还原电极反应　$M^{Z+}+Ze^-\!=\!=\!=M$

电极电势为

$$\varphi_{M^{Z+}\mid M}=\varphi^{\ominus}_{M^{Z+}\mid M}-\frac{RT}{ZF}\ln\frac{a_M}{a_{M^{Z+}}} \tag{9-37}$$

称式(9-37)为电极能斯特方程。可根据表 9-6 所列的标准电极电势数据，利用式(9-37)计算任意电极在 25℃时的电势。

标准还原电极电势的大小表示电极物质的氧化还原能力。标准还原电极电势越大的物质，越容易得到电子被还原；标准还原电极电势越小的物质，越容易失去电子被氧化。

例 9-11　计算 25℃、溶液 pH 值等于 10 时，电极 $Pt,O_2(10kPa)\mid OH^-$ 的电势。

解：电极反应　　$\frac{1}{2}O_2+2e^-+H_2O(l)\!=\!=\!=2OH^-$

电极电势　　$$\varphi_{O_2|OH^-}=\varphi^{\ominus}_{O_2|OH^-}-\frac{RT}{ZF}\ln\frac{a^2_{OH^-}}{\left(\frac{p_{O_2}}{p^{\ominus}}\right)^{1/2}}$$

将 $p_{O_2}=10\text{kPa}$，$p^{\ominus}=100\text{kPa}$，$a_{OH^-}=\frac{10^{-14}}{10^{-10}}=10^{-4}$（$a_{OH^-}a_{H^+}=10^{-14}$，pH＝10 时，$a_{H^+}=10^{-10}$），$\varphi^{\ominus}_{O_2|OH^-}=0.401\text{V}$ 代入上式中，即得

$$\varphi_{O_2|OH^-}=0.401-\frac{8.314\times298}{2\times96485}\ln\frac{(10^{-4})^2}{0.1^{1/2}}=0.623\text{V}$$

9.8　电池电动势测定及应用

9.8.1　电池电动势的测定

测量电池电动势的方法为补偿法，如图 9-11 所示。先将双刀双掷开关置于标准电池一方，调节滑线电阻到相当于标准电池电位（1.01864V）的位置，再调节工作电池回路中的可变电阻，使按钮 K 按下时检流计 G 指针在零的位置。将双刀双掷开关置于待测电池一方，调节滑线电阻使 K 按下时检流计指针在零的位置，此时滑线电阻所对应的电位就是待测电池的电动势。

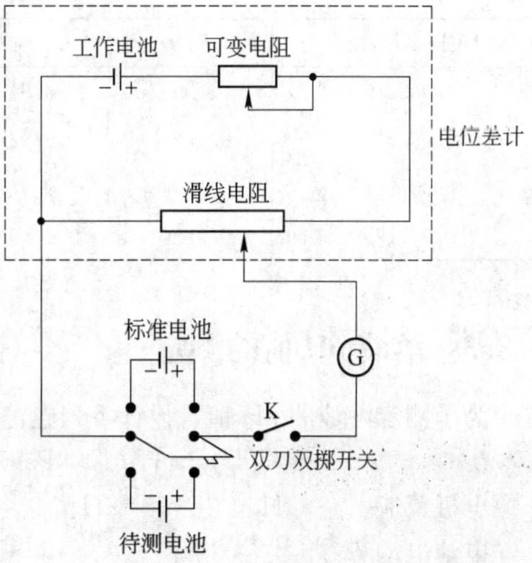

图 9-11　电池电动势的测量

通过测定原电池的电动势，能够求得电池反应的热力学性质、电解质溶液的活度及活度系数、难溶盐的溶解度、溶液的 pH 值等。

9.8.2　离子平均活度系数的测定

电池电动势法是测电解质平均活度系数的重要方法。以电池 Pt,H_2(100kPa)|HCl(m)|AgCl(s),Ag为例说明电解质溶液离子平均活度系数的测量方法。

电池反应　　$$H_2(100\text{kPa})+2AgCl(s)=\!=\!=2Ag+2HCl(m)$$

电池电动势　　$$E=E^{\ominus}-\frac{RT}{ZF}\ln\frac{a^2_{HCl}}{\left(\frac{p_{H_2}}{p^{\ominus}}\right)}$$

将 $p_{H_2}=100\text{kPa}$，$p^{\ominus}=100\text{kPa}$ 代入上式，得

$$E=E^{\ominus}-\frac{RT}{2F}\ln a^2_{HCl}=E^{\ominus}-\frac{2RT}{F}\ln a_{\pm}=E^{\ominus}-\frac{2RT}{F}\ln\gamma_{\pm}\frac{m_{\pm}}{m^{\ominus}}$$

$m^{\ominus}$是单位浓度 $1\text{mol}\cdot\text{kg}^{-1}$。这里应用了式（9-22）和式（9-24）。电解质 HCl 完全电离时，$m_{\pm}=m$，从而得到电解质 HCl 的离子平均活度系数与其浓度之间的关系

$$\ln\gamma_{\pm}=\frac{F(E^{\ominus}-E)}{2RT}-\ln\frac{m}{m^{\ominus}}$$

从上式中看出，电解质 HCl 的离子平均活度系数不是常数，随浓度发生变化。极稀溶液中，$\gamma_{\pm}=1$ 表示电解质溶液符合理想溶液的行为。应用德拜-尤格尔极限公式（9-25），即

$$\lg\gamma_{\pm}=-|z_+z_-|A\sqrt{I}$$

对电解质 HCl 而言，离子强度 $I=m$，$z_+=1$，$z_-=-1$。将这些数据代入上式，得到上述电池的电动势与电解质浓度及离子平均活度系数之间的关系

$$E+\frac{2RT}{F}\ln\frac{m}{m^{\ominus}}=E^{\ominus}+\frac{2RTA}{2.303F}m^{1/2}$$

以 $E+\frac{2RT}{F}\ln\frac{m}{m^{\ominus}}$ 对 $m^{1/2}$ 作图，在稀溶液范围内是直线，直线的截距等于 $E^{\ominus}$。用这种方法确定的 25℃时电极 $Ag^+|Ag$ 的标准电极电动势值为 0.7997V。已知 $E^{\ominus}$ 后，测得电解质 HCl 在任意浓度 m 下电池的电动势 E，即可求其在相应浓度下的离子平均活度系数 $\gamma_{\pm}$。表 9-7 列出 25℃时不同浓度的 HCl 的离子平均活度系数的测定结果。从表中可以看出，随着 HCl 浓度的增加，离子的平均活度系数减小。

表 9-7 25℃时水溶液中 HCl 的离子平均活度系数

m(HCl)/mol·kg^{-1}	E/V	$\gamma_{\pm}$	m(HCl)/mol·kg^{-1}	E/V	$\gamma_{\pm}$
0.003215	0.52053	0.942	0.02563	0.41824	0.866
0.005619	0.49257	0.926	0.05391	0.38222	0.829
0.007311	0.47948	0.917	0.1238	0.34199	0.788
0.011195	0.45861	0.903			

9.8.3 溶液 pH 值的测定

为了测定溶液的 pH 值，设计下列电池：

$$Pt,H_2(100kPa)|H^+(a_+)\|饱和甘汞电极$$

电极反应 $H_2-2e^-=\!=\!=2H^+$

电池电动势

$$E=\varphi_{甘汞}-\varphi_{H^+|H_2}=\varphi_{甘汞}-\varphi^{\ominus}_{H^+|H_2}-\frac{RT}{2F}\ln\frac{p^{\ominus}a^2_{H^+}}{p_{H_2}}$$

25℃时，将 $\varphi_{甘汞}=0.2412V$，$\varphi^{\ominus}_{H^+|H_2}=0$，$\frac{p_{H_2}}{p^{\ominus}}=1$，$-\ln a_{H^+}=pH$ 代入上式，即得

$$E=0.2412+\frac{8.314\times298}{96485}pH=0.2412+0.0256pH$$

测量电池的电动势，可根据上式计算溶液的 pH 值。实际测量时，常用玻璃电极代替金属铂，其构造如图 9-12 所示。玻璃管内盛 0.1mol·kg^{-1} HCl 溶液，用 AgCl 作内参比电极，连接外导线。玻璃外是待测溶液，甘汞电极也插在待测溶液中。电池表示为

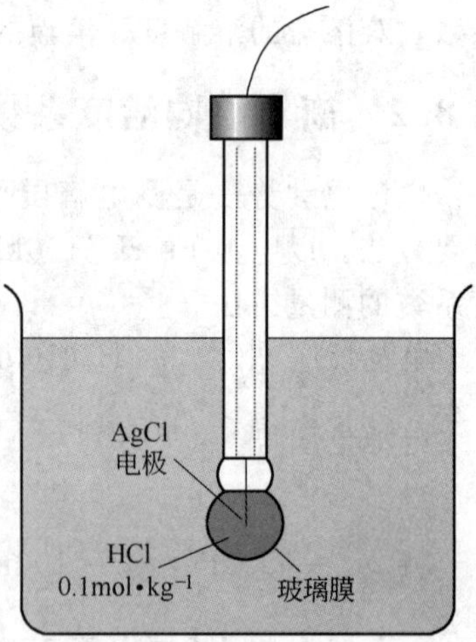

图 9-12 玻璃电极

$$AgCl(s),Ag|HCl(0.1mol\cdot kg^{-1})|玻璃电极|待测溶液|甘汞电极$$

9.8.4 电池反应热力学性质的测定

将吉布斯-亥姆霍兹公式 $\Delta G=\Delta H-T\Delta S=\Delta H+T\left(\frac{\partial\Delta G}{\partial T}\right)_p$ 代入公式 $E=-\frac{\Delta G}{nF}$，可得 nFE

$=-\Delta H+nFT\left(\frac{\partial E}{\partial T}\right)_p$。式中，$\Delta H$，$\Delta S$ 分别为化学反应的焓变、熵变；$\left(\frac{\partial E}{\partial T}\right)_p$ 为一定压力下电池电动势的温度系数。因此通过测量不同温度下的电动势可计算可逆电池中化学反应的 ΔH，ΔS 等。该法是求热力学性质精度最高的方法。

例 9-12 设计电池并通过计算判断 25℃时，含有 Fe^{3+}、Fe^{2+}、Ag^+ 的溶液中，当各种离子的平均活度均等于 1 时，能否发生下列反应：$Fe^{2+}+Ag^+ \rightarrow Fe^{3+}+Ag$。

解： 电池 $Pt|Fe^{3+}, Fe^{2+}\|Ag^+|Ag$ 的电极反应和电池反应分别为

负极反应 $$Fe^{2+}-e^- = Fe^{3+}$$

正极反应 $$Ag^+ + e^- = Ag$$

电池反应 $$Ag^+ + Fe^{2+} = Ag + Fe^{3+}$$

电池电动势 $$E=E^\ominus-\frac{RT}{F}\ln\frac{1\times1}{1\times1}=E^\ominus=\varphi^\ominus_{Ag^+|Ag}-\varphi^\ominus_{Fe^{3+}|Fe^{2+}}$$

查表，25℃时 $\varphi^\ominus_{Ag^+|Ag}=0.7994V$，$\varphi^\ominus_{Fe^{3+}|Fe^{2+}}=0.770V$，代入上式中，即得

标准电池电动势 $$E^\ominus=0.7994-0.770=0.029V$$

$$E^\ominus=\frac{RT}{ZF}\ln K^\ominus=\frac{8.314\times298}{96485}\ln K^\ominus$$

从而求得 25℃时反应的标准平衡常数 $K^\ominus=3.09$。

根据化学反应的等温方程，当 $a_{Ag}=1$，$a_{Fe^{3+}}=1$，$a_{Ag^+}=1$，$a_{Fe^{2+}}=1$ 时，

$$\Delta_r G_m=\Delta_r G_m^\ominus+RT\ln\frac{a_{Ag}a_{Fe^{3+}}}{a_{Ag^+}a_{Fe^{2+}}}=\Delta_r G_m^\ominus=-RT\ln K^\ominus$$

$$\Delta_r G_m=-2798J\cdot mol^{-1}<0$$

或 $\Delta_r G_m=-ZFE=-ZFE^\ominus=-96485\times0.028=-2798J\cdot mol^{-1}<0$，表明 Ag^+ 能将 Fe^{2+} 氧化为 Fe^{3+}。

9.8.5 微溶盐溶度积的测定

设计下列电池，测定微溶盐 AgCl 的溶度积。

$$Ag|Ag^+(a_{Ag^+})\|Cl^-(a_{Cl^-})|AgCl(s),Ag$$

负极反应 $$Ag-e^- = Ag^+$$

正极反应 $$AgCl+e^- = Ag+Cl^-$$

电池反应 $$AgCl = Ag^+ + Cl^-$$

微溶盐的溶度积是微溶盐溶解达到平衡时离子活度的乘积。溶解反应达到平衡时，溶解反应的摩尔反应吉布斯函数等于零，即 $\Delta_r G_m=0$，$E=0$。

电极电动势 $$E=E^\ominus-\frac{RT}{F}\ln a_{Ag^+}a_{Cl^-}=0$$

因此，标准电池电动势与 AgCl 溶度积的关系为

$$E^\ominus=\frac{RT}{F}\ln a_{Ag^+}a_{Cl^-}=\frac{RT}{F}\ln K_{sp}$$

从表 9-6 中查出标准电极电势值，$\varphi^\ominus_{Ag,AgCl|Cl^-}=0.2223V$，$\varphi^\ominus_{Ag^+|Ag}=0.7996V$，得标准电池电动势 $E^\ominus=\varphi^\ominus_{Ag,AgCl|Cl^-}-\varphi^\ominus_{Ag^+|Ag}=-0.5773V$。

AgCl 的浓度积则为 $K_{sp}=a_{Ag^+}a_{Cl^-}=1.72\times10^{-10}$。

用同样的方法，可以测定其他微溶盐的溶度积。由于微溶盐溶解度很低，在计算时可以用浓度代替活度。

9.9 熔盐电池

熔盐电池是以盐类熔化后形成的熔融体作为电解质的电池技术。熔盐电池都需要超过300℃的高温将电解质保持在液态状态。熔盐电池拥有比锂电池高一倍的能量密度。

熔盐电池 $Pb|PbCl_2(l)|Cl_2,C$(石墨)

电池反应 $Pb+Cl_2 = PbCl_2(l)$

电池 $Pb|PbCl_2(l)|Cl_2,C$(石墨) 的制作过程是在装有 $PbCl_2$ 熔体的坩埚中插入金属 Pb 和石墨棒，而且石墨棒是被 Cl_2 饱和的。常用的坩埚材料有石墨、石英、氧化铝、氧化镁、金属 Pt，Mo 等。为避免电极被空气氧化，用氩气作为保护气氛。

例 9-13 下列熔盐电池的阴极是 Pb - Cd 合金，Cd 的（摩尔分数）浓度 $x_{Cd^{2+}}=0.6910$，500℃时电池的电动势等于 6.842mV。试求 Cd - Pb 合金中 Cd 的活度和活度系数。

$$Cd(l)|KCl-LiCl-CdCl_2|Cd-Pb(l)$$

解： 题中所给熔盐电池负极是 Cd，正极是 Cd - Pb 合金，因而电池是浓差电池。电解质中的 K^+、Li^+ 参与导电，但不参加电池反应。

负极反应 $Cd(l)-2e^- = Cd^{2+}$

正极反应 $Cd^{2+}+2e^- = Cd_{(Pb)}$

电池反应 $Cd(l) \longrightarrow Cd_{(Pb)}$

反应式中 $Cd_{(Pb)}$ 表示 Cd - Pb 合金中的 Cd。

电池电动势 $E=-\dfrac{RT}{ZF}\ln a_{Cd}$

$$\ln a_{Cd}=-\frac{2FE}{RT}=-\frac{2\times 96485\times 6.842\times 10^{-3}}{8.314\times 773}=-0.2054$$

所以，Cd - Pb 合金中 Cd 的活度为 $a_{Cd}=0.814$。

活度系数 $\gamma_{Cd}=\dfrac{a_{Cd}}{x_{Cd}}=\dfrac{0.814}{0.691}=1.18$

例 9-14 600℃时，电池 $Cd(l)|CdCl_2(l)\|PbCl_2(l)|Pb(l)$ 的电动势等于 0.119V，试计算 600℃电池反应的 $\Delta_r G_m^{\ominus}$。

解： 电池反应 $Cd(l)+PbCl_2 = Pb(l)+CdCl_2$

$$\Delta_r G_m=-ZFE$$

$$\Delta_r G_m=-2\times 96485\times 0.119=-22963\text{J}\cdot\text{mol}^{-1}$$

由于电池反应物质均是纯物质（也是各物质的标准状态），电池反应的摩尔反应吉布斯函数等于其标准摩尔反应吉布斯函数，即 $\Delta_r G_m=\Delta_r G_m^{\ominus}=-22963\text{J}\cdot\text{mol}^{-1}$。

熔盐电池中含两种电解质时，由于电解质浓度很高，两个液体中离子迁移数相差不大，因此产生的液体接触电动势很小。

9.10 固体电解质电池

9.10.1 固体电解质

固体电解质是具有离子导电特性的固态物质。这些物质因其晶体中的点缺陷或具有特殊结构而为离子提供快速迁移的通道，在某些温度下具有较高的电导率（$1\sim 10^{-6}$S/cm），故又称为快离子导体。已经发现几十种快离子导体材料，如卤化物中的 $RbAg_4I_5$、α - AgI 是银离子导体，氧化物中的 ZrO_2（掺杂 CaO）、ThO_2（掺杂 Y_2O_3）是氧离子导体，β - Al_2O_3 是钠离子导体等。

在冶金生产和高温冶金物理化学研究中应用最广的固体电解质是以 ZrO_2 为基体，掺杂以 7%～20%（摩尔分数）的二价或三价氧化物（如 CaO、MgO、Y_2O_3 和其他稀土氧化物）烧结制成的取代式固溶体。纯 ZrO_2 在常温下是单斜晶型，加热到 1150℃会发生相变，转变为四方晶型，同时体积收缩约 7%。加入 CaO 并经高温煅烧后，CaO 与 ZrO_2 形成取代式固溶体，并且 ZrO_2 的晶型变为 CaF_2 型的立方晶体，无晶型转变，抗热震性得到改善。同时掺杂 CaO 后，一个 Ca^{2+} 置换一个 Zr^{4+}，为保持电中性就要同时出现一个 O^{2-} 空位。掺杂后的固溶体中有大量的氧离子空位。在高温下，氧离子通过这些空位实现快速迁移，形成氧离子导电的固体电解质，氧离子电导率约是其中钙离子和锆离子电导率的 10^{10} 倍。1600℃时，掺杂 15%（摩尔分数）CaO 的 ZrO_2 的电导率约为 1.0S/cm，高于同温度下高炉渣的电导率(0.24～0.82S/cm)，也大大高于 25℃下 1mol/L KCl 水溶液的电导率（0.1117S/cm，25℃）。ZrO_2 固体电解质的电池反应为

正极反应 $$O_2(g)+4e = 2O^{2-}$$

负极反应 $$2O^{2-} = O_2(g)+4e$$

9.10.2 固体电解质电池的应用

9.10.2.1 气相中氧分压以及熔体中氧活度的测定

图 9-13 是用于测定气体中氧分压的氧浓差电池。在以 Y_2O_3 稳定的 ZrO_2 管内外壁涂以铂层，构成内电极和外电极。内、外电极分别与铂引线相连接。整个电池在 800℃左右的温度下工作。将已知氧含量的参比气体（通常是空气）和被测气体分别导入内电极和外电极，通过测定该电池的电动势 E，用下式算出被测气体的氧分压：

$$E=\frac{RT}{4F}\ln\frac{p_{O_2}^{\mathrm{I}}}{p_{O_2}^{\mathrm{II}}}$$

式中，R，T，F 分别为气体常数、绝对温度和法拉第常数；p^{II} 和 p^{I} 则分别为高氧分压侧和低氧分压侧的氧分压。这种氧浓差电池可连续测定各种气氛和烟道气体中的氧含量（例如，小到十亿分之一的氧含量都可测出)，用于监测气氛的氧化性及控制燃料燃烧过程。

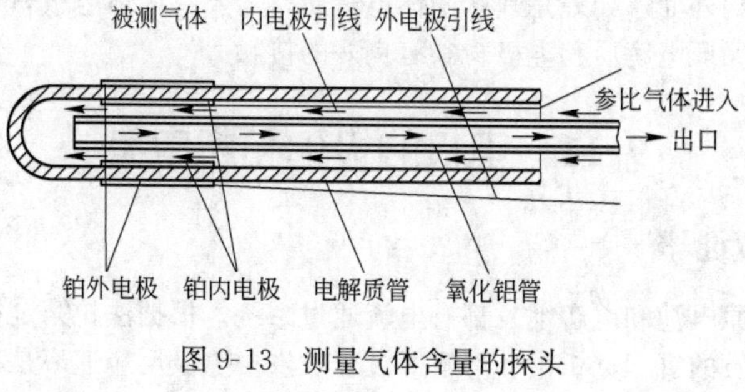

图 9-13 测量气体含量的探头

9.10.2.2 钢水快速定氧

图 9-14 是钢水快速定氧装置的示意图。在用固体电解质制成的管内装入 Cr、Cr_2O_3（或 Mo、MoO_2）作为参比电极，电解质管外侧浸入待测钢水作为工作电极，由测量电池

$$Mo, Cr、Cr_2O_3 | ZrO(+CaO) | [O], Mo$$

的电动势，可以计算出钢水中的氧活度及氧含量。

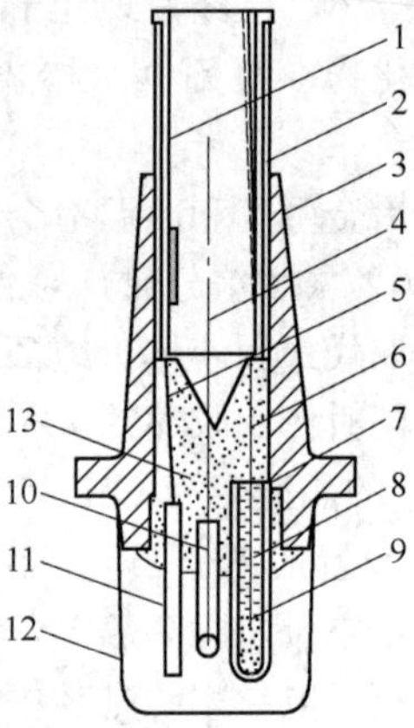

图 9-14 钢水快速定氧装置

1—塑料插接件；2—小纸管；3—耐火泥头；4—热电偶引线；5—回路电极引线；6—参比电极引线；7—电解质管；8—三氧化二铝粉；9—参比电极混合物；10—热电偶保护管；11—钼棒；12—防渣帽；13—耐火水泥

负极反应 $O^{2-} - 2e^- = \frac{1}{2}O_2$

$$\frac{1}{2}O_2 + \frac{2}{3}Cr(s) = \frac{1}{3}Cr_2O_3(s)$$

正极反应 $[O] + 2e^- = O^{2-}$

电池反应 $[O] + \frac{2}{3}Cr(s) = \frac{1}{3}Cr_2O_3(s)$

电池电动势

$$E = E^{\ominus} - \frac{RT}{2F}\ln\frac{1}{a_{[O]}} = E^{\ominus} + \frac{RT}{2F}\ln a_{[O]} \qquad (9\text{-}38)$$

因为

$$E^{\ominus} = -\frac{\Delta_r G_m^{\ominus}}{2F}, \Delta_r G_m^{\ominus} = \frac{1}{3}\Delta_f G_{Cr_2O_3}^{\ominus} - \Delta G_{[O]}^{\ominus} = -256250 + 88.04T$$

式中，$\Delta_f G_{Cr_2O_3}^{\ominus}$，$\Delta G_{[O]}^{\ominus}$是 Cr_2O_3 的标准摩尔生成吉布斯函数和 O_2 在钢中的标准摩尔溶解吉布斯函数。这两个数据均可从热力学数据表中查到。从而求得电池反应的标准电池电动势 $E^{\ominus}$ 与温度的关系为

$$E^{\ominus} = (1.328 - 4.56 \times 10^{-4} T)\ \mathrm{V}^{-1}$$

测得某温度下固体电解质电池的电动势，可利用式（9-38）计算钢中氧的活度 $a_{[O]}$。

这种带有热电偶的快速定氧探头插入钢水后 10s 内即可同时测出钢水的温度和溶解氧的活度。快速定氧探头的应用，有利于控制冶炼过程、提高钢水质量。类似结构的快速定氧探头也在铜、镍和其他有色金属冶炼研究中得到应用。

电解质管的抗热震性对于快速定氧探头十分重要。部分稳定的（仍保留有部分单斜相）氧化锆电解质比全稳定的氧化锆具有更好的抗热震性。在高温和极低氧分压条件（如 1600℃，$p_{O_2} < 10^{-13}$ 大气压）下，氧化锆基的固体电解质会出现部分自由电子导电，影响测定结果。氧化钍基的固体电解质可以用于比上述条件更低的氧分压下的测量。

组装固体电解质电池时，必须保证电极材料与电解质之间良好的接触。固体电解质是固态的，如果电解质是一端封口的管状，则需要将固体电极材料磨细，装入电解管内压实，并将电极引线埋入粉中，引到外面；如果是片状固体电解质，需要将固体电极材料制成片状，并在固体电解质表面涂铂，保证电解质和电极材料有良好的接触。

9.11 电极的极化和超电势

9.11.1 电极反应速率

实际电池过程（原电池和电解池）都有电流通过系统。根据法拉第定律，电极上有电流通过时，就会伴随着物质的沉积、析出和溶解等过程发生。电极反应速率是单位时间、单位电极面积上通过的电量，即电流密度

电流强度 $I = \frac{Q}{t}$

电流密度 $i = \frac{I}{A} = \frac{Q}{tA}$

式中，Q，t，A，I，i 分别为电量、通电时间、电极面积、电流强度和电流密度。i 的单位是 $A \cdot m^{-2}$。

将电流强度与离子迁移速率的关系式（9-5）代入上式中，得到电流密度与阴、阳离子电迁移率、电荷数、浓度及电场强度的关系，即

$$i=(u_{+}+u_{-})z_{+}c_{+}EF \tag{9-39}$$

式（9-39）表明，电极反应速率与电解质溶液中阴、阳离子的电迁移率及电荷数（价数）成正比，与电场强度成正比，与电解质溶液的浓度成正比。提高温度，电极反应的速率也增加。

9.11.2　电极的极化和超电势

当电极上没有电流通过时，电极电势称为平衡电极电势，用 φ_e 表示；当电极上有电流通过时，即流经电极的电流不等于零时，电极电势偏离平衡电极电势，随着电流的增加，电极电势偏离平衡电极电势的程度增加，电极电势偏离平衡电极电势的现象称为电极的极化。用 φ 表示有电流通过时的电极电势。

定义电极超电势

$$\eta=|\varphi-\varphi_e| \tag{9-40}$$

电极超电势是电流密度的函数，阳极极化时，$\varphi-\varphi_e>0$；阴极极化时，$\varphi-\varphi_e<0$。

按电化学规定，阴极上发生得电子的还原反应，因此阴极也称正极；阳极上发生失电子的氧化反应，阳极也称负极。图 9-15 所示为原电池和电解池中阳极电势和阴极电势随电流的变化规律，即极化曲线。极化曲线反映电极电势与电极电流密度之间的变化规律。极化曲线分为阳极极化曲线和阴极极化曲线。在阳极极化曲线上，电极电势从平衡电极电势开始，随着电极电流的增加而增加；在阴极极化曲线中，电极电势随着电极电流的增加而减小，如图 9-15 所示。电解池中，阳极即是正极，阴极即是负极，随着电流密度 i 的增加，阳极电势越来越正，阴极电势越来越负，所以电解槽的端电压也随之增大。因此，电流密度越大，电解所消耗的能量也越多，电解池在实际工作中所需要的外电压随着工作电流的增加而逐渐增大；在原电池中刚好相反，阳极电势较负，阴极电势较正，随着电流密度 i 的增加，阴极电势变得更负，阳极电势变得更正，所以原电池的端点电势差，随着电流密度 i 的增大而减小，即随着放电电流密度的增大，原电池做的电功减小，向外输出的电压随着工作电流的增加而减小 。

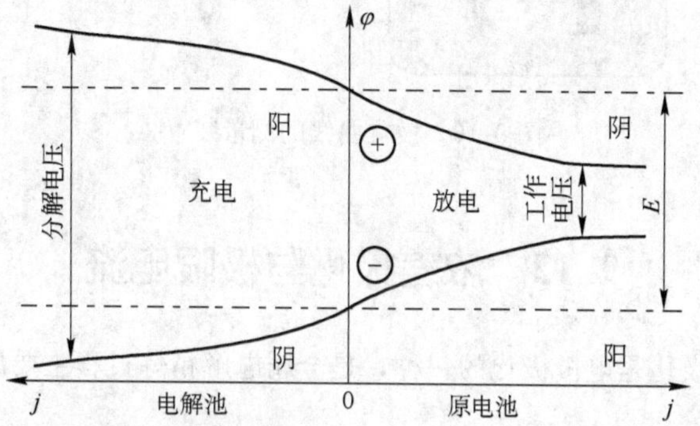

图 9-15　电极的极化

电极的极化是由于电极-溶液界面处离子浓度变化造成的。下面以 $Zn|ZnSO_4(aq)$ 电极为例，讨论电极的极化过程。

$Zn|ZnSO_4(aq)$ 电极的还原反应　$Zn^{2+}+2e^{-} \longrightarrow Zn$

电极电势
$$\varphi_{Zn^{2+}|Zn}=\varphi^{\ominus}_{Zn^{2+}|Zn}-\frac{RT}{2F}\ln\frac{1}{a_{Zn^{2+}}}$$

对 $Zn^{2+}|Zn$电极而言，在一定温度下，电极电势与溶液中 Zn^{2+} 的活度有关。电极反应包括两个步骤，Zn^{2+} 在溶液中迁移到达电极-溶液表面，在电极上得到电子还原为金属 Zn。如果这两个步骤的速率相同，则不会造成电极-溶液界面附近 Zn^{2+} 的积累或匮乏，电极电势就不会改变。实际上，两步的速率不会完全相同。如果 Zn^{2+} 的迁移速度慢，不能及时提供电极反应所需要的 Zn^{2+}，电极表面处 Zn^{2+} 的浓度减小，低于平衡时的 Zn^{2+} 浓度，电极电势也会减小，偏离平衡电极电势，发生浓差极化；如果电极反应的速度慢，不能及时消耗到达电极-溶液界面上的 Zn^{2+}，Zn^{2+} 在电极-溶液界面处积累，使电极电势增加，发生活化极化。

9.11.3　极化曲线的测量

图 9-16 为电极极化曲线的测量装置。测量极化曲线时采用三个电极系统，待测电极 1、辅助电极 2 和参比电极。甘汞电极作参比电极。待测电极和辅助电极组成一个电池，电池中串联一个电流表和滑线变阻器。通过调整滑线变阻器触点的位置，控制施加在电池上的电压的大小和方向，从而实现电极的阳极极化和阴极极化。在待测电极上通过不同电流时，测量待测电极和甘汞电极组成电池的电动势，获得待测电极的电极电势随着电流变化的规律，即极化曲线。

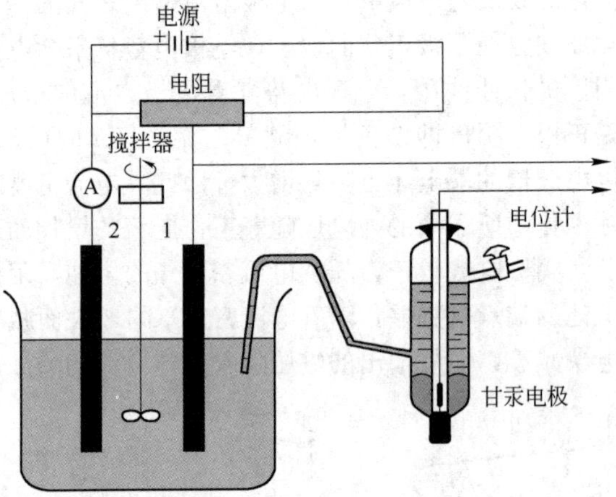

图 9-16　极化曲线的测量装置

9.12　浓差极化与极限电流

如前所述，浓差极化是电极极化的一种，是金属电解精炼过程主要的极化形式。

9.12.1　极限电流

假设只有浓差极化，测得的阴极极化曲线如图 9-17 所示。由图可见，当电势达到 P 点以后，离子开始在阴极上析出，并且电势 φ 越负，电流密度越大。到达 C 点以后，即使电势进一步变负，电流也不再增加，在极化曲线上出现一水平线段 CD，CD 段的电流密度 i_d 称为该离子的极限电流密度。由于溶液中往往还存在其他离子，在更负的电势下会出现其他离子的析出过程，所以极化曲线经过水平阶段后又会上升。

当阳离子在阴极上析出时，它在电极表面附近的浓度就要降低，与溶液本体浓度形成了浓度差，阳离子就会不断地向阴极表面移动，以保证电极过程连续进行。离子的移动方式有两种，一种是在电场作用下的电迁移；另一种是浓度差引起的扩散迁移。电迁移形成的电流密度称为迁移电流密度 $i_{迁}$，扩散形成的电流密度称为扩散电流密度 $i_{扩}$。

下面推导极限电流密度 i_d 的表达式。设析出离子在紧靠电极表面附近液层中（或简称电极表面）的浓度为 c_s，而在溶液本体内的浓度为 c，在电极表面附近存在着浓度梯度的液层称为扩散层，其厚度用 δ 表示，如图 9-18 所示。达到稳态时，扩散和迁移来的离子在阴极上析出，电极表面维持恒定的浓度 c_s，离子的析出电流密度为

$$i=i_{迁}+i_{扩} \tag{9-41}$$

$$i_{迁}=it \tag{9-42}$$

式中，t 为析出离子的迁移数。

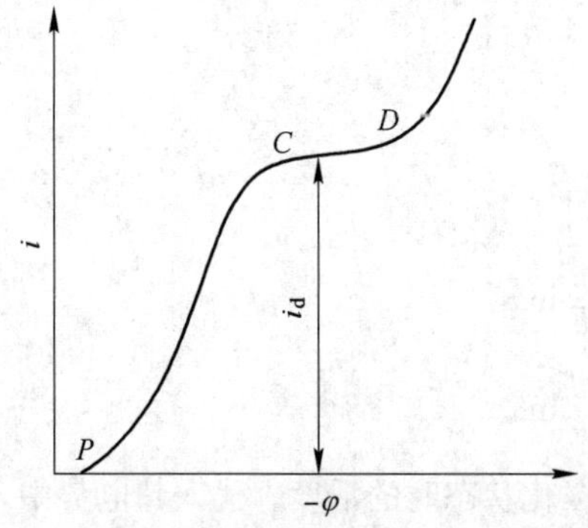

图 9-17 极限电流

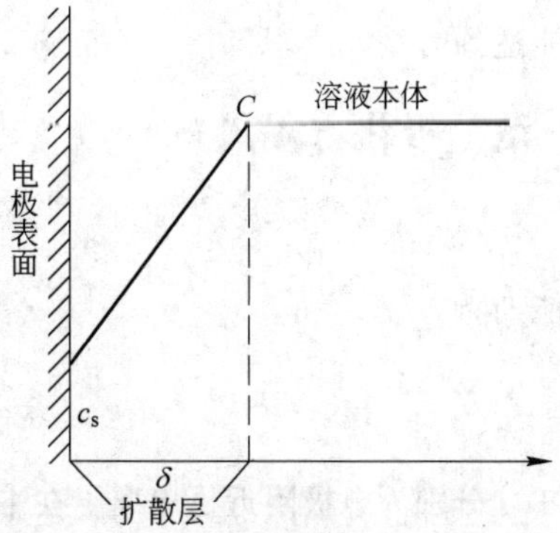

图 9-18 电极附近析出离子的浓度分布

$i_{扩}$ 可根据菲克第一定律求出。当达到稳态扩散时，在单位时间内，通过单位面积扩散层到达电极表面的离子的量为

$$\frac{dn}{dt}=\frac{D}{\delta}(c-c_s)$$

因为

$$\frac{dn}{dt}=\frac{i_{扩}}{ZF}$$

则

$$\frac{i_{扩}}{ZF}=\frac{D}{\delta}(c-c_s)$$

$$i_{扩}=\frac{DZF}{\delta}(c-c_s) \tag{9-43}$$

把式 (9-42)、式 (9-43) 代入式 (9-41) 中，整理后得

$$i=\frac{DZF}{(1-t)\delta}(c-c_s) \tag{9-44}$$

通电以前 $i=0$，$c=c_s$。随着 i 的增大，c_s 减少。在极限情况下，$c_s=0$，电流密度达到最大值，即达到极限电流密度 i_d

$$i_d=\frac{DZF}{(1-t)\delta}c \tag{9-45}$$

此时，极化曲线上出现一平台。

假定放电离子的浓度很小，溶液中存在着大量局外电解质，可忽略放电离子的迁移，$1-t\approx1$，则式（9-45）变成如下形式

$$i_d=\frac{DZF}{\delta}c \tag{9-46}$$

当溶剂、温度、搅拌条件一定时，DZF/δ 是一常数，并令其等于 K，则

$$i_d=Kc \tag{9-47}$$

即溶液中析出离子的极限电流密度和它在溶液中的浓度成正比。

极限电流密度的表达式（9-46）和式（9-47）是有许多用途的。例如，

（1）确定溶液中的离子浓度。极谱分析就是根据公式 $i_d=Kc$ 来确定离子浓度的。先用已知浓度的溶液测定其极限电流，求出常数 K，再在相同操作条件下测定未知浓度溶液的 i_d，从而计算出 c。

（2）求扩散层的厚度 δ。根据以上方法求出 K，若已知 D，即可计算扩散层的厚度 δ。

（3）用极限电流估计在一定的扩散条件下，主金属电解时所能使用的最大电流密度，即电解过程可能达到的最大速率。

9.12.2 浓差极化方程式

因为

$$\eta=|\varphi-\varphi_e|$$

根据能斯特方程

$$\varphi_e=\varphi^\ominus+\frac{RT}{ZF}\ln a$$

$$\varphi=\varphi^\ominus+\frac{RT}{ZF}\ln a_s$$

式中，a 和 a_s 分别为电极附近析出离子在平衡态与极化状态时的活度。代入超电势中，得

$$\eta=\left|\varphi^\ominus+\frac{RT}{ZF}\ln a_s-\varphi^\ominus-\frac{RT}{ZF}\ln a\right|=\left|\frac{RT}{ZF}\ln\frac{a_s}{a}\right|=\frac{RT}{ZF}\ln\frac{a}{a_s}$$

用 $c/c^\ominus$ 近似代替 a/a_s，则得

$$\eta=\frac{RT}{ZF}\ln\frac{c}{c_s} \tag{9-48}$$

用式（9-45）除式（9-44），得

$$\frac{i}{i_d}=1-\frac{c_s}{c}$$

$$c_s=c\left(1-\frac{i}{i_d}\right) \tag{9-49}$$

将式（9-49）代入式（9-48），得

$$\eta=\frac{RT}{ZF}\ln\frac{1}{\left(1-\frac{i}{i_d}\right)}$$

$$\eta=\frac{RT}{ZF}\ln\frac{i_d}{i_d-i} \tag{9-50}$$

式（9-50）称为浓差极化方程式。

由式（9-50）可见，在其他条件不变时，i 越大，η_c 也越大；i_d 越大，η_c 越小。又因为 $i_d=(ZFD/\delta)c$，所以增大扩散系数（提高温度）、减少扩散层的厚度（加强搅拌）、增加析出离子的浓度等措施均可减少浓差极化。

9.13 氢的超电势

由于水溶液电解时，溶液内或多或少总有氢离子存在，因此在阴极上就有可能析出氢，所以氢的超电势大小与电解工业有着十分密切的关系。在实际生产中，根据具体情况的不同，氢的超电势可以起两种不同的作用。例如，在氯碱工业中电解食盐水时，阴极析出氢，由于氢的超电势大，额外多消耗了电能，所以对生产很不利。又如在电解冶金时，由于氢的超电势大，有些平衡电势比氢低的金属，仍然可以从水溶液中电解析出。例如电解锌时，氢在锌上析出超电势很大，结果使氢的析出电势比锌更负，氢不能大量析出，电极上主要是 Zn^{2+} 的析出。可见，氢的超电势在生产上有很重要的意义，因此氢的析出反应被研究得最为深入。

在用各种金属材料做成的电极上，氢离子还原为氢气的反应为

$$2H^{+}+2e^{-}\longrightarrow H_2$$

经研究发现，即使在消除了浓差极化以后，仍然有较大的超电势产生，见表 9-8。

表 9-8 在各种金属上氢的超电势 η

超 电 势	金 属	电流密度/$A\cdot m^{-2}$		
		约 0.5	100	1000
低超电势/V	Pt	0.005	0.035	0.055
中超电势/V	Au	0.02	0.56	0.77
	Fe	0.08	0.56	0.82
	Ag	0.15	0.76	0.90
	Ni	0.21	0.65	0.89
	Cu	0.23	0.58	0.82
高超电势/V	Pb	0.64	1.09	1.20
	Zn	0.70	0.75	1.06
	Hg	0.78	1.10	1.18

早在 1905 年，塔弗尔（Tafel）就对 η 与 i 的关系提出了具有普遍意义的公式，称为塔弗尔公式。即在 i 较大时，η 与 $\lg i$ 成直线关系

$$\eta=a+b\lg i \tag{9-51}$$

式中，i 为电流密度；常数 a 为当电流密度等于 $1A\cdot cm^{-2}$时的超电势值，它与电极材料、电极表面状态、溶液组成及温度等都有关系；而 b 的数值在各种金属上的变化不大，在常温下接近 0.12。实验测得的某些金属电极上析出氢的 a，b 值列在表 9-9 中。氢在 Hg、Pb、Tl、Zn 等金属表面上的超电势很大，而在 Pt 上的超电势很小。

表 9-9 20℃ 时氢在不同电极上析出时的 a，b 值

金 属	溶 液 组 成	a/V	b/V
Pb	$0.5mol\cdot L^{-1}H_2SO_4$	1.56	0.110
Tl	$0.85mol\cdot L^{-1}H_2SO_4$	1.55	0.140
Hg	$0.5mol\cdot L^{-1}H_2SO_4$	1.415	0.113

续表 9-9

金 属	溶液组成	a/V	b/V
Hg	$1.0mol \cdot L^{-1} HCl$	1.406	0.116
Zn	$0.5mol \cdot L^{-1} H_2SO_4$	1.24	0.118
Cu	$1.0mol \cdot L^{-1} H_2SO_4$	0.80	0.115
Ag	$0.5mol \cdot L^{-1} H_2SO_4$	0.95	0.116
Fe	$1.0mol \cdot L^{-1} HCl$	0.70	0.125
Ni	$0.11mol \cdot L^{-1} NaOH$	0.64	0.100
Co	$1.0mol \cdot L^{-1} HCl$	0.62	0.140
W	$5.0mol \cdot L^{-1} HCl$	0.55	0.11
Pt（光滑）	$1.0mol \cdot L^{-1} HCl$	0.10	0.13

当电流密度很小时，η与i成正比关系

$$\eta=\omega i \tag{9-52}$$

在一定的电解条件下ω是一常数。

例 9-15　计算电流密度等于$20A \cdot m^{-2}$时铜电极上氢的超电势。

解：用塔弗尔公式计算H^+在铜电极上析出的超电势。

取表 9-8 中的数据$i=0.5A \cdot m^{-2}$，$\eta=0.23V$；$i=100A \cdot m^{-2}$，$\eta=0.58V$；代入塔弗尔公式中

$$\eta=a+b\lg i$$

$$0.23=a+b\lg 0.5$$

$$0.58=a+b\lg 100$$

联立解上述方程，得$a=0.28$，$b=0.15$，塔弗尔公式$\eta=0.28+0.15\lg i$。

将电流密度$20A \cdot m^{-2}$代入上式中，得H^+在 Cu 上析出的超电势$\eta=0.28+0.15\lg 20=0.48V$。

一般认为氢离子在阴极上析出的机理主要分为两步，第一步是氢离子（实际上是氢的水化离子H_3O^+）在阴极上获得电子，被吸附在金属电极上。第二步是两个吸附的氢原子结合，形成氢分子，脱附变成气泡逸出。这两个主要步骤可表示如下：

第一步　$H_3O^+ + e \longrightarrow H_2O + H_{吸}$

第二步　$H_{吸} + H_{吸} \longrightarrow H_2$

第一步是氢离子获得电子的步骤，有电子参加，因此称为电化学步骤。这个步骤的速率取决于活化H_3O^+的数目，阴极发生极化可降低此步骤的活化能，加速反应速率。第二步没有电子得失，是化学步骤，称为脱附步骤。根据化学动力学原理，如果这两个步骤的速率相差比较大，总的反应速率决定于其中最慢的步骤，这一步骤称为控制步骤。

一般来说，对氢超电势较高的金属有 Hg、Pb、Cd、Zn、Tl 等，特别是 Hg。而对氢超电势较低的金属有 Fe、Ni、Co、W 等。在平滑的 Pt、Pd 等电极上，氢的超电势很小。

例 9-16　用 Zn 作阴极，在 298K 电解含Zn^{2+}的水溶液，设H_2在阴极 Zn 上开始逸出时的超电势$\eta_{H_2}=0.72V$。已知$\varphi^{\ominus}_{Zn^{2+}|Zn}=-0.763V$。要使 Zn 析出，直到溶液中$Zn^{2+}$的质量浓度不超过$1\times10^{-4}mol \cdot kg^{-1}$，同时在析出 Zn 的过程中不会有$H_2$逸出，溶液的 pH 值应控制在什么范围？

解：阴极反应 $Zn^{2+}+2e^- \longrightarrow Zn$

$$\varphi_{Zn}=\varphi^{\ominus}_{Zn^{2+}\mid Zn}-\frac{RT}{2F}\ln\frac{1}{a_{Zn^{2+}}}=-0.763+\frac{8.314\times298}{2\times96485}\ln1\times10^{-4}=-0.881\text{V}$$

当 Zn^{2+} 和 H^+ 的析出电势相等时，将有 H_2 析出，得

$$\varphi_{Zn}=\varphi_{H_2}-\eta_{H_2}=\varphi^{\ominus}_{H_2}-\frac{RT}{F}\ln\frac{\frac{p_{H_2}}{p^{\ominus}}}{a_{H^+}}-\eta_{H_2}$$

即 $$-0.881=0-\frac{8.314\times298}{96485}\times2.303\text{pH}-0.72$$

解得 pH=2.72

为避免在析出 Zn 的过程中有 H_2 析出，溶液的 pH 必须大于 2.72。

9.14 分 解 电 压

9.14.1 理论分解电压

水分解为 H_2 和 O_2 的反应是不能自发进行的，但在电解池的两个电极之间施加一定的电压，可以使电解池中的水分解为 H_2 和 O_2：$H_2O(l)=H_2+\frac{1}{2}O_2$。水的分解反应一旦发生后，在两个电极上生成了 O_2 和 H_2，同时也形成了 $H_2|H^+|O_2$ 电池或 $H_2|OH^-|O_2$ 电池（与电解质是酸性溶液还是碱性溶液有关）。这个电池电动势的方向与外加电压的方向相反，部分抵消了外加电压。因此，电解 $H_2O(l)$ 制取 H_2 和 O_2 时，需要一定的起始电压，称为水的理论分解电压。化合物的理论分解电压可以根据电池的标准电动势估算。例如，

电池 1 $\quad$ Pt，$H_2|H^+|O_2$，Pt

负极反应 $\quad H_2-2e^-=\!=2H^+$

正极反应 $\quad \frac{1}{2}O_2+2e^-+H_2O=\!=2OH^-$

电池反应 $\quad \frac{1}{2}O_2+H_2=\!=H_2O(l)$

电池 2 $\quad$ Pt，$H_2|OH^-|O_2$，Pt

负极反应 $\quad H_2-2e^-+2OH^-=\!=2H_2O$

正极反应 $\quad \frac{1}{2}O_2+2e^-+H_2O=\!=2OH^-$

电池反应 $\quad \frac{1}{2}O_2+H_2=\!=H_2O(l)$

虽然电池 1 和电池 2 不同，电池反应相同，标准电池电动势也相同。根据 $H_2O(l)$ 的标准摩尔生成吉布斯函数，计算上述电池的标准电动势如下

$$\Delta_f G^{\ominus}_m(H_2O,l)=-ZFE^{\ominus}$$

25℃时，$\Delta_f G^{\ominus}_m(H_2O,l)=-ZFE^{\ominus}=-237.129\text{kJ}\cdot\text{mol}^{-1}$

$$E^{\ominus}=\frac{237129}{2\times96485}=1.229\text{V}$$

这是 25℃时电解水所需要的最小电压，称为水的理论分解电压，它是通过热力学数据计算出来的。理论分解电压是电解化合物所需要的最小电压值。当外加电压等于理论分解电压时，电解池中没有电流通过。

例 9-17　计算 1000℃时，Al_2O_3 的理论分解电压。Al_2O_3 溶解在熔盐中并饱和。阴极是 Al(l)；阳极分别是（1）Pt；（2）石墨。

解：（1）Pt 作阳极时，电解反应为

$$Al_2O_3 = 2Al(l) + \frac{3}{2}O_2(g)$$

$$\Delta_r G_m^\ominus = -\Delta_f G_m^\ominus(Al_2O_3) = (-1680750 + 316.8T)\ J \cdot mol^{-1}$$

1273K　　$\Delta_r G_m^\ominus = -1277464\ J \cdot mol^{-1}$

得理论分解电压为　$E^\ominus = -\frac{\Delta_r G_m^\ominus}{ZF} = \frac{1277464}{6 \times 96485} = 2.21V$

（2）石墨作阳极时，电解反应为

阴极反应　$\frac{4}{3}Al^{3+} + 4e^- = \frac{4}{3}Al(l)$

阳极反应　$2O^{2-} - 4e^- = O_2$

$$O_2 + C(石墨) = CO_2$$

电池反应为　$\frac{4}{3}Al + CO_2 = \frac{2}{3}Al_2O_3 + C$

$$\Delta_r G_m^\ominus = (-724010 + 214T)\ J \cdot mol^{-1}$$

1273K 时，理论分解电压为

$$E^\ominus = -\frac{\Delta_r G_m^\ominus}{ZF} = \frac{451588}{4 \times 96485} = 1.17V$$

如果阳极上的 O_2 与石墨反应生成 CO，则电池反应为

$$\frac{4}{3}Al + 2CO = \frac{2}{3}Al_2O_3 + 2C \qquad \Delta G^\ominus = (-886800 + 381.81T)\ J \cdot mol^{-1}$$

1273K 时，理论分解电压为　$E^\ominus = \frac{400755}{4 \times 96485} = 1.038V$

由于阳极产物既有 CO（主要是 CO），也有 CO_2，故分解电压在 1.308～1.17V 之间。

9.14.2　实际分解电压

为保证电解过程中有一定的速度，实际加在电解槽两端的电压均高于理论分解电压。图 9-19 是电解槽电压与电流关系示意图。在图中的 AB 段（低电压范围内），增加电解池的端电压，电流增加不明显，表示电极上没有发生得失电子的电荷传递反应；电压超过 B 点后，随着电压的增加，电流明显增加，电极上发生了得失电子的电荷传递反应。当电压到达 C 点后，继续增加电压，电流快速增加。作 CD 曲线的切线并延长至横轴 E_0 点，称 E_0 点的电压值为化合物的实际分解电压。因为电极的极化产生超电势，实际分解电压总是大于理论分解电压。当电极上析出气体时，气体析出的超电势非常大，使理论分解电压和实际分解电压之间的差别更大。

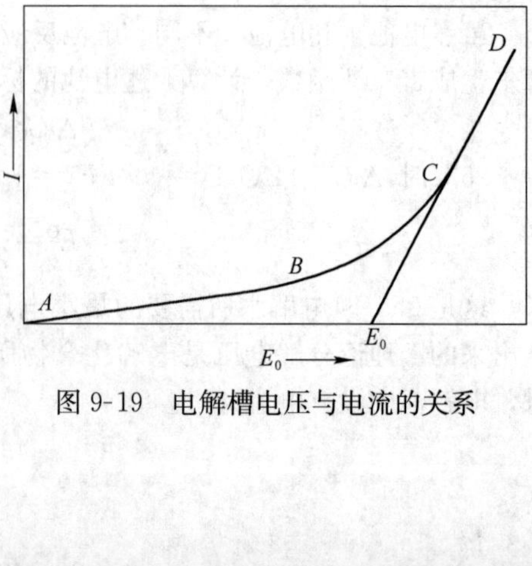

图 9-19　电解槽电压与电流的关系

化合物理论分解电压和实际分解电压之间的关系可用式（9-53）表示

$$E_{实} = E_{理} + \eta_a + \eta_c \qquad (9\text{-}53)$$

式中，$E_{实}$，$E_{理}$，η_a，η_c 分别为化合物的实际分解电压、理论分解电压、阳极超电势和阴极超电势。实际电解时，加在电解槽两端的电压称为槽电压。

槽电压是电路各部分电压之和，即

$$E_{槽}=E_{理}+\eta_a+\eta_c+\sum IR \tag{9-54}$$

式中，$\sum IR$ 为系统中各部分电阻引起的电压降之和。

9.15 离子的析出顺序和共同放电

对金属离子来说，从水溶液中开始沉积（或析出）的电势，与其平衡电势十分接近，可忽略其超电势，所以析出电势即是平衡电势。其析出顺序是平衡电势越正的离子越能优先在阴极上析出，平衡电势越负的金属越能优先在阳极上溶解。当析出产物是气体时，超电势较大，超电势的存在影响离子的析出顺序。离子析出电势的计算公式为

阴极 $$\varphi_{析}=\varphi_e-\eta_- \tag{9-55}$$

阳极 $$\varphi_{析}=\varphi_e+\eta_+ \tag{9-56}$$

式中，η_- 和 η_+ 分别为离子在阴极和阳极上的超电势。

同理，析出电势越正的离子越能优先在阴极上析出，析出电势越负的离子越能优先在阳极上溶解。例如，电解镍时，电解液中有 Na^+、Ni^{2+} 等离子，而且它们的活度接近 1，平衡电势分别为 $-2.714V$ 和 $-0.23V$，相差很大。工业电解镍时，阴极电势为 $-0.4V$ 左右，达到了 Ni^{2+} 的平衡电势，但远未达到 Na^+ 的平衡电势，所以在阴极上得到 Ni^-，不能得到 Na。

当实际电解槽中的电极处于一定的电势时，可能已达到若干种离子的析出电势，会发生离子的共同析出。借助极化曲线，可了解离子的析出行为。图 9-20 是镀锡时的阴极极化曲线。电流是锡与 H_2 析出的总电流。然后再测定在此电镀条件下电流密度与电流效率的关系曲线。在极化曲线上选取一点 A，找出此点的 $i_{总}$ 和 φ。用此时的电流效率乘以 $i_{总}$，即为析出锡的分电流密度 $i_{分}$，根据 $i_{分}$ 和 φ 便可找出图中的 a。在极化曲线上选取数点，同法可找出其分电流密度与电势的数值，将这些数值连线，即为锡的分极化曲线，如图 9-20 上的实线所示。如果有两种金属离子在阴极上共同析出，首先要分析出合金的组成，确定某种阳离子析出的电流效率，然后再按上法分别求出相应的分极化曲线。

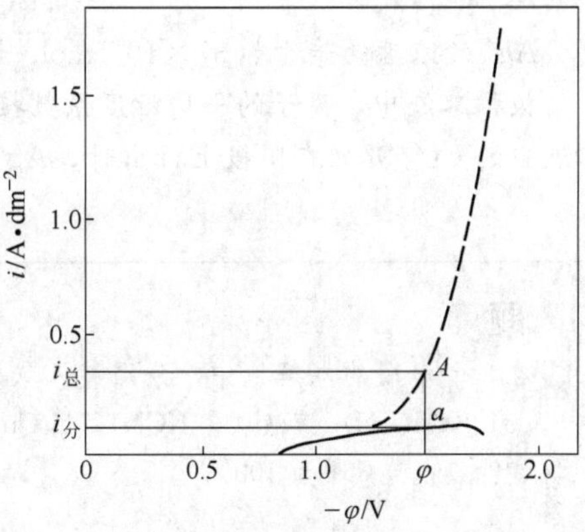

图 9-20 镀锡时的阴极极化曲线

必须注意，由于各种离子在混合溶液中的相互影响，金属离子的分极化曲线与纯盐液体中这种离子析出的极化曲线是不同的。

通过上述对极化曲线的分析可知，电流密度对电流效率及析出金属的纯度或合金组成均有影响。电解时，最佳电流密度的选择要考虑各种因素，通常要通过实验作出总极化曲线和分极化曲线来确定。例如，由图 9-20 可见，在较小的电流密度下镀锡比较有利，因为电流密度很大时主要是析出氢。

例 9-18 25℃时，用 Pt 电极电解含有下列离子的溶液：Ag^+、Cu^{2+}、Zn^{2+}，浓度均等于 $0.1mol\cdot kg^{-1}$。试通过计算判断，哪种离子首先在阴极上析出？第二种离子析出时，第一种离子的浓度是多少？

解： 由于溶液中各种离子的浓度比较低，在未知各种离子的平均活度的情况下，计算电极

电势时，用浓度代替了活度。溶液中各种离子的还原反应及电极电势分别为

$Ag^+|Ag$电极反应 $Ag^+ + e^- \longrightarrow Ag$

电极电势 $\varphi_{Ag^+|Ag} = \varphi^{\ominus}_{Ag^+|Ag} - \frac{RT}{F}\ln\frac{1}{a_{Ag^+}} = 0.7996 + \frac{RT}{F}\ln 0.1 = 0.7405V$

$Cu^{2+}|Cu$电极反应 $Cu^{2+} + 2e^- \longrightarrow Cu$

电极电势 $\varphi_{Cu^{2+}|Cu} = \varphi^{\ominus}_{Cu^{2+}|Cu} - \frac{RT}{2F}\ln\frac{1}{a_{Cu^{2+}}} = 0.3402 + \frac{RT}{2F}\ln 0.1 = 0.3106V$

$Zn^{2+}|Zn$电极反应 $Zn^{2+} + 2e^- \longrightarrow Zn$

电极电势 $\varphi_{Zn^{2+}|Zn} = \varphi^{\ominus}_{Zn^{2+}|Zn} - \frac{RT}{2F}\ln\frac{1}{a_{Zn^{2+}}} = -0.763 + \frac{RT}{2F}\ln 0.1 = -0.7925V$

金属析出时的超电势很小，故用平衡电极电势判断离子的析出顺序。根据三种离子的电极电势可知，$\varphi_{Ag^+|Ag} > \varphi_{Cu^{2+}|Cu} > \varphi_{Zn^{2+}|Zn}$，故溶液中离子的析出顺序为 Ag→Cu→Zn。

随着 Ag^+的沉积，由于溶液中 Ag^+浓度逐渐减小，$\varphi_{Ag^+|Ag}$也随之减小，与 $\varphi_{Cu^{2+}|Cu}$数值逐渐接近。当两个电极电势数值相等时，即 $\varphi_{Cu^{2+}|Cu} = \varphi^{\ominus}_{Ag^+|Ag} + \frac{RT}{F}\ln a_{Ag^+}$ 时，Cu 开始在电极上析出。因此，Cu 开始在电极上析出时的 Ag^+浓度能从下面的方程中求解出来，即

$$0.3106 = 0.7996 + \frac{RT}{F}\ln a_{Ag^+}$$

Ag^+的活度 $a_{Ag^+} = 5.37\times10^{-9}$

Ag^+的浓度约等于 $5.37\times10^{-9}mol\cdot kg^{-1}$。

极稀溶液中，离子的平均活度系数接近 1，因此，Ag^+的活度近似等于其浓度。所以，当溶液中的 Cu^{2+}开始在阴极上析出时，Ag^+的浓度已经下降到 $5.37\times10^{-9}mol\cdot kg^{-1}$。

习 题

9-1 在 3 个串联的电解池中，分别装入 (1) $CuSO_4$ 溶液（含 H_2SO_4）；(2) CuCl 溶液（含 NaCl）；(3) $KCu(CN)_2$ 溶液（含 KCN），用 Cu 电极通电 1h，电流强度为 1A，问每个铜阴极上析出多少克铜？设电流效率为 100%。

((1) 1.187g；(2) 2.369g；(3) 2.369g)

9-2 当一定强度的电流通过含有某金属离子的溶液时，在阴极上析出该金属的量与电极面积、通电时间、金属离子的浓度、电极间距离、溶液温度等因素有关否？为什么？(设电流效率为 100%)

9-3 将总面积为 $0.1m^2$ 的铁片插入锌盐溶液中作阴极。若平均电流密度为 $250A\cdot m^{-2}$，通电 25min 以后，锌层厚度可达到多少？已知锌的密度是 $7150kg\cdot m^{-3}$。

(18μm)

9-4 为什么电解精炼铜时，电解液中除 $CuSO_4$ 外还要加入 H_2SO_4？

9-5 试比较浓度对电导率和摩尔电导率的影响，并说明为什么要引入摩尔电导率的概念。

9-6 在 20℃时，将某电导池充满 $0.02mol\cdot L^{-1}$KCl 溶液，测得其电阻为 457.3Ω，若代之以 $CaCl_2$ 溶液（浓度为 $0.555g\cdot L^{-1}$）时，测得其电阻为 1050Ω，计算该溶液的 $\Lambda_m\left(\frac{1}{2}CaCl_2\right)$。已知 20℃时，$0.02mol\cdot L^{-1}$KCl 溶液的电导率为 $0.25\Omega^{-1}\cdot m^{-1}$。

($109\times10^{-4}\Omega^{-1}\cdot m^2\cdot mol^{-1}$)

9-7 25℃时，$SrSO_4$ 的饱和水溶液电导率为 $1.482\times10^{-2}\Omega^{-1}\cdot m^{-1}$。同一温度下纯水的电导率为 $1.5\times10^{-4}\Omega^{-1}\cdot m^{-1}$。若已知 25℃时 $\Lambda_m^{\infty}\left(\frac{1}{2}Sr^{2+}\right) = 59.46\times10^{-4}\Omega^{-1}\cdot m^2\cdot mol^{-1}$，$\Lambda_m^{\infty}\left(\frac{1}{2}SO_4^{2-}\right) =$

$79.8\times10^{-4}\Omega^{-1}\cdot m^2\cdot mol^{-1}$，计算此时 $SrSO_4$ 在水中的溶解度。

（$5.27\times10^{-4}mol\cdot L^{-1}$）

9-8　25℃时，$0.00128mol\cdot L^{-1}$ HAc 的 $\Lambda_m(HAc)=48.15\times10^{-4}\Omega^{-1}\cdot m^2\cdot mol^{-1}$，$\Lambda_m^\infty(HAc)=390.7\times10^{-4}\Omega^{-1}\cdot m^2\cdot mol^{-1}$，求 HAc 的电离度和电离常数。

（0.123；2.21×10^{-5}）

9-9　对可溶性阳极，设溶液中电解质 $u_+=3u_-$，当通过电量为 $4F$ 时，仿照图 9-4 作出阳极区、中间区和阴极区电解质物质的量变化示意图。

9-10　在 $CuSO_4$ 溶液中，插入两个铜电极。电解后，阴极析出 0.300g 铜，在阳极区溶液中含有 1.415g 铜。电解前，同质量的阳极区溶剂中含有 1.214g 铜。求 Cu^{2+} 和 SO_4^{2-} 的迁移数。

（$t_{Cu^{2+}}=0.33$；$t_{SO_4^{2-}}=0.67$）

9-11　25℃时 LiCl 的 $\Lambda_m^\infty=115\times10^{-4}\Omega^{-1}\cdot m^2\cdot mol^{-1}$，$Li^+$ 的迁移数为 0.33，CH_3COONH_4 的 $\Lambda_m^\infty=114.7\times10^{-4}\Omega^{-1}\cdot m^2\cdot mol^{-1}$，$CH_3COO^-$ 的迁移数为 0.36，求 CH_3COOLi 的 Λ_m^∞。

（$\Lambda_m^\infty=7.93\times10^{-3}\Omega^{-1}\cdot m^2\cdot mol^{-1}$）

9-12　计算下列各溶液中离子的平均质量摩尔浓度、离子平均活度和电解质活度。

	$m/mol\cdot kg^{-1}$	$\gamma_\pm$
$K_3Fe(CN)_6$	0.01	0.571
$CdCl_2$	0.1	0.219
H_2SO_4	0.05	0.397

（0.0228；0.013；2.86×10^{-8}）

（0.1587；0.0348；4.21×10^{-5}）

（0.0794；0.0315；3.13×10^{-5}）

9-13　写出下列电池的电极反应和电池反应。

(1) $Cu|CuSO_4\|AgNO_3|Ag$

(2) $Pt,H_2|HCl|Cl_2,Pt$

(3) $Ag,AgCl(s)|KCl|Hg_2Cl_2(s),Hg$

(4) $Pt,H_2|NaOH|HgO(s),Hg$

9-14　根据下列反应写出电池的构造。

(1) $Mg+Zn^{2+}\longrightarrow Mg^{2+}+Zn$

(2) $Zn+Hg_2SO_4(s)\longrightarrow ZnSO_4+2Hg$

(3) $Pb+2HCl\longrightarrow PbCl_2(s)+H_2$

(4) $H_2+\frac{1}{2}O_2\longrightarrow H_2O(l)$

9-15　电池电动势与活度的关系式中的 Z 代表什么？同一电池反应，如化学计量数都乘 2，则电动势是否改变？电池反应的 Δ_rG_m 是否改变？

9-16　在恒温 25℃时，把一撮盐（Na_2SO_4）加到下列电池的电解质溶液中，其电动势 E 是否改变？$E^\ominus$ 是否改变？为什么？

(1) $Cu|CuSO_4(1.00mol\cdot kg^{-1})|Hg_2SO_4(s)|Hg(l)$

(2) $Hg-Zn(a_1)|ZnSO_4(a_2)|Hg-Zn(a_3)$

9-17　求下列电池的电动势（25℃）。

(1) $Cd|CdSO_4(a_\pm=0.1)\|CuSO_4(a_\pm=1)|Cu$

(2) $Pt,H_2(p=100kPa)|HCl(a_\pm=0.1)|Cl_2(p=100kPa),Pt$

(3) $Pt,H_2(p=100kPa)|HCl(a_\pm=0.1)\|$KCl(饱和)$|Hg_2Cl_2(s),Hg$

(4) $Zn|Zn^{2+}(a_1=0.01)\|Zn^{2+}(a_2=0.1)|Zn$

((1) 0.802V；(2) 1.476V；(3) 0.359V；(4) 0.0296V)

9-18 已知 $\varphi^{\ominus}_{Ti^{+}|Ti}=-0.34V$，$\varphi^{\ominus}_{Ti^{3+}|Ti}=0.72V$，试求 $\varphi^{\ominus}_{Ti^{3+}|Ti^{+}}$。

($\varphi^{\ominus}_{Ti^{3+}|Ti^{+}}=1.25V$)

9-19 (1) 电池Pt,$H_2(p=100kPa)|HCl(a_{\pm}=1)|Cl_2(p=100kPa)$,Pt。已知 25℃时 $\varphi^{\ominus}_{Cl_2|Cl^-}=1.359V$。写出电池反应，求 25℃时电池反应的摩尔吉布斯函数。此反应是否为自发反应？

(2) 已知25℃时 $7mol\cdot kg^{-1}$ HCl 中，离子的平均活度系数 $\gamma_{\pm}=4.66$。溶液上 HCl(g) 的平衡分压为 0.0464kPa。利用 (1) 的数据及计算结果，求 25℃时反应：$H_2(g)+Cl_2(g) \rightarrow 2HCl(g)$的 $\Delta_r G^{\ominus}_m$。

((1) $-262246J\cdot mol^{-1}$；(2) $-189676J\cdot mol^{-1}$)

9-20 25℃时，电极Ag，$Ag_2O|OH^-$ 的 $\varphi^{\ominus}_{Ag,Ag_2O|OH^-}=0.34V$；电极Pt，$O_2|OH^-$ 的 $\varphi^{\ominus}_{O_2|OH^-}=0.401V$，又知 Ag_2O 的 $\Delta_f H^{\ominus}_m=-30.56kJ\cdot mol^{-1}$ (设 $\Delta C_P=0$)，求 Ag_2O 在空气中的分解温度。

(402K)

9-21 已知电极 (1) Ag(s),AgI(s)$|I^-$和 (2) I_2(s) $|I^-$ 在 25℃下的标准还原电极电势 $\varphi^{\ominus}_1<\varphi^{\ominus}_2$，又知 25℃，100kPa 下，上面两个电极组成电池的电动势温度系数为 $1.00\times10^{-4}V\cdot K^{-1}$，试回答下列问题：

(1) 写出电池符号，电极反应和电池反应。

(2) 在 25℃，100kPa 下测得该电池短路放电 289500C 时，放热为 190.26kJ，求该电池在 25℃下的标准电动势。

(3) 若在 25℃，100kPa 下，此电池的实际工作电压是其电动势的 80%，试求通过 1F 电量时，电池放热多少？

((2) 0.687V；(3) −137.2kJ)

9-22 下面的浓差电池具有液体接界电势

$$Ag,AgCl(s)|NaCl(0.1mol\cdot kg^{-1})\|NaCl(0.01mol\cdot kg^{-1})|AgCl(s),Ag$$

已知 25℃时，Na^+ 的迁移数为 0.389。

(1) 写出在电极上和溶液接界处发生的电化学变化。

(2) 假设 NaCl 的离子平均活度系数在两溶液中都是相同的，计算此电池在 25℃时的电动势。

(3) 如果在 25℃时，NaCl 在 $0.1mol\cdot kg^{-1}$ 溶液内的 $\gamma_{\pm}$ 是 0.778，而在 $0.01mol\cdot kg^{-1}$ 溶液中是 0.903，计算电池的电动势。

((2) 46mV；(3) 43mV)

9-23 把氢电极插入某溶液中，并与饱和甘汞电极组成下列电池

Pt，$H_2(p=100kPa)|H^+|$饱和甘汞电极，25℃时测得其电动势为 0.829V，求溶液的 pH。

(pH=9.93)

9-24 计算 AgCl 在纯水中的溶解度。已知下列电池在 25℃时的电动势为 0.45V，电池中 $\gamma_{Cl^-}=0.85$，$\gamma_{Ag^+}=0.82$。

$$Ag,AgCl(s)|KCl(0.1mol\cdot L^{-1})\|AgNO_3(0.1mol\cdot L^{-1})|Ag$$

($1.31\times10^{-5}mol\cdot L^{-1}$)

9-25 电池$Pb|PbCl_2$ (纯熔盐) $|Cl_2$ ($p=100kPa$)，石墨；在 700℃时的电动势为 1.168V。又测得电池 $Pb|PbCl_2(x_1)-NaCl(x_2)|Cl_2$ ($p=100kPa$)，石墨，在 700℃时的电动势与浓度的关系如下：

x_1	0.90	0.75	0.60	0.50
E/V	1.1728	1.1826	1.1945	1.2025

求各相应浓度下 $PbCl_2$ 的活度。

$$\begin{pmatrix} x_1 & 0.90 & 0.75 & 0.60 & 0.50 \\ a_1 & 0.89 & 0.71 & 0.53 & 0.44 \end{pmatrix}$$

9-26 已知 25℃时下列电池

$$Pt, H_2(100kPa) \mid HCl(0.1mol \cdot kg^{-1}) \mid AgCl(s), Ag \qquad (1)$$

$$Pt, H_2(100kPa) \mid HCl(0.1mol \cdot kg^{-1}) \mid Cl_2(100kPa), Pt \qquad (2)$$

的 $E_1^{\ominus}=0.222V$，$E_2^{\ominus}=1.358V$。溶液的 $\gamma_{\pm}=0.798$。

(1) 写出电池 (1) 和 (2) 的电池反应；

(2) 求两电池的电动势 E_1 和 E_2；

(3) 求 25℃时 AgCl(s) 的标准摩尔生成吉布斯函数 $\Delta_f G_m^{\ominus}(AgCl)$。

((2) $E_1=0.352V$，$E_2=1.488V$；(3) $\Delta_f G_m^{\ominus}(AgCl)=-109607J \cdot mol^{-1}$)

9-27 已知下列 $ZrO_2(+CaO)$ 是固体电解质电池，其在 700℃时电动势为 0.99V

$$Pt, CO - CO_2 \mid ZrO_2(+CaO) \mid \text{空气}, Pt$$

又知下列反应 700℃时的标准摩尔反应吉布斯函数为

$$C+O_2 = CO_2 \qquad \Delta_r G_m^{\ominus}=-395000J \cdot mol^{-1}$$

$$2C+O_2 = 2CO \qquad \Delta_r G_m^{\ominus}=-395700J \cdot mol^{-1}$$

(1) 写出电极反应和电池反应。

(2) 求混合气体中 CO_2/CO 的值。

((2) 0.983)

9-28 在 1000℃时下列两个电池

(1) $Ni, NiO(s) \mid ZrO_2(+CaO) \mid PbO(l), Pb(l)$

(2) $Ni, NiO(s) \mid ZrO_2(+CaO) \mid SiO_2 - PbO, Pb(l)$

的电动势分别为 $E_1=157.44mV$，$E_2=151.46mV$，求电池 (2) 正极中 PbO 的活度 a_{PbO}。

($a_{PbO}=0.897$)

9-29 电极极化后，其电势比平衡电势为正还是为负，为什么？电解池与原电池有电流通过时，端电压是增大还是减小？

9-30 用铂电极电解含有 $Ag^+(a_{Ag^+}=0.005)$，$Cu^{2+}(a_{Cu^{2+}}=0.001)$，$Cd^{2+}(a_{Cd^{2+}}=0.01)$，$Zn^{2+}(a_{Zn^{2+}}=1)$，$H^+(a_{H^+}=10^{-5})$ 的某溶液。已知氢在 Pt、Ag、Cu、Cd、Zn 上的气泡超电势分别为 0V、0.15V、0.23V、0.48V、0.70V。指出外电压从零逐渐增大时，浸在溶液中的阴极上析出物质的先后顺序。

9-31 在 25℃，100kPa 条件下，用 Pt 电极电解 H_2SO_4 水溶液，并不断地加以搅拌，两个电极面积各为 $1cm^2$，电流强度为 1mA，两极用多孔膜隔开，电解质的电阻为 100Ω，H_2 与 O_2 的超电势与电流密度 ($A \cdot cm^{-2}$) 的关系分别为 $\eta_{H_2}=(0.472+0.118\lg i)V$，$\eta_{O_2}=(1.062+0.118\lg i)V$，试计算槽电压。

(2.16V)

10 化学反应动力学

【本章概要】

本章定义了化学反应速率和速率方程，导出了零级反应、一级反应和二级反应的速率方程，进一步推导了对峙反应、平行反应、连串反应及链式反应等典型复杂反应的速率方程，介绍了化学反应级数的获取方法，介绍了反应温度对反应速率的影响（阿仑尼乌斯公式），还介绍了气体反应的碰撞理论和过渡状态理论，最后简单介绍了催化反应、多相反应动力学和光化学反应。

【关键词】

基元反应，反应分子数，反应级数，速率系数，半衰期，活化能，碰撞，过渡状态，活化配合物，支链，活泼质点，活性中心，稳态扩散，量子效率

【章节重点】

本章应重点掌握基本概念，掌握一级反应和二级反应速率方程的特点及应用，掌握用阿仑尼乌斯公式计算不同温度下的速率系数。

化学动力学是研究反应速率和反应机理的科学。以氢和氧化合成水的反应为例，根据热力学计算，25℃时，反应的 $\Delta_f G_m^{\ominus}=-237\text{kJ}\cdot\text{mol}^{-1}$，反应自发性很大。然而这个结论是从热力学得出的，它并不涉及反应速率和反应机理。实际上，这个反应在 25℃时速率是非常低的，只有在升高温度或加入催化剂（铂）时才能以较大的速率进行。有些反应的 $\Delta G^{\ominus}$ 负值并不大，但在室温或稍高的温度下就能以相当大的速率进行。如 NH_3 与 HCl 生成 NH_4Cl 的反应和 NO 氧化成 NO_2 的反应，它们的标准摩尔反应吉布斯函数分别为 $\Delta_r G_{298K}^{\ominus}=-92\text{kJ}\cdot\text{mol}^{-1}$ 和 $\Delta_r G_{298K}^{\ominus}=-34.9\text{kJ}\cdot\text{mol}^{-1}$。由此可以看出，反应自发性大，反应速率不一定大；反应自发性小，反应速率不一定小。对于化学反应来说，只研究它的热力学，即根据 $\Delta_r G_m$ 来判断反应方向和平衡是不够的，还应当研究其动力学，即反应速率和影响反应速率的因素和反应机理，才能做到对反应较全面的了解。一个化学反应，如果在热力学上是可能的，我们还应当研究这个反应的速率以及各种因素对反应速率的影响，这样才能合理地选择反应的最佳条件。如果反应在热力学上是不可能的，那么，研究它的反应速率就没有意义了。热力学和动力学是研究问题的两个方面。热力学只回答可能性，而动力学则回答现实性，它们是互相补充的。

各种化学反应的速率相差很大。如岩石的风化及地壳中的一些反应，慢得难以观察；而离子反应、爆炸反应则可在瞬间完成；对反应速率适中的反应，一般需要几十秒至几十天。经典化学动力学研究的对象就是速率比较适中的反应，得出化学反应动力学的基本规律。现代化学反应动力学已经建立了各种研究快速反应的方法，如飞秒化学。但化学动力学的发展仍不像化学热力学那么成熟，还有许多问题尚待解决。

化学反应动力学对生物、化工、地质、航天、冶金、环境等诸多领域都是十分重要的。生物体内营养物质的吸收与转化的速率影响生物体的新陈代谢；工业上 N_2 和 H_2 合成 NH_3 的条件影响 NH_3 的产率；地壳中矿物的形成与资源利用相关；排放到大气中的污染物的进一步转化影响生态环境；航天器动力系统燃料的燃烧与控制等。

10.1 化学反应速率

化学反应速率就是化学反应进行的快慢程度，用单位时间内反应物或生成物物质的量的变化来表示。在容积不变的反应容器中，通常用单位时间内反应物浓度的减少或生成物浓度的增加来表示化学反应速率。

设在一个体积为 V 的容器内发生下列化学反应

$$aA+bB=dD \tag{10-1}$$

在 dt 时间内，A、B、D 的物质的量的变化分别为 dn_A，dn_B，dn_D，则它们随时间的变化率为 $\frac{dn_A}{dt}$，$\frac{dn_B}{dt}$，$\frac{dn_D}{dt}$，根据反应的定量关系，这些变化率之间存在着如下的比例关系

$$-\frac{1}{a}\frac{dn_A}{dt}=-\frac{1}{b}\frac{dn_B}{dt}=\frac{1}{d}\frac{dn_D}{dt}=\frac{d\xi}{dt}$$

定义化学反应速率

$$v=\frac{1}{V}\frac{d\xi}{dt}=-\frac{1}{a}\frac{1}{V}\frac{dn_A}{dt}=-\frac{1}{b}\frac{1}{V}\frac{dn_B}{dt}=\frac{1}{d}\frac{1}{V}\frac{dn_D}{dt} \tag{10-2}$$

式中，v 为化学反应的速率；V 为反应容器的体积；a，b，d 分别为反应方程式（10-1）中物质的化学计量数；ξ 为反应进度。

式（10-2）表明，化学反应速率是单位时间、单位体积内参加反应的各物质（反应物或产物）的物质的量对时间的变化速率。在反应过程中，因为反应物的量随时间减少，用反应物的物质的量随时间的变化率表示的化学反应速率是负值，需要加负号，以保证化学反应速率是正的。

恒容时，$dn_A=d(Vc_A)=Vdc_A$，$dn_B=d(Vc_B)=Vdc_B$，$dn_D=d(Vc_D)=Vdc_D$，将这些关系代入化学反应速率表示式（10-2）中，得到以物质浓度表示的化学反应速率

$$v=-\frac{1}{a}\frac{dc_A}{dt}=-\frac{1}{b}\frac{dc_B}{dt}=\frac{1}{d}\frac{dc_D}{dt} \tag{10-3}$$

即恒容时的化学反应速率等于物质浓度对时间的变化率。本章中涉及的化学反应都是恒容反应，化学反应速率均用式（10-3）表示。

从式（10-3）看出，用不同物质的浓度表示化学反应速率时，这些速率之间存在着比例关系，即

$$-\frac{dc_A}{dt}:-\frac{dc_B}{dt}:\frac{dc_D}{dt}=a:b:d \tag{10-4}$$

例如，合成氨反应 $N_2+3H_2=2NH_3$ 的反应速率为

$$v=-\frac{dc_{N_2}}{dt}=-\frac{1}{3}\frac{dc_{H_2}}{dt}=\frac{1}{2}\frac{dc_{NH_3}}{dt}$$

化学反应速率的单位是浓度/时间。常用的浓度单位是 $mol\cdot m^{-3}$ 或 $mol\cdot dm^{-3}$，时间的单位要根据反应的快慢进行选择，通常是 s、min 或 h。

化学反应开始时，反应的速率比较大，随着反应时间的延长，反应速率下降，达到平衡

时，反应的速率等于零。

对于气相反应，把气体当作理想气体处理时，根据理想气体状态方程 $pV=nRT$，得到气相反应物浓度 $c=n/V=p/RT$。因为化学反应通常都是在恒定温度下进行的，气相物质的浓度正比于分压，所以，对气相反应，可以用物质的分压代替相应的浓度来表示化学反应的速率，即

$$\frac{\mathrm{d}c}{\mathrm{d}t}=\frac{\mathrm{d}}{\mathrm{d}t}\left(\frac{p}{RT}\right)=\frac{1}{RT}\frac{\mathrm{d}p}{\mathrm{d}t}$$

除了反应物本身的性质外，影响化学反应速率的主要因素有温度、浓度、压强、催化剂、光、激光、反应物颗粒大小、反应物之间的接触面积和反应物状态。

10.2 化学反应的速率方程

化学反应的速率方程表示化学反应的速率与反应系统中物质的浓度和温度的关系。化学反应分为基元反应和复杂反应。求这两种反应的速率方程所采用的方法是不同的。

10.2.1 基元反应及其速率方程

基元反应就是反应物一步直接生成产物的反应。如 I_2 和 H_2 生成 HI 的反应是分三步进行的

$$I_2 \underset{k_{-1}}{\overset{k_1}{\rightleftharpoons}} 2I \quad ①$$

$$I + H_2 \xrightarrow{k_2} HI + H \quad ②$$

$$H + I_2 \xrightarrow{k_3} HI + I \quad ③$$

上面三步反应中的每一步都代表实际发生的步骤，是基元反应。反应方程中的 k_1、k_{-1}、k_2、k_3 均是常数，称为反应速率常数，等于单位反应物浓度时的化学反应速率。速率常数和温度有关，恒温时速率常数是定值，温度升高，速率常数增加。

对基元反应，可以采用反应分子数的概念来描述参加反应的分子的个数。例如，上述反应中的第①步反应，是一个 I_2 的分解，因此反应分子数是 1，称为单分子反应；第②步和第③步反应中的反应分子数均为 2，称为双分子反应；也有三分子反应，但不多见。

对基元反应，可按照质量作用定律直接写出反应的速率方程。质量作用定律是：基元反应的速率与反应物浓度的适当方次成正比。这里的适当方次是指各个反应物在反应方程式中的化学计量数。因此，上述反应中各步反应的速率方程为

$$v_1=k_1c_{I_2}-k_{-1}c_I^2$$

$$v_2=k_2c_Ic_{H_2}$$

$$v_3=k_3c_Hc_{I_2}$$

式中，v_1，v_2 和 v_3 分别为步骤①、②和③的速率；c_I，c_{I_2}，c_{H_2} 和 c_H 分别为物质 I、I_2、H_2 和 H 的浓度。

10.2.2 复杂反应及其速率方程

复杂反应是由两个或两个以上的基元反应构成的。一个复杂反应的反应方程式通常代表反应的初、终态和反应的计量关系。复杂反应的实际步骤用形成复杂反应的基元反应表示，也称

为反应历程或反应机理。例如 H_2 和 I_2 生成 HI 的反应历程是①、②、③三步反应。这三步反应代表由 I_2 和 H_2 生成 HI 的实际步骤。

对复杂反应，其速率方程不能根据反应方程式得到，必须从实验数据或依据提议的反应历程得到。复杂反应的速率方程常常写成下面的形式

$$v=kc_A^{\alpha}c_B^{\beta}c_C^{\gamma}\cdots \tag{10-5}$$

式中，v 为反应速率；c_A，c_B，c_C，…为反应系统中物质 A、B、C，…的浓度，这些物质可能是反应物、产物或者是催化剂等；α，β，γ，…分别为 A、B、C，…物质浓度对化学反应速率的影响程度，称为分级数，分级数可以是整数、分数或负数，负数代表该物质对反应起阻滞作用，$\alpha+\beta+\gamma+\cdots=n$ 称为总级数。$n=1$ 的化学反应称为一级反应，$n=2$ 的反应称为二级反应，$n=3$ 的反应称为三级反应，以此类推。

在速率方程中，若某一物质的浓度远远大于其他反应物的浓度，在反应过程中可以认为没有变化（比如出现在速率方程中的催化剂浓度项），此时可将该物质浓度并入速率系数项，并入后造成反应总级数相应下降，则下降后的级数称为准级数。例如：

(1)	$r=k[A][B]$	$[A]\gg[B]$
	$r=k'[B]$	$(k'=k[A])$准一级反应
(2)	$r=k[H^+][A]$	H^+ 为催化剂
	$r=k'[A]$	$(k'=k[H^+])$准一级反应

反应级数 α，β，γ 的数值必须从反应动力学数据获得，反应方程中的计量数并不代表反应级数。例如，五氧化二氮分解反应：$2N_2O_5\rightarrow4NO_2+O_2$，反应物的化学计量数是 2，但实验数据证明这个反应是一级反应，反应速率方程 $v=kc_{N_2O_5}$；又如由氢气和氯气合成氯化氢的反应：$H_2+Cl_2=2HCl$，反应的速率方程 $v_{HCl}=\frac{dc_{HCl}}{dt}=kc_{H_2}c_{Cl_2}^{1/2}$，反应是 1.5 级。复杂反应速率方程中的常数 k 称为表观速率常数或速率系数，仍然代表单位浓度时的化学反应速率。

当用化学反应系统中不同物质浓度对时间的变化率表示反应速率时，速率之间存在着倍数关系，即

$$-\frac{dc_A}{dt}=k_Ac_A^{\alpha}c_B^{\beta}c_C^{\gamma}\cdots$$

$$-\frac{dc_B}{dt}=k_Bc_A^{\alpha}c_B^{\beta}c_C^{\gamma}\cdots$$

$$-\frac{dc_C}{dt}=k_Cc_A^{\alpha}c_B^{\beta}c_C^{\gamma}\cdots$$

$$-\frac{dc_A}{dt}:-\frac{dc_B}{dt}:-\frac{dc_C}{dt}=k_A:k_B:k_C=a:b:c$$

确定反应速率方程，即反应级数和反应速率系数是化学反应动力学的主要研究内容。

10.3 反应级数是正整数的反应

对反应速率方程作积分，可以获得反应物质浓度随时间的变化规律。本节讨论反应级数是整数的反应速率方程的积分。

10.3.1 零级反应（$n=0$）

反应 $A\xrightarrow{k_A}P$ 是零级反应，反应的速率方程为

$$v_A = -\frac{dc_A}{dt} = k_A c_A^0 = k_A$$

式中，c_A 为反应物 A 的浓度；上标 0 为 c_A 的零次幂。因此，零级反应的速率是常数。在时间区间 $0 \to t$，浓度区间 $c_{A0} \to c_A$ 范围内对上式积分，即

$$-\int_{c_{A0}}^{c_A} dc_A = \int_0^t k_A dt$$

得

$$c_{A0} - c_A = k_A t \tag{10-6}$$

式（10-6）表明，零级反应的反应物浓度与时间之间呈线性关系，随着反应时间的延长，反应物浓度线性地下降，即 c_A 对 t 作图是斜率为 $-k_A$ 的直线，k_A 为反应的速率系数。零级反应的速率系数 k_A 的单位为浓度·时间$^{-1}$，当浓度单位为 mol·m^{-3}，时间的单位为 s 时，反应速率系数的单位为 mol·m^{-3}·s^{-1}。

反应的半衰期是反应物浓度消耗一半所用的时间，是表征反应特征的量，用符号 $t_{1/2}$ 表示。将 $c_A = \frac{1}{2} c_{A0}$ 代入式（10-6）中，求出零级反应的半衰期 $t_{1/2} = \frac{c_{A0}}{2k_A}$。零级反应的半衰期与初始反应物浓度成正比，与速率系数成反比。初始反应物浓度越大，反应的半衰期越长。零级反应常出现在催化反应以及外场作用下的化学反应中。

10.3.2 一级反应（$n=1$）

设一级反应 A→P 的速率方程为

$$v_A = -\frac{dc_A}{dt} = k_A c_A$$

在时间 $0 \to t$、浓度 $c_{A0} \to c_A$ 范围内对上式作积分，即

$$-\int_{c_{A0}}^{c_A} \frac{dc_A}{c_A} = \int_0^t k_A dt$$

积分的对数形式

$$\ln \frac{c_{A0}}{c_A} = k_A t$$

$$\ln c_{A0} - \ln c_A = k_A t \tag{10-7}$$

或

$$c_A = c_{A0} e^{-k_A t}$$

积分结果表明，对一级反应，反应物浓度随时间呈指数衰减，反应物浓度取对数后对时间作图是一条直线，直线的斜率等于速率系数 k_A 的负值。

一级反应速率系数的单位是时间的倒数。将 $c_A = \frac{1}{2} c_{A0}$ 代入积分式（10-7）中，得到一级反应的半衰期 $t_{1/2} = \frac{\ln 2}{k_A}$。一级反应的半衰期与初始反应物的浓度无关，即无论初始反应物浓度是多少，反应的半衰期都是相同的。

例 10-1 实验测得 318.2K 时 N_2O_5 分解反应在不同时间时的分压值如下表所示。(1) 证明 N_2O_5 的分解反应是一级反应；(2) 计算反应的半衰期。

t/s	0	600	1200	1800	2400	3000	3600	4200
$p_{N_2O_5}$/kPa	46.4	32.9	24.7	18.7	14.0	10.4	7.7	5.9
t/s	4800	5400	6000	7200	8400	9600	∞	
$p_{N_2O_5}$/kPa	4.4	3.2	2.4	1.3	0.7	0.4	0	

解：(1) 因为 N_2O_5 的分解反应是气相反应，故用反应物 N_2O_5 的分压对时间的变化率表示化学反应速率。对一级反应，$\ln\dfrac{p_{A0}}{p_A}$ 对时间 t 作图是通过原点的直线，结果如图 10-1 所示。这里 p_{A0} 代表 N_2O_5 的初始分压，p_A 代表 N_2O_5 在任一时刻的分压。因此，证明了 N_2O_5 的分解反应是一级反应。直线的斜率是 $4.97\times10^{-5}\,s^{-1}$，等于该温度下反应的速率系数 k_A。

(2) N_2O_5 分解反应的半衰期 $t_{1/2}=\dfrac{\ln2}{k}=\dfrac{\ln2}{4.97\times10^{-5}}=1394s$。

图 10-2 所示为一级反应的反应物浓度与时间的关系。c_{A0}，c_{A1}，c_{A2} 和 c_{A3} 代表反应不同时刻反应物的浓度。从图中可看出，若取 $c_{A1}=\dfrac{1}{2}c_{A0}$，$c_{A2}=\dfrac{1}{2}c_{A1}$，$c_{A3}=\dfrac{1}{2}c_{A2}$，则反应物浓度从 c_{A0} 降到 c_{A1} 所用的时间与从 c_{A1} 降到 c_{A2}、从 c_{A2} 降到 c_{A3} 所用的时间相等，这是一级反应半衰期与初始浓度无关的特征。

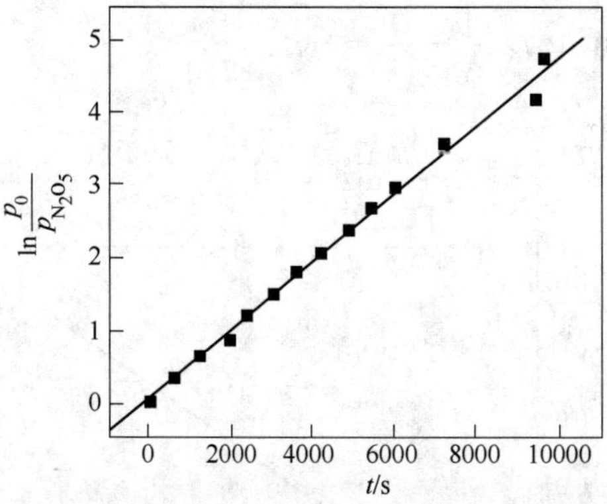

图 10-1 N_2O_5 分解反应 $\ln\dfrac{p_0}{p_{N_2O_5}}$ 与 t 的关系

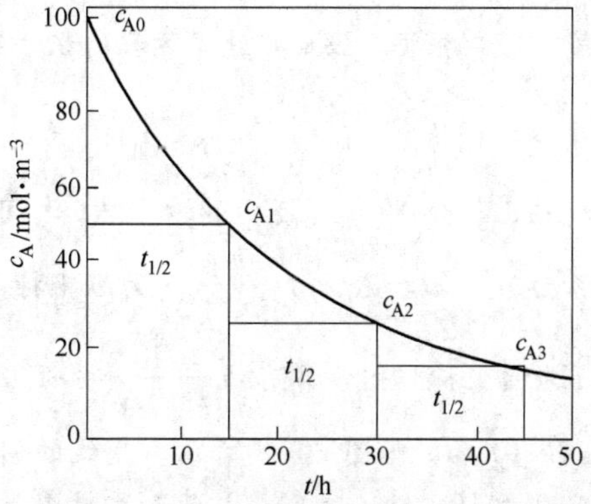

图 10-2 一级反应半衰期与反应物初始浓度的关系

10.3.3 二级反应 ($n=2$)

二级反应的速率方程为

$$-\frac{dc_A}{dt}=k_Ac_A{}^2 \tag{10-8}$$

或

$$-\frac{dc_A}{dt}=k_Ac_Ac_B \tag{10-9}$$

式 (10-8) 表示的速率方程是反应速率与一种物质浓度的平方成正比，式 (10-9) 表示的速率方程是反应速率与两种物质浓度各一次方成正比，都是二级反应。当反应方程式中反应物 A 和 B 的化学计量数相等，并且反应物 A 和 B 的初始浓度相同时，式 (10-9) 可简化为式 (10-8)，若化学计量数不相同或反应物的初始浓度不同时，式 (10-8) 与式 (10-9) 有不同的积分形式。对式 (10-8) 积分，即

$$-\int_{c_{A0}}^{c_A}\frac{dc_A}{c_A{}^2}=\int_0^t k_A dt$$

得

$$\frac{1}{c_A}-\frac{1}{c_{A0}}=k_At \tag{10-10}$$

式（10-10）表明，对二级反应来说，反应物浓度的倒数与时间呈直线关系，直线的斜率等于速率系数 k_A。并且反应速率系数的单位是（浓度·时间）$^{-1}$。半衰期为 $t_{1/2}=\frac{1}{c_{A0}k_A}$，半衰期与反应物初始浓度成反比，反应物初始浓度越大，半衰期越短。

例 10-2 定温下，气态乙醛（CH_3CHO）在密封容器内的分解反应是二级反应

$$CH_3CHO = CH_4 + CO$$

已知起始乙醛压力 $p_0=48.40$kPa，测量不同时间时容器内压力增量 $\Delta p=p-p_0$，数据列于下表。

t/s	40	105	242	480	840
Δp/kPa	4.53	9.78	17.86	25.86	32.53

（1）通过作图求反应速率系数；（2）计算反应半衰期。

解：（1）根据二级反应速率方程的积分式（10-10）：$\frac{1}{c_A}-\frac{1}{c_{A0}}=k_At$

用分压代替浓度时 $\frac{1}{p_A}-\frac{1}{p_{A0}}=k'_At$，这里 $k'_A=\frac{k_A}{RT}$。

气相乙醛分压 p_A 与压力的增量 Δp 之间的关系为 $p_A=p_0-\Delta p$。以 $\frac{1}{p_0-\Delta p}$ 为纵坐标，时间 t 为横坐标作图，得直线 $\frac{1}{p_0-\Delta p}=0.02+5.07\times10^{-5}t$，如图 10-3 所示。直线的斜率是 5.07×10^{-5}(kPa·s)$^{-1}$，其等于该温度下乙醛分解反应的速率系数。

（2）反应的半衰期 $t_{1/2}=\frac{1}{p_0k_A}=\frac{1}{48.40\times5.07\times10^{-5}}=408$s。

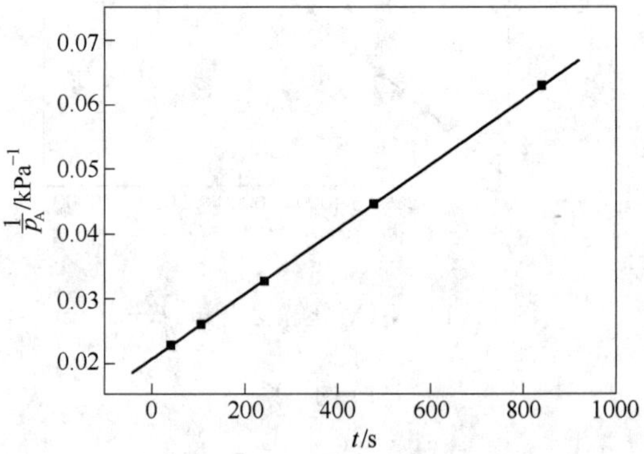

图 10-3 气相乙醛分解反应的 $\frac{1}{p_A}$ 与 t 的关系

当反应速率与两种反应物的浓度均有关，且两种物质初始浓度不相等，即 $c_{A0}\neq c_{B0}$ 时，反应速率方程的积分比较复杂。下面分两种情况讨论。

（1）两种反应物的化学计量数相等，即 $a=b$ 时，

反应的速率方程为 $-\frac{dc_A}{dt}=k_Ac_Ac_B$

设 x 代表反应过程中 A 和 B 消耗的量，则 $c_A=c_{A0}-x$，$c_B=c_{B0}-x$，$\frac{dc_A}{dt}=-\frac{dx}{dt}$。将 $\frac{dx}{dt}=-\frac{dc_A}{dt}$ 代入反应速率方程中，得

$$\frac{dx}{dt}=k_A(c_{A0}-x)(c_{B0}-x)$$

在 0～x 浓度区间内，对上式作定积分

$$\int_0^x \frac{dx}{(c_{A0}-x)(c_{B0}-x)}=\int_0^t k_A dt$$

得

$$\frac{1}{c_{A0}-c_{B0}}\ln\frac{c_{B0}(c_{A0}-x)}{c_{A0}(c_{B0}-x)}=k_At \tag{10-11}$$

即以$\frac{1}{c_{A0}-c_{B0}}\ln\frac{c_{B0}(c_{A0}-x)}{c_{A0}(c_{B0}-x)}$对时间 t 作图，可得到一条通过原点的直线，直线的斜率等于反应的速率系数 k_A。

(2) 两种反应物的化学计量数不相等时，即 $a\neq b$ 时，

反应的速率方程为
$$\frac{dx}{dt}=k_A(c_{A0}-ax)(c_{B0}-bx)$$
在 $0\sim x$ 浓度范围内，对上式作定积分，即
$$\int_0^x \frac{dx}{(c_{A0}-ax)(c_{B0}-bx)}=\int_0^t k_A dt$$
得到 x 与 t 的关系，即
$$\frac{a}{bc_{A0}-ac_{B0}}\ln\frac{c_{B0}(c_{A0}-ax)}{c_{A0}(c_{B0}-bx)}=k_A t \tag{10-12}$$
已知初始反应物 A 和 B 的浓度，从式（10-12）中可获得反应物消耗的量 x 与时间的关系。

10.3.4 n 级反应

最简单的 n 级反应的速率方程可表示为下列形式
$$-\frac{dc_A}{dt}=k_A c_A^n \qquad n\neq 1$$
在浓度区间 $c_{A0}\rightarrow c_A$ 对上式积分，得
$$\frac{1}{n-1}\left(\frac{1}{c_A^{n-1}}-\frac{1}{c_{A0}^{n-1}}\right)=k_A t \tag{10-13}$$
式（10-13）表明对 n 级反应，反应物浓度的 $n-1$ 次幂的倒数与时间呈直线关系，直线的斜率等于反应的速率系数 k_A，且速率系数的单位是（浓度）$^{1-n}$ ·（时间）$^{-1}$。

将 $c_A=\frac{1}{2}c_{A0}$ 代入到 n 级反应速率定律的积分式（10-13）中，得到 n 级反应的半衰期为
$$t_{1/2}=\frac{2^{n-1}-1}{(n-1)k_A c_{A0}^{n-1}} \tag{10-14}$$
式（10-14）建立了 n 级反应反应物初始浓度、半衰期、反应的速率系数及反应级数之间的关系。但式（10-14）不适用于一级反应。

对 $n>3$ 的反应，本章不予讨论，因为 $n>3$ 的反应是很少见的。现已经证明的三级反应有 NO 与 O_2、Br_2、Cl_2 结合的气相反应
$$2NO+O_2 = 2NO_2$$
$$2NO+Br_2 = 2NOBr$$
$$2NO+Cl_2 = 2NOCl$$
用 c_x 代表 O_2、Br_2、Cl_2 的浓度，c_{NO}代表 NO 的浓度，则上述反应的速率方程为 $v=kc_{NO}^2 c_x$。

10.4 典型复杂反应

本节介绍几种类型的复杂反应及其反应速率方程的积分。

10.4.1 对峙反应

对峙反应是正向反应和逆向反应同时进行的反应。在对峙反应中，反应物转变为产物的同时，产物也转化为反应物，两个相反方向的反应同时进行。例如，合成氨的反应 $N_2+3H_2 \rightleftharpoons$

$2NH_3$，水煤气的反应 $CO+H_2O \rightleftharpoons CO_2+H_2$ 都是对峙反应。理论上所有的化学反应都是对峙反应。当逆向反应速率慢到可以忽略不计时，反应就变成了单向反应。

下面以一级反应为例，讨论对峙反应的速率方程。设下列对峙反应正向与逆向均是一级反应

$$A \rightleftharpoons B$$

正向、逆向反应的速率系数分别是 k_1、k_{-1}。反应开始时，反应物 A 的浓度用 c_{A0} 表示，产物 B 的浓度等于零。待反应进行到 t 时刻时，反应物浓度等于 $c_A=c_{A0}-x$，产物 B 的浓度等于 x，此时正向反应的速率是 $k_1(c_{A0}-x)$，逆向反应速率是 $k_{-1}x$，化学反应的速率等于正向和逆向反应速率之差，即

$$v=-\frac{dc_A}{dt}=\frac{dx}{dt}=k_1(c_{A0}-x)-k_{-1}x$$

在 $0\rightarrow x$ 浓度范围积分上式，$\int_0^x \frac{dx}{k_1(c_{A0}-x)-k_{-1}x}=\int_0^t dt$，

得
$$\ln c_{A0}-\ln\left(c_{A0}-\frac{k_1+k_{-1}}{k_1}x\right)=(k_1+k_{-1})t \tag{10-15}$$

式(10-15)表示了一级对峙反应反应物浓度消耗的量 x 与时间的变化关系。当对峙反应达到平衡时，反应的速率等于零，即 $\frac{dx}{dt}=0$，令 x_e 代表平衡时的 x 值，则 $\frac{dx}{dt}=k_1(c_{A0}-x_e)-k_{-1}x_e=0$

即
$$k_1(c_{A0}-x_e)=k_{-1}x_e$$

$$\frac{x_e}{c_{A0}-x_e}=\frac{k_1}{k_{-1}}=K_c$$

式中，K_c 为用浓度表示的一级对峙反应的平衡常数，它等于正向反应速率系数与逆向反应速率系数之比。从上式中解得 $c_{A0}=\frac{k_1+k_{-1}}{k_1}x_e$，并将其代入一级对峙反应速率定律的积分式（10-15）中，得到一级对峙反应的速率方程为

$$\ln\frac{x_e}{x_e-x}=(k_1+k_{-1})t \tag{10-16}$$

一级对峙反应以达到平衡为特征，在速率定律的积分中出现了平衡浓度 x_e，且 $\ln(x_e-x)$ 对时间作图呈直线关系，直线的斜率等于正向、逆向反应的速率系数之和的负数。一级对峙反应的半衰期 $t_{1/2}=\frac{\ln 2}{k_1+k_{-1}}$，与初始反应物浓度无关。此式可以用 $x=\frac{1}{2}x_e$ 代入式（10-16）中得到。

10.4.2 平行反应

在平行反应中，一个反应物参与多个反应，生成多个产物。例如，丙烷裂解反应是平行反应，两个反应均以丙烷作为反应物，两个产物分别是 C_2H_4 和 C_3H_6。

$$C_3H_8 \longrightarrow C_2H_4+CH_4$$

$$C_3H_8 \longrightarrow C_3H_6+H_2$$

在平行反应中，通常将反应速率快、产量多的反应称为主反应，余者为副反应。下面以一级平行反应为例，讨论平行反应的速率方程及其积分。设一级平行反应为

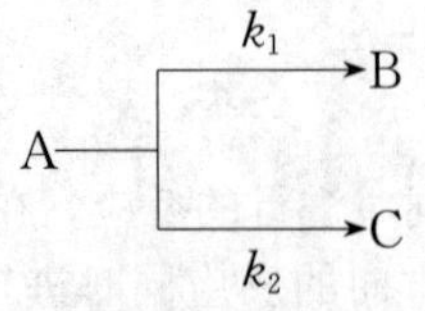

令 c_{A0} 和 c_A 分别代表反应开始时和 t 时刻反应物 A 的浓度，t 时刻产物 B 和 C 的浓度分别用 c_B 和 c_C 表示。两个反应的速率方程分别为

$$v_B=\frac{dc_B}{dt}=k_1c_A \tag{10-17}$$

$$v_C=\frac{dc_C}{dt}=k_2c_A \tag{10-18}$$

因此，用反应物 A 的消耗速率表示总反应的速率时，总反应的速率是两个平行反应的速率之和，即

$$v_A=-\frac{dc_A}{dt}=k_1c_A+k_2c_A=(k_1+k_2)c_A$$

在 $c_{A0}\rightarrow c_A$ 浓度区间内对上式积分，

得

$$c_A=c_{A0}e^{-(k_1+k_2)t}$$

$$\ln\frac{c_{A0}}{c_A}=(k_1+k_2)t \tag{10-19}$$

即一级平行反应中，反应物浓度随时间按指数衰减，与简单一级反应式（10-7）有相同的变化规律。将 $c_A=c_{A0}e^{-(k_1+k_2)t}$ 代入式（10-17）和式（10-18）中并积分，分别得到产物 B 和 C 的浓度随时间的变化规律，即

$$c_B=\frac{k_1}{k_1+k_2}c_{A0}[1-e^{-(k_1+k_2)t}] \tag{10-20}$$

$$c_C=\frac{k_2}{k_1+k_2}c_{A0}[1-e^{-(k_1+k_2)t}] \tag{10-21}$$

从平行反应两个产物的浓度与时间的关系式（10-20）及式（10-21）可看出，在反应过程中的任一时刻，两种产物浓度之比都等于两个反应的速率系数之比，即

$$\frac{c_B}{c_C}=\frac{k_1}{k_2} \tag{10-22}$$

根据同一时刻反应系统中产物的组成，可判断出平行反应中两个反应速率系数的相对大小，或已知两个平行反应的速率系数，计算两个产物组成的比值。

10.4.3 连串反应

在连串反应中，反应相继发生，前步反应的产物是接续反应的反应物。下面以一级连串反应为例讨论连串反应的速率方程及其积分。

设一级连串反应

$$A\xrightarrow{k_1}B\xrightarrow{k_2}C$$

令 c_{A0} 和 c_A 分别代表反应物 A 的初始浓度和 t 时刻浓度，产物 B 和 C 在 t 时刻的浓度分别用 c_B 和 c_C 表示，则

以反应物 A 表示的反应速率为 $$v_A=-\frac{dc_A}{dt}=k_1c_A \tag{10-23}$$

以中间物 B 表示的反应速率为 $$v_B=-\frac{dc_B}{dt}=k_1c_A-k_2c_B \tag{10-24}$$

以产物 C 表示的反应速率为 $$v_C=\frac{dc_C}{dt}=k_2c_B \tag{10-25}$$

式（10-23）是简单一级反应的速率方程，积分结果为 $c_A=c_{A0}e^{-k_1t}$（见 10.3.2 节）。将 $c_A=c_{A0}e^{-k_1t}$ 代入式（10-24），积分得到组分 B 的浓度随时间的变化规律

$$c_B=\frac{k_1c_{A0}}{k_2-k_1}(e^{-k_1t}-e^{-k_2t}) \tag{10-26}$$

由物质浓度守恒关系式 $c_A+c_B+c_C=c_{A0}$ 及 c_A，c_B 与时间的关系，求得产物 C 的浓度随时间的变化规律

$$c_C=c_{A0}-c_A-c_B=c_{A0}\left(1-\frac{k_2e^{-k_1t}-k_1e^{-k_2t}}{k_2-k_1}\right) \tag{10-27}$$

将 c_A，c_B，c_C 随时间的变化规律作图，如图 10-4 所示。观察图中的曲线发现，随着反应时间的延长，反应物 A 的浓度逐渐下降，产物 C 的浓度逐渐上升，中间物 B 的浓度则存在着一个极大值。在反应初期，B 的生成速率大于其消耗速率，所以，B 的浓度随着时间延长而增大；而反应后期 B 的生成速率小于其消耗速率，B 的浓度随时间延长而减小，因此造成 c_B - t 曲线上存在极大值。如果 B 是目标产物，需要控制反应时间，在 B 浓度达到最大的时刻终止反应，以获得更高的产量。对式（10-26）求一阶导数，并令其等于零，解出极大值 c_B 所对应的时间。即令 $\frac{dc_B}{dt}=0$，解得

$$t_{max}=\frac{1}{k_2-k_1}\ln\frac{k_2}{k_1}$$

将 $t_{max}=\frac{1}{k_2-k_1}\ln\frac{k_2}{k_1}$ 代入式（10-26）中，得

$$c_{max}=c_{A0}\left(\frac{k_1}{k_2}\right)^{\frac{k_2}{k_2-k_1}}$$

$$\frac{c_{max}}{c_{A0}}=\left(\frac{k_1}{k_2}\right)^{\frac{k_2}{k_2-k_1}}$$

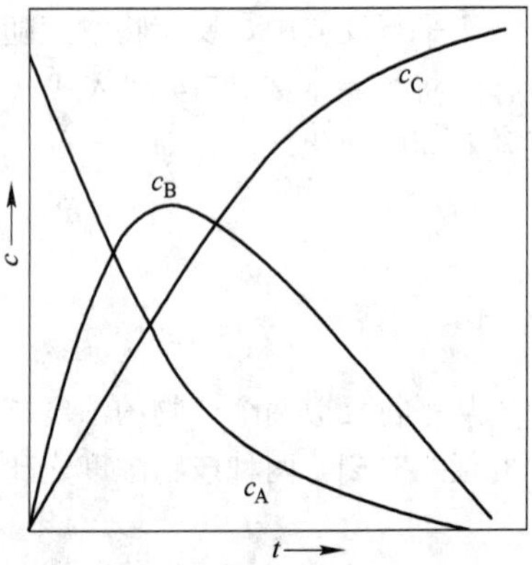

图 10-4　一级连串反应中各物质浓度随时间的变化规律

物质 B 的最大浓度 c_{max} 及时间 t_{max} 与连串反应的速率常数 k_1、k_2 的大小有关。

当一级连串反应的两步速率常数 k_1 和 k_2 相差比较大时，可将式（10-27）化简。例如，当 $k_1\gg k_2$ 时，表示连串反应的第一步是快速反应，第二步则是慢反应，此时 $c_C\approx c_{A0}(1-e^{-k_2t})$，与 k_1 无关，表明得到的产物 C 的浓度由慢步骤速率系数 k_2 决定，与快步骤的速率系数 k_1 无关；当 $k_1\ll k_2$ 时，第二步反应速率远远大于第一步反应速率，生成产物 C 的浓度则由慢步骤第一步决定，$c_C\approx c_{A0}(1-e^{-k_1t})$，与快步骤速率常数 k_2 无关。说明在由多个步骤构成的化学反应中，反应速率由慢步骤决定，慢步骤也因此被称为速控步骤。

10.5　化学反应动力学数据的获得与处理

10.5.1　获得化学反应动力学数据的方法

化学反应的级数是通过处理化学反应动力学数据得到的。有两种获得化学反应动力学数据的方法，化学法和物理法。在化学法中，定时分析从化学反应系统中取出的样品，确定反应物或产物的浓度，再通过处理浓度数据确定化学反应的速率方程。

化学法确定反应速率方程具有如下特点：(1) 在分析系统中物质的组成时，存在着一定的困难。特别是当反应系统中涉及一些有机化合物时，化学分析方法很难给出准确的浓度。(2) 需要大量的反应系统。因为需要多次从反应系统中定时取样，进行成分和浓度分析。(3) 需要

采取一些措施，如骤冷、稀释、加入阻化剂或分离催化剂等方法，以终止待测样品中正在发生的化学反应。(4) 化学分析需要较长的时间。

物理法是在反应进行的过程中，测量系统中某种物理性质随时间变化的规律，通过建立反应物浓度与该种物理性质之间的关系，获得化学反应动力学数据。常用的物理性质有电导率、旋光度、折光率、黏度、气体的压力和体积等。物理法比化学法简便、迅速，容易实现自动化，已经得到了广泛的应用。

许多化学反应在极短时间内完成。例如，酸碱中和反应的反应时间仅为几秒，质子转移反应 $C+HF \rightarrow CH+F$ 反应时间约 2×10^{-14} s。为了研究快速反应，已经建立了快速混合法、化学松弛法等多种快速反应分析技术。

快速混合法将反应物混合的时间从数秒缩短到 0.001s，适用于研究半衰期在几毫秒以下的自由基反应，溶液中的各种有机、无机反应和酶反应。

化学松弛法是使系统某性质（如温度、压力或浓度）发生微小的突变，并在新的条件下重新建立平衡，测量系统趋向平衡时的速率。由于系统偏离平衡的程度很小，可采用一级反应动力学方程处理数据。化学松弛法省去了样品的混合和分析时间，动力学处理方式也简单。

10.5.2 处理化学反应动力学数据的方法

反应动力学数据的处理方法主要有 3 种：积分法、微分法和半衰期法。

10.5.2.1 积分法

积分法是将获得的实验数据 $c-t$ 关系代入各级反应速率方程的积分式中，计算速率系数 k。若速率系数 k 在一定误差范围内是常数，则可根据所用的浓度-时间积分式确定反应级数，对零级反应，c_A 随 t 直线变化；对一级反应，$\ln c_A$ 随 t 直线变化；对二级反应，$\frac{1}{c_A}$ 随 t 直线变化，或将实验数据以下列方式作图：

c_A 对 t 的图是直线时，反应是零级反应；

$\ln c_A$ 对 t 的图是直线时，反应是 1 级反应；

$\frac{1}{c_A}$ 对 t 的图是直线时，反应是 2 级反应。

若用零级、一级、二级反应物的浓度和时间的变化规律计算得到的 k 值不是常数，或作上述图时得不到直线关系，说明反应级数不是整数。积分法也称为尝试法。

例 10-3 25℃时将浓度均等于 0.02mol·dm^{-3} 的乙酸乙酯（$CH_3COOC_2H_5$）与等体积的 NaOH 溶液混合，发生下列反应（乙酸乙酯皂化反应）

$$CH_3COOC_2H_5 + NaOH \longrightarrow CH_3COONa + C_2H_5OH$$

这个反应系统的电导率在反应初始时刻最大，反应过程中系统的电导率随着 NaOH 浓度的减小而降低。在不同反应时间时测得的系统电导率如下表所示。表中 κ 是电导率，单位是 mS，$1S=1\Omega^{-1}$，$1mS=10^{-3}S$。

t/min	0	5	9	15	20	25	∞
κ/mS	2.400	2.024	1.836	1.637	1.530	1.454	0.861
k_A/mol^{-1}·dm^3·min^{-1}		6.47	6.43	6.55	6.50	6.38	

试确定：(1) 反应级数；(2) 反应的速率系数。

解：任意时刻反应系统的电导率与反应物 NaOH(A) 的浓度成正比，即 $c_{A0}\propto(\kappa_0-\kappa_\infty)$，$c_A\propto(\kappa_t-\kappa_\infty)$，$\kappa_0$，$\kappa_t$ 和 κ_∞ 分别是 $t=0$，t，∞ 时系统的电导率。假设反应是二级反应，尝试二级反应速率方程的积分式（10-10）

$$\frac{1}{c_A}-\frac{1}{c_{A0}}=k_At \quad 或 \quad \frac{c_{A0}-c_A}{c_{A0}c_A}=k_At$$

将 $c_{A0}\propto\kappa_0-\kappa_\infty$，$c_A\propto\kappa_t-\kappa_\infty$ 代入上式，并假设所有比例系数均相同，则

$$\frac{\kappa_0-\kappa_t}{c_{A0}(\kappa_t-\kappa_\infty)}=k_At$$

得速率常数 k_A 的表示形式 $$k_A=\frac{\kappa_0-\kappa_t}{tc_{A0}(\kappa_t-\kappa_\infty)}$$

将 $c_{A0}=\frac{1}{2}\times0.02\text{mol}\cdot\text{dm}^{-3}$（稀释至原来浓度的一半）及表中所列的数据 $t=0$ 时的 $\kappa_0=2.400\text{mS}^{-1}$ 及 $t=\infty$ 时的 $\kappa_\infty=0.861\text{mS}^{-1}$ 代入上式，求得各时间时乙酸乙酯皂化反应的速率系数 k_A，并列入表中。由于速率系数基本上是常数，证明该反应是二级反应，平均速率系数等于 $6.47\text{mol}^{-1}\cdot\text{dm}^3\cdot\text{min}^{-1}$。

10.5.2.2 微分法

将 n 级反应速率方程 $v_A=-\frac{dc_A}{dt}=k_Ac_A^n$ 两边取对数，得

$$\lg v_A=\lg k_A+n\lg c_A \tag{10-28}$$

根据实验测得不同浓度 c_A 时的反应速率 v_A，以 $\lg v_A$ 为纵坐标，$\lg c_A$ 为横坐标作图，可得一条直线，直线的斜率等于反应的级数 n，截距为反应的速率系数的对数 $\lg k_A$。

下面利用图 10-5 说明如何利用实验数据获得反应速率。图 10-5 是由一组实验数据作的 c_A-t 曲线。在图中不同时间处作曲线的切线，即得各时刻反应的速率，$v_{A1}=\left(\frac{dc_{A1}}{dt}\right)_t$，$v_{A2}=\left(\frac{dc_{A2}}{dt}\right)_t$。将在不同时刻获得的反应速率与相应的浓度分别取对数，以 $\lg v_A$ 为纵坐标，$\lg c_A$ 为横坐标作图可得斜率为 n，截距为 $\lg k_A$ 的直线，从直线的斜率和截距分别求得反应级数和速率系数。

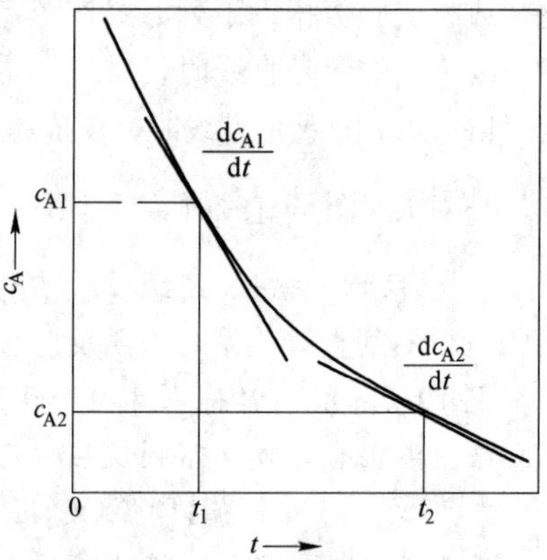

图 10-5 求反应速率示意图

利用微分法确定反应的速率方程时，也可以测量同一化学反应在不同初始反应物浓度时的初始反应速率，再以 $\lg v_{A0}$ 对 $\lg c_{A0}$ 作图，获得反应的级数和速率系数，由于所得到的是初始反应速率，没有产物的干扰，所以结果更准确，这种方法称为初始速率法。

在只有两组数据的情况下，可直接利用下式求反应级数

$$n=\frac{\lg\left(\frac{v_{A2}}{v_{A1}}\right)}{\lg\left(\frac{c_{A2}}{c_{A1}}\right)}$$

式中，v_{A2} 和 v_{A1} 分别为反应物浓度为 c_{A2} 和 c_{A1} 时的化学反应速率。但由于只有两组数据，所包含的动力学信息少，使用该式容易给出错误的反应级数。

10.5.2.3 孤立法

当反应速率与两种反应物的浓度都有关时，反应的速率方程为

$$-\frac{dc_A}{dt}=k_A c_A^{\alpha} c_B^{\beta}$$

在这种情况下采用孤立法，分别求出反应的分级数 α 和 β。以反应 $2NO+2H_2 = 2H_2O+N_2$ 为例，说明用孤立法求算反应级数的过程。

上述反应的速率方程为

$$-\frac{dp_{NO}}{dt}=k p_{NO}^{\alpha} p_{H_2}^{\beta}$$

在实验开始时使系统中 H_2 过量或使 H_2 连续流动，相对于 NO 的消耗量而言，H_2 的消耗量可忽略不计，即 p_{H_2} 近似恒定。这样就能将速率系数 k 与 $p_{H_2}^{\beta}$ 合并为 k'，原来与两种物质分压有关的反应速率方程，转化为只与 NO 分压有关的反应速率方程，此时反应的准级数为 α，即

$$-\frac{dp_{NO}}{dt}=k' p_{NO}^{\alpha}$$

式中，$k'=kp_{H_2}^{\beta}$。下表列出了实验测得的上述反应速率与两种气体分压的关系。

p_{H_2}/kPa	53.3	53.3	26.6
p_{NO}/kPa	47.9	40.0	20.3
$\frac{-dp_{NO}}{dt}$/kPa·s^{-1}	0.20	0.14	0.018

将上面各组数据代入动力学方程中，得到 3 个含 3 个未知数 k，α，β 的方程

$$0.20=k47.9^{\alpha}53.3^{\beta}$$

$$0.14=k40.0^{\alpha}53.3^{\beta}$$

$$0.018=k20.3^{\alpha}26.6^{\beta}$$

解前两个等式，得到 $\alpha=2$，从后两个等式中得 $\beta=1$。因此，上述反应的总级数 $n=\alpha+\beta=3$，是三级反应，对 NO 是二级，对 H_2 是一级，反应的速率系数等于 $1.64\times10^{2}\text{kPa}^{-2}\cdot\text{s}^{-1}$，反应的速率方程为

$$-\frac{dp_{NO}}{dt}=1.64\times10^{-6}p_{NO}^{2}p_{H_2}$$

10.5.2.4 半衰期法

n 级反应的速率方程

$$-\frac{dc_A}{dt}=k_A c_A^{n}$$

半衰期 $t_{1/2}=\frac{2^{n-1}-1}{(n-1)k_A c_{A0}^{n-1}}$，见式（10-14），将半衰期取对数，即

$$\lg t_{1/2}=(1-n)\lg c_{A0}+\lg\left[\frac{2^{n-1}-1}{k_A(n-1)}\right] \tag{10-29}$$

半衰期的对数 $\lg t_{1/2}$ 与反应物初始浓度的对数 $\lg c_{A0}$ 呈直线关系，直线的斜率等于 $1-n$。因此，利用半衰期与反应物初始浓度的关系，可以通过作图求反应级数，或直接利用两组数据计算反应级数

$$n=1+\frac{\lg\frac{t'_{1/2}}{t''_{1/2}}}{\lg\frac{c''_{A0}}{c'_{A0}}} \tag{10-30}$$

式中，$t'_{1/2}$，$t''_{1/2}$分别为初始浓度为 c'_{A0} 和 c''_{A0} 时反应的半衰期。

例 10-4 569℃，不同初始压力下，气相甲醛热分解反应的半衰期数据如下：

P_0/kPa	16.0	19.5	22.0	27.1	30.0	35.3	49.5
$t_{1/2}$/s	211	177	158	132	114	98	69

(1) 用作图法确定反应级数；(2) 计算反应的速率系数。

解： 根据式（10-29），并用分压代替浓度，将初始分压和半衰期分别取对数，以 $\ln t_{1/2}$ 为纵坐标，$\ln p_0$ 为横坐标，得图 10-6。图中直线的斜率等于 −0.98，即 $1-n=-0.98$，反应级数 $n\approx 2$。因此，569℃气相甲醛热分解反应是二级反应。

直线的截距为 $\lg\left[\frac{2^{n-1}-1}{k_A(n-1)}\right]$，$-\lg k_A=3.52$，反应的速率系数 $k_A=3.02\times10^{-4}\ \text{kPa}^{-1}\cdot\text{s}^{-1}$。

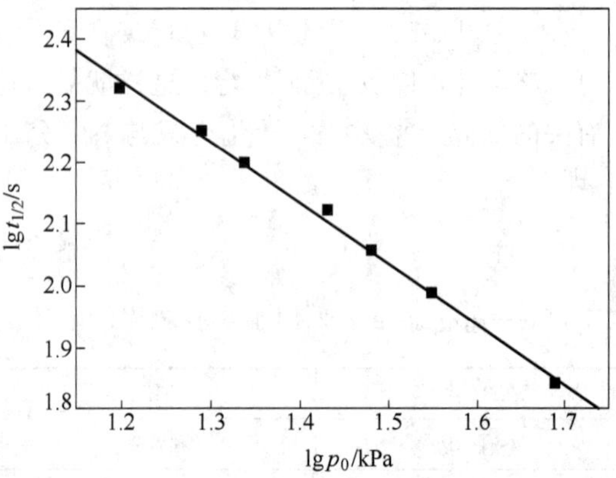

图 10-6 气相甲醛分解反应的半衰期与初始分压的关系

10.6 温度对反应速率的影响

10.6.1 阿仑尼乌斯公式

实验结果表明，化学反应的速率受温度的影响。在室温附近，温度每升高 10℃，化学反应的速率增加 2～4 倍，称为范特霍夫规则。化学反应速率方程中的速率系数与温度有关。1889 年阿仑尼乌斯（Arrhenius）根据实验结果，提出了化学反应的速率系数与温度的关系，即阿仑尼乌斯方程

$$\frac{d\ln k}{dT}=\frac{E_a}{RT^2} \tag{10-31}$$

式中，k 为化学反应的速率系数；E_a 为活化能，是常数，kJ/mol 或 J/mol。阿仑尼乌斯方程表明，化学反应速率系数的对数对温度的变化率等于 E_a/RT。因此，活化能大的化学反应，反应速率受温度的影响大；活化能小的反应，反应速率受温度的影响小。如果化学反应的活化能等于零，则化学反应速率不受温度的影响。

对阿仑尼乌斯方程式（10-31）分别作不定积分和定积分式，得

$$\ln k=-\frac{E_a}{RT}+B \tag{10-32}$$

$$\ln\frac{k_2}{k_1}=\frac{E_a}{R}\left(\frac{1}{T_1}-\frac{1}{T_2}\right) \tag{10-33}$$

不定积分式（10-32）表明，化学反应速率系数的对数 $\ln k$ 和温度的倒数 $\frac{1}{T}$ 呈直线关系，直线的斜率等于 $-E_a/R$。因此，用作图法可以求得化学反应的活化能。式（10-32）也可以表示为指数形式

$$k=Ae^{-E_a/RT} \tag{10-34}$$

式中，A 为指前因子，与速率系数有相同的单位。已知两个温度下的速率系数，可以通过方程式（10-33）求反应的活化能，即 $E_a=\frac{RT_1T_2}{T_2-T_1}\ln\frac{k_2}{k_1}$。

例 10-5 已知不同温度下 N_2O_5 分解反应的速率系数为：

t/℃	65	55	45	35	25	0
k/s^{-1}	487×10^{-5}	150×10^{-5}	49.8×10^{-5}	13.5×10^{-5}	3.46×10^{-5}	0.0787×10^{-5}

假设 N_2O_5 分解反应是一级反应，求（1）反应的活化能；（2）40℃时反应的半衰期。

解：将各温度下的速率系数取对数，相应的温度取倒数，作图 10-7。图 10-7 中直线的解析式为 $\lg k=-\frac{5334}{T}+13.42$，斜率为 $-\frac{E_a}{2.303R}=-5334$，因此，活化能 $E_a=5334\times2.303R=102.1\text{kJ}\cdot\text{mol}^{-1}$。

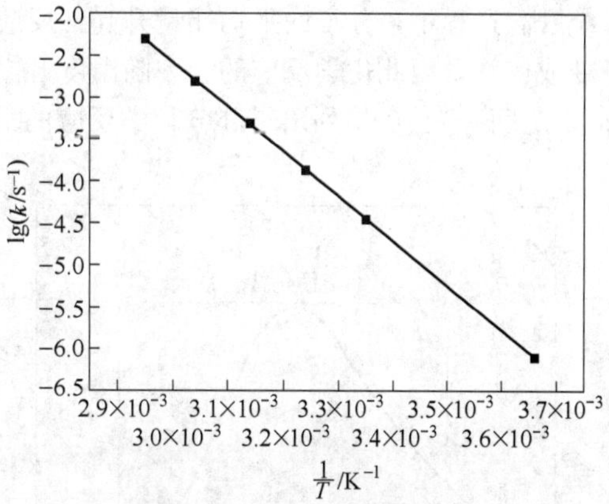

图 10-7 N_2O_5 分解反应的速率系数与温度的关系

将 $T=313$K 代入速率系数与温度的解析式中，求得 40℃时反应的速率系数为

$$\lg k=-\frac{5334}{313}+13.42=-3.622$$

$$k=2.39\times10^{-4}s^{-1}$$

反应的半衰期：
$$t_{1/2}=\frac{\ln2}{k}=\frac{\ln2}{2.39\times10^{-4}}=2900s$$

10.6.2 活化能

化学反应是旧键断开，新键生成的过程。断裂旧键需要能量，因此反应物分子在生成产物的过程中首先需要提高能量。下面以一级对峙反应为例，说明反应物分子升高能量及活化的过程。

一级对峙反应 $A\rightleftharpoons B$

设正向反应的速率系数是 k_1、活化能为 E_{a1}；逆向反应的速率系数是 k_{-1}、活化能为 E_{a-1}。反应达到平衡时，正向反应的速率等于逆向反应的速率，即

$$k_1c_A=k_{-1}c_B$$

$$\frac{c_B}{c_A}=\frac{k_1}{k_{-1}}=K_C$$

式中，K_C 为反应的浓度平衡常数，等于正、逆反应速率系数之比。将上式两边取对数并微分，即

$$\frac{d\ln k_1}{dT}-\frac{d\ln k_{-1}}{dT}=\frac{d\ln K_C}{dT}$$

将阿仑尼乌斯公式 $\frac{d\ln k_1}{dT}=\frac{E_{a_1}}{RT^2}$，$\frac{d\ln k_{-1}}{dT}=\frac{E_{a_{-1}}}{RT^2}$ 及浓度平衡常数与温度的关系 $\frac{d\ln K_C}{dT}=\frac{\Delta_rU_m}{RT^2}$，代

入上式中，得

$$\frac{E_{a_1}}{RT^2}-\frac{E_{a_{-1}}}{RT^2}=\frac{\Delta_r U_m}{RT^2}$$

从而得到反应的摩尔热力学能（内能）变化等于正、逆反应活化能之差，即

$$E_{a_1}-E_{a_{-1}}=\Delta_r U_m \tag{10-35}$$

式中，$\Delta_r U_m$ 为化学反应的摩尔热力学能（内能）变化，即恒容热效应；E_{a_1} 和 $E_{a_{-1}}$ 分别为正向和逆向反应的活化能。

图 10-8 表示反应物向产物转变过程的能量路线图。图中 A 点代表反应物的平均能量，B 点代表中间态的平均能量，C 点则代表产物的平均能量。反应物分子从 A 点出发，经过 B 点的中间态后，到达末态 C 点。在这个过程中，分子能量经过了一个爬坡的过程，在 B 点达到最大值，B 点也称为活化态。活化态的分子转变为产物分子时，能量降低。B 点分子的平均能量与 A 点及 C 点分子的平均能量之差分别等于正向反应的活化能 E_{a_1} 及逆向反应的活化能 $E_{a_{-1}}$。系统升温过程中，分子的平均能量升高，反应系统中活化分子的数目增加，有更多的反应物分子变成产物，因此化学反应的速率随温度升高而加快。一般化学反应的活化能在 40～500kJ·mol^{-1}之间。表 10-1 列出了部分化学反应的活化能。

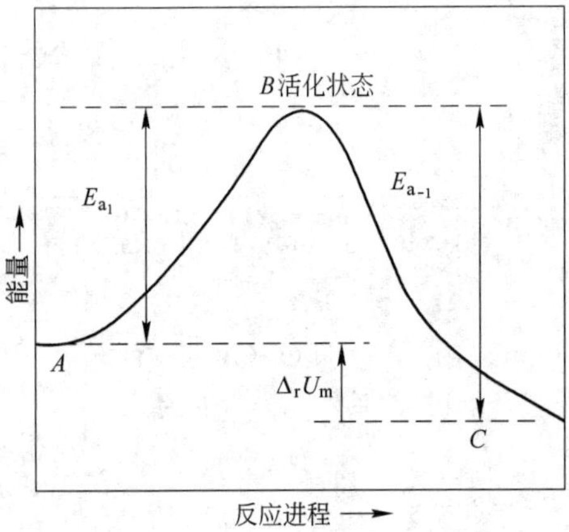

图 10-8 沿反应历程反应物的能量变化

表 10-1 一些化学反应的活化能

反 应	E_a /kJ·mol^{-1}
$2HI \rightarrow H_2+I_2$	183
$H_2+I_2 \rightarrow 2HI$	167
$2NH_3 \rightarrow N_2+3H_2$	330
$2NO_2 \rightarrow 2NO+O_2$	112
$2H_2O_2 \rightarrow 2H_2O+O_2$	75.3
$H_2+Cl_2 \rightarrow 2HCl$（光化学反应）	25
$2N_2O \rightarrow 2N_2+O_2$	245

10.7 双分子气相反应碰撞理论

本节讨论化学反应的速率理论——双分子气相反应的碰撞理论，进一步深入理解化学反应的本质。双分子气相反应的碰撞理论假设反应物分子通过与系统内分子或容器器壁的碰撞获得足够高的能量后转变为产物。

设反应物分子 A 和 B 都是刚性球体，它们的半径分别是 r_A 和 r_B，质量分别是 m_A 和 m_B，单位反应容器内 A 和 B 的数密度分别是 n_A 和 n_B，并假设只有 A 分子运动，B 分子是静止的，A 分子相对于 B 分子的运动速率是 v_A。

图 10-9 所示为在圆筒中运动的分子 A 和 B。圆筒半径为 r_A+r_B，圆筒的体积为 $\pi(r_A+r_B)^2v_A$，A 分子在圆筒的轴线上。在 A 分子沿水平方向从圆筒左侧向右侧移动距离 v_A 的过程

中，将与所有体心在圆筒内的 B 分子发生碰撞。筒内 B 分子的个数等于 $\pi(r_A+r_B)^2 v_A n_B$。因此，在单位时间内 A 分子和 B 分子碰撞的总次数 $Z=\pi(r_A+r_B)^2 v_A n_A n_B$。根据统计热力学中的麦克斯韦关系可知，在这些碰撞中，能量超过某一阈值 ε 的碰撞占总碰撞数的分数等于 $e^{-\frac{\varepsilon}{kT}}$，即有效碰撞的比例。因此，单位时间内气相中 A 分子和 B 分子的有效碰撞总次数为

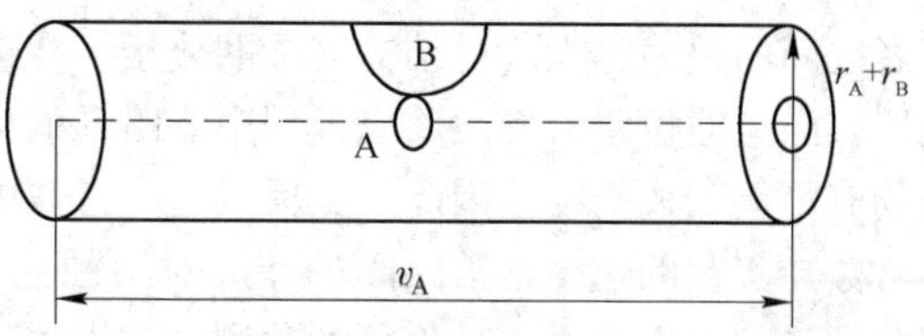

图 10-9 在圆筒中运动的分子 A 和 B

$$Z=\pi(r_A+r_B)^2 v_A n_A n_B e^{-\frac{\varepsilon}{kT}} \tag{10-36}$$

即气相双分子 A 和 B 反应的反应速率

$$-\frac{dn_A}{dt}=\pi(r_A+r_B)^2 v_A n_A n_B e^{-\frac{\varepsilon}{kT}} \tag{10-37}$$

式中，k 为玻耳兹曼常数；ε 为阈能；v_A 为 A 分子相对 B 分子的运动速率，$v_A=\left[\frac{8kT(m_A+m_B)}{\pi m_A m_B}\right]^{\frac{1}{2}}$，$\frac{m_A+m_B}{m_A m_B}$是 A 分子和 B 分子的折合质量。通常是以反应物浓度对时间的变化率表示化学反应速率，而这里是以单位时间气体分子 A 和 B 的有效碰撞次数表示化学反应速率。这两种表示方法之间的转换关系为 $c_A=\frac{n_A}{N_A}$，$c_B=\frac{n_B}{N_A}$，$\frac{dc_A}{dt}=\frac{1}{N_A}\frac{dn_A}{dt}$，式中，$N_A$ 为阿伏加德罗常数。将这些关系式代入式（10-37）中，得到双分子气相反应的速率方程及速率常数分别为

$$-\frac{dc_A}{dt}=N_A(r_A+r_B)^2\left[\frac{8\pi kT(m_A+m_B)}{m_A m_B}\right]^{\frac{1}{2}} e^{-\frac{\varepsilon}{kT}} c_A c_B \tag{10-38}$$

$$k_A=N_A(r_A+r_B)^2\left[\frac{8\pi kT(m_A+m_B)}{m_A m_B}\right]^{\frac{1}{2}} e^{-\frac{\varepsilon}{kT}} \tag{10-39}$$

式（10-39）表明，速率常数与分子 A 和 B 的半径、质量、温度、阈能 ε 有关。因此，从分子半径和质量、阈能和温度，可计算双分子气相反应的速率常数。

碰撞理论的速率常数与温度有关，即

$$k_A=k'_A T^{\frac{1}{2}} e^{-\frac{E}{RT}} \tag{10-40}$$

式中，$k'_A=N_A(r_A+r_B)^2\left[\frac{8\pi k(m_A+m_B)}{m_A m_B}\right]^{\frac{1}{2}}$；$E=\varepsilon N_A$，$N_A$ 为阿伏加德罗常数。

将碰撞理论导出的速率常数式（10-40）取对数，得

$$\ln k_A=\ln k'_A+\frac{1}{2}\ln T-\frac{E}{RT}$$

再求温度的导数，即

$$\frac{d\ln k_A}{dT}=\frac{1}{2T}+\frac{E}{RT^2}=\frac{\frac{1}{2}RT+E}{RT^2}$$

将此式与阿仑尼乌斯方程式（10-31）比较可知，双分子气相反应碰撞理论的活化能比阿仑尼乌斯方程中的活化能大，两者之间相差$\frac{1}{2}RT$。

根据碰撞理论计算的速率常数比实测的反应速率常数大很多，反应物分子的结构越复杂，

两者之间的差值越大。对结构复杂的分子，在碰撞时除了考虑碰撞能量之外，还要考虑碰撞的位置。当碰撞位置恰好是反应过程中要断开的化学键时，则碰撞的结果是有效的，碰撞后的反应物有可能变成产物。因此，在反应速率常数中人为地增加一个方位因子 P，以调整计算的速率常数与实测的速率常数之间的差。对不同的化学反应，方位因子数值大约在 $1\sim10^{-9}$ 之间。双分子气相反应的碰撞理论不能预测方位因子 P 值的大小。

10.8 过渡状态理论

过渡状态理论假设反应物分子变成产物之前，要经过一个过渡状态（见图 10-10），生成活化配合物。活化配合物分子的平均能量高于反应物和产物分子的平均能量。过渡状态理论还假设活化配合物分子可以变成产物，也可以返回到反应物，并且返回到反应物的速率大于变为产物的速率，因此，反应物和活化配合物之间达到平衡，化学反应的速率由活化配合物变为产物的速率决定。

生成活化配合物的反应为

$$A+BC \xrightarrow{K^{\neq}} A\cdots B\cdots C \xrightarrow{k_r} AB+C$$

A 和 BC 代表反应物，A…B…C 代表活化配合物，$K^{\neq}$ 代表由反应物分子生成活化配合物分子反应的浓度平衡常数，k_r 代表由活化配合物 A…B…C 转化为产物的速率常数。如果用 $c^{\neq}$ 代表活化配合物 A…B…C 的平衡浓度，c_A，c_{BC} 分别代表反应物 A 和 BC 的平衡浓度，则根据平衡常数与物质浓度之间的关系，有

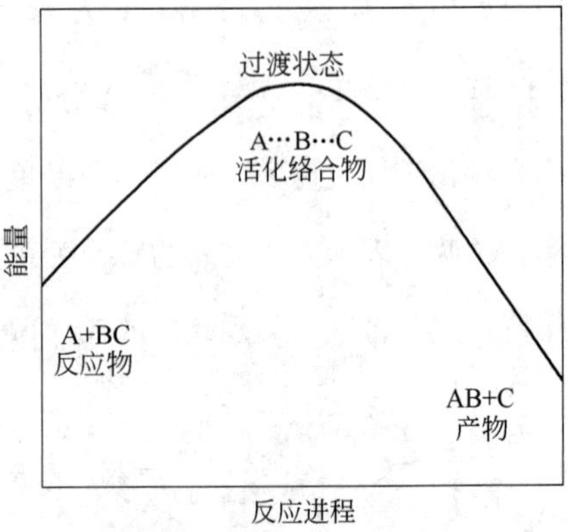

图 10-10 反应物分子的过渡状态

$$K^{\neq}=\frac{c^{\neq}}{c_A c_{BC}} \tag{10-41}$$

即

$$c^{\neq}=K^{\neq}c_A c_{BC} \tag{10-42}$$

因为过渡状态理论假设化学反应速率等于活化配合物转变为产物的速率。根据质量作用定律，反应的速率方程为

$$-\frac{dc_A}{dt}=k_r c^{\neq} \tag{10-43}$$

式中，k_r 为反应的速率常数，与活化配合物的振动频率有关。根据统计热力学原理，速率常数 k_r 与温度的关系为 $k_r=\frac{kT}{h}$，其中，k 为玻耳兹曼常数；T 为热力学温度；h 为普朗克常数。将 $k_r=\frac{kT}{h}$，$c^{\neq}=K^{\neq}c_A c_{BC}$ 代入速率方程式（10-43）中，得到过渡状态理论给出的双分子气相反应的速率方程，即

$$-\frac{dc_A}{dt}=\frac{kT}{h}K^{\neq}c_A c_{BC} \tag{10-44}$$

反应的速率常数为

$$k_B=\frac{kT}{h}K^{\neq} \tag{10-45}$$

计算速率常数 k_B 需要浓度平衡常数 $K^{\neq}$ 数据。浓度平衡常数 $K^{\neq}$ 与反应物分子转变为配合物分子过程的吉布斯函数变化 $\Delta_r G_m^{\neq}$ 有关，即

$$\Delta_r G_m^{\neq}=-RT\ln K^{\neq} \tag{10-46}$$

相应过程的焓变和熵变分别为 $\Delta_r H_m^{\neq}$ 和 $\Delta_r S_m^{\neq}$。将 $\Delta_r G_m^{\neq}=\Delta_r H_m^{\neq}-T\Delta_r S_m^{\neq}$ 代入式（10-46），即

$$K^{\neq}=e^{-\frac{\Delta_r G_m^{\neq}}{RT}}=e^{-\frac{\Delta_r H_m^{\neq}}{RT}}e^{\frac{\Delta_r S_m^{\neq}}{R}} \tag{10-47}$$

式（10-47）表示活化配合过程的平衡常数与过程的焓变、熵变和吉布斯函数变化的关系。将式（10-47）代入速率常数式（10-45）中，得到过渡状态理论的速率常数，即

$$k_B=\frac{kT}{h}e^{\frac{\Delta_r S_m^{\neq}}{R}}e^{-\frac{\Delta_r H_m^{\neq}}{RT}} \tag{10-48}$$

由于活化过程焓变 $\Delta_r H_m^{\neq}$ 近似等于活化能 E_a，用活化能代替焓变，则有

$$k_B=\frac{kT}{h}e^{\frac{\Delta_r S_m^{\neq}}{R}}e^{-\frac{E_a}{RT}} \tag{10-49}$$

比较式（10-49）和阿仑尼乌斯方程，可知阿仑尼乌斯方程中的频率因子

$$A=\frac{kT}{h}e^{\frac{\Delta_r S_m^{\neq}}{R}} \tag{10-50}$$

即频率因子与活化过程的熵变有关。由于活化配合物比反应物分子空间取向更规范，致使活化过程发生后系统混乱程度降低，熵值减小。反应物分子结构愈复杂，活化过程熵变越负，频率因子和速率常数越小。因此，在解释分子结构对化学反应速率的影响方面，过渡状态理论比碰撞理论更进一步。

10.9 链式反应

链式反应又称连锁反应，是一类比较重要的复杂反应。链式反应过程中产生游离基（又称自由基）或游离原子，维持反应连续进行。化学工业中的高聚合物合成、石油裂解、氢的燃烧等都是链式反应。链式反应分为单链反应和支链反应两类。

10.9.1 单链反应

$H_2+Br_2=2HBr$ 是单链反应，反应分为链的引发、链的传递和链的终止 3 个步骤。

链的引发 $$Br_2\xrightarrow{k_1}2Br \quad ①$$

链的传递 $$Br+H_2\xrightarrow{k_2}HBr+H \quad ②$$

$$H+Br_2\xrightarrow{k_3}HBr+Br \quad ③$$

$$H+HBr\xrightarrow{k_{-2}}H_2+Br \quad ④$$

链的终止 $$2Br\xrightarrow{k_{-1}}Br_2 \quad ⑤$$

其中步骤④、⑤分别是步骤②和①的逆过程。

链的引发方式有多种，光的照射、加入引发剂及受热分解都可能产生能量和活性很高的原子，例如 H，Br（也称为活泼质点）等。这些活泼质点与反应物分子发生反应，生成产物的同时又生成活泼质点，使活泼质点数目得以维持，化学反应能够循环进行。链终止反应是活泼质点失去高能量、变成普通分子的过程，失去的能量可能传递给容器内的其他分子或容器器壁。有一类被称为阻化剂的物质，能够与活泼质点结合，使其失去活性和能量，因此阻化剂显著降低链式反应的速率。

有两种由提议的反应机理推导反应速率方程的方法，分别是稳定态法和预平衡近似法。

（1）稳定态法。设复杂反应 A→C 的反应机理为

$$A \xrightarrow{k_1} R$$

$$R \xrightarrow{k_2} C$$

式中，R 代表中间物，也称为活泼质点。稳定态法假设活泼质点 R 的生成速率较慢，一旦生成后又很快被消耗掉，在反应过程中能够维持一个恒定的浓度，即$\frac{dc_R}{dt}=0$。根据基元反应的质量作用定律，活泼质点 R 的生成速率为$\frac{dc_R}{dt}=k_1c_A-k_2c_R=0$

解出活泼质点 R 的浓度 $c_R=\frac{k_1}{k_2}c_A$

用产物 C 的生成速率表示化学反应的速率$\frac{dc_C}{dt}=k_2c_R$

即化学反应的速率与反应中间物的浓度 c_R 成正比。由于中间物活泼、存在时间短、不易被检测，因此，将中间物浓度 c_R 与反应物浓度 c_A 的关系代入反应速率方程中，得到以反应物浓度表示的反应速率方程，即

$$\frac{dc_C}{dt}=k_1c_A$$

因此，上述反应是一级反应。

例 10-6　根据链式反应 $H_2+Br_2 = 2HBr$ 的反应机理推导反应速率方程。

解： H 和 Br 是活泼质点，应用稳定态法，即

$$\frac{dc_{Br}}{dt}=k_1c_{Br_2}-k_{-1}c_{Br}^2-k_2c_{Br}c_{H_2}+k_{-2}c_{HBr}c_H+k_3c_Hc_{Br_2}=0$$

$$\frac{dc_H}{dt}=k_2c_{Br}c_{H_2}-k_{-2}c_{HBr}c_H-k_3c_Hc_{Br_2}=0$$

联立上述两个方程，解 c_H 和 c_{Br}，得

$$c_{Br}=\left(\frac{k_1}{k_{-1}}c_{Br_2}\right)^{\frac{1}{2}}，c_H=\frac{k_2\left(\frac{k_1}{k_{-1}}c_{Br_2}\right)^{\frac{1}{2}}c_{H_2}}{k_3c_{Br_2}+k_{-2}c_{HBr}}$$

用 HBr 的生成速率表示化学反应速率，即

$$\frac{dc_{HBr}}{dt}=k_2c_{Br}c_{H_2}-k_{-2}c_Hc_{HBr}+k_3c_Hc_{Br_2}$$

将上述的 c_H，c_{Br} 浓度关系式代入反应速率方程中，得

$$\frac{dc_{HBr}}{dt}=\frac{2k_2\left(\frac{k_1}{k_{-1}}\right)^{\frac{1}{2}}c_{H_2}c_{Br_2}^{\frac{1}{2}}}{1+\left(\frac{k_{-2}}{k_3}\right)\frac{c_{HBr}}{c_{Br_2}}}$$

令式中 $2k_2\left(\frac{k_1}{k_{-1}}\right)^{\frac{1}{2}}=k$，$\frac{k_{-2}}{k_3}=k'$，称为表观速率常数，并代回上式中，最终得反应的速率方程为

$$\frac{dc_{HBr}}{dt}=\frac{kc_{H_2}c_{Br_2}^{\frac{1}{2}}}{1+k'c_{HBr}c_{Br_2}^{-1}}$$

产物 HBr 的浓度出现在分母中，因此对反应速率有抑制作用。H_2 和 Br_2 生成 HBr 的反应不是具有简单级数的反应。

(2) 预平衡近似法。在反应历程中，若在慢反应步骤之前，存在着快平衡可逆反应，则可依据预平衡近似推导反应的速率方程。

例如，反应 A+B→C 的机理为

$$A+B \rightleftharpoons AB \qquad \text{快平衡}$$

$$AB \xrightarrow{k_2} C \qquad \text{慢反应}$$

快平衡反应达到平衡时，正向和逆向反应的速率相等，即

$$k_1 c_A c_B = k_{-1} c_{AB}$$

式中，k_1 和 k_{-1} 分别为快平衡反应的正向反应速率系数和逆向反应速率系数；c_A，c_B，c_{AB} 分别为反应物 A、B 及中间物 AB 的浓度。解得

$$c_{AB} = \frac{k_1}{k_{-1}} c_A c_B$$

用生成产物 C 的速率表示化学反应的速率，即

$$\frac{dc_C}{dt} = k_2 c_{AB} = \frac{k_1 k_2}{k_{-1}} c_A c_B = k c_A c_B$$

式中，$k=\frac{k_1 k_2}{k_{-1}}$ 为表观速率系数；k_1，k_2，k_{-1} 为各步基元反应的速率常数。这是一个二级反应。

例 10-7 由 H_2 和 I_2 生成 HI 的反应是复杂反应，反应机理为

$$I_2 \underset{k_{-1}}{\overset{k_1}{\rightleftharpoons}} 2I \quad \text{快}$$

$$H_2 + 2I \xrightarrow{k_2} 2HI \quad \text{慢}$$

试用预平衡近似法，推导反应速率方程。

解：根据预平衡近似，有

$$k_1 c_{I_2} = k_{-1} c_I^2$$

式中，k_1 和 k_{-1} 分别为快平衡反应的正向反应速率常数和逆向反应速率常数；c_{I_2} 和 c_I 分别为反应物 I_2 及中间物（活泼质点）I 的浓度，得 $c_I^2=\frac{k_1}{k_{-1}}c_{I_2}$，$c_I=\left(\frac{k_1}{k_{-1}}c_{I_2}\right)^{\frac{1}{2}}$。

用产物浓度对时间的变化率 $\frac{dc_{HI}}{dt}$ 表示化学反应的速率，并将 $c_I=\left(\frac{k_1}{k_{-1}}c_{I_2}\right)^{\frac{1}{2}}$ 代入反应速率方程中，得

$$\frac{dc_{HI}}{dt} = k_2 c_{H_2} c_I^2 = \frac{k_1 k_2}{k_{-1}} c_{I_2} c_{H_2} = k c_{I_2} c_{H_2}$$

式中，k 为表观速率常数，$k=\frac{k_1 k_2}{k_{-1}}$。因此，由 I_2 和 H_2 生成 HI 的反应是二级反应。

10.9.2 支链反应

支链反应中自由基或活泼质点的数目不能保持恒定，一直连续增加，如图 10-11 所示，氢的燃烧反应就是支链反应，反应机理为

链的引发 $\qquad H_2 \longrightarrow 2H \qquad$ ①

链的传递 $\qquad H + O_2 \longrightarrow OH + O \qquad$ ②

$\qquad O + H_2 \longrightarrow OH + H \qquad$ ③

$\qquad OH + H_2 \longrightarrow H_2O + H \qquad$ ④

链的终止 $2H \longrightarrow H_2$ ⑤

$OH + H \longrightarrow H_2O$ ⑥

在支链反应中，链传递步骤的特点是产生的活泼质点数目大于消耗的活泼质点数目，出现了活泼质点浓度积累的过程，化学反应的速率也因此增大。当系统中活泼质点的数目剧增，致使反应速率急剧增加时，最终导致发生爆炸反应；当反应热量过多，不能及时散失，反应系统温度升高，速率加快，也会导致爆炸反应，后者称为热爆炸。

图 10-12 所示为 H_2 和 O_2 燃烧反应的爆炸界限与温度和压力的关系。当 H_2 和 O_2 以 2∶1（摩尔比）混合时，在一定温度和压力下反应系统会发生爆炸。例如 500℃时，对于压力介于 A 与 B 点之间的系统，由于气体压力小、密度小、平均自由程长，气体分子中的活泼质点容易运动到容器表面，把能量传给容器器壁（即发生墙面销毁），降低了反应速率，反应系统不爆炸。压力介于 B 和 C 之间时，活泼质点墙面销毁速率低于其产生速率，导致反应系统发生爆炸，称 B 点为 500℃时的第一爆炸限。当压力达到 C 点所示的压力后，系统中反应物浓度较高，活泼质点间容易发生链的终止反应，使活泼质点数目下降，系统又处于一个不爆炸的区域，称 C 点为第二爆炸限。系统压力高于 D 点指示的压力后，系统的爆炸是由于热爆炸引起的，D 点为第三爆炸限。表 10-2 中列出了空气中某些可燃气体的第一和第二爆炸限。

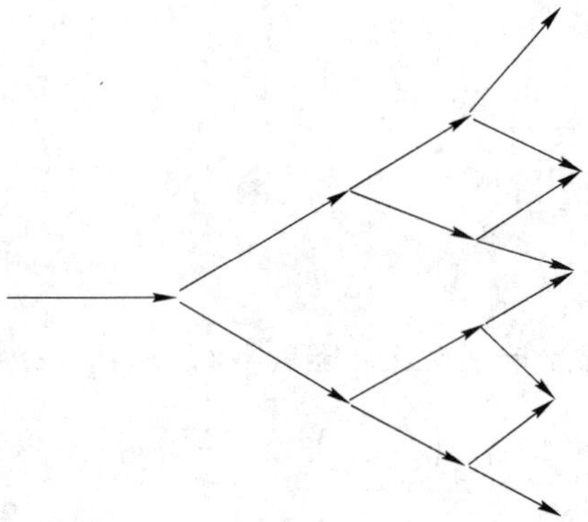

图 10-11 支链反应活泼质点数目变化示意图

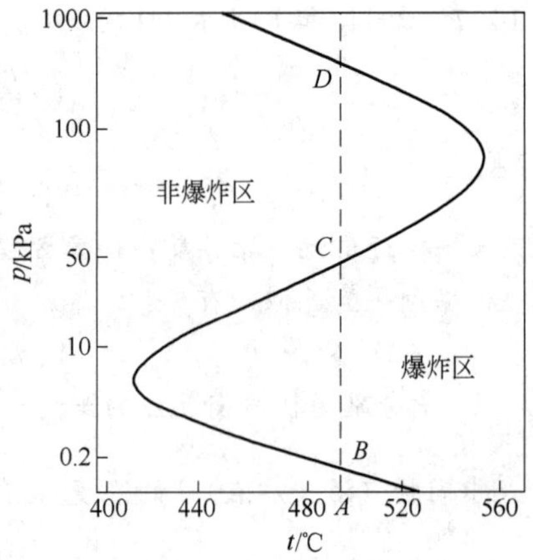

图 10-12 氢氧混合（2∶1）爆炸界限

表 10-2 某些可燃气体在空气中的爆炸限（体积分数）

气　体	第一爆炸限/%	第二爆炸限/%
H_2	4	74
NH_3	16	27
CS_2	1.25	44
CO	12.5	74
CH_4	5.3	14
C_2H_6	3.2	12.5
C_2H_2	2.5	80
C_3H_6	2	11
C_6H_6	1.2	9.5
$(CH_3)_2CO$	2.5	13

10.10 催化反应

10.10.1 基本概念

催化剂是一种只要少量存在就能显著加快反应速率而本身并不被消耗的物质。催化剂有如下特征：

(1) 改变反应途径，降低反应的活化能，加快反应速率；

(2) 同等程度地加快正向和逆向反应的速率，但不改变反应的平衡常数；

(3) 具有选择性，一种催化剂只能加快某些反应的速率。

催化反应可以分为两类，均相催化和非均相催化。均相催化是在同一相中进行的催化反应，例如酸碱催化反应和配合物催化反应；非均相催化是在两个相的相界面上进行的，包括固体催化剂催化气体的反应和生物过程中的酶催化反应等，也称为接触催化。最常见的多相催化是气体反应物在固体催化剂表面上的作用，它在工业上得到广泛的应用，例如制硫酸用钒催化剂（V_2O_5），合成氨用铁催化剂。

在多相催化反应中，催化剂和反应物不在同一个相中，催化反应是在两个相的相界面上进行的，因此反应速率与催化剂的表面特征有很大的关系。催化剂催化能力的大小称之为催化活性。为了提高催化剂的表面积和催化活性，需要将催化剂分成细小的颗粒，并附在多孔载体上(如沸石、石棉)。有些物质本身不是催化剂，但能提高催化剂的催化活性，称为催化助剂。例如合成氨时，在铁催化剂中加入4%～5%Al_2O_3 和 1%～2%K_2O，能使铁催化剂的活性提高一倍。使催化剂催化活性降低或失效的物质，称为催化剂毒物。催化剂长期使用后也会自然老化。

催化剂有高度的选择性。同样的反应物，用不同的催化剂可得到不同的产物。这是因为一些平行反应中，不同的催化剂加速不同的反应。例如乙醇的分解，依催化剂的种类和反应条件不同，得到的产物也不同。

$$C_2H_5OH \xrightarrow[Cu]{200\sim250℃} CH_3CHO + H_2$$

$$C_2H_5OH \xrightarrow[Al_2O_3]{350\sim360℃} C_2H_4 + H_2O$$

$$2C_2H_5OH \xrightarrow[H_2SO_4]{140℃} (C_2H_5)_2O + H_2O$$

在这种情况下，就可以利用催化剂的这种特性来选择能加速所需反应的催化剂。

催化剂表面是不均匀的，存在一些活性中心。这些活性中心的成键是不饱和的，容易吸附其表面附近的气体分子，引起分子电子云的形变，产生活化，加快反应速率。远红外光谱证明一氧化碳吸附在金属铂上后生成 O≡C—Pt。

10.10.2 活性中心

过渡金属原子具有未配对的 d 轨道电子，容易与外来气体分子发生强的化学吸附，形成共价键或离子键。因此，过渡族金属具有良好的催化活性。图 10-13 所示为不同气体分子在金属 Ni 表面吸附时发生电子转移的情况，图中箭头所指的方向是电子离开金属 Ni 的方向。

在碱金属的原子结构中，由 S 态的价电子形成的半充满能带，容易与气体分子发生化学吸附而失去电子，由于形成的化学键太强，被吸附的气体分子不容易脱附，因此碱金属不适合用作催化剂。

许多半导体材料常用作催化剂。例如 ZnO、NiO、CuO、CoO 、Fe_2O_3、V_2O_5、MoO_3、NiS、MoS 等过渡金属的氧化物和硫化物。半导体材料分为 n 型和 p 型两种。n 型半导体是依靠自由电子导电，p 型半导体是依靠空穴导电。这些自由电子和空穴在化学吸附中起授受电子的作用，影响催化剂的催化活性。在化学吸附过程中，使半导体氧化物电荷增加的化学吸附比较容易发生；相反，使半导体氧化物电荷减少的吸附过程不容易发生。例如，用 ZnO（n 型半导体）催化 N_2O 分解为 N_2 和 O_2 的反应机理为

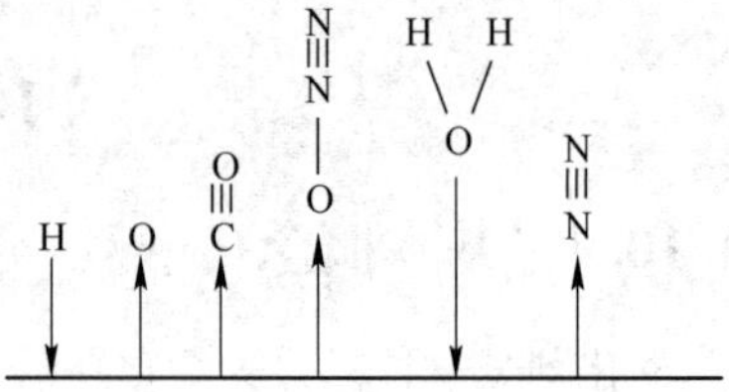

图 10-13　镍表面吸附气体后的电子转移

$$N_2O + e^- \longrightarrow N_2O^-(ad) \qquad ①$$

$$N_2O^-(ad) \longrightarrow O^-(ad) + N_2 \qquad ②$$

$$2O^-(ad) \longrightarrow O_2 + 2e^- \qquad ③$$

$$O^-(ad) + N_2O \longrightarrow O_2 + N_2 + e^- \qquad ④$$

上述反应步骤中，ad 表示吸附态物质。步骤①需要电子，因此，在吸附过程中 ZnO 失去电子、电荷减少，不容易发生，是整个反应过程的慢步骤。通过掺杂杂质，可以提高半导体的导电能力，提高催化剂的催化活性。

SiO_2、Al_2O_3、MgO、硅酸铝、分子筛等绝缘材料也可以用作催化剂。在这些材料的表面上存在着活性中心，发生催化反应时，能形成酸或碱，但没有电子转移。

10.11　多相反应动力学

固体燃料的燃烧、金属的氧化、矿石的溶解、固体催化剂催化气相反应等都是多相反应。多相反应是在相界面上进行的，一般包括下列 5 个基本步骤：(1) 反应物向固相表面扩散；(2) 反应物在固体表面上发生化学吸附；(3) 吸附的反应物进行表面化学反应；(4) 产物从固体表面上解吸；(5) 解吸产物扩散到体相中。化学反应速率由这 5 个步骤中最慢的一步决定。

10.11.1　菲克扩散定律

扩散是物质内质点运动的基本方式，当温度高于绝对零度时，任何质点都在作热运动。当物质内有梯度（化学势、浓度、应力等）存在时，由于热运动而导致质点定向迁移即所谓的扩散。因此，扩散是一种传质过程，宏观上表现出物质的定向迁移。在气体和液体中，物质的传递方式除扩散外还可以通过对流等方式进行；在固体中，扩散往往是物质传递的唯一方式。扩散过程终止时，该相内物质浓度处处均匀。

扩散过程动力学主要包括菲克（Fick）第一定律和菲克第二定律。

定温下扩散速率用单位时间、通过垂直于扩散方向某截面的物质的量表示，即

$$\frac{dn}{dt} = -DA\frac{dc}{dx} \qquad (10\text{-}51)$$

式（10-51）称为菲克第一定律。式中，$\frac{dn}{dt}$为物质的扩散速率；$\frac{dc}{dx}$为扩散物质的浓度梯度；D，A 分别为扩散物质的扩散系数和截面的面积。由于沿扩散方向$\frac{dc}{dx}<0$，式（10-51）中

扩散速率$\frac{dn}{dt}>0$。

当扩散物质的量 n 和浓度 c 不仅是时间的函数时，用下列偏导数表示菲克第一定律

$$\frac{\partial n}{\partial t}=-DA\frac{\partial c}{\partial x} \tag{10-52}$$

令 $\tau=\frac{1}{A}\frac{\partial n}{\partial t}$表示单位截面面积时的扩散速率，称为扩散通量，代入式（10-52）中，得

$$\tau=-D\frac{\partial c}{\partial x} \tag{10-53}$$

扩散通量是单位时间、通过垂直于扩散方向单位截面的物质的量。菲克第一定律中物质的浓度 c 的单位是 $mol\cdot m^{-3}$，面积的单位是 m^2，扩散系数的单位是 $m^2\cdot s^{-1}$时，扩散通量的单位是 $mol\cdot m^{-2}\cdot s^{-1}$。

扩散系数 D 是单位截面积和单位浓度梯度时的扩散速率，D 值的大小与温度、扩散物质及介质的本性有关，温度对物质扩散系数的影响符合下列函数关系：$D=D_0e^{-\frac{E_D}{RT}}$，式中，E_D 为扩散活化能；D_0 为常数。温度升高，扩散系数增大。气态物质的扩散系数高于液态和固态物质的扩散系数。表 10-3 列出了一些物质在有关介质中的扩散系数。

表 10-3　物质在有关介质中的扩散系数

项　　目	温度/℃	$D/m^2\cdot s^{-1}$
H_2 在空气中	0	0.665×10^{-4}
CO_2 在空气中	0	0.139×10^{-4}
H_2 在水蒸气中	500	5.15×10^{-4}
KCl 在水溶液中	18	1.67×10^{-9}
Cu 在 Cu_2S 熔体中	1256	1.01×10^{-9}
Fe 在含 3.5%C 的铁液中	1550	6.0×10^{-9}
Al 在固相 Cu 中	20	1.3×10^{-34}
Sn 在固相 Fe 中	900	8.3×10^{-15}
Au 在固相 Ag 中	490	5.0×10^{-21}

稳态扩散是在扩散方向上所有各点浓度梯度都相等且不随时间变化的扩散。稳态扩散时，由菲克第一定律可导出一级扩散动力学方程。图 10-14 中扩散物质在体相中的浓度是 c_0，在固相表面处的浓度是 c，在固相表面处很薄的扩散层（厚度为 δ，称为能斯特边界层）内，物质的浓度从 c_0 线性变化到 c，因此，浓度梯度$\frac{dc}{dx}=\frac{c-c_0}{\delta}$是常数，在能斯特边界层内，物质的传质形式主要是扩散。

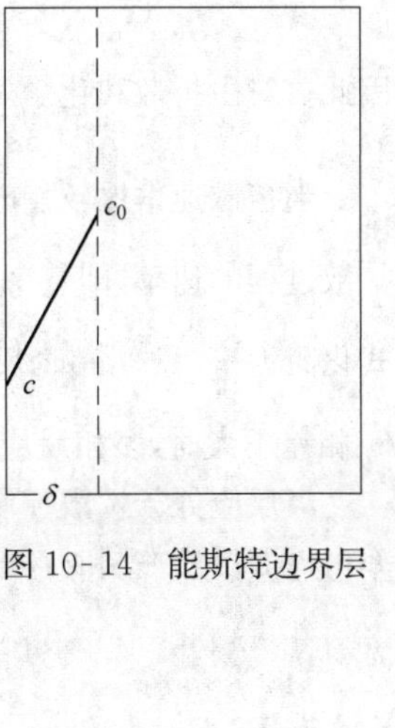

图 10-14　能斯特边界层

将梯度浓度$\frac{dc}{dx}=\frac{c-c_0}{\delta}$代入菲克第一定律式（10-51）中，得到稳态扩散时的菲克第一定律，即

$$\frac{dn}{dt}=-DA\frac{c-c_0}{\delta}$$

用体积 V 除上式两边，即

$$\frac{1}{V}\frac{dn}{dt}=\frac{dc}{dt}=-\frac{DA}{\delta V}(c-c_0)=k_0(c_0-c) \tag{10-54}$$

式中，$k_0=\frac{DA}{\delta V}$，称为稳态扩散速率系数，它与扩散物质所在相的体积及边界层厚度有关。搅拌过程中，能斯特边界层厚度减小，扩散系数增加，但不可能完全消除能斯特边界层。式(10-54) 表明，稳态扩散符合一级动力学方程，即扩散速率与扩散物质浓度的一次方成正比。

如果在扩散方向各点处物质的扩散通量不相等，就会出现物质在某两个截面之间的积累，即物质浓度随时间和距离变化，称这样的扩散为非稳态扩散。

设扩散物质在 dt 时间内流过相距为 dx 的两个截面，在这两个截面处的扩散通量分别为 $\tau(x+dx)$和 $\tau(x)$，其中 $\tau(x)>\tau(x+dx)$，则物质浓度随时间的变化率等于扩散物质在两个截面内单位距离上的积累，即

$$\frac{\tau(x)-\tau(x+dx)}{dx}=\frac{\partial c}{\partial t}$$

将上式代入菲克第一定律式 (10-53)，得到描述物质非稳态扩散的菲克第二定律，即

$$\frac{\partial c}{\partial t}=D\frac{\partial^2 c}{\partial x^2} \tag{10-55}$$

在一定边界条件下，解菲克第二定律二阶偏微分方程，可以得到扩散物质浓度与时间的关系。

10.11.2 扩散与化学反应耦合

设一多相反应由两个步骤构成，第一步是反应物扩散到固体表面，第二步是到达固体表面的物质发生界面化学反应。用稳态扩散方程表示扩散速率，即

$$\frac{dc}{dt}=k_0(c_0-c)$$

化学反应是一级反应，速率方程为$\frac{dc}{dt}=kc$

当整个反应达到稳态时，两步反应的速率相等时，即

$$k_0(c_0-c)=kc$$

从上式中解出稳态时固体表面处反应物的浓度 c，$c=\frac{k_0c_0}{k_0+k}$，并代入一级反应动力学方程中，得到反应速率为

$$\frac{dc}{dt}=\frac{kk_0}{k+k_0}c_0 \tag{10-56}$$

因此，对由扩散和化学反应耦合的反应，反应的表观速率常数等于$\frac{kk_0}{k+k_0}$。

当扩散速率比较慢时，即 $k\gg k_0$，耦合反应速率方程可化简为$\frac{dc}{dt}=k_0c_0$，表明反应的速率等于扩散过程的速率，即整个反应的速率由慢步骤速率决定；当化学反应速率比较慢时，即 $k\ll k_0$，上式化简为$\frac{dc}{dt}=kc_0$，整个反应的速率等于界面反应的速率，反应速率仍由慢步骤速率决定；在 k 和 k_0 相差不大时，多相反应速率与两个步骤的速率系数都有关，称为速率的联合控制。

当反应处于扩散控制时，通过搅拌可降低能斯特边界层的厚度来提高反应速率；当反应速率由界面反应控制时，通过提高温度来提高反应的速率系数 k，从而加快化学反应的进行。由

于扩散活化能明显小于化学反应的活化能，在提高温度的过程中，扩散系数 k_0 的增加值小于化学反应速率系数 k 的增加值。

影响 k 和 k_0 大小的因素不尽相同，例如催化剂的加入对 k 影响很大，对 k_0 没有影响，又如气体（或液体）的流速对 k_0 影响很大，对 k 没有影响。温度虽然对二者都有影响，温度升高二者都增大，但影响的程度不同。上面已经指出，由于扩散活化能小于化学反应活化能，所以温度对扩散的影响小于化学反应。因此，为了加速反应的进行，应针对反应是处于什么区而采取措施。如果是扩散区，则应加大流速、强化搅拌以及采取其他可加快扩散速率的措施；如果是动力学区，则应升高温度、加入催化剂或其他有利于化学反应的措施。判断反应在某条件下处于什么区的方法也主要是看影响的因素服从什么规律。随着温度的改变，一个多相反应可能从一个速率范围转变到另一个速率范围。若用速率常数的对数与温度的倒数作图，所得的直线在某处出现转折，则此转折就意味着速率范围的改变。如图 10-15 所示，温度对 AB 段影响大，为动力学区；温度对 CD 段影响小，为扩散区；BC 段为过渡区。多相反应在低温下常常处于动力学区，而在高温下常常处于扩散区。

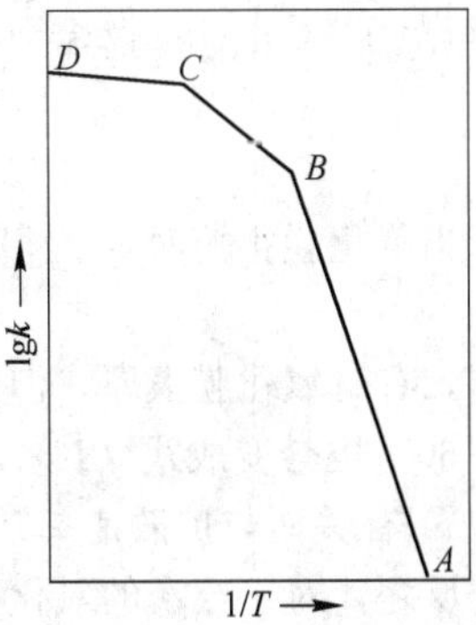

图 10-15 多相反应速率系数与温度的倒数之间的关系

10.11.3 固体与气体的反应

多相反应包括：

(1) 气-固相反应。例如金属的氧化、铁矿石的还原、石灰石分解、硫化物焙烧等。

(2) 气-液相反应。例如钢液中碳与氢的反应、转炉吹炼反应等。

(3) 液-液相反应。例如液-液萃取、熔融金属与熔渣的反应等。

(4) 固-液相反应。例如矿物的浸出、熔渣与耐火材料的作用等。

(5) 固-固相反应。在两固相直接接触和密切混合的情况下，可以进行直接反应。例如金属和碳作用生成碳化物，金属氧化物互相作用生成硅酸盐、铁酸盐、钛酸盐等。

有些固相间的反应是通过液相与气相进行的。例如金属氧化物 MeO 的“直接还原”(被碳还原)，有人认为是由两步组成的：$MeO+CO=Me+CO_2$ 和 $CO_2+C=2CO$。两步连续进行的结果就等于 $MeO+C=Me+CO$。这就是说，虽然直接用碳还原，但也是通过气相的参加来完成的。

下面以金属氧化为例说明多相反应动力学方程的建立。

金属在气相中氧化时首先形成一层由金属氧化物组成的氧化膜，此后金属继续氧化就要通过扩散来进行。如图 10-16 所示，氧在气相中扩散到氧化膜表面后，还要通过氧化膜扩散到金属表面，然后才与金属进行反应，同时晶格由金属晶格转变成金属氧化物晶格，后一个步骤称为结晶化学变化。在压力不是特别低的情况下，气体在气相中的扩散比起它在固相中的扩散要快得多，所以不会成为控制速率的步骤。一般可以认为氧化膜表面的氧浓度就等于气相中的浓度 c_0。金属表面的氧浓度为 c，比 c_0 要小些。设在时间 t 时，氧化膜的厚度为 y。

在稳态时，扩散速率等于化学反应速率。现以氧化膜增厚的速率 $\frac{dy}{dt}$ 表示反应速率，则可得

扩散速率

$$\frac{dy}{dt}=k_0\frac{c_0-c}{y} \tag{10-57}$$

式中，k_0 为与扩散系数有关的常数。结晶化学反应速率为

$$\frac{dy}{dt}=k_1 c \tag{10-58}$$

稳态时这两个速率相等，消去 c，得

$$\frac{dy}{k_1}+\frac{y dy}{k_0}=c_0 dt \tag{10-59}$$

设 $t=0$ 时，$y=0$，积分可得

$$k_0 y+\frac{k_1}{2}y^2=k_0 k_1 c_0 t \tag{10-60}$$

当氧化膜很薄时，y^2 很小，与 y 相比可以忽略，式（10-60）变成

$$y=k_1 c_0 t \tag{10-61}$$

另外，有时氧化膜虽厚，但多孔、疏松，如 Na、K、Ca 等金属的氧化物，此时 $k_0 \gg k_1$，则式（10-60）也会变成式（10-61）。按式（10-61），y 与 t 呈直线关系，反应速率与结晶化学速率常数 k_1 有关而与扩散速率常数 k_0 无关，所以反应处于动力学区。

反之，对于致密的氧化膜，如 Ni、Cu、Pb 等金属所形成的氧化膜，当膜的厚度不是极小时，因 $k_0 \ll k_1$，式（10-60）变为

$$y^2=2k_0 c_0 t \tag{10-62}$$

按式(10-62),y 与 t 的关系是抛物线。反应速率与 k_0 有关而与 k_1 无关,所以反应处于扩散区。

对于在氧化时能形成致密氧化膜的金属，氧化过程初期近似地符合直线规律，经过一段时间后，就转为服从抛物线规律，如图 10-17 所示。这种规律已为许多金属氧化的实验所证实。

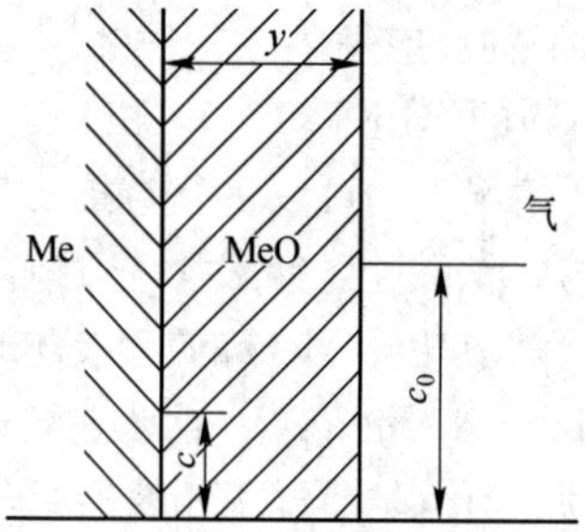

图 10-16 金属氧化过程示意图

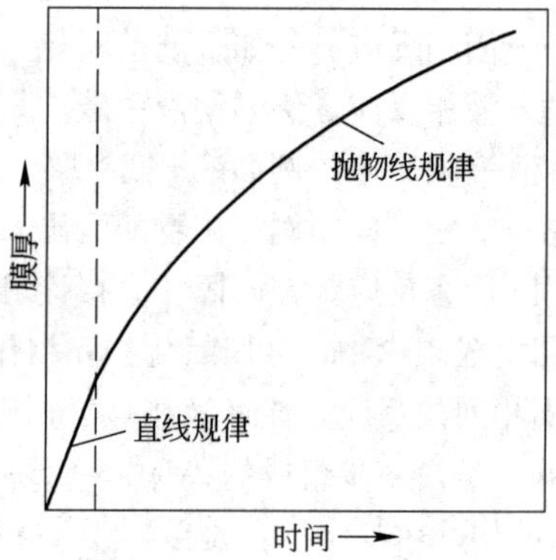

图 10-17 金属氧化速率

10.11.4 吸附与脱附

10.11.4.1 只有反应物在固体表面上吸附的情况

以固相催化剂催化气相反应 A→P 为例，说明吸附过程的动力学方程。假设下列吸附反应中 A 代表反应物，S 代表固相催化剂表面的活性中心，A_S 表示吸附态的反应物，k_{ad} 和 k_{-ad} 分别表示吸附速率常数和脱附速率常数，即

$$A+S \underset{k_{-ad}}{\overset{k_{ad}}{\rightleftharpoons}} A_S$$

当吸附过程达到平衡时，根据朗格缪尔等温方程式（8-31），$\theta=\frac{bp}{1+bp}$，式中，$b=\frac{k_{ad}}{k_{-ad}}$，

是常数；p 为反应物 A 的分压；θ 为催化剂表面活性中心被气体分子 A 覆盖的覆盖率。吸附速率正比于 θ，即

$$v=k\theta=\frac{kbp}{1+bp} \tag{10-63}$$

式中，k 为比例常数。

下面分三种情况讨论气体吸附情况。

(1) 当 b 很小或气相 A 的分压很低时，$bp \ll 1$ 时，吸附速率式（10-63）中的分母可化简为 1，这种情况下，吸附速率 $v=kbp$ 符合一级动力学方程，称为弱吸附。例如，金属铂催化 HI 反应，就属于弱吸附。

(2) 当 b 很大或 p 很大时，$bp \gg 1$ 时，吸附反应速率可化简为常数，即 $v=k$，是零级反应，吸附速率与气相分压无关，相当于固相表面活性中心已被气相分子占满，属于强吸附。例如，金属钨、钼催化 NH_3 的分解反应就是零级反应。

(3) 介于强弱之间的吸附过程，吸附速率正比于气体分压的 n 次幂，$v=k'p^n$，$0<n<1$，如 25℃时，锑催化锑三氢分解反应的速率可表示为 $v=kp^{0.6}$，符合这种情况。

图 10-18 所示为 H_2 还原 Fe_3O_4 的反应速率与 H_2 分压的关系。在 100～4000kPa 压力范围内，反应速率可表示为 $v=\frac{kbp_{H_2}}{1+bp_{H_2}}$。$bp_{H_2}$ 很小时，还原速率与分压是直线关系，吸附过程符合一级反应动力学方程；bp_{H_2} 很大时，速率是常数，吸附过程则是零级反应。温度越高，吸附速率越快。

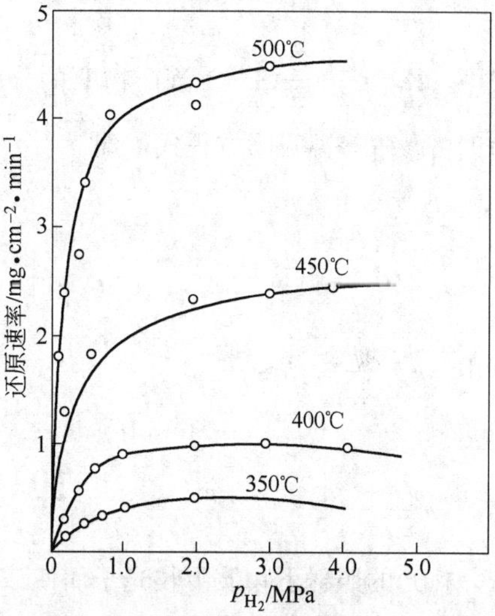

图 10-18 H_2 还原 Fe_3O_4 的反应速率与 H_2 分压的关系

10.11.4.2 气相产物被吸附的情况

假设反应 A→P，反应物和产物都发生吸附。符号 S 代表吸附剂表面，吸附步骤如下：

反应物的可逆吸附 $A+S \rightleftharpoons A_S$ ①

吸附态的反应物变成吸附态的产物 $A_S \longrightarrow P_S$ ②

吸附态的产物可逆脱附 $P_S \rightleftharpoons P+S$ ③

第①步吸附平衡时，由吸附速率和脱附速率相等，得到反应物 A 和产物 P 在固体吸附剂表面的覆盖分数 θ_A 和 θ_P 及其与 A 分压的关系

$$k_1(1-\theta_A-\theta_P)p_A=k_{-1}\theta_A$$

从中解出 A 的覆盖分数 θ_A，即

$$\theta_A=\frac{k_1}{k_{-1}}p_A(1-\theta_A-\theta_P) \tag{10-64}$$

式中，k_1，k_{-1} 分别为第一步吸附过程的正向速率常数和逆向速率常数。

从第③步平衡时，吸附速率和脱附速率相等，得到 θ_A 和 θ_P 之间满足的第二个方程式：$k_3\theta_P=k_{-3}(1-\theta_A-\theta_P)p_P$，得

$$\theta_P=\frac{k_{-3}}{k_3}(1-\theta_A-\theta_P)p_P$$

式中，p_A，p_P 分别为反应物 A 和产物 P 的分压；k_3 和 k_{-3} 分别为第三步吸附反应的正向速率常数和逆向速率常数。联立上面两个方程可解得 θ_A 和 θ_P。

假设第②步是慢反应，化学反应速率等于慢反应速率，即等于 A 和 P 脱附速率之差

$$v=k_2\theta_A-k_{-2}\theta_P$$

式中，k_2 和 k_{-2} 为第②步正、逆反应的速率常数。将 θ_A 和 θ_P 与 p_A 和 p_P 的关系代入上式，得吸附速率为

$$v=\frac{\dfrac{k_1k_2}{k_{-1}}\left(p_A-\dfrac{p_P}{K_C}\right)}{1+\dfrac{k_1}{k_{-1}}p_A+\dfrac{k_{-3}}{k_3}p_P} \tag{10-65}$$

式中，$K_C=\dfrac{k_{-1}}{k_1}\dfrac{k_{-2}}{k_2}\dfrac{k_{-3}}{k_3}$。当产物 P 的分压 p_P 很小时，可忽略其吸附过程，式（10-68）可化简为朗格缪尔等温吸附方程式，即

$$v=\frac{\dfrac{k_1k_2}{k_{-1}}p_A}{1+\dfrac{k_1}{k_{-1}}p_A}=\frac{kp_A}{1+bp_A}$$

式中，$k=\dfrac{k_1k_2}{k_{-1}}$，$b=\dfrac{k_1}{k_{-1}}$。

10.12 光化学反应

在光的照射下物质吸收光子而使该物质分子处于某个电子激发态，进而引发的化学反应，称这类反应为光化学反应。

例如，形成有毒产物光化学烟雾的起始反应是 NO_2 在阳光的照射下，吸收紫外线（波长 290～430nm）分解为 NO 和原子 O，由此引发链反应，导致臭氧与其他有机烃化合物之间的一系列反应，而最终生成了光化学烟雾。

光化学反应受温度影响较小。光化学反应涉及的光源主要是红外线、可见光和紫外线范围内的电磁波，波长在 100～1000nm 之间。

10.12.1 光化学反应基本定律

在光化学反应中，只有被吸收的光才能引起化学反应，称为光化学反应第一定律，也称为格罗赛斯（Grotthus）-德雷珀（Draper）定律。透射光和反射光不会引发化学反应。

光化学第二定律：在初级过程中，一个被吸收的光子只能活化一个分子，也称为爱因斯坦（Einstein）-斯塔克（Stark）定律。初级过程是开始吸收光子的过程，初级过程之后，接续的过程称为次级过程。

一束频率为 ν 的光中，每个光子的能量为 $h\nu$，其中 h 是普朗克（Planck）常数，其值为 6.626×10^{-34} J·s。因此，一个分子吸收一个光子后，能量增加 $h\nu$，当光的频率足够高时，将使分子达到活化状态。例如，HI 分解是光化学反应，吸收光子后发生下列分解过程

$$2HI = H_2+I_2$$

初级反应过程 $\quad HI+h\nu = H+I$

次级反应过程 $\quad H+HI = H_2+I$

$$I+I \longrightarrow I_2$$

在初级过程中，反应物分子 HI 吸收一个光子，产生的活泼质点 H 和 I 发生接续反应。

10.12.2　量子效率

在光化学反应中，反应物分子吸收一个光子，可能引起多个反应物分子转变为产物。定义量子效率为

$$\Phi=\frac{\text{起反应的分子数}}{\text{吸收的光子数}} \tag{10-66}$$

在 HI 分解反应中，初级过程吸收一个光子，最终使两个 HI 分子分解，因此量子效率为 2。不同光化学反应的量子效率是不同的。如果反应物吸收光子后，在未转化成产物之前与其他分子相碰失去能量，那么反应的量子效率可能小于 1。当吸收的光子引发一个链反应时，可以促使大量的反应物起反应。因此，光化学反应的量子效率可达 10^6 级以上。表 10-4 列出了一些光化学反应的量子效率。

表 10-4　一些光化学反应的量子效率

反　应	吸收光的波长 λ/nm	Φ
$2NH_3=N_2+3H_2$	210	0.2
$CH_3COCH_3=CO+C_2H_6$	300	0.3
$2O_3=3O_2$	252	0.28
$SO_2+Cl_2=SO_2Cl_2$	420	1
$2HI=H_2+I_2$	207～282	2
$2HBr=H_2+Br_2$	207～253	2
$2NOCl=2NO+Cl_2$	365～603	2
$2Cl_2O=2Cl_2+O_2$	313～436	3.5
$CO+Cl_2=COCl_2$	400～436	10^3
$Cl_2+H_2=2HCl$	400～436	10^3

例 10-8　在波长为 313nm 单色光的照射下，气相丙酮发生如下分解反应

$$(CH_3)_2CO+h\nu = C_2H_6+CO$$

反应的量子效率为 0.167。设入射光的功率为 50W，丙酮对光的吸收效率为 91.5%。试计算照射 1h 后丙酮分子分解的数目。

解： 一个光子的能量为 $h\nu=hc/\lambda=6.626\times10^{-34}\times2.998\times10^8/313\times10^{-9}=6.346\times10^{-19}$ J，以 50W 的功率照射 1h，在 91.50%被吸收的条件下，系统获得的总能量为

$$\Delta U=50\times60\times60\times0.915=164700\text{J}$$

相当于吸收了 $\frac{\Delta U}{h\nu}=\frac{164700}{6.346\times10^{-19}}=2.59\times10^{23}$ 个光子，这些光子使 $2.59\times10^{23}\times0.167=4.32\times10^{22}$ 个丙酮分子分解。

10.12.3　光化学反应的速率方程

光化学反应速率用单位时间、单位体积内起反应的分子个数表示，即光化学反应的速率等于单位时间、单位体积内反应物吸收的光子数乘以量子效率。

$$v=I_a\Phi \tag{10-67}$$

式中，Φ为量子效率；I_a为单位时间、单位体积内的反应物吸收的光子数。

根据光化学反应机理，可推导反应速率方程。例如光化学反应

$$2HI \longrightarrow H_2+I_2$$

的反应机理为

$$HI \xrightarrow{h\nu} H+I \qquad 速率\ v_1=\Phi I_a$$

$$H+HI \xrightarrow{k_2} H_2+I$$

$$I+I \xrightarrow{k_3} I_2$$

应用稳态法处理活泼质点 I 和 H，即

$$\frac{dc_H}{dt}=\Phi I_a-k_2c_Hc_{HI}=0，得\ c_H=\frac{\Phi I_a}{k_2c_{HI}}$$

$$\frac{dc_I}{dt}=\Phi I_a+k_2c_Hc_{HI}-2k_3c_I^2=0，得\ c_I^2=\frac{\Phi I_a}{k_3}$$

用 I_2 的生成速率表示反应的速率，即

$$\frac{dc_{I_2}}{dt}=k_3c_I^2=\Phi I_a$$

上述 HI 分解反应是单链反应，可以用稳态法处理反应速率方程。对支链的光化学反应，由于活泼质点浓度随时间变化，不是常数，不能用稳态法处理。

10.12.4 光敏反应

反应系统中存在的其他非反应物质吸收光被活化，并将能量传递给反应物，引发的光化学反应，称为光敏反应。吸收光并传递能量的物质称为光敏剂。

例如，有汞存在时 CO 和 H_2 混合生成甲醛的反应过程为

$$Hg+h\nu \longrightarrow Hg^*$$

$$Hg^*+H_2 \longrightarrow 2H+Hg$$

$$H+CO \longrightarrow HCO$$

$$HCO+H_2 \longrightarrow HCHO+H$$

$$2HCO \longrightarrow HCHO+CO$$

式中，Hg^*为活化的汞原子；Hg 为普通汞原子。Hg 吸收光，活化了反应系统中的 H_2 分子，本身并没有参加反应，因此 Hg 是光敏剂。光合作用中，植物的叶绿素就是光敏剂，它使 CO_2 和 H_2O 生成碳水化合物。

习 题

10-1 气体反应 $SO_2Cl_2 = SO_2+Cl_2$ 为一级反应。在 593K 时的速率系数 $k=2.20\times10^{-5}s^{-1}$。求反应的半衰期和反应 2h 后 SO_2Cl_2 分解的百分比。

（$t_{1/2}=31507s$，14.6%）

10-2 镭原子蜕变成一个 Rn 和一个 α 粒子。它的半衰期是 1622 年，反应是一级。问 1g 无水溴化镭 $RaBr_2$ 在 10 年内能放出多少 Rn？Rn 的量用 0℃，标准压力下的体积（cm^3）来表示。

（0.249cm^3）

10-3 在25℃时，混合乙酸乙酯和氢氧化钠两溶液进行反应。混合后，乙酸乙酯的起始浓度是$5\times 10^{-3}mol\cdot L^{-1}$，氢氧化钠的起始浓度是$8\times 10^{-3}mol\cdot L^{-1}$。经400s后，取出$25cm^3$的溶液，以$5\times 10^{-3}mol\cdot L^{-1}$的盐酸溶液中和滴定，消耗$33.3cm^3$。反应是二级。(1) 求速率常数；(2) 如取出$25cm^3$溶液，滴定时只消耗$20cm^3$盐酸，求时间$t$。

((1) $k=0.1072mol^{-1}\cdot L\cdot s^{-1}$；(2) $t=2849s$)

10-4 某二级反应经过500s后，原始物作用了20%，问原始物作用了60%时需经过多长时间？(3000s)

10-5 证明一级反应完成99.9%所需时间是半衰期的10倍。

10-6 把一定量PH_3在956K时很快引入含有压力为29.86kPa的惰性气体容器内。在不同的时间测得容器中压力如下：

t/s	0	58	108
p/kPa	35.00	36.34	36.68

反应$4PH_3(g) \rightarrow P_4(g)+6H_2(g)$为对$PH_3$的一级反应，求速率常数。

($k=0.0063s^{-1}$)

10-7 在760℃加热分解N_2O。当N_2O起始压力$p_0=38.66kPa$时，反应的半衰期为255s，当$p_0=46.66kPa$时，反应的半衰期为212s，求反应级数和$p_0=101.3kPa$时反应的半衰期。

(二级，$t_{1/2}=97.5s$)

10-8 过氧化氢的稀溶液在催化剂KI的存在下按下式分解：

$$H_2O_2 \xrightarrow{KI} H_2O+\frac{1}{2}O_2(g)$$

25℃，101.3kPa下，测得不同时间内产生氧气的体积如下：

t/min	0	5	10	20	32	54	74	84
V_{O_2}/cm^3	0	24	40.6	62.4	74.2	83.1	85.9	85.9

(1) 试证明此反应为一级反应；

(2) 求该反应在25℃时的半衰期和速率常数。

((2) $k=0.06401min^{-1}$，$t_{1/2}=10.83min$)

10-9 反应$A+B \rightarrow C$在一定温度下的反应速率数据如下：

第一次实验($p_{0,A}=100kPa$，$p_{0,B}=0.4kPa$)：

t/min	0	34.5	69	138	∞
p_C/kPa	0	0.20	0.30	0.375	0.40

第二次实验($p_{0,A}=400kPa$，$p_{0,B}=0.4kPa$)：

t/min	0	34.5	69	∞
p_C/kPa	0	0.30	0.375	0.40

求：(1) 此反应的速率方程$dp_C/dt=kp_A^{\alpha}p_B^{\beta}$中的$\alpha$和$\beta$的值；

(2) 反应的速率系数k。

((1) $\alpha=0.5$，$\beta=1$；(2) $k=0.002min^{-1}\cdot kPa^{-1/2}$)

10-10 在700℃恒容时，测得下面反应的动力学数据：

$$2NO(g)+2H_2(g) \Longrightarrow N_2(g)+2H_2O(g)$$

p_0/kPa	NO	50.6	50.6	25.3
	H_2	20.2	10.1	20.2
$\frac{-dp_{总}}{dt}/kPa\cdot min^{-1}$		0.488	0.244	0.122

求 $dp_{N_2}/dt = kp_{NO}^{\alpha}p_{H_2}^{\beta}$ 中的 α，β 和 k。

（$\alpha=2$，$\beta=1$，$k=9.44\times10^{-6}\,kPa^{-2}\cdot min^{-1}$）

10-11　反应 A+B→C 分以下两步进行：

$$2A \rightleftharpoons D$$

$$D+B \longrightarrow A+C$$

第一步速率很快，可达到平衡，平衡常数为 K_c。求以 dp_C/dt 表示的反应速率方程。

10-12　氧乙烯的热分解反应为一级反应：

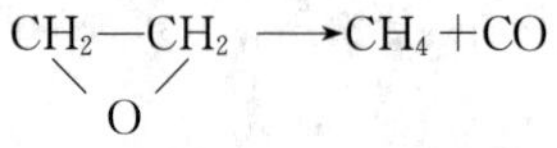

在 378.5℃时反应的半衰期为 363min。求 378.5℃和 450℃乙烯分解 75%所需的时间。已知该反应的活化能为 $217600J\cdot mol^{-1}$。

（$t_1=726min$，$t_2=13.7min$）

10-13　气态乙醛 CH_3CHO 分解反应是二级反应。设最初浓度为 $c_0=0.005mol\cdot L^{-1}$。500℃反应 300s 后有 27.6%的原始物分解。510℃经 300s 后有 35.8%的原始物分解。求活化能和 490℃时的反应速率常数。

（$E=191537J\cdot mol^{-1}$，$k=0.172mol^{-1}\cdot L\cdot s^{-1}$）

10-14　反应 $H_2+I_2=2HI$ 在不同温度下的速率系数如下：

T/K	556	576	629	666	700	781
$k/mol^{-1}\cdot L\cdot s^{-1}$	4.45×10^{-5}	1.32×10^{-4}	2.52×10^{-3}	1.41×10^{-2}	6.43×10^{-2}	1.34

(1) 试用作图法求活化能。

(2) 求频率因子 A。

(3) 求 442℃时的速率系数。

（(1) $E=165083J\cdot mol^{-1}$；(2) $A=1.22\times10^{11}L\cdot mol^{-1}\cdot s^{-1}$；(3) $k=0.106L\cdot mol^{-1}\cdot s^{-1}$）

10-15　对任意具有简单级数的反应，设在 T_1 和 T_2 两个温度下的速率系数分别为 k_1 和 k_2。由相同的最初浓度开始，进行到相同的转化率所需的时间分别为 t_1 和 t_2。

求证：

$$\frac{t_1}{t_2}=\frac{k_2}{k_1}$$

10-16　设平行反应

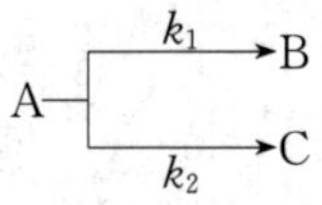

有下列动力学数据：

反应	活化能/$kJ\cdot mol^{-1}$	频率因子/s^{-1}
反应 1	108.8	10^{13}
反应 2	83.6	10^{13}

若反应前只有反应物 A，问 1000K 时，反应物 B 和 C 的浓度比值是 300K 时的多少倍？

(1179)

10-17　两个具有相同频率因子的二级反应为

$$2A \longrightarrow B \qquad (1)$$

$$2C \longrightarrow D \qquad (2)$$

反应 (1) 的活化能比反应 (2) 的活化能大 $10.46kJ\cdot mol^{-1}$。100℃时，反应 (1) 从初始浓度 $0.1mol\cdot L^{-1}$ 开始，反应 30%需 60min。问相同温度下，反应 (2) 从初始浓度 $0.05mol\cdot L^{-1}$ 开

始，反应70%需要多少时间？

(22.5min)

10-18　有一平行反应

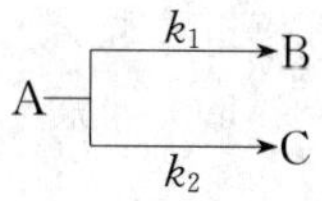

在916℃时，两个反应的速率系数分别为 $k_1=4.65\text{s}^{-1}$，$k_2=3.74\text{s}^{-1}$。

(1) 求A转化90%所需时间。

(2) 证明对A消耗的反应，活化能 $E=\dfrac{k_1E_1+k_2E_2}{k_1+k_2}$。

(3) 已知反应的活化能 $E_1=20\text{kJ}\cdot\text{mol}^{-1}$，$E_2=26\text{kJ}\cdot\text{mol}^{-1}$，求总反应的表观活化能。

((1) $t=0.274\text{s}$；(3) $E=22.7\text{kJ}\cdot\text{mol}^{-1}$)

10-19　臭氧分解反应 $2O_3 \rightarrow 3O_2$ 可能的反应机理如下：

$$O_3 \underset{k_{-1}}{\overset{k_1}{\rightleftharpoons}} O_2+O \qquad 快 \qquad (1)$$

$$O+O_3 \xrightarrow{k_2} 2O_2 \qquad 慢 \qquad (2)$$

(1) 试用稳态近似法导出 $-\dfrac{\text{d}[O_3]}{\text{d}t}=\dfrac{2k_1k_2[O_3]^2}{k_{-1}[O_2]+k_2[O_3]}$。

(2) 当 $[O_2]$ 较大时，由上式导出 $-\dfrac{\text{d}[O_3]}{\text{d}t}=k[O_3]^2[O_2]^{-1}$，式中，$k=\dfrac{2k_1k_2}{k_{-1}}$。

(3) 已知臭氧分解反应的表观活化能为 $119.2\text{kJ}\cdot\text{mol}^{-1}$，$O_3$ 和 O 的标准摩尔生成焓分别为 $142.3\text{kJ}\cdot\text{mol}^{-1}$ 和 $247.4\text{kJ}\cdot\text{mol}^{-1}$，且不随温度变化。求速控步骤(2)的活化能 E_2。假设 $\Delta_f H_m=\Delta_f U_m$。

($E_2=14.1\text{kJ}\cdot\text{mol}^{-1}$)

10-20　乙烯在汞蒸气存在下的氢化反应是

$$C_2H_4+H_2 \longrightarrow C_2H_6$$

此反应的一个可能的机理是

$$Hg+H_2 \xrightarrow{k_1} Hg+2H^*$$

$$H^*+C_2H_4 \xrightarrow{k_2} C_2H_5$$

$$C_2H_5+H_2 \xrightarrow{k_3} C_2H_6+H^*$$

$$H^*+H^* \xrightarrow{k_4} H_2$$

C_2H_5 和 H^* 可按稳态法处理。试证明反应的速率方程为

$$\frac{\text{d}[C_2H_6]}{\text{d}t}=k[Hg]^{1/2}[H_2]^{1/2}[C_2H_4]$$

10-21　试根据下列 H_2 和 Cl_2 反应机理，推导生成HCl的速率方程：

$$Cl_2 \xrightarrow{k_1} 2Cl^*$$

$$Cl^*+H_2 \xrightarrow{k_2} HCl+H^*$$

$$Cl_2+H^* \xrightarrow{k_3} HCl+Cl^*$$

$$Cl^*+Cl^*+M \xrightarrow{k_4} Cl_2+M$$

对活泼质点 Cl^* 和 H^* 可按稳态法处理。

$\left(\dfrac{\text{d}c_{HCl}}{\text{d}t}=kc_{H_2}c_{Cl_2}^{\frac{1}{2}}\right)$

10-22 在 $(UO_2)SO_4$ 存在下，水溶液中草酸 $(COOH)_2$ 的光分解反应的机理为：

$$UO_2^{2+} + h\nu \longrightarrow (UO_2^{2+})^*$$

$$(UO_2^{2+})^* + (COOH)_2 \longrightarrow UO_2^{2+} + H_2O + CO_2 + CO$$

反应的量子效率为 0.53。设水溶液中含 5.232g 草酸。经光照 5min 后，用 $0.212\text{mol}\cdot\text{L}^{-1}$ 的 $KMnO_4$ 滴定溶液，用去 17.0cm^3 $KMnO_4$ 溶液。求每秒入射光的光子数。

$(1.86\times10^{20}\,\text{s}^{-1})$

10-23 从气-固相反应的吸附平衡解释零级反应的物理意义。试推导零级反应的半衰期公式。

10-24 NH_3 在炽热的钨丝表面分解为 H_2 和 N_2，在钨丝温度为 1100℃时，获得如下数据：

p_{0,NH_3}/kPa	35.3	17.3	7.8
$t_{1/2}$/min	7.6	3.7	1.7

证明反应近似为零级，并求反应的速率系数 k。

$(k=2.32\text{kPa}\cdot\text{min}^{-1})$

11 分散系统

【本章概要】

本章首先介绍了各种分散系统的特点，介绍了胶体的制备与提纯方法、胶体的结构与稳定性、胶体的动电性质及光学性质和双电层理论，最后介绍了高分子溶液及乳状液。

【关键词】

胶体，分散介质，胶团，胶核，聚沉值，絮凝，双电层，动电，电泳，电渗，等电状态，沉降，丁达尔效应，牛顿流体，乳状液

【章节重点】

本章应重点掌握基本概念，了解胶体的制备方法、胶体的结构与稳定性、胶体的动电性质及其测量方法。了解高分子溶液和乳状液的结构与特点。

11.1 概　述

分散系统是指一种物质以或大或小的粒子分散在另一物质中所构成的系统。例如，糖水溶液、浮选矿浆、氢氧化铁溶胶等都属于分散系统；它们是糖分子、矿物粒子、蛋白质分子和细小的氢氧化铁粒子分散在水中所构成的系统。分散系统可以认为是由分散相和分散介质两部分所组成的。被分散的那些或大或小的粒子称为分散相，它在系统中是不连续的。而另一物质称为分散介质，通常是连续的。矿浆中的矿物粒子是分散的，而水是分散介质；普通溶液中，溶质是分散相，溶剂是分散介质。

对于像糖水那样的普通溶液，化学家们早已进行过系统研究。但是系统地研究鸡蛋白、氢氧化铁“溶液”这样的分散系统则是19世纪中叶的事。第一个研究这种分散系统的是英国化学家格莱姆（Grahame）。当时他发现有些物质，如白糖、食盐、尿素等水溶液，扩散率高，易通过渗析膜；而另一些物质如动物胶、蛋白质、氢氧化铁“溶液”等，扩散率低，不易或不通过渗析膜。

当时格莱姆注意到：能够通过渗析膜的这类物质在固态下是结晶体，而不能通过渗析膜的那些物质是一种无定形物质，并且这种物质的溶液浓缩时会变成黏稠的液体，就像普通的胶水一样。于是当时格莱姆就认为它们是两种完全不同的物质，分别称为晶质和胶质。

这种把物质分为晶质和胶质的观点曾经统治了本学科40年。直到20世纪初，人们对几百种物质进行了研究，发现在不同条件下，很多物质既能显示晶体的性质，又能显示胶质的性质。例如，食盐是典型的晶质，溶解在水中成为普通溶液，可以通过渗析膜，但是食盐分散在苯中，则具有溶胶的性质。这两个例子足以说明，晶体和溶胶是可以相互转化的，它们并不是不同性质的两种物质，而是同一物质的两种不同状态。

11.2 溶胶系统的分类

按聚集状态分类，分散系统可以分为9类，这9类分散系统列在表11-1中。

表11-1 分散系统按聚集状态的分类

分散介质	分散相	名 称	实 例
气	气	混合气体*	空气
	液	气溶胶	雾
	固	气溶胶	烟、尘
液	气	泡沫	肥皂泡沫
	液	乳状液	牛奶
	固	溶胶、悬浮液、软膏	金溶液、矿浆、牙膏
固	气	固态泡沫	泡沫塑料
	液	固态乳状液	珍珠
	固	固态悬浮体	有色玻璃、照相胶片、矿物、合金*

注：标*号的是均相分散系统。

分散系统的另一种分类方法是按照分散相物质颗粒的大小即分散度进行划分的，可分为粗分散系统、溶胶分散系统和分子分散系统。

分散度是表示物质被粉碎的程度，通过用粒子的尺寸（直径）表示分散度，粒子尺寸越小的物质，它的分散度就越大。

（1）粗分散系统。悬浮体是其中的代表。浮选中的矿浆主要是以悬浮体形式存在。它们的特征是：

1）分散相粒子尺寸大于0.1μm，在普通显微镜下，有时甚至用肉眼都能看到。但分散相颗粒不能通过普通滤纸，所以可用过滤方法将分散相和分散介质分离。

2）分散相和分散介质间有明显的界面，是一个多相不均匀系统。

3）由于悬浮体粒子大，在重力作用下悬浮体粒子会沉落到容器底部，因此要保持悬浮体不被破坏，就必须不断地搅拌。悬浮体的这种性质称为动力不稳定性。

（2）溶胶分散系统。$Fe(OH)_3$ 和 As_2S_3 溶胶是其中的代表。它的外观清澈透明，与普通溶液没有什么不同，但实际上却有着质的差别。

1）溶胶粒子直径介于0.1μm～1nm之间，在普通显微镜下看不到，只能借助于超显微镜才能观察到；溶胶粒子可以通过普通滤纸，但不能通过渗析膜。

在分析化学中，用 NH_4OH 沉淀 Fe^{3+} 时，生成 $Fe(OH)_3$ 沉淀，由于同时有 $Fe(OH)_3$ 溶胶生成，所以在过滤时，溶胶能通过滤纸而影响分析结果。故必须设法防止 $Fe(OH)_3$ 溶胶的生成。

2）溶胶粒子虽然很小，但是每个粒子中都包含着成千上万个分子或原子，所以和周围介质分子比较，胶粒要大大超过它们，致使每个胶粒和介质之间存在着分界面，因而胶粒和悬浮体一样也是一个多相不均匀系统。

3）溶胶溶液有丁达尔效应。溶胶溶液和真溶液在外观上并没有明显的区别，它们都是透明的液体。但是如果将它们分别置于平面玻璃容器内，在暗室中以一束强烈的光线（经过聚光透镜）照射它们，则可以看到在溶胶溶液中呈现出一条锥形光带，而真溶液则看不到这种锥形光带。这是区别溶胶溶液和真溶液简单易行的办法。

4）溶胶粒子处于不断的无规则运动中，这种运动称为布朗运动。布朗运动的发生是由于介质分子处在热运动状态而不断撞击胶粒的缘故。

不单是胶粒，只要是直径小于 4μm 的细小悬浮体粒子都有布朗运动，只是不如胶粒那样激烈而已。但大于 4μm 的粒子则没有布朗运动。由于溶胶粒子总是处于不停顿的无规则布朗运动之中，因此它能反抗地心引力的作用而不发生沉降。溶胶的这种性质称为溶胶的动力稳定性。

5）溶胶的最大特征是具有巨大的表面自由能，这是由于溶胶的比表面非常大。例如，胶粒尺寸为 10nm 的溶胶，其表面可达 $600m^2 \cdot g^{-1}$，表面自由能也可达到相当可观的数值。

根据最小自由能原理，储存着大量吉布斯自由能的系统是一个不稳定的系统。对于溶胶来说，小粒子会自动聚结为大粒子，因为这一过程会导致表面积和表面自由能的减小，最后溶胶转变为悬浮体，以致溶胶系统完全破坏。溶胶的这种性质称为热力学不稳定性或聚结不稳定性。虽然溶胶是一个热力学不稳定系统，但事实上溶胶仍然是相当稳定的，这是由于溶胶粒子带电和溶剂化作用。这一问题以后将详细讨论。

总结起来，溶胶的特征是：多相性、动力稳定性和聚结不稳定性。

（3）分子分散系统。由于分子的大小相差很大，所以分子分散系统又分为低分子分散系统和高分子分散系统两大类。低分子分散系统以普通溶液（真溶液）作为代表，如糖溶液和氯化钠溶液。它们的分散相粒子小于 1nm，可以通过渗析膜，是一个单相、动力稳定和聚结稳定系统。关于真溶液的物理化学性质已在第 4 章作了详细介绍，这一章只讨论高分子溶液的性质。

高分子分散系统以高分子溶液作为代表，例如鸡蛋白、动物胶水、松香酒精溶液以及橡胶苯溶液等。这些物质的相对分子质量非常大，可以达到几万或几十万，分子尺寸在 0.1μm～1nm 之间，所以把它们称为高分子或大分子。

1）高分子溶液中溶质分子与溶剂分子间有着强大的吸引力，溶质分子被高度溶剂化，溶质与溶剂间没有界面，因而高分子溶液是一个单相系统，这一点和低分子溶液没有区别。

2）高分子化合物分散在液体介质中是一个自发过程，形成高分子溶液可以不需要第三组元的存在。这一点不同于溶胶，溶胶需要第三组元作为稳定剂。

3）高分子溶液和溶胶一样，分散相不能通过渗析膜，这是因为高分子特别大，通不过半渗析膜中那些小眼。

4）高分子溶液具有较大的黏度。

粗分散系统、溶胶分散系统和分子分散系统之间是没有明显界限的。无论是由粗分散系统过渡到溶胶分散系统，或是由溶胶过渡到低分子溶液，都是连续的。为了进行比较，表 11-2 列出了各种分散系统的性质。

表 11-2　各种分散系统的性质

性　质	粗分散系统	溶胶分散系统（憎液溶胶）	分子分散系统	
			高分子分散系统（亲液溶胶）	低分子分散系统
分散相粒度	＞0.1μm，不通过普通滤纸	0.1μm～1nm，可通过普通滤纸，但不通过渗析膜	0.1μm～1nm，可通过普通滤纸，但不通过渗析膜	＜1nm，可通过普通滤纸和渗析膜

续表 11-2

性　质	粗分散系统	溶胶分散系统（憎液溶胶）	分子分散系统	
			高分子分散系统（亲液溶胶）	低分子分散系统
分散相组成	粗颗粒	胶粒（原子或分子的聚集体）	大分子	原子，离子或小分子
相　数	多相	多相	单相	单相
热力学稳定性	不稳定	不稳定	稳定	稳定
动力稳定性	不稳定	稳定	稳定	稳定
光学性质	浑浊	丁达尔效应	丁达尔效应	丁达尔效应
黏　度	小	小	大	小
举　例	泥浆	$Fe(OH)_3$ 溶胶	胶水	糖水

11.3　溶胶的制备和提纯

11.3.1　溶胶的制备

有三类制备溶胶的方法：分散法、胶溶法和凝聚法。

(1) 分散法。在分散法中，将大颗粒物质粉碎，并和分散介质混合，形成溶胶。常用的分散方法有机械分散法、超声分散法、电分散法等。

1) 机械分散法。一般采用胶体磨研磨固体颗粒。在胶体磨中，有两片相距很近的刀片，在两个刀片反向高速运转时，粗大的固相颗粒被磨细。工业生产中用胶体磨研磨颜料、药物、大豆等。在研磨过程中，时常添加一些物质（如明胶等）作稳定剂，防止细小颗粒在研磨过程中发生聚结。此外，如果要求固相颗粒粒子直径在 1μm 以下时，也用气体粉碎机粉碎固体物质。

2) 超声波分散法。超声波（振荡频率大于 $10^5 s^{-1}$）具有强烈的撕碎作用，在实验室中用来制备溶胶、悬浮液或乳状液。

3) 电分散法。将水中的两个金属电极之间加上高压电，电极表面上的金属发生气化，形成金属蒸气，蒸气遇冷后凝结为胶粒，胶粒分散在水中后形成金属溶胶。在这个过程中需要加入少量的碱，以稳定溶胶。Au、Ag、Pt 等贵金属溶胶可用电分散法制备。

(2) 胶溶法。在新生成的沉淀中加入适量电解质，使沉淀的电解质部分溶解，并分散成溶胶。例如，将新沉淀的 $Fe(OH)_3$ 溶胶洗涤后，加入少量 $FeCl_3$ 溶液，搅拌后可转化为红棕色的 $Fe(OH)_3$ 溶胶。在这个过程中，$FeCl_3$起着稳定溶胶的作用。

(3) 凝聚法。凝聚法是使单个分子或原子聚集成为溶胶粒子的方法。凝聚法中有物理凝聚法和化学凝聚法两种。

1) 物理凝聚法。物理凝聚法是利用物质在不同溶剂中溶解度的差别，通过置换溶剂制备溶胶。例如，将含松香的酒精滴入水中，由于松香在水中溶解度很小，达到过饱和的松香则以溶胶形式析出，得到白色乳状松香溶胶。

2) 化学凝聚法。通过控制化学反应产物的饱和状态，获得溶胶。依据化学反应性质，将化学反应分为氧化、还原、分解、水解等。

例如实验室中将 $AuCl_3$ 溶液煮沸，加入甲醛溶液，可得到紫红色金溶胶：

$$2AuCl_3 + 3HCHO + 3H_2O \xrightarrow{煮沸} 2Au(溶胶) + 6HCl + 3HCOOH$$

将 $FeCl_3$ 溶液慢慢滴入沸水中，$FeCl_3$ 发生水解反应，生成 $Fe(OH)_3$ 溶胶：

$$FeCl_3 + 3H_2O \xrightarrow{煮沸} Fe(OH)_3(溶胶) + 3HCl$$

将 $AgNO_3$ 溶液与 KI 溶液混合，可以得到 AgI 溶胶：

$$AgNO_3 + KI = AgI(溶胶) + KNO_3$$

11.3.2 溶胶的提纯

按照上述方法所制得的溶胶，往往含有很多电解质或其他杂质。实践指出，要使溶胶稳定，必须有第三组元作为稳定剂，所以溶胶中含有少量电解质或杂质常常是必要的。但是，过多的电解质或杂质又影响溶胶的稳定性，所以必须把它们除去。除去这些过多的电解质或杂质的过程，称为溶胶的提纯。

提纯溶胶最常用的方法是渗析法。将溶胶装在半透膜的袋子内，然后浸在水中，由于半透膜可以允许离子和小分子通过而不让胶粒通过，所以溶胶内的电解质和杂质就逐渐向水中迁移，从而达到纯化的目的。为了提高渗析速率，可稍稍将溶胶加热，以增加分子和离子的扩散速率，同时还可以不断更换水，以扩大膜内外电解质的浓度差。

若溶胶中的杂质仅仅是电解质，则可以采用电渗析法。电渗析法是在一种如图 11-1 所示的装置中进行的。这个装置包括三部分。用胶粒透不过的半透膜 5 将盛有溶胶的中间部分 2 和有循环水的两侧部分 1、3 隔开，把溶胶注入中部，4 是搅拌器，6 是铂电极，1 和 3 部分中不断地通以水流。电渗时，由于电场的存在，加快了离子通过半透膜的速率，同时流动的水流又可以把电解质洗去，因此大大加快了溶胶的提纯速率。一般渗析法提纯溶胶要几天甚至几星期，而电渗析法只需要几小时。

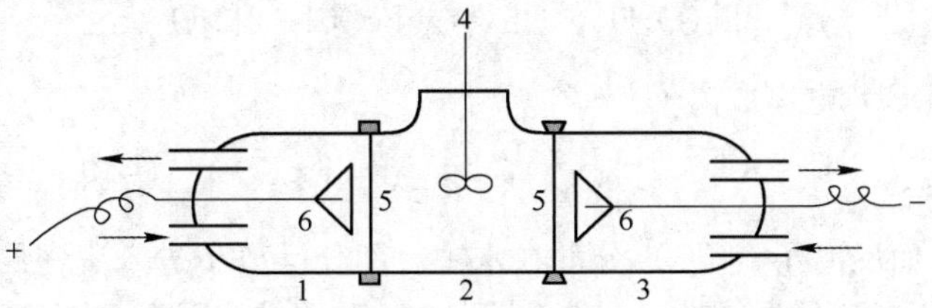

图 11-1 电渗析器

1，3—有循环水部分；2—盛溶胶部分；4—搅拌器；5—半透膜；6—电极

11.4 溶胶的稳定与破坏

除了分子分散系统外，溶胶分散系统和粗分散系统都是多相的，有巨大表面积和表面能，是热力学不稳定系统。因此，溶胶中的分散相颗粒容易发生聚结、沉降，失去稳定性，导致溶胶系统破坏。但是溶胶能够在相当长的时间内稳定存在。$Fe(OH)_3$ 溶胶和 AgI 溶胶经过几天或几个月才相互聚结为大粒子沉降；Au 溶胶能稳定存在几十年；由炭黑和水形成的黑汁可以保留很长时间。溶胶的稳定性受温度、分散相浓度、添加剂、电解质、光照等多种因素的影响。

11.4.1　胶团的结构

由于分散相固体在溶液中吸附阳离子和阴离子的能力不同而带电，若吸附阳离子数比阴离子多，则固体带正电，溶液带负电；反之，若吸附阳离子数比阴离子少，则固体带负电，溶液带正电。下面以实例说明分散相固体带电后形成的胶团结构。

（1）带正电荷的 AgI 溶胶。由 $AgNO_3$ 溶液和 KI 溶液制备 AgI 溶胶的过程中，当加入的 $AgNO_3$ 过量时，AgI 将带正电荷，所得的 AgI 溶胶的胶团结构如下：

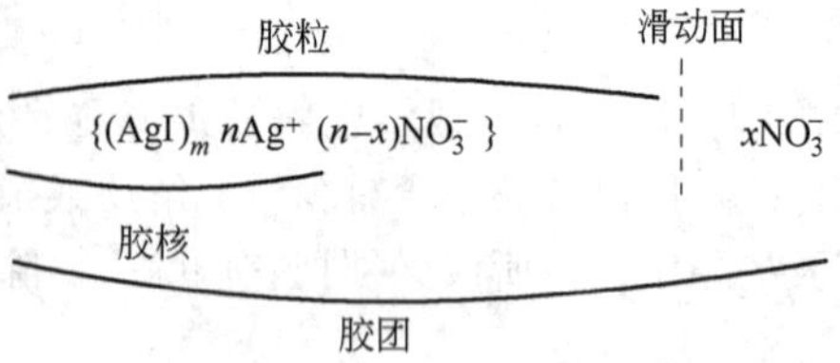

胶团中 AgI 是核心，吸引溶液中剩余的 Ag^+ 带正电，形成胶核，其中 $x<n$。由于正、负电荷的吸引，溶液中的 NO_3^- 在胶核周围形成双电层分布。双电层由紧密层和扩散层构成，紧密层和扩散层之间的虚线表示滑动面。由胶核和紧密层中的 NO_3^- 构成的整体称为胶粒，胶粒仍然带正电荷。胶粒和扩散层中的 NO_3^- 构成胶团，胶团是电中性的。在电场的作用下，胶核与紧密层中的 NO_3^- 发生与扩散层中的 NO_3^- 的相对移动，即胶粒向负极移动，滑动面以外的 NO_3^- 向正极移动。

（2）$Fe(OH)_3$ 溶胶。$Fe(OH)_3$ 溶胶可用水解 $FeCl_3$ 的方法制得：

$$FeCl_3+3H_2O \xrightarrow{\triangle} Fe(OH)_3\text{（溶胶）}+3HCl$$

$Fe(OH)_3$ 不溶于水，它们彼此结合成胶核。胶核表面的分子和 HCl 作用：

$$Fe(OH)_3+HCl = FeOCl+2H_2O$$

生成的铁酰氯（FeOCl）电离成离子：

$$FeOCl = FeO^++Cl^-$$

FeO^+ 被胶核吸附，而反离子（Cl^-）分散在水中。部分反离子进入紧密层与胶核一起构成胶粒，其余的反离子以扩散层形式充满在整个胶团内。胶团结构可表示如下：

$$\underbrace{\underbrace{\{\underbrace{[Fe(OH)_3]_m nFeO^+}_{\text{胶核}},(n-x)Cl^-\}^{x+}}_{\text{胶粒}},xCl^-}_{\text{胶团}}$$

显然，$Fe(OH)_3$ 胶粒带正电。

（3）As_2S_3 溶胶。As_2S_3 溶胶可在稀砷酸溶液中通入 H_2S 而制得。As_2S_3 是一种不溶于水的物质，它们彼此结合形成胶核。胶核从溶液中吸附由 H_2S 分子电离出来的 HS^-（$H_2S \rightleftharpoons H^++HS^-$），而反离子（$H^+$）分散在水中，部分反离子进入紧密层与胶核一起构成胶粒，余下的反离子以扩散层形式充满在整个胶团内。胶团结构可表示如下：

$$\underbrace{\underbrace{\underbrace{\{(As_2S_3)_m nHS^-}_{\text{胶核}},(n-x)H^+\}^{x-}}_{\text{胶粒}},xH^+}_{\text{胶团}}$$

显然，As_2S_3 是负电性溶胶。

(4) 硅酸溶胶。若在硅酸钠溶液中加入适量的盐酸，则可得到硅酸溶胶：

$$Na_2SiO_3 + 2HCl = H_2SiO_3(\text{溶胶}) + 2NaCl$$

硅酸是很难溶于水的酸，它们聚结起来成为硅酸溶胶的胶核。胶核表面的硅酸分子离解为离子：

$$H_2SiO_3 \rightleftharpoons H^+ + HSiO_3^-$$

而 $HSiO_3^-$ 紧附在胶核表面，成为胶核的定位离子。H^+ 则以扩散层的形式分散在胶核的周围，成为硅酸溶胶的反离子。其中一部分进入紧密层，而另一部分则分布在扩散层中。胶团结构可表示如下：

$$\underbrace{\underbrace{\underbrace{\{(SiO_2 \cdot yH_2O)_m nHSiO_3^-}_{\text{胶核}},(n-x)H^+\}^{x-}}_{\text{胶粒}},xH^+}_{\text{胶团}}$$

因而，硅酸溶胶是负电性溶胶。

上面所描述的胶团结构都没有考虑溶剂的作用，实际上胶粒的溶剂化作用（若溶剂为水则为水化作用）是不可忽视的。例如，方铅矿（PbS）置于不含氧的蒸馏水中，在水分子的作用下铅离子（Pb^{2+}）溶解在水中的量大于硫离子（S^{2-}）的量，结果使方铅矿带负电。黏土粒子带负电是由于黏土表面的钠离子（Na^+）溶解在水中，因而使固体表面有多余的负电。所以胶团的内部结构是非常复杂的。

11.4.2 溶胶的稳定性

经典的DLVO理论（Derjaguim，Landau，Verwey 和 Overbeek 分别于 1941 年和 1949 年提出的带电溶胶粒子稳定理论的简称）能够解释溶胶系统稳定存在的原因。

(1) 颗粒间的范德华引力。一个溶胶颗粒中含有许多个分子，颗粒间的相互作用能与构成颗粒的分子之间作用能有关。范德华力是分子间力的主要形式，包括静电力、诱导力、色散力和分子中的电子间力等。粒子间的范德华引力促使粒子相互聚结，降低溶胶的稳定性。用符号 E_W 表示颗粒间由范德华力产生的作用能。

(2) 颗粒间的静电斥力。溶液中的固相颗粒可通过各种方式带电。例如，向 $AgNO_3$ 稀溶液中缓慢滴加少量 KI 溶液，得到 AgI 溶胶，AgI 溶胶又吸附溶液中过剩的 Ag^+ 带正电荷，形成了带正电荷的 AgI 溶胶粒子。如果改变两个反应物的加入顺序，即将 $AgNO_3$ 稀溶液逐渐加入到 KI 溶液中，可得到带负电荷的 AgI 溶胶，AgI 吸附溶液中过剩的 I^- 带负电。

又如，表面酸性基团解离后带电荷：

$$(RCOOH)_m \longrightarrow (RCOOH)_{m-1}RCOO^- + H^+$$

当颗粒带有电荷后，将吸引其周围分散介质中的反离子，形成了双电层分布。图 11-2 所示为溶胶颗粒及其周围电荷的分布图。

分散介质中固相颗粒之间因带同种电荷，产生静电排斥作用和排斥能，使颗粒之间互相远离，维持溶胶的稳定性，用符号 E_R 表示颗粒之间存在的静电排斥能。

（3）颗粒间势能总和。溶胶系统的稳定性取决于溶胶颗粒之间范德华引力势能 E_W 和静电排斥势能 E_R 的相对大小。E_W 和 E_R 均随颗粒间距发生变化，且具有不同的变化规律。图 11-3 所示为溶胶颗粒间总势能 E_W+E_R 随颗粒间距离变化的规律。

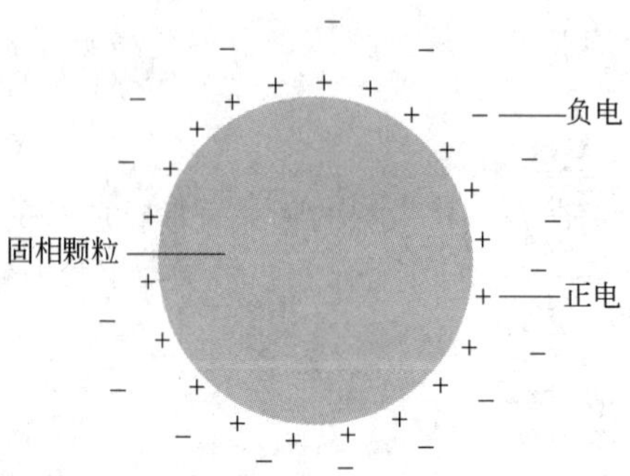

图 11-2 溶胶颗粒及其周围电荷的分布图

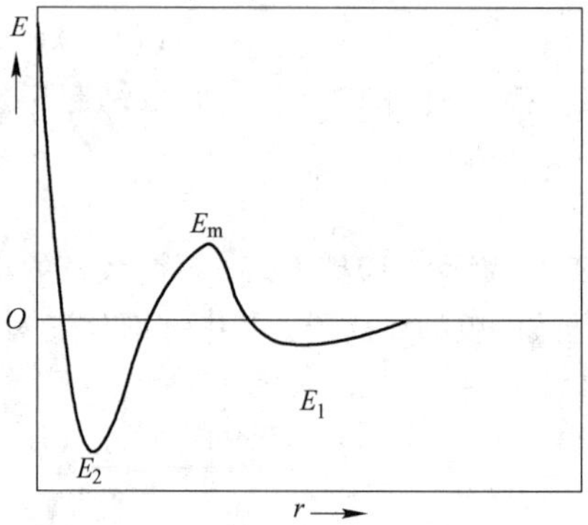

图 11-3 溶胶颗粒间总势能随颗粒间距离变化

从图中看出，在两颗粒靠近的过程中，总势能随颗粒间距的减小先经过一个极小值 E_1，然后到达极大值 E_m；继续缩小粒子间距，总能量到达第二个极小值 E_2。到达能量 E_2 后，如果进一步使两个颗粒靠近，势能将急剧上升。

根据能量理论，系统稳定存在的状态一定是能量最低状态。当溶胶系统中颗粒间平均距离到达第一个极小值位置时，系统并没有到达真正的热力学平衡状态，而是亚稳状态，即溶胶系统。而处于第二个势能极小值点的系统能量最低，才是热力学的平衡状态。粒子欲到达这个平衡态必须越过能垒 E_m。粒子一旦跃过能垒 E_m，将相互聚结成更大的颗粒，使溶胶系统失稳发生沉降。能垒越高，聚结越难，溶胶存在的时间越长。

11.4.3 溶胶的破坏

11.4.3.1 电解质的聚沉作用

溶胶的破坏过程中，溶胶颗粒失去稳定性，聚结成更大的颗粒，发生沉降的现象，也称为聚沉。影响溶胶系统稳定性的主要原因是电解质、温度、絮凝剂等，其中电解质显著降低溶胶的稳定性。

电解质的作用是减少胶粒表面电荷数目，改变胶团结构，从而减小颗粒间的排斥能，降低能垒，使溶胶聚结、沉降。当电解质加入到溶胶中时，使溶胶发生明显聚沉所需要的最小电解质浓度称为电解质的聚沉值。电解质聚沉值的倒数称为电解质的聚沉能力。根据叔尔兹-哈迪(Schulze-Hardy) 经验规则，对溶胶有聚沉作用的离子主要是电解质中具有与胶粒表面带电性质相反的离子，且反离子电荷越大，电解质的聚沉能力越大，聚沉值越小。聚沉值与离子电荷的六次方成反比。如一价、二价和三价离子的聚沉值之比：

$$1:\frac{1}{2^6}:\frac{1}{3^6}=1:0.016:0.0014$$

同一价态的离子，聚沉能力也不同，按聚沉能力大小排列出下列离子的聚沉顺序：

$$CS^+ > Rb^+ > K^+ > Na^+ > Li^+$$

$$Cl^- > Br^- > NO_3^- > I^-$$

称上述顺序为感胶离子序，表示同价离子聚沉能力的差别。表 11-3 列出了不同电解质对三种带负电溶胶的聚沉值。

表 11-3　不同电解质对三种带负电溶胶的聚沉值　　（$mmol \cdot dm^{-3}$）

电 解 质	As_2S_3 溶胶	Au 溶胶	AgI 溶胶
LiCl	58		
$LiNO_3$			165
NaCl	51	24	
$NaNO_3$			140
KCl	49		
KNO_3	50	25	136
$1/2K_2SO_4$	65.5	23	
$RbNO_3$			126
平均值	55	24	142
$MgCl_2$	0.72		
$Mg(NO_3)_2$			2.60
$MgSO_4$	0.81		
$CaCl_2$	0.65	0.41	
$Ca(NO_3)_2$			2.40
$SrCl_2$	0.635		
$Sr(NO_3)_2$			2.38
$BaCl_2$	0.69	0.35	
$Ba(NO_3)_2$			2.26
$ZnCl_2$	0.685		
$Zn(NO_3)_2$			2.50
平均值	0.69	0.38	2.43
$AlCl_3$	0.093		
$Al(NO_3)_3$	0.095		0.067
$1/2Al_2(SO_4)_3$	0.096	0.009	
$La(NO_3)_3$			0.069
$Ce(NO_3)_3$	0.080	0.003	0.069
平均值	0.091	0.006	0.068

有机离子显示出非常大的聚沉能力。以聚沉负电性溶胶 As_2S_3 为例（见表 11-4），可以看出，一价有机正离子的作用比一价无机离子强好多倍，新品红的聚沉能力甚至超过二价钙盐。

表 11-4 电解质对 As_2S_3 溶胶的聚沉值

电解质	聚沉值 c	电解质	聚沉值 c
NaCl	51.0	盐酸苯胺（$C_6H_5NH_3Cl$）	2.5
$CaCl_2$	0.65	新品红（$C_{20}H_{19}N_3HCl$）	0.11

有机离子具有特别大的聚沉能力，是由于有机离子特别容易被吸附。图 11-4 是实验测得的有机电解质盐酸苯胺和无机电解质 KNO_3 在 As_2S_3 上的吸附等温线。由该图可以看出，吸附等量的电解质所需有机电解质的浓度比无机电解质的浓度小得多。

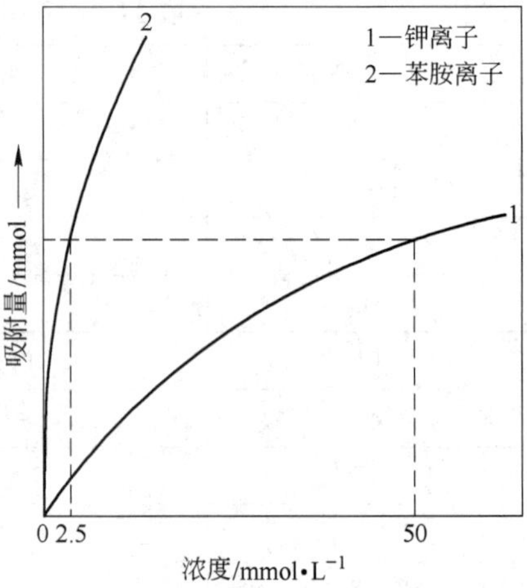

图 11-4 钾离子和苯胺离子在 As_2S_3 上的吸附

上面是叔尔采和哈代总结的电解质聚沉溶胶的规律。事实上，在有些情况下聚沉要复杂得多，并不服从这些规律。例如，如果在长时间内把电解质一点一点地加入溶胶中，即使用量超过聚沉值很多，也看不到溶胶发生聚沉现象。这就说明：要使溶胶聚沉，还与电解质的加入方式有关。另外，当用混合电解质来破坏液体时，常常看到各种离子的聚沉效力相互减弱，即混合电解质中每种离子比其单独使用时的聚沉效率要低。这种现象称为离子的对抗作用。

11.4.3.2 影响溶胶稳定性的其他因素

影响溶胶稳定性的其他因素包括：

（1）陈化作用。溶胶是一种热力学不稳定系统。实践指出，在长久保存下，即使不添加电解质，溶胶也会发生自动聚沉现象。溶胶的这种自动聚沉现象称为陈化作用。

（2）溶胶的相互聚沉。不同电性的溶胶混合时常发生相互聚沉现象。例如，混合 As_2S_3 溶胶（负电性）和 $Fe(OH)_3$ 溶胶（正电性）时，可以看到两种溶胶同时聚沉下来。

（3）机械凝聚作用。在剧烈搅拌下，有时可使凝胶（溶胶的聚沉物）转变为溶胶。但另一方面，在剧烈振荡和搅拌下可能使一些溶胶产生机械絮凝作用。

（4）温度的影响。一般来说，温度升高，甚至达到沸点，对溶胶的稳定性都没有什么影响。但有机溶胶则是例外，它们的稳定性与温度密切相关。鸡蛋加热凝固就是一个例子。

（5）保护作用。实验指出，若在金溶胶中添加一定数量的白明胶或蛋白质，就可使金溶胶的稳定性大大提高。这时欲使溶胶聚沉，必须加入大量的电解质。这种现象的产生是由于高分子化合物的存在而引起分散系统稳定性增加，这种现象称为保护作用。高分子化合物的保护作用有两种不同的解释。一种理论认为一个高分子化合物能吸附几个溶胶粒子，溶胶粒子借助于高分子联结成为链状的聚结体，它们可以在溶液中形成结构网。处在结构网中的胶粒失去了前进运动的可能性，这就阻碍了它们的接近和聚结，即阻碍着聚沉。另一种理论认为，一个溶胶粒子可以吸附几个高分子，由于胶粒被高分子包围住，使胶粒对分散介质的亲和力增加，从而增加了溶胶的稳定性。

（6）敏化作用。与对抗作用和保护作用相反，有些无机物和高分子化合物可以增加电解质对溶胶的聚沉能力，这种现象称为敏化作用。例如，酸化（即增加 H^+ 浓度）可以增进 KCl 对 As_2S_3 溶胶的聚沉；少量的明胶可以增进电解质对氧化硅负溶胶和氢氧化铁正溶胶的聚沉效果。

(7) 触变作用。如果在相当浓的 $Fe(OH)_3$ 溶胶中，加入少量电解质，其数量不足以引起溶胶完全聚沉时，则溶胶可变为不流动的冻状物，这种冻状物通常称为凝胶。对这种凝胶用力搅拌，它又可恢复到原来的溶胶状态。静置若干时间后，该溶胶仍可再变为凝胶，并且这样的操作可重复多次：

$$溶胶 \rightleftharpoons 凝胶$$

这种现象称为触变作用。触变作用是一种普遍现象，氢氧化铝、氢氧化铬、五氧化二钒等溶胶和有些悬浮体及高分子溶液均有这种性质。实践指出，形成凝胶的必要条件是分散相粒子必须是不对称的（杆状、片状和纤维状等）。它们彼此之间以某一部分相结合形成网状结构。网状结构中的自由空间充满着液体水，因而成为冻状物（凝胶）。但很多网状结构是不牢固的，所以在外力作用下（搅拌）凝胶又可变为液体（溶胶）。

11.4.3.3 絮凝和絮凝剂

向溶胶中加入絮凝剂也可以破坏溶胶的稳定性。加入到溶胶中的絮凝剂通过在颗粒之间的搭桥作用，把颗粒连接成更大的聚溶体，导致溶胶沉降。

电解质对溶胶有聚沉作用，但只对细粒的溶胶颗粒有效，对粗颗粒（例如细粒的悬浮体）效果很差，这时必须使用絮凝剂。

絮凝是指使用高分子絮凝剂，通过桥联作用把固体颗粒连接在一起，形成一种任意的、松散的、多孔性结构的物体。絮凝作用对于净化污水、化工、水冶和选矿等十分重要。下面介绍几种常用的絮凝剂。

(1) 3 号絮凝剂。3 号絮凝剂是一种有机高分子化合物，学名为聚丙烯酰胺：

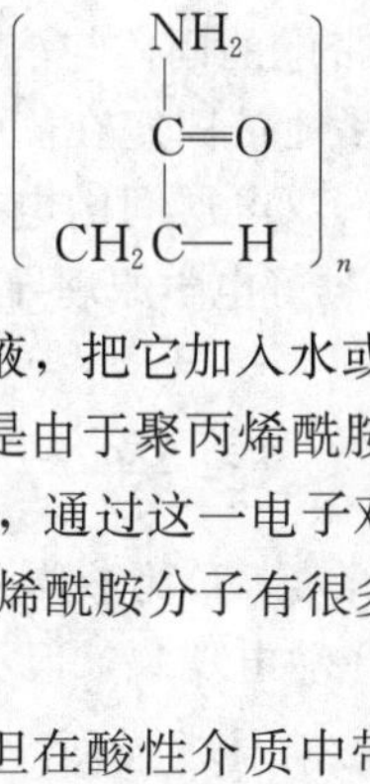

可溶于水。应用时可配成 0.5％的水溶液，把它加入水或溶液中可迅速将细小的粒子絮凝沉降析出。3 号絮凝剂的絮凝作用，据认为是由于聚丙烯酰胺分子中有很多胺基，这些胺基中的氮原子有一个未和其他原子结合的电子对，通过这一电子对和固体表面上金属离子的配合作用而被吸附在固体表面上，又因为一个聚丙烯酰胺分子有很多胺基，所以通过胺基可以吸附很多固体粒子，而把固体粒子聚结为絮团。

3 号絮凝剂基本上是非离子型的，但在酸性介质中带有一定的阳离子特性，即 $CONH_2$ 基可部分成为 $CONH_3^+$ 基。显然这可增加对负电性粒子的絮凝作用。在碱性介质中则相反，3 号絮凝剂分子中的 $CONH_2$ 基可以部分水解为 COO^- 基而使之带有一定的阴离子特性。据报道，当分子带有一定的阴离子时，对 Fe_2O_3 的絮凝作用较强，并且阴离子性越强，效果越好，而阴离子性很弱时，则可絮凝石英。由此可见，3 号絮凝剂的离子特性是造成其选择性的重要因素。

(2) 碱式氯化铝。碱式氯化铝又名聚氯化铝或羟基氯化铝，它是一种高分子无机化合物，其分子式为：

$$[Al_2(OH)_nCl_{6-n}]_m$$

m 在 1～10 之间。它是介于 $AlCl_3$ 和 $Al(OH)_3$ 之间的中间水合物，分子中带有数量不等的羟基。固体碱式氯化铝呈无色透明树脂状，能溶于水，可把它配成水溶液使用。

碱式氯化铝作为絮凝剂比常用的絮凝剂硫酸铝、氯化铁等优点多，如适应性强、效果好、用量少、成本低、絮凝体形成快、过滤性好等。实验指出，盐基度（分子中 OH 和 Al 的当量比）大的碱式氯化铝絮凝能力强。据介绍，盐基度小于 30%时，其絮凝效果不好；大于 60%时，其絮凝效果则显著增加，但稳定性降低。

碱式氯化铝的絮凝作用可以认为：一方面是由于三价铝的作用使固体粒子的 ζ-电势降低；另一方面是由于它具有大的相对分子质量和分子的桥联结构，因而具有较强的桥联吸附性能，可将胶粒或细小的悬浮体粒子团沉降下来。

(3) 腐殖酸钠。腐殖酸钠是一种阴离子型絮凝剂。它对铁矿石有很好的抑制作用和絮凝作用，所以它是一种有前途的选矿药剂。腐殖酸钠是一种天然高分子化合物，可从褐煤、泥炭和风化烟煤中用 NaOH 溶液提取，所得产品是一种黑色的胶状液体。干燥的腐殖酸钠是有贝壳断口状凝胶。腐殖酸钠中含有 C、H、O、N、S 等各种元素，相对分子质量为 $10^3 \sim 10^6$；分子构造非常复杂，目前还不清楚。腐殖酸钠除用作絮凝剂外，还广泛地应用在农业和工业上，用作土壤改良剂、肥料、黏结剂、表面活性剂等。

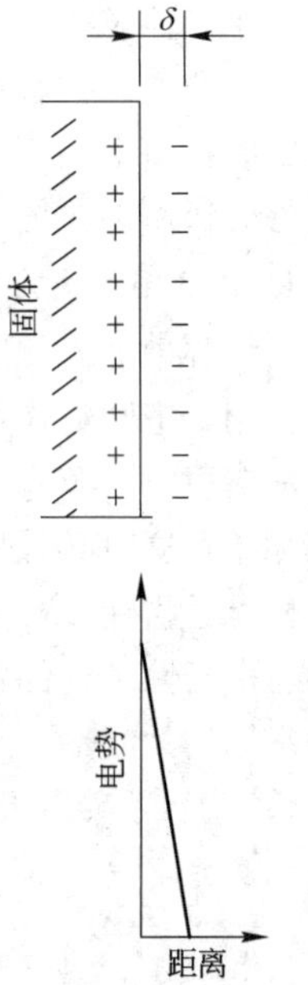

图 11-5 平板式双电层

11.5 双电层理论

11.5.1 平板式双电层理论

1879 年，亥姆霍兹最早提出双电层结构。他把双电层视为一平板式电容器，如图 11-5 所示。由于带电的固体与溶液中的反离子发生静电吸引，溶液中的反离子紧紧地被固定在固体表面的周围。双电层厚度约为一个离子的大小，双电层间的电势成直线迅速降低。1904 年，贝林（Perrin）等根据静电学原理导出了这一双电层电势差 ζ 的基本公式：

$$\zeta=\frac{4\pi\rho\delta}{D} \tag{11-1}$$

式中，ρ 为表面电荷密度；δ 为双电层厚度；D 为液体介电常数。

根据亥姆霍兹双电层理论可以解释动电现象，但不能说明电极电势和胶粒的电势有何区别，为什么电解质对电泳和电渗速率影响异常强烈。后来顾义（Gouy）、查普曼（Chapman）等提出了扩散双电层理论，解决了这一问题。

11.5.2 扩散双电层理论

1910 年，顾义修正了平板式双电层理论。他认为溶液中的反离子除受固体表面的静电吸引外，还由于离子的热运动，要向溶液内部扩散。因此，形成的双电层不像平板电容器而像地面空气分子那样分布：靠近固体表面的反离子浓度最大，随着与固体表面距离的增加，浓度逐渐减小，直至等于溶液深处的浓度。图 11-6 表示阴离子和阳离子在固-液界面层分

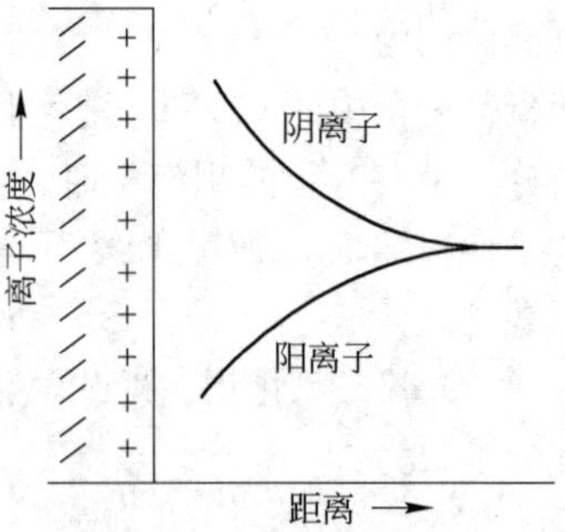

图 11-6 固体表面附近阴离子和阳离子的分布情况

布的情况。固体表面上吸附的是阳离子，溶液中靠近固体表面的阴离子浓度远大于阳离子浓度。随着与固体表面距离的增加，阴离子浓度越来越小，阳离子浓度越来越大，直至溶液深处阴离子和阳离子浓度相等。离子在溶液中这样的分布称为扩散层分布，这样的双电层称为扩散双电层。

倘若只表示溶液中离子的过剩，固体附近反离子的分布可用图 11-7（a）表示。在固体表面上有一层固定的电荷（阳离子），液体中过剩的反离子（阴离子）以扩散层的形式分布。扩散层的厚度可近似地等于强电解质溶液理论中的离子氛半径

$$l=\frac{A'}{\sqrt{\sum_i c_i z_i^2}} \tag{11-2}$$

式中，c_i 为离子的浓度；z_i 为离子的价数；A'为常数，25℃时水的 $A'=42.9\text{nm}$；$c_i z_i^2$ 为所有离子的浓度与其价数平方之总和，它的一半，即$\frac{1}{2}\sum c_i z_i^2$ 称为离子强度。

根据计算，在纯水中扩散层厚度达到 $1\mu\text{m}$，而在较浓的溶液中则要小得多，只有几十或几纳米。按照扩散双电层理论，固体和液体间的电势降按指数关系变化，可用图 11-7（b）中的曲线表示。

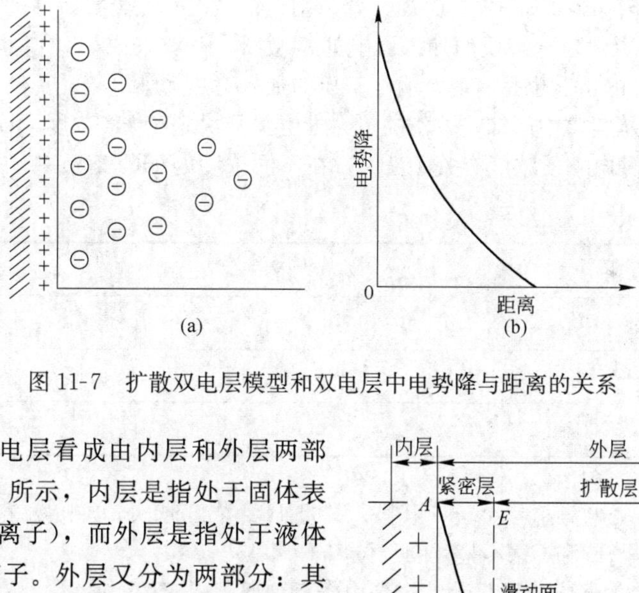

图 11-7 扩散双电层模型和双电层中电势降与距离的关系

在近代，把双电层看成由内层和外层两部分组成。如图 11-8 所示，内层是指处于固体表面的那部分电荷（离子），而外层是指处于液体中那些过剩的反离子。外层又分为两部分：其中紧靠固体表面的那些反离子，由于受到静电吸引和特性吸附作用，紧紧地被束缚在固体表面附近，其厚度约为一个分子大小，称为紧密层。紧密层的离子分布类似于平板式电容器，其电势直线下降。另外的反离子离固体表面较远，离子分布呈扩散层形式，称为扩散层，其电势按指数关系变化。总的电势降如图 11-8 中的 ABC 曲线所示。

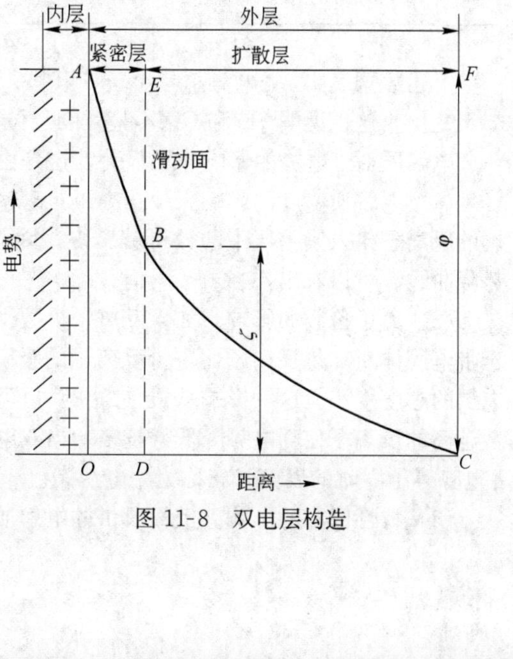

图 11-8 双电层构造

当发生动电现象，即在电场力的作用下固

体同液体发生相对移动时，并不是固体粒子单独移动，而是固体同紧密层一起移动，液体同扩散层的离子一起移动。图中 *EBD* 称为滑动面。发生动电现象时，固体和液体的相对移动就是发生在滑动面上。这时所表现出来的电现象不同于电极电势的电现象。根据这种理论，提出了热力学电势和动电电势的概念。

11.6 溶胶的动电性质

11.6.1 动电电势

热力学电势（φ 电势）是固体表面处的电势，即固体同溶液之间的总电势差，如图 11-8 中 *FC* 的高度。它的大小取决于固体表面上的电荷密度。热力学电势可用电位计测定。电化学中的电极电势属于热力学电势，热力学电势的大小与定位离子的浓度（活度）有关，它服从能斯特方程。

动电电势或 ζ 电势是滑动面上的电势，即紧密层（包括固体）和溶液之间的电势差。如图 11-8 中 *BD* 的高度。显然，动电电势只是总电势的一部分，因此常小于热力学电势。它的大小取决于固体表面和紧密层的净电荷密度。动电电势只能在固相和液相发生相对移动时才表现出来。

ζ 电势和热力学电势有着很大的差别。首先它们发生在不同的部位上。ζ 电势常小于热力学电势，有时甚至连符号都不一样。例如，金、铂、银是正电性金属，可是它们的溶胶粒子却显负电性。其次，ζ 电势对电解质的加入影响非常敏感。一般来说，ζ 电势随着电解质浓度的增加而减小，但例外的情况也是有的，而电解质的加入对热力学电势几乎没有影响（定位离子则是例外）。例如，从实验中已知，玻璃的热力学电势只决定于 H^+ 浓度（H^+ 是玻璃的定位离子），而 ζ 电势与各种电解质浓度有关。又如，在不同浓度的 HCl 溶液中，汞的热力学电势和 ζ 电势如下：

c_{HCl}/mol·L^{-1}	φ 电势/V	ζ 电势/V
0.1	0.70	0.07
0.01	0.70	0.124
0.001	0.70	0.18

上述数据表明，ζ 电势总是小于 φ 电势；并且 HCl 浓度越大，ζ 电势就越小，可是 φ 电势却无变化。这也说明 H^+ 和 Cl^- 不是汞的定位离子。

电解质对 ζ 电势的影响非常显著，这是由于下列原因引起的：

（1）电解质浓度的影响。根据离子氛理论，增加电解质浓度，则扩散层厚度减小。这时过剩的反离子挤入紧密层中的数量就增多，因而 ζ 电势减小。图 11-9 是不同电解质浓度时的电势降曲线。可以看出，当 $c_1<c_2$ 时，$\zeta_1>\zeta_2$；但总的电势不变。

（2）离子价数的影响。如果反离子价数由原来的一价变为二价，而其他条件不变时，则由于带电固体对二价反离子比一价反离子的吸引力大一倍，所以反离子更接近于固体表面，使双电层的厚度变小。这一影响从式（11-2）也可以看出，离子价数大则双电层厚度小；因此，价数越高的反离子使 ζ 电势降低得越多。当双电层厚度减小到和紧密层相同时，ζ 电势就等于零。ζ 电势等于零时的表面状态称为等电状态。

（3）特性吸附的影响。上面所讲的电解质浓度和离子价数对 ζ 电势的影响是以静电吸引为基础的，它不能解释为什么有时可使 ζ 电势的符号发生改变。事实上，固体除对反离子有静电吸引外，还有表面力的作用，发生特性吸附。当高价离子，特别是有机离子，在浓度足够大时，由于特性吸附，会有过多的反离子进入紧密层。图 11-10 中曲线 1 是没有特性吸附或特性吸附很弱时的电势降曲线，曲线 2 是特性吸附强时的电势降曲线。可以看出，不仅 ζ_1 和 ζ_2 的大小不同，而且它们的符号也不一样，但 φ 电势并无变化。

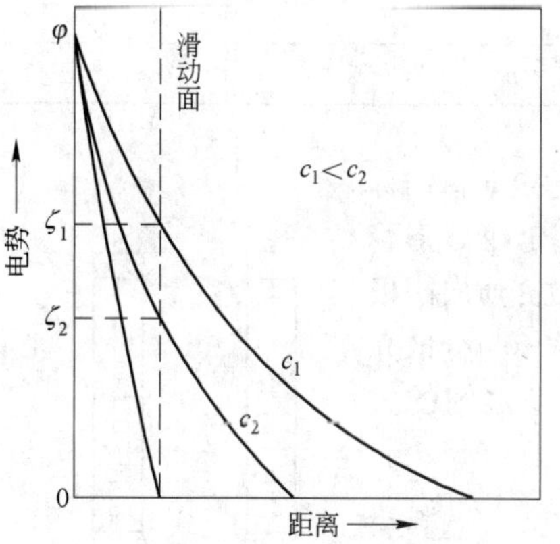

图 11-9 电解质浓度对 ζ 电势的影响

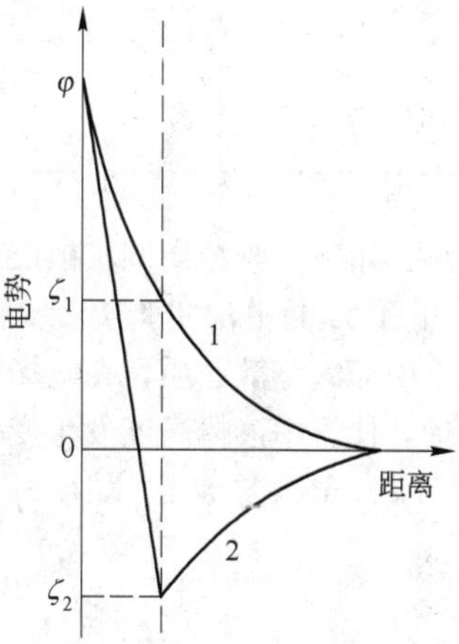

图 11-10 特性吸附对 ζ 电势的影响

11.6.2 电泳与电渗

19 世纪初，俄国人卢斯向两根插到潮湿黏土中的玻璃管中灌入等高度清洗过的细砂子和水，并分别在砂子中插入电极。接通电源一段时间后，连接阳极的玻璃管中水层变浑浊，液面降低，而连接阴极的玻璃管水面上升。这表明潮湿黏土颗粒带负电荷，向阳极移动，使阳极水面变浑浊，而水则带正电向阴极移动，使水面上升。卢斯实验成为认识溶胶动电性质的基础。

在电场作用下，溶胶颗粒的定向移动称为电泳。图 11-11 是电泳实验装置。首先在 U 形管中注入电解质水溶液。打开活塞，使漏斗中的溶胶慢慢流入 U 形管内，并保证辅助溶液和溶胶之间存在着清晰的界面。将两个电极插到水中，接通电源，可观察水溶液和溶胶之间界面高度随时间的变化。$Fe(OH)_3$ 溶胶、$Al(OH)_3$ 溶胶带负电，向阳极移动；硫黄、硫化砷、金溶胶带正电，向阴极移动。

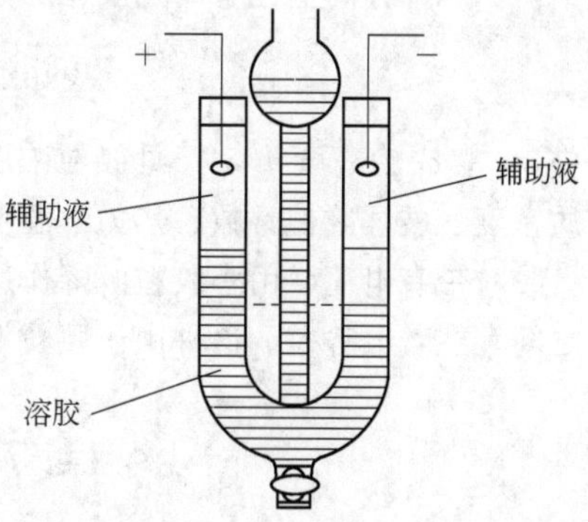

图 11-11 电泳实验装置

通过测量胶粒的电泳速率 v，可以计算 ζ 电势。胶粒的电泳速率正比于 ζ 电势、电场强度 E 和分散介质的介电常数 ε，反比于分散介质的黏度 η，即

$$v=\frac{\zeta\varepsilon E}{k\eta} \quad 或 \quad \zeta=\frac{k\eta v}{\varepsilon E} \tag{11-3}$$

式中，k 为与胶粒形状及尺寸有关的常数。对于球形的胶粒，半径较大时，$k=1$；半径较小时，$k=1.5$。表 11-5 中列出了几种溶胶在纯水中的 ζ 电势，是通过电泳实验测量得到的。

表 11-5 几种溶胶和矿粉在纯水中的 ζ 电势 (mV)

溶胶	ζ	矿粉	ζ
As_2S_3	-32	CaF_2	46
Ag	-34	$CaCO_3$	12.2
Au	-32	FeS_2	-14
Fe $(OH)_3$	44	ZnS	-17
		PbS	-20
		SiO_2	-44

在电场作用下，胶粒周围扩散层中的反离子的定向移动称为电渗。图 11-12 是电渗实验装置。将溶胶颗粒固定在 U 形管的中间，管中灌满分散介质，在电场作用下，分散介质向阴极或阳极移动，使管中液体高度发生变化。电渗速率 v 与分散介质的电导率 κ、介电常数 ε、黏度 η 及电场强度 E 之间的关系为

$$v=\frac{\varepsilon E\zeta}{\kappa\eta} \tag{11-4}$$

测量电渗速率可计算 ζ 电位，并由电渗方向判断胶粒带电性质。电泳有许多实际应用。利用不同蛋白质分子及核酸分子的电泳速度不同，进行蛋白质及核酸的分离。近年来，利用水溶性涂料作为电解液进行电泳涂漆已经发展成为一种新的技术。

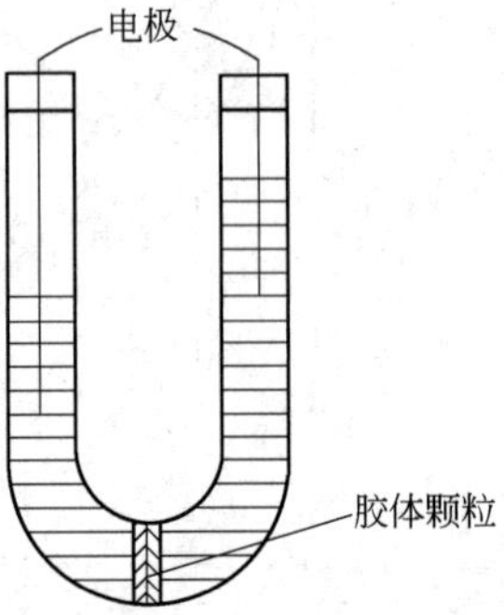

图 11-12 电渗实验装置

11.6.3 沉降和沉降电势

由于动力作用，溶胶中的胶粒发生沉降，造成溶胶系统沿高度方向存在浓度梯度，越接近容器底部，胶粒浓度越大，而浓度差又推动扩散过程，当沉降和扩散达到稳态时，沉降过程达到平衡。沉降方向上任意两点胶粒的数密度随高度的变化可用式 (11-5) 表示

$$\frac{c_2}{c_1}=\exp\left[-\frac{4}{3kT}\pi r^3(\rho-\rho_0)g(h_2-h_1)\right] \tag{11-5}$$

式中，c_2，c_1 为高度 h_2，h_1 处胶粒浓度或数密度；r，ρ，ρ_0，k，T，g 分别为胶粒半径和密度、介质密度、玻耳兹曼常数、热力学温度和重力加速度。

胶粒带有电荷，由于胶粒沉降作用造成胶粒浓度沿高度的分布，并由此产生溶胶在不同高度之间存在着电势差。这种由于胶粒发生沉降所产生的电势差称为沉降电势。

11.7 动电电势的测定

ζ 电势的测定必须借助于动电现象。常用的方法有电渗法和电泳法。

11.7.1 电渗法

电渗发生在固体颗粒组成的集合体中，这时整个系统可以看作是一个充满液体的多孔物质或毛细管网。为了研究问题方便，可以对其中一根毛细管进行研究。毛细管虽然很小，但和双

电层厚度相比却要大得多。根据双电层理论，这根毛细管内的双电层可用图 11-13 表示。图中，吸附在固体表面上的定位离子是阴离子，而液相中的反离子是阳离子。虚线表示滑动面，紧靠固相的部分是紧密层，另一部分是扩散层。在电场力的作用下，虚线外的反离子（扩散层的阳离子）向阴极移动，而紧密层的反离子由于受到固体表面电荷的静电吸引或吸附力的作用，不发生移动。扩散层中反离子的移动也把周围水分子带动，以至把阳极部分的水经毛细管带到阴极部分中去，这就是电渗实质。

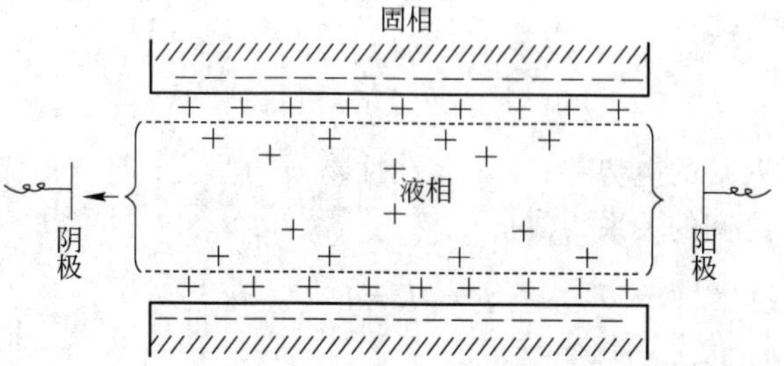

图 11-13 毛细管中的电渗现象

液体在毛细管中移动受到两种作用力：一种是电力 $F_{电}$，它等于电荷密度 ρ 与电势梯度 h 的乘积

$$F_{电}=\rho h$$

另一种是摩擦力 $F_{摩}$，它等于液体的黏度 η 和液体的速率梯度$\frac{du}{dx}$的乘积

$$F_{摩}=\eta\frac{du}{dx}$$

当液体稳定流动时，电力等于摩擦力，即

$$\rho h=\eta\frac{du}{dx} \tag{11-6}$$

为了把问题简化，可以用亥姆霍兹双电层理论和贝林公式（11-1）。这时

$$\rho=\frac{\zeta D}{4\pi\delta} \tag{11-7}$$

又

$$\frac{du}{dx}=\frac{u}{\delta} \tag{11-8}$$

把式（11-7）和式（11-8）代入式（11-6）

$$\frac{\zeta Dh}{4\pi\delta}=\eta\frac{u}{\delta}$$

$$\frac{u}{h}=\frac{D\zeta}{4\pi\eta} \quad 或 \quad u_0=\frac{D\zeta}{4\pi\eta} \tag{11-9}$$

式中，u_0 为电势梯度为 $1V\cdot m^{-1}$时液体的流动速率，称为绝对速率，其单位为 $m^2\cdot s^{-1}\cdot V^{-1}$。此速率是很难准确测定的，所以电渗速率常用单位时间内液体流出的体积来表示。若毛细管的截面积为 a，则电渗速率为

$$v=ua=\frac{aD\zeta h}{4\pi\eta}$$

实际上我们所研究的系统（多孔性物质）是一个充满着液体的毛细管网，这时总面积 A 可以看

作是许多毛细孔的总和

$$A=\sum a_i$$

于是

$$V=\frac{AD\zeta h}{4\pi\eta} \tag{11-10}$$

为电渗时液体流过多孔性物质的体积（$m^3\cdot s^{-1}$）。它可通过电渗实验（见图 11-13）时玻璃细管中液体移动的速率（$m\cdot s^{-1}$）和其截面积来确定。

电势梯度或电场强度为

$$h=\frac{E}{l}$$

式中，E 为多孔性物质两端的电势差；l 为多孔性物质的厚度；E 与电流强度 I 和充满溶液的多孔性物质的电导率 κ 之间的关系为

$$E=IR=I\frac{l}{\kappa A}$$

R 为多孔性物质的电阻，所以

$$h=\frac{E}{l}=\frac{I}{\kappa A}$$

将上式代入式（11-10），得

$$V=\frac{\zeta DI}{4\pi\eta\kappa} \tag{11-11}$$

式（11-11）表明，单位时间内液体通过多孔性物质的体积与电流强度 I 成正比，而与多孔性物质的厚度和截面积大小无关。此结论已为实验所证实。

从式（11-11）可知，若测得电渗过程中的电流强度 I、单位时间内液体流过多孔性物质的体积 V 和系统的电导率 κ，就可求出多孔性物质的 ζ 电势。若多孔性物质是矿粉，则可用此法测定矿物粒子的 ζ 电势。

$$\zeta=\frac{4\pi\eta\kappa V}{DI} \tag{11-12}$$

式（11-12）中的介电常数 D 若采用无量纲的相对值，则

$$\zeta=\frac{4\pi\eta\kappa V}{DI}\times 9\times 10^9 \tag{11-13}$$

表 11-6 为实验测得的几种矿物在纯水中的 ζ 电势。由于各研究者测 ζ 电势时条件不完全一样，所以同一物质的数据有时相差很大。

表 11-6 几种矿物在纯水中的 ζ 电势 (mV)

矿 物	ζ 电势	矿 物	ζ 电势
萤石（CaF_2）	+46	闪锌矿（ZnS）	−17
方解石（$CaCO_3$）	+12.2	方铅矿（PbS）	−20
黄铁矿（FeS_2）	−14	石英（SiO_2）	−72（或−44 或−36）

11.7.2 电泳法

因为电泳和电渗的实质相同，所不同的是电渗时固体不动而液体（分散介质）移动，电泳时液体不动而固体粒子移动，所以式（11-9）对电泳仍然有效。这时胶粒的 ζ 电势可根据电泳

的绝对速率 u_0，从理论上进行计算

$$\zeta=\frac{4\pi\eta u_0}{D}\times 9\times 10^9 \tag{11-14}$$

严格说来，式（11-14）只适用于细长的棒状胶粒，对于球状胶粒，可用另一系数 6 代替 4，即

$$\zeta=\frac{6\pi\eta u_0}{D}\times 9\times 10^9 \tag{11-15}$$

但对此尚有争论，故在研究工作中有时直接用绝对速率 u_0 来衡量动电现象而不换算为 ζ 电势。

表 11-7 是实验测定的几种溶胶电泳的绝对速率和据式（11-14）计算所得的 ζ 电势。不同实验者所测得的 u_0 和 ζ 电势往往不同，这和制备溶胶的条件，特别是纯度不同有关。

表 11-7　几种溶胶电泳的绝对速率和 ζ 电势

溶　胶	u_0/$m^2 \cdot s^{-1} \cdot V^{-1}$	ζ/V
As_2S_3	2.2×10^{-8}	-0.032
Ag	2.4×10^{-8}	-0.034
Au	2.2×10^{-8}	-0.032
SiO_2	3.0×10^{-8}	-0.044
$Fe(OH)_3$	3.0×10^{-8}	$+0.044$

11.8　溶胶的光学性质

11.8.1　丁达尔效应

在暗室中使一束强烈的光线经过聚光透镜后，照射在装有溶胶的玻璃容器上，从垂直于入射光的方向观察溶胶，可看到一条锥形光带，如图 11-14 所示。英国物理学家丁达尔（Tyndall）于 1869 年首次发现这个现象，故这一现象称为丁达尔效应。

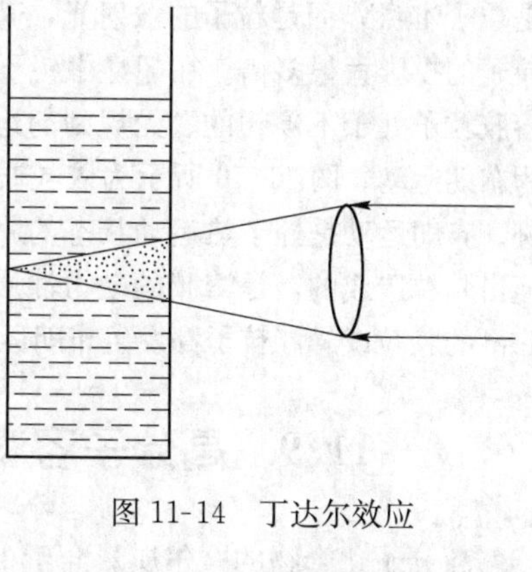

图 11-14　丁达尔效应

丁达尔效应是由于溶胶粒子阻挡光线产生的散射现象。真溶液对入射光没有散射作用，没有丁达尔效应；粗分散系统对光只有反射作用，也没有散射作用，没有丁达尔效应；只有溶胶对光产生散射作用。因此，丁达尔效应可以用于鉴别溶胶。

溶胶颗粒使光或电磁波发生散射的原因是胶粒尺寸小于波长，胶粒中的电子受电磁场作用产生极化，并以与入射光相同的频率振动，形成次级光源，向各方向发射电磁波，即瑞利（Rayleigh）散射。丁达尔效应是一种瑞利散射。

11.8.2　瑞利公式

瑞利公式是关于溶胶散射光强度与散射角之间关系的方程。当分散相中的胶粒为球形，其尺寸小于入射光的波长，胶粒间无相互作用，且入射光不是偏振光时，单位体积溶胶的散射光强度 I 随散射角 θ 的变化可表示如下

$$I=I_0\frac{9\pi^2\rho V^2}{2\lambda^4 l^2}\left(\frac{n_2^2-n_1^2}{n_2^2+2n_1^2}\right)(1+\cos^2\theta) \tag{11-16}$$

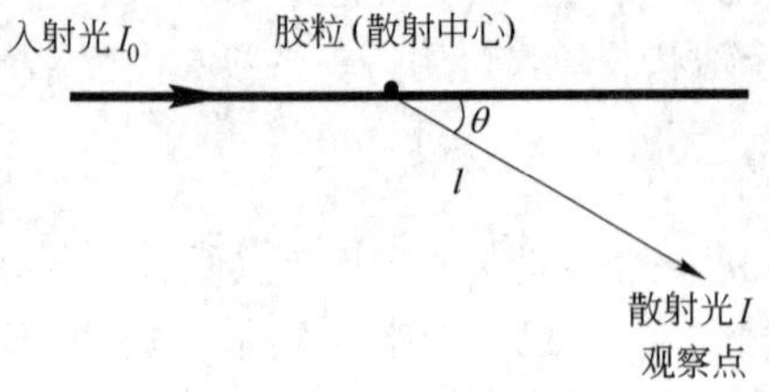

图 11-15 光散射测定

式中，I_0 为入射光的强度；λ 为入射光的波长；ρ 和 V 分别为胶粒的数密度和单个粒子的体积；n_1 和 n_2 分别为分散介质和胶粒的折射率；l 和 θ 分别为观察点到散射中心的距离及散射角（散射角是散射光与透射光的夹角），如图 11-15 所示。

散射光强度有如下特点：

(1) 散射光强度与入射光强度成正比，与波长四次方成反比。入射光波长越短，散射光越强。白光由赤橙黄绿青蓝紫七色光组成，波长依次变短，溶胶对白光散射依次变强，当用白色光照射透明溶胶时，透射光呈橙红色，而散射光呈蓝紫色。

(2) 分散相和分散介质的折射率相差越大时，散射光越强；颗粒尺寸相同的溶胶对光的散射强度因颗粒的折射率不同而有差别。高分子溶液虽然是溶胶系统，但因为是单相系统，对光的散射能力很弱。

(3) 散射光强度与胶粒数密度成正比，对同一种溶胶，当观察散射光角度相同时，颗粒数密度越大，散射光强度也越大，即颗粒数密度和散射光强度之比是常数。因此，对同一种溶胶，依据散射光强度的不同，可由一已知溶胶的浓度求另一未知溶胶的浓度。

(4) 散射光强度与单个粒子的体积成正比。真实溶液中分子体积很小，散射光弱到难以察觉。溶胶中颗粒是由大量分子或原子组成，其体积是所有分子或原子体积之和。因此，对光有较强的散射作用。

根据溶胶散射原理制作的超显微镜是在垂直于入射光的方向观察溶胶粒子，观察到的不是粒子本身，而是粒子的散射光，其影像比溶胶粒子的投影大很多倍。在超显微镜下可以观察到溶胶粒子处于不停顿的、无规则的运动状态，称为布朗运动。图 11-16 所示为胶粒布朗运动的轨迹。布朗运动是处于热运动状态的介质分子不断撞击胶粒造成的，是溶胶的动力性质。直径小于 4μm 的胶粒或悬浮粒子都发生布朗运动。

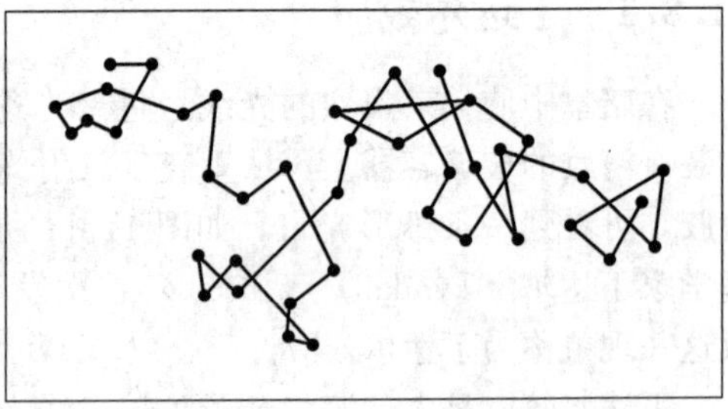

图 11-16 布朗运动

11.9 高分子溶液

高分子化合物的摩尔质量介于 $1\sim10^4\,\mathrm{kg\cdot mol^{-1}}$ 之间，能以分子或离子形式均匀分布在溶液中，与分散介质之间无相界面，是单相的热力学稳定系统。明胶、淀粉、甲基纤维素、腐殖酸钠、丹宁、皂角甙等很多高分子化合物是浮选中的重要抑制剂。它们溶解在水中，成为高分子溶液。高分子化合物的结构和黏度及稳定性都有它自己的特点。

11.9.1 高分子化合物的结构

高分子化合物的分子是由数千甚至数万个原子组成的分子，其相对分子质量可以达到几十万甚至上百万，所以把它们称为高分子或大分子。

高分子结构的特点是由大量的一种或多种小单体联结而成。例如，天然橡胶分子是由几千个—C_5H_8—单体联结而成；淀粉分子是由几千个—$C_6H_{10}O_5$—单体联结而成，它们彼此间以氧原子相结合：

$$\cdots—O—C_6H_{10}O_4—O—C_6H_{10}O_4—O—C_6H_{10}O_4—O—\cdots$$

蛋白质分子的小单体是十几种氨基酸分子（$RCHNH_2\cdot COOH$），它们彼此之间是通过“肽键”而结合的：

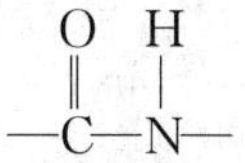

因为大多数高分子化合物都是由个别单体结合起来的，所以高分子化合物实际上是一种聚合物。这种聚合物分子可以具有枝状结构，如图 11-17 所示。

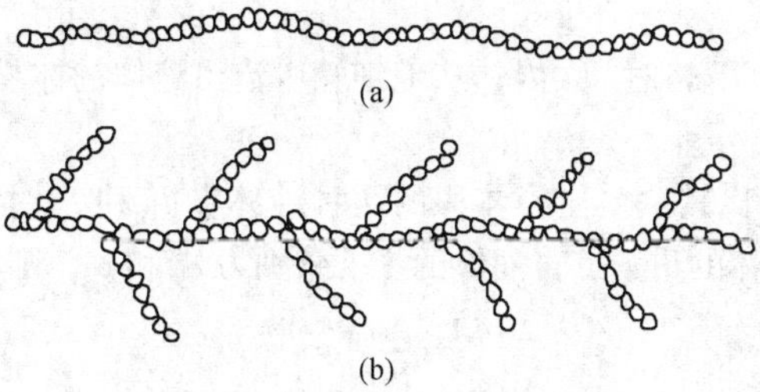

图 11-17　聚合物的分子结构

(a) 线状聚合物；(b) 枝状聚合物

作为浮选抑制剂的高分子，其每个小单体上常具有两个或几个极性基，因而每个高分子上都遍布着极性基。当这些高分子吸附在矿物表面上时，一部分极性基同矿物结合，而另一部分极性基则同极性分子发生作用，因而使矿物表面亲水。例如，铁矿石的反浮选中，可用淀粉作为赤铁矿（Fe_2O_3）的抑制剂。淀粉分子中的每个—$C_6H_{10}O_5$—单体中就含有两个或三个 OH 基。当淀粉分子被吸附在赤铁矿上时，赤铁矿的亲水性就会增加，从而起到抑制作用。

11.9.2　高分子溶液的黏度

液体的黏度是具有不同流速的两液层之间的内摩擦阻力，如图 11-18 所示。当相距为 dz、流速差为 dv 的两个单位面积的液层，沿 y 方向流动时，在两个液层之间存在着内摩擦力或剪切应力，剪切应力 τ 正比于流速梯度，即

$$\tau=\eta\frac{dv}{dz} \tag{11-17}$$

式（11-17）称为牛顿定律。式中，$\frac{dv}{dz}$为流速梯度，也称剪切速率；η 为液体黏度，是单位剪切速率时的剪切应力，Pa·s。

剪切应力与剪切速率之间满足牛顿定律的液体，称为牛顿流体。对牛顿流体来说，黏度与剪切速率无关，是常数。普通水溶液是牛顿流体。20℃水的黏度等于 0.001Pa·s，乙酸的黏度等于 0.0012Pa·s。黏度随剪切速率变化的流体称为非

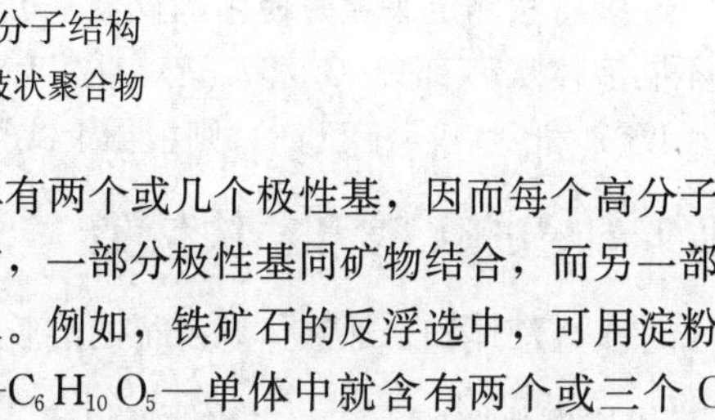

图 11-18　流速不同的液层之间剪切力

牛顿流体。高分子溶液是非牛顿流体。高分子溶液含长链分子及大分子，黏度比较大，这些长链分子及大分子在剪切过程中发生形变，致使高分子溶液的黏度随剪切速率发生变化。

通常采用旋转式黏度计测量液体的黏度，记录转子转速，获得剪切应力、剪切速率，计算待测液体的黏度。

研究高分子溶胶的黏度等流变性质，对于高分子材料的注塑、挤出、吹塑等加工过程及化工中煤浆和原油的管道输送、乳胶、油墨、涂料的加工等都具有重要意义。

11.9.3　液体黏度的测定

测定液体黏度的方法很多，下面介绍的是毛细管法。毛细管法测定黏度是根据泊塞（Poiseuille）定律

$$V=\frac{\pi r^4 p}{8l\eta} \tag{11-18}$$

式（11-18）表明在压力 p 下，时间 t 内，从毛细管中流出液体的体积 V 和毛细管半径 r 及其长度 l 之间的关系。

实际测定黏度时都用比较法。让等体积的两种液体在 t_1 和 t_2 时间内分别通过一直立的毛细管，此时的压力就是液体的重力。若液体的密度分别为 ρ_1 和 ρ_2。则 $p_1=l\rho_1 g$，$p_2=l\rho_2 g$，于是

$$\frac{\eta_1}{\eta_2}=\frac{p_1 t_1}{p_2 t_2}=\frac{\rho_1 t_1}{\rho_2 t_2}$$

毛细管法测定黏度时使用的仪器是奥斯特设计的黏度计。如图 11-19 所示，先分别测出两种不同液体从 B 部分（a 和 b 间）通过毛细管流到扩大部分 A 所需要时间 t_1 和 t_2，又测得液体的密度 ρ_1 和 ρ_2，若 η_2 已知，则根据上式可求得 η_1。

11.9.4　牛顿黏度和结构黏度

许多纯液体和普通液体以及稀的溶胶都服从牛顿定律，即随着切向推力 f 的增加，速率梯度 $\frac{\mathrm{d}u}{\mathrm{d}x}$ 成比例地增加，二者之比保持恒定，即 η 为一恒定值，如图 11-20 的直线 1 所示。这种黏度称为牛顿黏度。

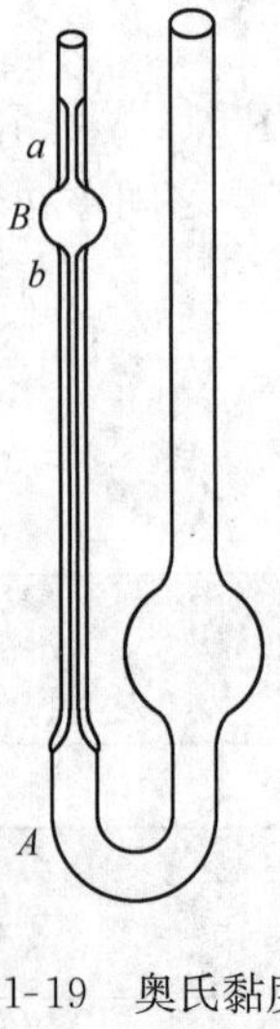

图 11-19　奥氏黏度计

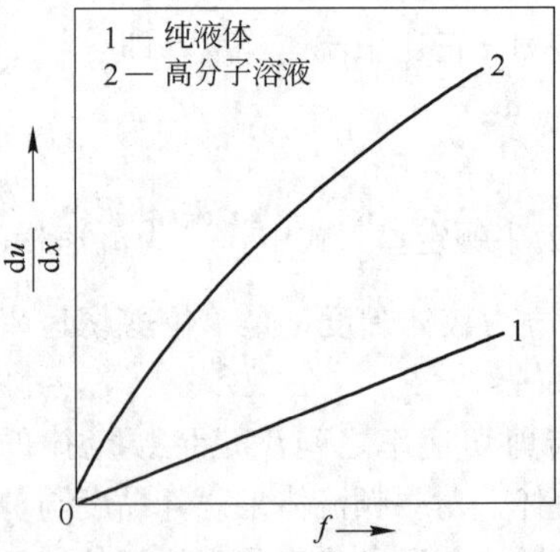

图 11-20　切向推力对液体流动速率梯度的影响

高分子溶液和浓的溶胶往往不服从牛顿定律。当切向推力 f 增加时，速率梯度增加得更快些，也就是说黏度随着 f 的增加而减小，如图 11-20 中的曲线 2 所示。一般认为大分子之间互联形成结构网，使一部分液体失去流动性，同时结构网中的大分子对液体的流动也存在着阻碍。当切向推力增加时，能把原来的结构打散，所以黏度降低。这种由于结构网而产生的黏度称为结构黏度。具有结构黏度的液体称为非牛顿液体。显然非牛顿液体的黏度应是牛顿黏度和结构黏度的总和

$$\eta = \eta_{牛顿} + \eta_{结构}$$

由于高分子溶液存在着结构黏度，因此，它的黏度比普通溶液要大得多，并且随着溶液浓度的加大而迅速地增长。图 11-21 是高分子溶液（曲线 1）和普通溶液（曲线 2）的黏度随浓度的变化情况。它表明高分子溶液的黏度随着浓度的增加迅速地增长，而普通溶液则增加很少。

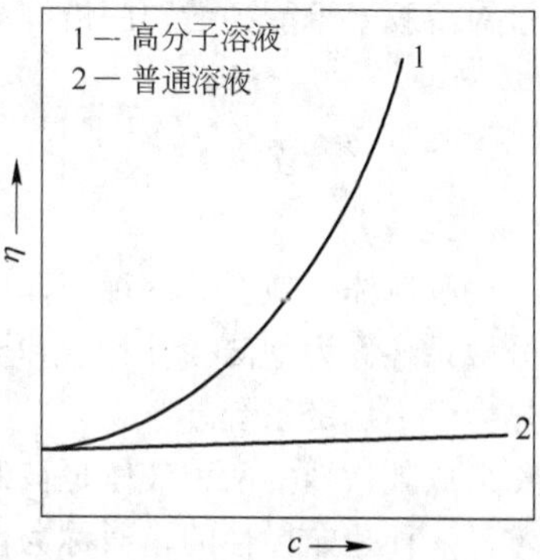

图 11-21　高分子溶液与普通溶液的黏度随浓度的变化

11.9.5　高分子溶液的聚沉——盐析作用

电解质对溶胶是敏感的，少量电解质的加入可以使溶胶聚沉。但对高分子溶液来说，加入少量电解质其稳定性不会受到影响，即使到了等电点也不会聚沉，只有加入大量电解质后，才能发生聚沉（溶液浑浊或形成凝胶）。

电解质对高分子溶液的聚沉作用不是由于反离子中和了高分子上的电荷所引起的，而是一种盐析作用。所谓盐析作用就是有机物在水中的溶解度由于无机盐类的溶解而减小的现象。盐析作用的发生是因为离子在水溶液中要发生水化作用，当大量电解质加入到高分子溶液中时，则由于大量离子发生水化，致使溶液中自由水分子减少，原来高度水化的高分子化合物发生去水化作用，所以它们在水中的溶解度减小，以至发生聚沉作用。

不同离子的盐析能力是不同的。表 11-8 列出了几种盐类使卵蛋白朊开始盐析的最低浓度。

表 11-8　盐类使卵蛋白朊盐析的最低浓度

盐　类	浓度/mol·L^{-1}	盐　类	浓度/mol·L^{-1}
柠檬酸钠	0.56	Li_2SO_4	0.78
酒石酸钠	0.78	K_2SO_4	0.79
CH_3COONa	1.69	Na_2SO_4	0.80
NaCl	3.62	$(NH_4)_2SO_4$	1.00
$NaNO_3$	5.42	$MgSO_4$	1.32
$NaCO_3$	5.52		

从表 11-8 的数据可以看出，阴离子的盐析能力顺序为

$$柠檬酸根^- > 酒石酸根^- > SO_4^{2-} > 醋酸根^- > Cl^- > NO_3{}^- > ClO_3{}^-$$

阳离子盐析能力顺序为

$$Li^+ > K^+ > Na^+ > NH_4{}^+ > Mg^{2+}$$

这个顺序称为离子盐析能力的感胶离子序。对不同高分子溶液，这种顺序虽有时稍有改变，但大致还是相同的。这种顺序和离子水化程度极为一致。但要注意，这一顺序和11.4节所述的离子对溶胶聚沉能力的顺序恰好相反。

11.10 乳状液

一种液体分散在另一种液体中形成的多相分散系统，称为乳状液。气体分散在液体中构成的分散系统称为泡沫。乳状液和泡沫中，分散相直径在1～50μm之间，都是具有巨大表面能的热力学不稳定系统。

形成乳状液的两种液体是彼此互不相溶或溶解度极小的，其中一种液体是极性的水或水溶液，另一种是非极性的、通称为油的相，如煤油、苯和苯胺。乳状液可分为两种，油分布在水中（O/W)，称为水包油型，水分布在油中（W/O)，称为油包水型。

制备乳状液时，将油和水混合、摇晃，得到分散系统。为避免细小液滴团聚，需要加入被称为乳化剂的物质，稳定乳状液。乳状液中的乳化剂主要分布在液滴表面上，通过减小液-液界面张力，降低系统的界面张力和界面能，并在液-液界面上定向排列，形成具有一定结构的表面膜，提高界面强度，阻止液滴聚集，稳定乳状液。

常用乳化剂有电解质、表面活性物质、高分子化合物和固体粉末等。电解质中的离子可以吸附在界面上，使液滴带电，从而产生静电排斥能。乳化剂加入量不能太多。表面活性物质如钠、钾、肥皂、高级醇及十二烷基苯磺酸盐等强亲水性物质及各种黏土、玻璃、石英等亲水性的固相粉末，可作O/W型乳状液的乳化剂，在乳状液中包裹油滴，阻止油滴团聚，稳定乳状液；油酸钙、油酸镁等强亲油性物质及烟煤、硫化汞、硫化银等亲油性粉末可作为W/O型乳状液的乳化剂。白明胶、卵蛋白等高分子化合物可用作浓乳状液的乳化剂，在油滴周围形成坚固的薄膜。图11-22所示为亲水型和亲油型的固相粉末作乳化剂时的接触角及其在油-水界面

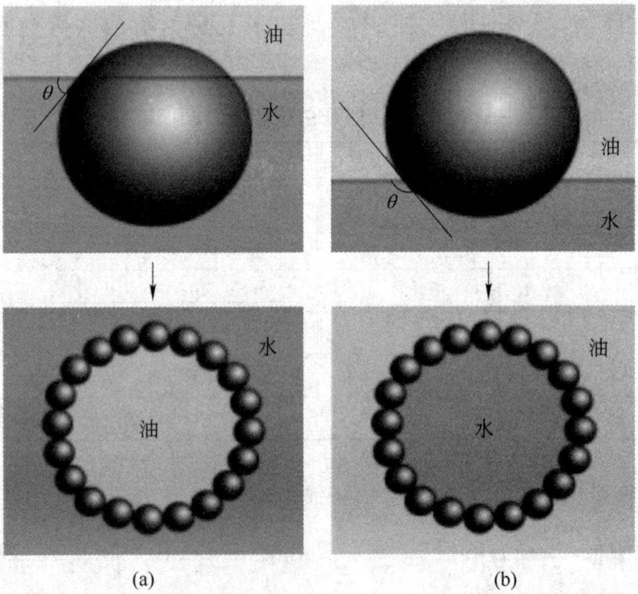

图11-22 固相粉末作乳化剂

(a) 亲水型粉末；(b) 亲油型粉末

分布情况。水在亲水型乳化剂表面上的润湿角小于90°，而在亲油型的乳化剂表面上的润湿角大于90°，乳化剂在水和油表面形成了保护膜。

在浮选磷灰石时，可用油酸$C_{17}H_{33}COOH$作为捕收剂。为了减少油酸用量，要先把它溶解在煤油等有机溶剂中，然后再把混合液加入到矿浆中。由于油酸的作用，在矿浆中形成O/W型乳状液，其构造如图11-23所示。当磷灰石矿粒与乳状液相遇时，油酸分子被吸附，而油滴则在矿粒表面展开，如图11-24所示。这样，矿物粒子就可获得高度的疏水性，从而能很好地浮选出来。

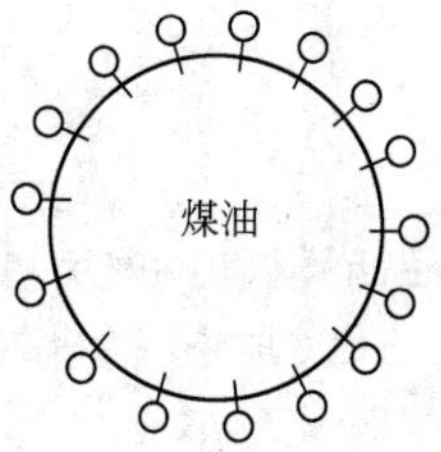

图11-23　油酸的乳化作用

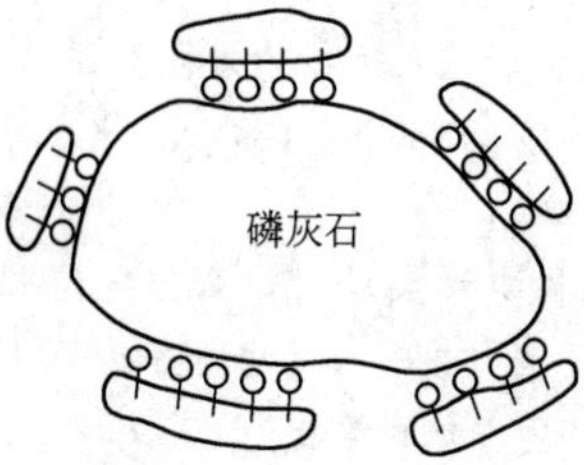

图11-24　油酸的捕收作用

表面活性剂具有亲水性和亲油性基团，是一种重要的乳化剂。HLB值是表面活性剂中亲水基的亲水性与亲油基的亲油性之比。对O/W型乳状液，用HLB值较大的表面活性剂作为乳化剂；对W/O型乳状液，则采用HLB值较小的表面活性剂作为乳化剂。表11-9列出一些表面活性剂的HLB值。图11-25给出一些表面活性剂的HLB值与其用途之间的关系。

表11-9　几种表面活性剂的HLB值

物质名称	HLB
失水山梨醇三油酸酯	1.8
甘油单硬脂酸酯	3.8
失水山梨醇单棕榈酸酯	6.7
聚乙二醇（相对分子质量400）单油酸酯	11.4
三乙醇胺油酸皂	12.0
油酸钠	18.0
月桂酸钠	约40

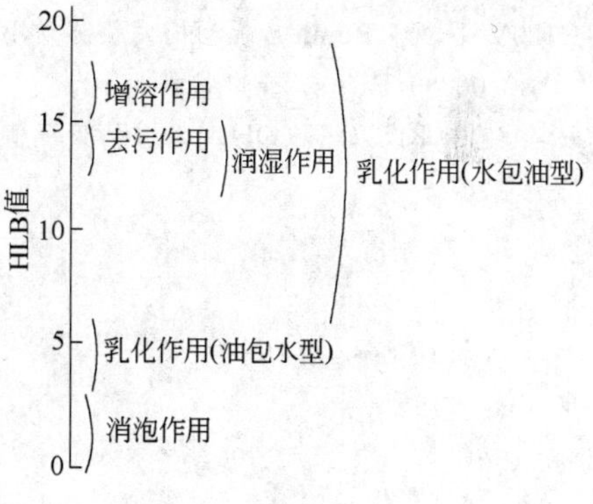

图11-25　表面活性剂的HLB值及其用途

习　题

11-1　为什么说溶胶是一个动力稳定又是一个聚结不稳定的系统？

11-2　举出两种简单易行的区别真溶液和溶胶的方法。

11-3　试对热力学电势和动电电势作一比较。

11-4　将12mL浓度为0.02mol·L^{-1}的KCl溶液和100mL浓度为0.005mol·L^{-1}的$AgNO_3$溶液混合，制备AgCl溶胶，试写出该胶团的结构式。

11-5 在3个烧杯中分盛20mL氢氧化铁溶胶，分别加入NaCl、Na_2SO_4和Na_3PO_4溶液使其聚沉，加入的最小电解质量为

(1) 浓度为$1mol \cdot L^{-1}$的NaCl溶液21mL；

(2) 浓度为$0.005mol \cdot L^{-1}$的Na_2SO_4溶液125mL；

(3) 浓度为$0.01mol \cdot L^{-1}$的$1/3Na_3PO_4$溶液7.4mL。

试计算各电解质溶液的聚沉值、聚沉能力之比，并指出溶胶带电性质。

((1) $512mmol \cdot L^{-1}$，(2) $4.3mmol \cdot L^{-1}$，(3) $0.90mmol \cdot L^{-1}$；聚沉能力之比为1∶119∶568；溶胶带正电荷)

11-6 混合等体积的浓度为$0.08mol \cdot L^{-1}$的KI溶液和浓度为$0.01mol \cdot L^{-1}$的$AgNO_3$溶液所得溶胶，下述电解质何者的聚沉能力最强？

(1) $CaCl_2$；(2) NaCN；(3) Na_2SO_4；(4) $MgSO_4$。

((3)>(4)>(2)>(1))

11-7 用某种矿粉做电渗实验时，测得电流强度为20mA时，1min内液体从阳极向阴极流出的体积为0.48mL，又测得该溶液的电导率为$0.15\Omega^{-1} \cdot m^{-1}$。求该矿物的$\zeta$电势。已知20℃时溶液的黏度为$0.001Pa \cdot s$，介电常数为80。

(−0.0848V)

11-8 一长柱型粒子溶胶，在电势梯度为$210V \cdot m^{-1}$的电场下发生电泳，向阴极移动，60min后移动距离为3.82cm。试计算电泳的绝对速率和胶粒的ζ电势。已知20℃时溶胶的黏度为$0.001Pa \cdot s$，介电常数为80。

($5.05 \times 10^{-8} m^2 \cdot s^{-1} \cdot V^{-1}$，0.0714V)

11-9 回答下列问题。

(1) $Fe(OH)_3$溶胶可由在沸水中徐徐滴入$FeCl_3$溶液而制得。为什么要在沸水中进行？

(2) 该溶胶的稳定剂是什么？

(3) 25℃下，用电泳法测定$Fe(OH)_3$溶胶的ζ电势时，两电极间的距离为30cm，在外加电压为120V下，经10min后界面向阴极移动1.14cm，求$Fe(OH)_3$溶胶的ζ电势。已知25℃时水的黏度为$0.000894Pa \cdot s$，介电常数为80。

(4) 已知KCl对$Fe(OH)_3$溶胶的聚沉值为$9mmol \cdot L^{-1}$，试估计K_2SO_4的聚沉值。

((3) 0.06V；(4) $0.79mmol \cdot L^{-1}$)

附　　录

物理化学数据表

附表1　各种能量单位之间的关系

单　位	焦（J）	大气压·升（atm·L）	热化学卡（calth）	国际蒸气表卡（calIT）
焦（J）	1	9.80923×10^{-3}	0.239006	0.238846
大气压·升（atm·L）	101.325	1	24.2173	24.2011
热化学卡（calth）	4.184	4.12929×10^{-2}	1	0.999331
国际蒸气表卡（calIT）	4.1868	4.13205×10^{-2}	1.00067	1

注：气体常数：R=8.314 焦·摩$^{-1}$·开$^{-1}$（$J\cdot mol^{-1}\cdot K^{-1}$）=1.987 卡·摩$^{-1}$·开$^{-1}$（$cal\cdot mol^{-1}\cdot K^{-1}$）=0.08206 气压·升·摩$^{-1}$·开$^{-1}$（$atm\cdot L\cdot mol^{-1}\cdot K^{-1}$）。

附表2　某些物质的基本热力学数据

物　质	$-\Delta_f H^{\ominus}_{298K}$ /kJ·mol^{-1}	$-\Delta_f G^{\ominus}_{298K}$ /kJ·mol^{-1}	$S^{\ominus}_{298K}$ /J·mol^{-1}·K^{-1}	$c_p=a+bT+c'T^{-2}+cT^2$				
				a /J·mol^{-1}·K^{-1}	$b\times10^3$ /J·mol^{-1}·K^{-2}	$c'\times10^{-5}$ /J·mol^{-1}·K	$c\times10^6$ /J·mol^{-1}·K^{-3}	温度范围 /K
Ag(s)	0.00	0.00	42.70	21.30	8.535	1.506		298～1234
AgCl(s)	127.03	109.66	96.11	62.26	4.184	−11.30		298～728
Ag_2CO_3(s)	81.17	12.24	167.4	79.37	108.16			298～450
Ag_2O(s)	30.57	0.84	121.71	59.33	40.80	−4.184		298～500
Al(s)	0.00	0.00	28.32	20.67	12.38			298～932
$AlCl_3$(s)	705.34	630.20	110.7	77.12	47.83			273～466
AlF_3(s)	1489.50	1410.01	66.53	72.26	45.86	−9.623		298～727
Al_2O_3(α)	1674.43	1674.43	50.99	114.77	12.80	−35.443		298～1800
As(s)	0.00	0.00	35.15	21.88	9.29			298～1090
As_2O_3(s)	652.70	576.66	122.7	35.02	203.3			273～548
B(s)	0.00	0.00	5.94	19.81	5.77	−9.21		298～1700
B_2O_3(s)	1272.77	1193.62	53.85	57.03	73.01	−14.06		298～723
Ba(α)	0.00	0.00	67.78	22.73	13.18	−0.28		298～643
$BaCl_2$(s)	859.39	809.57	123.6	71.13	13.97			298～1195
$BaCO_3$(s)	1216.29	1136.13	112.1	86.90	48.95	−11.97		298～1079
BaO(s)	553.54	523.74	70.29	53.30	4.35	−8.30		298～1270

续附表 2

物质	$-\Delta_f H^{\ominus}_{298K}$ /kJ·mol^{-1}	$-\Delta_f G^{\ominus}_{298K}$ /kJ·mol^{-1}	$S^{\ominus}_{298K}$ /J·mol^{-1}·K^{-1}	$c_p=a+bT+c'T^{-2}+cT^2$				
				a /J·mol^{-1}·K^{-1}	$b\times10^3$ /J·mol^{-1}·K^{-2}	$c'\times10^{-5}$ /J·mol^{-1}·K	$c\times10^6$ /J·mol^{-1}·K^{-3}	温度范围 /K
Be(s)	0.00	0.00	9.54	19.00	8.58	−3.35		298～1556
BeO(无定形)	598.73	569.55	14.14	21.22	55.06	−8.68	−26.34	298～1000
Bi(s)	0.00	0.00	56.53	22.93	10.13			298～545
Bi_2O_3(α)	574.04	493.84	151.5	103.5	33.47			298～800
Br_2(g)	−30.91	−3.166	245.3	37.36	0.46	−1.29		298～2000
Br_2(l)	0.00	0.00	152.2	71.55				273～334
$C_{石墨}$	0.00	0.00	5.74	17.16	4.27	−8.79		298～2300
$C_{金刚石}$	−1.90	−2.901	2.38	9.12	13.22	−6.20		298～1200
C_2H_2(g)	−226.73	−20.923	200.8	43.63	31.65	−7.51	−6.31	298～2000
C_2H_4(g)	−52.47	−68.407	219.2	32.63	59.83			298～1200
CH_4(g)	74.81	50.749	186.3	12.54	76.69	1.45	−18.00	298～2000
C_6H_6(l)	−49.04	−124.45	173.2	136.1				298～沸点
C_2H_5OH(l)	277.61	174.77	160.71	111.4				298～沸点
CO(g)	110.5	137.12	197.6	28.41	4.10	−0.46		298～2500
CO_2(g)	393.52	394.39	213.7	44.14	9.04	−8.54		298～2500
$COCl_2$(g)	220.08	205.79	283.7	65.01	18.17	−11.14	−4.98	298～2000
Ca(s)	0.00	0.00	41.63	21.92	14.64			298～737
CaC_2(s)	59.41	64.53	70.29	68.62	11.88	−8.66		298～720
$CaCl_2$(s)	800.82	755.87	113.8	71.88	12.72	−2.51		600～1045
$CaCO_3$(方解石)	1206.87	1127.32	88.00	104.5	21.92	−25.94		298～1200
CaF_2(s)	1221.31	116.88	68.83	59.83	30.46	1.97		298～1424
CaO(s)	634.29	603.03	39.75	49.62	4.52	−6.95		298～2888
$Ca(OH)_2$(s)	986.21	898.63	83.39	105.3	11.95	−18.97		298～1000
CaS(s)	476.14	471.05	56.48	42.68	15.90			273～1000
$CaSiO_3$(s)	1584.06	1559.93	82.00	111.5	15.06	27.28		298～1463
Ca_2SiO_4(s)	2255.08	2138.47	120.5	113.6	82.01			298～948
$CaSO_4$(s)	1432.60	1334.84	160.7	70.21	98.74			298～1400
$Ca_3(PO_4)_2$(s)	4137.55	3912.66	236.0	201.8	166.0	−20.92		298～1000
$CaCO_3\cdot MgCO_3$(s)	2326.30	2152.59	118.0	156.2	80.50	−21.59		
Cd(s)	0.00	0.00	51.46	22.22	12.30			298～594
$CdCl_2$(s)	391.62	344.25	115.5	66.94	32.22			298～841
CdO(s)	255.64	226.09	54.81	40.38	8.70			298～1200
CdS(s)	149.36	145.09	69.04	53.97	3.77			298～1300

续附表 2

物　质	$-\Delta_f H^{\Theta}_{298K}$ /kJ·mol^{-1}	$-\Delta_f G^{\Theta}_{298K}$ /kJ·mol^{-1}	S^{Θ}_{298K} /J·mol^{-1}·K^{-1}	$c_p=a+bT+c'T^{-2}+cT^2$				
				a /J·mol^{-1}·K^{-1}	$b\times10^3$ /J·mol^{-1}·K^{-2}	$c'\times10^{-5}$ /J·mol^{-1}·K	$c\times10^6$ /J·mol^{-1}·K^{-3}	温度范围 /K
Cl_2(g)	0.00	0.00	223.01	36.90	0.25	−2.85		298～3000
Co(s)	0.00	0.00	30.04	19.83	16.74			298～700
CoO(s)	238.91	215.18	52.93	48.28	8.54	1.67		298～1800
Cr(s)	0.00	0.00	23.77	19.79	12.84	−0.259		298～2176
$CrCl_2$(s)	405.85	366.67	115.3	63.72	22.18			298～1088
Cr_2O_3(s)	1129.68	1048.05	81.17	119.37	9.20	−15.65		298～1800
Cu(s)	0.00	0.00	33.35	22.64	6.28			298～1357
$CuSO_4$(s)	769.98	660.87	109.2	73.41	152.9	−12.31	−71.59	298～1078
CuO(s)	155.85	120.85	42.59	43.83	16.77	−5.88		298～1359
CuS(s)	48.53	48.91	66.53	44.35	11.05			273～1273
Cu_2O(s)	170.29	147.56	92.93	56.57	29.29			298～1509
Cu_2S(s)	79.50	86.14	120.9	81.59				298～376
F_2(g)	0.00	0.00	203.3	34.69	1.84	−3.35		298～2000
Fe(α)	0.00	0.00	27.15	17.49	24.77			273～1033
$FeCl_2$(s)	342.25	303.49	120.1	79.25	8.70	−4.90		298～950
$FeCl_3$(s)	399.40	334.03	142.3	62.34	115.1			298～577
$FeCO_3$(s)	740.57	667.69	95.88	48.66	112.1			298～800
FeS(α)	95.40	97.87	67.36	21.72	110.5			298～411
FeS(β)	86.15	96.14	92.59	72.80				411～598
FeS_2(s)	177.40	166.06	52.93	74.81	5.52	−12.76		298～1000
FeSi(s)	78.66	83.54	62.34	44.85	17.99			298～900
$FeTiO_3$(s)	1246.41	1169.09	105.9	116.6	18.24	−20.04		298～1743
FeO(s)	272.04	251.50	60.75	50.80	8.614	−3.309		298～1650
Fe_2O_3(s)	825.50	743.72	87.44	98.28	77.82	−14.85		298～953
Fe_3O_4(s)	1118.38	1015.53	146.4	86.27	208.9			298～866
Fe_2SiO_4(s)	1479.88	1379.16	145.2	152.8	39.16	−28.03		298～1493
Fe_3C(s)	−22.59	−18.39	101.3	82.17	83.68			273～463
Ga(s)	0.00	0.00	40.88	25.90				298～303
Ge(s)	0.00	0.00	31.17	25.02	3.43	−2.34		298～1213
H_2(g)	0.00	0.00	130.6	27.28	3.26	0.502		298～3000
HCl(g)	92.31	95.23	186.6	26.53	4.60	2.59		298～2000
H_2O(g)	242.46	229.24	188.7	30.00	10.71	0.33		298～2500
H_2O(l)	285.84	237.25	70.08	75.44				273～373

续附表 2

物质	$-\Delta_f H^{\ominus}_{298K}$ /kJ·mol^{-1}	$-\Delta_f G^{\ominus}_{298K}$ /kJ·mol^{-1}	$S^{\ominus}_{298K}$ /J·mol^{-1}·K^{-1}	$c_p=a+bT+c'T^{-2}+cT^2$: a /J·mol^{-1}·K^{-1}	$b\times10^3$ /J·mol^{-1}·K^{-2}	$c'\times10^{-5}$ /J·mol^{-1}·K	$c\times10^6$ /J·mol^{-1}·K^{-3}	温度范围 /K
$H_2S(g)$	20.50	33.37	205.7	29.37	15.40			298～1800
Hg(l)	0.00	0.00	76.02	30.38	−11.46	10.15		298～630
$Hg_2Cl_2(s)$	264.85	210.48	192.5	99.11	23.22	−3.64		298～655
$HgCl_2(s)$	230.12	184.07	144.5	69.99	20.28	−1.89		298～550
$I_2(s)$	0.00	0.00	116.14	−50.64	246.91	27.974		298～387
$I_2(g)$	−62.42	−19.37	260.6	37.40	0.569	−0.619		298～2000
In(s)	0.00	0.00	57.82	21.51	17.57			298～429
K(s)	0.00	0.00	71.92	7.84	17.19			298～336
KCl(s)	436.68	406.62	82.55	40.02	25.47	3.65		298～1044
La(s)	0.00	0.00	56.90	25.82	6.69			298～1141
Li(s)	0.00	0.00	29.08	13.94	34.36			298～454
LiCl(s)	408.27	384.05	59.30	41.42	23.40			298～883
Mg(s)	0.00	0.00	32.68	22.30	10.25	−0.43		298～923
$MgCO_3(s)$	1096.21	1012.68	65.69	77.91	57.74	−17.41		298～750
$MgCl_2(s)$	641.41	591.90	89.54	79.08	5.94	−8.62		298～987
MgO(s)	601.24	568.98	26.94	48.98	3.14	−11.44		298～3098
$MgSiO_3(s)$	1548.92	1462.12	67.78	92.25	32.90	−17.88		298～903
Mn(s)	0.00	0.00	32.01	23.85	14.14	−1.57		298～990
$MnCO_3(s)$	894.96	817.62	85.77	92.01	38.91	−19.62		298～700
$MnCl_2(s)$	482.00	441.23	118.20	75.48	13.22	−5.73		298～923
MnO(s)	384.93	362.67	59.83	46.48	8.12	−3.68		298～1800
$MnO_2(s)$	520.07	465.26	53.14	69.45	10.21	−16.23		298～523
Mo(s)	0.00	0.00	28.58	21.71	6.94			298～2890
$MoO_3(\alpha)$	745.17	668.19	77.82	75.19	32.64	−8.79		298～1068
$N_2(g)$	0.00	0.00	191.50	27.87	4.268			298～2500
$NH_3(g)$	46.19	16.58	192.3	29.75	25.10	−1.55		298～1800
$NH_4Cl(s)$	314.55	203.25	94.98	38.87	160.2			298～458
NO(g)	−90.29	−86.77	210.66	27.58	7.44	−0.15	−1.43	298～3000
$NO_2(g)$	−33.10	−51.24	239.91	35.69	22.91	−4.70	−6.33	298～1500
$N_2O_4(g)$	−9.079	−97.68	304.26	128.32	1.60	−128.6	24.78	298～3000
Na(s)	0.00	0.00	51.17	14.79	44.23			298～371
NaCl(s)	411.12	384.14	72.13	45.94	16.32			298～1074
NaOH(s)	428.92	381.96	64.43	71.76	−110.9		235.8	298～568

续附表 2

物 质	$-\Delta_f H^\ominus_{298K}$ /kJ·mol^{-1}	$-\Delta_f G^\ominus_{298K}$ /kJ·mol^{-1}	$S^\ominus_{298K}$ /J·mol^{-1}·K^{-1}	$c_p=a+bT+c'T^{-2}+cT^2$				
				a /J·mol^{-1}·K^{-1}	$b\times10^3$ /J·mol^{-1}·K^{-2}	$c'\times10^{-5}$ /J·mol^{-1}·K	$c\times10^6$ /J·mol^{-1}·K^{-3}	温度范围 /K
Na_2CO_3(s)	1130.77	1048.27	138.78	11.02	244.40	24.49		298～723
Na_2O(s)	417.98	379.30	75.06	66.22	43.87	−8.13	−14.09	298～1023
Na_2SO_4(s)	1387.20	1269.57	149.62	82.32	154.4			298～522
Na_2SiO_3(s)	1561.43	1437.02	113.76	130.29	40.17	−27.07		298～1362
Na_3AlF_6(s)	3305.36	3140.50	238.49	172.27	158.5			298～834
Nb(s)	0.00	0.00	36.40	23.72	2.89			298～2740
Nb_2O_5(s)	1902.04	1768.50	137.24	154.39	21.42	−25.52		298～1785
Ni(s)	0.00	0.00	29.88	32.64	−1.80	−5.59		298～630
$NiCl_2$(s)	305.43	258.98	97.70	73.22	13.22	−4.98		298～1303
NiO(s)	248.58	220.47	38.07	50.17	157.23	16.28		298～525
NiS(s)	92.88	94.54	67.36	38.70	53.56			298～600
O_2(g)	0.00	0.00	205.04	29.96	4.184	−1.67		298～3000
P（黄）	−17.45	−12.01	41.09	19.12	15.82			298～317
P（赤）	0.00	0.00	22.80	16.95	14.89			298～870
P_4(g)	−128.74		279.90	81.85	0.68	−13.44		298～2000
P_2O_5(s)	1548.08	1422.26	135.98					
Pb(s)	0.00	0.00	64.81	23.55	9.74			298～601
PbO(s)	219.28	188.87	65.27	41.46	15.33			298～762
PbO_2(s)	270.08	212.48	76.57	53.14	32.64			298～1000
PbS(s)	100.42	98.78	91.21	46.43	10.26			298～1387
$PbSO_4$(s)	918.39	811.62	148.53	45.86	129.70	15.57		298～1139
Rb(s)	0.00	0.00	75.73	13.68	57.66			298～312
S（斜方）	0.00	0.00	31.92	14.98	26.11			298～369
S（单斜）	−2.07	−0.249	38.03	14.90	29.12			369～388
S(g)	−278.99	−238.50	167.78	21.92	−0.46	1.86		298～2000
S_2(g)	−129.03	−72.40	228.07	35.73	1.17	−3.31		298～2000
SO_2(g)	296.90	298.40	248.11	43.43	10.63	−5.94		298～1800
SO_3(g)	395.76	371.06	256.6	57.15	27.35	−12.91	−7.728	298～2000
Sb(s)	0.00	0.00	45.52	22.34	8.954			298～903
Sb_2O_5(s)	971.94	829.34	125.10	45.81	240.9			298～500
Se(s)	0.00	0.00	41.97	15.99	30.20			273～423
Si(s)	0.00	0.00	18.82	22.82	3.86	−3.54		298～1685
SiC(s)	73.22	70.85	16.61	50.79	1.950	−49.20	8.20	298～3259

续附表 2

物 质	$-\Delta_f H^\ominus_{298K}$ /kJ·mol^{-1}	$-\Delta_f G^\ominus_{298K}$ /kJ·mol^{-1}	$S^\ominus_{298K}$ /J·mol^{-1}·K^{-1}	$c_p=a+bT+c'T^{-2}+cT^2$				
				a /J·mol^{-1}·K^{-1}	$b\times10^3$ /J·mol^{-1}·K^{-2}	$c'\times10^{-5}$ /J·mol^{-1}·K	$c\times10^6$ /J·mol^{-1}·K^{-3}	温度范围 /K
$SiCl_4$(l)	686.93	620.33	241.36	140.16				298～331
$SiCl_4$(g)	653.88	587.05	341.97	106.24	0.96	−14.77		298～2000
SiO_2(α)	910.86	856.50	41.46	43.92	38.81	−9.68		298～847
SiO_2(β)	875.93	840.42	104.71	58.91	10.04			847～1696
SiO(g)	100.42	127.28	211.46	29.82	8.24	−2.06	−2.28	298～2000
Sn(白)	0.00	0.00	51.55	21.59	18.16			298～505
Sn(灰)	−2.51	−4.53	44.77	18.49	26.36			298～505
$SnCl_2$(s)	325.10	281.82	129.70	67.78	38.74			298～520
SnO(s)	285.77	256.69	56.48	39.96	14.64			298～1273
SnO_2(s)	580.74	519.86	52.3	73.89	10.04	−21.59		298～1500
Sr(s)	0.00	0.00	52.3	22.22	13.89			298～862
$SrCl_2$(s)	829.27	782.02	117.15	76.15	10.21			298～1003
SrO(s)	603.33	573.40	54.39	51.63	4.69	−7.56		298～1270
SrO_2(s)	654.38	593.90	54.39	73.97	18.41			
Th(s)	0.00	0.00	53.39	24.15	10.66			298～800
$ThCl_4$(s)	1190.35	1096.45	184.31	126.98	13.56	−9.12		298～679
ThO_2(s)	1226.75	1169.19	65.27	69.66	8.91	−9.37		298～2500
Ti(s)	0.00	0.00	30.65	22.16	10.28			298～1155
TiC(s)	190.37	186.78	24.27	49.95	0.98	−14.77	1.89	298～3290
$TiCl_2$(s)	515.47	465.91	87.36	65.36	18.02	−3.46		298～1300
$TiCl_4$(l)	804.16	737.33	252.40	142.79	8.71	−0.16		298～409
$TiCl_4$(g)	763.16	726.84	354.80	107.18	0.47	−10.55		298～2000
TiO_2(金红石)	944.75	889.51	50.33	62.86	11.36	−9.96		298～2143
U(s)	0.00	0.00	51.46	10.92	37.45	4.90		298～941
V(s)	0.00	0.00	28.79	20.50	10.79	0.84		298～2190
V_2O_5(s)	1557.70	1549.02	130.96	194.72	−16.32	−55.31		298～943
W(s)	0.00	0.00	32.66	22.92	4.69			298～2500
WO_3(s)	842.91	764.14	75.90	87.65	16.17	−17.50		298～1050
Zn(s)	0.00	0.00	41.63	22.38	10.04			298～693
Zn(l)				31.38				693～1184
Zn(g)				20.79				298～2000
ZnO(s)	348.11	318.12	43.51	48.99	5.10	−9.12		298～1600
ZnS(s)	201.67	196.96	57.74	50.89	5.19	−5.69		298～1200

续附表 2

物　质	$-\Delta_f H^{\ominus}_{298K}$ /kJ·mol^{-1}	$-\Delta_f G^{\ominus}_{298K}$ /kJ·mol^{-1}	$S^{\ominus}_{298K}$ /J·mol^{-1}·K^{-1}	$c_p=a+bT+c'T^{-2}+cT^2$				温度范围 /K
				a /J·mol^{-1}·K^{-1}	$b\times10^3$ /J·mol^{-1}·K^{-2}	$c'\times10^{-5}$ /J·mol^{-1}·K	$c\times10^6$ /J·mol^{-1}·K^{-3}	
Zr(s)	0.00	0.00	38.91	21.97	11.63			298～1135
ZrC(s)	196.65	193.27	33.32	51.12	3.38	−12.98		298～3500
$ZrCl_4$(s)	981.98	889.03	173.01	133.45	0.16	−12.12		298～710
ZrO_2(s)	1094.12	1036.43	50.36	69.62	7.53	−14.06		298～1478

注：本表数据($\Delta_f H^{\ominus}$，$S^{\ominus}$，a，b，c'，c)取自 I. Barin，O. Knacke，"Thermochemical Properties of Inorganic Substances"(1973)，$\Delta_f G^{\ominus}$ 根据公式 $\Delta G^{\ominus}=\Delta H^{\ominus}-T\Delta S^{\ominus}$ 算出。原书单位为卡(或千卡)，现换算为焦耳(或千焦)。

附表 3　一些物质的熔点、熔化热、沸点、蒸发热、转变点、转变热

物　质	熔点 /℃	熔化热 /kJ·mol^{-1}	沸点 /℃	蒸发热 /kJ·mol^{-1}	转变点 /℃	转变热 /kJ·mol^{-1}	备　注
Al	660.1	10.47	2520	291.4			
Al_2O_3	2030	527.2	(3300)		(1000)	(86.19)	
Bi	271	10.89	1564	179.2			
C	(5000)						
Ca	839	8.67	1484	167.1	460	1.00	
CaO	2600	(79.50)	(3500)				
$CaSiO_3$	1540	(56.07)			1190	(5.44)	
Ca_2SiO_4	2130				675；1420	4.44；3.26	
Cd	320.9	6.41	767	99.6			
Cr	1860	(20.9)	2680	342.1			
Cu	1083.4	13.02	2560	304.8			
Fe	1536	15.2	2860	340.4	910；1400	0.92；1.09	
FeO	1378	31.0					
Fe_3O_4	1597	138.2			593		
Fe_2O_3	1457		分解		(680)；(780)	0.67；—	
Fe_3C	1227	51.46	分解		190	0.67	
Fe_2SiO_4	1220	133.9					
$FeTiO_3$	1370	11.34	分解				
H_2O	0	6.016	100	41.11			
Mg	649	8.71	1090	134.0			
MgO	2642	77.0	2770				
Mn	1244	(14.7)	2060	231.1	718；1100；1138	1.93；2.30；1.80	

续附表 3

物　质	熔点 /℃	熔化热 /kJ·mol^{-1}	沸点 /℃	蒸发热 /kJ·mol^{-1}	转变点 /℃	转变热 /kJ·mol^{-1}	备　注
MnO	1785	54.0					
Mo	2615	35.98	4610	590.3			
N_2	−210.0	0.720	−195.8	5.581	−237.5	0.23	
NaCl	800	28.5	1465	170.4			
Na_2SiO_3	1088	52.3					
Ni	1455	17.71	2915	374.3			
O_2	−218.8	0.445	−183.0	6.8	−249.5；−229.4	0.0938；0.7436	
Pb	327.4	4.98	1750	178.8			
Ti	1667	(18.8)	3285	425.8	882	3.48	
Si	1412	50.66	3270	384.8			
SiO_2	1713	15.1			250	1.3	
TiO_2	1840	648.5					
V	1902	209.30	3410	457.2			
W	3400	(46.9)	5555	(737)			
Zn	419.5	7.20	911	115.1			

注：本表数据主要参考：Colin J. Smithells，"Metals reference book"(1976)。

附表 4　某些反应的标准吉布斯自由能变化 $\Delta_r G_m^\ominus = A + BT$

反　应	A/J·mol^{-1}	B/J·mol^{-1}·K^{-1}	温度范围/K
$\frac{4}{3}Al(s)+O_2 = \frac{2}{3}Al_2O_3(s)$	−1115500	209.2	298～932
$\frac{4}{3}Al(s)+O_2 = \frac{2}{3}Al_2O_3(s)$	−1120500	211.2	932～2345
$4Ag(s)+O_2 = 2Ag_2O(s)$	−58576	122.2	273～480
$\frac{4}{3}As(s)+O_2 = \frac{2}{3}As_2O_3(s)$	−435140	178.7	298～585
$\frac{4}{3}B(s)+O_2 = \frac{2}{3}B_2O_3(s)$	−838890	167.8	298～723
$2Ba(s)+O_2 = 2BaO(s)$	−1108800	182.8	298～983
$2Be(s)+O_2 = 2BeO(s)$	−1196600	199.2	298～1556
$\frac{4}{3}Bi(s)+O_2 = \frac{2}{3}Bi_2O_3(s)$	−384900	177.0	298～544
$2C(s)+O_2 = 2CO$	−232600	−167.8	298～3400
$C(s)+O_2 = CO_2$	−395390	0	298～3400
$2Ca(s)+O_2 = 2CaO(s)$	−1267800	201.3	298～1123
$2Cd(s)+O_2 = 2CdO(s)$	−518800	197.1	298～594
$\frac{4}{3}Ce(s)+O_2 = \frac{2}{3}Ce_2O_3(s)$	−1195400	189.1	298～1077

续附表 4

反　　应	A/J・mol^{-1}	B/J・mol^{-1}・K^{-1}	温度范围/K
$Ce(s)+O_2=CeO_2(s)$	−1085700	211.3	298～1077
$2Co(s)+O_2=2CoO(s)$	−477800	173.2	298～1768
$\frac{4}{3}Cr(s)+O_2=\frac{2}{3}Cr_2O_3(s)$	−746800	170.3	298～2176
$4Cu(s)+O_2=2Cu_2O(s)$	−334700	144.3	298～1357
$4Cu(l)+O_2=2Cu_2O(s)$	−324700	137.6	1357～1509
$2Cu(s)+O_2=2CuO(s)$	−311700	180.3	298～1357
$2Fe(s)+O_2=2FeO(s)$	−519200	125.1	298～1642
$2Fe(s)+O_2=2FeO(l)$	−441400	77.8	1642～1809
$2Fe(l)+O_2=2FeO(l)$	−459400	87.4	1809～2000
$\frac{4}{3}Fe(s)+O_2=\frac{2}{3}Fe_2O_3(s)$	−540600	170.3	298～1809
$\frac{3}{2}Fe(s)+O_2=\frac{1}{2}Fe_3O_4(s)$	−545600	156.5	298～1809
$\frac{3}{2}Fe(l)+O_2=\frac{1}{2}Fe_3O_4(s)$	−589100	180.3	1809～1867
$2H_2+O_2=2H_2O(g)$	−499200	114.2	298～3400
$2Hg(g)+O_2=2HgO(s)$	−281600	380.3	630～740
$2Hg(l)+O_2=2HgO(s)$	−184100	225.9	298～630
$4K(s)+O_2=2K_2O(s)$	−719600	261.5	273～336
$\frac{4}{3}La(s)+O_2=\frac{2}{3}La_2O_3(s)$	−1192000	277.4	298～1190
$2Mg(s)+O_2=2MgO(s)$	−1196600	208.4	298～923
$2Mg(l)+O_2=2MgO(s)$	−1225900	240.2	923～1376
$2Mg(g)+O_2=2MgO(s)$	−1428800	387.4	1376～3125
$2Mn(s)+O_2=2MnO(s)$	−769900	149.0	298～1517
$Mn(s)+O_2=MnO_2(s)$	−523000	201.7	298～1120
$\frac{2}{3}Mo(s)+O_2=\frac{2}{3}MoO_3(s)$	−502100	168.6	298～1068
$\frac{2}{3}Mo(s)+O_2=\frac{2}{3}MoO_3(l)$	−448100	177.6	1068～1530
$4Na(l)+O_2=2Na_2O(s)$	−843100	287.9	371～1156
$2Nb(s)+O_2=2NbO(s)$	−803300	158.6	298～2218
$2Ni(s)+O_2=2NiO(s)$	−477000	168.6	298～1725
$\frac{4}{5}P(s)+O_2=\frac{2}{5}P_2O_5(s)$	−594100	311.7	298～631
$2Pb(s)+O_2=2PbO(s)$	−435100	192.0	298～762
$2Pb(l)+O_2=2PbO(s)$	−425100	179.1	762～1159
$\frac{1}{2}S_2(g)+O_2=SO_2$	−362300	72.0	298～3400

续附表 4

反　应	A/J·mol^{-1}	B/J·mol^{-1}·K^{-1}	温度范围/K
$\frac{1}{3}S_2(g)+O_2 = \frac{2}{3}SO_3(g)$	−304600	107.9	298～2500
$\frac{4}{3}Sb(s)+O_2 = \frac{2}{3}Sb_2O_3(s)$	−464400	171.1	298～904
$Si(s)+O_2 = SiO_2(s)$	−905800	175.7	298～1685
$Si(l)+O_2 = SiO_2(s)$	−866500	152.3	1685～1696
$2Si(l)+O_2 = 2SiO(g)$	−310500	−94.6	1686～2000
$Sn(s)+O_2 = SnO_2(s)$	−580700	205.4	298～505
$Sn(l)+O_2 = SnO_2(s)$	−584100	212.5	505～2140
$2Sr(s)+O_2 = 2SrO(s)$	−1175700	192.5	298～1043
$Ti(s)+O_2 = TiO_2(s)$	−943500	179.1	298～1940
$Ti(l)+O_2 = TiO_2(s)$	−941800	178.2	1940～2128
$2V(s)+O_2 = 2VO(s)$	−829300	156.1	298～2190
$\frac{4}{5}V(s)+O_2 = \frac{2}{5}V_2O_5(s)$	−625500	175.3	298～943
$\frac{4}{5}V(s)+O_2 = \frac{2}{5}V_2O_5(l)$	−561500	107.5	943～2190
$\frac{2}{3}W(s)+O_2 = \frac{2}{3}WO_3(s)$	−556500	158.6	298～1743
$\frac{2}{3}W(s)+O_2 = \frac{2}{3}WO_3(l)$	−484500	117.2	1743～2100
$2Zn(s)+O_2 = 2ZnO(s)$	−694500	193.3	298～693
$2Zn(l)+O_2 = 2ZnO(s)$	−709600	214.6	693～1180
$Zr(s)+O_2 = ZrO_2(s)$	−1096200	189.1	298～2125
$4Ag(s)+S_2 = 2Ag_2S(s)$	−187400	79.5	298～1115
C (石墨)$+S_2 = CS_2(g)$	−12970	−7.1	298～2500
$2Ca(s)+S_2 = 2CaS(s)$	−1083200	190.8	298～673
$2Ca(l)+S_2 = 2CaS(s)$	−1084000	192.0	673～1124
$2Cd(s)+S_2 = 2CdS(s)$	−439300	181.2	298～594
$2Cd(l)+S_2 = 2CdS(s)$	−451000	200.8	594～1038
$4Cu(s)+S_2 = 2Cu_2S(s)$	−262300	61.1	298～1356
$2Cu(s)+S_2 = 2CuS(s)$	−225900	143.5	298～900
$2Fe(s)+S_2 = 2FeS(s)$	−304600	156.9	298～1468
$2Fe(s)+S_2 = 2FeS(l)$	−112100	25.9	1468～1809
$Fe(s)+S_2 = FeS_2(s)$	−180700	186.6	298～1200
$2H_2+S_2 = 2H_2S(g)$	−180300	98.7	298～2500
$2Mn(s)+S_2 = 2MnS(s)$	−535600	130.5	298～1517
$Mo(s)+S_2 = MoS_2(s)$	−362300	203.8	298～1780
$4Na(l)+S_2 = 2Na_2S(s)$	−880300	263.2	371～1156

续附表 4

反　应	A/J·mol^{-1}	B/J·mol^{-1}·K^{-1}	温度范围/K
$3Ni(s)+S_2 = Ni_3S_2(s)$	−328000	159.0	298～800
$2Pb(s)+S_2 = 2PbS(s)$	−317100	157.7	298～600
$2Pb(l)+S_2 = 2PbS(s)$	−327200	174.5	600～1392
$2Zn(s)+S_2 = 2ZnS(s)$	−487900	161.1	298～693
$2Al(s)+N_2 = 2AlN(s)$	−603800	194.6	298～932
$2B(s)+N_2 = 2BN(s)$	−507900	182.8	298～2300
$4Cr(s)+N_2 = 2Cr_2N(s)$	−184100	100.4	298～2176
$8Fe(s)+N_2 = 2Fe_4N(s)$	−242700	102.5	298～1809
$3Mg(s)+N_2 = Mg_3N_2(s)$	−458600	198.7	298～923
$3H_2+N_2 = 2NH_3(g)$	−100800	228.4	298～2000
$\frac{3}{2}Si(s)+N_2 = \frac{1}{2}Si_3N_4(s)$	−376600	168.2	298～1680
$2Ti(s)+N_2 = 2TiN(s)$	−671500	187.9	298～1940
$2V(s)+N_2 = 2VN(s)$	−348500	166.1	298～2190
$4Al(s)+3C = Al_4C_3(s)$	−215900	41.8	298～932
$4Al(l)+3C = Al_4C_3(s)$	−266500	96.2	932～2000
$3Fe(s)+C(s) = Fe_3C(s)$	26690	−24.8	463～1115
$3Fe(l)+C(s) = Fe_3C(s)$	10350	−10.2	1809～2000
$Si(s)+C(s) = SiC(s)$	−63760	7.2	1500～1686
$Si(l)+C(s) = SiC(s)$	−114400	37.2	1686～2000
$Ti(\alpha)+C(s) = TiC(s)$	−183100	10.1	298～1155
$Ti(\beta)+C(s) = TiC(s)$	−186600	13.2	1155～2000
$W(s)+C(s) = WC(s)$	−37660	1.7	298～2000
$Zr(s)+C(s) = ZrC(s)$	−184500	9.2	298～2200
$2Ag(s)+Cl_2 = 2AgCl(s)$	−251000	106.7	298～728
$\frac{2}{3}Al(s)+Cl_2 = \frac{2}{3}AlCl_3(s)$	−464000	161.9	298～465
$\frac{2}{3}Al(s)+Cl_2 = \frac{2}{3}AlCl_3(l)$	−455200	143.5	465～500
$\frac{1}{2}C(s)+Cl_2 = \frac{1}{2}CCl_4(g)$	−51460	66.5	298～2500
$C(s)+\frac{1}{2}O_2+Cl_2 = COCl_2(g)$	−221800	39.3	298～2000
$Cu(s)+Cl_2 = CuCl_2(s)$	−200400	129.3	298～500
$H_2+Cl_2 = 2HCl(g)$	−188300	12.1	298～2500
$Hg(l)+Cl_2 = HgCl_2(s)$	−223400	155.2	298～550
$Mg(s)+Cl_2 = MgCl_2(s)$	−631800	158.6	298～923
$Mg(l)+Cl_2 = MgCl_2(s)$	−509600	26.4	923～987

续附表 4

反　应	A/J・mol^{-1}	B/J・mol^{-1}・K^{-1}	温度范围/K
$Mg(l)+Cl_2 = MgCl_2(l)$	−610900	128.9	987～1376
$\frac{1}{2}Si(s)+Cl_2 = \frac{1}{2}SiCl_4(l)$	−307100	88.7	298～330
$\frac{1}{2}Si(s)+Cl_2 = \frac{1}{2}SiCl_4(g)$	−297500	59.4	330～1653
$\frac{1}{2}Ti(s)+Cl_2 = \frac{1}{2}TiCl_4(l)$	−400000	110.5	298～409
$\frac{1}{2}Ti(s)+Cl_2 = \frac{1}{2}TiCl_4(g)$	−379500	60.7	409～1940

参 考 文 献

[1] 胡英．物理化学［M］．5版．北京：高等教育出版社，2007.
[2] 印永嘉，等．物理化学简明教程［M］．4版．北京：高等教育出版社，2007.